规划决策支持模型设计
国土空间规划支撑技术系列丛书
2023

坪效规划

Planning Decision
Support Model Design
Compilation

图书在版编目（CIP）数据

城市脉·规划决策支持模型设计大赛获奖作品集萃. 2023 = Planning Decision Support Model Design Compilation / 北京市城市规划设计研究院等编. 一北京：中国建筑工业出版社，2024.4

ISBN 978-7-112-29648-4

Ⅰ. ①城… Ⅱ. ①北… Ⅲ. ①城市规划一建筑设计一建筑设计 Ⅳ. ①TU984.2

中国国家版本馆CIP数据核字（2024）第055006号

责任编辑：陈小娟
书籍设计：锋尚设计
责任校对：王 烨

城市脉
规划决策支持模型设计大赛获奖作品集萃 2023
Planning Decision Support Model Design Compilation

北京市城市规划设计研究院 编著
北京城垣数字科技有限责任公司
世 界 规 划 教 育 组 织
北京城市实验室北京城垣数字科技有限责任公司

*

中国建筑工业出版社出版、发行（北京海淀三里河路9号）
各地新华书店、建筑书店经销
北京锋尚制版有限公司制版
天津裕同印刷有限公司印刷

*

开本：889毫米×1194毫米 1/12 印张：36¾ 字数：899千字
2024年4月第一版 2024年4月第一次印刷
定价：360.00元
ISBN 978-7-112-29648-4
（42352）

版权所有 翻印必究
如有印装质量问题，可寄本社图书出版中心退换
（邮政编码 100037）

电话：（010）58337283 QQ：2885381756
（地址：北京海淀三里河路9号中国建筑工业出版社604室 邮政编码：100037）

编委会

序言

纵观人类文明史，科学技术变革与城市发展始终保持着相互影响与促进的驱动关系。随着人工智能、元宇宙、大模型等技术理念的快速发展和终端硬件的迭代升级，技术驱动、以人为本、科学化、精细化与智能化已成为新时期城市发展的新需求，城市发展模式会迎来何种变化，现阶段的技术手段是否符合新时期以及未来城市的发展需求，是规划从业者需要深入思考的重要议题。"城垣杯"，正是以数字科技赋能规划创新为核心，汇聚青年力量，助力规划决策模型研究。

"城垣杯"大赛已经连续举办了七届，吸引了国内外众多优秀的参赛团队。大赛搭建了一个跨学科、跨领域的学术交流与创新平台，提供了一个碰撞思想、激发灵感的舞台。大赛涌现的优秀作品不仅展示了青年规划学子的创新能力，也促进了规划从业者之间的交流与合作，推动了规划理论与实践的融合。相信通过大赛的持续努力，规划行业将继续迎来更多的新思维、新方法和新成果，为规划行业注入新的活力和动力，为城市的可持续发展和社会的进步做出更大贡献。

本次作品集汇集了第七届大赛评选出的19项获奖作品，凝聚了各位参赛选手思想远见以及业内专家的真知灼见。每一项作品都代表了参赛团队的精心设计和创新思维，以其卓越的质量和独特的观点脱颖而出。在理论方法、技术支撑、成果展现等方面推动规划决策支持理论方法与实践应用的深入结合。

最后，祝愿"城垣杯"大赛越办越好，期待着在今后的大赛中，继续为规划行业的未来发展贡献更多的智慧和创新！

武汉大学城市设计学院教授委员会主任、二级教授

詹庆明

2023年10月

前言

在全面落实国家创新驱动发展战略和数字中国建设战略背景下，运用互联网、大数据、人工智能、大模型等新一代信息技术的数字化重构范式和重塑能力，努力探索认知国土空间和城市发展规律，积极发展研究前沿的规划理论与方法，着力提升国土空间规划的战略性、科学性、权威性、协调性、操作性，全面推动国土空间治理体系和城市治理能力的现代化水平提升，支撑经济社会持续健康发展，是规划从业者需要持续深入思考和实践的重要议题。

自2017年起，"城垣杯·规划决策支持模型设计大赛"已成功举办七届。大赛组织模式持续创新，关注领域不断拓展，学术影响力日益增强，行业凝聚力进一步加强，吸引了国内外众多优秀的规划决策量化研究者和技术创新团队，已成为行业和学科协同创新的重要引领平台。大赛取得了丰硕成果，参赛团队结合自身研究专长，努力探索跨学科技术创新，不断完善模型与理论方法，不断丰富技术服务场景，不断拓展应用实践转化，为我国城市研究、国土空间规划和城市治理工作科学化提供了新视角、新思路、新方法、新实践。

《城垣杯·规划决策支持模型设计大赛获奖作品集（2023）》（以下简称《作品集》）收录了第七届大赛评选出的19项获奖作品，以飨读者。这些作品凝聚了参赛团队的智慧和努力，希望《作品集》的出版能为规划领域的学者、从业人员和决策者提供参考与借鉴，为广大专业学者与团队搭建一个交流学习、相互借鉴的知识网络和平台，也期待有更多的机构和同行能够参与进来，共同推动规划量化研究领域的创新实践。

编委会

2023年10月

PREFACE

Under the guidance of the comprehensive of the national innovation-driven development strategy and the Digital China initiative, the focus is on utilizing the digital reconstruction paradigm and reshaping capabilities by the Internet, big data, AI, large language model, and other new generation information technologies, to explore and understand the laws of territory and urban development, develop cutting edge planning theories and methods. Actively improving the strategic, scientific, authoritative, coordinated and operational nature of territory planning, so as to promote the modernization of territory and urban governance system comprehensively, and to support the sustainable and healthy development of the economy and society. It is a critical topic that planners need to continuously consider and extensively practice.

Since 2017, Planning Decision Support Model Design Contest (Chengyuan Cup) have been successfully held for seven times. Chengyuan Cup is constantly innovating its organizational mode, expanding its focus areas, increasing its academic influence, further strengthening the industry's cohesion, and attracting numerous exceptional quantitative researchers in planning and decision-making, as well as technical innovation teams from both domestic and international sources. It has become an important leading platform for collaborative innovation in the industry and discipline. The competition yielded fruitful results as participating teams combined their research expertise, delved into interdisciplinary technological innovation, enhanced models and theoretical methods, enriched technological service scenarios, and expanded the transformation of application practices. The achievements of the contest provided novel perspectives, new ideas, new methods, and new practices for urban research, territorial spatial planning, and urban governance in China.

Chengyuan Cup·The Planning Decision Support Model Design Compilation（*2023*）includes 19 winning works selected in the fifth contest for readers. These works have condensed the wisdom and efforts of the participating teams. It is hoped that the publication of the compilation will provide scholars, practitioners and decision-makers in the field of planning with references and lessons, and build a knowledge network and platform for the majority of professional scholars and teams to exchange and learn from each other, and it is also expected that more organizations and peers will participate to jointly promote the innovative practice in the field of planning quantitative research.

Editorial Board

October, 2023

目录

**第七届
获奖作品**

第七届
获奖作品

基于人群数字画像技术的老年人群多维需求识别模型

工 作 单 位：东南大学建筑学院、东南大学软件学院

报 名 主 题：面向高质量发展的城市治理

研 究 议 题：城市行为空间与社区生活圈优化

技术关键词：人群数字画像、时空行为分析、图神经网络

参 赛 人：吴玥玥、戴运来、王暄晴、崔澳、丛万钰、陈旭阳

指 导 老 师：史宜、史北祥、杨俊宴

参赛人简介：参赛队伍由东南大学建筑学院5位研究生与软件学院1位研究生组成。团队致力于基于大数据技术的城市研究与方法，通过人群数字画像技术对多维需求进行精准刻画并应用于实践领域。拥有较为完善的老年人群多维需求识别模型，现已完成对南京老城的老年人精准画像工作，并将画像结果应用于阅江楼社区的优化更新，成果获得多个国际奖项，能够普遍应用于其他城市。

团队指导老师史宜，主要研究方向为大数据在城市规划中的应用等。主持国家自然科学基金、科技部重点研发计划子课题等多项科研项目，研发并授权国家发明专利10余项，参与获得日内瓦国际发明展金奖、国际城市规划学会卓越设计金奖等奖项。

团队指导老师史北祥，主要研究方向为城市中心区与城市空间形态，探索基于城市大数据与多学科交叉的城市形态演替规律与机制。主持国家自然科学基金（面上及青年项目各1项）、科技部重点研发计划子课题等纵向科研课题7项，发表学术论文30余篇，出版中英文学术专著各1部，申请美国和中国发明专利13项、授权7项，参与获得省部级以上科技奖项4项。

团队指导老师杨俊宴，主要研究方向为数字化城市设计的理论与方法。主持国家自然科学基金（含1项重点项目）6项、省部级课题9项，在《城市规划》《建筑学报》等期刊发表论文近200篇，出版学术著作12部，获得美国、欧盟和中国发明专利授权54项，获得江苏省科学技术一等奖、教育部科技进步一等奖、华夏建设科学技术一等奖等。

一、研究问题

1. 研究背景及目的意义

（1）研究背景及目的

2022年末，全国60岁及以上人口约为2.8亿人，占全国总人口的19.8%。预计到2035年，这一数值将突破4亿，占比达30%，这标志着中国即将迈入"重度"老龄化阶段。据民政部预测，2025年后，随着第一代"一孩"父母进入中高龄化，我国将迎来养老新浪潮，城市适化化服务将面临更大的挑战。面对逐渐增多的庞大老年群体，传统的养老服务和支持体系也难以涵盖老年人多层次和多样化的需求，存在老年设施供给空间失衡、与人群基本需求不匹配等问题（图1-1）。如何保障老年人多维需求，将老年生活设施补缺与提效相结合，构建多维度、多层次、人本化的老年养老综合服务设施体系成为当前时代的重要使命。

近年来，为应对城市日益突出的老龄化问题和适应老年群体多样需求，国家陆续发布了一系列政策法规，为养老实践提供了强有力的方向指导和政策支持（图1-2）。《国务院关于加快发展养老服务业的若干意见》提出要"健全养老服务体系，满足多样化养老服务需求，努力使养老服务业成为积极应对人口老龄化、保障和改善民生的重要举措"，《国家积极应对人口老龄化中长期规划》指出要"完善社区居家养老服务网络，推进公共设施适老化改造"。在这些原则和行动方针的基础上，我国逐步开了一系列居家养老、社区适老化改造、医养结合等各类养老服务和保障的实

图1-1 城市空间适老化情况

践，积极推动老龄化和老龄友好性社会建设。

习近平总书记强调："实施积极应对人口老龄化国家战略，推动实现全体老年人享有基本养老服务""要让所有老年人都能有一个幸福美满的晚年"。随着经济和社会的发展，老年人群需求不断呈现多样化趋势，由此映射出的是多样化的老年人群类别。在高质量发展背景下，如何化解现阶段老年服务设施供需矛盾，提升老年人群需求与资源配置的适配性，推进公共空间适老化改造，成为亟待解决的关键问题。

（2）研究理论和实践意义

从理论意义上讲，本研究将在原本自上而下统筹老年群体的顶层设计路径基础上，更多地考虑自下而上的老年个体属性维度和多样需求，并将新兴信息技术进行深度融合，借助智慧养老的技术手段和方法进行更新和不断集成，发挥智慧养老手段的赋能增效潜力，促进更好地认识和了解不同老年群体的行为规律和属性特征，揭示老年人群的日益多元和差异化需求。

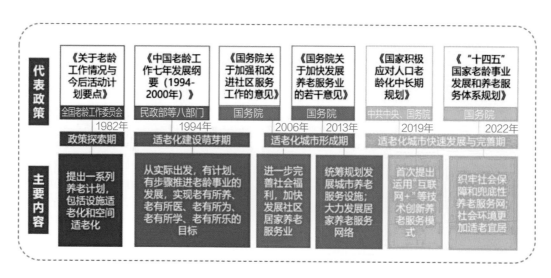

图1-2 我国城市积极推进老龄化政策发展脉络梳理与总结

从实践意义上讲，本研究不仅有助于解决当下存在的老年设施供需割裂和设施不匹配的问题，优化养老资源的配置和综合调度，为规划管理决策部门提供新的视野和思路，推动适老化设施体系布局的迭代升级；还有助于对老年人群中的弱势群体进行追踪，针对存在需求痛点的老人开展社区安全监测与智能辅助，进而提供更全面的医养措施和专业护理服务，补足养老服务体系中的短板。

（3）国内外研究现状及存在问题

当下，学者日益关注老年群体的行为特征和空间需求，从需求端探索老年服务的理论、评价和发展问题。国外对老年人需求的研究起步较早，Dumbaugh（1974）将老年人的需求、行为活动偏好与社区养老设施联系起来，提出满足老年人需求的社区养老设施规划。Myers、Lawrence S等人（2013）从多角度进行分析，将老年人的需求总结为物质、精神及医疗需求，简称3M需求。近些年国内学者对老年人的行为和需求的研究日渐增多。柴彦威（2005）、杨东峰（2015）、黄健中（2019）等从时空地理学的角度，以购物消费、社会交往、体育锻炼等活动为切入点，研究老年人日常活动的时空范围和特征。大数据时代背景下，赵鹏军（2022）等学者采用手机信令数据和POI数据，运用大数据分析方法探讨老年人生活圈范围及其同老年服务设施配置之间的关系。

以上研究主要关注老年人不同于其他群体的特殊需求，对群体的差异化体征关注较为缺乏；目前利用大数据探索老年人群特征，大多受限于大数据本身的信息缺陷。结合多源数据，精细把握城市老年人群的差异化特征及其需求，是当下老年人需求研究的重点。

2. 研究目标及拟解决的问题

（1）瓶颈问题

在我国智慧养老事业和产业发展过程中，适老化不足和供需失配是当前亟待解决的瓶颈问题。真正实现以老年人需求为中心，推进我国智慧养老高质量发展，有效关注老年人的声音，实现对需求的精准识别，是当前智慧养老亟待解决的关键问题。具体体现在以下3个方面：

①老年群体需求表达具有被动性。大多数老年人的养老需求难以主动发声，更不善于运用互联网和城市服务平台进行积极反馈，缺乏利用智慧化手段对自身养老需求进行主动采集。

②老年群体的多维需求难以兼顾。既有养老服务响应体系侧重老年人的生理需求和物质保障，缺乏对老年人的社会交往、自主出行等高层次需求的保障措施。

③老年群体内部需求存在差异性。老年群体内部受收入水平、生理状况、个体差异等因素影响，不同老年人的需求存在显著差异，既有基础养老设施体系难以有针对性地满足不同老年群体的痛点问题。

（2）总体目标

基于以上瓶颈问题，本研究的总体目标是建构一个能够精准识别老年人群多维需求并辅助规划决策的智能模型（图1-3）。

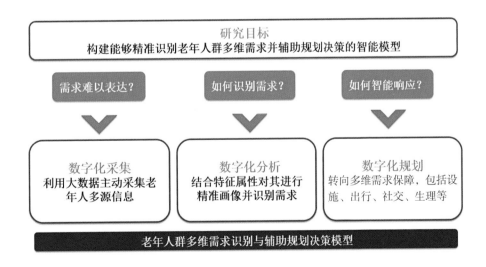

图1-3 研究目标

针对需求表达难的问题，本研究提出利用大数据主动采集老年人的多源信息，实现老年人需求数字化采集。

针对需求识别难的问题，本研究提出结合特征属性对老年人群进行精准画像并挖掘其需求，实现老年人需求数字化分析。

针对需求响应难的问题，本研究提出从单一物质保障转向多维需求保障，包括设施、出行、社交、生理等维度，实现数字化规划保障。

二、研究方法

1. 研究方法及理论依据

（1）城市人群数字画像理论

城市人群数字画像起源于"用户画像"的概念，是指利用一系列真实可靠的数据来构建群体用户的模型，实际是用虚拟代表真实用户，通过收集与分析用户的基本属性、消费行为、生活习惯等主要信息数据后，抽象出用户的生活商业全貌，并将其进行标签化。城市人群数字画像是基于城市中人群相关的多源数据，并借助数字化分析与特征抽取等数据技术，实现城市人群多维度特征及需求的系统刻画，并提出针对性规划策略的全过程。

城市人群时空行为规律与城市空间的错配，是带来城市问题的重要原因之一。相较于用户画像或传统人群画像研究中关注的一些人群基本自然、社会、偏好属性，城市规划与设计则更多从本身的目标出发，在原有基础属性上增加空间属性，即人群的时空特征，并基于此洞察城市人群时空需求，从而更好对空间资源进行调整与配置，进而减少资源的浪费与满足人群对城市的使用需求。

本研究运用城市人群数字画像技术，以供给侧-需求侧的双向分析为基础，聚焦于刻画老年人群的本体特征与多维需求，并构建了"社会经济-时空行为-社交联系"画像维度，以期在应用层面与规划的供给侧相衔接，为多情境下的老年人群服务设施规划提供智慧工具（图2-1）。

（2）图神经网络算法（Graph Neural Networks，简称GNN）

神经网络（Neural Networks）是目前人工智能领域的热门研究方向之一，它通过从已有数据中找到隐藏的特征信息，并利用这些特征信息为未知的数据进行预测。然而传统的神经网络结

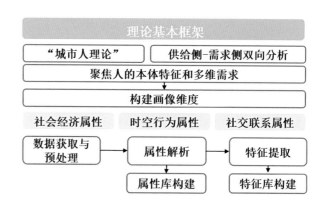

图2-1　人群数字画像理论框架

构，如卷积神经网络（Convolutional Neural Networks，简称CNN）等只能够处理如图像和文本这样的欧式数据。为了进一步拓展神经网络技术的运用，研究者们提出了能够处理图的神经网络，通过使用基于节点和边的图（Graph）来构造非欧几里得域上的数据，称为图神经网络（Graph Neural Networks，简称GNN）。

另一方面，聚类算法是大数据领域中数据分析的一项重要技术，其主要功能是通过寻找未标记信息之间的特征或结构相似度来为它们进行分类，以使同一分类中对象之间的相似度高于不同分类间对象的相似度。随着城市发展，城市人群数据体量日益增长，不同人群数据与空间数据间也存在着越来越多的联系。但传统的数据聚类方法，如K-均值聚类算法（K-Means），只利用了单个数据的信息进行聚类，而没有考虑到这些信息之间存在的相互关联，这导致了传统聚类算法在复杂数据上表现乏力。图聚类算法则利用数据之间的关联信息，将原本分散的数据组织为一个图结构，进而能够在图结构上进行聚类任务。

本研究在老年人群数字画像聚类时，尝试了K-Means、随机森林等技术方法，发现其无法有效地捕捉老年人群之间的复杂关系和相互影响。相比较而言，图神经网络能够利用图结构表示人群间的关联性和异质性的优点，并通过自监督机制实现聚类导向的节点表示，而不是只为了重构网络结构或者分类任务（表2-1）。根据实验结果，图神经网络在数据集上相比于传统的聚类方法，能够取得更高的聚类准确性（Cluster Accuracy，简称AC）（图2-2）。这可能是因为图神经网络能够同时利用数据的属性和结构信息，而传统的聚类方法往往只考虑其中一种。经过多轮技术迭代，本研究最终选择了图神经网络进行画像聚类。

典型聚类模型算法对比   表2-1

聚类方法	优势	劣势
K-Means聚类	●简单高效，有着较低的时间复杂度和空间复杂度	●随着数据集的增大，容易陷入到局部最优解中 ●在不规则数据集上难以进行有效聚类
BP神经网络	●较强的非线性映射能力 ●高度自学习和自适应能力	●容易陷入局部极值 ●结构选择一般只能由经验选定
随机森林算法	●能够处理高维度数据 ●可以给出特征重要值，泛化能力强	●不可解释性强 ●噪声过大时容易过拟合
图神经网络算法	●能够有效捕捉数据之间的复杂关系和相互影响 ●能够利用图结构表示数据的关联性和异质性	●需要知道全部节点信息

2. 技术路线及关键技术

本研究的技术路线包括数据库建构、指标体系建构、辅助决策模型建构和决策方案生成4步（图2-3）。

（1）数据库建构

本研究将人群数据和空间数据集成建构数据库。其中，人群数据包括LBS数据、手机信令数据及人口普查数据。空间数据分为行政区划数据、路网数据和用地数据等基础地理信息空间数据，以及业态POI数据、社区数据和老年服务设施数据等辅助地理信息空间数据。

（2）指标体系建构

通过文献总结老年人群的特征及需求，将其属性划分为社会经济、时空行为和社交联系3个维度。

①社会经济维度：老年人的基本社会属性，影响老年人群对各类公共空间资源需求分异的重要因素。大量研究认为老年人年龄、性别、收入、居住环境等是其生活质量和需求的主要影响因素。本研究选取社区老龄化程度、社区环境品质2个社区环境类属性，以及性别类型、收入水平2个个体特征属性。

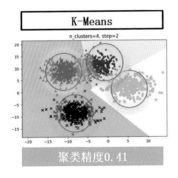
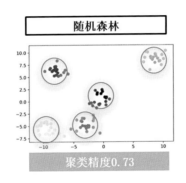
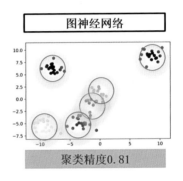

图2-2   多种算法对比结果

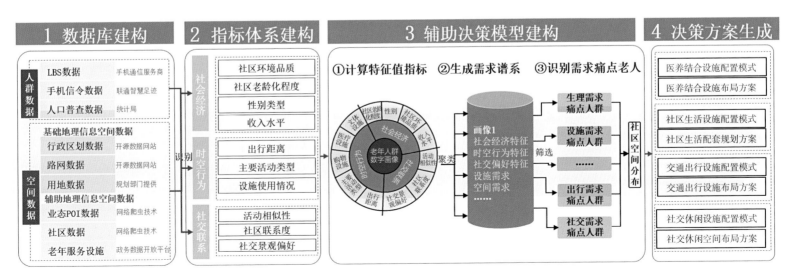

图2-3   技术路线图

②时空行为维度：老年人在追求城市中各类空间接触机会（包含各类公共服务或设施）中而发生在城市空间中的需求表征。本文从"出行"视角选取出行距离属性；从"活动"视角选取主要活动类型属性，其包括居家、文体、工作、购物、代际、就医和其他活动；从"使用"视角选取购物设施使用属性（菜场、便利店、大型商超、兴趣爱好类购物设施）、就医设施使用属性（综合医院、专科医院、社区卫生中心、诊所）和文体设施使用属性（棋牌类娱乐、休闲类娱乐、体育场馆、健身房、户外运动场地）。

③社交联系维度：老年人群之间的联系及社交发生的可能性。本研究从社会网络的视角，选取活动相似性、社区联系度和社交景观偏好3个属性。活动相似性用来衡量偏好活动的相似性，社区联系度用来衡量社区网络的节点重要性，社交景观偏好指的是老年人群的间接社交联系，以城市开放空间为载体，包括宅旁绿地、公园绿地、老城水体、乡村河流和其他景观。

该步骤运用的关键技术是基于时空大数据的行为链识别技术，包括使用ST-DBSCAN聚类识别老年人出行停留点，使用XGBoost树算法识别老年人出行行为，使用隐马尔科夫模型对老年人行为链类型进行刻画。

（3）辅助决策模型建构

辅助决策模型建构分为3步。首先，根据相关公式（详见本文第三章、第四章）计算输入的特征值，并形成分级指标。其次，运用图神经网络算法对3个维度12个属性的特征指标进行无监督聚类，生成需求导向的画像谱系。最终对画像进行自编码器聚类，筛选出需求痛点的画像类型。在此基础上基于图神经网络算法识别各类型老人的社区空间分布。

该步骤运用的关键技术是基于图神经网络的画像聚类技术和基于自编码器的多维画像筛选技术。

（4）决策方案生成

根据存在需求痛点的老年人群的社区空间分布情况，本研究从生理、设施、出行、社交4个方面分别提出医养结合设施配置模式、社区生活设施配置模式、交通出行设施配置模式和社交休闲设施配置模式等4种老年服务设施布局模式。并结合辅助决策模型生成的各类需求痛点老人的社区空间分布结果，形成医养结合设施布局方案、社区生活配套规划方案、交通出行设施布局方案以及社交休闲空间布局方案。

三、数据说明

1. 数据内容及类型

（1）人群数据

本研究使用的人群数据包括LBS数据、手机信令数据、人口普查数据。

①手机基于位置的服务数据（Location Based Service，LBS）

LBS数据是指网络运营商通过外部定位方式获取使用者的位置信息数据，广泛应用于城市人群时空行为规律及公共服务设施布局优化研究。

本研究采用的LBS数据来源于手机通信服务商提供，包括2017年、2019年和2021年南京市域的LBS数据共90天，精度为5m。本研究筛选其中60岁以上人群为老年人群，提取其信息，数据字段包括性别、活动时间、活动点经纬度（表3-1）。该数据可以捕捉人群时空活动轨迹，用以分析老年人群时空活动属性中的出行距离特征、主要活动类型特征、设施使用特征，社会经济属性中的性别类型特征、收入水平特征，并为识别老年人群社交联系

手机LBS数据信息表　　　　　　　　　　　　　　　　　　　　　　表3-1

用户识别码	性别	年龄	序列号	日期	时间	经度	纬度
16wdw 16dw31a	女	50~60岁	P1	2019-10-14	06：00：08	118.857953	32.007869
			P2	2019-10-14	07：06：55	118.804117	32.016727
			P3	2019-10-14	08：01：56	118.7710619	32.08069249
			…	2019-10-14	…	…	…
			Pn	2019-10-14	23：02：08	118.805627	32.536536

属性中的活动相似性特征、社区联系度特征和社交景观偏好特征做基础。

②手机信令数据

手机信令数据是指通过手机用户在基站之间的信息交换来确定用户空间位置的数据。

本研究采用的手机信令数据来源于联通智慧足迹科技有限公司，时间跨度为2022年9月1日至2022年9月30日，以700m×700m网格作为最小研究单元。数据内容包括网格居住人口（表3-2）和用户年龄结构分布（表3-3）。该数据用以分析老年人社会经济属性中的社区老龄化程度特征。

③人口普查数据

本研究采用第七次全国人口普查数据（以2020年11月1日0时为标准时点进行），空间尺度为行政区层面。数据指标包括各年龄组人口占比、有老年人户数等。普查数据从国家统计局获取。该数据用于校准验证大数据识别出的老年人群分布结果与人口普查结果在行政区层面是否一致。

（2）空间数据

本研究采用的空间数据包括行政区划数据、路网数据、用地数据、POI设施数据、老年服务设施数据以及社区数据。

①行政区划数据

本研究采用的行政区划数据来源于国家地理信息公共服务平台（http://www.tianditu.gov.cn），主要包括南京市行政区、社区的行政边界。该数据用以划分研究范围内的基础空间单元。

②路网数据

本研究采用的路网数据来源于OSM开源wiki地图（https://www.openstreetmap.org/）获取道路线要素数据。该数据用以搭建研究范围内的基底空间沙盘，并为后续出行优化策略提供基础。

③用地数据

本研究采用的用地数据来源于当地规划管理部门，包括用地边界和用地类型。其中，用地类型包括8个用地大类（公共管理与公共服务用地A、商业服务业设施用地B、工业用地M、物流仓储用地W、居住用地R、绿地与广场用地G、道路与交通设施用地S、非建设用地E）和19个用地小类。该数据经过用地重划分后，用以与时行为数据相结合，为识别老年人群时空行为属性中的主要活动类型特征和社交联系属性中的社交景观偏好特征做基础。

④兴趣点（Point of Interest，简称POI）设施数据

本研究采用的POI设施数据来源于百度平台，包括业态名称、类别和经纬度等。本研究将POI设施类型进行细分，用以识别老年人时空行为属性中的购物设施使用特征、就医设施使用特征和文体设施使用特征。

⑤老年服务设施数据

本研究采用的老年服务设施数据从南京市政务数据开放平台获取，包括老年活动中心点名称和经纬度以及老年助餐点名称、营业时间和经纬度。该数据用以辅助判断社区老年设施供需情况。

⑥社区数据

本研究采用的社区数据包括在线房租数据和绿化率数据。其

手机信令数据网格居住人口信息表　　　　　　　　表3-2

日期	城市编码	城市名称	居住网格	经度	纬度	居住人口数
20220901	V0320100	南京市	2303096	118.767	32.042	600
20220901	V0320100	南京市	2305191	118.767	32.042	90
20220901	V0320100	南京市	…	…	…	…

手机信令数据用户年龄结构分布信息表　　　　　　　　表3-3

日期	城市编码	城市名称	类型	网格	经度	纬度	年龄	居住人口数
20220901	V0320100	南京市	home	2305192	118.767	32.042	>60	7
20220901	V0320100	南京市	home	2305214	118.767	32.042	>60	129
20220901	V0320100	南京市	…	…	…	…	…	…

中，在线房租数据来源于国内具有相当影响力的房地产平台——安居客（http://guangzhou.anjuke.com/）。共收集了南京市老城区131个社区的在线房源的"租房价格"数据。房租水平可以综合反映住房条件、公共设施配置（教育、医疗、休闲等）和交通条件等建成环境质量，也能够区域内反映居住主体的经济状况。该数据用以分析老年人群社会经济属性中的社区环境品质特征。

2. 数据预处理技术与成果

（1）手机信令数据预处理

①预处理流程

手机信令数据预处理流程如图3-1所示。

②预处理结果数据结构

数据字段包括社区编号、社区老龄化程度和社区环境品质。

社区老龄化程度：用网格中60岁以上人口与网格中居住人口的比值表示。

$$PA_i = \frac{pop_{age \geq 60}}{pop} \qquad (3-1)$$

式中，PA_i是第i个栅格的老龄化率，$pop_{age \geq 60}$是栅格大于等于60岁的居住人口数，pop是栅格居住总人口数。

社区环境品质：用社区租房价格与老城社区租房价格最高值比值以及社区绿化率与南京老城社区绿化率最高值比值之和表示。

$$CEQ = \frac{P}{P_{max}} + \frac{G}{G_{max}} \qquad (3-2)$$

式中，CEQ是社区环境品质指标；P是社区租房价格；P_{max}老城社区租房价格最高值；G是社区绿化率；G_{max}是老城社区绿化率最高值。

（2）用地数据预处理

①预处理流程

用地数据预处理流程如图3-2所示，先将用地数据输入并清洗数据，接着进行用地重新划分，得到用地活动类型标签和用地社交偏好标签。

②预处理结果数据结构

数据字段包括用地编号、用地边界、用地活动类型标签、用地社交偏好标签。

对其进行重划分后可以分为文体活动用地、代际活动用地、就医活动用地、购物活动用地、工作活动用地和宅旁绿地、公园绿地、城市水体、乡村河流。该预处理数据与LBS数据结合，可识别分析老年人主要活动类型和社交景观偏好。

（3）POI设施数据预处理

①预处理流程

POI设施数据预处理流程如图3-3所示。筛选POI点并分类为就医设施、文体设施、购物设施等。其中，小学的服务半径是500m，中学的服务半径是1000m。该预处理结果与LBS数据结合，可分析老年人设施使用情况。

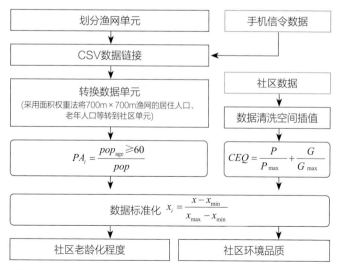

图3-1 手机信令数据预处理流程

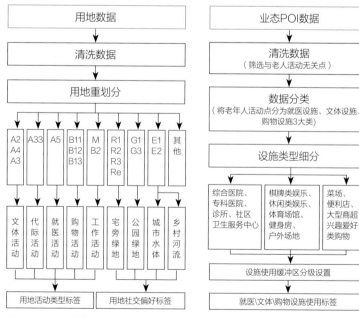

图3-2 用地数据预处理流程 　图3-3 POI数据预处理流程

②预处理结果数据结构

数据字段包括设施名称、设施大类、设施细类、经度、维度。

（4）手机LBS数据预处理

①预处理流程

手机LBS数据预处理流程如图3-4所示。

②关键技术

LBS数据的预处理流程包含4个步骤并集成了3个关键技术（图3-5）。

步骤一（数据预处理）和步骤二（停留点识别），采用的关键技术是基于密度的噪声应用空间聚类（ST-DBSCAN）技术。该技术用于识别老年人出行停留点。

步骤三（出行行为识别）采用的关键技术是XGBoost树算法。该技术用于识别老年人的出行行为。

步骤四（行为链类型刻画）采用的关键技术是隐马尔科夫模型。该技术用于对行为链类型进行刻画。

③预处理结果数据结构

数据字段包括ID、主要活动类型、活动点经度、活动点维度、出行距离。

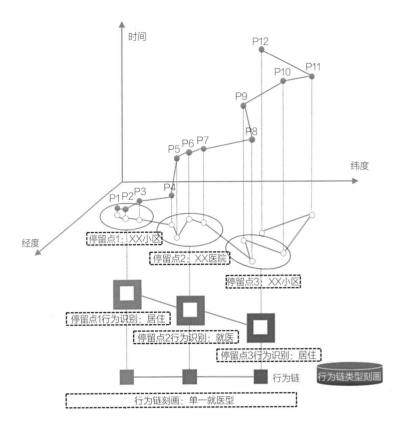

图3-5 关键技术示意图

出行距离：老年人一天所有出行的距离累加值。

$$S_i = S_1 + S_2 + \cdots + S_n \qquad (3-3)$$

式中，S_i 是第 i 个老人的出行距离，n 是第 i 个老人一天的出行次数。

四、模型算法

1. 模型算法流程及相关数学公式

（1）算法流程及实施步骤

本研究模型算法整体分为特征值计算、画像聚类、多维画像筛选3步（图4-1）。

①基于时空大数据的行为链识别技术的特征值计算

步骤一的算法流程如图4-2所示。基于LBS数据、社会经济等多源大数据，运用ST-DBSCAN算法、XGBoost树算法和隐马尔科夫模型等，得到老年人的时空出行特征、社会经济特征、社交联系特征。

②基于图神经网络的画像聚类

步骤二的算法流程如图4-3所示。首先，输入步骤一计算的

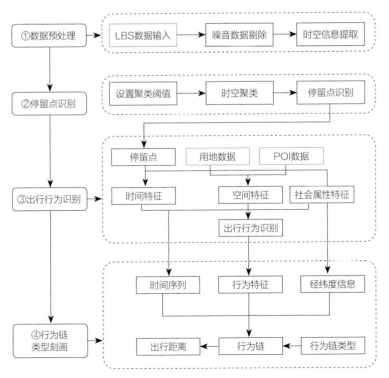

图3-4 LBS数据预处理流程

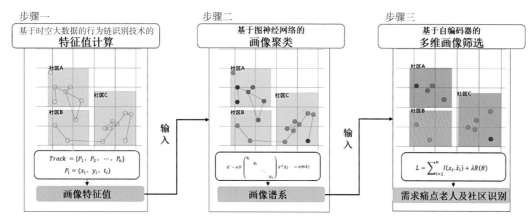

图4-1　模型算法整体流程图

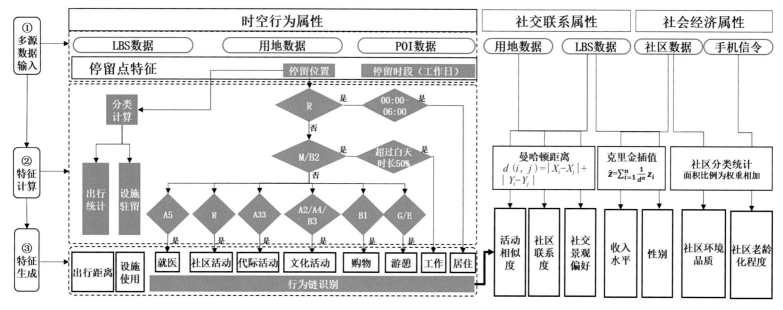

图4-2　步骤一算法流程图

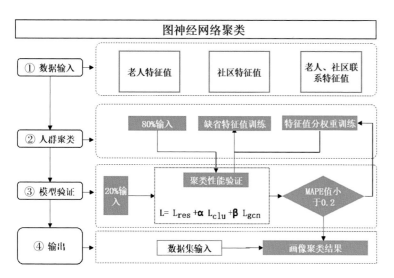

图4-3　步骤二算法流程图

特征值。接着基于特征值结果进行图神经网络聚类，训练特征值权重。直到满足MAPE值小于0.2，并进行缺省值训练。最终，得到老年人群数字画像谱系。

③基于自编码器的多维画像筛选

步骤三的算法流程如图4-4所示。

首先，基于人群数字画像谱系，将其转变为老人需求：生理需求、出行需求、社交需求和设施需求。基于需求进行特征选择并基于自编码器进行特征聚类，通过不断训练直到满足正态分布检验：$p>0.05$。阈值选取：基于阈值在人群数字画像谱系中选择需求痛点老人。

其次，将需求痛点老人在社区二维空间上落位，计算各社区需求痛点老人分布占比结构。将手机信令数据和各社区需求痛点

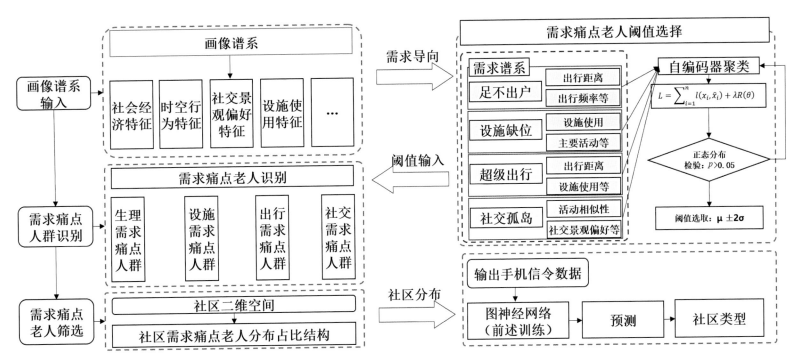

图4-4　步骤三算法流程图

老人分布占比结构输入步骤二的图神经网络模型中，进行预测，最终得到社区类型结果。

2. 模型算法相关支撑技术

本研究的模型算法包括两个算法群集成的方法技术，具体如下：

（1）人群数字画像技术

主要包含以下3个步骤：①轨迹停留点识别：在可获得的多源大数据基础上，运用停留点识别、职住点识别筛选出本次画像的目标人群及其基础数据集；②人群属性库构建：通过活动点识别、行为链构建、时空属性统计与汇总等数字化分析技术，实现人群多维属性的指标量化测度，并构建人群属性库；③人群数字画像构建：提取各维度各属性的特征标签进行组合，生成大规模人群所对应的群体类型库，并选取典型群体进行画像结果的模式刻画与可视化展示。

（2）老年人群多维需求识别技术

老年人群多维需求识别技术，是挖掘老年人生活质量，进而精准提供服务的重要途径。现有的需求识别技术主要有基于降维策略、基于编码策略和基于聚类策略的3类方法。为了兼顾数据多维度与复杂度，并考虑数据的语义特征，本研究使用了自编码器算法。

自编码器（Clustered Autoencoder）是一种基于聚类和神经网络的特征降维方法，它首先对数据进行聚类，然后对每个簇分别训练一个自编码器（Autoencoder），最后将各个簇的自编码器的隐层输出合并成一个低维空间。这样可以利用神经网络的非线性映射能力，同时适应每个簇的数据分布。

五、实践案例

1. 案例选取与数据处理

南京市比全国平均水平提前10年进入人口老龄化阶段，同时也是全国首批养老服务综合改革试点城市。根据第七次全国人口普查数据，南京市60周岁及以上老年人口占比达18.98%，其中65周岁及以上老年人口占比达13.70%。

南京市老龄化程度最高区域分布在秦淮区、鼓楼区等老城区。考虑到其范围内城市建设密度高，建筑年代长，老年人群活动多，数据统计完整，本文选取南京老城作为研究案例地，即南京市区内明都城范围，以护城河（湖）对岸为界、总面积约50平方公里的区域（图5-1）。

结合南京老城多源数据，量化12项画像特征聚类得到特征指标。具体分级与计算结果见表5-1。

2. 南京老城老年画像结果

利用本研究构建的辅助决策模型，识别出南京老城215种老年画像。在出行距离方面，远距离出行老人占比较多，其中中低收入男性老人最多，可能由于其存在远距离工作或游憩活动。出行频率方面，各层级人群分布均等，高频率与低频率出行相对较多。活动类型方面，多数老人表现为居家活动与代际活动，购物活动次之，其他活动相对较少（图5-2）。

综上所述，南京老城老年人数量多，整合形成多维复杂特征，需要本模型的数字技术支撑，从而对老年人的特征与需求进行精准识别与保障（图5-3）。

在对南京老城老年人进行画像刻画的基础上，进一步将其空间落位，剖析其空间簇群分布与各类占比。整体来看，观音里

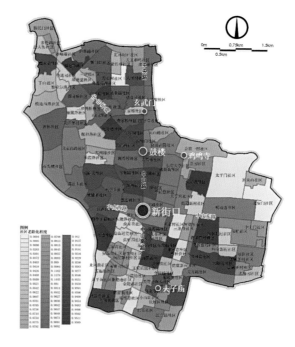

图5-1 研究范围及社区边界

特征指标值计算   表5-1

指标名称	社会经济			时空行为		
	社区老龄化程度	社区环境品质	性别	收入水平	出行距离	主要活动类型
指标分级	重度老龄化（20%）；中度老龄化（14%）；轻度老龄化（7%）	环境品质1级；环境品质2级；环境品质3级；环境品质4级；环境品质5级	男性；女性	高（>103860元/年）；中（13844～103860元/年）；低（<13844元/年）	远（>5.988km）；中（1.594～5.988km）；近（<1.594km）	居家；文体；工作；购物；代际；就医；其他
图示						

指标名称	时空行为			社交联系		
	购物设施使用情况	就医设施使用情况	文体设施使用情况	活动相似性	社区联系度	社交景观偏好
指标分级	菜场；便利店；大型商超；兴趣爱好类购物	综合医院；专科医院；社区卫生中心；诊所	棋牌类娱乐；休闲类娱乐；体育场馆；健身房；户外运动场地	高相似性（>0.921）；中相似性（0.628～0.921）；低相似性（<0.628）；无相似性（0）	高（>0.864）；中（0.159～0.864）；低（<0.159）	宅旁绿地；公园绿地；老城水体；乡村河流；其他
图示						

社区、大石桥社区、致和街社区与瑞金北村社区形成4个主要老年人群活动簇群，致和街社区中心度最高（图5-4）。以观音里社区簇群为例，占比前六位的老人类型分别为高频远距离买菜老人、高频兴趣爱好老人、高频宅旁活动老人、低频公园绿地活动老人、中频远距离就医老人、远距离水边活动老人，其中高频宅旁活动老人占比最多、为23%（表5-2）。

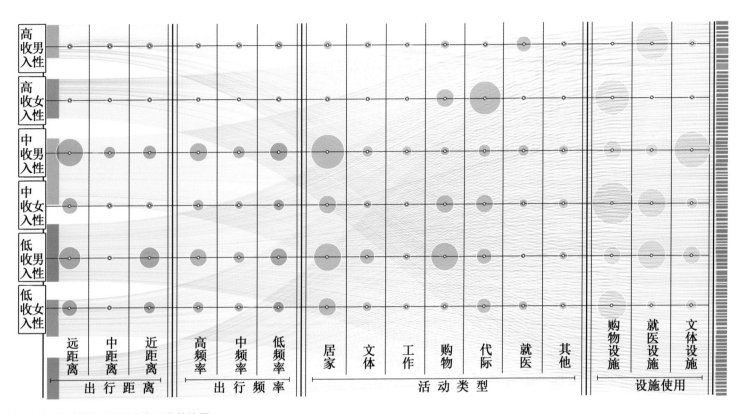

图5-2 南京老城215种老年画像能流图

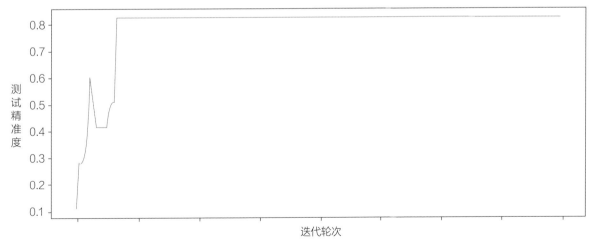

图5-3 图神经网络预测准确率

图5-4　南京老城215种老年画像簇群图

高联系社区簇群及其人口前六位占比人群　表5-2

高联系社区簇群				
		观音里社区	大石桥社区	瑞金北村社区	致和街社区
占比前六位人群	名称	高频远距离买菜老人	低频远距离购物老人	低频远距离购物老人	高频远距离绿地活动老人
	占比	19%	14%	2%	7%
	名称	高频兴趣爱好老人	远距离钓鱼老人	高频绿地活动老人	高频中距离代际老人
	占比	5%	20%	14%	12%
	名称	高频宅旁活动老人	近距离公园活动老人	远距离钓鱼老人	高频宅旁活动老人
	占比	23%	10%	12%	5%
	名称	低频公园绿地活动老人	高频近距离代际老人	中频近距离就医老人	远距离钓鱼老人
	占比	13%	21%	26%	15%
	名称	中频远距离就医老人	高频绿地活动老人	无活动居家老人	低频中距离绿地活动老人
	占比	15%	10%	9%	7%
	名称	远距离水边活动老人	高频宅旁活动老人	高频近距离水边活动老人	高频近距离就医老人
	占比	2%	3%	16%	13%

3. 南京老城四类需求痛点老人

（1）四类需求痛点老人筛选

利用多维画像筛选技术，从生理、设施、出行、社交4个维度出发，筛选得到4类需求痛点老人（图5-5）。分别为：在生理层面存在需求痛点的足不出户老人，占比1.1%；在设施层面存在需求痛点的设施缺位老人，占比3.2%；在出行层面存在需求痛点的超级出行老人，占比5.9%；在社交层面存在需求痛点的社交孤岛老人，占比2.8%。

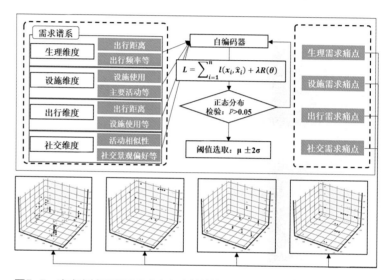

图5-5　南京老城四类需求痛点老人筛选流程

（2）四类需求痛点老人特征解析

①足不出户老人

足不出户老人通常因身体虚弱、行动不便或其他原因无法外出，需要依靠家人或社区的帮助满足生活照料、医疗护理等日常生活基本需求，该人群对医疗养老等基础保障类设施使用的需求较高。在南京老城中，足不出户老年人群占比前三的社区分别是绒庄新村社区、五老村社区和树德里社区，占比分别达到3.92%、3.59%和3.46%，整体呈现"大分散、小集聚、整体散布"的空间分异特征（图5-6）。

②设施缺位老人

设施缺位老人指由于社会支持设施不完善或与空间需求不匹配而造成困难和不便的老人，该人群对医疗养老基础保障类设施与公园绿地交往类设施的需求较高，但由于社区生活圈范围内相关类型设施的稀缺性和局限性导致在自身社区尺度下设施配置的不完善和不高效。相比之下，设施缺位老人更加需要完善、高效的多级设施和更加丰富、多样的社交场所。在南京老城中，设施缺位老年人群占比前三的社区分别是成贤街社区、尚书巷社区和弓箭坊社区，占比分别达到3.04%、2.93%和2.55%（图5-7）。

③超级出行老人

超级出行老人对公园绿地社会交往类设施等具有较高的期望和要求，活动丰富度较高，偏好于城郊远距离的多样化空间。例如，南京极具特色的地铁S9号线，在早晨6点已经成为"南京主城区老人钓鱼专列"。从数值上看，平均出行距离达6307.9m，通勤时间45分钟以上的老人达到45.2%以上，因此，相对便捷的交通和特定的流线对超级出行老人生活品质提升至关重要。在南京老城中，超级出行老年人群占比前三的社区分别是明故宫社区、张府园社区和俞家巷社区，占比分别达到1.90%、1.82%和1.78%（图5-8）。

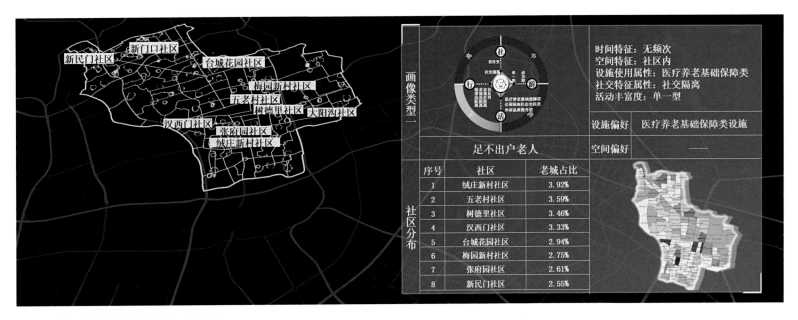

图5-6 足不出户老人特征解析与空间分布

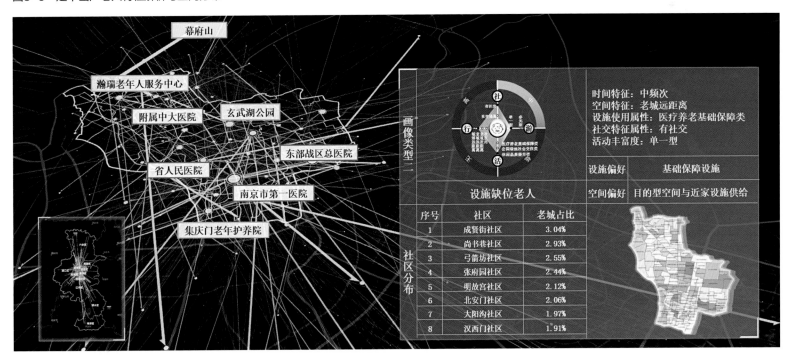

图5-7 设施缺位老人特征解析与空间分布

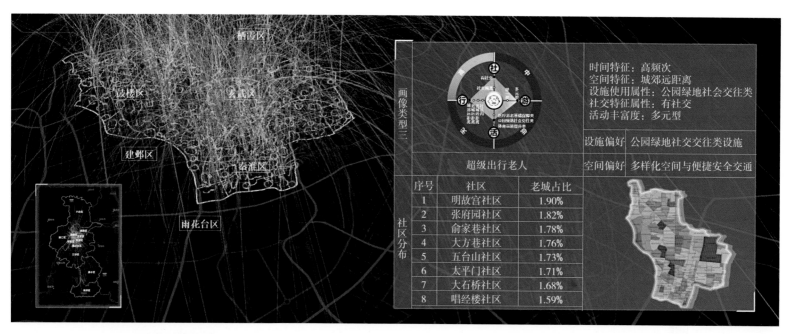

图5-8　超级出行老人特征解析与空间分布

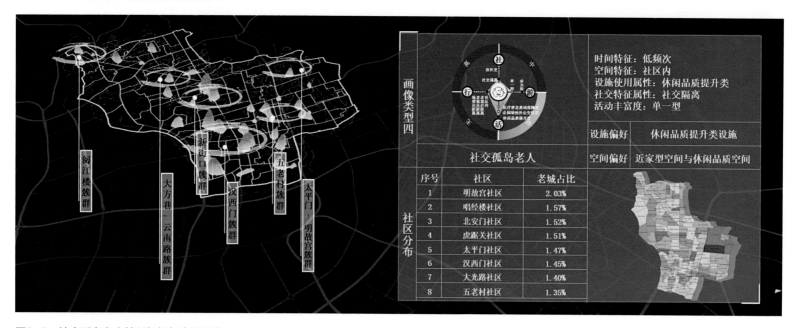

图5-9　社交孤岛老人特征解析与空间分布

④社交孤岛老人

社交孤岛老人指因身体健康状况、家庭状况等原因无法积极参与社交活动，导致与外界联系隔断，形成社交孤立状态的老人。从时空特征上看，社交孤岛老人的出行频次较低，大多存在于社区内部，整体活动丰富度单一，偏好于近家型空间与休闲品质空间。在南京老城中，社交孤岛老年人群形成了阅江楼簇群、新街口簇群和汉西门簇群等若干簇群，其中社交孤岛老人占比前

三的社区分别是明故宫社区、唱经楼社区和北安门社区，占比分别达到2.03%、1.57%和1.52%（图5-9）。

4. 规划策略应对

根据四类需求痛点老人的社区空间分布情况（图5-10），进行医养结合、社区生活、交通出行、社交休闲四类设施或空间配置。

医养结合方面，识别出存在生理需求痛点的社区，构建"医+

养""养+医"双重维度的医养结合平台（图5-11）。

社区生活方面，识别出存在设施需求痛点的社区，通过划分500m、1000m、1500m三个设施圈层，配置生活必须设施、公园广场设施、文体休闲设施与社区保健设施（图5-12）。

交通出行方面，识别出存在交通需求痛点的社区，从道路系统设施与公共交通设施出发，结合老年人出行路径，对敬老公交专线等进行设置（图5-13）。

休闲游憩方面，识别出存在社交需求痛点的社区，划分步行10分钟、步行30分钟、公交30分钟设施圈，分别布设住区休憩设施、社区休憩设施、城市网红设施、城市休憩设施（图5-14）。

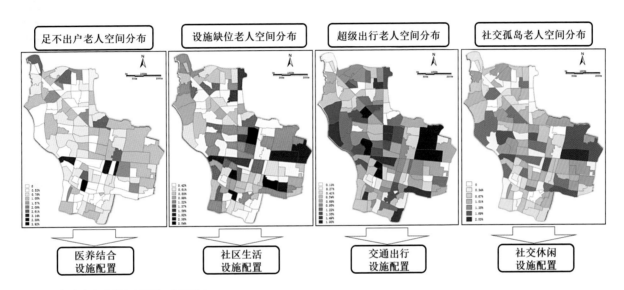

图5-10　四类需求痛点老人特征解析与空间分布

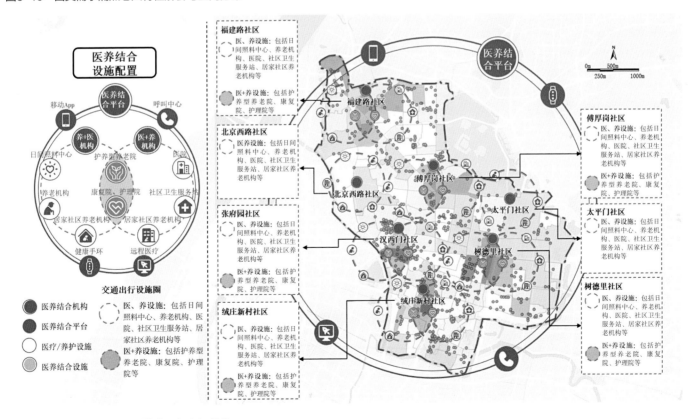

图5-11　医养结合设施配置模式图与空间落位

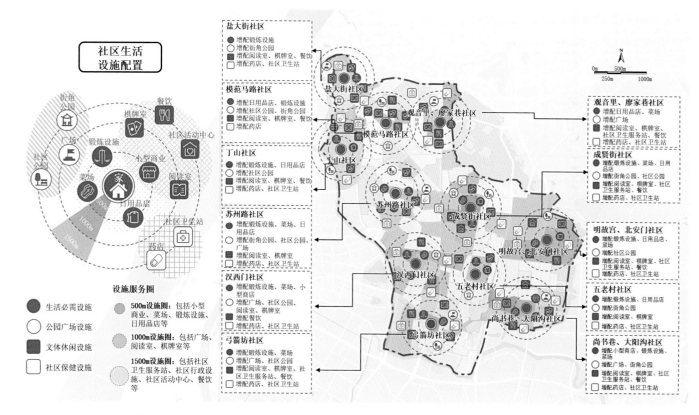

图5-12　社区生活设施配置模式图与空间落位

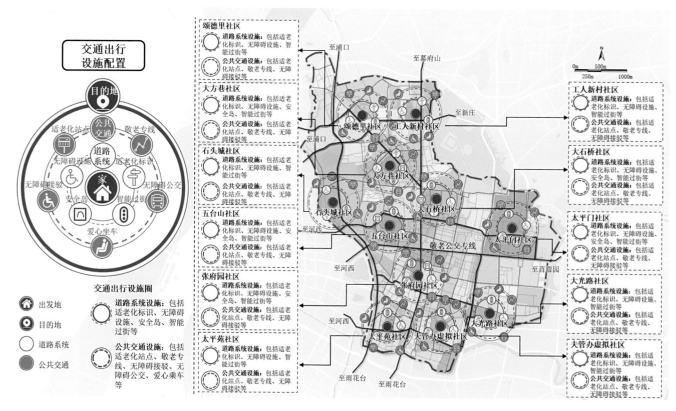

图5-13　交通出行设施配置模式图与空间落位

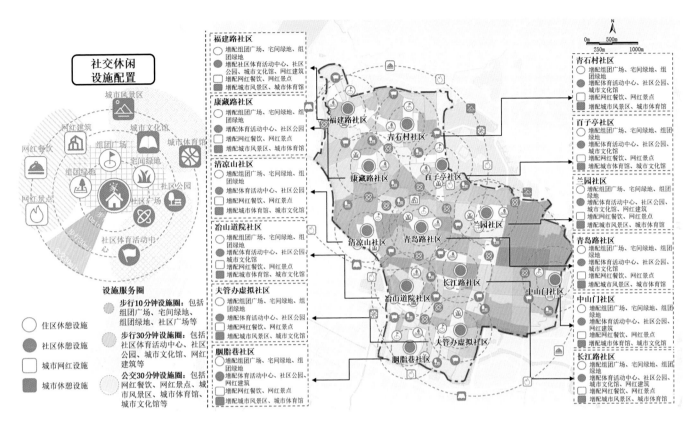

图5-14　休闲游憩设施配置模式图与空间落位

六、研究总结

1. 模型设计的特点

（1）研究视角层面

人本视角下的多维需求识别。相较于以往侧重于物质空间保障、老年面孔"千人一面"的研究，本研究从需求出发，深入研究老年人群的时空行为规律，关注老年群体间在社会经济、行为活动、社交联系等层面的差异化特征，识别其生理需求、物质保障、社会交往、自主出行等多维度需求，从而提供精准化、精细化服务。理解老年人群需求与空间之间的矛盾关系，强化"数据增强设计"的理念，进而为城市规划实践提供理性的借鉴，为城市建设和更新的规划决策提供依据，呼应以人为本的新型城镇化。

（2）技术方法层面

融合多源数据的画像方法。既往研究多采用人口普查或小样本调查数据，难以解析老年人群需求。针对此瓶颈问题，本研究提出将手机信令数据、LBS数据、POI数据及其他网络开源大

数据相融合，结合定量分析的方式，建构了一套包含3个维度、12个特征值的完整刻画体系。数据颗粒度细，与实际情况匹配度高，有效提升了画像的精确度和合理性。

基于时空大数据的行为链识别技术。本研究以LBS数据、用地数据、POI数据为基础，集成了3个算法模型以识别人群时空行为链：首先，基于ST-DBSCAN聚类识别老年人出行停留点；其次，基于XGBoost树算法识别老年人出行行为；最终，基于隐马尔科夫模型对老年人行为链类型进行刻画，完成对人群主要活动类型的识别。

基于图神经网络的画像聚类。本研究不仅考虑老年人个体特征，还考虑老年人群间的联系结构，如利用活动相似性和社区联系性来量化老年人的社交联系属性。因此采用图神经网络算法，综合考虑特征信息和结构信息，对特征指标进行无监督聚类，生成需求导向的画像谱系。

多维画像筛选技术。本研究针对既有基础养老设施体系难以针对性满足不同老年群体的痛点问题，提出依据生理、设施、出行和社交4个方面，筛选需求痛点老人，即对该方面依赖较高的

人群。将模型输出结果与应用端决策方案生成紧密衔接，为政府及有关部门制定相关决策提供科学依据，具有推广性。

2. 应用方向或应用前景

（1）老年人群时空行为规律特征挖掘与精准画像。

（2）面向老年人群多维需求的适老化设施综合配置。

（3）针对需求痛点老人的社区安全监测与智能辅助。

参考文献

［1］TAO Z, CHENG Y, DAI T, et al. Spatial optimization of residential care facility locations in Beijing, China: maximum equity in accessibility［J］. International Journal of Health Geographics, 2014, 13: 33.

［2］WANG F, TANG Q. Planning toward equal accessibility to services: A quadratic programming approach［J］. Environment and Planning B, 2013, 40: 195-212.

［3］谢波，周婕. 大城市老年人的空间分布模式与发展趋势研究——以北京、上海、广州、武汉为例［J］. 城市规划学刊，2013（5）：56-62.

［4］湛东升，张文忠，谌丽，等. 城市公共服务设施配置研究进展及趋向［J］. 地理科学进展，2019，38（4）：506-519.

［5］曾富生. 养老需求的理论分析与老年人需求满足的探讨［J］. 西部学刊，2021（2）：55-57.

［6］王承慧. 美国社区养老模式的探索与启示［J］. 现代城市研究. 2012（8）：35-44.

［7］柴彦威，李昌霞. 中国城市老年人日常购物行为的空间特征——以北京、深圳和上海为例［J］. 地理学报，2005（3）：401-408.

［8］杨东峰，刘正莹. 邻里建成环境对老年人身体活动的影响—日常购物行为的比较案例分析［J］. 规划师，2015，31（3）：101-105.

［9］黄建中，张芮琪，胡刚钰. 基于时空间行为的老年人日常生活圈研究——空间识别与特征分析［J］. 城市规划学刊，2019，250（3）：87-95.

［10］赵鹏军，罗佳，胡昊宇. 基于大数据的老年人生活圈及设施配置特征分析——以北京市为例［J］. 地理科学，2022，42（7）：1176-1186.

［11］贾玉娇，王丛. 需求导向下智慧居家养老服务体系的构建［J］. 内蒙古社会科学，2020，41（5）：166-172，213.

［12］金探花. 基于 LBS 数据的城市人群画像研究［D］. 南京：东南大学，2019.

［13］王佳文，叶裕民，董珂. 从效率优先到以人为本——基于"城市人理论"的国土空间规划价值取向思考［J］. 城市规划学刊，2020（6）：19-26.

［14］杨俊宴，郑屹. 城市：可计算的复杂有机系统——评《创造未来城市》［J］. 国际城市规划，2021，36（1）：124-130.

［15］匡政泽. 基于图神经网络的聚类算法［D］. 成都：电子科技大学，2022.

［16］鲁惠婷. 基于图神经网络的聚类研究［J］. 电脑编程技巧与维护，2021，438（12）：154-156.

［17］王慧，孙德红. 基于改进图神经网络和用户偏好聚类的个性化学习资源推荐算法［J］. 黑龙江工程学院学报，2022，36（6）：30-34.

［18］LIU X, ZHU X, LI M, et al. Multiple Kernel k-Means with Incomplete Kernels［J］. IEEE Transac-tions on Pattern Analysis and Machine Intelligence, 2020, 42（5）：1191-1204.

［19］周素红，彭伊侬，柳林，等. 日常活动地建成环境对老年人主观幸福感的影响［J］. 地理研究，2019，38（7）：1625-1639.

［20］王菲. 我国城市老年人消费行为的实证研究［J］. 人口与发展，2015，21（3）：101-112.

［21］张政. 老年人出行行为特征及其分析方法研究［D］. 北京：北京交通大学，2009.

［22］申悦，柴彦威. 基于性别比较的北京城市居民活动的时空弹性研究［J］. 地理学报，2017，72（12）：2214-2225.

［23］GUO Y, FU B, WANG Y, et al. Identifying spatial mismatches between the supply and demand of recreation services for sustainable urban river management: a case study of Jinjiang River in Chengdu, China［J］. Sustainable Cities and Society, 2022, 77: 103547.

［24］张文佳，鲁大铭. 影响时空行为的建成环境测度与实证研

究综述［J］. 城市发展研究，2019，26（12）：9-16，26.

［25］甄峰，王波，陈映雪. 基于网络社会空间的中国城市网络特征——以新浪微博为例［J］. 地理学报，2012，67（8）：1031-1043.

［26］沈丽珍，汪侠，甄峰. 社会网络分析视角下城市流动空间网络的特征［J］. 城市问题，2017，260（3）：28-34.

［27］钮心毅，吴莞姝，李萌. 基于LBS定位数据的建成环境对街道活力的影响及其时空特征研究［J］. 国际城市规划，2019，34（1）：28-37.

［28］钮心毅，李萌. 移动定位大数据支持建成环境规划设计的途径和方法［J］. 西部人居环境学刊，2019，34（1）：31-37.

［29］丁亮，钮心毅，宋小冬. 基于移动定位大数据的城市空间研究进展［J］. 国际城市规划，2015，30（4）：53-58.

［30］杨俊宴. 城市脉搏：基于多源大数据的城市动态结构研究［J］. 规划师，2020，36（21）：64-71.

［31］丁亮，钮心毅，宋小冬. 利用手机数据识别上海中心城的通勤区［J］. 城市规划，2015，39（9）：100-106.

［32］秦萧，甄峰，熊丽芳，等. 大数据时代城市时空间行为研究方法［J］. 地理科学进展，2013，32（9）：1352-1361.

［33］史宜，杨俊宴. 基于手机信令数据的城市人群时空行为密度算法研究［J］. 中国园林，2019（5）：102-106.

［34］KIPF T N，WELLING M. Variational graph auto-encoders［C］. Conference on Neural Information Processing Systems（NIPS），2016：1-8.

［35］袁奇峰，马晓亚. 保障性住区的公共服务设施供给——以广州市为例［J］. 城市规划，2012，36（2）：24-30.

［36］柴彦威. 人本视角下新型城镇化的内涵解读与行动策略［J］. 北京规划建设，2014（6）：34-36.

［37］胡畔，王兴平，张建召. 公共服务设施配套问题解读及优化策略探讨——居民需求视角下基于南京市边缘区的个案分析［J］. 城市规划，2013（10）：77-83.

［38］张玏. 老年人需求视角下社区公共服务设施优化研究［D］. 济南：山东建筑大学，2019.

［39］LI K，CHEN Y，LI Y. The random forest-based method of fine-resolution population spatialization by using the international space station nighttime photography and social sensing data［J］. Remote Sensing，2018，10（10）：1650.

［40］BING Z，QIU Y，HUANG H，et al. Spatial distribution of cultural ecosystem services demand and supply in urban and suburban areas：A case study from Shanghai，China［J］. Ecological Indicators，2021，127：107720.

［41］詹庆明，张慧子，肖琨，等. 利用多源大数据构建人才住房空间布局决策方法［J］. 测绘地理信息，2021，46（S1）：1-4.

［42］杨俊宴，史宜，邓达荣. 城市公共设施布局的空间适宜性评价研究——南京滨江新城的探索［J］. 规划师，2010，26（4）：19-24.

［43］邬伦，宋刚，吴强华，等. 从数字城管到智慧城管：平台实现与关键技术［J］. 城市发展研究，2017，24（6）：99-107.

［44］杨俊宴. 城市大数据在规划设计中的应用范式：从数据分维到CIM平台［J］. 北京规划建设，2017，177（6）：15-20.

基于"人—活动—环境"互动视角的城市街道热风险评估与优化模型

工作单位：南京大学建筑与城市规划学院、上海市城市规划设计研究院

报名主题：面向高质量发展的城市治理

研究议题：安全韧性城市与基础设施配置

技术关键词：机器学习、时空行为分析、城市环境建模

参赛人：张蔚、王星、陈文婷、刘沫涵、蒙晓雨、武建良、杨心语、刘笑、林芷馨、强靖淇

指导老师：甄峰、沈丽珍

参赛人简介：项目成员主要来自南京大学建筑与城市规划学院。团队依托江苏省智慧城市规划与数字治理工程研究中心，团队成员背景多元，研究兴趣涉及城市行为网络、居民行为偏好等，近期聚焦居民活动与建成环境时空协同的空间优化调控研究，在相关领域已取得系列成果，具有丰富的理论和实践经验。

一、研究问题

1. 研究背景及目的意义

2023年3月，联合国政府间气候变化专门委员会（IPCC）在第六次评估报告中指出，2011—2020年，全球地表温度平均水平比1850~1900年提升1.09℃。在全球变暖和快速城市化背景下，我国城市地区温度增幅已显著超过全球温度上升幅度，多地频现极端高温事件。2023年夏季，北京市甚至史上首次连续三天最高气温超过40℃，极端高温天气不仅对人体健康产生严重威胁，同时严重影响了居民的出行活动，干扰社会正常生活生产的运转。因此，如何有效应对高温风险，提升城市空间热适应性，增强居民生活质量，已成为我国城市规划学科亟需回应的重要议题。

近年来，尽管很多研究已证明城市高温与人的高质量生活、生产乃至健康紧密相关，但真正聚焦于人的视角、尺度，关注感知和行为的热环境研究相对较少。在研究视角上，既有研究集中在生态、遥感以及灾害学领域，开展了大量的客观物质环境的热测度研究，主要关注城市面状、点状降温设施的布局规划，聚焦于研究热感知与建成环境属性的相关性，较少从人的视角出发，系统结合人类感知与活动特征对建成环境进行布局优化。在研究尺度上，一部分学者利用遥感数据对热环境空间分布特征展开分析，但受限于数据精度，研究尺度多为城市及以上，缺少对于街道这一户外出行主要空间尺度的高温风险研究；另一部分学者尽管聚焦于与人实际体验相关联的微观尺度，但多为利用专业气象设备对客观热环境的测度，人的主观感知测量涉及较少，且多采用问卷方式，调研范围受限，难以进行快速全面的评估。在研究方法上，既有研究采用的方法对设备、环境以及季节要求较

高，多聚焦于热感知指标构建、测度技术、测度流程和结果优化，在实践应用层面较为不足。因此，需要探索如何从人与环境的互动视角出发，利用多源大数据，建立街道微观尺度下城市热环境的量化评估与优化模型，为改善人居环境以及城市更新评估提供更具针对性的参考。

2. 研究目标及拟解决的问题

本研究旨在建立起一套从"人—活动—环境"互动视角出发，基于街道尺度的建成环境高温风险的评估优化模型，利用模型识别归纳各类潜在热风险的街道特征，评估其空间分布、行为与环境特征和关键影响因子，最终提出"行为—环境"双视角的优化策略。基于此，研究拟解决的核心问题如下：

（1）如何识别居民在不同出行情景下的热风险状况？

（2）如何提取建成环境中对热环境具有明显功能指向性的关键特征？

（3）如何评估潜在热风险街道，并基于其特征展开分类优化，构建热舒适的城市街道？

二、研究方法

1. 理论基础

城市热风险评估的理论基础来源于适应性理论与脆弱性理论。适应性理论反映了个体在面对灾害时的应变能力。脆弱性理论源于灾害学领域，指暴露于风险、扰动或压力下的系统遭受灾害影响时的易损程度与状态。

"人—活动—环境"互动视角主要是指行为地理学中人类行为与空间环境之间的相互作用关系。这种视角认为人类的行为活动会受到环境影响，而同时人类行为也会对环境产生影响。在城市热环境的研究中，城市居民在热岛效应、城市热环境和热舒适等方面的热感知，与其在城市中的行为活动及所处的环境密切相关。

因此，本研究从"人—活动—环境"互动视角出发，结合国内外学者对于城市高温热浪的研究框架，重点弥补了以往研究中对于人的主观感知与行为关注的不足，从热暴露、热脆弱和热适应三个维度构建了城市建成环境高温风险的评价模型（图2-1）。其中，热暴露从"人—活动"视角出发，指城市人口可能暴露于

高温的程度，通常需要考虑公众户外活动的行为暴露，同时需要重点考虑极端高温对老年人、儿童等弱势群体的负面影响；热脆弱从"人—环境"视角出发，指街道环境在极端高温环境扰动下所呈现的易损程度与状态，在本研究中，主要通过识别街道环境中与人体热感知高度相关的关键因子表征；热适应从"活动—环境"视角出发，强调建成环境主动适应气候变化，反映了在面对极端高温时系统的应变能力，包括环境韧性以及活动的应变能力，如散热设施的可达性等。

综合考虑以上维度的活动及环境特征，通过分析三个维度的要素在空间上的组合，归纳街道的热风险特征，并提取关键影响因子，确定系统提升优先级，为进一步的详细优化设计策略提供决策支撑。

图2-1　热风险识别理论框架

2. 技术路线及关键技术

本研究以城市热风险评估为理论基础，从"人—活动—环境"互动视角出发，构建城市尺度的热风险街道"识别—评估—分析—优化"的整体技术路线（图2-2）。包含如下4个关键技术及步骤：

（1）街道热感知测度

首先基于卫星遥感数据进行地表温度反演，同时结合社交媒体数据进行热感知测度，综合评定街道高温热感知结果，整体判断研究高温感知分布格局，作为后续街道优化方向的决策依据。

（2）街道热风险分维度识别

在高温热感知测度的基础上，融合多源数据对街道热暴露、热脆弱、热适应力分别开展评估，以求全面认识街道热风险特征。具体分为三个部分：

①出行行为热暴露模拟。依照高温敏感程度将人群区分为老年人、儿童等弱势群体和中青年群体，依照不同群体的出行特征进行热暴露模拟。对于弱势群体，主要识别其活动分布特征，确定活动密集区域；对于中青年群体，分别对高频低强度的通勤行为以及低频高强度的休闲行为的空间活动强度进行测度。

②街道热脆弱特征提取。聚焦街道环境特征，融合街道形态、街道功能，综合定量分析街道面对高温环境的脆弱性。

③街道热适应评价。从街道散热要素、散热能力两个维度出发，由点及面分析街道周边散热设施的可达性，以此表征街道面对高温环境的适应能力。

（3）街道热风险综合评估

基于街道属性特征在热风险分类识别中的统计结果，使用聚类算法，得到全域街道热风险分类评估结果，同时与热感知测度结果进行校核，初步确定各类街道热风险特征的优化方向。

（4）街道热风险交互分析与优化

在聚类结果的基础上，使用可解释性机器学习框架，得到街道热风险全局因子重要度和分类局部因子重要度，并通过相应的交互分析，从活动引导以及环境优化两个角度出发，确定具体的更新优化策略以及相应的指标调控标准。为构建高温活动友好的街道环境提供针对性建议。

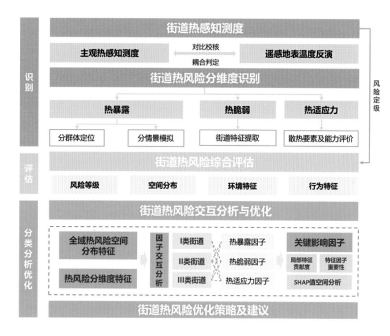

图2-2　技术路线

三、数据说明

1. 数据内容及类型

本研究主要涉及以下五类数据源：基础地理空间数据、遥感数据、建成环境数据、居民活动数据及微博签到数据（表3-1）。

（1）基础地理空间数据

本研究选择南京市中心城区作为研究区域，边界以《南京市国土空间总体规划（2021-2035年）》中中心城区范围为依据划定。城市路网等地理空间数据来自OpenStreetMap网站（https://www.openstreetmap.org）。

（2）遥感数据

遥感数据使用Landsat 8遥感影像，用于识别街道高温风险区域并评价街道热适应力，来源于USGS网站（https://earthexplorer.usgs.gov/），采集时间为2022年9月，主要采用TIRS波段数据，空间分辨率为100m。

（3）建成环境数据

本研究建成环境数据包含街景数据、建筑轮廓数据、POI数据三部分，用于分析街道热脆弱特征，其中街景图片和建筑数据来源于百度地图，在已有路网数据基础上，以50m作为采样距离生成相同间隔的采样点，使用Python编写脚本爬取数据，共采集到89972个街景数据点；建筑轮廓数据采集时间为2021年，包含建筑轮廓、层数及面积属性等信息；POI数据来源于高德地图（https://ditu.amap.com/），数据包含设施点名称、经纬度、类别、地址等信息，采集时间为2021年6月，经筛选处理后，得到有效信息137269条。

（4）居民活动数据

研究选用的居民活动数据包括日常出行的手机信令数据和骑行及跑步轨迹数据两部分。手机信令数据来源与联通智慧足迹Dass平台，为2019年6月一整月汇总数据，范围为南京市主城区。研究使用SQL语言链接信令出行信息形成居民出行流数据，每条数据涵盖人口属性、驻留时长、出行方式等方面的信息，共获得9028339条居民出行流数据。

骑行及跑步轨迹数据来源于Strava社区轨迹热力图（https://www.strava.com/heatmap），该热力图反映过去两年使用该APP进行运动的跑步骑行轨迹，采集时间是2023年4月，数据精度为

数据内容及类型 表3-1

类型		内容	获取方式	所属类型	在模型中的作用
基础地理空间数据		南京市主城区基础地理空间数据	OpenStreetMap	–	研究基本单元
遥感数据		2022年9月南京市TIRS波段数据	USGS网站	热适应力	高温风险识别
建成环境数据	街景数据	南京市街景图像	百度地图网站	热脆弱	分析街道热脆弱特征
	建筑轮廓数据	南京市建筑轮廓	百度地图网站		
	POI数据	南京市POI设施点数据	高德地图网站	热适应力	评价街道热适应力
居民活动数据	手机信令数据	2019年6月南京市居民出行流统计	联通智慧足迹Dass平台	热暴露	热敏感人群识别与出行轨迹模拟
	骑行及跑步轨迹数据	2021-2022年累计公开活动运动轨迹的经纬度、距离、时间等属性信息	Strava官方网站		热暴露运动轨迹模拟
微博签到数据		2018-2022年五年与热感知相关数据	微博官网		主观热感知测度

5m。该数据为每个活动绘制连续的GPS轨迹线，计算了同一分块内图块与周边5个图块半径内GPS轨迹线的联合CDF（累计分布函数），可以最大限度可视化相对热值的信息，目前已有研究使用该数据测度跑步强度与自然环境的相关关系，具有较高的可信度。

（5）微博签到数据

微博签到数据来源于微博官网，内容为南京市与热感知相关的微博签到数据，爬取时间涵盖2018～2022年，提取了用户地址及微博使用情况，包括：用户签到日期及文本、经纬度坐标、点赞评论数等信息。共采集到14460条数据。

2. 数据预处理技术与成果

（1）路网数据处理

首先裁剪出南京主城区的路网，剔除高架桥、隧道，构建可步行的道路路网；其次建立路网拓扑关系对其进行拓扑检查并修复问题；最后将道路相交处打断，获得15018条街道单元作为基础评价单元。

（2）手机信令数据处理

选取南京市主城区范围内2019年6月手机信令数据，剔除数据中存在的缺失值、无效值等，进而筛选出研究所需数据。针对居民活动分析需求，首先，对于居民日常出行活动的热暴露识别，需要筛选出出行频次、方式、距离以及速度，用以识别步行、骑行等高热暴露的出行方式，形成居民日常活动数据集；其次，针对热敏感人群的出行识别，通过属性链接，筛选出年龄段标签大于65或小于18的数据，并进一步与前述出行属性链接，形成热敏感人群日常活动数据集。

（3）微博签到数据处理

首先，对2018～2022年微博签到数据按与热感知有关的关键词进行爬取，关键词包括对气温的直接感知如"热、闷、燥"等、与天气相关的如"烈日、风"等、间接描述居民热感知的如"冷饮、空调、冰箱"等。其次，数据筛选在文本清洗上，利用正则表达式提取微博签到数据中与热感知相关的文本，去除掉与热感知无关的个人感悟、广告等噪音数据。在位置清洗上，将定位到具体地点的数据保留，去除没有确切街道位置地点的数据，而对于部分只定位到城市但未定位到具体地点的数据，则筛选出微博文本中的地址信息并通过地理编码API接口将其解析为空间坐标。最后删除未定位到具体地点且文本中缺少地址信息的数据，得到有效数据6375条。

（4）POI数据处理

对高德POI数据进行筛选清洗与分类处理，按照高德地图POI分类对照表，将数据划分为医疗、商业、文化、教育、休闲、公园绿地、居住小区、交通八类设施（表3-2）。

POI设施数据详细信息		表3-2
大类	中类	设施点数量（条）
医疗设施	综合医院、专科医院、诊所	7151
商业设施	餐饮店、商场、便利店、超市	115822
文化设施	文化宫、博物馆、展览馆	1175
教育设施	小学、中学	2314
休闲设施	健身房、休闲场馆	3134
公园绿地	/	205
居住小区	/	4330
交通设施	地铁站、公交站	3138
总计		137269

四、模型算法

1. 模型算法流程及相关数学公式

基于"人—活动—环境"互动视角，按照"识别—评估—优化"的分析逻辑，本研究共构建4个模型，分别为融合主客观感知的街道高温识别模型、基于多源数据的街道热风险识别模型、基于BIRCH聚类算法的街道热风险评估模型以及基于可解释机器学习的热风险关键因子识别模型，具体使用数据及输出结果如图4-1所示。

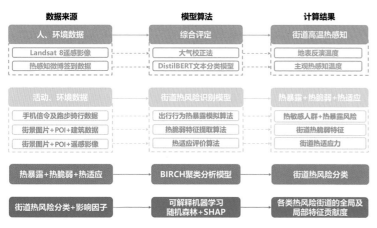

图4-1 模型算法流程

（1）融合主客观感知的街道高温识别模型

① 基于大气校正法的卫星遥感地表温度反演算法

本算法模块主要利用大气校正法进行温度反演计算。首先估计大气对地表热辐射的影响，然后把这部分大气影响从卫星传感器所观测到的热辐射总量中减去，从而得到地表热辐射强度，再把这一热辐射强度转化为相应的地表温度。具体流程如图4-2所示。

② 基于DistilBERT社交媒体主观热感知测度算法

本算法主要利用微博签到数据对热感知情况进行测度。使用DistilBERT模型对提取的热感知相关文本进行情感打分。DistilBERT是BERT模型的精炼版本，能够在本地设备上快速进行情感分析推理。如图4-3所示，在对每个文本进行评分的循环中，通过模型对输入的文本进行情感分析，输出两个数字构成的向量分别代表积极和消极的分数，然后通过Softmax函数将每个数字变成0到1之间的概率值。由于热感知相关的微博文本较多带有负面的情绪，且热感知程度越高情绪得分越消极，故本模块提取消极概率的部分代表热感知程度。

（2）基于多源数据的街道热风险识别模型

此模块融合多源数据提取识别热风险的关键要素，主要包含三个部分，分别为：基于动态数据的出行行为热暴露模拟算法、街道热脆弱特征提取算法及街道热适应力评价算法。

① 基于动态数据的出行行为热暴露模拟算法

如图4-4所示，利用手机信令数据识别热敏感人群，并基于动态数据模拟出行行为。首先基于手机信令数据得到250m×250m格网尺度的人口分布与年龄分段情况，识别热敏感人群。对于老年人及儿童等热敏感群体，以居住点为圆心，识别其生活圈内高概率出行的范围，并提取出行范围内高频词的OD流，基于起讫点使用百度地图API进行路径规划，根据不同交通方式进行出行行为模拟。对于中青年群体，将其出行行为分为高频低强度的通勤行为和低频高强度的休闲行为，对于通勤行为，提取高频词OD流，基于起讫点使用百度地图进行路径规划，根据不同交通方式进行出行行为模拟；对于低频高强度的休闲行为，计算跑步、骑行两种潜在高热暴露、高热风险的运动行为，将在线轨迹热力图矢量化后再聚合，实现出行热暴露风险模拟评估。

② 街道热脆弱特征提取算法

如图4-5所示，基于路网数据、百度街景图片及POI数据提取街道热环境影响特征，分为街道形态以及街道功能两个方面。

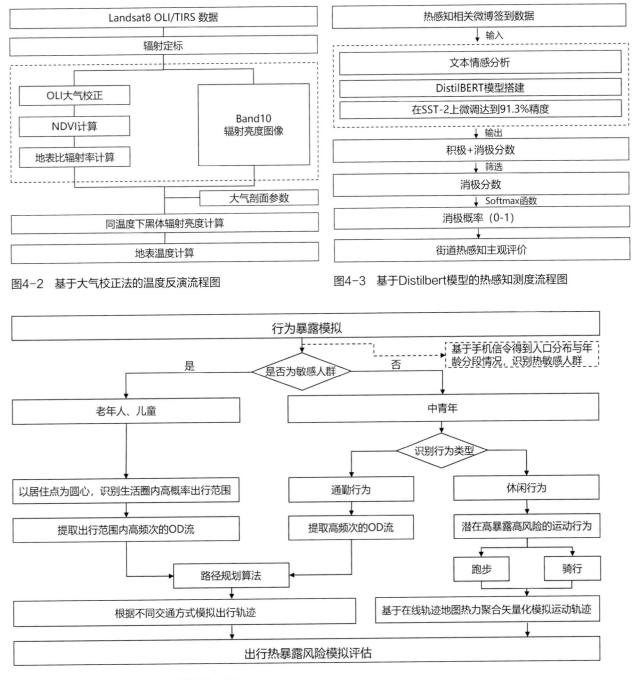

图4-2 基于大气校正法的温度反演流程图

图4-3 基于Distilbert模型的热感知测度流程图

图4-4 基于动态数据的出行行为模拟流程图

街道形态包括天空开阔度（Sky View Factor，简称SVF）、街道高宽比（High/Width，简称H/W）及街道朝向，街道功能包括道路等级、机动化程度，以及用香农熵指数表征的周边用地功能。

其中，使用基于Deep Lab V3+ResNet的深度学习算法对街景图片进行语义分割，得到SVF和机动化程度指标。H/W值主要通过缓冲区探测法计算，通过对道路中心线分别向左、右两侧依次

进行缓冲区探测，并与建筑基底空间叠加，得出每个缓冲区与建筑基底相交的面积占该缓冲区总面积的比例，当2个相邻缓冲区比值差最大时，取较小的缓冲区半径确定街墙的位置，并计算在该缓冲区范围内所有建筑的平均高度，计算街墙宽度，将中心线两侧得到的建筑高度取平均值，得到临街建筑高度，将两者相比得到街道的高宽比。基于POI数据计算香农熵指数获得设施多样

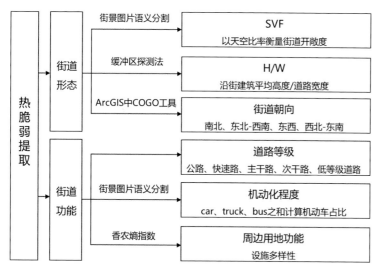

图4-5　街道热脆弱特征提取流程图

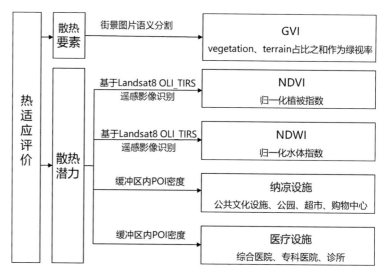

图4-6　街道热适应力评价流程图

性表征街道周边用地的主导功能，公式如下：

$$H_i = -\sum_s \left[P_i(s) \times \ln P_i(s) \right] \qquad (4-1)$$

$$P_i(s) = A_{i,s,d} / A_i \qquad (4-2)$$

式中，H_i为i区位设施获得的香农熵指数，$P_i(s)$为i区位获得设施机会占总设施机会的比例。

③街道热适应力评价算法

如图4-6所示，基于百度街景图片、遥感影像及POI数据，分散热要素以及散热潜力两个方面进行街道热适应力评价。街道散热要素层面，从人—活动视角出发，选取绿视率（由街景图片语义分割得到的图片中植被面积占图片总面积的比例）之和作为评价指标；街道散热潜力层面主要从环境视角出发选取NDVI（归一化植被指数）及NDWI（归一化水体指数），NDVI及NDWI基于Landsat8 OLI_TIRS遥感影像识别计算获得。此外，用街道周边的公共文化设施、公园、超市、购物中心等纳凉设施密度体现街道进入气温较低场所的能力以及综合医院、专科医院、诊所等医疗设施密度体现街道进入治疗热症状场所的能力。

（3）基于BIRCH聚类算法的街道热风险评估模型

本研究基于BIRCH聚类对街道进行热环境评价。BIRCH算法（Balanced Iterative Reducing and Clustering Using Hierarchies）是一

种层次聚类算法，具有聚类速度快、可以识别噪音点等优点，在处理稀疏数据的时候性能表现优异。如图4-7所示，基于上述模型得到的热暴露、热脆弱及热适应力因子进行标准化处理，然后进行BIRCH聚类。通过调整主要参数进行精度评定达到最优效果，输出得到街道热风险分类，从而实现全域街道单元热环境的评估。最终结果证明，横向对比其他聚类算法，BIRCH聚类模型在本研究任务上取得了最优的性能表现（表4-1）。

不同聚类算法性能对比　　　　　　　　　　表4-1

聚类模型	BIRCH	DBSCAN	Spectral Clustering	K-MEANS	GMM
轮廓系数[1]	0.549	0.264	0.37	0.41	0.183
Davies-Bouldin指数[2]	0.747	2.262	1.162	0.98	2.78
Calinski-Harabasz指数[3]	18374.31	7174.67	13343.64	11707.38	5521.76

（4）基于可解释机器学习的热风险关键因子识别模型

本模块主要使用可解释机器学习模型进行热风险街道影响因子和作用机制分析。其中，随机森林（Random Forest，以下简称"RF"）分类是基于Bagging集成学习算法的扩展变体，与传统分

1　轮廓系数：用于衡量聚类的紧密性和分离性，取值范围在［-1，1］之间，系数接近1表示样本在其所属聚类内紧密聚集，且与其他聚类相隔较远，表明聚类结果较好。

2　Davies-Bouldin指数：衡量了聚类结果的有效性和紧密性，越小的指数通常表示更好的聚类结果。

3　Calinski-Harabasz指数：通过比较聚类之间的方差和聚类内的方差来度量聚类结果的紧密性和分离性，较大的指数通常表示更好的聚类结果。

图4-7 基于BRICH聚类的街道热环境评价流程图

图4-8 基于RF和SHAP的热风险街道关键因子识别流程图

类算法相比，具有高准确性的优点，能实现样本类型的预测，本研究利用其学习各指标因子与热风险街道分类之间的关系，识别关键因子，得到各因子的全局贡献度。

SHAP（SHapley Additive exPlanation）可解释性机器学习模型旨在帮助人们理解模型的学习机制，并且判断模型做出的决策是否可靠。SHAP是基于博弈论的一种局部解释方法，借鉴了合作博弈论中的夏普利值（Shapley Value），模型的预测值可以理解为每个输入特征的归因值之和。

本研究主要使用RF分类及SHAP模型进行热风险街道关键影响因子识别，为优化分析提供参考。如图4-8所示，基于BIRCH聚类得到的街道热环境分类作为因变量，以标准化后的各影响因子作为自变量，输入进行RF随机森林分类得到全局特征贡献度；然后使用SHAP模型分析得到不同类别的热风险街道各影响因子的SHAP值，表征局部特征贡献度；综合分析结果得到各类热风险街道的全局特征贡献度及局部特征贡献度。

2. 模型算法相关支撑技术

本研究涉及城乡规划、气象学和计算机科学等相关知识，并以如下软件平台为支撑：

（1）Python：进行街景图片数据、南京建筑数据、POI数据、骑行及跑步轨迹、热感知微博签到数据爬取及路径规划，并进一步基于Python运行相关算法代码开展基于多源数据的街道热风险识别、街道热风险分类特征分析和关键因子提取及优化方向识别。

（2）ENVI：本研究使用ENVI软件对Landsat 8遥感影像进行水体和绿地的提取，计算NDVI、NDWI以及地表温度。

（3）ArcGIS：本研究使用ArcGIS软件进行模型现状与优化后相关因子的可视化处理和对比分析。

五、实践案例

1. 街道热风险识别结果分析

（1）研究区概况

南京市是江苏省的省会，也是长江中下游流域的重要城市之一，地处长江下游沿岸，夏季因湿度大、气压低，体感温度较高，历史上曾多次被列为"火炉城市"之一。同时，南京经历了快速的城镇化过程，城市形态丰富而复杂，是中国典型的高密度城市，具有较强的代表性和研究价值。

本研究选取南京市中心城区即南京江南主城、江北新主城、仙林副城和东山副城作为研究范围，选取街道为基本研究对象，共计15018条街道（图5-1）。

（2）热感知识别结果

①地表反演温度识别结果

从地表温度反演结果来看（图5-2），南京市中心城区街道地表温度为25.07～44.16℃，温差较大。其中，中高温区域主要集中分布于江南主城边缘、江北新主城、东山副城和仙林副城的西北侧，紫金山，幕府山，玄武湖等自然山川水体周边的地表温度相对较低。

②基于社交媒体的主观热感知识别结果

将根据微博签到数据识别出的热感知消极概率进行可视化（图5-3），热感知负面情绪消极概率高值区域集中在江南主城外围区域以及仙林副城、东山副城和江北新主城的核心区域。

综合地表反演温度与社交媒体热感知的空间分布特征，总体上

主客观热感知表现基本一致，部分区域如主城外围以及部分自然山川周边出现感知不一致的情况，需要在具体分析优化部分重点关注。

（3）热风险识别结果

①基于动态数据的热暴露识别结果

根据手机信令数据识别出老年人和儿童等热敏感人群的活动轨迹，对其出行分布可视化（图5-4），结果显示热敏感人群的

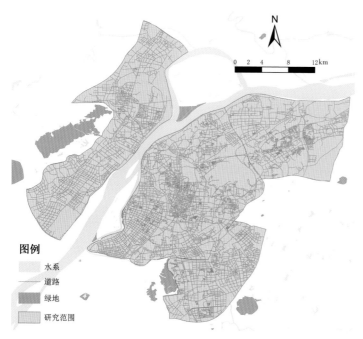

图5-1 研究区域概况

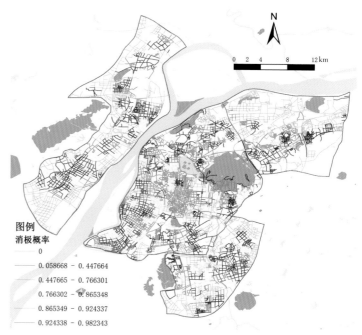

图5-3 街道主观热感知

图5-2 街道地表温度

图5-4 街道热敏感人群出行分布

高频率出行集中在主城区南部、东山副城等保障房安置集中区。

对中青年的通勤行为和休闲行为的出行强度进行可视化（图5-5），发现通勤强度高值区集中在江南主城核心区；休闲跑步活动强度高值区集中在各大绿地公园周边，如玄武湖、钟山风景区、羊山湖公园等，休闲骑行活动范围较广，强度普遍较高。

②街道热脆弱评价结果

将街道形态及功能进行热脆弱特征提取后进行可视化（图5-6），在街道形态方面，江南主城核心区的鼓楼、秦淮等老城区的街道开敞度呈现明显低值，尺度更为狭窄，街道朝向以"东西，南北"方向为主；在街道功能方面，机动化程度中高值片区集中于老城区及东山副城、江北副城的核心区域，香农

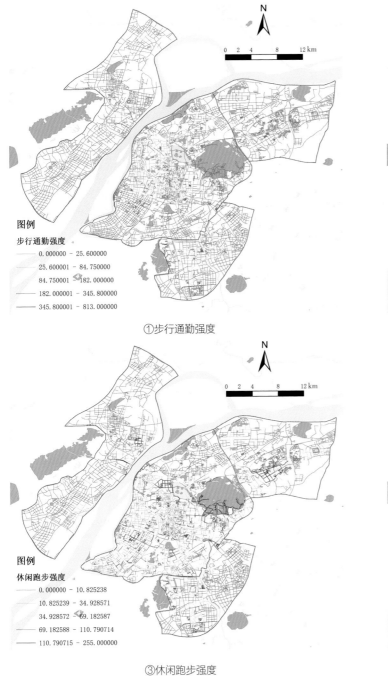

图5-5　街道非敏感人群出行特征分析

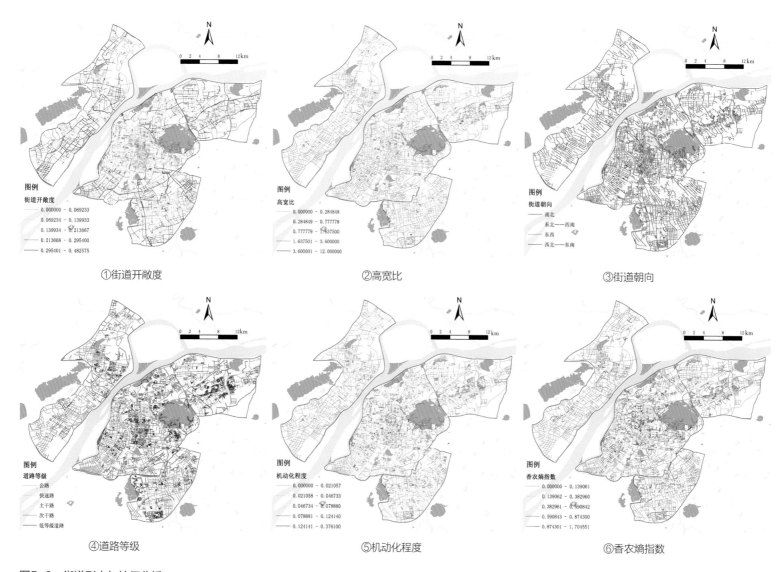

①街道开敞度　　　　　　②高宽比　　　　　　③街道朝向

④道路等级　　　　　　⑤机动化程度　　　　　　⑥香农熵指数

图5-6　街道形态与特征分析

熵指数所反映出设施多样性的高值地区集中在江南主城核心区及东山副城、江北副城的核心区域，仙林副城的用地功能相对单一。

③热适应力评价结果

对热适应力评价的各项影响因子进行空间可视化分析，结果如图5-7所示，各项因子的空间分布格局存在较大的差异性。绿视率的分析结果显示，江南主城内街道的绿视率整体较高，江北新主城和江南主城区外围相对较低；植被覆盖度结果显示，江南主城核心区的植被覆盖度较低，在自然山体和中心城区外围的街道上植被覆盖率较高；水体覆盖度的结果显示，南京市中心城区的水体覆盖度整体较高，其中江南主城核心区最高。

各类纳凉设施的分布密度结果显示，公共文化纳凉设施、公园纳凉设施和交通纳凉设施的整体密度较低、分布零散，商业纳凉设施在江南主城核心区内的分布较为集中。综合各类纳凉设施的空间分布密度来看，江南主城核心区内的纳凉设施密度最高，仙林副城整体密度最低；医疗设施的分布密度结果与纳凉设施相近，江南主城核心区分布密度最大，江北主城外围，东山副城外围和仙林副城密度最低。

2. 街道热风险聚类分析

综合街道热暴露、热脆弱和热适应力三大热风险特征的识别结果，对研究区域内街道热风险进行进一步聚类分析，系统分析

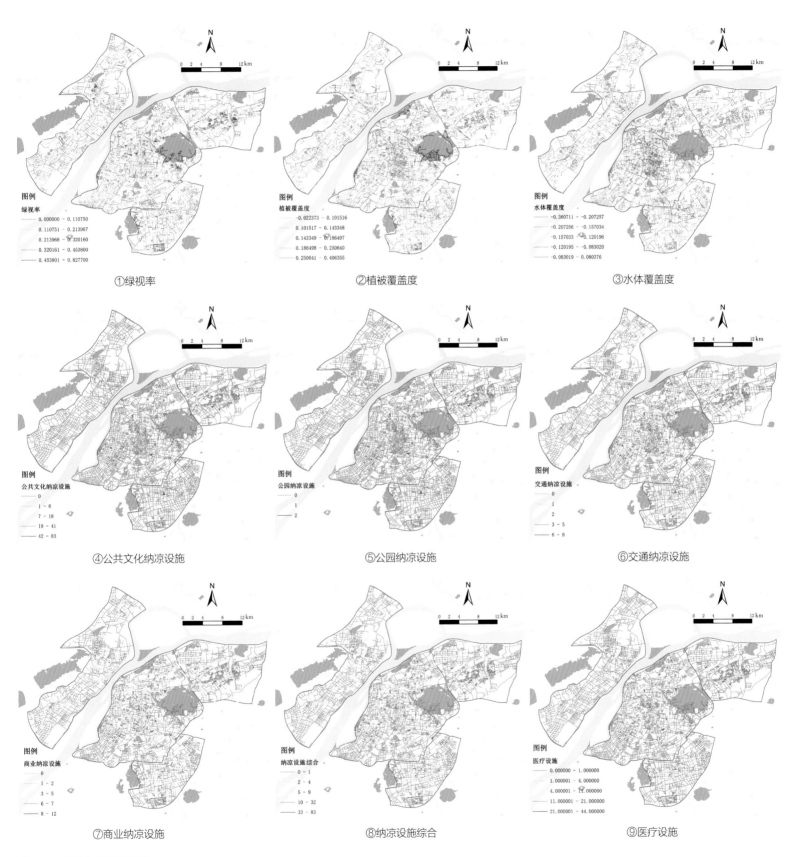

图5-7 热适应力评价结果

南京市街道热风险类型特征，以实现针对性的策略优化引导。基于BIRCH的城市热风险街道聚类评估结果在cluster=5的时候达到最优性能，使用t-SNE降维算法（t-Distributed Stochastic Neighbor Embedding）对聚类结果进行可视化（图5-8），可以看出高维空间的数据特征被清晰地划分为二维空间的五个团簇，证明算法实现了良好的聚类效果。

进一步对聚类结果进行空间可视化分析，并对每一类聚类标签的数据特征按照位序使用雷达图进行可视化。从空间分布上看，结合建成环境与居民活动的耦合关系，城市街道热风险评估结果呈现明显的空间分异特征（图5-9），且分别在各个维度呈现出明显的热风险特征（表5-1）。

进一步依据各类街道的热暴露、热脆弱与热适应力特征建立热风险等级分类标准，对街道在行为视角和环境视角下的高温风险分别进行等级评定，作为明确后续决策时进行街道更新优化优先级的主要依据（表5-2）。

热风险等级评定表					表5-2
评估角度	I类	II类	III类	IV类	V类
行为视角	中风险	低风险	高风险	较高风险	低风险
环境视角	较高风险	高风险	中风险	中风险	低风险

其中，行为视角下的高温暴露风险与街道热暴露水平保持一致。环境视角的高温风险则综合考虑街道热脆弱和热适应力的水平。

3. 街道热风险特征分析与优化

本节先对五类街道的空间分布特征、居民行为活动特征与建成环境特征进行描述，初步解释各街道的热风险水平。再利用随机森林模型对街道中影响热风险水平的关键因子及其影响机制展开深入分析，共分为街道影响因子重要度、街道重要影响因子散

聚类结果特征					表5-1
聚类标签	I类	II类	III类	IV类	V类
行为视角	热暴露	中等	较低	极高	较高	较低
环境视角	热脆弱	中等	较高	较高	较低	较低
	热适应力	较低	较低	较高	较低	中等

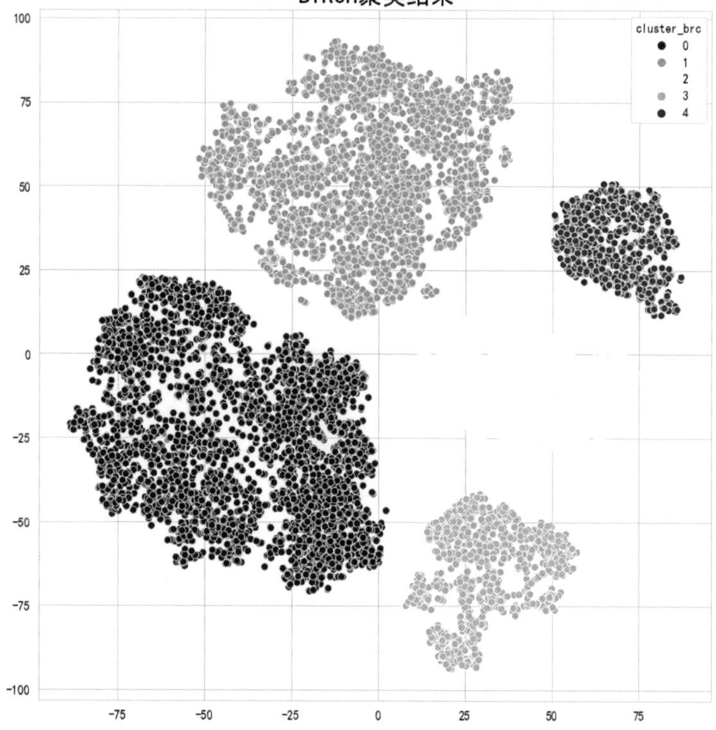

图5-8　基于BIRCH的城市热风险街道聚类评估图

图5-9　热风险街道聚类空间分布图

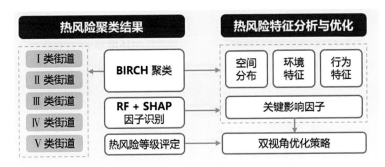

图5-10 街道热风险特征分析与优化思路

点依赖性与单样本街道影响因子重要度分析三个部分（图5-10）。

在街道影响因子重要度分析中，整体SHAP值表示特征对整体预测输出的影响程度。散点图则用以表征特征观察值与预测输出结果的相对关系，若大部分点都聚集在中心附近，则表示对应特征的观察值与预测输出的关系相对较弱，对整体预测结果的影响不明显，在聚集点右侧为正向影响，左侧为负向影响。街道重要影响因子散点依赖性分析可以帮助我们理解特定特征的取值如何影响预测输出，从而揭示模型中特征与预测之间的关系。单样

本街道影响因子重要度分析则可以用于揭示每个样本对预测输出的贡献程度，并解释每个特征对预测值的影响。力图上条形的位置表示该样本的预测输出，而条形的长度表示该样本对预测输出的贡献程度。红色表示正向贡献，即该特征的值增加会导致预测输出的增加；蓝色相反。

根据热风险等级评定结果，本研究选取环境视角高风险的Ⅱ类街道和活动视角高风险的Ⅲ类街道进行详细分析。

（1）Ⅱ类街道

Ⅱ类街道整体地表温度偏高，但居民热感知水平较低，热风险综合识别特征为"热暴露较低，热脆弱较高，热适应力较低"，其热风险特征因子水平如图5-11所示。

①Ⅱ类街道空间分布

Ⅱ街道集中分布在南京主城边缘地区（图5-12），主要为城市开发区以及城市新区，比如栖霞区长江以南区域和浦口区西侧区域。

②Ⅱ类街道环境特征

从环境的视角出发，Ⅱ类街道表现为"热脆弱较高，热适应

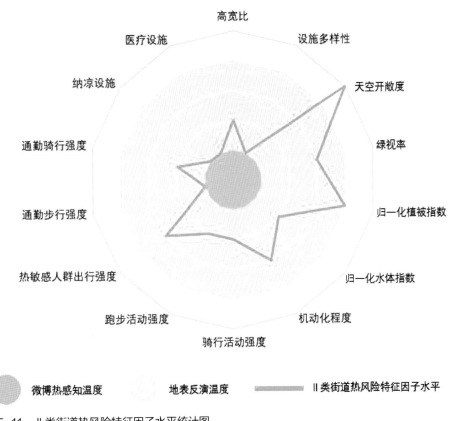

图5-11 Ⅱ类街道热风险特征因子水平统计图

图5-12　Ⅱ类街道空间分布图

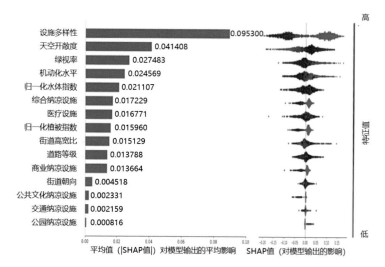

图5-13　Ⅱ类街道热风险影响因子重要度

力较低"的特征。在热脆弱方面,位于主城边缘的Ⅱ类街道设施建设尚未完善,且街道高宽比低,天空开阔度较高,易大面积暴露在太阳高温直射下。在热适应力方面,Ⅱ类街道绿视率和归一化植被指数水平良好,但是居民较难在街道附近找到医疗和纳凉场所。

③Ⅱ类街道行为特征

从居民活动行为的视角出发,Ⅱ类街道表现为"热暴露较低"的特征。位于主城边缘区域的Ⅱ类街道人口密度较低,热敏感人群出行强度中等,通勤行为和休闲活动行为的强度均较低。

④Ⅱ类街道热风险影响因子

影响Ⅱ类街道热风险情况的首要因子为街道设施多样性,重要度为0.095,天空开敞度和绿视率的重要度也较高(图5-13)。这说明调整街道周边设施的配置和改善植被遮荫情况有利于进一步改善其热风险情况。

在Ⅱ类街道中,这些因子对街道热环境的影响存在一定作用区间,但作用机制不同(图5-14),且存在交互影响效应。比如在归一化植被指数为0-0.10的区间内,降低街道设施多样性水平将对街道热环境产生更大的负面影响(图5-15)。

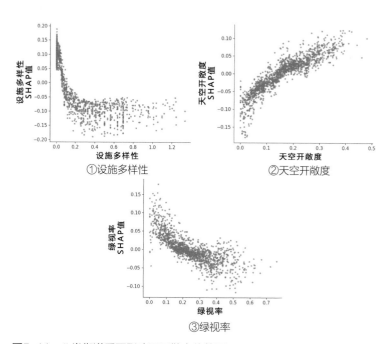

图5-14　Ⅱ类街道重要影响因子散点依赖图

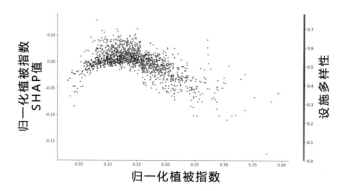

图5-15　Ⅱ类街道设施多样性和归一化植被指数因子间的交互效应图

位于建邺区的吴侯街是Ⅱ类街道的典型代表，具有低设施多样性，高天空开敞度和高绿视率的特点，街道行人较少。重要特征影响因子为天空开敞度，可以通过调整行道树的树冠形状，以减少太阳直射，改善街道热环境（图5-16）。

图5-16 Ⅱ类街道的典型代表吴侯街的遥感影像、街景图像和力图分析

⑤Ⅱ类街道热环境优化策略

在街道热风险等级评定中，Ⅱ类街道表现为行为视角下的低风险和环境视角下的高风险，说明Ⅱ类街道人群的热暴露水平较低，但是高温环境改善迫在眉睫，因此Ⅱ类街道热环境的优化重心为建成环境角度。在城市新区的后续规划中，应注重建筑物的高度、密度和布局，可采用开放式建筑设计，增加街道的天空开敞度，提升街道自然通风的能力。

（2）Ⅲ类街道

Ⅲ类街道居民热感知水平中等，地表温度相对偏低，热风险综合识别特征为"热暴露极高，热脆弱较高，热适应力较高"，其热风险特征因子水平如图5-17所示。

①Ⅲ类街道空间分布

Ⅲ类街道主要集中在南京江南主城核心区（图5-18），用地类型主要为商业和居住，土地开发利用程度较高，包含鼓楼、秦淮、玄武、建邺等南京老城中心区。

②Ⅲ类街道环境特征

从环境特征的视角出发，Ⅲ类街道表现为"热脆弱较高，热适应力较高"的特征。在热脆弱方面，街道机动化水平高，设施多样，但天空开敞度较低，街道车流和各类设施产生的热量较难有效地通过空间流动散发；在热适应力方面，街道配备充足的纳凉设施和医疗设施，对于低温场所的可达性很强。

③Ⅲ类街道行为特征

从居民活动行为的视角出发，Ⅲ类街道表现为"热暴露极高"的特征。街道的多样设施集聚了大量商业活动和居民日常活动，街道热敏感人群出行的强度很高，人群通勤行为和休闲活动行为的强度也非常高。

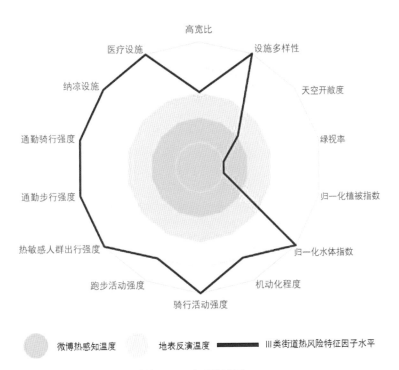

图5-17 Ⅲ类街道热风险特征因子水平统计图

图5-18 Ⅲ类街道空间分布图

④Ⅲ类街道热风险影响因子

影响Ⅲ类街道热风险情况的首要因子为机动化水平,重要度为0.067。街道设施多样性、归一化水体指数的重要度也较高(图5-19)。这表明通过调整道路机动车流量和周边设施布局等有利于进一步改善街道热风险情况。

Ⅲ类街道重要影响因子的影响如图5-20所示,且因子间存在交互影响效应(图5-21)。在归一化水体指数较高的街道上,设施多样性因子可以对街道热环境产生更大的影响,大于0.27时,二者的交互效应为正。这说明适当增加水体的质量与分布可以有效干预设施多样性增加带来的街道热风险影响。

位于鼓楼区的象山路是Ⅲ类街道的典型代表,具有高设施多样性和中等机动化水平的特点,是居民日常通勤和休闲步行的重要道路。其重要特征影响因子为机动化水平,改变街道机动车流量能够显著改善此类街道的热风险情况(图5-22)。

⑤Ⅲ类街道热环境优化策略

在街道热风险等级评定中,Ⅲ类街道表现为行为视角下的高风险和环境视角下的中风险,因此从两方面分别提出优化策略。

在行为引导方面,调整活动时间,制定热安全政策。鼓励人们在凉爽的时间段进行户外活动,并引导组织和活动场所提供热暴露保护。

在环境优化方面,"见缝插绿"。在商业设施前、街道两侧或居民区中增加小型绿地比例,根据主城街道功能完善绿色空间建设。

(3)Ⅰ类、Ⅳ类和Ⅴ类街道

依照以上街道热风险的分析思路,进一步对热风险优化紧迫性相对较低的Ⅰ类、Ⅳ类和Ⅴ类街道进行特征总结、热风险影响因

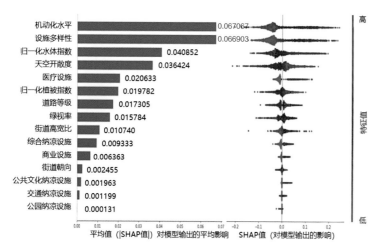

图5-19　Ⅲ类街道热风险影响因子重要度

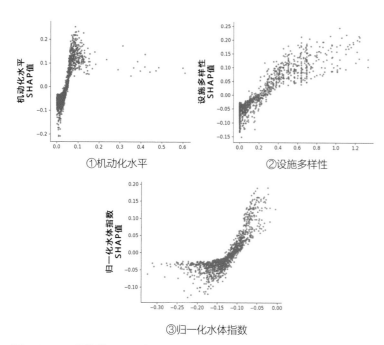

图5-20　Ⅲ类街道重要影响因子散点依赖图

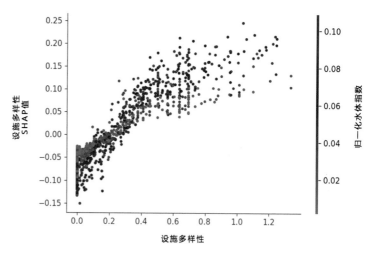

图5-21　Ⅲ类街道归一化水体指数和设施多样性因子间的交互效应图

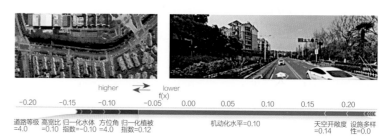

图5-22　Ⅲ类街道的典型代表象山路的遥感影像、街景图像和力图分析

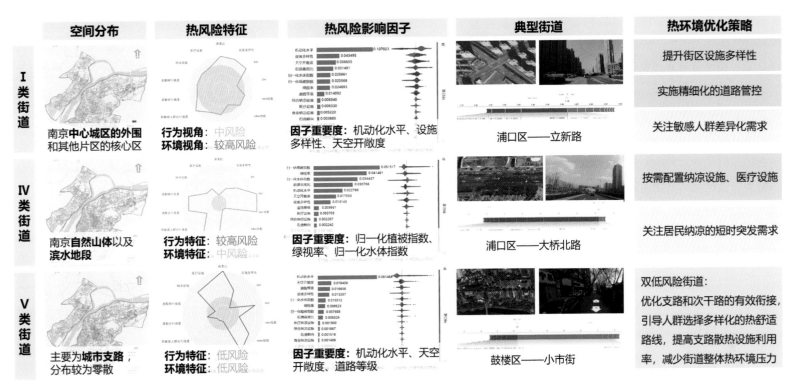

图5-23 I类、IV类和V类街道特征总结、热风险影响因子与优化策略展示图

子研判与优化策略进行梳理（图5-23）。其中，位于中心城区外围的 I 类街道需要实施精细化的道路管控，关注敏感人群的差异化需求；位于自然山体及滨水地段的 IV 类街道需要增加服务设施供给，关注居民高强度体力活动下的短时突发需求；V 类街道在行为和环境视角上均为低风险，因此在活动路径选择上可为人群提供多样化的热舒适路线。

六、研究总结

1. 模型设计特点

本研究引入多源时空大数据，构建了较为完整的城市街道空间热风险识别与分析模型。相较于传统研究有以下特点：

在研究视角上，本研究以承载居民出行活动的街道空间为基本研究对象，从街道属性特征和居民活动与感知融合的视角切入，提出融合"人—活动—环境"的城市街道空间热环境分析模型。研究既关注了长期的街道空间品质持续优化，又为短期内提高居民室外活动舒适性提供引导建议，既有"高度"，又有"精度"，更有"温度"。

在研究数据上，本研究聚焦客观环境、考虑主观活动，以街道单元为载体，融合了多源多维度数据，既包括遥感影像、街景图片等长期监测的静态建成环境数据，又采用了手机信令、运动轨迹、微博签到等动态感知大数据，形成了相对丰富全面的城市热风险监测数据库，并形成了一套从多源异构数据到地理单元的清洗、处理、映射流程，具备长期动态监测的可操作性。

在技术方法上，本研究运用经典机器学习和遥感解译算法，结合流行的语言模型与可解释性机器学习框架，提出了一套一体化的识别评估优化模型，同时模型基于模块化理念设计，方便后续开发及系统集成，可复用性高，具有一定的推广性。

2. 应用方向

（1）面向规划决策，本模型在后续应用上可以转化为热环境优化决策辅助系统，条件成熟后可以进一步实现模块化建设或集成至系统平台，为城市热环境监测、评估、预警提供支撑，为政府相关部门在进行散热设施优化决策过程提供辅助参考。具体可以通过进一步补充城市热环境监测数据库，对街道空间热风险进行持续评估，针对每条街道得到各项指标的改造优先级与参数最优值，最终根据街道特征、行为暴露和散热潜力选择绿色基础设施新建方案。

（2）面向居民和社会服务，本模型可在现有地图APP"防晒纳凉导航"功能的基础上，通过全域街道尺度的热环境监测，依托道路属性数据库，结合季节、时间、天气、居民偏好等要素，实时测算道路产热散热水平，在保障原有路径规划合理性的基础上，进一步拓展服务维度，提供就近纳凉设施查询，根据居民出行偏好提供更加个性化的路线规划指引。形成为居民出行服务的"防晒纳凉导航"。

参考文献

［1］ IPCC. Climate Change 2023: Synthesis Report. Contribution of Working Groups I, II and III to the Sixth Assessment Report of the Intergovernmental Panel on Climate Change［R］. IPCC, Geneva, Switzerland, 184 pp.

［2］ 吴子璇，张强，宋长青，等. 珠三角城市化对气温时空差异性影响［J］. 地理学报，2019，74（11）：2342-2357.

［3］ 王景曦. 连破纪录！北京现史上首次40℃三连击［EB/OL］.［2023-06-24］. https://baijiahao.baidu.com/s?id=17695 69933381395086&wfr=spider&for=pc.

［4］ CHANGNON S A. Inadvertent weather modification in urban areas: lessons for global climate change［J］. Bulletin of the American Meteorological Society，1992，73（5）：619-627.

［5］ LIU J, VARGHESE B M, HANSEN A, et al. Is there an association between hot weather and poor mental health outcomes? A systematic review and meta-analysis［J］. Environment International，2021，153：106533.

［6］ 肖华斌，郭妍馨，王玥，等. 应对高温健康胁迫的社区尺度缓解与适应途径——纽约清凉社区计划的经验与启示［J］. 规划师，2022，38（6）：151-158.

［7］ 黄晓军，王博，刘萌萌，等. 中国城市高温特征及社会脆弱性评价［J］. 地理研究，2020，39（7）：1534-1547.

［8］ ALEKSANDROWICZ O, PEARLMUTTER D. The significance of shade provision in reducing street-level summer heat stress in a hot Mediterranean climate［J］. Landscape and Urban Planning，2023，229：104588.

［9］ LIU Z, MA X, HU L, et al. Nonlinear cooling effect of street green space morphology: Evidence from a gradient boosting decision tree and explainable machine learning approach［J］. Land，2022，11（12）：2220.

［10］ NORTON B A, COUTTS A M, LIVESLEY S J, et al. Planning for cooler cities: A framework to prioritise green infrastructure to mitigate high temperatures in urban landscapes［J］. Landscape and urban planning，2015，134：127-138.

［11］ 付含聪，邓帆，杨欢，等. 基于遥感的长江中下游城市群高温热浪风险评估［J］. 长江流域资源与环境，2020，29（5）：1174-1182.

［12］ 何苗，徐永明，李宁，等. 基于遥感的北京城市高温热浪风险评估［J］. 生态环境学报，2017，26（4）：635-642.

［13］ YIN C H, YUAN M, LU Y P, et al. Effects of urban form on the urban heat island effect based on spatial regression model［J］. Science of the Total Environment，2018，634：696-704.

［14］ 杨林川，杨皓森，范强雪，等. 大城市高温热浪脆弱性评价及规划应对研究——以成都市为例［J］. 规划师，2023，39（2）：38-45.

［15］ 黄晓军，祁明月，赵凯旭，等. 高温影响下西安市人口脆弱性评估及其空间分异［J］. 地理研究，2021，40（6）：1684-1700.

［16］ 蔡云楠，温钊鹏. 提升城市韧性的气候适应性规划技术探索［J］. 规划师，2017，33（8）：18-24.

［17］ 柴彦威，谭一洺，申悦，等. 空间——行为互动理论构建的基本思路［J］. 地理研究，2017，36（10）：1959-1970.

［18］ DENGKAI H, MENG T, LEI Y. Sustainable design of running friendly streets: Environmental exposures predict runnability by volunteered geographic information and multilevel model approaches［J］. Sustainable Cities and Society，2023，89：104336.

［19］ YANG L, YU B, LIANG P, et al. Crowdsourced data for physical activity-built environment research: Applying strava data in Chengdu, China［J］. Frontiers in Public Health，

2022，10：883177.

［20］张菊，刘汉胡. 2000—2017年上海市城市热岛效应时空变化分析［J］. 环境科学导刊，2020，39（3）：36-39.

［21］ADOMA A F，HENRY N M，CHEN W. Comparative analyses of bert, roberta, distilbert, and xlnet for text-based emotion recognition［C］//2020 17th International Computer Conference on Wavelet Active Media Technology and Information Processing（ICCWAMTIP）. IEEE，2020：117-121.

引入ChatGPT的社区环境分异下居民主观幸福感时空韧性测度

工 作 单 位： 南京大学建筑与城市规划学院、上海市城市规划设计研究院

报 名 主 题： 面向高质量发展的城市治理

研 究 议 题： 安全韧性城市与基础设施配置

技 术 关 键 词： 社会感知、ChatGPT、可解释神经网络

参 赛 人： 周钰烨、王逸文、孔旻蔚、王全

指 导 老 师： 徐建刚、居阳、祁毅

参赛人简介： 团队依托南京大学建筑与城市规划学院和上海市城市规划设计研究院信息中心，研究方向主要为韧性城市、智慧城市、城市规划新技术应用等，研究成果曾获2022年中国城市规划学会科技进步二等奖等。项目依托国家自然科学基金面上项目《基于复杂系统模拟的跨区域国土空间韧性耦合机制与规划方法研究——以长三角地区为例》，团队成员曾发表多篇SCI和中文核心期刊论文，获国家奖学金等荣誉。

一、研究问题

1. 研究背景及目的意义

（1）研究背景

在人民城市建设理念的指导下，城市建设和治理现代化越来越重视城市居民的精神文明。在此背景下，了解和分析居民主观幸福感的时空演变特征及其与建成环境、社会经济、人文设施等因素的复杂关系，对于制定行之有效且富有人文关怀的城市管理措施和长远规划具有重要意义。

近年来，社交媒体大数据和大语言模型的涌现为实时、定量评估居民幸福感提供了高效且低成本的技术支撑。引入大语言模型等技术，可以对社交媒体数据进行深入挖掘，了解居民的主观幸福感变化，为城市管理决策提供科学依据，进而赋能到智慧城市、旅游城市、韧性城市的建设体系和管理当中。现有研究重点关注各类公共事件下公众主观幸福感的时空特征和变化规律，但却常常忽视建成环境的异质性特点对公众幸福感的复杂影响。此外，以往幸福地理学研究虽在时空尺度上有一定讨论，但在社区尺度上分析长时序主观幸福感变化的研究较少，且缺乏对社区层级公众主观幸福感的精细评估。

现有研究表明，城市居住区的建成水平存在着明显分异，并间接影响居民幸福感，这主要体现在不同社区环境特征和配套设施的差异与居民的主观幸福感差异的复杂联系。其中，低收入、老旧社区的弱势群体对于居住环境空间公平性的心理反馈尤为敏感。但现有研究多采用定性描述，既未能在归因方面系统地考虑城市要素对居民主观幸福感的真实驱动作用，也未能在定量层面模拟两者间的非线性反馈机制。

（2）研究意义

首先，在理论层面，本研究将城市复杂适应系统理论、韧性理论、社会感知理论引入健康城市研究，从人本视角分析公众幸福感与城市复杂系统组分之间的复杂联系与影响因素，既对以往纯粹地理研究系统化分析思维进行补充，又为系统性地推进人民城市建设提供理论基础。

其次，在研究方法层面，本研究以公共卫生事件为例，将社交媒体大数据和ChatGPT相结合，构建起社会感知模型，深入探究公共事件对公众主观幸福感的韧性影响机制，同时还引入因果推断和可解释神经网络方法，并在微观尺度上进行精细化的分析，构建社区居民幸福感韧性的分析模型。

最后，在规划实践层面，本研究将以人为本、人民至上的人民城市建设需求落实到空间规划策略与政策管理当中。通过评估突发事件下各空间要素对居民幸福感的影响，本研究将为城市规划和管理部门15分钟生活圈设施配套布局、蓝绿空间优化、老旧小区更新等规划建设措施提供科学改进建议。

2. 研究目标及拟解决的问题

项目总体目标：引入社交媒体大数据及ChatGPT实现社区环境分异下的精细化居民主观幸福感时空韧性测度，并利用可解释神经网络方法探究不同社区环境下居民幸福感的动态响应机制。

拟解决的问题：

（1）如何进行居民即时主观幸福感时空精细化测度和实时反馈？

（2）如何在应急状态下对居民主观幸福感进行韧性响应测度？

（3）如何分析建成环境因子对居民幸福感的影响机制？

（4）如何针对性提出规划策略以提升居民主观幸福感及其韧性？

二、研究方法

1. 研究方法及理论依据

本研究综合运用多种研究方法和理论依据来支撑项目实施，具体如下：

第一，社会感知方法是本研究的关键组成部分，旨在实现对居民主观幸福感的实时反馈。BERT和ChatGPT等大语言模型接连涌现，这些模型在自然语言处理领域有广泛应用和极佳表现，能够识别出居民在公共事件不同阶段的实际需求和情感表达。

第二，运用基于时间的断点回归法（Regression Discontinuity Design，简称RDD）评估空间不公平现象对公众主观幸福感的韧性影响。RDD方法能够设计自然实验，克服传统观察研究中的内生性问题，分析城市复杂系统要素和空间公平性对幸福感的因果关系。

第三，采用莫兰指数、冷热点分析等时空特征分析方法，归纳总结公共事件下居民主观幸福感的时空特征和演变规律。通过这些方法，初步揭示社区环境分异性特点对幸福感的作用差异。

第四，基于可解释神经网络模型（SHapley Additive exPlanations，简称SHAP）探究社区环境分异性特点、社会经济结构层次差异等城市要素对居民情绪—主观幸福感反应的非线性影响。

2. 技术路线及关键技术

（1）实时反馈：居民主观幸福感的实时动态反馈系统

第一步，通过Python爬取带有时空地理标签的微博文本，并进行清洗和降噪去除空值、广告等。第二步，运用基于BERT和ChatGPT的自然语言处理（Natural Language Processing，简称NLP）方法进行社交媒体文本的情绪分类及强度值计算。第三步，基于居住区感兴趣面（Area of Interest，简称AOI）制作可视化居民幸福感时空分布地图，用莫兰指数分析时空分布特征、用冷热点分析等方法识别居民幸福感空间分异及时空演变规律。

（2）韧性测度：居民幸福感时空动态演变及韧性测度

运用RDD分析模型，划分居民主观幸福感韧性阶段，并对各阶段居民主观幸福感韧性响应时空演化特征进行测度与分析。同时，进行各韧性阶段社区居民主观需求挖掘，主要分为现实物质需求和主观情感需求。引入ChatGPT进行主题分析，对并对抵抗期、适应期、恢复期以及常态期等不同阶段下居民的主观需求进行主题提取和挖掘，并分析各阶段居民实际需求的时空分布特征。

（3）机制探析：社区环境分异对居民幸福感的影响机制探析

首先梳理上海市各居住区建成环境及社会经济要素等指标，分析指标异质性。并基于SHAP的可解释全连接神经网络方法探究各社区环境和居民社会经济因素对其主观幸福感的影响机制，进行归因分析。

（4）韧性策略：空间规划策略与城市管理措施建议提出

在空间规划策略方面，可指导老旧小区更新、15分钟生活圈设施配套布局、蓝绿空间环境改善等规划建设措施；在政策干预及城市管理层面，可指导社区组织供应、居民心理辅导、需求实时

图2-1 技术路线图

响应等政策的制定，从而促进社区居民幸福感的整体保障与提升。

技术路线图如图2-1所示。

体签到数据、物质要素和非物质要素数据。物质要素又分为居住区建成环境与服务设施分布数据；非物质要素主要包括社会经济要素，主要通过百度慧眼平台获得。

三、数据说明

1. 数据内容及类型

本研究获取上海市多源大数据（表3-1），主要分为社交媒

2. 数据预处理技术与成果

（1）主观幸福感评价与主题信息提取

利用Python脚本首先对每条微博数据组织成Prompt命令，调

研究数据 表3-1

大类	类别	变量名称及代号	主要数据来源	变量描述／计算方法
研究区范围	上海市行政区划	行政区划边界	政府网站	上海市边界（不包括崇明岛）
因变量	居民心理特征	居民主观幸福感（SW）	微博	基于ChatGPT3.5获取微博用户幸福感打分，分布于0-1之间
物质要素	居住区建成环境	房价（HP）	链家	小区范围内单位房价均值
		建成年代（BY）	链家	小区范围内所有已售房源建成时间均值
		容积率（FAR）	链家	建筑面积（建筑基底面积乘以楼层数）除以小区面积

大类	类别	变量名称及代号	主要数据来源	变量描述／计算方法
物质要素	居住区建成环境	建筑基底密度（BD）	链家	建筑基底面积除以小区面积
		人均住房面积（LAPP）	链家／百度慧眼	建筑面积（建筑基底面积乘以楼层数）除以小区居住人口
		归一化植被指数（NDVI）	Landsat8	NDVI =（近红外-红）/（近红外+红），反映俯瞰下的植被覆盖度
		绿视率（GVR）	百度地图街景图像	Green_visility=植被像元／像元总量，反映行人视角下的植被覆盖
		水系河网（WA）	GlobaLand30（2020）	反映小区周边水系河网的可达性
		道路密度（RD）	OpenStreetMap	反映小区周边路网设施密度
	服务设施分布特征	休闲设施可达性（RFA）	百度感兴趣点（Point of Interest，简称POI）	反映小区周边公园等休闲娱乐设施可达性
		医疗设施可达性（MSA）		反映小区周边医疗设施可达性
		POI密度（POID）		反映小区周边单位面积内POI数量
		POI多样性（POIV）		反映小区周边POI类别数量
		POI混合度（POIM）		反映小区周边城市功能混合程度
		POI核密度（POIKD）		反映小区周边POI分布核密度
非物质要素	社会经济特征	人口密度（PD）	百度慧眼	反映小区居民的各项社会、经济、健康特征
		平均年龄（AA）		
		老龄化比例（AP）		
		受教育程度（EDU）		
		收入水平（ICO）		
		职住比例（JHP）		
		高消费比例（HCP）		
		社区病例数（CR）	上海发布	
	时间要素	政策调整（POL）	上海市卫生健康委员会	反映公共健康危机下管理政策变化

用OpenAI的API接口询问机器人微博发布者的幸福感指数，要求分数在0-1之间。再后，发送至ChatGPT服务端。最后，回收ChatGPT的回答结果，并保存至本地文件。

由于学术界缺乏对ChatGPT回答幸福感指数准确性的系统性评估。本研究团队制作对应的训练—测试数据集训练Bert模型，令其同样执行幸福感打分任务。其中，训练完毕的Bert模型打分精度达到85.8%，而未经任何专题样本训练的ChatGPT可达到84.7%的精度，基本与Bert模型精度持平。

（2）百度慧眼人口画像矢量化

本研究将百度慧眼各类人口画像指标数值化，方法如下：

$$Age(x) = \begin{cases} 9 & x<18 \\ 21 & x\leq24\,and\,x\geq18 \\ 30 & x\leq34\,and\,x\geq25 \\ 40 & x\leq44\,and\,x\geq55 \\ 50 & x\leq54\,and\,x\geq65 \\ 60 & x\leq64\,and\,x\geq55 \\ 70 & x\geq65 \end{cases} \quad (3-1)$$

$$Edu(x) = \begin{cases} 12 & x = 高中及以下 \\ 14 & x = 大专 \\ 16 & x = 本科及以上 \end{cases} \quad (3-2)$$

$$Income(x) = \begin{cases} 2000x < 2499 \\ 21x \leq 24 \, and \, x \geq 18 \\ 30x \leq 34 \, and \, x \geq 25 \\ 30x \leq 34 \, and \, x \geq 25 \\ 30x \leq 34 \, and \, x \geq 25 \end{cases} \quad （3-3）$$

式中，$Age(x)$ 为社区人口平均年龄，$Edu(x)$ 为社区人口平均受教育年数，$Income(x)$ 为社区平均收入。此外，本研究还计算了高消费人口占比、工作人口占比等社区社会经济指标。

（3）研究区街景图像批量下载

首先利用上海市路网每隔100m生成采样点，检测采样点附近是否具有街景图像。再基于Python编写爬虫脚本，通过开放API接口，获取街景采样点处各视角下街景影像。基于上述方法，批量获取了上海市域范围内人口聚集区域的11万张街景图像。

（4）遥感数据分析

在GEE平台上，通过编写JavaScript代码，调取研究区范围内的Landat8遥感卫星对地观测的多波段光谱数据，选择对于植被信息最为敏感的红波段、近红外波段计算归一化植被指数（NDVI），进而计算各个社区的平均植被覆盖情况。

四、模型算法

1. 模型Ⅰ：基于大语言模型的幸福感时空动态反馈系统

（1）基于ChatGPT的居民主观幸福感测度

ChatGPT是OpenAI开发的基于Transformer架构的语言模型，它由多个堆叠的自注意力机制（Self-attention）和前馈神经网络组成（图4-1）。该技术有助于我们更好地了解不同人群的幸福感水平，并从中发现影响幸福感的因素。这为政府决策、社会政策制定等提供了有益参考，帮助促进社会的整体幸福感。

考虑到ChatGPT处理中英文水平的差异，这里尝试了三种Prompt策略：①中文提问；②先译英，再提问；③令ChatGPT先自行翻译，再基于英文微博作答。通过对比三种Prompt策略在测试集结果上的表现差异，发现令ChatGPT先自行翻译，再基于英文微博作答可有效将准确率提升1%～2%，故最终采用该策略对全部微博大数据进行主观幸福感测度（图4-2）。

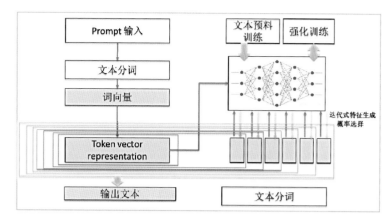

图4-1 ChatGPT模型原理

图4-2 调用ChatGPT技术流程

（2）基于BERT的文本主题词分析

BERT是由Google于2018年开发的预训练语言模型，在多个NLP任务上的表现优于现有的最先进模型，特别是应用于自然语言理解评估和情感分类时。通过应用词向量之间的语义相似性，BERT在主题的信息性和代表性方面表现优于现有的主流技术，且完全开源。本研究通过人工数据标注，自主建立了一套基于中文微博文本的主观幸福感训练集和测试集，训练针对居民主观幸福感测度的中文微博BERT情感分类器，测试集准确率超过85.8%，用于对ChatGPT模型的补充与校核工作。同时，本研究还引入BERT进行主题分析，对各韧性阶段居民的主观需求进行主题提取和挖掘，利用WordCloud词云生成各韧性阶段下的居民主观需求词云分析图。

2. 模型Ⅱ：基于因果推断的幸福感时空动态演变及韧性测度模型

（1）基于RDD的时间断点回归分析

RDD是一种准自然实验，基本思想是通过断点来构造干预状态D，断点左右的样本接受不同的干预，且接受过程具有随机性，使得不同干预的样本只在D有差异，其他协变量的分布是一致的。RDD已被广泛用于评估事件干预的影响，本研究所设置的断点前后居民的环境和社会经济情况不会发生较大转变，故符合模型假设。模型公式如下：

$$Y_t = \beta_0 + \beta_1 \times D_t + h(t) + \delta \times X_t + e_t \qquad (4-1)$$

在上述公式中：式中，Y_t为日平均幸福感值，D_t为阈值时刻t的居民幸福感不连续程度，X_t为其他协变量，$h(t)$为时间变化的因素（通过多项式）。在此设计中，所有在$h(t)$阈值之前的观测值都不接受处理（现有策略），阈值之后的所有观测都属于新的遏制政策。通过引入各种阈值变量，测试韧性断点的日期是否准确，以验证阈值附近的观测值是否具有可比性。

（2）莫兰指数与冷热点分析（Getis-Ord G_i^*）

莫兰指数Moran's I是用来测度空间相关性的重要指标，局部Moran's I指数是在全局自相关的基础上具体显示区域内全部个体的空间关联情况。局部Moran's I指数的计算公式为：

$$\text{Moran's I} = \frac{n(x_i - \overline{x})\sum_{j\neq 1}^{n} w_{ij}(x_j - \overline{x})}{\sum_{i=1}^{n}(x_i - \overline{x})^2} \qquad (4-2)$$

式中，$\overline{x} = \frac{1}{n}\sum_{i=1}^{n} x_i$；$x_i$代表第$i$个区域的样本值，$n$为研究单元总数，$w_{ij}$为$i$区域和$j$区域之间的空间邻接关系，也就是空间权重。

Getis-Ord G_i^*空间热点分析通过查看邻近要素环境中的每一个要素，可以反映出研究对象在局部空间上的热点和冷点分布，可表示为：

$$G_i^* = \frac{\sum_{j=1}^{n} w_{ij} \, x_j - \overline{X}\sum_{j=1}^{n} w_{ij}}{S\sqrt{\dfrac{\left[n\sum_{j=1}^{n} w_{ij}^2 - \left(\sum_{j=1}^{n} w_{ij}\right)^2\right]}{n-1}}} \qquad (4-3)$$

3. 模型Ⅲ：基于机器学习的社区环境分异测度模型

（1）街景语义分割与绿视率计算模型

本研究采用了改进的深度学习卷积神经语义分割网络（Pyramid Scene Parsing Network，简称PSPNet），该模型是在全卷积网络（Fully Convolutional Network，简称FCN）基础上改进而来的语义分割网络，其综合了像素的局部光谱信息和像素的全局整体结构信息来提取图像特征，在精细分割问题上也取得了新的重大突破，其模型架构如图4-3所示。

本研究基于在城市景观数据集（Cityspace Dataset）测试集上训练PSPNet语义分割模型，PSPNet的骨干网络为修改后的ResNet101，具体参数不再赘述。在完成批量化语义分割工作后，计算各幅街景影像中绿色植物的占比作为绿视率。

（2）空间匹配算法

传统基于ArcGIS平台的叠加分析算法需要设置固定的容差距离，以提高信息匹配效率与完整度。为了尽量压缩容差距离，保留各类指标的空间异质性，并提高匹配效率，本研究基于第三方Python模块Shapefile、GDAL自行构建一套弹性容差距离的目标匹配算法。通过空间匹配算法，社区AOI被有效匹配到各类建成环境特征、社会经济特征以及居民主观幸福感指数等信息。

算法流程设计如图4-4所示。

（3）POI多样性/密度/混合度分析模型

本研究选择POI多样性、密度与混合度指数评价服务设施的空间分布特征，其中POI密度为小区周边单位面积内POI数量，POI多样性反映小区周边POI类别数量。此外，本研究依据熵计算社区周边服务设施的混合程度。

$$H(x) = -\sum_{i=1}^{n} P_i \log P_i \qquad (4-4)$$

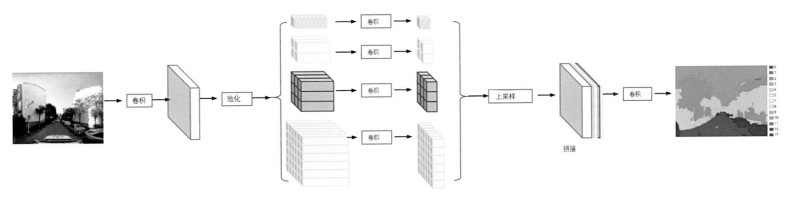

图4-3　PSPNet模型结构

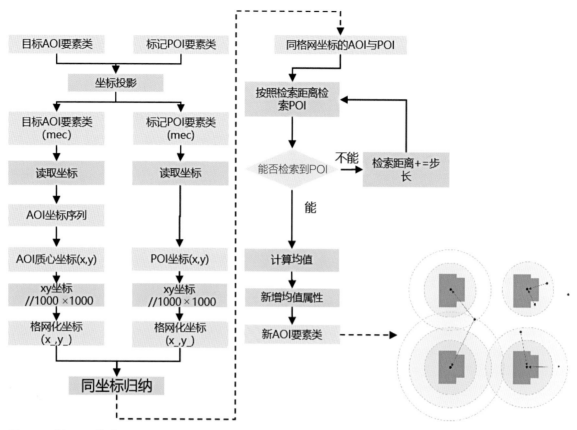

图4-4 空间匹配算法

式中，$H(x)$ 表示随机变量x的熵；P_i为x取x_i的概率。显然，熵值越大，不肯定性越大；熵值越小，不肯定性越小。在本研究中，$H(x)$ 代表周边服务设施类型方面的丰富程度。

（4）建筑容积率 / 基底密度 / 人均面积分析模型

本研究选择建筑容积率、基底密度、人均面积评价小区内建筑的空间分布特征。其中容积率反映了小区内住宅的空间密集程度，基底密度反映了小区内公共活动区域的相对占比，人均面积反映了居住人口的室内活动空间。各个指标的计算公式如下：

$$FAR = \frac{Area_{(base)} \times Floors}{Area_{(aoi)}} \times 100\% \qquad (4-5)$$

$$BD = \frac{Area_{(base)}}{Area_{(aoi)}} \times 100\% \qquad (4-6)$$

$$LAPP = \frac{Area_{(base)} \times Floors}{Popu_{(aoi)}} \times 100\% \qquad (4-7)$$

式中，FAR表示容积率，BD表示基底密度，$LAPP$表示人均面积，$Area_{(base)}$为建筑基底面积，$Floors$为建筑楼层数，$Area_{(aoi)}$为小区总面积，$Popu_{(aoi)}$为居住人口数量。

4. 模型Ⅳ：基于可解释神经网络的居民幸福感影响机制探析模型

基于SHAP全连接神经网络方法探究各社区环境和居民社会经济因素对其主观幸福感的影响机制。

（1）全连接神经网络模型（FCNN）

本研究以23个空间环境要素和社会经济属性为自变量，6个韧性阶段日均幸福感指数分别为因变量，构建基于全连接神经网络的居民主观幸福感影响因素的6个非线性回归模型。模型拟合精度评价采用四种精度评价指标，所有指标值越小，模型越优。经过参数调整，当batch size设置为16时，各韧性阶段模型在100 epoch以内循环时，训练集达到最低误差，绝对误差均值位于0.14～0.2区间。

（2）基于Shapley-value的可解释方法

SHAP可以克服神经网络模型的"黑箱"属性，近年来被广泛用于自然地理、交通地理和环境科学等学术领域，其主要基于合作博弈理论中的Shapley值归因分析理论计算特征对模型输出的边际贡献。首先通过原始数据分布和因变量计算出一个基准值，其次将因变量线性分解为基准值和特征的SHAP值，SHAP值反映每一个特征的影响力和正负性。模型预测分解及SHAP值计算的具体公式如下：

$$g(z') = \phi_0 + \sum_{i=1}^{M} \phi_i z'_i \qquad (4-8)$$

式中，$z'_i \in \{0, 1\}^M$ 表示第i个特征是否参与模型预测，M表示特征数量，ϕ_i表示第i个特征的SHAP值。

$$\phi_i(val) = \sum_{S \subseteq F/\{i\}} \frac{|S|!(|F|-|S|-1)!}{|F|!} \left(f_{SU\{i\}}\left(x_{SU\{i\}}\right) - f_S\left(x_S\right) \right) \qquad (4-9)$$

式中，S是模型中参与预测的特征集合，F是所有特征集合，f表示预测模型；ϕ_i表示第i个特征的SHAP值。SHAP值的绝对值越大表明社会空间环境或社会经济属性特征对居民主观幸福感的影响越大，正负性表示特征对幸福感的促进或抑制作用。

五、实践案例

1. 研究区范围

本研究选取上海市（除崇明区）作为实证研究范围（图5-1），基本统计单元为上海市居住小区AOI。上海市社交媒体数据样本量丰富，同时历史悠久，居住区建成环境多元复杂，存在社会空间隔离现象。经过数据预处理，共筛选出信息完整的居住区11038个。

2. 居民整体主观幸福感时间序列分析

2021至2023年上海整体幸福感指数如图5-2所示，其中2022年出现数次急剧波动。本研究采用RDD断点回归分析对2022年民众幸福感分段拟合，可为6个韧性阶段。其中，1月1日至3月9日为抵抗阶段，城市复杂系统中各要素之间复杂联系中和了公共

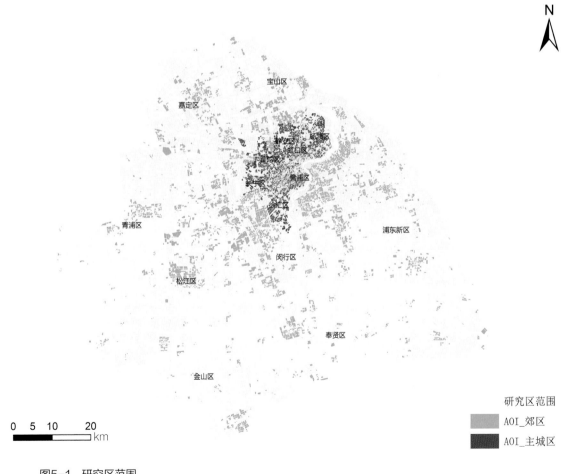

图5-1 研究区范围

卫生危机对市民情绪的负面扰动。3月9日至3月26日为面对公共
卫生危机全面爆发的适应阶段。3月26日，随着疾控政策的收紧
与政府医疗资源的有效投入，民众幸福感在震荡后快速转入恢复
期。6月1日后，随着疫情好转与政策优化，幸福感水平提高。12
月5日后，上海市遭受新一轮危机扰动，但民众在短暂的适应与

恢复后快速回升至常态。

3. 2022年居民幸福感韧性分析

以2021年为基准年，采用RDD模型进一步对2022年与2023年
民众幸福感差值进行分段拟合，量化各阶段幸福感韧性（图5-3）。

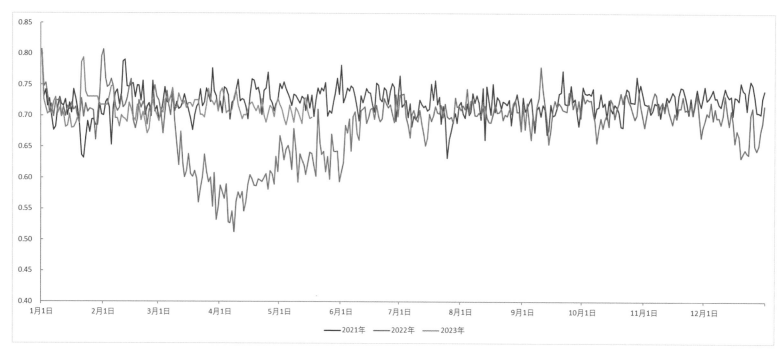

图5-2　2021~2023年整体幸福感变化曲线对比

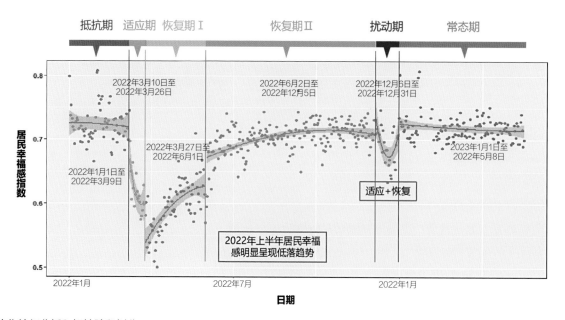

图5-3　幸福感动态演化特征分析和韧性阶段划分

结果表明，2022年初至2月中下旬，上海市幸福感韧性指数为正。但从2月末开始，幸福感韧性指数由正转负，对应公共卫生危机潜伏期。在3月底至4月初，幸福感韧性达到最低值-0.28左右。而在6月政策调整后，韧性指数显著增高，但仍为负。这说明相较疾控政策等人为因素，公共卫生危机可能是扰动民众幸福感的根本原因。

基于BERTopic对微博文本中的各韧性阶段社区居民现实需求进行挖掘（图5-4），发现其呈现出时空差异化分布趋势。分析可得：在常态阶段居民以外出需求为主，有许多"打卡""工作""吃"的出行需求。在抵抗期和适应期，居民对于"小区""吃""生活""核酸"等主题关注度较高，小区环境、居委会组织等成为影响居民主观幸福感的主要因素。而在适应阶段，"小区""核酸"还是居民主要关注话题，同时"解封""加油""希望"等积极语义词汇也出现频率增加。

4. 居民幸福感时空演进分析

（1）社区幸福感时空对比

在空间维度上，研究基于弹性匹配算法，统计各个社区居民的幸福感平均值变化情况，如图5-5所示。

（2）社区幸福感冷热点分析

进一步采用冷热点分析与局部莫兰指数分析各阶段幸福感指数空间分布特点，其中冷热点分析结果如图5-6所示。可以看到中心城区幸福感指数普遍较高，而其他地区各阶段的幸福感指数波动明显，且相邻社区的幸福感指数差异较大。

（3）社区幸福感局部莫兰分析

各阶段幸福感莫兰指数如图5-7所示。通过对比图5-6与图5-7可知，冷热点分析结果中各阶段的高值区域基本对应局部莫兰指数中的高高（HH）集聚与高低（HL）离散区，而低值区域基本对应低低（LL）集聚与低高（LH）离散区。

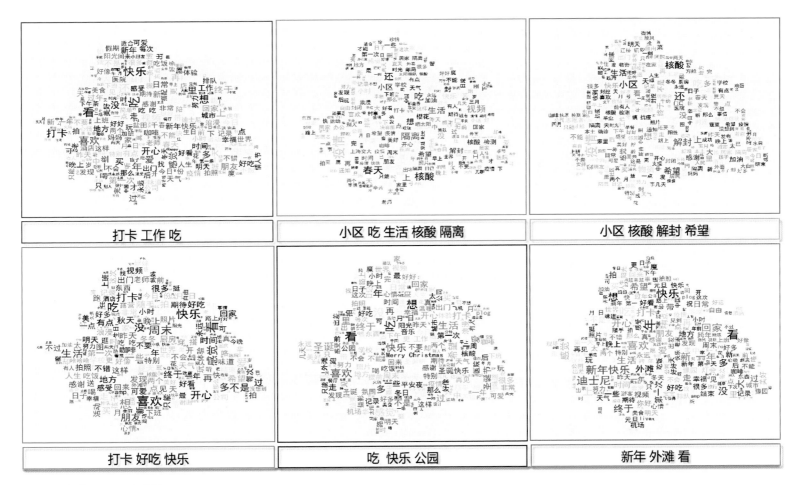

图5-4　各阶段居民需求分析

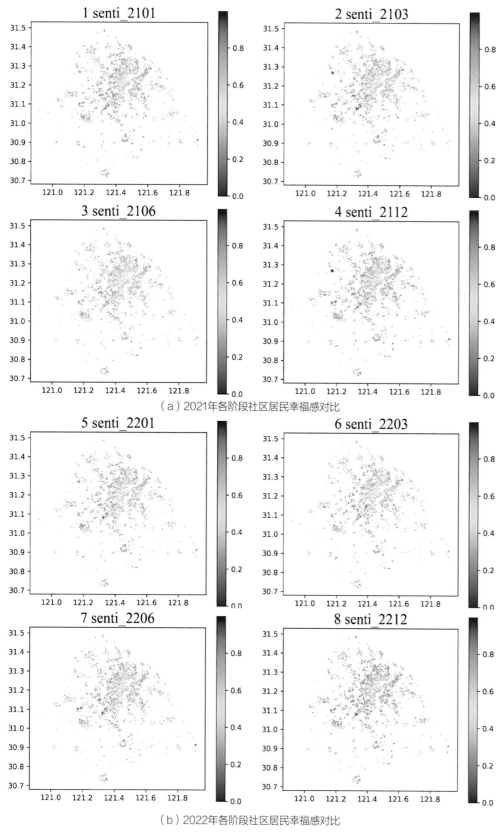

（a）2021年各阶段社区居民幸福感对比

（b）2022年各阶段社区居民幸福感对比

图5-5　各阶段社区居民幸福感对比

为深入挖掘公共卫生危机期间居民的物质与精神需求，本研究以2022年3月27日至2022年6月1日阶段为例，对不同集聚/离散区域内居民的线上讨论进行词云统计，结果如图5-8所示。结果表明，LL集聚区与HL离散区居民更多以"物资""团购"等生活基本需求为热点话题，表明当地在疾控期间的生活物资供应与社区服务存在一定压力。而HH集聚区与LH离散区居民更多地围绕"时尚""萨摩耶""搭配"等精神追求主题展开讨论，这表明疾控期间的生活物资供应与社区服务可能是影响居民幸福感的重要因素。为此，本研究基于SHAP模型量化分析微观层面的建成环境特征、收入结构差异、年龄结构、社区服务等因素对于社区居民幸福感的影响。

5. 居民幸福感影响机制分析

（1）居民幸福感全局影响规律

对研究区内所有小区样本各因子的SHAP值进行绝对值求平均和直接求平均，分别得到各因子的全局重要程度和影响作用（图5-9）。

由图5-9（a）可知，研究时期内累计重要程度最大的依次为POI混合度（POIM）、水系河网（WA）、道路密度（RD）、高消费比例（HCP）、医疗设施可达性（MSA）；重要性最小的依次为容积率（FAR）、人口密度（PD）、POI核密度（POIKD）。

由图5-9（b）可知，水系河网（WA）、房价（HP）、绿视率（GVR）在更多阶段对社区幸福感产生了显著增强作用；社区病例数（CR）、道路密度（RD）、职住比例（JHP）在更多阶段产生了显著减弱作用。POI混合度（POIM）、建筑密度（BD）等则在不同阶段分别发挥着显著增强或减弱作用。

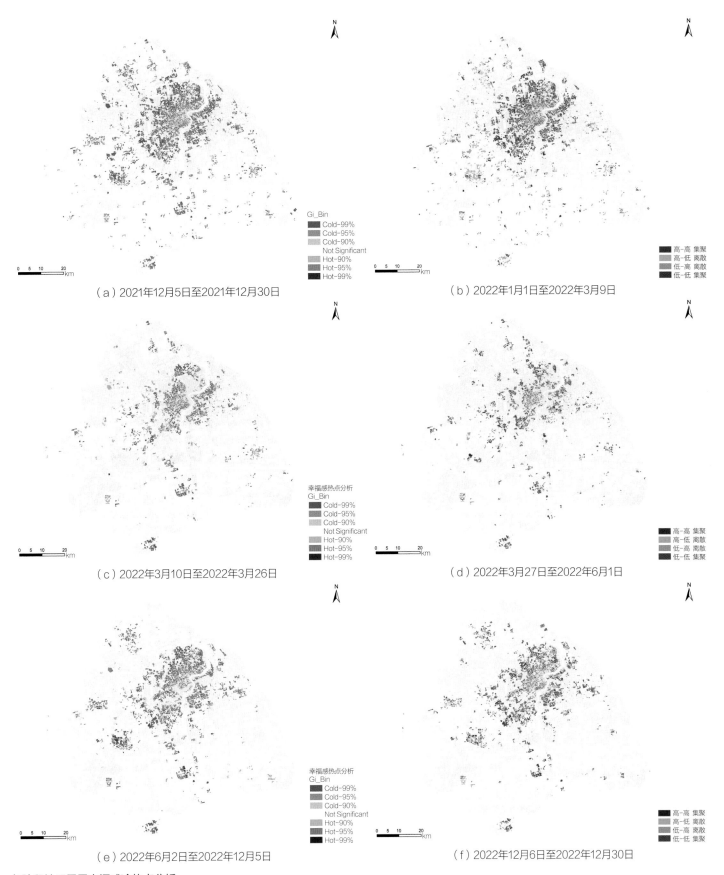

图5-6 各阶段社区居民幸福感冷热点分析

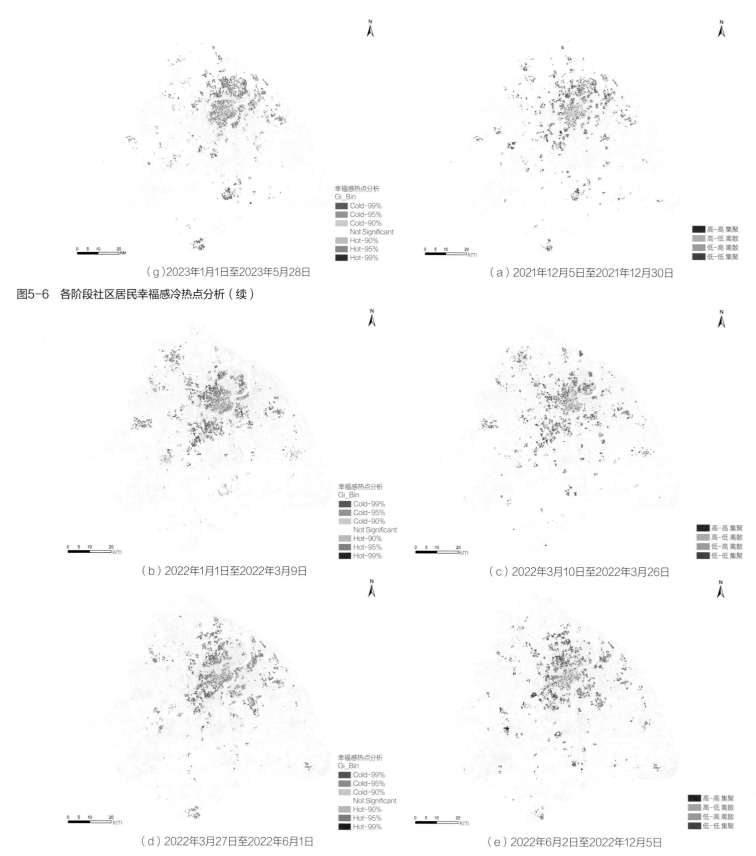

（g）2023年1月1日至2023年5月28日

图5-6 各阶段社区居民幸福感冷热点分析（续）

（a）2021年12月5日至2021年12月30日

（b）2022年1月1日至2022年3月9日

（c）2022年3月10日至2022年3月26日

（d）2022年3月27日至2022年6月1日

（e）2022年6月2日至2022年12月5日

图5-7 各阶段社区居民幸福感局部莫兰分析

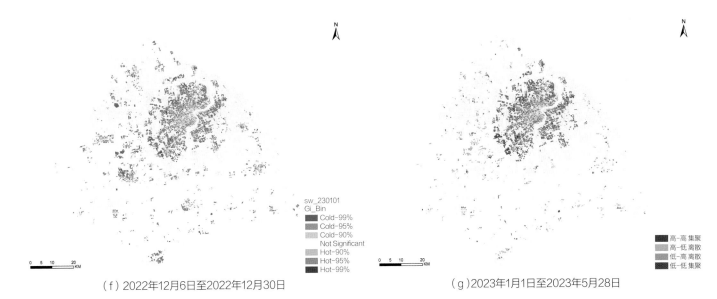

（f）2022年12月6日至2022年12月30日 （g）2023年1月1日至2023年5月28日

图5-7 各阶段社区居民幸福感局部莫兰分析（续）

（a）HH集聚区居民需求分析 （b）LH离散区居民需求分析 （c）LL集聚区居民需求分析 （d）HL离散区居民需求分析

图5-8 居民幸福感不同集聚与离散区域内的居民需求分析

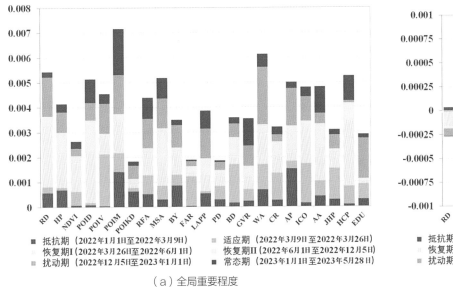

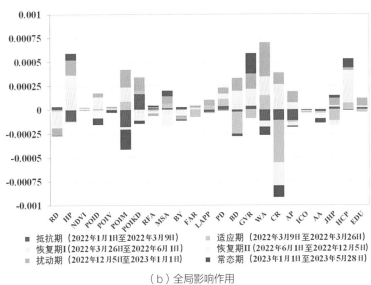

（a）全局重要程度 （b）全局影响作用

图5-9 不同阶段的因子全局规律

（2）居民幸福感影响阶段演变

进一步探究不同阶段中不同因子水平对居民幸福感影响作用的正负差异。图5-10为SHAP值蜂群图，纵轴各行对应各因子SHAP值样本分布，图右彩色条柱表示各因子值大小，红色、蓝色分别表示高于、低于整体平均值。

由图5-10可知，大部分因子在不同阶段中因子水平对幸福感的影响作用方向存在显著变化。小区富裕程度方面，收入和消费水平越高的居民的应变能力越强，幸福感提振较多；小区人口构成方面，在疫情暴发前的抵抗期，高龄小区居民对疫情感知更

滞后，幸福感减弱越少，但自扰动期封控逐步放开以来，高龄小区居民的疫情抵御能力较弱，幸福感减弱较多；小区管理水平方面，在适应期至扰动期，随着防控政策从收紧到放开，房价较高、年代较新的小区的应援物资和管理措施更完善，幸福感提振较多；小区服务供给方面，在抵抗期和常态期，疫情防控较松，密集的多元服务设施会减弱幸福感，但在适应期至扰动期阶段，良好的服务设施配给尤其是医疗设施成为了幸福感提振的有力保障；小区环境品质方面，在抵抗期、恢复期Ⅱ和常态期，小区绿化水平越高，幸福感提振越多；但在适应期和扰动期，小区亲水

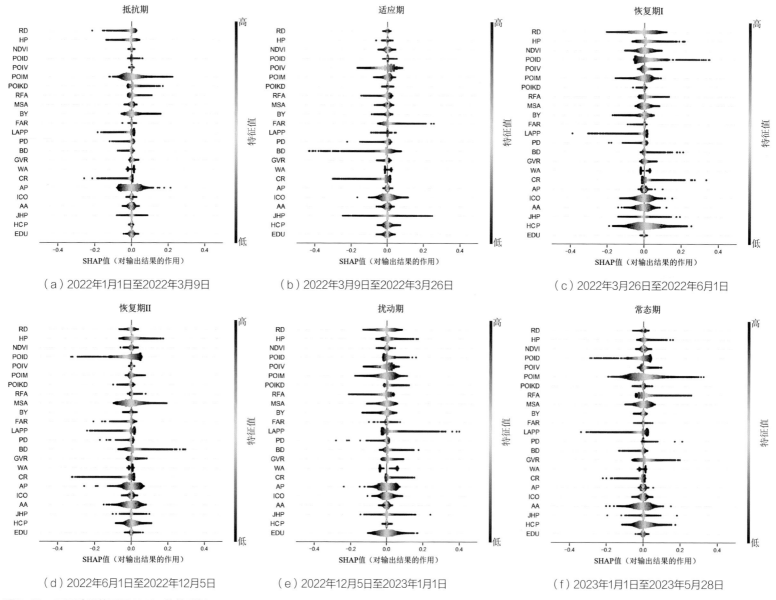

图5-10　不同阶段的因子SHAP值蜂群图

性越高，幸福感提振越多。

6. 韧性规划策略提出

本研究进一步总结了社会经济要素、住区建成环境以及设施可达性三个层面的影响幸福感的积极与消极因子以及三者在不同阶段的竞合交互作用，如图5-11所示。

基于此，本研究从建成环境提升、服务设施完善、规划公平性等视角，针对性提出居民幸福感韧性提升策略，以期通过提升人居环境质量提振社区居民常态或受灾状态下的主观幸福感。

住区建成环境提升方面，在高建筑密度社区增加生态绿色元素，如雨水花园、绿道、屋顶绿化等；通过建筑高度控制，提高居民对河网水系的可视性；同时，应该增加保障性住房和公租房比例，从而提升社区人均居住面积，为此可适当放宽容积率、建筑密度限制，开发使用效率较低的公园闲置用地作为青年统租房。

公共服务设施完善方面，应加快推进15分钟生活圈建设，重点提升医疗服务设施的可达性，提高各类社区服务设施的混合度。应在社区、街道中积极组织筹办各种文娱活动，提升各类城市灾害后全年龄段居民在社区生活中的幸福感。

此外，针对弱势群体集聚的社区规划，需融入空间公平性考量，尤其是低收入和老龄化社区。相关规划应对老龄化社区的建筑房屋与公共设施进行适老化改造，重视对于低收入城郊社区的

公共交通、慢行交通系统的建设与维护。

六、研究总结

1. 模型设计的特点

（1）理论创新：本研究将复杂适应系统理论、韧性理论、社会感知理论引入健康城市研究，建立了人本视角下分析、评估、提升公众幸福感的理论框架，并以时空双视角出发，分析公众幸福感与城市复杂系统组分之间的复杂联系与耦合演进关系。

（2）技术方法创新：本研究引入ChatGPT与BERT语言大模型，建立基于签到微博数据的公众幸福感信息通道，同时引入了基于时间的断点回归（RDD in Time）的因果推断方法对长时序的数据进行幸福感韧性阶段划分与韧性水平测度。此外，还引入SHAP模型量化城市复杂系统各子系统与公众幸福感的复杂联系。最后，本研究原创了AOI的弹性匹配算法，快速统计各类特征因子与公众幸福感水平。

（3）数据创新：本研究基于微博数据，以相对客观的方式反映整体城市、局部社区等多尺度的公众的主观幸福感时空演变情况；本研究综合利用百度街景、POI、房产信息等数据量化城市建成环境的分异特征与空间不平衡现象；本研究尝试利用百度慧眼人口画像数据分析评价社区层面的居民收入、教育、年龄等社会经济特征。

2. 应用方向或应用前景

（1）近年来接连涌现的ChatGPT、BERT等大语言模型，极大地提高了从大文本数据中抽取专题信息的效率。本研究未来将进一步利用ChatGPT在语义分析中的强大潜力，在分析重大灾害中公众情绪变化的同时，自动抽取公众对于应急响应、防灾减灾、物资供应等各种具体政府工作的建议与看法，在政府与群众之间建立高效可靠的舆情响应机制与公众情绪安全防线。

（2）本研究集成开发了一套基于ChatGPT的规划决策支持系统（图6-1）。基于ArcEngine开发了上海市社区幸福感规划决策支持系统，该系统不仅具有查询检索、专题图制作、图件管理等常规功能，还具有居民需求词云分析以及ChatGPT问答建成环境改善建议等功能。

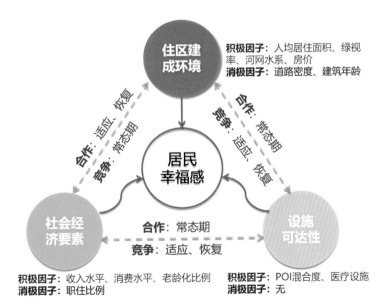

图5-11　居民幸福感时空影响机制总结

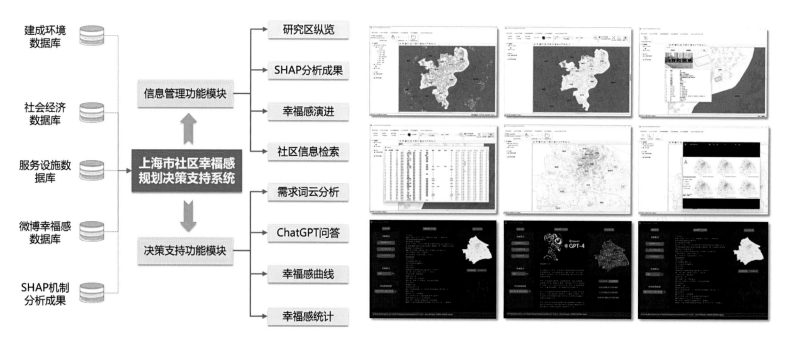

图6-1　基于ChatGPT的规划决策支持系统

参考文献

［1］谢燮，杨开忠，刘安国.新经济地理学与复杂科学的区位选择模型［J］.经济地理，2005（4）：442-444，448.

［2］裴韬，王席，宋辞，等.COVID-19疫情时空分析与建模研究进展［J］.地球信息科学学报，2021，23（2）：188-210.

［3］陈明星，周园，汤青，等.新型城镇化、居民福祉与国土空间规划应对［J］.自然资源学报，2020，35（6）：1273-1287.

［4］杜静，刘艺航，李德智.智慧城市建设的公众关注热点研究——基于社交媒体信息的分析［J］.现代城市研究，2022（5）：40-45，63.

［5］李苗裔，曹哲静，党安荣，等.基于社交网络数据的智慧景区客流分析与情感探测——以黄山风景名胜区为例［J］.中国园林，2018，34（12）：52-56.

［6］王小雪.基于微博的公共安全事件提取和风险评估［D］.哈尔滨：哈尔滨工业大学，2020.

［7］徐建刚，杨帆.基于社会感知空间大数据的城市功能区识别方法探析［J］.城市建筑，2017（27）：30-34.

［8］马静，刘冠秋，饶婧雯.地理环境与时空行为对主观幸福感的影响研究进展［J］.地理科学进展，2022，41（4）：718-730.

［9］王丰龙，王冬根.主观幸福感度量研究进展及其对智慧城市建设的启示［J］.地理科学进展，2015，34（4）：482-493.

［10］王丰龙.幸福地理学研究中的时空间尺度陷阱［J］.人文地理，2021，36（2）：11-19.

［11］宋伟轩，袁亚琦，谷跃，等.南京棚户区改造的城市社会空间重构效应［J］.地理研究，2021，40（4）：1008-1024.

［12］汤坤.居住空间分异视角下的武汉市医疗服务可达性分析［D］.武汉：武汉大学，2020.

［13］康雷，张文忠，党云晓，等.北京低收入社区居民社会公平感知的影响因素研究：基于空间公平视角［J］.世界地理研究，2022，31（1）：201-213.

［14］王圣云，沈玉芳.福祉地理学研究新进展［J］.地理科学进展，2010，29（8）：899-905.

［15］WU T Y，HE S Z，LIU J P，et al. A brief overview of ChatGPT：The history，status quo and potential future development［J］. Ieee-Caa Journal of Automatica Sinica，2023，10（5）：1122-1136.

［16］ZHU J J，JIANG J Y，YANG M Q，et al. ChatGPT and Environmental Research［J］. Environmental Science & Technology，2023.

［17］DEVLIN J，CHANG M W，LEE K，et al. BERT：Pre-training of Deep Bidirectional Transformers for Language Understanding；proceedings of the Conference of the North-American-Chapter of the Association-for-Computational-Linguistics – Human Language Technologies（NAACL-HLT），Minneapolis，MN，F Jun 02-07，2019［C］. 2019.

［18］LI Q Z，SHAH S，LIU X M，et al. Tweet Topic Classification Using Distributed Language Representations；proceedings of the IEEE/WIC/ACM International Conference on Web Intelligence（WI），Omaha，NE，F Oct 13-16，2016［C］. 2016.

［19］IMBENS G W，LEMIEUX T. Regression discontinuity designs：A guide to practice［J］. Journal of Econometrics，2008，142（2）：615-635.

［20］HAUSMAN C，RAPSON D S. Regression discontinuity in time：Considerations for empirical applications［M］//RAUSSER G C，ZILBERMAN D. Annual Review of Resource Economics，2018，10：533-552.

［21］ANDERSON M L. Subways，strikes，and slowdowns：The impacts of public transit on traffic congestion［J］. American Economic Review，2014，104（9）：2763-2796.

［22］CHEN Y，WHALLEY A. Green infrastructure：The effects of urban rail transit on air quality［J］. American Economic Journal-Economic Policy，2012，4（1）：58-97.

［23］TIEFELSDORF M. The saddlepoint approximation of Moran's I's and local Moran's I-i's reference distributions and their numerical evaluation［J］. Geographical Analysis，2002，34（3）：187-206.

［24］PEETERS A，ZUDE M，KATHNER J，et al. Getis-Ord's hot- and cold-spot statistics as a basis for multivariate spatial clustering of orchard tree data［J］. Computers and Electronics in Agriculture，2015，111：140-150.

［25］ZHAO H S，SHI J P，QI X J，et al. Pyramid Scene Parsing Network；proceedings of the 30th IEEE/CVF Conference on Computer Vision and Pattern Recognition（CVPR），Honolulu，HI，F Jul 21-26，2017［C］. 2017.

［26］JI J，LU X C，LUO M，et al. Parallel fully convolutional network for semantic segmentation［J］. Ieee Access，2021，9：673-682.

［27］RODRIGUEZ-PEREZ R，BAJORATH J. Interpretation of machine learning models using shapley values：application to compound potency and multi-target activity predictions［J］. Journal of Computer-Aided Molecular Design，2020，34（10）：1013-1026.

［28］MANGALATHU S，HWANG S H，JEON J S. Failure mode and effects analysis of RC members based on machine-learning-based SHapley Additive exPlanations（SHAP）approach［J］. Engineering Structures，2020（15）：110927.1-110927.10.

基于时空大数据的商业中心体系规划实施评估与优化模型
——以上海市中心城区为例

工 作 单 位：同济大学建筑与城市规划学院

报 名 主 题：面向高质量发展的城市治理主题

研 究 议 题：城市体检与规划实施评估

技术关键词：时空大数据、离散选择模型、时空行为分析

参 赛 人：张小可、孙潇、林柯宇

指 导 老 师：钮心毅

参赛人简介：参赛团队成员均为同济大学建筑与城市规划学院城市规划系研究生。研究方向均为城乡规划方法与技术，主要研究兴趣包括城市时空大数据分析应用、城市规划空间信息分析等。指导教师钮心毅为同济大学建筑与城市规划学院城市规划系教授，博士生导师，研究方向为城市规划技术与方法。

一、研究问题

1. 研究背景及目的意义

（1）自然资源部十分重视规划动态评估监测机制的构建

自国土空间规划提出以来，自然资源部十分重视规划动态评估监测机制的构建工作，其2021年发布的《国土空间规划城市体检评估规程》TD/T 1063—2021提出"一年一体检，五年一评估"，要求对城市发展运行和规划实施总体情况进行即时、全面的监测。动态评估监测机制不仅是保障规划实施成效、提高空间治理水平的重要手段，更是满足"可感知、能学习、善治理、自适应"新时期智能国土空间规划需求的重要基石。因此，探索科学、合理的评估监测方法，并提出支持动态优化调整的决策辅助模型是必要、迫切且具有重要意义的。

（2）"以人民为中心"的发展思想下规划更聚焦居民的活动与需求

商业中心是带动城市经济发展、服务居民生活的重要要素，也是规划的核心内容之一。新时期，习近平总书记明确提出"以人民为中心"的发展思想。顺应人民消费升级的趋势，"人民至上，需求导向"成为了商业中心体系规划的核心。如何以人为本，了解供需之间的矛盾，构建与城市空间结构和商业中心辐射力相适应的商业中心空间体系成为业界关注的关键点。

（3）现有相关研究普遍存在忽视消费者主体、研究范围局限等问题

目前关于城市商业中心体系建设的研究大多关注于商业中心这一物质要素本身，如基于POI数据分析其空间分布体系特征、基于商业中心客流量分析其布局特征和规模特征等，一定程度上忽视

了居民消费者主体的客观活动规律和需求。一些研究将居民的选择与偏好纳入考虑，但大多采用专家打分、调查问卷等传统研究方式。一方面，问卷与打分并不能完全客观地反映居民的偏好与需求；另一方面，问卷与打分需要较大的人工和时间成本投入，研究范围受到限制，难以对大范围的城市区域进行评估监测。针对以上问题，本研究基于时空大数据，以居民前往商业中心的客观活动规律为基础，分析供需矛盾，以期更加真实客观地评估商业中心建设与服务情况。

（4）本研究体现以人为本理念、拓展大数据规划评估规划实施应用方法、促进提升居民生活品质

本研究响应落实国土空间规划评估监测工作，拟构建一套简洁、易实操、有效的商业中心体系实施评估与优化模型方法。模型在理论上，突破了传统方法对经验和问卷调查的依赖，从人们前往商业中心的实际行为和供需视角出发，体现以人为本的理念；在实践上，拓展了应用大数据评估规划实施在城市商业中心体系方面的具体方法，拓展了辅助规划决策的思路；同时，本模型具有推进城市资源合理化配置、满足居民消费需求、提升居民生活品质的现实意义。

2. 研究目标及拟解决的问题

本研究拟构建一套针对于城市商业中心的服务现状评估、规划监测及其优化方案模拟分析的模型，拟解决的关键问题如下：

（1）有效监测评估城市商业中心规划建设实施情况及服务现状。

（2）构建城市商业中心选址与服务能力的模拟预测模型。

（3）制定合理的未来商业中心布局优化方案。

为解决上述问题，本研究主要进行了以下工作：首先，研究基于手机信令数据识别热点商业中心。其次，根据平均出行时间、居住人口密度、服务争夺区来判别商业服务欠佳地区，分析服务欠佳地区空间特征并与现有规划比对以校验规划合理性、监测其实施情况。然后，基于服务高效性对服务欠佳区进行分析，构建商业中心选址模型；基于随机效用理论，根据基期年数据构建商业中心服务能力的分级预测模型，并对模型进行检验。最后，应用商业中心选址模型与商业中心服务能力分级预测模型，进行新建商业中心的多情景分析，并对比方案以辅助决策。从而有效评估商业中心服务现状，支撑规划决策，实现商业中心体系的优化布局。

二、研究方法

1. 研究方法及理论依据

本研究基于以下三方面的理论基础，运用时空大数据探究居民消费行为活动特征的同时，结合粒子群算法和离散选择模型等模型算法，构建了一套商业中心体系的评估和优化的模型。具体理论依据与技术方法如下：

（1）中心地理论

克里斯泰勒（W.Christaller）于20世纪30年代提出的中心地理论为城市商业中心、商圈概念建立了理论基础和数据模型支持。该理论认为中心地具有较高的集中度和辐射性影响；这些中心地按照功能和服务范围的不同形成了等级结构；同时每个中心地都有自身的腹地范围，其大小和范围受到交通网络和人口密度的影响。

本研究基于中心地理论提出商业中心服务势力范围、势力争夺区、商业服务能级等概念。运用手机信令数据分析消费者的实际活动特征，探究城市商业中心体系的现状特征，构建优化模型，为商业空间规划提供决策支持。

（2）群体智能理论和粒子群算法

群体智能理论是指通过模拟自然界中群体行为和群体智慧以解决问题和完成任务的理论。它认为群体中的个体通过相互协作、信息交流和学习，能够以集体的方式表现出智能行为，从而达到更好的结果。

而粒子群算法（Particle Swarm Optimization，简称PSO）是基于群体智能理论提出的一种优化算法。它模拟了鸟群觅食行为的过程，并将其应用于解决优化问题。在粒子群算法中，问题的解被表示为群体中的粒子，而每个粒子具有自己的位置和速度。粒子通过根据自身经验和邻域中最优解的引导，不断更新自己的位置和速度，以寻找全局最优解。本研究基于出行时间效能构建决策目标函数，运用粒子群算法计算全局最优解，预测新增商业中心的具体选址。

（3）随机效用理论与离散选择模型

随机效用理论（Random Utility Theory）是经济学和行为决策领域中的一种理论框架，用于解释人们在做出选择时如何评估和比较不同选择的效用。该理论假设个体在做出选择时会考虑两个因素：可观察的选择属性和不可观察的随机效用。根据这个理论，个体在做出选择时会为每个选择分配一个效用值，然后根据

这些效用值进行选择。

而离散选择模型是随机效用理论的一种具体应用形式，离散选择模型可以用于分析和预测个体在给定选择集合中的选择行为。通过估计模型参数，可以了解个体对选择属性的偏好程度，进而对个体的选择行为进行解释和预测。其中最常用的模型是多项Logit模型（Multinomial Logit Model）。

本研究将离散选择模型应用至居民前往各商业中心的消费行为选择之中，根据基期年数据计算居民前往各商业中心的效用值，使用概率模型来描述居民对商业中心选择的概率分布，模拟预测不同建设情景下的商业服务特征。

2. 技术路线及关键技术

如图2-1所示，本研究主要分为五个步骤：首先利用手机信令数据识别热点商业中心；其次利用叠加分析法和K-means聚类，识别出商业服务欠佳区，对商业中心服务的现状和规划实施情况进行评估；然后利用基于服务高效性的商业中心选址模型预测新增商业中心的选址；同时运用基于随机效用理论的商业中心

服务能力分级预测模型，确定新增商业中心的服务能力；最后在对模型进行有效检验的基础上，通过多情景模拟分析优化后的商业服务状况，为规划提供辅助决策的支持。

（1）子模型1：识别热点商业中心模型

首先利用手机信令数据基于时间累积法测算城市中的游憩-居住功能联系，再以1km网格为研究单元，对居民游憩活动进行汇总，根据网格的游憩密度采用头尾分割法，并参照《上海市商业空间布局专项规划（2022—2035年）》，最终确定本次研究的热点商业中心。

（2）子模型2：服务现状与规划实施评估模型

该模型首先通过对"服务争夺区""居住人口密度""平均出行时间"三要素进行叠加分析得出当前商业服务欠佳单元，评估商业中心服务现状；其次运用K-means聚类法，结合实际城市交通情况，对商业服务欠佳区进行识别，评价相关规划方案中新增商业中心选址的合理性。

（3）子模型3：基于服务高效性的商业中心选址模型

针对识别出的商业服务欠佳区，通过粒子群算法生成目标函

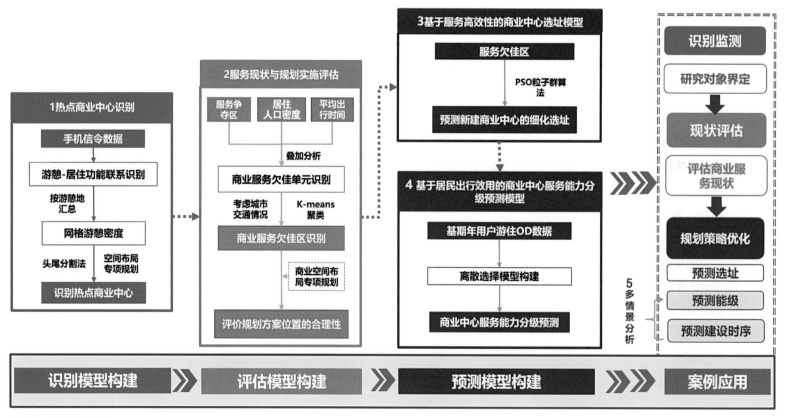

图2-1　技术路线图

数的最优解，预测新增商业中心的具体选址，以期改善当前商业服务欠佳区的商业服务状况。

（4）子模型4：基于居民出行效用的商业中心服务能力分级预测模型

基于随机效用理论，利用基期年手机信令数据用户的游住OD数据和平均出行时间数据，构建居民前往各热点商业中心的离散选择模型，得到各商业中心的能级系数，基于自然间断法对不同级别的商业中心的服务能力进行预测，确定新增商业中心的服务能力。

（5）案例应用：基于多情景分析模拟优化场景

通过多情景分析的方式，模拟不同优化建设情景下商业服务的状况，根据周边商业服务欠佳单元的改善效果和整体出行时间效能确定各商业中心的发展优先程度，辅助决策各商业中心建设时序。

三、数据说明

1. 数据内容及类型

本次研究所用的数据主要为包括城市空间基础数据、手机信令数据和开源城市车行交通数据的三类数据，如表3-1所示：

数据内容与使用目的　　表3-1

数据类型	数据内容	数据来源	数据处理	作用
城市空间基础数据	上海市基础地理空间数据	自有数据库	①按CGCS2000_3_Degree_GK_CM_120E坐标系投影	作为空间底图、框定分析范围
手机信令数据	2019年上海市手机信令数据	智慧足迹数据科技有限公司	①识别非通勤出行目的的居住地、目的地，汇总人数到1km×1km网格中；②筛选目的地为商业中心网格的数据，字段包括居住地网格ID、目的地网格ID、人数、目的地商业中心ID	①识别商业中心热点网格；②统计网格常住人口；③商业中心服务人群相关计算
	2023年上海市手机信令数据	智慧足迹数据科技有限公司	①识别非通勤出行目的的居住地、目的地，汇总人数到1km×1km网格中；②筛选目的地为商业中心网格的数据，字段包括居住地网格ID、目的地网格ID、人数、目的地商业中心ID	①识别商业中心热点网格；②统计网格常住人口；③商业中心服务人群相关计算
	开源城市车行交通数据 上海车行交通时距数据 高德地图API中的驾车路径规划服务		应用网络爬虫技术，调用高德地图API批量获取出发地到目的地驾车出行所用时间	①识别服务欠佳单元；②构建离散选择模型

（1）城市空间基础数据

这类数据主要为研究提供空间分析基底。包括行政区划单元数据，来源自有数据库，用作分析底图、框定分析范围；城市商业空间规划布局数据，数据来源于《上海市商业空间布局专项规划（2022—2035年）》，表征规划中城市商业中心的空间分布，作为模型构建的辅助与验证。

（2）手机信令数据

采用中国联通采集的手机信令数据识别出行需求。经对原始数据进行清洗和统计分析等预处理，再通过时间累积法识别用户居住地和游憩地，获得用户游住OD数据，用于商业中心游憩分析（表3-2）。

（3）开源城市车行交通数据

这类数据主要是利用高德地图API接口获取非早晚高峰时段

（10：00-16：00）的各1km×1km网格单元到各热点商业中心真实车行时间数据[1]，在服务现状与规划实施评估模型中用于筛选商业服务欠佳单元，在基于居民出行效用的商业中心服务能力分级预测模型中用于测算到各商业中心的时间效用成本（表3-3）。

手机信令数据结构　　表3-2

字段名称	含义	类型
Msid	用户唯一识别码	Varchar
Timestamp	时间戳	Timestamp
Lac	位置区编号	Varchar
Ci	小区编号	Varchar

1　鉴于无法获取到基期年时的地铁出行数据，本研究采用驾车出行方式的可达性计算结果替代综合交通等时圈的结果。

开源城市车行交通数据结构　　　表3-3

字段名称	含义	类型
Home_tid	居住地网格编号	Varchar
Bus_id	商业中心编号	Varchar
Name	商业中心名称	Varchar
Car_time	车行时间	Float

2. 数据预处理技术与成果

（1）手机信令数据预处理

手机信令数据通过记录时间戳和基站位置标记能够高频且准确地记录用户的时空变化，可有效还原用户的真实出行轨迹。本研究采用时间累积法对手机信令数据进行预处理，识别手机用户居住地与游憩地。具体算法为通过累积用户每日在各个位置的停留时间，筛选工作日日间（9：00-17：00）用户最长停留且时间超过2小时、重复天数占所有工作日天数超过60%的位置为该用户的工作地；筛选夜间（20：00-次日6：00）用户最长停留且时间超过2小时、重复天数占所有天数超过60%的位置为居住

地。在识别居住地、工作地的基础上，计算用户在休息日的游憩时间段（8：00-23：00）的轨迹，在非工作地、非居住地以及非交通枢纽的某一小范围内连续停留超过30分钟的地点为游憩地（图3-1）。最终将识别出来的每一个用户的OD数据汇总到1km网格中，数据形式如表3-4所示。

预处理后的手机信令数据　　　表3-4

字段名称	含义	类型
Date_dt	出行时间	Varchar
Home_id	居住地网格id	Varchar
Other_id	游憩地网格id	Varchar
Cnt	出行人次	Int

（2）开源城市车行交通数据处理

通过GIS分别计算各1km网格单元和各热点商业中心的质心的经纬度坐标。然后调用高德地图API接口，输入起始地（各网格单元）和目的地（各商业中心）的经纬度坐标，应用驾车路径规划服务批量获取每个网格单元在非早晚高峰时段（10：00-16：00）

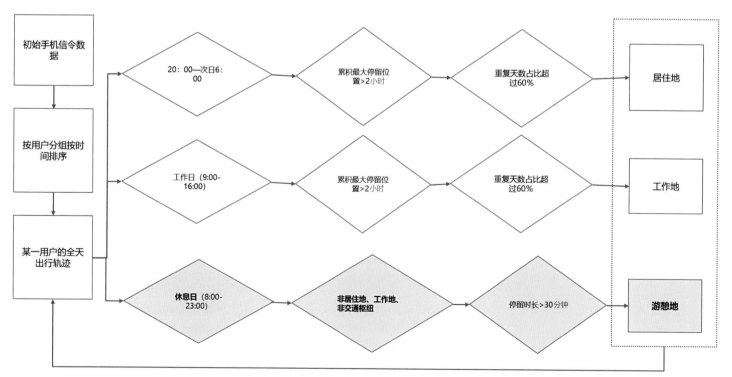

图3-1　手机信令数据预处理算法流程

前往各商业中心的真实车行时间，为后续计算各居住网格的加权平均车行时间提供数据基础。

四、模型算法

1. 研究对象界定方法

（1）按游憩地统计前往商业中心的人数

对预处理后的居住地——游憩地OD数据按游憩地1km网格进行人数汇总统计，得到网格游憩密度。

（2）应用头尾分割法结合规划识别热点商业中心

长尾分布是一种偏态分布，是指几个类别（头类）包含大量的样本，而大多数类别（尾类）只有非常少量的样本。其数学定义为：

$$\lim_{x \to \infty} \Pr(X > x + t \mid X > x) = 1 \qquad （4-1）$$

商业中心是游憩活动热点集中地。网格游憩密度的分布基本符合长尾分布，因此采用头尾分割法（图4-1）以截取热点网格。首先计算平均网格游憩密度平均值，然后截取大于平均值的头部数据，检验其是否符合长尾分布，若符合，重复计算平均值及截取头部数据的步骤，直到头部数据不符合长尾分布，输出头部数据，作为热点网格。最后，将热点网格与商业空间布局专项规划划定的各商业中心范围进行比对，取其交集代表每个商业中心的网格。

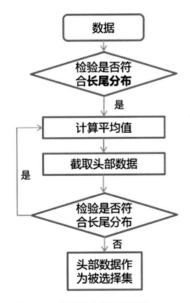

图4-1　头尾分割法流程图

2. 服务现状与规划实施评估模型

（1）服务现状评价

服务现状评价主要根据服务争夺区、平均出行时间及居住人口密度三种指标叠加分析以提取服务欠佳单元（图4-2）。其中，服务争夺区指的是数值最大的中心游憩人流强度占所有中心在该栅格中的游憩人流强度总和的比例小于一定比值（本研究中为0.2）的区域，表示居住在该栅格中的居民日常生活服务虽然主要前往这一中心，但不受其主导，是多个商业中心的争夺区。

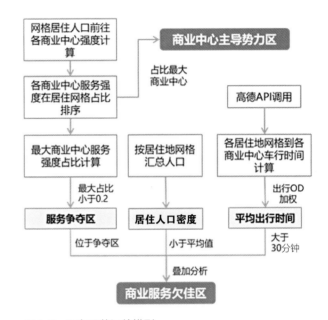

图4-2　服务现状评价模型

①计算服务争夺区。势力范围是指商业中心吸引力、辐射力占优势的地区，能直观反映不同地区居民日常生活服务主要前往哪个商业中心。计算居住地前往各商业中心的人流强度（前往各商业中心网格的人数除以该商业中心的网格数），再将前往商业中心强度占比最大的作为该网格的主导服务商业中心，可视化得到商业服务中心的势力范围图。筛选最大占比小于0.2的网格作为服务争夺区，代表该区域没有一个较为主导服务的商业中心。

②计算平均出行时间。调用高德驾车API接口进行搜索，计算居住地网格中心点前往各商业中心网格中心点的时间，并按该网格前往各个商业中心的人数占比加权计算平均时间，作为平均出行时间。

③计算居住人口密度。对整体手机信令数据按居住地1km网格汇总人数，作为常住人口数。由于各网格面积相同，故可将常

住人口数视为居住人口密度。

④服务欠佳单元提取。筛选位于服务争夺区、居住人口密度大于平均值、平均出行时间大于30分钟的区域。处于这些区域的网格，其人口密度较高，但居民没有较为稳定的商业中心出行地，且网格内居民到达商业中心的出行时间较长，表明这些区域亟需建设新的商业中心。

（2）商业服务欠佳区识别

首先，提取识别出的商业服务欠佳单元的中心点。然后，应用K-means聚类算法对商业服务欠佳单元进行聚类。K-means聚类算法是通过迭代寻找K个簇（Cluster）的一种划分方案，使得聚类结果对应的损失函数最小。公式为：

$$J(c,\mu) = \sum_{i=1}^{M} |x_i - \mu_{ci}|^2 \qquad (4-2)$$

式中，x_i代表第i个样本，μ_{ci}代表簇对应的中心点，M为样本总数。本模型的聚类变量为网格中心点到簇中心点的距离，通过肘部法则来确定聚类的K值，形成初聚类，然后根据城市实际的交通情况（即外环高速路对内外交通的分隔作用）进行进一步划分，识别商业服务欠佳区（图4-3）。

（3）规划实施评估

将服务欠佳区空间分布与《上海市商业空间布局专项规划（2022–2035年）》中市级、地区级商业中心规划点位进行空间比对以实现相互校验。

3. 基于服务高效性的商业中心选址模型

（1）优化目标函数构建

服务高效性综合考虑服务目标的需求及其服务成本。本研究中，服务目标需求可表示为居住区网格的人数，服务成本可表示为出行距离。因此，构建优化目标函数为新增商业中心位置坐标到服务欠佳区域网格各中心点距离与该网格人数乘积之和，使其达到最小。目标函数公式为：

$$MIN(v) = \sum_1^m \sum_1^k D_{ij} P_i \qquad (4-3)$$

式中，v为效用成本，D_{ij}表示第i个网格到待定的商业中心j的距离，P_i表示第i个网格的人口数量，共k个网格，m个待定商业中心。

（2）粒子群算法（PSO）求解各区最优解

模型通过粒子群优化算法来求解各服务欠佳区新建商业中心位置的最优解。粒子群算法属于群智能算法，模拟鸟群觅食过程中通过集体的信息共享使群体找到最优的目的地。基本过程包括粒子随机生成、多次优化迭代及收敛得到目标函数最优解（图4-4）。

基本步骤为：

①粒子群初始化

对每个优化区，初始化N个随机粒子（即随机解）。

②优化迭代

对每一个服务欠佳区，给定粒子位置的取值范围为该组团的

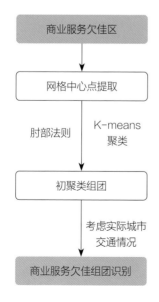

图4-3　服务欠佳单元识别模型

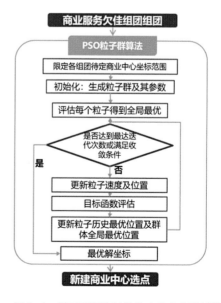

图4-4　基于服务高效性的商业中心选址模型

四至范围，在每一次的迭代中，粒子通过跟踪两个"极值"（个体搜索到的最优解pbest，群体搜索到的最优解gbest）来更新自己。在找到这两个最优值后，粒子通过下面的公式来更新自己的速度和位置。

$$v_i = w \times v_i + c_1 \times \text{rand}(0,1) \times (pbest_i - x_i) + c_2 \times \text{rand}(0,1) \times (gbest_i - x_i) \tag{4-4}$$

式中，$i=1，2，\cdots，N$，N为这一组团群中粒子总数；v_i是粒子的速度，其最大值为Max_V；$\text{rand}(0,1)$是介于（0,1）之间的随机数；x_i为当前粒子位置；c_1和c_2是学习因子，c_1表示粒子下一步动作来源于自身经验部分所占的权重，c_2表示粒子下一步动作来源于其他粒子经验部分所占的权重；w为惯性因子，模型中采用线性递减权值，公式为：

$$w^{(t)} = \frac{(w_{\text{ini}} - w_{\text{end}})(G_{k-g})}{G_k} + w_{\text{end}} \tag{4-5}$$

式中，G_k为最大迭代次数；w_{ini}是初始惯性权值；w_{end}是迭代至收敛的惯性权值。

模型中用到的主要参数如表4-1所示：

生成粒子群初始参数　　　　　　　表4-1

参数	解释	参数设置
m	最终求解个数	服务欠佳区数
N	粒子群规模	每个组团范围内随机生成40个粒子
D	粒子维度	2维
Range	粒子群范围	每个服务欠佳区的四至范围
G_k	最大迭代次数	2000次
Max_V	最大速度	粒子群变化范围的10%
$w_{\text{ini}}, w_{\text{end}}$	初始时刻和收敛时刻的加权值	经验值0.9与0.4
a	终止算法的阈值	$1e^{-25}$
c_1, c_2	学习因子	经验值 $c_1 = c_2 = 2$

③得出各组团的粒子位子最优解

当达到最大迭代次数或连续的两次迭代中对应的种群最优值小于终止算法的阈值时，算法停止，得出最佳选址的坐标，通过Arcgis平台进行可视化。

4. 基于居民出行效用的商业中心服务能力分级预测模型

（1）居民商业中心出行效用函数与出行选择模型构建

根据随机效用理论，假设居民n选择商业中心i的出行效用U_{in}，为可观测的影响因素构成的效用确定项V_{in}和不可观测的影响因素构成的效用随机项ε_{in}之和，公式为：

$$U_{in} = V_{in} + \varepsilon_{in} \tag{4-6}$$

如果假定ε_{in}的各分量服从相互独立的Gumbel分布，则为多项LOGIT模型（MNL），居民n选择商业中心i的概率表示为P_{in}，由随机效用理论，假设居民会选择出行效用最高的商业中心，则有

$$P_{in} = \Pr\left[V_{in} + \varepsilon_{in} \geqslant \max_{j \neq i}(V_{jn} + \varepsilon_{jn})\right] \tag{4-7}$$

根据Gumbel分布的性质可得到居民选择多个商业中心的MNL模型的基本公式：

$$P_{in} = \frac{e^{V_{in}}}{\sum_{j=1}^{J} e^{V_{jn}}} = \frac{1}{\sum_{j=1}^{J} e^{(V_{jn} - V_{in})}} \tag{4-8}$$

式中，J为可选择的商业中心总数。

（2）居民出行效用函数的LOGIT模型参数估计

居民选择商业中心的效用受到多种因素影响，在基于随机效用理论的MNL模型中。通常确定效用V_{in}表示为线性形式，本研究中仅考虑出行时间对居民出行选择的影响，且假设对任意居民选择任意商业中心而言，其时间的效用都是一致的，因此居民出行的确定效用部分为：

$$V_{in} = \theta t_{in} + ASC_{in}, i \in J_n, n = 1, \dots, N \tag{4-9}$$

式中，J_n为可选择商业中心的集合，θ为影响居民出行时间变量的系数。ASC_{in}为可见效用的常数项，用来捕捉现有变量没有捕捉到的居民出行选择影响因素，包括商业中心等级、规模等。根据随机效用理论，可以得到居民n选择商业中心i的概率为：

$$P_{in} = \frac{1}{\sum_{j=1}^{J_n} \exp\left[\theta(t_{jn} - t_{in}) + ASC_{jn} - ASC_{in}\right]}, i \in J_n, n = 1, \dots, N \tag{4-10}$$

定义选择结果，令居民n对商业中心i的选择结果为：若选择去该中心则取值为1，不去则为0；并构造对数似然函数：

$$LL = \log L = \sum_{n=1}^{N} \sum_{i \in J_n} y_{in} \left(V_{in} - \ln \sum_{i \in J_n} e^{V_{in}} \right) \quad （4-11）$$

当*LL*取值最大时，是居民出行样本预测准确的联合概率的最大值，通过牛顿-拉夫森（Newton-Raphson）算法可以完成标定。此时的*θ*则为居民商业中心出行时间变量参数。标定出参数后则可进行后续的模型检验以及预测。

（3）商业中心服务能力分级与预测

完成对模型参数的标定后，会得到每个商业中心对应的效用函数中和的值。自然间断法（Jenks break）通过组间差异最大、组内差异最小的原则能够在分组后使得每组最具其代表性。利用自然间断法对各商业中心对应进行分级，以使得各级间的差异最大化，以此反应商业中心自身服务水平的层级差异。对比分级结果与商业中心规划等级和实际运营情况，以将分级结果与规划和现实情况进行匹配。并求出每一等级商业中心的均值作为此等级的代表*ASC*：

$$\overline{ASC}_k = \sum_{j=1}^{J_n} \left(\frac{ASC_j}{n} \right) \quad （4-12）$$

式中，$\overline{ASC}_k$表示等级的所有商业中心*ASC*的均值，J_n为等级*k*的商业中心的集合。在后续的预测中（图4-5），当需要模拟新建商业中心对居民的吸引情况时，首先指定新建商业中心的等级，并将对应等级参数带入到效用函数当中。

新建商业中心的效用函数构建完成后，可以带入到式（4-10）中，求出居民选择每一个商业中心的概率。假设在预测窗口期内，居民出发地分布不会发生改变，每个1km网格到各个商业中心的人数为网格内出发总人数乘以对应概率。

5. 模型算法相关支撑技术

模型开发基于Windows10系统，综合应用以Jupyter Notebook为编译器的Python语言、SQL语言、Matlab R2020编译平台及其ArcGIS10.8平台进行模型搭建、计算、可视化工作。在操作流程中的应用如下：

（1）研究对象界定：①应用SQL语言对原始数据进行处理。②应用ArcGIS10.8平台对处理好的数据进行头尾分割与可视化。

（2）服务现状与规划实施评估：①应用SQL语言进行相关评价指标数据计算。②应用Python语言识别服务欠佳单元聚类。③应用ArcGIS10.8进行指标数据叠加分析及可视化。

（3）商业中心选址：①应用MatlabR2020平台开发基于粒子群算法的选址模型。②应用ArcGIS10.8进行结果可视化。

（4）商业中心服务能力分级预测：①应用Python语言基于离散选择模型进行模型开发。②应用ArcGIS10.8进行结果可视化。

五、实践案例

1. 研究对象界定

（1）研究区域背景

上海市是我国重要的中心城市之一。自2009年《上海市商业网点布局规划纲要（2009—2020年）》发布实施以来，上海市消费市场规模体量逐步扩大，国际消费中心城市建设总体格局逐步形成。《上海市城市总体规划（2017—2035年）》明确提出要健全规划"监测—评估—维护"机制，完善四级商业中心体系。在新时期，为更好推进上海国际消费中心城市建设，《上海市商业空间布局专项规划（2022—2035年）》提出"以人为本，顺应人民消费升级趋势，商业设施供给兼顾保障性与品质性"的规划方针，如何更好地优化上海商业中心体系建设成为现实问题。

（2）研究范围与对象界定

本研究以1km网格为基本空间单元，选取《上海市城市总

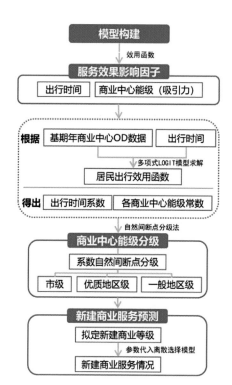

图4-5 基于居民出行效用的商业中心服务能力分级预测模型

体规划（2017—2035年）》划定的上海市主城区为研究范围，以2019年为基期年、2023年为预测年，根据热点识别、头尾分割法筛选出热点网格，并与《上海市商业空间布局专项规划（2022—2035年）》划定的商业中心等级、范围相对照，识别出基期年2019年的热点商业中心27个（表5-1），主要分布在浦西，少量分布在浦东，如图5-1所示。

2019年上海市主城区热点商业中心　　　　表5-1

类别	商业中心
CAZ（中央活动区）	CAZ（范围内包含南京东路、南京西路、淮海中路等商业中心）
市级	大宁、四川北路、五角场、陆家嘴、小陆家嘴-张杨路、北外滩、真如、中山公园、吴中路、虹桥国际中央商务区、徐家汇、莘庄、虹桥-古北（13个）
地区级	七宝、南方商城、中环（真北）、长风、环球港、长寿、北中环、共康、顾村、控江路、世博、龙阳路、打浦桥（13个）

2. 服务现状与规划实施评估

（1）商业中心势力范围及商业服务争夺区计算

计算基期年识别出的商业中心服务实例范围如图5-2所示，

可见各商业中心在周围形成明显的势力范围，且越靠近外围，势力范围的半径越大，而在浦东的东北、东南角未形成连续的势力范围。筛选出主导商业中心服务强度占比小于0.2的区域作为势力争夺区，如图5-3所示，可见浦东普遍存在势力争夺区，浦西西北部存在势力争夺区，势力争夺区表明此区域没有主导服务的商业中心，可能是由于前往周边商业中心都不方便或者是周边商业中心发达选择较多，需结合平均出行时间和居住人口密度进行判别。

（2）商业中心平均出行时间计算

计算居住地网格前往各商业中心的加权平均时间如图5-4所示。越靠近市中心，平均出行时间越短；越远离市中心，平均出行时间越长。

（3）居住人口密度计算

通过手机信令数据统计各网格居住人口密度如图5-5所示。浦西地区居住人口密度明显高于浦东，而在浦东，川沙附近居住人口密度显著高于周围。

（4）商业服务欠佳单元计算

根据势力范围争夺区、平均出行时间、居住人口密度叠加分析识别出商业服务欠佳单元如图5-6所示，在浦东及其浦西东

图5-1　2019年上海市主城区热点商业中心分布格局图

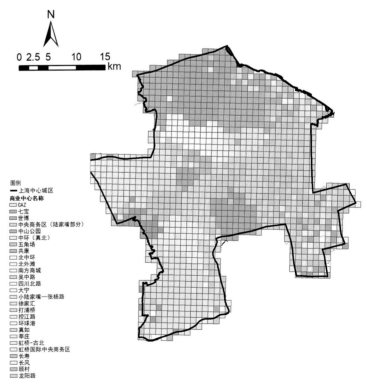

图5-2　2019年上海市主城区商业中心服务势力范围图

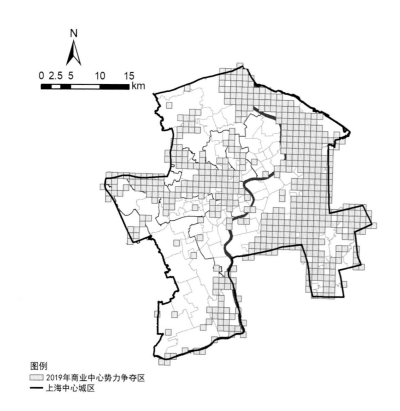

图5-3　2019年上海市主城区商业中心势力争夺区

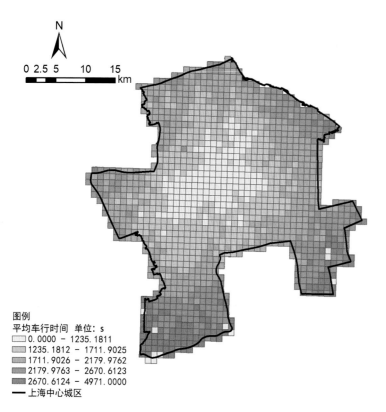

图5-4　2019年上海市主城区商业中心平均出行时间

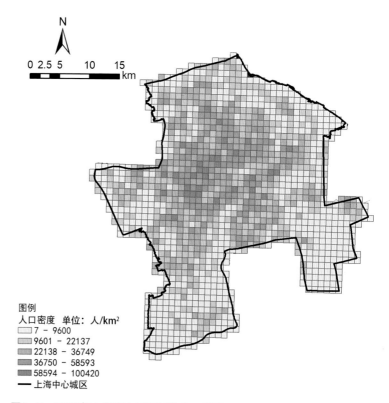

图5-5　2019年上海市主城区居住人口密度

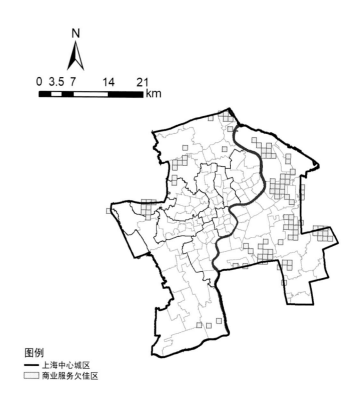

图5-6　2019年商业服务欠佳单元

北、西北部存在明显的商业服务欠佳单元。

（5）服务欠佳区识别与规划实施评估

应用K-means聚类及其肘部法则，得到肘部法则曲线图（图5-7），可见在聚为7类时为最佳，得到初聚类区域如图5-8所示。考虑外环高速对内外的交通分割作用，在K-means聚类的基础上分离内外，最终分为10个区域，如图5-9所示，发现10个区域的分布与《上海市商业空间布局专项规划（2022-2035年）》规划的地区级商业中心位置具有一致性，说明规划方案较为合理。

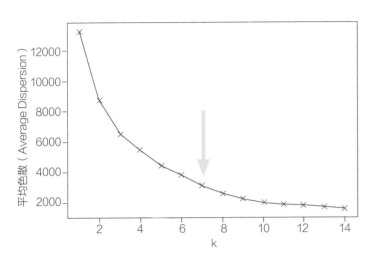

图5-7 肘部法则曲线图

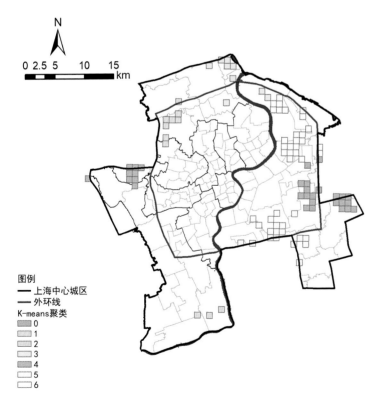

图5-8 初聚类区域

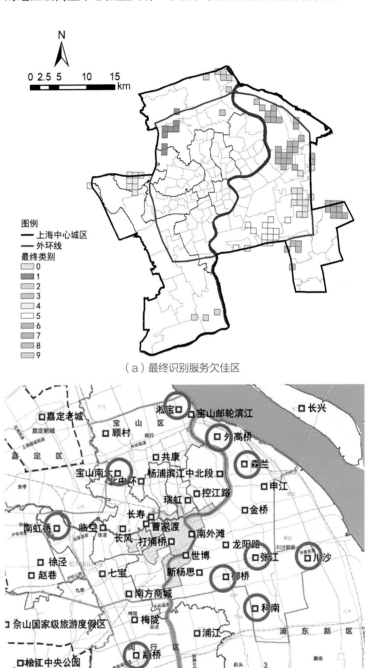

（a）最终识别服务欠佳区

（b）地区级商业中心规划图

图5-9 最终识别服务欠佳区与规划方案对比图

图片来源：图（b）来自《上海市商业空间布局专项规划（2022-2035年）》，其余均为自绘。

3．商业中心选址预测与检验

通过粒子群算法进行商业中心细化选址预测，如图5-10所示。与预测年2023年识别的热点商业中心进行对比，发现预测年

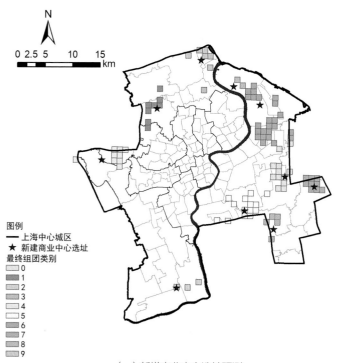

（a）新增商业中心选址

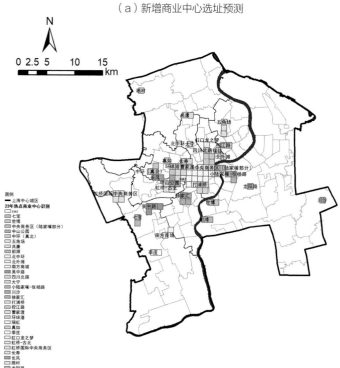

（b）2023年实际识别热点商业中心

图5-10 基于2019年现状数据的未来新增商业中心选址预测与2023年实际识别热点商业中心对比

新增热点商业中心川沙与模型预测的位置基本一致，模型具有一定的有效性。其他预测商业中心未被识别，可能是因为未建设或发展程度不足，无法被识别为热点。

4．商业中心服务能力分级预测与检验

（1）上海主城区居民商业中心出行选择模型构建

为了对预测年（2023年）商业中心的服务能力和吸引力进行模拟，我们需要先使用基期年（2019年）的居民商业中心出行数据作为样本，放入离散选择模型中，求出参数，完成DCM模型构建。

① 构建预测年（2023年）居民商业中心出行选择效用函数

首先构建居民的出行效用方程，利用前文所述高德地图API获取的研究范围内所有网格中心点位置到各个商业中心的车行时间消耗作为出行时间（考虑到大数据研究中数据的易获取性，DCM中只放入了出行时间这个解释变量），并在每个商业中心选择方案的效用函数中置入了方案选择常数（ASC），以捕捉现有变量没有捕捉到的影响因素（商业中心等级、规模、吸引力等）。居民选择各个商业中心对应的效用函数如表5-2所示。

商业中心对应的效用函数　　　　　　表5-2

编号	名称	效用函数构建
1	吴中路	$V1 = ASC\_1 + B\_TIME \times min$
2	环球港	$V2 = ASC\_2 + B\_TIME \times min$
3	南方商城	$V3 = ASC\_3 + B\_TIME \times min$
…	…	…
30	小陆家嘴—张杨路	$V30 = ASC\_30 + B\_TIME \times min$
31	真如	$V31 = ASC\_31 + B\_TIME \times min$
32	顾村	$V32 = ASC\_32 + B\_TIME \times min$

其中min是时间解释变量，表示个人从家到商业中心小汽车出行所花费的时间，单位为分钟；B_TIME是时间解释变量的系数，衡量单位时间的变化对效用的影响；ASC为方案选择常数，如果一个商业中心的ASC越大，则表示在相同时间花费的情况下，居民更有可能选择此商业中心，能一定程度反应商业中心的服务能力。

② 使用Python中的Biogeme包构建离散选择模型并求解

在Python中导入Biogeme包。首先需要将集计数据处理为个人出行数据，反映个人单次出行的选择和对应的效用（表5-3）。

商业中心的服务能力、吸引力和能级。从B_TIME的值来看，时间为负效用，时间每增加10分钟，效用就降低1.03。

出行数据样本 表5-3

出行ID	出发网格ID	商业中心ID	出行时间（分钟）
0	338641	7	82.85
1	338642	23	49.00
2	338642	23	49.00
...	...	...	...
457300	347891	6	50.83
457301	347891	6	50.83
457302	347891	6	50.83

将出行信息代入效用函数，用Biogeme包中的Loglogit函数构建模型，最后对模型求解，可以得到各个参数的标定值。

③模型参数估计（Estimate）结果及检验

下表为模型检验的相关统计量，其中Init log likelihood表示初始似然估计。而Final log likelihood则表示将最后标定的参数带入公式（4-11）中得到的似然估计值，估计值有明显提升（表5-4）。

模型检验相关统计量 表5-4

统计量名称	值
Number of estimated parameters	27
Sample size	4392212
Init log likelihood	−14476010
Final log likelihood	−12060730
Likelihood ratio test for the init. model	4830575
Rho-square for the init. model	0.167

表5-5展示了模型求解得到的参数值。所有参数P值均小于0.01，表明结果在1%水平上呈现显著性。从ASC具体的值来看，CAZ、五角场、中山公园、中央商务区（陆家嘴部分）等市级商业中心，其ASC的值均比较大，而真如、顾村、龙阳路等位置比较边缘的地区级商业中心，其ASC值则普遍较低，各商业中心对应ASC值的相对关系符合实际认知。说明ASC值能一定程度反应

参数估计结果及显著性检验结果 表5-5

参数名	商业中心ID	商业中心名称	参数值	T检验	P值
ASC_2	2	环球港	−0.728	−155	0***
ASC_3	3	南方商城	−0.888	−179	0***
ASC_4	4	中山公园	0.734	226	0***
ASC_5	5	控江路	−1.04	−198	0***
ASC_6	6	中环（真北）	−0.528	−120	0***
ASC_7	7	打浦桥	0.141	38.6	0***
ASC_9	9	虹桥国际中央商务区	−0.0437	−11.4	0***
ASC_10	10	五角场	0.776	240	0***
ASC_12	12	四川北路	0.154	42.3	0***
ASC_14	14	北中环	−1.3	−225	0***
ASC_15	15	世博	−0.661	−144	0***
ASC_16	16	共康	−0.332	−80.2	0***
ASC_17	17	徐家汇	0.248	69.6	0***
ASC_18	18	长寿	0.623	188	0***
ASC_19	19	中央商务区（陆家嘴部分）	0.432	126	0***
ASC_20	20	虹桥-古北	0.24	67.3	0***
ASC_21	21	莘庄	−1.13	−209	0***
ASC_22	22	七宝	−1.62	−246	0***
ASC_23	23	CAZ	2.22	787	0***
ASC_24	24	大宁	−0.381	−90.8	0***
ASC_27	27	龙阳路	−1.39	−232	0***
ASC_28	28	长风	−0.136	−34.8	0***
ASC_29	29	北外滩	−1.45	−236	0***
ASC_30	30	张杨路	0.342	97.9	0***
ASC_31	31	真如	−1.47	−238	0***
ASC_32	32	顾村	−1.6	−245	0***
B_TIME	/	/	−0.103	−53.6	0***

注：***、**、*分别表示在1%、5%、10%的水平上显著。

（2）商业中心服务能力分级预测

①商业能级划分

模型标定的各个商业中心的ASC值与商业中心的服务水平存在较为显著的对应关系，因而可以通过分类方法将商业中心的ASC进行分类，以划分其实际的服务水平。本研究通过自然间断法将商业中心对应的ASC分为三级（表5-6）。

求出组内的均值，作为对应等级商业中心的代表性ASC。把商业中心ASC分级结果与规划相比较，发现ASC分级为1的商业中心对应规划中市一级的商业中心，而分级为2和3的商业中心，对应不同发展情况的地区级商业中心，分级为2的商业中心为优质地区级商业中心，而等级3则为一般地区级商业中心。

② 居民商业中心出行选择模型校验

比较2019年划定的服务欠佳单元和2023年实际的商业中心分布，发现2023年除川沙外，其余建成商业中心均未处于服务欠佳单元。因此，可以2019年为基期年，预测川沙建成后的实际服务情况，并与川沙在2023年的实际服务情况进行对比，以验证模型的正确性。由于规划中川沙为地区级商业中心，且其建成时间较短，因而拟定其等级为3——一般地区级商业中心，对应ASC为-1.38。将值代入到川沙的效用函数中，通过离散选择模型，得到最终预测结果（表5-7，图5-11）。

自然间断法将商业中心对应ASC分为三级　表5-6

商业中心	ASC	等级	组内均值
CAZ	2.22	1	0.59
五角场	0.78		
中山公园	0.73		
长寿	0.62		
中央商务区（陆家嘴部分）	0.43		
小陆家嘴—张杨路	0.34		
徐家汇	0.25		
虹桥-古北	0.24		
四川北路	0.15		
打浦桥	0.14		
虹桥国际中央商务区	-0.04	2	-0.46
长风	-0.14		
共康	-0.33		
大宁	-0.38		
中环（真北）	-0.53		
世博	-0.66		
环球港	-0.73		
南方商城	-0.89		
控江路	-1.04	3	-1.38
莘庄	-1.13		
北中环	-1.30		
龙阳路	-1.39		
北外滩	-1.45		
真如	-1.47		
顾村	-1.60		
七宝	-1.62		

川沙预测吸引人数与实际吸引人数占总人数比　表5-7

	预测（假设）	实际
商业中心到访总人数	4392212	16775666
川沙到访人数	33224.5	132247
到访人数占总数比值	0.76%	0.79%

对比实际和预测中川沙的腹地和主导势力圈，其规模和分布都基本一致（图5-11）。预测和实际中川沙吸引人数占总人数的比值也基本一致（表5-7），因而判断模型能够较为有效地预测新建商业的服务情况。模型有较高可靠性，将用于后续的情景模拟与预测。

5. 模型应用：基于多情景分析的近期建设策略决策支持

该模型还可以应用于商业中心建设时序的决策支持，通过多情景分析实现多方案之间的比选与决策。以上海中心城区浦东东南片区为例（图5-12），将基期年的数据输入模型已预测出应新增的4处商业中心，并且参照《上海市商业空间布局专项规划（2022—2035年）》该4处商业中心分别对应实际规划方案中的川沙、张江、科南、御桥4个地区级商业中心。

为进一步探究哪个商业中心优先建设完成后对周边商业服务欠佳单元的改善效果最为显著，本次研究通过多情景分析的方

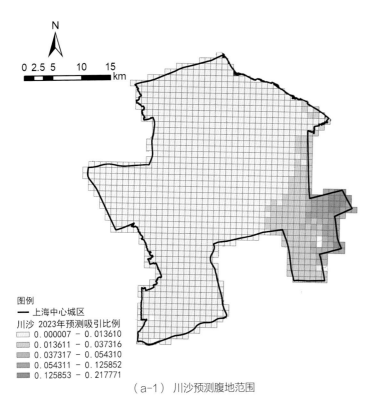

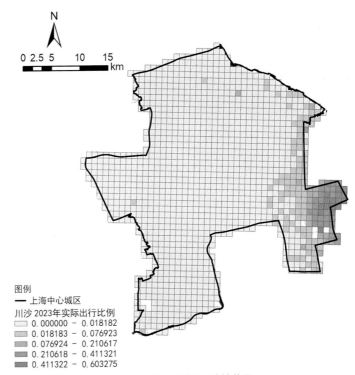

（a-1）川沙预测腹地范围

（a-2）川沙实际腹地范围

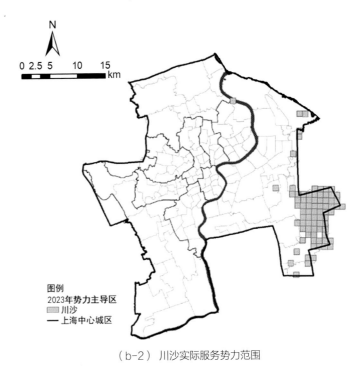

（b-1）川沙预测服务势力范围

（b-2）川沙实际服务势力范围

图5-11　川沙预测与实际服务情况对比

式，模拟不同建设情景下的商业服务欠佳单元分布情况和全局出行时间效能，以此辅助决策各商业中心建设的时序。由于在2023年的现状数据中，川沙地区级商业中心已建成（被识别为热点商

业中心），因此本研究针对基期年数据提出未来的四种建设情景：①只建设川沙地区级商业中心；②建设川沙、御桥地区级商业中心；③建设川沙、科南地区级商业中心；④建设川沙、张江地区

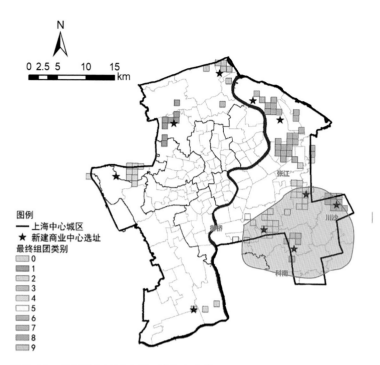

图5-12　模拟优化片区案例：浦东东南片区

级商业中心。

　　将4种建设情景的数据分别输入模型中，其中各新建地区级商业中心的能级系数预测为"较弱地区级"，模拟出的势力范围、服务欠佳单元和整体平均出行时间分别如图5-13和表5-8所示：

不同建设情景之下的整体平均出行时间　　表5-8

情景	整体平均出行时间（分钟）
情景1：只建设川沙地区级商业中心	22.596
情景2：建设川沙、御桥地区级商业中心	22.584
情景3：建设川沙、科南地区级商业中心	22.590
情景4：建设川沙、张江地区级商业中心	22.582

　　在决定新建商业中心建设时序的过程中，优先建设的商业中心需要在全局和局部均能较大程度提升居民的商业中心可达性。如果新建商业中心对研究范围内所有居民的平均出行时间减少最多，则认为其对全局可达性改善最好。若新建商业中心能消除掉周边越多的服务欠佳单元，则认为其对局部可达性改善最好。通过比较四种建设情景可以发现：①在发展川沙的基础上，优先建设张江地区级商业中心能最大程度地改善周边商业服务现状、提升整体出行时间效能。②优先建设科南对周边商业服务欠佳单元的改善较为显著，但是对整体出行效能的提升较弱。③在发展川沙的基础上，优先建设御桥对减少周边商业服务欠佳单元并不明显，但是有助于提升中心城区的整体出行时间效能。因此建议在近期优先建设发展张江地区级商业中心，远期逐步建设科南和御桥，可最为高效地提升该片区的商业服务能力。

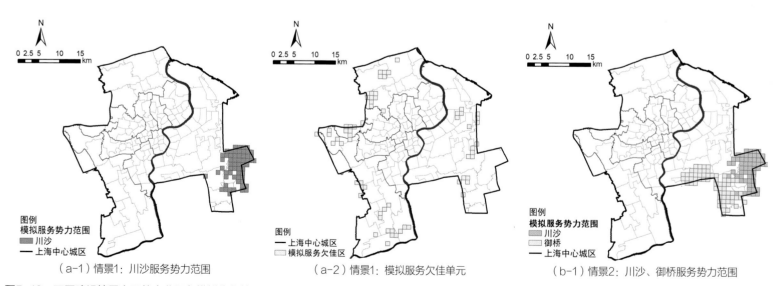

（a-1）情景1：川沙服务势力范围　　　　（a-2）情景1：模拟服务欠佳单元　　　　（b-1）情景2：川沙、御桥服务势力范围

图5-13　不同建设情景之下的商业服务模拟优化结果

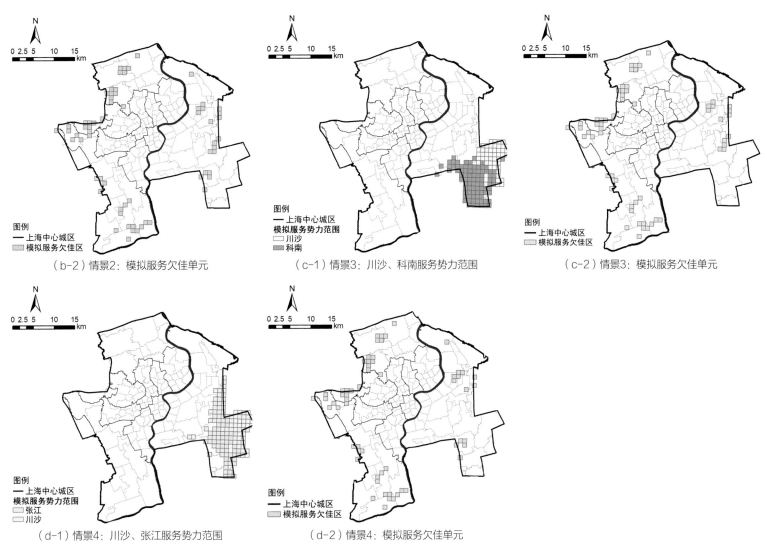

图5-13　不同建设情景之下的商业服务模拟优化结果（续）

六、研究总结

1. 模型设计的特点

与既有研究和规划方法相比，本研究在研究视角、研究理论、技术方法方面具有以下特点：

（1）研究视角：构建了以人为本和需求导向的研究视角

从以人为本和需求导向的视角出发，提出商业中心服务现状实施评估与优化模型。针对居民个体实际前往商业中心的行为进行商业中心热点分析识别，并基于供需关系进行商业中心实际服务效果评估与后续优化。

（2）理论框架：整套时空大数据结合传统商业中心体系架构的集成框架

应用时空大数据对传统商业中心体系中的规模等级、辐射范围、服务对象等经典概念进行量化解读，识别真实的热点商业中心、反映居民实际前往商业中心的行为特征。完整构建"评估——预测——校验——优化"的框架体系，增强商业中心体系理论区位及等级规划、辐射范围划定与实际服务情况的匹配程度。

（3）技术方法：兼顾即时评估和预测验证的商业中心体系规划决策支持模型

针对传统方法大多评价滞后不具有前瞻性和结果难以验证等缺点，围绕监测评估和预测优化两大板块，构建了可验证、可复

用、可推广的商业中心体系规划决策支持模型。在商业中心服务
欠佳单元识别上，基于手机信令数据，采用综合考虑服务争夺、
平均出行时间、居住人口密度的叠加分析技术，实现即时评估现
状情况；在商业中心选址预测上，应用粒子群算法搜寻最优解，
提高给定目标条件下预测选址的准确性；应用离散选择模型进行
商业中心服务能力分级预测，对预测结果进行校验、修正、迭
代，真正实现"以过去推现在，以现在推未来"，提高模型可信
度与实际应用价值。

（4）数据运用：大范围、时序性、可长期积累的数据源

研究所运用的核心数据为分年份的手机信令数据，具有大范
围、时序性、可长期积累的特点，有助于长时间周期的规划实施
评估与监测，并利于模型验证与校核。

2. 应用方向或应用前景

（1）用于商业中心体系实施建设动态监测评估与优化决策支持

就商业中心体系实施建设动态监测评估而言，模型利用手机
信令数据对基期年用户出行行为进行识别分析，从真实出行行为
提取商业中心服务人群信息，可实现掌握更即时、更准确、更实
际的商业中心建设服务现状，有助于提高商业中心体系建设监测
的动态性；就优化决策而言，构建了基于商业中心本身特质、出
行距离认知人群选择规律的商业中心服务预测方法，可模拟预测
不同建设方案情景下的商业中心服务情况，预测结果可支撑决策
者进行方案比选和建设时序排序。

（2）拓展应用于其他公共服务设施的监测评估与优化

模型所使用的方法关注人民实际活动需求和活动规律，具
有一定的普适性与延展性，可直接迁移应用或在本模型的基础上
改进应用于其他公共服务设施。例如本模型可直接迁移应用于
城市公园绿地的服务绩效评估、动态监测和优化决策，也可根
据需要改进子模型2的评判指标、子模型3和子模型4的效用函数
来适配目标公共服务设施的特性，进行评估监测与优化工作。
模型为各种公共服务设施的监测评估与优化提供方法基础与必
要组件，有助于城市公共服务设施资源配置更好地为人民提供
服务。

（3）用于规划决策制定阶段的快速决策

子模型3、子模型4的预测功能能够根据现有数据预测未来情
景，因此除建设后监测评估与优化外，通过生成多种备选规划方

案的实施效果并进行比选，可以在规划决策制定阶段方便、快速
地提供决策支持服务，能够有效弥补规划决策制定阶段决策判断
依据不足的缺陷，提高规划决策的科学合理性。

参考文献

[1] 中华人民共和国自然资源部. TD/T 1063—2021国土空间规划
城市体检评估规程［S］. 北京：中国建筑工业出版社，2021.

[2] 张鸿辉，洪良，罗伟玲，等. 面向"可感知、能学习、善
治理、自适应"的智慧国土空间规划理论框架构建与实践
探索研究［J］. 城乡规划，2019（6）：18-27.

[3] 薛冰，肖骁，李京忠，等. 基于POI大数据的城市零售业
空间热点分析——以辽宁省沈阳市为例［J］. 经济地理，
2018，38（5）：36-43.

[4] 曾源，王国恩，张媛媛. 基于POI的武汉市商业中心识别
及等级研究［J］. 现代城市研究，2021（6）：109-116.

[5] 林清，孙方，王小敏，等. 基于POI数据的北京市商业中
心地等级体系研究［J］. 北京师范大学学报（自然科学
版），2019，55（3）：415-424.

[6] 朱杰，郑加柱，陈红华，等. 结合POI数据的南京市商业
中心识别与集聚特征研究［J］. 现代测绘，2022，45（6）：
34-39.

[7] 胡冬冬，周星宇. 基于多元大数据的武汉市商业中心活力
指标体系构建及评价［J］. 城乡规划，2021（5）：108-116.

[8] 廖威，胡颖异，杨茂印，等. 宁波城市商业网点定量化评
估及时空特征分析［J］. 现代城市研究，2018（4）：66-72.

[9] 傅辰昊，周素红，闫小培，等. 广州市零售商业中心消
费活动时变模式及其影响因素［J］. 地理科学，2018，38
（1）：20-30.

[10] 王灿，王德，朱玮，等. 离散选择模型研究进展［J］. 地
理科学进展，2015，34（10）：1275-1287.

[11] MCFADDEN D. A method of simulated moments for estimation of
discrete response models without numerical-integration［J］.
ECONOMETRICA，1989，57（5）：32.

[12] 颜研，倪少权. 基于巢式Logit模型的城市轨道交通客流分
配问题研究［J］. 石家庄铁道大学学报（自然科学版），

2015, 28 (4): 99-103.

[13] MCFADDEND, TRAIN K. Mixed mnl models for discrete response [J]. Journal of applied econometrics (Chichester, England), 2000, 15 (5): 447-470.

[14] 邵昀泓, 王炜, 程琳. 出行方式决策的随机效用模型研究 [J]. 公路交通科技, 2006, 23 (8): 110-115.

[15] 丁亮, 钮心毅, 宋小冬. 上海中心城就业中心体系测度——基于手机信令数据的研究 [J]. 地理学报, 2016, 71 (3): 484-499.

[16] 王德, 王灿, 谢栋灿, 等. 基于手机信令数据的上海市不同等级商业中心商圈的比较——以南京东路、五角场、鞍山路为例 [J]. 城市规划学刊, 2015 (3): 50-60.

基于机器学习的旧村成片改造区域识别和价值评估模型

工 作 单 位：广州市城市规划勘测设计研究院、中南大学数学与统计学院

报 名 主 题：面向高质量发展的城市治理

研 究 议 题：城市公共空间品质提升与智慧化城市设计

技术关键词：半监督学习、图搜索算法、集成树模型

参 赛 人：修仲宇、张保亮、杨涔艺、雷轩、张煌

指 导 老 师：艾勇军

参赛人简介：团队由国内一线规划设计研究院工作人员和高校科研人员组成，整合包括城乡规划学、建筑学、统计学在内的多个专业，构成跨学科团队。团队聚焦于通过前沿的机器学习技术，深度挖掘海量城市数据背后的更新改造价值规律，并以此作为城市更新行动的技术支撑。团队深度参与广州市更新改造，参与编制《广州市城市更新专项规划（2021—2035年）》和多个城市更新项目，负责多项国家级、省级城市更新相关科研课题，并将研究成果运用在广州市城市更新项目实践中。

一、研究问题

1. 研究背景及目的意义

（1）选题背景及意义

随着我国城镇化发展进入中后期，存量提升逐步替代大规模增量发展，成为我国城市空间发展的主要形式。城市更新成为破解资源约束、实现可持续发展的重要手段。党的二十大报告在"加快构建新发展格局，着力推动高质量发展"篇章中明确提出"提高城市规划、建设、治理水平，加快转变超大特大城市发展方式，实施城市更新行动"。城市更新行动在顶层设计中被提出，直接关乎推进高质量发展，关乎全面建设社会主义现代化国家的伟大事业。

结合广州新一轮国土空间规划编制成果，至2035年，广州市规划建设用地可用增量规模仅剩余约288km²，未来15年广州年均增长建设用地不超20km²，低于过去10年水平，增量空间供需矛盾日益凸显，需通过城中村更新改造等路径盘活存量用地。在此背景下，广州市提出"做地"模式[1]，强化政府对土地一级市场的管理，开展规划统筹下的旧村成片改造，全面落实城市发展战略。如何开展旧村成片改造已经成为未来广州市城市更新重要的研究课题之一。

---

1 "做地"模式：将征收补偿、"七通一平"等各项前期具体工作独立，统称为"做地"。由国企作为"做地"主体筹集资金开展工作，待形成净地后再由土储机构收储。

（2）国内外研究现状及存在问题

本研究拟通过评估旧村成片方案的城市更新价值来识别较优的旧村组合方式。目前国内外研究者对城市更新的改造潜力和价值均进行过广泛的研究。本文以下将从城市更新价值指标体系建构、城市更新价值评估方法两个方面阐述国内外现有研究成果，探讨现有研究的不足。

在城市更新价值指标体系建构方面，Lesley Hemphill等从经济就业、资源利用、建筑土地利用、交通迁移、社区福利5个大类52项因子建构了可持续城市更新评价指标体系；郭娅等从经济指标、社会指标、环境指标、技术指标4个大类15项因子研究小规模旧城改造评价指标体系；王德文在对广州市城市更新地块的改造潜力研究中提出，应建立城市更新潜力和成效两大评价体系，并从区位交通条件、拆迁难度、土地利用强度、建筑物情况4个层面建构城市更新潜力评价指标体系，从经济效益、社会效益、生态效益3个层面建构城市更新成效评价体系。虽然对城市更新价值指标体系的探索目前尚未形成一套普适的标准，但现状研究基本围绕经济价值、社会效益、生态环境、改造难度等方面展开。

在城市更新价值评估方法方面，王景丽等在对深圳市城市更新改造潜力评价的研究中选取24项指标，利用层次分析法、均方差法确定因子权重，并利用逼近理想解排序法（TOPSIS法）对比评价对象与最优解、最劣解的距离，以此对研究地块的城市更新价值做出评估；王海云等在对佛山市高明区的城市更新研究中，利用层次分析法确定因子权重，并对比研究对象各特征因子得分的加权和，确定地块城市更新价值；姜博等在对广州市城中村城市更新潜力的研究中，利用层次分析法确定因子权重，通过对比研究对象各因子得分的加权和，判断城中村改造价值。

纵观国内外研究现状，因城市更新涉及多领域问题且利益群体众多，在定量研究城市更新的过程中，研究者往往根据不同的研究对象得出不同的指标体系，但评估方法基本可以概括为先利用层次分析法、均方差法、熵权法等主客观方法确定因子权重，再利用TOPSIS法、对比特征因子评分加权和等方法评估研究对象的城市更新价值。现有研究的局限性主要体现在以下两个方面：

①以特征因子评分和固定权重为基础的评估方法过于线性，而评估城市更新价值面对的情况更加复杂而灵活；

②现状研究对象多以单个地块或区域为基础，并未考虑同时改造时邻近地块或研究单元间的相互作用。

2. 研究目标及拟解决的问题

（1）研究目标

本研究旨在通过判断旧村成片方案的城市更新价值来识别较优的旧村组合方式，建立旧村成片改造区域识别和价值评估模型。根据实际工作经验，单村独自改造往往面临改造存量资源缺乏、经济测算难以平衡、村域土地受到规划底线管控等诸多问题，改造难度大且推进缓慢。如果进行旧村组合成片改造、资源共享即可实现改造存量资源整合、经济测算相互平衡、土地可利用空间充足，从而实现有效整备腾挪等一系列优势；同时，旧村成片改造在城市设计方面统筹考虑，也有益于城市形象的打造。

为实现这一目标，本研究基于机器学习模型，实现对单个行政村和满足预设条件的行政村组合的城市更新价值评估，精准识别高价值成片改造区域，以期实现旧村改造价值最大化，发现旧村改造之间的联动规律，更好地落实城市发展战略，为科学规划决策提供技术支撑。希望通过研究方法整体框架的搭建、相关关键技术的研发、可交互决策工具的建立、具体实践案例的应用，系统性建构旧村成片改造实施建议，为超大、特大城市加快实施城中村改造提供技术参考。

（2）拟解决的问题

为实现研究目标，本研究拟解决以下三大问题：

①行政村数量众多，传统人工评价改造价值费时费力，行政村组合方式对比行政村数量存在指数级增加，传统人工评价无法实现；

②旧村改造受经济、社会、规划等多方面因素影响，现有评价方法难以适应愈加复杂的情况和要求；

③现有研究均以单个地块或区域为基础，局限于识别高改造价值集中区域，未充分考虑邻近地块同时改造时的相互作用。

二、研究方法

1. 研究方法及理论依据

（1）树模型相关理论

树模型在本次研究中运用广泛，因其能最好地学习到非简单线性的城市更新价值评估逻辑标准，它不仅是半监督自训练学习算法的基分类器，也是用于单村改造价值评分的分类模型，还是用于行政村组合改造价值评分的回归模型。建模中所有树模型所使用到的基模型为CART（Classification And Regression Tree）。它是由Breiman提出的一种广泛的决策树学习方法，不仅可用于分类，还可进行回归，具有运算简单且解释直观等优点。分类决策树的生成是以基尼指数（Gini index）最小化的准则选择最优特征，在最优特征中选择最优分裂点，递归生成二叉树的过程。

（2）Bagging算法、Boosting算法相关理论

在基础树模型的基础上，进一步发展有Bagging和Boosting两类改进算法。两种算法的核心思想都是通过生成多个弱分类器组成强分类器，Bagging算法在预测结果为数值时取各基模型预测值的平均值，在预测结果为类别时取各基模型的众数。Boosting算法则是以残差为导向，而非多个弱学习器简单加权。两种算法在各类数据集上的测试都表明它们相比基模型具有更高的精确度。本次研究中主要采用Bagging算法的模型为随机森林（Random forest），主要采用Boosting算法的模型为XGBoost（eXtreme Gradient Boosting）、LightGBM（Light Gradient Boosting Machine）。

（3）图搜索算法相关理论

本次研究旨在由单村改造价值评价推及村集合改造价值评价，进而将两者评价进行对比分析。要实现这一目标，首先要寻找所有满足条件的村集合样本。本次研究引入图的概念，根据单村的地理位置邻接关系构建邻接矩阵，进一步生成村庄网络图，即将问题转化为搜索图中满足深度和条件限制的所有子图，使用图搜索算法即可解决这一问题。

传统的图搜索算法有深度优先搜索算法（Depth-First Search，简称DFS）、广度优先搜索算法（Breadth First Search，简称BFS）、迪杰斯特拉算法（Dijkstra）等。与本次研究需求最为接近的算法是DFS算法，其是一种用于遍历或搜索图的算法。它的特点是从起点开始，沿着一条路径一直向下搜索，直到无法继续搜索后回溯到上一个节点，继续搜索下一条路径，直到遍历全图节点或找到目标节点为止，利用栈（或递归）实现算法。但本次研究需求与传统的DFS算法仍有两点主要差异：①DFS算法目标是找到所有或特定节点，本次研究的需求是找到所有满足条件的子图；②子图可能存在分叉结构，并不适用于DFS算法沿着一条路径搜索直到无法继续才进行回溯的规则。本次研究拟利用DFS算法思想，结合需求对传统DFS算法进行适当调整，以获取所有村集合样本。

2. 技术路线及关键技术

（1）技术路线

本次研究主要按照基础数据处理、村集合样本获取、单村改造价值评价、村集合改造价值评价四个步骤进行，再经对比分析实现研究目标，即旧村成片改造区域的识别、旧村城市更新规划决策工具的建立，其技术路线简图如图2-1所示。

（2）关键技术

——关键技术1：基于半监督树模型协同自训练的改造价值分类技术

本次研究首先对单个行政村进行改造价值分类，考虑到人工分类打标签的效率过低，且容易产生人工误差，费时费力。为增强模型方法的普适性，研究团队选择只将部分单村样本进行人工标记，再利用半监督学习算法帮助完成剩余标签的评定。该方法在使用前需遵守的三大基本假设，分别为平滑假设、聚类假设、流形假设。本文选定的半监督学习算法为自训练算法，实际是一种数据增广方式，通过基分类器的迭代学习以达到提升样本标签精度的目的。

——关键技术2：深度限制的子图搜索

本次研究延续DFS算法思想，先以某一点作为起始节点出发，寻找所有满足限制条件的子图合集。结合实际需要，研究团队通过将DFS算法由原本的单栈改为双栈实现、建立新的回溯逻辑等技术手段，实现搜索从起始节点出发找出所有满足深度和条件限制的子图。

遍历全图节点为起始节点，将所有子图合集取并集得到全子图合集。因实际应用的村庄网络图中存在环结构，故全子图合集中存在部分重复项，这部分重复的子图可以利用集合的互异性去除。

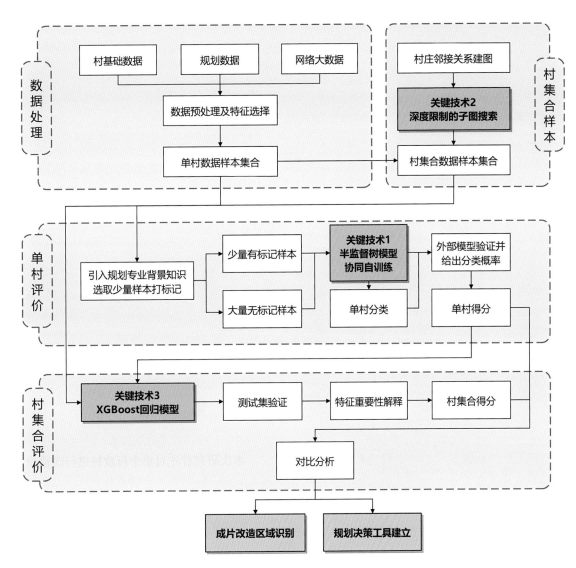

图2-1 技术路线图

——关键技术3：基于XGBoost回归的村集合改造价值评估技术

利用半监督生成标签样本可得到各样本预测概率，根据概率可加权计算单村改造价值得分，以单村特征因子及改造价值得分训练回归模型，可用来预测评估得到村集合得分。经测试，树模型更适用于改造价值评估逻辑，能够更好地学习评估规则，因此选定树模型为主回归模型，具体选定为XGBoost。它是Boosting算法所有改进研究中模型效能最好的算法之一，根据信息增益值为判别标准，对各个特征在不同取值处划分得到的值进行排序，值越大则说明该划分点能提供的价值越多，在遍历各种划分后找到一个最佳划分点，并由此生成一棵决策树。

三、数据说明

1. 数据内容及类型

（1）数据内容、来源及类型

本次研究基础数据主要分为三大类型，如表3-1所示。

（2）数据使用目的

本次研究的基础数据涵盖了规划、社会、经济等多个方面的指标，其主要目的是从多个维度建立行政村单村、村集合改造价值评价体系标准。其中，行政村边界数据、旧村图斑数据为本次研究的基底数据，行政村边界建构了本次研究的基本单元划分，旧村图斑数据给定了旧村改造的依据和来源。通过基底数据与其他类别数据的交叉、融合、连接，可以得到一系列从不同角度描述旧村改造价值的因子，例如：将POI点进行点密度分析后与行政村边界叠加，可以得到每个行政村单村的POI指数；将夜间灯光数据与行政村边界叠加分析后可以得到行政村单村的夜间灯光指数；将行政村边界数据、旧村图斑数据与规划数据叠加分析后可以得到行政村非限建用地面积、旧村图斑限建面积等反映土地整备难度的因子。本次研究后续对单村、村集合旧改价值的评估和模型的建立正是依据由基础数据推导出来的因子特征。

2. 数据预处理技术与成果

本次研究的数据预处理主要分为以下三个步骤：数据清洗、因子特征构建、数据归一化处理。

（1）数据清洗

数据清洗在本次研究中主要针对数据格式为矢量数据的原始数据，对其重复数据、属性数据意义、有无制图误差等进行判读。具体操作例如：利用GIS软件对其去除重复项；面源数据如行政村边界、旧村图斑等，需运用拓扑工具检查面重叠等问题并予以修正；POI数据有不同的分类，保留餐饮、各类服务等有效信息，去除地名等无效信息；由于本次研究的课题为旧村改造，对无旧村改造图斑的行政村也在本次研究的样本数据中进行了去除。

（2）因子特征构建

本次研究根据基础数据构建因子特征，从规划、旧改难度、社会、经济等各个角度对旧村改造价值进行了描述，所用的基础数据和构建方式如表3-2所示。

数据内容、来源、类型表　　　　表3-1

类型	数据内容	格式	来源
行政村数据	行政村边界数据	*.shp	国土空间规划"一张图"平台
	旧村图斑数据	*.shp	省三旧图斑数据库
	行政村人口数据	*.tiff	WorldPop人口空间数据库
规划数据	国土空间总体规划数据（生态保护红线、永久基本农田、城镇开发边界）	*.shp	国土空间规划"一张图"平台
	广州市城市总体规划数据（二区：限制建设区、禁止建设区；四线：绿线、蓝线、紫线、黄线）	*.shp	国土空间规划"一张图"平台
	生态廊道数据	*.shp	国土空间规划"一张图"平台
	重点功能平台数据	*.shp	国土空间规划"一张图"平台
网络大数据	POI数据	*.csv	高德地图
	夜间灯光数据	*.tiff	珞珈一号
	道路网密度数据	*.shp	Bigemap

因子特征构建表　　　　表3-2

因子特征分类	因子特征名称	基底数据	叠加数据	构建方式
改造指标特征	旧村图斑面积	行政村边界数据	旧村图斑数据	相交、连接
	预估容积率指数	旧村图斑数据	行政村人口数据	参考实际项目计算
改造难度特征	旧村图斑限建面积	旧村图斑数据	各类规划数据	—
	限建图斑腾挪难度系数	行政村边界数据、旧村图斑数据	规划限建数据	限建因素融合相交、连接
	旧村图斑破碎度	行政村边界数据、旧村图斑数据	—	图斑数量/村域面积
	空间腾挪难度系数	行政村边界数据、旧村图斑数据	规划限建数据	限建因素融合相交、连接
区位经济特征	重点规划平台比例	行政村边界数据	总体规划数据	相交、连接
	POI指数	行政村边界数据	POI数据	点密度分析
	道路网密度指数	行政村边界数据	道路网数据	线密度分析
	夜间灯光指数	行政村边界数据	夜间灯光数据	格网统计

由于本次研究首先需要具备规划专业背景知识、具有丰富旧村改造项目经验的专家进行少量样本的改造价值评估，故在构建因子特征后，研究团队对样本因子特征及辅助指标进行了可视化，并制作了可交互的评价卡以收集样本标记。成果如图3-1所示。

（3）数据归一化处理

本次研究各变量间大小相差甚远，具备不同量纲，如后续拟合模型涉及到类间距离，那么将很影响模型的拟合效果（如本文中将要使用的对比模型：逻辑回归、神经网络结构模型、线性模型等）。在这种情况下，数据就要考虑进行标准化处理。最常用的标准化处理方法之一为Z-score标准化，其处理公式为：

$$y_i = \frac{x_i - \bar{x}}{\sigma} \quad (3-1)$$

式中，x_i为原始数据，$\bar{x}$为原始数据的均值，σ为原始数据的方差。该方法通过减掉均值并将数据缩放到单位方差来将特征标准化，处理后的特征将服从标准正态分布，即方差为1，均值为0，数据将更适合用于机器学习的模型拟合。

石壁二村					
指标体系		番禺区排名情况	评分辅助栏	得分	
行政村数据	村域面积	4439400.92 m²	25/165	一般优势	4
	旧村图斑面积	194821.89 m²	93/165	平均水平	
	旧村图斑破碎度	4.11E-05	90/165	平均水平	
	人口	3625 人	131/165	一般劣势	
规划数据	村域非限建面积	2290003.09 m²	12/165	较大优势	村域限建比例
	旧村图斑限建面积	11190.26 m²	78/165	平均水平	
	图斑整体腾挪倍数	10.81	19/165	较大优势	
	限建图斑腾挪倍数	188.23	60/165	一般优势	
	重点功能平台	99.03%	16/165	较大优势	图斑限建比例
经济数据	预估容积率指数	3.26	52/165	一般优势	
	POI指数	6.77	146/165	较大劣势	
	夜间灯光指数	19205.33	110/165	一般劣势	■一级限建 ■二级限建 ■非限建
	道路网密度指数	4.68	130/165	一般劣势	
备注	限建因素包含：生态保护红线、永久基本农田、城镇开发边界外、禁止建设区、限制建设区、绿线、蓝线、紫线、黄线、生态廊道等				

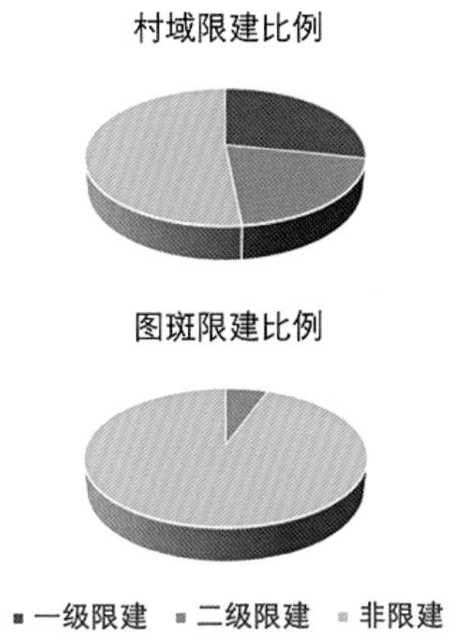

图3-1　可交互单村改造价值评价卡

四、模型算法

1. 模型算法流程及相关数学公式

（1）半监督集成树模型协同自训练——单村分类

自训练相比较其他半监督学习方法而言条件较为简易，只需少量有标签样本和分类模型就可以完成复杂的半监督学习任务。

本次研究在300个单村样本基础上运行，利用150个有标签样本得到原始分类器，将150个无标签样本放入原始分类器中并得到各类预测概率，从中选取置信度较高的数据置信并添加到有标签样本集合中，以此不断更新训练集达到优化模型并减少无标签样本的目的，直到模型将样本标记全部给定时停止。其具体训练过程如图4-1所示。

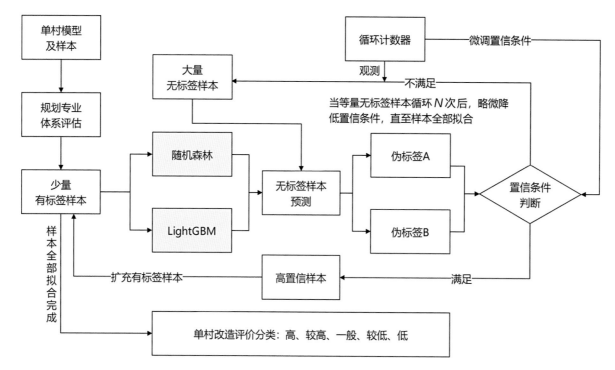

图4-1 半监督协同自训练模型框架

半监督自训练框架下的原始分类器采用了树模型，具体为随机森林和LightGBM。两个模型都是树模型的组合，树分割依据为基尼指数（Gini index）。单棵树模型在分类问题中，假设有K个类，样本点属于第k类的概率为p_k，则概率分布的基尼指数为：

$$\text{Gini}(p) = \sum_{k=1}^{k} p_k(1 - p_k) = 1 - \sum_{k=1}^{k} p_k^2 \quad （4-1）$$

基尼指数代表集合的不确定性，基尼指数越大则不确定性越大，这是随机森林和LightGBM的共同点。它们的不同主要在于组合方式的不同。前者是所有决策树决策的加权和，后者则是所有树模型的残差和。建模中结合两个模型协同训练，共同给定标签，其中置信条件的判断标准为预测概率值，初始置信条件为双模型分类标记相同且预测最高概率值自0.9起步，若循环中没有无标记样本达到置信条件且循环超过10次，则降低预测最高概率值0.01的置信要求，直到样本全部拟合。双模型协同训练作为半监督学习自训练模型的基分类器效果好于单模型，利用一个带标记的外部测试集进行比对，结果如表4-1所示。

建模中还考虑了半监督K-means聚类方法，但实测分类效果不佳，且通过肘部法确定聚类数量时，并未观测到明显肘部。考虑到树模型的分类原理更接近于改造价值评估逻辑，因此最终选

半监督自训练算法基分类器比较			表4-1
算法	随机森林	LightGBM	双模型协同训练
准确率	70%	67%	73%

定半监督树模型协同自训练。另外研究团队采用外部模型对半监督学习模型的效果进行拟合评价。外部分类模型如下：

——逻辑回归（Logistic）：非线性分类模型的经典模型之一，回归时引入一个Sigmoid函数将输入的实数值转化为0、1之间的取值；

——CART（Classification And Regression Tree）决策树：与随机森林和LightGBM相同，以基尼指数（Gini index）来选择划分属性；

——XGBoost：具体原理阐述于后续小节"（3）基于XGBoost的村集合评分回归模型"。

外部模型评价标准则是选择基于混淆矩阵的相关指标，分别将半监督学习前原始有标记样本和半监督学习后全部打标记样本拆分为训练集和测试集，观察模型拟合效果。三个模型的混淆矩阵如图4-2所示，其中横标签为预测类别，竖标签为标记类别，方块中的数值则为对应情况下的样本数量。基于混淆矩阵计算的

原始有标记样本拟合效果　　半监督学习后全标记样本拟合效果

（a）逻辑回归混淆矩阵

（b）CAPT混淆矩阵

（c）XGBoost混淆矩阵

图4-2　各模型半监督学习前后混淆矩阵图

各模型半监督学习前后各评价指标　　表4-2

模型	半监督前后	精度	灵敏度	准确率	F_1
逻辑回归	前	0.41±0.15	0.41±0.15	0.38±0.12.	0.36±0.13
	后	0.48±0.10	0.48±0.10	0.45+0.08	0.44±0.10
CART	前	0.53±0.16	0.55±0.14	0.61±0.09	0.52±0.15
	后	0.63±0.06	0.63±0.07	0.68±0.03	0.65±0.04
XGBoost	前	0.62±0.10	0.62±0.10	0.65±0.12	0.61±0.11
	后	0.75±0.03	0.75±0.03	0.75±0.04	0.73±0.03

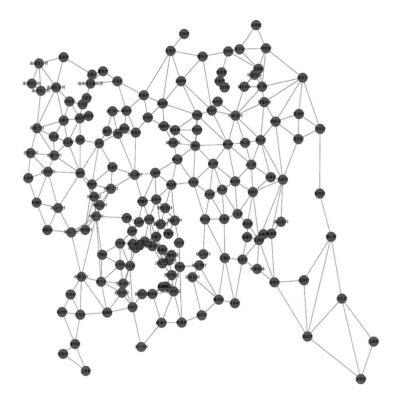

图4-3　村庄网络图

分类模型评价指标有精度、灵敏度、准确性、值，各模型指标在五折交叉验证下的表现如表4-2所示。结合图表结果可知各个模型在半监督学习前后各指标都得到一定提升，证明了基于树模型协同训练的半监督学习算法的有效性。

因三个模型中XGBoost表现最佳，因此选定XGBoost输出300个有标签样本的各类别预测概率，并对其进行加权计算得到单村评价分数。

（2）深度限制的子图搜索

为适应研究课题需求，搜索出所有满足限制条件的村集合样本，本次研究采用由DFS算法调整而来的子图搜索算法。首先利用地理信息处理开源第三方库GeoPandas检测村庄之间是否相邻，并生成村庄邻接矩阵，进而利用图计算开源第三方库

NetworkX生成村庄网络图，如图4-3所示。

延续DFS算法的思想，本次研究先行构建以某一点为起始节点出发，寻找所有子图的算法流程。子图以节点名称的集合（具体为frozenset[1]）来表示，以便于利用集合的互异性去重，具体流程图如图4-4所示、栈示意图如图4-5所示。

1　frozenset：Python内置集合类型，因其具有无序性且可哈希的特点，使其可以作为其他集合的元素，便于利用集合互异性去重。本次研究中frozenset存储某子图所有节点的名称即代表这个子图。

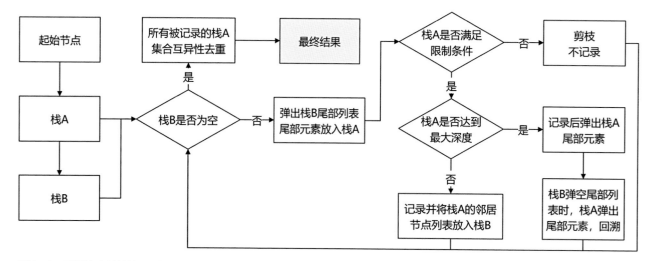

图4-4 子图搜索算法流程图

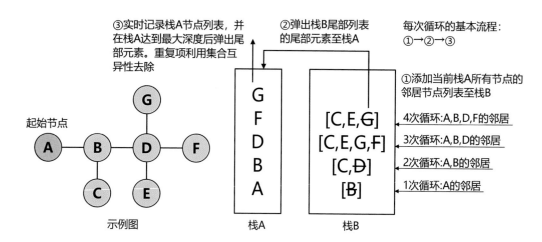

图4-5 栈示意图

遍历全图村庄节点为起始节点，找出所有满足预设深度和条件的子图合集，并利用集合的互异性去除重复子图，即可得到所有满足条件的村集合组合形式。在本次研究课题的案例实践阶段，限制条件为最大组合5个村庄，最大改造旧村图斑面积120公顷，共找出8737个村集合。

（3）基于XGBoost的村集合评分回归模型

本次研究中村集合评分使用的主模型为XGBoost，是Boosting算法所有改进研究中模型效能最好的算法之一，此次建模中被发现最适于拟合改造价值分类模型，因此被继续用于回归评分模型。假设$\hat{y}_i$为第i个样本的预测输出结果，f_t为第t棵决策树，针对于这样的预测输出，它的目标函数为：

$$Obj = \sum_{i=1}^{n} l(y_i, \hat{y}_i) + \sum_{t=1}^{k} \Omega(f_t(x_i)) \qquad （4-2）$$

式中，$\sum_{i=1}^{n} l(y_i, \hat{y}_i)$为损失函数，常用的损失函数如残差平方和$L = \sum_{i=1}^{n} (y_i - \hat{y}_i)^2$，表示预测值与真实值的偏差。$\Omega(f_t(x_i))$为惩罚项，具体表示为$\Omega(f_t) = \gamma T + 1/2\left(\lambda \sum_{i=1}^{T} \omega_j^2\right)$，其中$T$表示树的分支数，$\omega_j^2$表示第$j$片叶子的权重。

用到的对比模型还有同为树模型的CART、AdaBoost、随机森林，以及线性模型OLS（Ordinary Least Square）、神经网络结构模型MLP（Multilayer Perceptron），300个单村样本数据集按照

2：8的比例划分测试集和训练集，其测试集各模型拟合图和拟合效果分别如图4-6、图4-7、图4-8所示（其中树模型各模型效果接近，因此只展示XGBoost结果）。回归模型评价加入MSE（均方误差）、MAE（平均绝对误差）、R²（拟合优度）三个指标，表现结果如表4-3所示。

单村回归模型拟合效果			表4-3
模型	MSE	MAE	R²
XGBoost	0.14	0.26	0.92
MLP	无法拟合	无法拟合	无法拟合
OLS	0.47	0.61	0.71

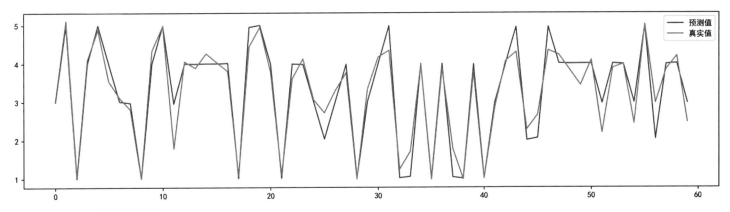

图4-6　XGBoost模型拟合效果

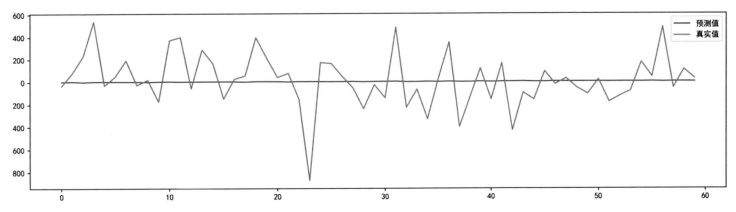

图4-7　MLP模型拟合效果（该模型无法实现拟合）

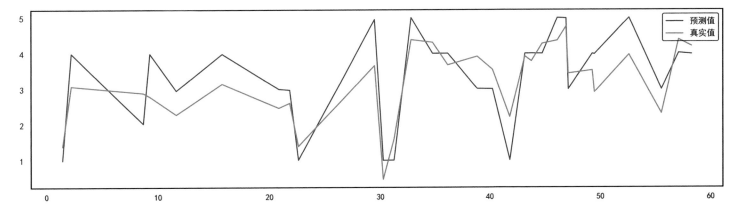

图4-8　OLS模型拟合效果

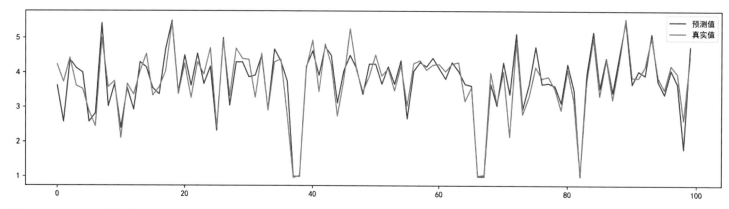

图4-9　XGBoost村集合拟合效果

结合图表结果，可见以XGBoost为代表的树模型拟合效果最佳，另加入带多位专家评分拟合后的100个村集合样本作为外部测试集，得到XGBoost的拟合结果如图4-9及表4-4所示，可见基于单村建立的XGBoost回归评分模型也适用于村集合评分。另外根据XGBoost特征分割信息的加权求和平均值，可得到特征重要性排序如图4-10所示，F-Score值越高，代表该特征越重要，与旧村改造实际情况基本相符。

2.　模型算法相关支撑技术

本研究建模阶段以Jupyter Notebook 6.5.3为开发平台，如图4-11所示，使用语言为Python 3.11.2，研究过程中利用到的主要第三方库有：

地理信息处理类：GeoPandas 0.12.2、Shapely 2.0.1；

图计算类：NetworkX 3.0；

XGBoost村集合拟合效果			表4-4
模型	MSE	MAE	R^2
XGBoost	0.12	0.26	0.86

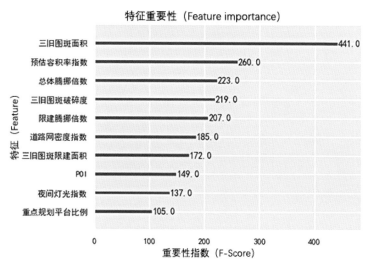

图4-10　特征重要性排序

图4-11　Jupyter　Notebook 6.5.3开发平台截图

数据分析计算类：Numpy 1.24.2、Pandas 1.5.3；

机器学习类：Scikit-learn 1.2.2、XGBoost 1.7.5、LightGBM 3.3.5；

数据可视化类：Matplotlib 3.7.1。

五、实践案例

1. 模型应用实证及结果解读

（1）广州市番禺区单村改造价值评价及结果解读

要实现旧村成片改造区域的识别，首先应对单个行政村改造价值进行评价，以便与成片区域（村集合）改造价值进行对比分析。在本次实践案例中，研究团队首先从单村样本中抽取少量样本进行人工分类，然后利用半监督树模型协同自训练获取全部单村样本分类。单村样本按照改造价值的高低分为5类，分别为高、较高、一般、较差和差。评估结果如图5-1所示，单村达到高改造价值的行政村仅有1个，达到较高改造价值的行政村有30个。

对评估结果进行解读，高改造价值区域主要分布在国际创新城地区、广州南站商务区、万博商务区和市桥及周边地区4个区域。国际创新城有着较大经济活力和交通可达性；广州南站商务区所属的旧村图斑面积指标较为充足，各类规划的底线因素较少，单村改造价值最大的行政村位于此板块；万博商务区虽然旧村图斑面积指标表现平平，但同样涉及各类规划底线因素较少，且经济指标较好；市桥及周边地区位于番禺区老城市核心区，经济指标表现最佳，旧村图斑面积较充足，很少涉及各类规划底线因素。

单村改造低价值区域主要分布在石楼镇、沙湾及桥南街，主要原因有旧村自身图斑规模不足；区位较为偏僻社会经济指标偏低；涉及较多各类规划底线要素，如广州市城市总体规划的禁建区与限建区、广州市国土空间总体规划的生态保护红线和永久基本农田以及生态廊道，造成单村改造模式下，本村域内可用土地资源紧张，无法进行改造等建设活动。

（2）广州市番禺区旧村成片改造区域识别及结果解读

本次案例中预设的成片区域限制条件为最多包含5个行政村、最大改造面积为120公顷，通过设定条件和深度限制的子图搜索算法得到村集合样本（成片区域）共计8737个，再通过单村特征因子拟合得到村集合特征因子，将村集合样本、特征因子输入通过单村样本训练的XGBoost回归模型，即可得到村集合改造价值评估数据，可视化结果如图5-2、图5-3所示，与单村的对比结果如表5-1所示。

行政村单村与成片改造价值对比			表5-1
分类	分值	单村改造条件下行政村数量	成片改造条件下行政村数量
高	5分以上	1	57
较高	4~5分	30	91
一般	3~4分	50	15
较低	2~3分	37	1
低	0~2分	46	0
合计	—	164	164

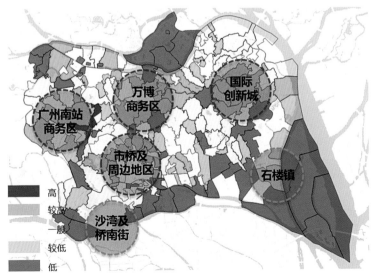

图5-1　单村改造价值评估图

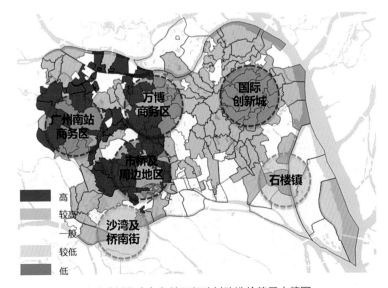

图5-2　成片改造（村集合）条件下行政村改造价值最大值图

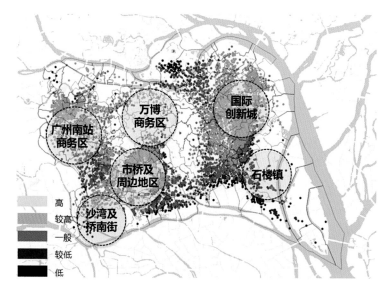

图5-3 村集合改造价值分布图（图中点为村集合质心）

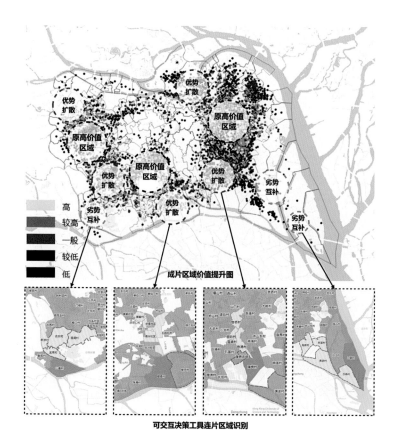

图5-4 成片改造价值提升模式图

对评估结果进行解读，通过村集合组合即成片改造后，旧村改造价值整体提升巨大，改造价值达到5分以上的旧村从原来单村模式下的1个提升至57个。原单村改造价值较大的4个区域均将其优势扩展至周边，展现了成片改造的优势扩散效应。广州南站商务区和市桥及周边地区旧村分布连片，形成的成片改造组合种类多、改造机会大，属于改造潜力最高的成片改造区域；万博商务区成片改造组合种类较少，但均取得了较高的改造价值；国际创新城旧村成片连片，组合种类多，虽然行政村成片后的改造价值不及其他3个片区，但却是在成片改造条件下改造价值获得最大提升的区域。

单村模式下低改造价值的石楼镇、沙湾及桥南街2个片区也在成片改造模式下实现了改造价值的极大提升。其原因一是石楼镇受到北侧国际创新城板块辐射、沙湾及桥南街受到北侧市桥及周边地区板块辐射，体现了成片改造的优势扩散性；原因二是原本劣势原因不同的行政村在成片过程中互相弥补短板，体现了成片改造的劣势互补性。

研究团队将成片区域（村集合）改造价值评分减去单村模式下的单村改造价值评分，即可得到成片区域（村集合）对改造价值的提升值，将此指标可视化并结合研究团队制作的规划决策工具，可以明显观测到成片改造的优势扩展性和劣势互补性如图5-4所示，体现了改造行动中旧村之间的联动规律。

以成片改造价值提升极大的"大兴村、大维村、北联村、上教村、山西村"组合进行举例说明，如表5-2所示。在此案例组

成片改造价值提升极大案例 　　　　　表5-2

村名	优势判读	劣势判读	得分
大兴村	区位经济指标表现好	村域面积小且限建多，单村无改造可能	1.03
大维村	村域面积充足且无限建	旧改指标严重不足且人口密集，单村改造经济价值极差	1.00
北联村	区位经济指标表现好	旧改指标少，限建较多，单村改造很难推进	1.06
上教村	旧村指标充足，区位经济指标表现好	村域面积相比旧村指标较小，单村改造可行但土地难以整备	3.99
山西村	村域面积充足且无限建，区位经济指标表现好	旧村图斑较破碎，单村改造基本可行	3.99
成片改造	旧改指标极充足，区位经济指标极佳	有限建图斑但村域面积极大，土地整备容易，改造价值极大	4.92

合中，单村无法实现改造的行政村有3个，且其劣势表现互不相同：大兴村缺少可利用土地资源、大维村严重缺少旧改指标且人口密集、北联村旧改指标较少且限建较多，3个改造价值低的行政村在聚合成片的过程中，优劣势相互补充，充分体现了成片改造的劣势互补性。组团中优势较大的行政村为上教村、山西村，在成片改造过程中主要体现优势扩展性。但这两个村也存在少许劣势，如旧村图斑破碎、土地资源不足等，在聚合成片过程中同样得到了补足。经解读，该案例充分体现了成片改造的劣势互补性和优势扩展性，为规划决策中无法通过自身条件进行改造的行政村提供了思路。

（3）政府规划实践与推荐改造项目

石壁一、二、三、四村单村改造价值均在3.0～4.0，自身改造价值一般，主要原因为单村各自旧村图斑面积有限。石壁一、二、三、四村组成村集合开展成片改造后，改造价值提升至5.0左右，价值提升巨大。番禺区政府早在2020年就开展了石壁组团改造工作，将依托广州南站打造面向全球的国际化高端枢纽核心区，发展IAB产业。目前项目推进迅速，其控规方案已批复，进入实施方案编制阶段。未来石壁组团将成为番禺区乃至广州旧村成片改造的典范项目，如图5-5所示。

市桥及周边地区作为番禺区老城区，存在很多小型的旧村社区，这些旧村社区自身图斑面积较小，可利用土地资源不足，难以依靠自身条件开展旧村改造。但市桥及周边地区经济指标表现突出，可通过开展旧村成片改造整合旧改指标和可利用土地资源，从而释放巨大的更新改造价值。经模型评估推荐的改造组合如表5-3所示。

图5-5　石壁组团改造效果图

市桥及周边地区推荐成片改造组合　　表5-3

行政村组合	改造价值	提升价值	三旧图斑面积（公顷）	三旧图斑限建面积（公顷）
沙圩二村、富都社区、侨福社区、沙圩一村	5.45	8.69	91.30	0.00
沙头村、榄山村、小平村、渡头社区、大平村	5.04	7.17	107.41	1.86
侨基社区、富都社区、丹山村、骏兴社区、大罗村	4.76	12.42	60.47	0.00
黄编村、沙圩二村、德兴社区、沙圩一村	5.44	7.66	104.99	0.00

2. 模型应用案例可视化表达

因成片区域行政村组合方式多样，为了提供规划决策者根据实际需求进行多角度选择的空间，研究团队在可视化表达阶段，制作了可交互的规划决策工具。可交互决策工具内设置专题图模式和决策模式。

在专题图模式中，规划决策者可以浏览与旧村改造价值相关的各项因子，如村域面积、旧村图斑面积、预估容积率指数、POI指数等；同时还可浏览单村模式下的行政村原始改造价值评分、成片改造模式下的行政村最大改造价值评分等数据，为规划决策者选取旧村成片改造组合提供初步判断。

在决策模式中，规划决策者可以初步选取拟进行旧村改造的某几个行政村，决策工具将实时展示这些行政村的基础数据指标、单项因子评级以及模型计算的改造价值评分等信息。在规划决策者选取不同的行政村时，决策工具将推荐不同的包含这些行政村的旧村成片改造方案，并展示该成片方案的特征因子数据和改造价值评分，为规划决策者选定成片改造组合方案提供技术支撑。

本研究成果可视化阶段运用WebGIS技术，以Visual Studio Code 1.78.2为开发平台，使用语言为HTML、JavaScript，可视化过程中利用到的第三方库为：Mapbox-GL-JS 2.13.0。最终成果可交互规划决策工具如图5-6、图5-7所示。

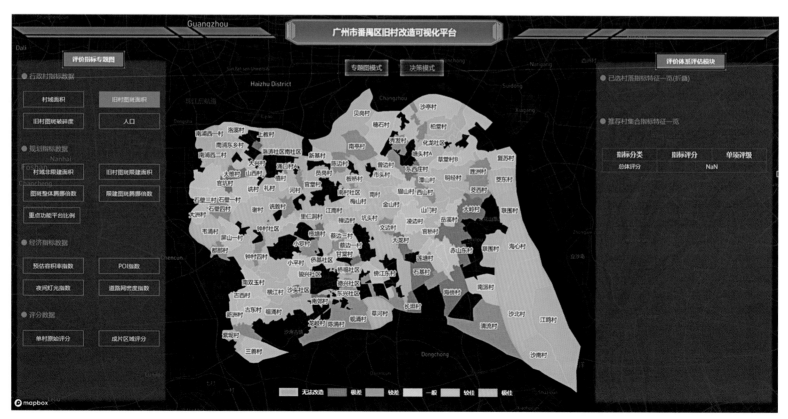

图5-6　可交互规划决策工具（专题图模式）

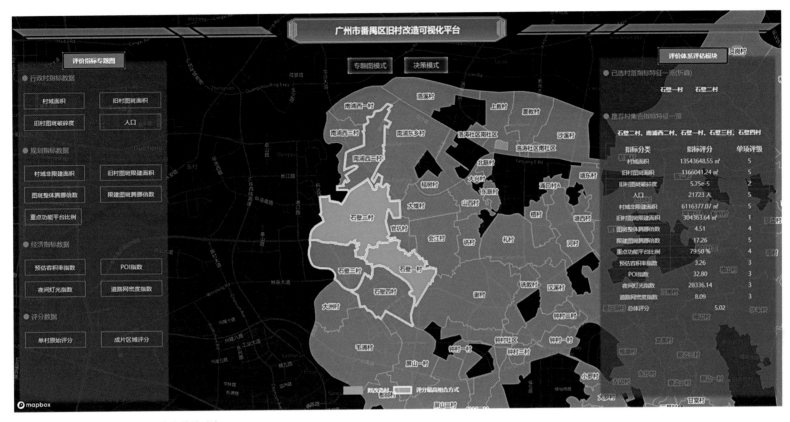

图5-7　可交互规划决策工具（决策模式）

六、研究总结

1. 模型设计的特点

（1）特点一：探索将模型设计融入旧改价值评定的技术路径

强化国土空间规划统筹引领，严格落实耕地、生态、历史文化等刚性管控要求，分区引导、分类施策、分步推进旧村改造已成为广州旧村改造的指导性纲领和"做地"模式下旧村改造的必然途径。本研究通过梳理多源数据，提取旧村改造价值评估的关键特征因子，并通过少量样本改造价值由多位专家评估、模型算法逐步学习打分逻辑等手段，建构了旧村改造价值的评价模型。有别于传统由规划专家等少数人做出决策，本研究为决策提供了强有力的技术支撑，避免了决策者主观判断的不确定和不全面，探索了将模型设计融入旧村改造价值评定的路径。

（2）特点二：各类机器学习算法的运用保障了规划决策的全面性思考

本次研究运用了半监督集成树模型协同自训练、深度限制的子图搜索算法、XGBoost回归模型算法，评估了近8737个成片

组合模式，这是传统人工评价难以实现的效果，同时本次研究运用的模型算法避免了现有研究对旧村改造价值评定过于线性的问题。所有成片区域评估结果被研究团队用于建立可交互的规划决策工具，随时为规划决策提供依据。

（3）特点三：建构了由个体推及群体的研究方法

本次研究路径可以概括为由个体推及群体，即由单村的基础数据、特征因子、地理邻接关系，推导出成片区域的样本和特征因子。这种由个体推及群体的研究方法具有普适性，避免了现有研究未考虑临近行政村同时改造时具有相互作用的问题，不仅在旧村改造成片区域识别中适用，也可以用在更大区域、更广泛的研究背景下。

2. 应用方向或应用前景

本研究在应用方向上主要是为旧村成片改造决策提供技术支撑，案例中虽然以广州市番禺区为例，但用于全市或更大区域层面时模型也同样有效。同时本研究在研究方法上具有普适性，改变基础数据或研究目标即可获得广阔的应用前景。以下列举两个不同应用场景下的示例：

（1）面向社区生活圈配置优化的决策模型

对于社区生活圈的研究也是目前国土空间规划背景下的重点议题，社区生活圈围绕全年龄段人口的居住、就业、游憩、出行、学习、康养等全面发展的生活需要，在一定空间范围内，形成日常出行尺度的功能复合的城乡生活共同体。在城市实际发展过程中，各生活圈配置并不完美，即使满足规范配置也可能在某些方面存在不足，且各生活圈短板往往有所区别。

以本研究架构推及社区生活圈配置，可以首先识别城市中现存的各个社区生活圈存在的短板和优势，再根据生活圈的空间分布组成生活圈集合，进而识别在一定空间范围内有相同类型不足的生活圈进行集中优化，进一步提升生活圈配置的全面性，也可以为不同层级的社区生活圈划定提供决策依据。

（2）面向城镇圈的规划决策模型

城镇圈指的是以多个重点城镇为核心，空间功能和经济活动紧密关联、分工合作可形成小城镇整体竞争力的区域，是空间组织和资源配置的基本单元，体现城乡融合和跨区域公共服务均等化。

从城镇圈的定义可以发现，城镇圈中的城镇之间也存在优势扩展性和劣势互补性。以本研究架构推及城镇圈，可以首先识别各个城镇的优势和劣势，进而根据城镇的地理位置关系识别出各类组合形式，可根据对每个组合形式的评估、分析和对比，为城镇圈的划定提供决策依据。

参考文献

［1］ 阳建强，陈月. 1949-2019年中国城市更新的发展与回顾［J］. 城市规划，2020，44（2）：9-19，31.

［2］ Hemphill L，Berry J，Mcgreal S .An indicator-based approach to measuring sustainable urban regeneration performance：Part 1，conceptual foundations and methodological framework［J］. Urban Studies，2004，41（4）：725-755.

［3］ 郭娅，柯丽华，濮励杰. 小规模旧城改造现状评价模型初步研究——以武汉黄鹤楼街区改造为例［J］. 武汉科技大学学报（社会科学版），2006（6）：88-91.

［4］ 王德文. 更新地块改造潜力与改造成效评价研究［J］. 中国房地产，2018（28）：17-20.

［5］ 王景丽，刘轶伦，马昊翔，等. 开放大数据支持下的深圳市城市更新改造潜力评价［J］. 地域研究与开发，2019，38（3）：72-77.

［6］ 王景丽. 开放大数据支持下的城市更新改造潜力评价研究［D］. 广州：华南农业大学，2017.

［7］ 王海云，王红梅，郑敏辉，等. 基于规划的"三旧"改造潜力分析［J］. 现代城市研究，2015（3）：78-85，103.

［8］ 姜博，吴煜. 城中村更新改造潜力评估模型构建与应用［C］//中国城市规划学会，成都市人民政府. 面向高质量发展的空间治理——2021中国城市规划年会论文集（02城市更新）. 中国建筑工业出版社，2021：1061-1068.

［9］ Breiman L，Friedman J H，Olshen R A，et al. Classification and regression trees（CART）［J］. Biometrics，1984，40（3）：358.

［10］李航. 统计学习方法［M］. 北京：清华大学出版社，2012，155-156.

［11］Breiman L. Random forest［J］. Machine Learning，2001，45（1）：5-32.

［12］Olivieri A C. Analytical figures of merit：from univariate to multiway calibration［J］. Chemical Reviews，2014，114（10）：5358–5378.

［13］Chen T. XGBoost：A scalable tree boosting system［C］//Proceedings of the 22nd ACM SIGKDD international conference on knowkdge discovery and date mining，2016.

［14］中华人民共和国自然资源部. 关于印发《省级国土空间规划编制指南》（试行）的通知［EB/OL］. ［2020-01-20］. http://m.mnr.gov.cn/gk/tzgg/202001/t20200120_2498397.html.

［15］邓毛颖，邓策方. 利益统筹视角下的城市更新实施路径——以广州城中村改造为例［J］. 热带地理，2021，41（4）：760-768.

［16］戴小平，许良华，汤子雄，等. 政府统筹、连片开发——深圳市片区统筹城市更新规划探索与思路创新［J］. 城市规划，2021，45（9）：62-69.

［17］唐燕，杨东. 城市更新制度建设：广州、深圳、上海三地比较［J］. 城乡规划，2018（4）：22-32.

基于职住空间结构调整的城市通勤格局优化

工作单位：北大国土空间规划设计研究院、清华大学建筑学院

报名主题：面向生态文明的国土空间治理

研究议题：城市发展演化与空间发展治理策略

技术关键词：机器学习、通勤格局模拟、智能优化算法

参赛人：马琦伟、刘安琪、黄竞雄、田颖、余建刚

指导老师：党安荣

参赛人简介：马琦伟：清华大学博士，北大国土空间规划设计研究院副院长，高级工程师，主要研究方向包括城乡规划、地理空间人工智能等；刘安琪：北大国土空间规划设计研究院研究员，主要研究方向包括地理信息、城市大数据分析等；黄竞雄：清华大学博士研究生，主要研究方向包括城乡规划技术科学、文化遗产数字化保护等；田颖：清华大学博士研究生，主要研究方向为数字孪生城市、城乡规划等；余建刚：清华大学硕士研究生，主要研究方向包括基于空间信息技术的文化遗产保护规划、地方性视角下村落保护规划等。团队已累计发表城乡规划新技术领域的期刊论文40余篇，出版专著3部，申请相关专利8项。

一、研究问题

1. 研究背景及目的意义

城市通勤格局是城市就业者在职住地之间开展的有节律移动的总和，与城市碳排放、运行效率、居民幸福度等议题高度相关。极端通勤是我国城市治理面临的主要问题，城市通勤格局、职住空间结构与职住地的经济产业发展特征存在关联，是我国许多城市倡导多中心均衡式发展的主要依据。识别城市通勤规律与职住空间的关联，通过调整城市职住与就业中心的结构以实现通勤格局的优化，对于提高城市的精细治理水平具有重要的意义。

国内外学界围绕城市职住空间结构和通勤格局的特征已开展大量研究，前者主要聚焦于城市就业和居住等空间结构的识别，后者多集中于通勤距离、通勤模式、通勤需求或通勤效率等

方面的评估和测算。有研究表明，城市居民通勤的变化特征可以反映城市通勤规律与职住空间的关联，这一变化通过代理模型可以有效模拟。同时，居民通勤存在"自平衡"特征，局部就业格局或生活单元的优化能够促进局部职住相对均衡，并推动总体空间格局的优化。

然而，由于城市系统的高度复杂性，现有研究在对城市职住空间结构与通勤格局的关联建模方面仍较薄弱，通过城市职住与就业中心调整实现通勤优化仍缺少可靠的实证证据和量化支撑。近年来，快速涌现的时空大数据和地理空间人工智能（Geospatial Artificial Intelligence，简称GeoAI）为解决上述问题提供了新的途径，GeoAI通过机器的空间智能，提升对于地理现象的动态感知、推理和模拟能力；而以刷卡数据、手机信令数据、基于位置的服务（Location Based Services，简称LBS）数据等为主的新型

时空大数据被广泛应用于该议题的研究中。本研究基于上述认知开展新的方法体系探索，为城市治理提供决策支持。

2. 研究目标及拟解决的问题

（1）研究目标

①建立城市职住空间结构与通勤格局的量化关联；

②探索优化城市职住空间结构以降低城市通勤成本的方法；

③以北京市为例，为优化城市通勤提供有益的决策参考（图1-1）。

（2）技术瓶颈与解决思路

技术问题一：为城市就业空间结构和就业中心建立可优化模型。

解决思路一：引入概率生成模型，将城市中要素分布抽象为一系列概率密度函数的叠加，既可以通过计算参数表征城市的空间结构，又可以通过调整参数改变数值分布，模拟政策产生的格局变化。

技术问题二：加强城市职住空间结构特征与通勤格局关联。

解决思路二：考虑到数据结构特征不同，可以选用不同算法分别对两方面数据进行模拟。其中模拟就业空间结构的算法应具备根据聚类中心估算就业岗位分布情况的能力，而通勤格局模拟可以考虑交通领域的经典算法，与机器学习的模型结合进行改进，使其具备学习数据特征而模拟新通勤格局的能力。

技术问题三：解决复杂动力学系统优化的问题并确保优化结果的可行性。

解决思路三：引入智能优化算法，评估函数中应同时考虑通勤距离的缩减幅度与职住格局的调整幅度，使其具备适应多种应用场景进行计算和优化的能力，并提升算法的鲁棒性。

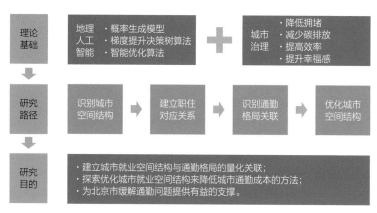

图1-1 研究目标与总体技术思路

二、研究方法

1. 理论依据与经典模型

城市职住空间结构与通勤格局之间存在复杂的关联，涉及城市运行的众多要素和环节。本研究抽取出上述复杂过程中的核心机制，包括：①城市就业中心格局决定就业地分布；②就业地分布影响居住地分布；③就业地和居住地的分布及空间关系影响通勤格局。三个环节所对应的理论依据与经典模型如下：

（1）城市空间结构模型

根据地理学第一定律，空间中的事物相互关联，越远离其来源地或中心，数量或影响力就逐渐减少或减弱，城市就业中心对就业岗位分布的影响就呈现明显的距离衰减特征。同时，城市中心结构模型将城市划分为一系列功能区，对城市内的空间布局和组织结构进行描述和解释，其中欧内斯特·伯吉斯（Ernest W. Burgess）提出的"同心圆"是用于表征城市中心在不同功能区域之间的相对位置和层次关系的经典模型。随着城市发展，现代城市中心结构更加复杂多样，但无论何种结构，大致可将其要素分布视为一系列"中心-边缘"结构之和，区别主要体现在中心体系的组织方式。因此，就业地分布取决于城市中心格局。

（2）城市职住关系模型

城市职住关系的形成受到通勤成本、就业机会、居住供给和交通设施等因素的影响，就业者的居住地选择与出行成本呈现较强的相关性，距离居住地越远的就业地则就业者越少。然而，伴随城市中心结构的复杂多样化，以及公共服务、地租等多种因素的影响力增强，影响城市职住关系的因素呈现复杂、多元、非线性的空间相关性，应引入能够描述该类数据特征的模型，以进一步讨论。

（3）城市通勤模型

在通勤关系研究中，就业人口在职住间的迁移强度可以表征为居住地和就业地间存在的引力，进而决定城市通勤格局。伴随制度、经济等因素的发展和变化，职住关系与通勤会随之变化并达到自平衡。该过程通常是非线性的，且与居住地内的环境、设施等要素存在关联，表征复杂非线性关系的模型和两地间引力关系的模型在通勤研究中发挥着重要作用。

基于上述理论基础与研究路径，本研究旨在完善城市就业空间结构与通勤格局的量化关联，在此基础上探索优化城市就业空间结构从而优化职住布局、降低通勤成本的方法，为城市通勤问题的缓解与城市结构的优化提供有益的支撑。

2. 技术路线及关键技术

首先，对手机信令数据进行预处理。基于3个年份原始的通勤流数据，添加通勤距离、起始点（O点）和目的地（D点）的人口规模等特征，汇总得到各年份工作人口的居住地和就业地分布。

其次，将上一环节制备的各类数据分别输入对应的模型进行训练，得到城市的空间结构及其与通勤流分布之间的内在关联。其中，①将一期就业岗位分布数据输入高斯混合模型（Gaussian Mixture Model，简称GMM），描述全部就业岗位的分布为若干个聚类之和，得到各聚类的混合权重以及聚类中心点（本研究将其视为城市中心）。本步骤使用GMM将若干高斯分布以不同的权重和方差（本研究假设各成分的方差相同）进行混合。②将两期工作人口的就业地和居住地数据输入模型，探索当就业地分布发生显著调整时居住地分布的变化。本步骤使用极端梯度提升（eXtreme Gradient Boosting，简称XGBoost）模型拟合就业地变化与居住地变化之间复杂的非线性关联。③依据各通勤流规模及其

O点的居住人口数量和D点的就业人口数量，基于空间相互作用模型识别通勤流的分布规律。本研究使用引力模型识别空间相互作用，其常用于估算不同地点之间往来的人员、货物、贸易等流数据。同时本研究使用XGBoost模型来将非线性关系引入引力模型，以更好地捕捉城市内通勤格局的复杂性。

再次，借助智能优化算法寻找在城市空间结构调整幅度约束下，以城市平均通勤距离最小为目标时，各城市就业中心的最优相对权重。智能优化算法循环执行"调整中心权重—调整就业地分布—模拟居住地分布—模拟通勤流分布—测算通勤距离"的过程，在此过程中不断优化中心权重。

最后，将优化后的就业中心空间分布及其权重输入上述三个模型，对就业岗位的分布、居住地点的分布和职住通勤流进行预测，并依据通勤优化成果进行规划策略的讨论，达到规划决策支持的目的。本研究的技术路线图如图2-1所示。

三、数据说明

1. 数据内容及类型

本研究主要使用通勤OD流数据开展研究，该数据由中国联通智慧足迹公司提供，包含2017年、2018年和2022年共三期。将

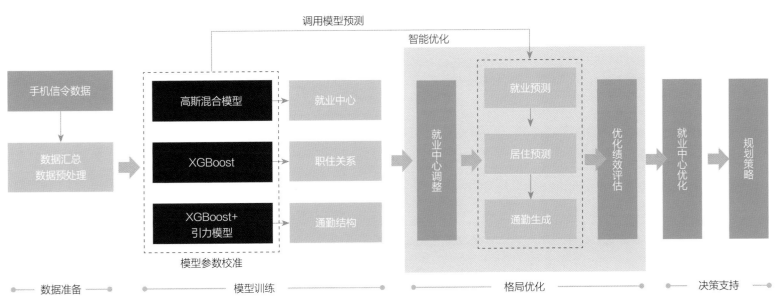

图2-1 技术路线图

北京市划分为1000m×1000m的网格，统计网格间通勤人流量。每期数据以居住地为起点（O点），以工作地为终点（D点），每一行代表单次网格间通勤流。数据内容包含O点和D点的网格ID和坐标，以及从O点到D点通勤的人口数量。其中：

（1）2018年数据是本研究使用的主要数据，用于所有模型的参数求解和部分模型拟合结果的检验。本研究以2018年为基期，情景模拟和预测均是基于2018年的现状特征开展的。

（2）2017年数据和2022年数据是本研究使用的辅助数据。其中2017年数据用于汇总计算居住在每个网格的工作人口的规模，以支持职住关系模型的拟合结果检验；2022年数据主要用于通勤流模型的参数检验。

2. 数据预处理技术与成果

（1）数据预处理

数据预处理流程如图3-1所示。首先，分别汇总得到在各网格中居住和就业的工作人口规模。对于每一个网格，汇总以该网格为起点、前往其他各网格就业的工作人口的总量，即得到居住在该网格的工作人口规模。同理汇总从所有其他网格出发、以该网格为就业地的工作人口总量，即得到就业在该网格的工作人口

规模。该数据主要用于：①通过GMM拟合和模拟就业岗位的空间分布；②探索工作人口的就业地和居住地之间的内在关联；③作为空间相互作用模型中O、D两端的场所属性，拟合和预测通勤流的空间分布。

其次，筛选通勤OD数据，丰富数据的属性特征。主要包括：①考虑到长距离、低密度地区之间的通勤行为具有较高的不确定性，使用全部通勤流数据将降低模型性能，本研究借鉴优势流分析法，主要考虑对通勤格局产生主导影响的中短距离、中高密度通勤流。具体而言，从全部数据中筛选出通勤距离不超过30km且居住地和就业地人口密度不低于500人/km²的OD数据；②将O点网格ID与居住网格人口数据的网格ID进行连接，将D点网格ID与工作网格人口数据的网格ID进行连接，获得通勤起点与终点的居住人口和工作人口数量。再根据O、D两点的经纬度坐标，计算两点间通勤直线距离。

（2）处理成果

经过预处理的三类数据结构分别如下：

通勤人口OD数据：包含6列，分别为"O点网格ID""O点居住人口数量""D点网格ID""D点工作人口数量""通勤人数""通勤距离"。

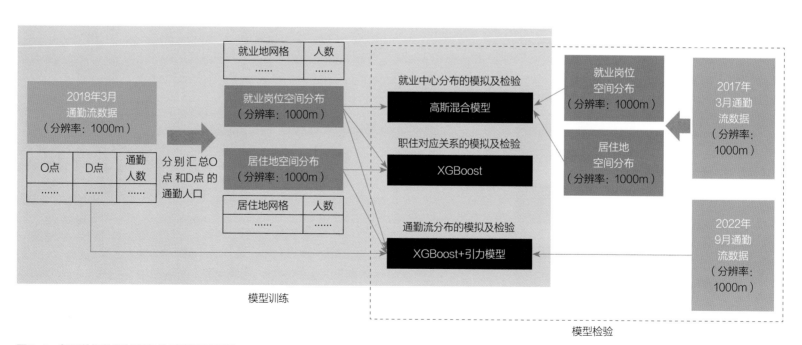

图3-1　各项数据的预处理和使用情况示意图

居住网格人口数据：包含2列，分别为"网格ID""居住人口数量"。

工作网格人口数据：包含2列，分别为"网格ID""工作人口数量"。

以2018年为例，将以上三类数据可视化，结果分别如图3-2、图3-3和图3-4所示。

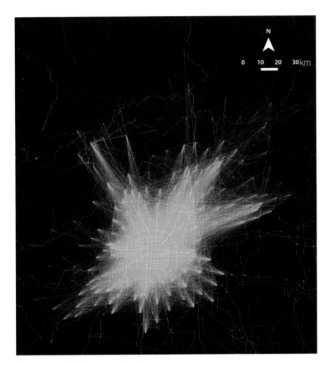

图3-2　通勤流分布（2018年）

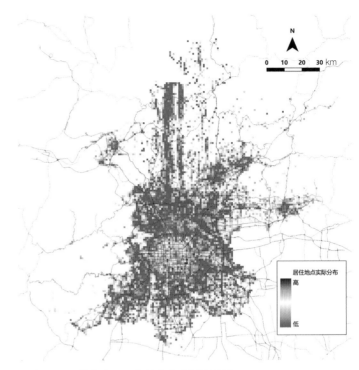

图3-4　就业人口工作地分布（2018年）

四、模型算法

1. 模型算法流程及公式

（1）高斯混合模型

本研究使用GMM来刻画就业岗位分布格局。不同地点的就业岗位数量是各就业中心作用叠加的结果，与前述多中心结构模型高度契合。厘清如下概念：

就业中心：指GMM中每一个聚类的中心点。该中心点既是就业岗位分布最密集的地区，也是其所在聚类的代表。

基于就业中心的就业岗位分布：结合就业中心对应的权重和协方差矩阵，以采样方式估计出该中心所在聚类的就业岗位总体空间分布。就业中心与就业岗位分布存在对应关系，从前者可以还原出后者。

网格就业岗位的总和：原始的GMM是一种软性聚类方法，每个样本出现的概率是各子成分的概率之和，样本隶属于概率最

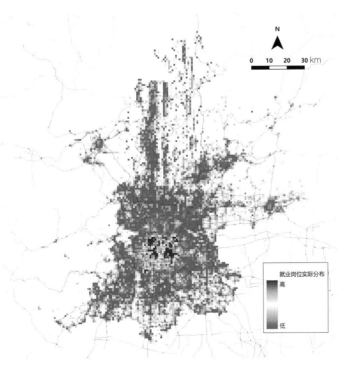

图3-3　就业人口居住地分布（2018年）

高的子成分。本研究借助高斯分布在刻画距离衰减特征方面的优势，将某地点的就业岗位数量视为各就业中心产生的就业数量分布在该地点的总和。

基于上述前提，假定城市中有K个就业中心，则对于网格来说，其通勤者的就业岗位数量$n(x)$由公式4-1给出：

$$n(x) = n\sum_{k=1}^{K} \pi_k \mathcal{N}(x \mid \mu_k, \Sigma_k) \qquad (4-1)$$

式中，n是城市工作人口总量。π_k是权重，也称混合系数，可视作混合模型中每个就业中心的影响力。$\mathcal{N}(x \mid \mu_k, \Sigma_k)$是二维高斯密度函数，如公式4-2所示：

$$\mathcal{N}(x \mid \mu_k, \Sigma_k) = \frac{1}{2\pi |\Sigma_k|^{1/2}} \exp\left(-\frac{1}{2}(x - \mu_k)^T \Sigma_k^{-1}(x - \mu_k)\right) \qquad (4-2)$$

式中，μ_k是第k个中心点的地理坐标。Σ_k是二维协方差矩阵，代表中心影响力的衰减速度。本研究假设GMM的所有成分全局共享同一个Σ_k，表示所有中心的衰减特征是统一且稳定的，短期内不随格局优化而改变，如公式4-3所示：

$$\Sigma_k = \begin{bmatrix} cov(x_1, y_1) & cov(x_1, y_2) \\ cov(x_2, y_1) & cov(x_2, y_2) \end{bmatrix} \qquad (4-3)$$

π_k和Σ_k可以通过现状的就业地分布数据使用期望最大化（EM）算法求解。其中，$cov(X, Y)$为协方差，表示了变量线性相关的方向，如公式4-4所示：

$$cov(X, Y) = \frac{\sum_{i=1}^{N}(X_i - \bar{X})(Y_i - \bar{Y})}{N - 1} \qquad (4-4)$$

为了消除传统GMM中初始中心点随机化所带来的不确定性，使用本地极值搜索算法（表4-1）初始化中心。

本地极值搜索算法的原理 表4-1

1. 识别所有的局部最大值点LMP。当一个网格的值比相邻所有网格的值都高，就是局部最大值点
2. 确定全局数值最大的LMP，作为最高级别的中心候选，记为LMP_0
3. 以LMP_0为中心划出半径为r的区域，搜索该区域之外的局部最大值LMP_1
4. 分别以LMP_0和LMP_1为中心画出半径为r的区域，在该区域之外搜索LMP_2
5. 如此类推，直到所有符合条件的LMP都被识别

求解后，每个就业中心均对应特定的μ_k、π_k和Σ_k，这些参数可以重构各个高斯分布的成分，叠加各成分后可以通过采样方法

得到模拟的就业地分布。此外，训练完毕的GMM也可用于预测就业中心调整后的就业岗位分布。在本研究中，就业中心发展水平的变化与π_k有直接的对应关系，中心的强化与管控分别对应π_k上升和下降，通过调整各中心对应的π_k即可生成新的模型。GMM也支持城市新中心的引入，只需输入新中心的坐标μ_k及其对应的适当的π_k，基于全局统一的Σ_k即可生成新的就业中心格局和岗位分布，体现了模型高度的灵活性和直观性。

（2）使用XGBoost拟合职住对应关系

XGBoost是基于梯度提升框架的一个算法工具包。选用XGBoost主要考虑到该模型对非线性关系的捕捉能力较强，且算法稳健性较好，对异常值有较强的适应能力。同时，其算法效率较高，适用于海量数据的大规模计算。在具体应用中，假设模型共有T个决策树，计算公式如4-5所示：

$$\hat{y}_i^{(T)} = \sum_{j=1}^{T} f_j(x_i) \qquad (4-5)$$

式中，$f_j(x_i)$是第j个回归树函数。模型中第t棵树的目标函数如4-6所示：

$$Obj^t = \sum_{i=1}^{N}\left(y_i, \hat{y}_i^{(t)}\right) + \sum_{i=1}^{t} \Omega(f_j) \qquad (4-6)$$

式中，Ω代表了一棵回归树的复杂度，需要将t棵回归树的复杂度给累加起来。计算公式如4-7所示：

$$\Omega(f)_t = \gamma T + \frac{1}{2}\lambda \sum_{j=1}^{T} w_j^2 \qquad (4-7)$$

式中，超参数γ和λ可以控制我们的惩罚力度，T指的是当前这棵回归树叶子结点的个数，$\sum_{j=1}^{T} w_j^2$表示每个叶子结点的值的平方和，称为L2正则项。

当用于求解居住地和就业地的对应关系时，使用XGBoost来计算t时刻居住在网格i上的工作人口$R_{t,i}$，其公式如4-8所示：

$$\begin{aligned} R_{t,i} = \beta_0(u_i, v_i) + \beta_1(u_i, v_i)W_{t,i} + \beta_2(u_i, v_i)W_{t-1,i} \\ + \beta_3(u_i, v_i)R_{t-1,i} + \varepsilon_i \end{aligned} \qquad (4-8)$$

式中，$W_{t,i}$和$W_{t-1,i}$分别是t和$t-1$时刻网格i上的就业岗位数量，$\beta_1(u_i, v_i)$和$\beta_2(u_i, v_i)$分别是$W_{t,i}$相对应的以u_i和v_i为地理坐标的局部系数，$R_{t-1,i}$是$t-1$时刻网格i上居住的工作人口数量，$\beta_3(u_i, v_i)$是对应的局部系数，$\beta_0(u_i, v_i)$是截距，ε_i是模型的残差项。考虑到居住地和工作地的分布各自具有空间自相关性，且两者之间也存在空间自相关性，引入地理坐标变量(u_i, v_i)予以体现。

（3）使用XGBoost求解引力模型

引力模型（Gravity Model）是最常用的空间相互作用模型之一，明确采用了距离衰减效应。本研究所使用的引力模型公式为：

$$\ln(T_{ij}) = k + \lambda_1 \ln(Pop_i) + \lambda_2 \ln(Pop_j) + \beta \ln(Dist_{ij}) + \varepsilon_{ij} \quad (4\text{-}9)$$

式中，T_{ij}为出发地网格i到目的地网格j的通勤人口规模。k是常数系数。Pop_i和Pop_j分别是i和j的就业人口居住数量和工作数量，$Dist_{ij}$是它们之间的距离。λ_1和λ_2分别是出发地和目的地人口规模的弹性。β衡量距离衰减效应。ε_{ij}是误差项。为了更好地捕捉通勤格局中复杂的非线性机制，使用XGBoost对公式4-9求解。

（4）智能优化算法

智能优化算法一般通过某种规则下的随机演算来模拟优化目标、搜索优化结果，按照既定优化策略目标的要求生成一组初始解，并不断优选，直至获得较符合预期的结果。成本函数是智能优化算法的核心内容如式（4-10）所示，本研究的优化目标为：优化后全市平均通勤距离尽量变小，同时对现有城市结构的扰动控制在代价可接受的范围内。

$$Cost = arg\min\left(\frac{C'}{C} + \Phi\right) \quad (4\text{-}10)$$

式中，C'是调整后的平均通勤距离，C是现状的模拟通勤距离，C'/C代表优化策略的收益，即平均通勤距离的缩减幅度，值越小代表缩减幅度越大。Φ是正则化项，代表优化策略的成本，即城市就业和居住格局的变动幅度，值越小代表优化结果与现状越接近，实现结构优化所需要付出的经济社会代价也越小。

$$\Phi = \theta \frac{\sum_j |\pi'_j - \pi_j|}{\sum_j \pi_j} \quad (4\text{-}11)$$

式中，θ是正则化系数，通过调节其大小来平衡通勤距离压缩收益与结构变动成本之间的关系。π_j是优化前中心j的权重，π'_j是优化后j的权重。

本研究使用自适应差分进化算法（Self-adaptive Differential Evolution，简称SADE）进行智能优化设计（图4-1）。相比于基本的遗传算法，该方法的主要改进点在于引入差分矢量的概念。具体而言，在DE算法寻优的过程中：①首先从父代个体间选择两个个体进行向量做差生成差分矢量；②其次选择另外一个个体与差分矢量求和生成实验个体；③而后对父代个体与相应的实验个体进行交叉操作，生成新的子代个体；④最后在父代个体和子代个体之间进行选择操作，将符合要求的个体保存到下一代群体中去。考虑到计算成本，本研究设置种群规模为200，算法的迭代次数设置为500次。

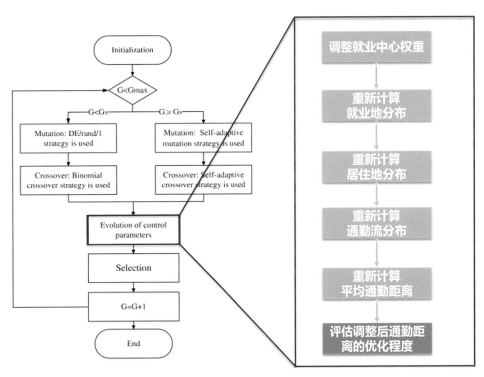

图4-1　自适应差分进化算法的工作原理示意图

（5）头尾分割法

使用GMM得到的各就业中心的权重是连续值，而在实际政策制定中，中心往往是分级管理的，需要将连续值的权重划分为若干等级。本研究使用头尾分割法（Head/Tail Breaks）对权重进行划分，该方法针对非正态分布数据特别是具有"长尾"分布特征的数据，处理效果较好。

头尾分割法首先计算所有数值的平均值，并将大于等于平均值的部分视为头部（Head），将低于平均值的部分视为尾部（Tail），则尾部的头尾指数（Head/Tail Index）为1，而头部的头尾指数为2。而后对第一次分割后位于头部的数据重复上述过程，并将第二次识别得到的尾部数据和头部数据分别赋值头尾指数2和3。上述过程不断重复，直至达到分级数量要求或头部数据无法再细分。最终，根据头尾指数HT表征中心等级，HT越大，则等级越高（表4-2）。

头尾分割法的工作原理 表4-2

头尾分割法

Recursive function Head/tail Breaks:
　Rank the input data values from the biggest to the smallest;
　Compute the mean value of the data
　Break the data(around the mean)into the head and the tail;
　// 头部数据为数值高于或等于均值的数据
　// 尾部数据为数值低于均值的数据
　If(length（head）/length（data）≤40%):
　　Head/tail Breaks（head）;
End Function

2. 模型精度评估

（1）精度评估方法

本研究主要采取以下几类方法来检验所用模型的性能。

一是GMM的模拟精度检验。使用2018年就业地分布数据训练GMM后，通过采样方法使用该模型模拟就业地分布，并将模拟结果与真实的2018年就业地数据进行比较。

二是XGBoost模拟工作人口居住地分布的精度检验。在使用2017年数据作为期数据（工作地变化前）、2018年数据作为期数据（工作地变化后）训练XGBoost的过程中，截取70%的数据作为训练集，30%的数据作为测试集，评估模型在测试集中预测居住地分布的精度。

三是引力模型模拟通勤流分布的精度检验。使用2018年通勤流数据作为训练集，标定引力模型的参数。使用2022年数据作为测试集，评估模型性能。

（2）精度评估指标

使用均方对数误差（MSLE）和平均绝对误差（MAE）来衡量模型的性能。其中均方对数误差是非负值，越接近0表示模型越好，如式（4-12）所示：

$$\text{MSLE} = \frac{1}{N}\sum_{i=0}^{N}\left(\log\left(y_i+1\right)-\log\left(\hat{y}_i+1\right)\right)^2 \qquad (4-12)$$

平均绝对误差用来衡量预测值与真实值之间的平均绝对误差，是一个非负值，越小表示模型越好，如式（4-13）所示：

$$\text{MAE} = \frac{1}{N}\sum_{i=1}^{N}|y_i-\hat{y}_i| \qquad (4-13)$$

3. 模型算法支撑技术

本研究的数据建模、计算与算法开发均通过Python 3.8完成，智能优化算法使用开源优化算法库Pygmo完成。Pygmo内置大量经过优化而支持多线程并行运算的智能优化算法模型，大大加快了求解的速度。

结果可视化方面，本研究使用ArcGIS Pro 3.0.5完成全部地图的绘制工作。

五、实践案例

1. 模型应用实证及结果解读

本研究以北京市为例，研究范围覆盖北京全市16个区，总面积16410.54km²，截至2022年拥有常住人口2184.3万人。根据《2022年度中国主要城市通勤监测报告》，北京市的极端通勤量与职住分离度均保持全国第一，交通拥堵是其面临的主要"城市病"之一。城市的高质量发展离不开通勤的优化，而职住格局是主要影响因素之一。因此，以北京为案例地兼具研究和实践意义。

（1）模型方法的总体性能良好，结果较为可靠

根据前述内容对研究所使用的模型性能进行测试，结果如表5-1所示。从单步误差看，每个模型独立执行预测任务时其误差都比较小，表明模型与研究数据的匹配较好。从累积误差看，由于存在误差传递的情况，从第二步起均比单模型的误差大，但总体而言整个工作流的误差仍控制在较低的水平。

使用本研究的模型方法还原现状空间格局的准确性分析　　　　　　　表5-1

步骤	使用模型	研究目的	单步误差		累积误差	
			MSLE	MAE	MSLE	MAE
第一步	高斯混合模型	就业人口工作地模拟	2.569	224.642	2.569	224.642
第二步	XGBoost模型	就业人口居住地模拟	0.816	31.435	1.992	209.588
第三步	引力模型	通勤流模拟	0.486	2.367	1.619	3.544

同时，图5-3、图5-4和图5-5表明几类要素的模拟结果在空间分布上与真实的现状分布较接近，可见各步骤模拟精度较高，可用于后续的优化研究中。

（2）现状中心识别结果：集聚特征明显

基于2018年的通勤OD数据共提取出39处就业中心（图5-1），由GMM模拟情况根据就业岗位分布密度划分出影响力逐步递减的4级就业中心。其中：一级就业中心（1处，CBD）大致对应城市级就业主中心，影响力最高；二级就业中心（2处，中关村、金融街），大致对应城市级就业次中心，影响力稍微低于主中心，但也具有较强的全域辐射能力；三级就业中心共10处，主要位于城六区（东城区、西城区、海淀区、朝阳区、丰台区、石景山区）以及昌平区和大兴区，大致对应区级就业主中心，对于所在片区的发展具有较强的带动能力；四级就业中心共26处，主要分布在城郊，大致对应区级就业副中心，是片区经济产业发展的重要组成部分，具有一定影响力。

在就业岗位分布方面，现有职住空间结构中多数就业岗位集中于城六区，形成工作岗位的高密度核心；在外侧多个片区也延伸出了一系列较高密度的就业次中心，形成一主多副的就业岗位分布格局。居住地点分布方面，其分布情况在城六区与就业岗位分布情况类似，居住密度较高。而在城区以外，如天通苑、沙河、香水河、北七家、长阳等区域出现了一些居住密度较高且与就业中心存在一定距离的区域，仍具备优化空间。而通勤情况方面，城区内通勤流显著高于外围交通流量，形成通勤繁忙的核心区域。由远郊向城区的通勤廊道较为明显，容易导致高峰期大规模的潮汐交通，进而引发拥堵，也需加以优化。

（3）中心布局优化：促进中心体系的均衡化布局

将上述模拟结果输入智能优化算法进行职住空间结构的优

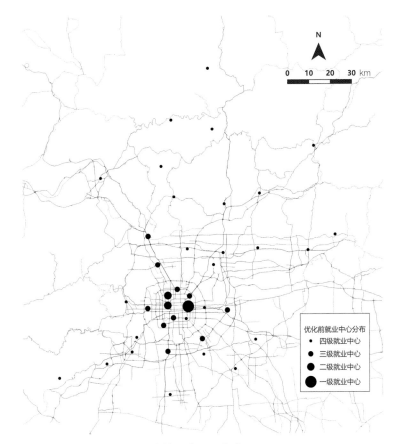

图5-1　北京市就业中心分布情况（2018年）

化，对既有就业中心进行权重调整。以调整后就业中心模拟生成优化后的工作岗位与居住地点的分布情况，并对比优化前后的通勤流获取优化效果。

优化后的就业中心分布与权重情况如图5-6所示，对比优化前后就业中心格局具有以下特征：其一，优化后的格局呈现更均衡的多中心体系。城区出现了多个高等级就业中心，各外围区也各有相对高等级的就业中心，有助于实现区域职住平衡；其二，就业中心格局呈现向西侧转移的态势，西部中关村、西三旗、丽泽等地的相对影响力都有不同程度的增强，可更好地应对城市西北部、西南部大规模居住人口的通勤需求；其三，原有的主要就业中心CBD地区的相对影响力有所下降，表明该区域应当适度加强规划控制，酌情降低中心性。

（4）工作人口居住地和就业地优化：有效疏散和就地平衡

对于优化后就业中心的影响力，再次使用GMM和XGBoost模型分别模拟就业人口的工作地与居住地分布，其分布情况如图5-7所示。

对于优化后就业人口工作地分布，就业中心权重调整后形成显著的由中心城区向通州城市副中心延伸的主轴，外围城区如房山、延庆、平谷等区也出现了相对较为集中的工作地分布情况，有助于疏解城市核心区的交通压力，一定程度上缩短了通勤距离。

在居住地优化方面，新的居住地分布多与就业中心产生更加紧密的联系，外围平原新城和卫星城组团的发展更加突出，有助于承担市中心地区的空间压力，优化城市通勤空间格局。

将上述的优化后就业人口居住地与工作地的分布情况使用XGBoost与引力模型进行模拟，获得通勤结构如图5-8所示。可见较长距离的通勤行为规模大大缩减，各地区更好的职住平衡性带来短距离通勤的增多，对城市空间的优化与交通压力的缓解起到一定的作用。

（5）中心体系优化的分类政策引导

根据优化前后权重的变化，为就业中心分类制定相应的优化策略，其分布情况如图5-2所示，点的大小代表该就业中心原本的等级。具体包括：

调控疏解：涵盖一级中心1处和三级中心5处。可将公司企业适当外移，特别是促进金融服务、商务办公、科研创新等功能的适当疏解，带动其他配套产业和下游产业跟随外迁，从而减少工作岗位数量，缓解此类中心的就业通勤压力。

轻度扶持：共包括19处位于城郊的四级中心和 2处位于朝阳区和通州区的三级中心。在未来可以基本保持现状，无需进行大规模调整。

适度扶持：共涵盖2处分别位于中关村和金融街的二级中心，以及6处四级中心。可在目前的基础上进一步夯实发展基

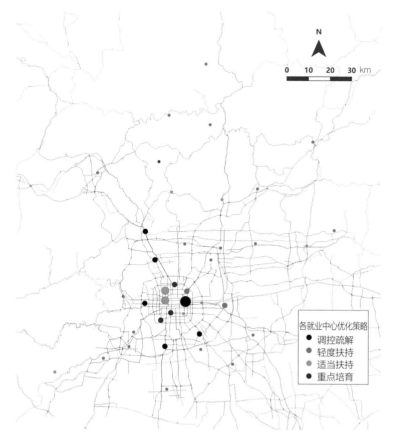

图5-2　就业中心调整策略

础，扩大政策支持力度，促进中心的产业升级和空间优化，引进更多的公司企业，适当扩展规模。

重点培育：包含靠近中心城区的三级中心3处和城郊的四级中心1处。需要加强规划引导和税收、土地等方面的政策扶持，积极引进公司企业，特别是具有龙头带动作用的高新技术企业和高端服务业，增强就业吸引力，提升中心能级。

2．模型应用案例可视化表达

（1）高斯混合模型提取就业中心和模拟就业岗位分布情况。

（2）XGBoost模型学习和模拟居住地点分布情况。

（3）XGBoost模型与引力模型，学习和模拟给定职住空间下通勤流的产生机理与分布情况。

（4）构建智能优化算法对就业中心等级进行优化，采用上述高斯模型和XGBoost模型模拟获取优化后的职住结构。整合XGBoost模型和引力模型以优化后的职住空间为基础数据生成优化后的通勤格局。

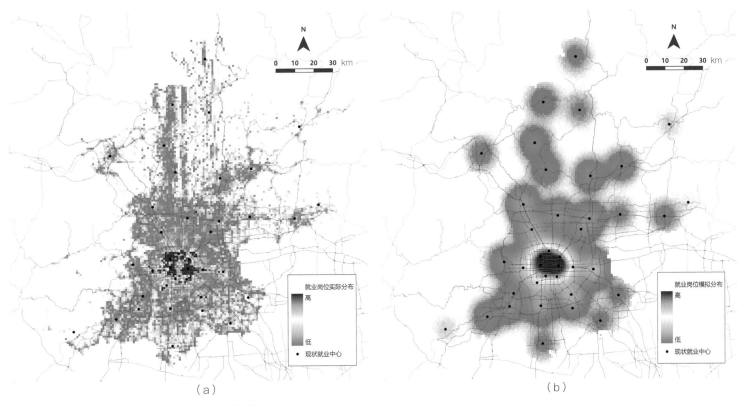

图5-3 就业岗位实际分布情况（a）与模拟结果（b）

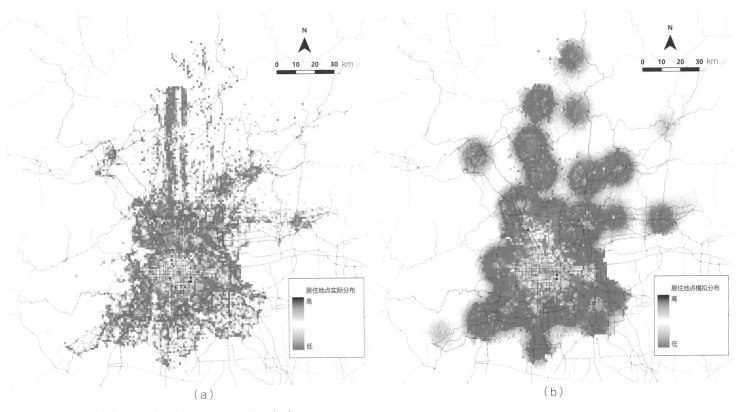

图5-4 居住地点实际分布情况（a）与模拟结果（b）

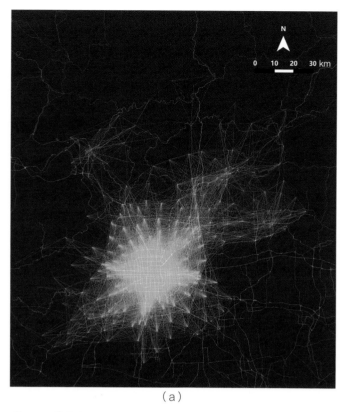

图5-5　北京市通勤流实际分布情况（a）与模拟结果（b）（2018年）

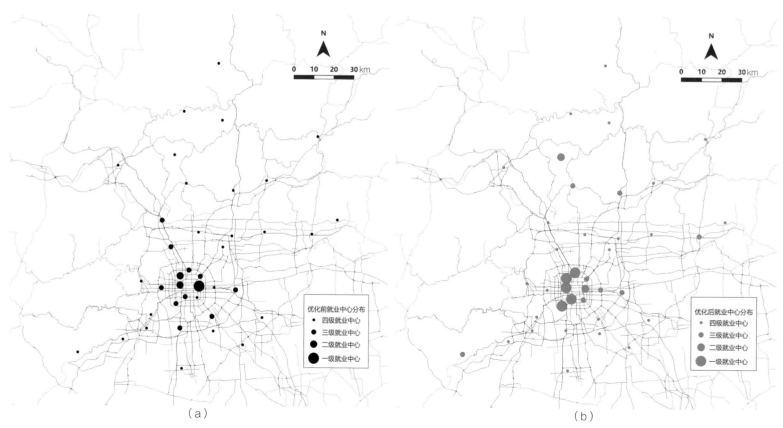

图5-6　优化前（a）与优化后（b）就业中心分布情况及权重对比

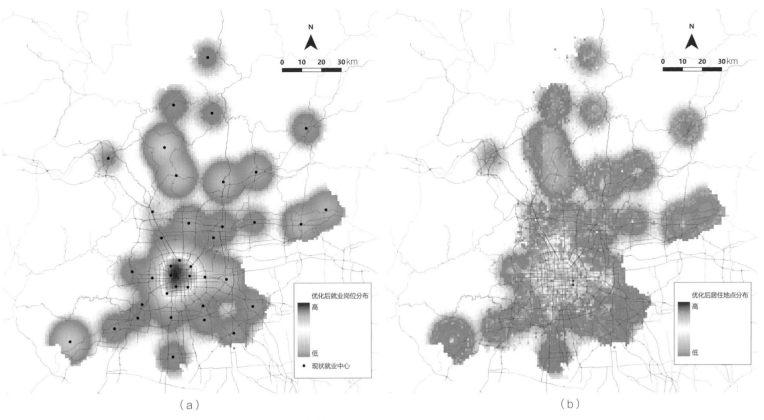

（a） （b）

图5-7 优化后就业人口工作地（a）和居住地（b）分布情况

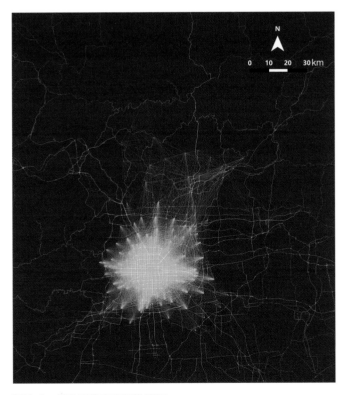

图5-8 优化后北京市通勤格局

六、研究总结

1. 模型设计的特点

本研究基于手机信令数据，结合多种地理空间人工智能方法开展研究，主要有以下三个方面的创新点：

（1）提出了一种借助概率生成模型来刻画城市多中心结构的技术方法，可量化地识别城市中心的地理位置和影响力。

（2）较精确地建模了"就业中心结构调整—就业格局变化—居住格局变化—通勤格局变化"这一复杂的动态演化过程，可动态监测、模拟城市多中心发展与政策调整带来的连锁反应和作用过程。

（3）探索了基于智能优化算法的城市最优就业空间格局推导技术，为多中心结构的优化提供决策支持。

2. 应用前景展望

在城市发展模式由增量转向存量的大背景下，面向大型城市治理与未来高质量发展的要求，本研究所提出的规划决策模型可以在各层级国土空间规划、城市更新、城市体检、交通规划等方面提供决策支持。具体应用前景包括：

（1）诊断城市现状空间结构的合理性。本研究整合的模型可用于对现状空间进行模拟，并依据优化目标开展迭代优化，生成交通流量分布情况。在具体应用中，可以对研究区域进一步细化，通过调整职住结构观察城市各区域的空间布局及交通流量，开展宜居性评价与合理性论证。

（2）优化与重构城市存量空间的格局。现阶段，城市存量空间需要追求高质量发展，将宜居、生态、效率等概念纳入考量体系中，本研究所涉及的空间评价以及格局优化等功能可为存量空间再开发提供支持与参考。根据优化目标的不同，仅需调整优化过程中的参数即可完成在不同场景的迁移应用。

（3）协助确定新城市中心的发展策略。本研究提出的模型涵盖"数据准备—模型训练—格局优化—决策支持"4阶段，可以对存量数据进行特征学习，根据现阶段的发展特征对未来城市的职住结构与通勤格局进行模拟。这一特性可用于支持各级空间规划中有关城市中心区位的划定以及未来发展格局的初步探索，进而支持发展策略的具体制定与实施。

参考文献

［1］阚长城，马琦伟，党安荣，等. 街区尺度下的通勤出行方式挖掘及其影响因子——以北京市为例［J］. 城市交通，2020，18（5）：54-60.

［2］王录仓，常飞. 基于多源数据的兰州市主城区城市职住空间关系研究［J］. 人文地理，2020，35（3）：65-75.

［3］郭亮，彭雨晴，黄建中，等. 影响绿色出行的短距离通勤空间要素识别与优化——以武汉市为例［J］. 城市规划学刊，2022（3）：37-43.

［4］赵虎，尚铭宇，张悦，等. 区域中心城市就业空间格局及优化策略研究——以山东省青岛市为例［J］. 山东建筑大学学报，2022，37（6）：61-69.

［5］王振坡，牛家威，王丽艳. 基于POI大数据的天津市居民居住就业空间特征及其影响因素研究［J］. 地域研究与开发，2020，39（2）：58-63.

［6］宋小冬，杨钰颖，钮心毅. 上海典型产业园区职工居住

地、通勤距离的变化及影响机制［J］. 城市发展研究，2019，26（12）：53-61.

［7］王德，李丹，傅英姿. 基于手机信令数据的上海市不同住宅区居民就业空间研究［J］. 地理学报，2020，75（8）：1585-1602.

［8］范佳慧，张艺帅，赵民，等. 广州市空间结构与绩效研究：职住空间的视角［J］. 城市规划学刊，2019（6）：33-42.

［9］KIM K，HORNER M W. Examining the impacts of the Great Recession on the commuting dynamics and jobs-housing balance of public and private sector workers［J］. Journal of Transport Geography，2021，90：102933.

［10］TA N，CHAI Y，ZHANG Y，et al. Understanding job-housing relationship and commuting pattern in Chinese cities：Past，present and future［J］. Transportation Research Part D：Transport and Environment，2017，52：562-573.

［11］SUN D，LEURENT F，XIE X. Exploring jobs-housing spatial relations from vehicle trajectory data：A case study of the Paris Region［J］. Transportation Research Procedia，2022，62：549-556.

［12］丁亮，钮心毅，施澄. 多中心空间结构的通勤效率——上海和杭州的实证研究［J］. 地理科学，2021，41（9）：1578-1586.

［13］王德，申卓. 职住变迁与通勤自平衡［J］. 同济大学学报（自然科学版），2022，50（12）：1778-1787.

［14］ACHEAMPONG R A，ASABERE S B. Simulating the co-emergence of urban spatial structure and commute patterns in an African metropolis：A geospatial agent-based model［J］. Habitat International，2021，110：102343.

［15］朱玮，梁雪媚，桂朝，等. 上海职住优化效应的代际差异［J］. 地理学报，2020，75（10）：2192-2205.

［16］毕瑜菲，郭亮，贺慧. 职住平衡理念的实施难点与优化策略研究［J］. 城市发展研究，2019，26（3）：1-8.

［17］高松. 地理空间人工智能的近期研究总结与思考［J］. 武汉大学学报（信息科学版），2020，45（12）：1865-1874.

［18］吴欣玥，廖家仪，张晓荣. 基于多源数据融合的成都市职

住空间特征及影响因素研究 [J]. 规划师，2023，39（1）：120–127.

[19] 张凤，陈彦光，李晓松. 京津冀城市生长和形态的径向维数分析 [J]. 地理科学进展，2019，38（01）：65–76.

[20] KRESS C. Urban ruralities or the new urban-rural paradigm-introduction [C] //Proceedings of the 17th International Planning History Society Conference，2016：319–331.

[21] PAUL K，RAUL L E. Trade policy and the Third World metropolis [J]. Journal of Development Economics，1996，49（1）：137–150.

[22] GIULIANO G，SMALL K A. Is the journey to work explained by urban structure? [J]. Urban Studies，1993，30（9）：1485–1500.

[23] KAIN J F. The journey-to-work as a determinant of residential location [J]. Papers of the Regional Science Association，1962，9（1）：137–160.

[24] HOCHMAN O，FISHELSON G，PINES D. Intraurban spatial association between places of work and places of residence [J]. Environment and Planning A：Economy and Space，1975，7（3）：273–278.

[25] TA N，CHAI Y，ZHANG Y，et al. Understanding job-housing relationship and commuting pattern in Chinese cities：Past，present and future [J]. Transportation Research Part D：Transport and Environment，2017，52：562–573.

[26] PENG Z. The Jobs-Housing balance and urban commuting [J]. Urban Studies，1997，34（8）：1215–1235.

[27] WACHS M，TAYLOR B D，LEVINE N，et al. The changing commute：A case-study of the jobs-housing relationship over time [J]. Urban Studies，1993，30（10）：1711–1729.

[28] 钮心毅，王垚，丁亮. 利用手机信令数据测度城镇体系的等级结构 [J]. 规划师，2017，33（1）：50–56.

[29] CHEN T，GUESTRIN C. Xgboost：A scalable tree boosting system [C] //Proceedings of the 22nd ACM SIGKDD international conference on knowledge discovery and data mining，2016：785–794.

[30] DODD S C. The interactance hypothesis：A gravity model fitting physical masses and human groups [J]. American Sociological Review，1950，15（2）：245–256.

[31] ZIPF G K. The P1 P2/D Hypothesis：On the intercity movement of persons [J]. American Sociological Review，1946，11（6）：677–686.

华强北在哪里？基于POI检索热度的城市标志性商圈模糊边界研究

工作单位：哈尔滨工业大学（深圳）建筑学院

报名主题：面向生态文明的国土空间治理

研究议题：城市化发展演化与空间发展治理策略

技术关键词：网页地名共现、模糊隶属度、DBSCAN

参 赛 人：马云飞、邓琦琦、孟伊宁、杨靖怡

指导老师：龚咏喜、周佩玲

参赛人简介：龚咏喜，哈尔滨工业大学（深圳）教授，博士研究生导师，深圳市城市规划与决策仿真重点实验室技术委员会主任。研究方向为大数据支持下的社会感知、城市规划技术与方法等。周佩玲，哈尔滨工业大学（深圳）副教授，硕士生导师，深圳市海外高层次人才。研究方向着重讨论城市环境、社会转型与人类健康之间的关系。马云飞、邓琦琦、杨靖怡为哈尔滨工业大学（深圳）建筑学院研究生一年级学生，孟伊宁为待入学的研究生。

一、研究问题

1. 研究背景及目的意义

（1）研究背景与意义

深圳华强北是我国乃至全球电子产品贸易的集散地，它的历史进程也是深圳市经济和社会发展的缩影。随着深圳市城市发展战略和模式的转变以及市场需求的变化，华强北不断优化和转型，从曾经的一个柜台、一条街到如今的全球性商圈，人们对于它的认知不断深入。然而，在地理空间认知的层次上，华强北的范围却没有一个明确的概念，华强北的范围到底在哪里？自2012年以来华强北商圈的边界范围和功能语义是如何变化的？这些变化和深圳市的发展转型存在什么样的关联？这些问题因涉及到华强北自身所带的模糊性而难以准确回答。

与此同时，大数据时代的到来使得商圈空间范围和语义等空间认知的外化成为可能。在互联网时代，个人和机构会通过网络发布海量的文本信息，这些文本信息包含大量的空间位置信息和空间关系信息，而这些信息恰恰是个人或者机构对于现实空间认知的外化。因此，人们脑海中对于商圈的认知可以通过现实中的地名检索、图片标记等操作映射出来。其中，基于地名检索可以发现一些地区常常在网页中共同出现，这意味着它们之间存在着人们认知上的联系。这种认知联系不仅可以体现在两两地名之间，也可以存在于某一场所和其内部的位置点之间。因此，基于这种方式，可以确定该场所在现实地理空间上的模糊边界位置。

本次研究从不同时期华强北周边的兴趣点（Point of Interest，简称POI）着手，利用POI的丰富表征特性划定该商圈的模糊边界，并对比分析不同时间点下的功能和语义特征，以深入了解华

强北商圈的历史演化过程。同时，本研究还探索了标志性商圈的认知边界、空间演化以及影响因素，并总结出相关规律，推广应用于其他城市的研究中。此外，通过标志性商圈的研究，也可以为商业空间的发展路线和空间拓展策略提供参考和借鉴。

（2）国内外研究现状及存在问题

在地理参考中，存在三种主要的模糊性，分别为指称歧义（同一个名称用于多个地点）、参考歧义（同一个地点有多个名称）、指称类型歧义（地名可以用于非地理环境，如组织或人名）。这些模糊性会导致地理参考中出现不同的认知，特别是在一些城市片区中。例如华强北、中关村、陆家嘴等商圈，就广泛存在"同一名称用于多个地点"的现象。为了描述这些模糊区域的具体边界，调查采访是最直接的有利手段。例如采访行人并要求其画出这些区域的边界，或者通过问卷调查收集人们对区域内地标的隶属程度来确定模糊边界。但这类方法需要高昂的时间和人力成本，同时也引发了一个问题，有没有一种数据源能够集成这些信息，从而有效支撑关于模糊边界定义的研究？

互联网是现代社会最重要的信息发布、传播和交流渠道之一，从网络文本中获取地理信息，已成为传统地理信息采集方式的有效补充。个人和机构会通过网络发布海量的文本信息，这些信息反映了个人或机构对现实空间的认知。目前，基于网络信息对模糊区域建模的研究主要集中于社交媒体数据和网络文本信息。社交媒体（如微博、Twitter和Flicker）提供带有位置和语义丰富的地理标记点，进而确定模糊区域的主要位置。Li和Goodchild等利用Flickr照片应用核密度估计（Kernel Density Estimation，KDE）的方法，发现核密度最高的网格为模糊区域的主要位置。但社交媒体数据更集中于热门和有活力的地方，数据的缺失和偏向性会导致分析结果精确性不足。另一方面，网络文本可以用于获取模糊区域与相邻地方的拓扑关系（如包含、相同、重叠等），或者通过共现地名获取不同地名的空间关联性。Vogele等基于网络文本获取的空间关系使用上下近似域，定性地表达模糊区域。在已知可分为外部和内部的模糊位置的情况下，Alani等根据内部和相近的外部点，利用Voronoi单元的边缘构建模糊边界。Liu等利用提取网页文本中的共现地名，提取认知区域的最小几何边界。然而，网络文本数据通常以非结构化或半结构化方式呈现，且地理信息的抽取较为困难。

鉴于以上情况，本次研究以带有精准地理空间位置的POI为

研究数据，通过百度搜索信息框将华强北周边的POI名称与"华强北"这一模糊地名关键词一一进行共现检索，快速、直接地提取这两个地名共同出现的次数。通过设定精确的搜索时间，还原出华强北模糊边界的时空演化过程，并实现地理事件时空序列的可视化。在此基础上，利用不同时间切片网页地名共现的结果，应用DBSCAN聚类、核密度等多种方法，以模糊集合的形式描述了华强北多年来模糊边界在地理空间位置以及功能语义上的演化过程，捕捉地理环境中地理事物与现象的动态变化过程及其之间的相互关系。

2. 研究目标及拟解决的问题

（1）总体目标

本研究对华强北商圈的空间研究主要围绕三方面展开：华强北在哪里？不同时期华强北的场所边界是怎么样的？华强北内部的功能语义特征有什么规律？为此，本研究将重点围绕三个目标展开：

第一，梳理国内外城市模糊边界提取的相关基础理论和研究现状，为本研究提供理论和技术基础。

第二，运用网页上的"华强北"一词与POI名称的共现情况提取标志性商圈的模糊边界，并通过多重边界提取方法，研究商圈在不同时期的边界变化。

第三，基于POI类型对商圈内部功能进行语义分析，探索商圈内部功能特征的规律性，并验证商圈边界内的功能。

（2）项目突破的瓶颈问题

项目突破的瓶颈问题主要集中在以下三个方面：

第一，研究数据获取，目前场所边界研究数据大多为社交媒体签到等数据，具有当下瞬时的截面特性，且包含有较多的活动偶然性，不利于研究发展中的华强北边界，因此需要更新基础数据类型，获得可以持续研究的多年数据。

第二，时间维度，华强北商业街区是深圳市发展的一个缩影，研究必须考虑华强北的动态发展历程，考虑不同发展阶段的场所边界及空间分布特征。

第三，研究内容，现有研究对城市边界研究较丰富，但缺乏从居民认知和关注的角度对城市模糊边界的研究，且对于商圈认知边界的研究较少，本研究以深圳市典型场所代表华强北作为研究对象，在商圈维度进行研究。

二、研究方法

1. 研究方法及理论依据

（1）文献查阅法

通过文献查阅方法，可以获取国内外相关文献资料，从而了解模糊边界定义、网络文本数据利用、DBSCAN聚类、核密度方法等研究现状。

（2）现场调研法

通过进行现场调研，实地考察华强北地区的建筑情况和历史演变情况，修正和补充获取的历史POI数据。此外，与现场人群交流，通过非结构化访谈的形式，了解他们对华强北的认知水平。这样的现场调研可以提供更真实、全面的信息，帮助完善研究数据，并深入了解华强北地区的特点和发展历程。

（3）网页地名共现

地理信息检索（Geographical Information Retrieval，简称GIR）是在预定义的知识库支持下访问Web上的地理信息。通过分析互联网中的Web文档，可以追踪不同地名在文档中的共现频率，从而反映它们之间的相关性。本研究使用百度搜索引擎查询研究区域中每个POI的名称与"华强北"一词的共现结果，并利用Python编程自动记录共现次数，作为该POI与"华强北"这一区域之间的联系程度表征。

（4）DBSCAN聚类算法

DBSCAN 算法是一种基于密度的噪声应用空间聚类方法（Density-Based Spatial Clustering of Applications with Noise，简称DBSCAN）。通过设定半径和半径范围中的最小点数进行聚类，从而获得华强北附近的共现聚类簇，以更好地划定华强北的模糊边界。为了确定适宜的半径，本次研究引入了轮廓系数（Silhouette Coefficient）评估聚类效果好坏的指标，将具有最高轮廓系数的半径作为聚类的最佳半径。

（5）模糊隶属度与模糊边界划定

本次研究使用核密度估计值建立模糊集合（Fuzzy Sets），通过隶属函数（Membership Function）变换，使用介于0和1之间的数值来表示其模糊隶属程度（即隶属度）。根据不同隶属度的等值线，区分不同的模糊边界。具有较高隶属度的等值线所围成的区域可以视为认同度较高的核心区域，而隶属度较低的区域则可能是非场所区域。通过以上方法可以划定华强北的多重模糊边界。

2. 技术路线及关键技术

本项目研究技术流程由数据采集、数据预处理、数据分析、总结四个部分组成（图2-1）。

（1）数据采集：利用Python连接高德地图API获得2012年、2014年、2016年、2018年和2020年共5年的POI数据，再结合现场调研对POI的地理空间位置、功能属性类别进行实地校验。

（2）数据预处理：主要包含三个部分：一是缩小研究范围，找出华强北附近与其联系紧密的POI，形成初步研究范围；二是

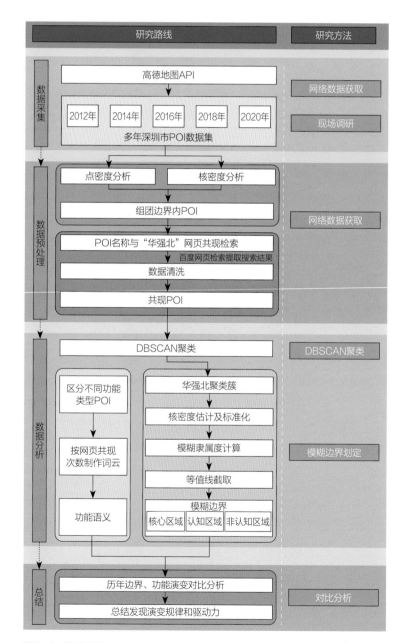

图2-1　技术路线

将研究范围内所有的POI名称与"华强北"一词进行百度信息检索，通过Python爬取检索结果数量；三是通过DBSCAN聚类方法获得在华强北商圈附近的华强北簇团。

（3）数据分析：模糊边界的划定过程是首先进行核密度计算，以归一化后的核密度变换为模糊集合。根据不同的等值线截取不同模糊截集，不同模糊截集所形成的区域则是模糊边界。

（4）总结：通过时间维度、不同功能语义等多方面对比，探寻华强北这一标志性商圈的演变规律和影响因素。

三、数据说明

1. 数据内容及类型

（1）数据内容

①深圳POI数据

本次研究主要选取华强北发展进程中的重要事件节点，即封街前的2012年和封街后的2014年、开街前的2016年和开街后的2018年、受疫情影响后的2020年，共5个时间段的POI数据。

字段：主要包含4个重要的字段，分别是POI名称、多级类别类型、POI所在地址、XY坐标。

②百度共现搜索结果

采用百度搜索引擎共现查询"华强北""POI名称"，每一个搜索结果页面包含找到多少华强北商圈和POI名称的网页信息，即结果页面显示"找到XX个结果"。由于POI名称会随着时间的推移而发生变化，因此POI数据处理也采用对应年限POI以及对应搜索年限进行共现检索。如图3-1所示。

图3-1　词频共现检索示意图

（2）获取方法

POI数据：高德地图开放平台提供了API接口，通过申请API key可以获取POI数据。

共现搜索结果：利用Python在百度搜索引擎自动检索并储存共现检索结果。

2. 数据预处理技术与成果

（1）POI选取

利用点密度、核密度方法分析深圳市POI，找出华强北附近与其联系紧密的POI，形成POI初步筛选的范围。如图3-2、图3-3所示。

（2）POI与"华强北"词频共现处理

在获取共现结果后进行数据清洗，以免造成对结果的不利影响。

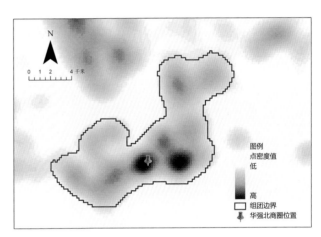

图3-2　深圳市POI点密度分析图

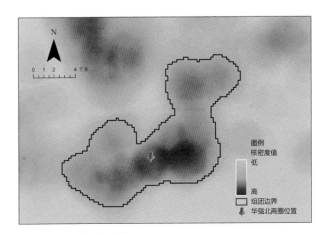

图3-3　深圳市POI核密度分析图

1）词频共现结果数据清洗

①除去搜索结果为0的POI

搜索结果为0说明该POI与"华强北"在该年或者网络关注度上不存在联系。

②区县级以上地名

区县级以上地名由于级别较高，会与"华强北"一词重叠多次。

③部分指代不明的POI

交通服务中包含了没有具体名称的"停车场""地铁站""地下通道"以及"室内设施""政府机构"等指代不明的POI。这些名称也会导致搜索结果异常从而影响结果。

④异常数据清洗

异常数据主要指名称空白、名称不完整或名称模糊等名称异常现象的POI。这类POI会导致搜索结果异常，也无法表达有效信息。

2）清洗结果展示

清洗得到2012年、2014年、2016年、2018年和2020年共现POI个数分别为172个、194个、680个、1106个和708个。结果如图3-4所示。

四、模型算法

1. 模型算法相关支撑技术

（1）软件选择——ArcGIS

本研究主要用到的软件为ArcGIS，它是一个全面的系统，可用其来收集、组织、管理、分析、交流和发布地理信息。基于此软件丰富的功能，本研究主要运用此软件进行核密度估算与模型隶属度的计算。

（2）开发语言——Python

本研究主要运用的开发语言为Python，主要运用的内容有：

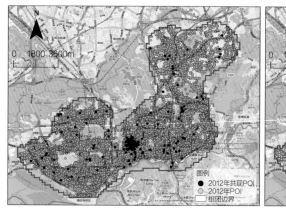

（a）2012年共现POI分布图

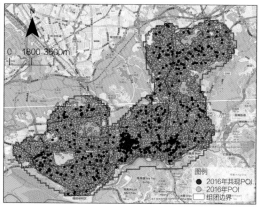

（c）2016年共现POI分布图

（b）2014年共现POI分布图

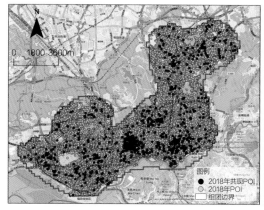

（d）2018年共现POI分布图

（e）2020年共现POI分布图

图3-4　历年共现POI清洗结果图

一是通过百度搜索引擎获取"华强北"一词与POI名称的共现检索个数；二是DBSCAN聚类分析；三是模型隶属度的计算。

（3）DBSCAN聚类

本研究的DBSCAN算法通过Python中的SciKit-Learn库实现，主要涉及两个参数：邻域半径Eps；在邻域半径内的最少点数MinPts。

（4）核密度估计

核密度估计是一种计算估计概率的方法。本次研究通过使用Arcgis软件中的核函数，其核密度估计的公式如下：

$$Density = \frac{1}{n(radius)^2} \sum_{i=1}^{n} \left[\frac{3}{n} \times pop_i \left(1 - \left(\frac{dist_i}{radius} \right)^2 \right)^2 \right] \quad (4-1)$$

For $dist_i < radius$

式中：

$i=1$，$\cdots$，n，是POI点集。如果它们位于（x，y）位置的半径距离内，则仅包括总和中的点。

pop_i是i点的population字段值，它是一个可选参数。

$dist_i$是点i和（x，y）位置之间的距离。

（5）模糊隶属度计算

模糊隶属度代表了该模糊集的隶属程度，为定义核密度值所对应的隶属程度，将核密度值进行模糊函数计算。本研究中此算法通过Arcgis软件结合Python实现，以归一化后的核密度值作为自变量x，定义数据的散度为f_1，散度决定了模糊隶属度的值从1向0下降的快慢程度；隶属度中间值为f_2。由于核密度估计值与模糊隶属呈正比，因此使用Fuzzy Large函数，该函数认为输入值越大则隶属程度越高，其计算公式如下：

$$\mu(x) = \frac{1}{a + \left(\dfrac{x}{f_2} \right)^{-f_1}} \quad (4-2)$$

式中：$\mu(x)$为模糊隶属度，x为归一化后的核密度，f_1为散度，f_2为中点。

（6）模糊边界划定

模糊边界只是近似精确的边界，整个模糊性区域更可能位于这些界限之间。根据以往的研究，前50%的隶属度可以被认为

属于该模糊集，前10%的隶属度可以被认为属于该模糊集的核心部分。因此用0.5和0.9两个等值线进行截取，该等值线所围成的区域称为模糊截集μ。当$\mu>0.9$，可认为是公众认知程度较高的场所核心区域；当$\mu\geqslant0.5$，则可认为是认知范围的内部区域；当$\mu<0.5$，则可被认为是非认知范围区域。

2. 模型算法流程

（1）聚类预处理后的POI数据

①提取经过预处理后的研究区域范围中POI；

②设定MinPts为2（本研究认为两个以上POI空间点即可产生联系）；

③根据最佳轮廓系数获取最优Eps值，如图4-1所示；

④将最优Eps值代入后获取聚类簇结果，其中绿色为华强北的聚类簇，如图4-2所示。

（2）归一化所得聚类簇

①将聚类后华强北共现POI簇代入半径计算，得到相应半径为125m；

②将半径代入式（4-1）中进行核密度估计，归一化后结果如图4-3所示。

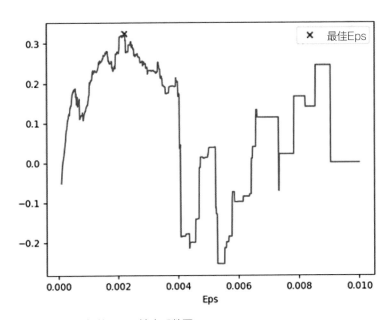

图4-1　2018年共现POI轮廓系数图

（3）计算模糊隶属度

①获取除去0值后的归一化核密度，将其平均值设置为隶属度中间值 f_2；

②根据 f_2 观察不同 f_1 下的函数变化情况，如图4-4所示。

（4）划定模糊边界

①设置等值线为0.9与0.5；

②根据相应的等值线所划定的模糊截集得到认知边界，如图4-5所示。

五、实践案例

1. 模型应用实证及结果解读

（1）实践案例

华强北商业区是位于广东省深圳市福田区的一个重要商业区域，成立于1988年（图5-1）。其前身是一个以生产电子、通讯、电器产品为主的工业区域。如今，华强北已发展成为一个商业设施集中、涵盖多种行业的综合商业集合体，被誉为"中国电子第一街"。

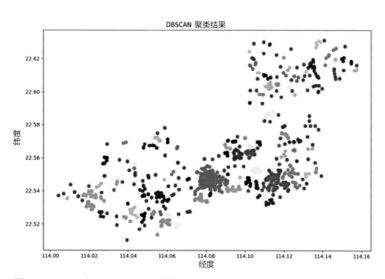

图4-2　2018年DBSCAN聚类结果图

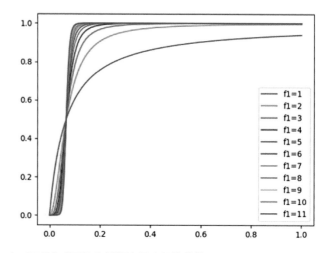

图4-4　2018年共现POI模糊隶属度函数曲线

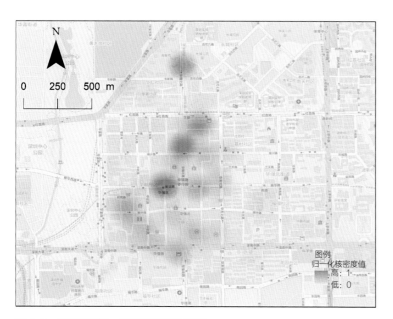

图4-3　2018年归一化后核密度估计图

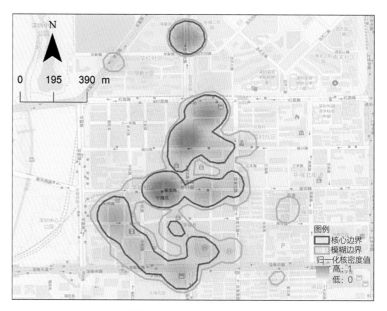

图4-5　2018年华强北模糊边界图

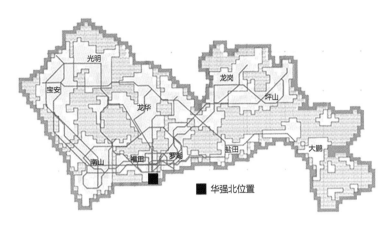

图5-1 华强北所在区位图
来源：来源于网络

本研究选择华强北作为研究区域的优势在于：

①华强北商业设施集中

华强北汇聚了多个行业的商业设施，包括电子、电器、通讯、服装、百货、金饰、银行证券等，为消费者提供了多样化的购物和服务体验。

②华强北是边界模糊的典型代表

华强北在现实中被赋予了多重涵义，有的人认为它仅仅是一条商业街，有的人认为它是一个创客中心，还有的人认为它是中国最大的电子市场。研究华强北的地理范围认知有助于深入探讨不同因素对其影响的情况。

③华强北对深圳的意义重大

华强北不仅在经济上地位突出，还是深圳市委、深圳市政协所在地，具有重要的政治意义。其对深圳的影响力十分显著，被誉为"中国电子第一街"，也被认定为"深圳特色文化街区"。华强北还是中国首个5G应用体验街区，展示了其在科技时尚文化方面的特色。

（2）实践案例研究——以2012年数据为例

①DBSCAN聚类

将研究区域的POI名称与"华强北"一词进行共现检索，其结果的空间分布情况如图5-2所示。

为将华强北街道附近的共现POI进行提取，采用DBSCAN聚类算法计算，并以轮廓系数来评价聚类结果的优劣，如图5-3所示。得到的结果如图5-4所示。

②核密度估计

核密度估计可以根据点集的密度和出现次数推断空间中每个位置属于该场所的概率密度，共现点集密度越高，则说明公众对于该位置属于该场所的认同度越高。在核密度估计的过程中可以发现，"带宽"对其影响较大，因此本次研究尝试多种不同带宽，如图5-5所示，以50m、100m、125m带宽进行测试，结果分别如图5-5中（a）、（b）、（c）所示。测试过程中发现，以50m、

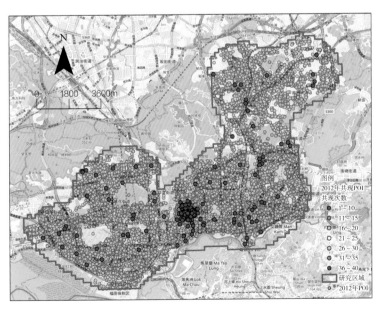

图5-2 2012年共现POI分布图

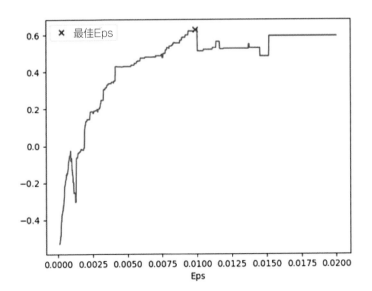

图5-3 轮廓系数评价结果

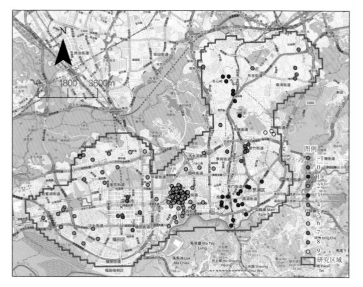

图5-4　DBSCAN聚类结果图

100m为带宽的结果过于离散，不能形成聚集区。以125m为带宽，既可以有聚集区显示，又不会因为带宽过大而丧失了多峰的特点。

③模糊隶属度计算和模糊边界划定

核密度估计用于判断某一位置属于该场所的可能性，而"属于"这一概念的范围是模糊的，因此可以使用模糊函数变换对核密度估计结果进行解释。本次研究采用Fuzzy Large函数对归一化后的核密度结果进行模糊隶属度计算，归一化后的核密度结果如图5-6所示。

根据模糊隶属度函数曲线（图4-4）选取合适的散度和中间值，进行模糊隶属度变换，最终得到模糊隶属度结果，如图5-7所示。

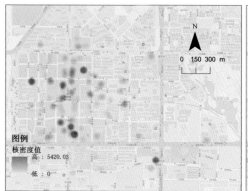
（a）带宽为50m的核密度估计结果

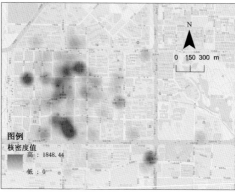
（b）带宽为100m的核密度估计结果

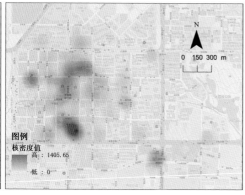
（c）带宽为125m的核密度估计结果

图5-5　核密度估计结果图

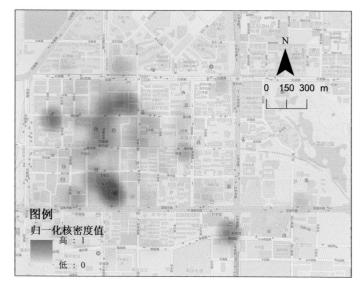

图5-6　2012年归一化后核密度图

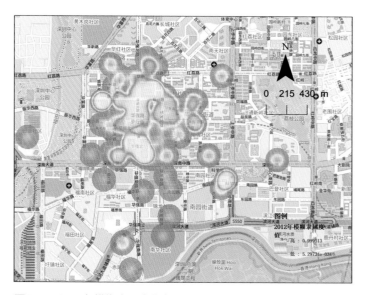

图5-7　2012年模糊隶属度分布图

在模糊隶属度基础上，定义模糊数据集中高于0.9的部分为认同度较高的核心区域，其所形成的边界则为核心边界；定义模糊数据集中高于或等于0.5的部分为认知场所的内部区域，所形成的边界为模糊边界；定义低于0.5的区域为认知边界以外的区域，如图5-8所示。

（3）结果解读

在形态分析中，2012年、2014年、2016年、2018年和2020年的模糊隶属集呈现出多峰形式，并且核心区域主要集中在华强路步行街，并向两侧扩散。除核心边界外，南园街道、振华路、华强北路和南燕路等地偶尔出现小规模的散点式模糊边界。历年结果如图5-9所示。

根据共现频率的不同，模糊边界在华强北主街两侧的扩散程度也有所变化。在2012年，模糊边界最西端延伸至振华路，最东端达到燕南路附近的家乐大厦。2014年的模糊边界呈现出向内缩

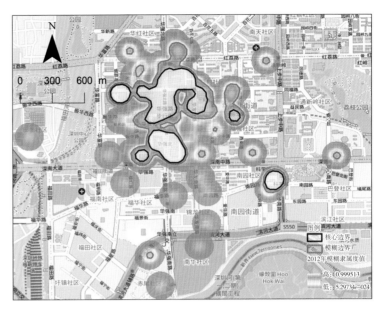

图5-8　2012年华强北模糊边界图

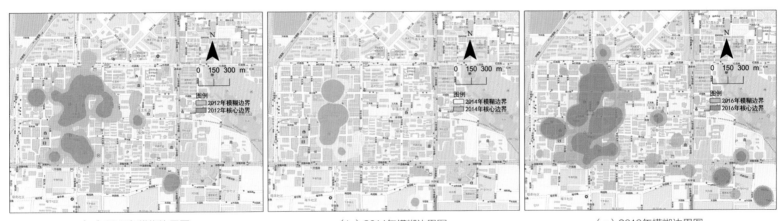

（a）2012年模糊边界图　　　　　　（b）2014年模糊边界图　　　　　　（c）2016年模糊边界图

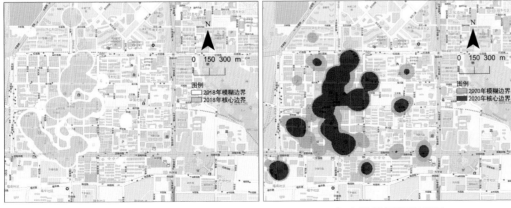

（d）2018年模糊边界图　　　　　　（e）2020年模糊边界图

图5-9　历年模糊边界图

减的趋势，西侧仅延伸至高科德电子市场，而东侧则到达振华手机城。2016年的模糊边界开始向两侧扩展，并超越了2012年的范围，西侧延伸至九方、中航等购物中心和写字楼，东侧达到华发北路。2018年的模糊边界呈现出多中心的分散形式，向南北两侧扩散，并在西南处形成了额外的核心区域。模糊边界最南端达到华强北地铁接驳站，最北端达到华强北路，东侧仍然最远延伸至中航中心，而西侧最远延伸至华强北路。

1）形态变化原因分析

通过对比历年的变化，我们探讨了导致华强北模糊边界变化的原因。

①2012年与2014年对比

对比2012年和2014年的情况（图5-10），可以观察到2014年的模糊边界内缩，更集中于华强北路步行街。同时，从数据量上也可以发现2014年的POI检索数量相较于2012年并没有显著增长。

进一步深入发现华强北在2013年开始进行地铁封路修建。这次地铁修建对华强北产生了重大影响，交通不便导致人流量大幅减少。封路限制了人们进出华强北的便利性，减少了人们对该区域的关注度和活动量，最终导致了模糊边界范围的内缩。

②2014年与2016年对比

对比2014年和2016年的情况（图5-11），可以观察到2016年的模糊边界已经覆盖了2014年的模糊边界，并且开始从单一组团演变为围绕华强北主街的多个组团。

2016年，经过三年多的封路，华强北路重新开街，并按照规划成为北至红荔路、南至深南中路的步行街。此时的模糊边界主要围绕着华强北主街分布。然而，由于之前的封路，华强广场、乐淘里等商业活动场所的人流量和搜索热度都有所减弱，无法形成核心的认知区域。此外，作为具有一定实体空间和范围的公共区域，单一位置点无法代表整体范围的热度空间，这也导致在华强北主街位置出现了多个核心边界的情况。

同时，2016年中航九方购物中心开业，这是深圳第一个LOVE主题体验式购物中心。开业带来的共现频率中，"九方"一词与"华强北"共现的次数高达62次，这也导致在九方购物中心附近形成了局部的核心边界。此外，2016年也是华为、三星等品牌的火热时期，因此距离华强北不远的品牌店铺也形成了局部的模糊边界。

③2016年与2018年对比

对比2016年和2018年的情况（图5-12），这两年边界位置上相似，都是西至九方购物中心，南至深南中路，北至红荔路，东至华发北路。然而，两者之间的不同之处在于2018年的认知边界组团形式更为分散，不再沿着华强北主街的南北向轴线聚集，而是形成了多个南北向的组团，例如沿振华路形成的振华路组团。

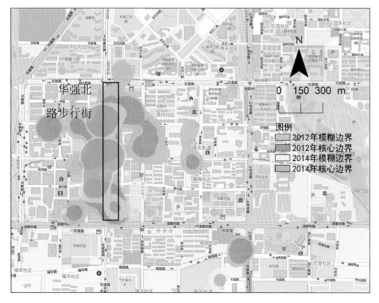

图5-10　2012年与2014年模糊边界对比图

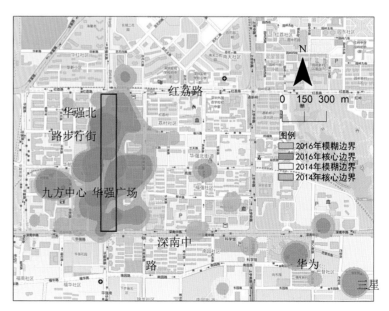

图5-11　2014年与2016年模糊边界对比图

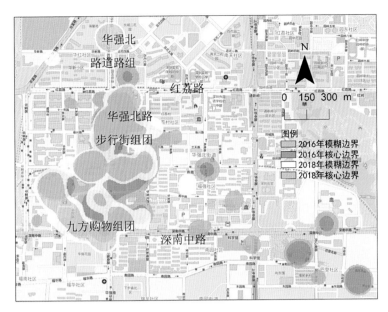

图5-12　2016年与2018年模糊边界对比图

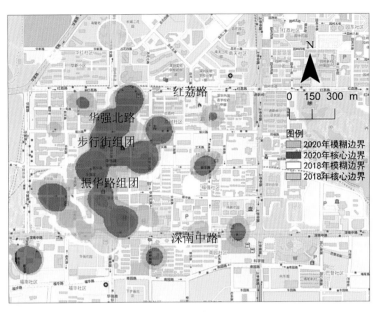

图5-13　2018年与2020年模糊边界对比图

在2017年，华强北开始转型成为一个以"美妆"为主的商业区，许多数码广场和配件城开始转变为销售美妆产品。这一转型使得2016年曾出现的三星、华为等小组团的边界消失。受到美妆产品热度的影响，九方购物中心和华强北地铁站周围形成了九方购物组团。而华强北路步行街组团仍以华强北主街为骨架向两侧扩张。另外，华强北地区还形成了一些小的组团，可能是由于华强北路新增了北部的道路名POI所引起的。

2018年的模糊边界呈现出更为分散的组团形式，不再沿着华强北主街南北向轴线聚集。这种变化可能与华强北转型成为美妆商业区以及道路名POI的新增有关。

④2018年与2020年对比

对比2018年和2020年的情况（图5-13），发现者两年边界位置上基本相似，且2020年的模糊边界基本被2018年的模糊边界所覆盖。然而，两者之间的不同之处在于2020年的边界形式更加趋于整体化，九方购物中心组团内缩，但在这个阶段华强北周边出现了许多新的点状核心。

2019年末受到新冠疫情的影响，华强北为了重新激活市场活力，在主街上推出了户外帐篷交易，导致人们对这一阶段华强北的认知又重新趋于以主街为核心的整体。与此同时，2018年以中航九方购物中心为核心的九方购物组团，由于九方购物中心被天虹股份收购，减少了人们对这一区域的认知程度，导致九方购物

组团的内缩。另外，华强北周边出现了一些以地铁站点为中心的点状核心，为华强北的未来发展积蓄力量。

2）功能语义

根据每年共现POI的功能类型和共现次数进行统计，并制作相应的词云，可以帮助了解华强北商圈每年的功能语义变化。随着年份增长，功能数量不断增加且变得多样化，共现POI的数量增加，涵盖内容也变得更加复杂。对比不同年份的词云，可以观察到一些趋势：

2012年［图5-14（a）］功能语义主要集中在商务办公和数码电子领域，符合华强北电子市场的定位。

2014年［图5-14（b）］功能语义侧重于数码电子和手机销售等可以通过网络或其他非实体途径进行销售的功能，而需要实体办公的商务功能可能受到封街限制而导致楼层空置、功能弱化。

2016年［图5-14（c）］，随着重新开街和创客中心的开放，华强北成为了一个"创客圣地"，商务、购物等多种商业功能得到发展。新建地铁站也为商圈增添了新功能。

2018年［图5-14（d）］，地铁成为华强北主要的交通方式之一，商务办公和购物中心等功能依然是主要的功能语义。此时，美妆行业在商圈辉煌发展，商务写字楼、公司企业等商业相关功能也成为主要特征。

2020年［图5-14（e）］的功能语义中，各项功能都趋向于均

（a）2012年功能语义词云

（b）2014年功能语义词云

（c）2016年功能语义词云

（d）2018年功能语义词云

（e）2020年功能语义词云

图5-14　历年功能语义图

势，整体处于一种相对稳定的状态（即未发现某一突出功能）。猜测是疫情让各类功能受到了抑制。

（4）研究结论

1）形态分析

华强北商圈的模糊边界呈现出"多峰"的形式，主要核心位于主街附近，而南园街道等地偶尔出现小规模散点式模糊边界。模糊边界的变化先以"南—北"方向的华强北主街为主轴向两侧扩散，多峰变大变多又趋于面状向四周发展。

2）时空演化规律结合功能语义

①2012 ~ 2014年

地铁封路修建导致2014年模糊边界内缩。此时商务功能逐渐消弱，数码电子等功能占主导地位。

②2014 ~ 2018年

商业活动和地铁站建设让商圈逐步扩张，模糊边界由"双核辐射"模式转变为"多核多组团"模式。商业、交通以及地铁站的搜索量居高不下。

③2018 ~ 2020年

2019年疫情影响下，商圈推出户外帐篷交易，认知重心再次回到主街为核心。整体功能趋向均势，处于相对稳定状态。

华强北商圈的模糊边界变化和功能语义与现实情况密切相关。外界因素，如封街、商业活动、地铁站建设等，对认知边界产生重要影响。网络搜索热度的变化可以作为指标，反映人们对商圈的关注度和认知范围变化，揭示商圈发展的趋势和潜在机会。在发展类似标志性商圈时，应重点考虑发展路径和政策对人们认知的影响评估，同时关注周围区域的变化情况，以制定更有效的发展策略。

3）驱动因素

空间生产理论的观点指出，空间是政治经济的产物。华强北发生的大事件往往只是直接影响模糊边界变化的表象。

我们通过递推反演大事件，发现在2012年深圳建设国家自主创新示范区背景下，华强北吸引全球创新资本，尝试向创新空间发展。为吸引国际资本，华强北与政府合作提升空间品质，导致2012 ~ 2018年的步行街封街改造、地铁站建设和创客中心入驻等事件，使得华强北经历了短暂收缩和持续扩张。

另一方面，深圳市推进"强区放权"改革，使得福田区政府更关注华强北这一城市更新重点片区，提出将其打造成"全球智能终端创新中心"。资本的集聚与政策的引导推动华强北从消费空间向创新空间转型升级，使其成为"创客圣地"，其中"商务办公"超越"电子市场"成为重要功能之一。

2019年末的新冠疫情对市场经济产生阻碍。在市场经济的驱使下，华强北创新推出了主街户外帐篷交易，华强、都会等市场出台相关减免措施刺激经济增长。此阶段的模糊边界和功能语义回归保守，模糊边界重新聚焦主街发展，功能语义呈现稳定的均势状态。

总的来说，华强北商圈模糊边界的变化与政治经济需求密切相关。政策、资本集聚以及市场经济的发展推动了华强北商圈的发展和转型。在发展类似标志性商圈时，需要深入挖掘政治经济动力，以制定更有效的发展策略，实现商圈的可持续发展。

六、研究总结

1. 模型设计的特点

（1）研究方法创新

目前的研究采用较多的方法主要有指标计算、遥感解译等，虽然数据处理过程操作简便，但是由于数据的实效性较低等原因，所得结论准确性往往不高。本研究借鉴已有的方法模型，从数据挖掘的角度对华强北商圈的多重边界和内部功能特征进行识别与分析。

（2）研究数据创新

大数据时代的到来，使对个人和机构的空间认知外化成为可能，对城市实体边界和模糊边界的准确界定提供了支持。研究数据使用深圳POI多年数据，将"POI名称"与"华强北"通过搜索引擎进行共现检索，将共现个数结果作为研究数据。

（3）时间维度创新

本研究不仅仅探究现在华强北商圈的模糊边界，同时考虑华强北的发展历程，选取华强北发展进程中的重要事件节点，即封街、开街和疫情三个重大时间点前后进行研究，探究其多重边界的历年动态变化特征。

（4）研究内容创新

国内外城市地理学研究中对城市边界的相关研究较为丰富，但目前对于商圈的认知边界的研究较少，本研究以深圳市典型场所代表华强北作为研究对象，在商圈维度对认知边界进行研究。

2. 应用方向或应用前景

（1）结论应用前景

在华强北的实证研究得到华强北的模糊边界及其业态变化，有助于理解华强北的发展历程，可以为商圈的高质量发展提供决策支持。

①为商圈未来发展提供指标性的依据

模糊边界的演化情况代表着华强北商圈的社会经济发展情况，因此也是华强北发展水平的表征，能够为其未来的发展提供指标性的依据。

②了解经济政策与城市标志性商圈影响机制

通过对华强北商圈的空间演化过程进行了解，可以揭示经济政策对城市标志性商圈的影响机制，为城市进一步健康快速发展提供经验和指导。

（2）模型应用前景

本研究所提出的模型方法可以广泛应用于需要对群体空间认知进行外化，并从中提取参照地理信息的场景。

①提高城市规划决策的科学性：模糊边界模型可以帮助了解城市实际的发展水平、规模结构、活动特点等信息，从而做出合理的城市发展预测，提升规划决策的科学性。

②优化城市功能区开发建设：认知功能区的边界范围有助于把握城市不同区域的功能，发现未充分开发利用但具有良好发展前景和潜在经济价值的地区，优化城市功能区的开发建设。

③提升人居环境质量：通过识别认知边界，了解各个区域的范围，进而完善基础设施建设需求，改善和升级基础设施，提高人居环境质量。

参考文献

［1］ JONES C B, PURVES R S, CLOUGH P D, et al. Modelling vague places with knowledge from the web［J］. International Journal of Geographical Information Science，2008，22（10）：1045-1065.

［2］ AITKEN S C, PROSSER R. Residents' spatial knowledge of neighborhood continuity and form［J］. Geographical Analysis，2010，22（4）：301-325.

［3］ Montello D R, Goodchild M F, Gottsegen J, et al.

Where's downtown?: Behavioral methods for determining referents of vague spatial queries [J]. Spatial Cognition and Computation, 2003, 3（2）: 185-204.

［4］刘瑜，袁一泓，张毅. 基于认知的模糊地理要素建模——以中关村为例［J］. 遥感学报，2008（2）: 370-377.

［5］余丽，陆锋，张恒才. 网络文本蕴涵地理信息抽取: 研究进展与展望［J］. 地球信息科学学报，2015，17（2）: 127-134.

［6］LIVIA H, ROSS P. Exploring place through user-generated content: Using Flickr to describe city cores [J]. Journal of Spatial Information Science, 2010, 1（1）: 21-48.

［7］Li L, Goodchild M F. Constructing places from spatial footprints [C]. GEOCROWD'12, CA, USA, 2012.

［8］VöGELE T, SCHLIEDER C, VISSER U. Intuitive modelling of place name regions for spatial information retrieval [C]. Spatial Information Theory. Foundations of Geographic

Information Science. Berlin, Heidelberg, 2003.

［9］ALANI H, JONES C B, TUDHOPE D. Voronoi-based region approximation for geographical information retrieval with gazetteers [J]. International Journal of Geographical Information Science, 2001, 15（4）: 287-306.

［10］LIU K, QIU P, GAO S, et al. Investigating urban metro stations as cognitive places in cities using points of interest [J]. Cities, 2020, 97（2）: 102561.

［11］GAO Y, LU Y, LIU Y, et al. Analyzing relatedness by Toponym Co-Occurrences on web pages [J]. Transactions in GIS, 2014, 18（1）, 89-107.

［12］王圣音，刘瑜，陈泽东，等. 大众点评数据下的城市场所范围感知方法［J］. 测绘学报，2018，47（8）: 1105-1113.

［13］亨利·列斐伏尔. 空间的生产［M］. 北京: 商务印书馆，2021.

基于主客观双视角的社区建成环境对居民出行范围的影响测度

工 作 单 位：武汉大学城市设计学院

报 名 主 题：面向高质量发展的城市治理

研 究 议 题：城市行为空间与社区生活圈优化

技术关键词：时空行为分析、城市系统仿真、机器学习、社区、生活圈

参 赛 人：肖苗苗，尚成，黄世彪，杨芸紫，马媛圆，赵灿，徐嘉欣，何启丹

指 导 老 师：焦洪赞

参赛人简介：武汉大学城市设计学院副教授、武汉大学数字城市研究中心数字与智慧城市研究所副所长、武汉大学城市设计学院实
验中心主任，研究方向为城市土地利用与交通、城市微空间感知与优化、面向韧性的城市时空动态全息感知、城市居
民出行活动时空间特征分析等。肖苗苗，武汉大学城市设计学院研究生，负责基于手机信令数据的社区生活圈居民出行
活动分析、评价指数构建等工作。尚成，武汉大学城市设计学院研究生，主要参与了建成环境提取和回归模型构建。黄
世彪，武汉大学城市设计学院研究生，负责前期手机信令数据处理等工作。马媛圆，武汉大学城市设计学院研究生，负
责街景图像数据处理等工作。目前，基于手机信令数据与POI数据的社区生活圈居民出行活动识别相关研究内容已经于
2022年11月见刊 *ISPRS International Journal of Geo-Information*，文章标题为 *Delineating Urban Community Life
Circles for Large Chinese Cities Based on Mobile Phone Data and POI Data—The Case of Wuhan*。

一、研究问题

1. 研究背景及目的意义

随着我国社会经济的快速发展，城市发展的核心目标转变为
城市高质量发展与居民生活品质的提升，社区规划的视角逐渐从
"以地为本"转向"以人为本"，更加关注居民在社区中的日常
行为活动与多元需求。生活圈起源于日本，并在韩国等人口数量
多，且城市建设密度大的国家应用广泛，我国社区生活圈规划的
核心目标是实现公共服务设施的均衡、精准配置，满足居民日益
增长的、多元化的需求，为进一步把握居民出行特征与公共设施
的配置情况提供了重要方向。

科学、准确地划定社区生活圈的空间范围，是实现生活圈规
划目标、保障后续规划与治理工作顺利实施的前提。传统的社区
生活圈划定方法主要有以下三种：基于固定的边界，如行政边界
等；基于固定的出行距离，如基于拓扑路网的1000m范围等；基
于问卷调查与居民出行GPS数据。以固定的边界或者出行距离来
确定社区生活圈的方法往往忽略了居民日常生活中的实际需求
与周边建成环境的影响。而基于问卷调查与GPS数据确定社区生
活圈的方法可以弥补这一不足，但由于其开展所需的高成本而难
以推广。同时，随着理论研究与大数据支撑下的新时期规划实践的
不断推进，以往粗暴的社区生活圈划定方法也逐渐暴露出一些现
实问题，构建一套定量、经济、高效地考虑居民日常出行活动实际
需求的社区生活圈边界划定方法成为社区生活圈研究的核心议题。

《社区生活圈规划技术指南》TD/T 1062—2021 指出社区生

活圈的空间布局应该"适应居民出行规律，减少日常生活出行距离"。然而，生活圈规划应该适应哪些出行规律和减少多少出行问题等仍缺乏答案。"定住"理念的提出为15分钟生活圈的规划提供了新思路。"定住"概念来源于日本《第三次全国综合开发计划》中提出的"定住圈"规划，其与后续相关理念的核心目标是希望"城市生活单元"应具备一定的自足能力和吸引力，从而满足于吸引居民的大部分日常生活需求，减少额外的出行成本。如何科学测度社区生活圈将居民日常出行"定住"在一定空间范围内的定居比例，为新时期社区生活圈规划开辟了新的探索路径。

社区生活圈是居民日常生活最基本的空间单元，其建成环境作为典型的空间接触机会，对居民出行活动范围具有重要影响，应当满足居民日常生活的主观与客观需求。然而，相关实证研究还处于探索阶段，过去的社区研究多关注生活圈物质层面的建成环境特征如何影响居民日常活动、如何通过改变建成环境引导居民社区内出行，缺少从居民心理感知视角的建成环境主观感知要素评估。如何结合主观和客观两种视角来确定建成环境是否显著影响居民出行行为以及影响程度，是优化建成环境条件和实现社区生活圈吸引力和自足能力提升的关键。

综上所述，当前对社区生活圈的划定方法及影响生活圈"定住"能力因素的探讨较少，且存在划定方法简单、未考虑心理感知要素等缺陷。本研究认为有必要开展结合基于居民日常出行活动行为特征的生活圈划定与主客观双视角下的建成环境影响机制研究。本研究致力于在理论层面上为促进构建完善社区生活圈测度体系，探索主客观双视角生活圈研究奠定基础；实践层面上为合理研判社区生活圈发展现状、精准测度生活圈发展需求提供新思路；现实层面为进一步促进公共设施的均衡配置，提升居民生活便利度和幸福感开拓新的实施路径。

2. 研究目标及拟解决的问题

本研究希望依靠模型分析，回答以下三个问题：

（1）如何高效、经济地识别社区生活圈视角下居民日常出行活动范围？

本研究基于手机信令数据和POI数据，结合居民出行记录和社会活动过程两方面来测度社区生活圈居民日常出行活动范围。

（2）如何定量测度居民日常行为发生在居住空间范围内的比例？

本研究在15分钟生活圈居民日常出行活动识别的基础上，借鉴"定住""自足"理论内涵，提出"社区内部活动率"指标，从而实现社区生活圈出行吸引力和自足能力的量化测度。

（3）如何确定建成环境是否显著影响居民出行行为以及影响程度？

本研究从主客观视角出发，引入客观建成环境要素及人对建成环境的主观感知要素，来深入剖析建成环境对居民出行活动的影响机制，希望为社区生活圈的建成环境优化提供更为精准的政策建议，进一步通过建成环境的优化实现生活圈吸引力和自足能力的提升。

二、研究方法

1. 研究方法及理论依据

（1）基于手机信令数据和POI数据的社区生活圈居民出行范围识别

1975年，活动分析法提出了活动出行系统，强调将居民活动与出行行为作为整体考虑，弥补了传统行为研究中活动与出行割裂的不足。本研究中，我们可以通过手机信令数据提取居民的日常出行数据，可以通过POI数据获取精细的居民活动目的地，并基于开放地图的API接口，可以获取精细的15分钟生活圈范围内居民的日常出行活动范围。

（2）卷积神经网络模型的主观感知评价要素提取

城市感知，即居民对城市视觉环境的心理感受，为理解城市环境与公共心理相互作用的方式提供了重要基础。借助卷积神经网络模型，可以提取居民对于整体建成环境条件的主观感知评价要素，将其与建成环境要素进一步结合，建立综合的评价体系，从两个视角考虑其对居民日常出行活动的影响。

（3）基于非线性回归模型

线性模型反映的显著问题和影响关系很难真实描述建成环境对于居民日常出行的复杂影响机制。基于机器学习的非线性模型，打破了以往计量模型中自变量和因变量间先验的线性假设，通过估算自变量与因变量之间非线性关系和阈值效应，可以得到精细的影响机制分析结果，也可以得到定量的变化阈值。

2. 技术路线及关键技术

如图2-1所示，本研究的技术路线主要包括三个部分：（1）基于15分钟社区生活圈居民日常出行活动范围识别，包括居民出行OD（Origin-Destination Analysis，简称OD）网络建立和基于高德API（Application Programming Interface，简称API）路径规划的居民出行活动范围提取；（2）15分钟社区生活圈范围要素特征提取，包括社区内部活动率的构建和计算，以及主客观双视角相结合的人居环境要素量化；（3）基于CatBoost算法探究社区内部活动率和人居环境要素的非线性相关关系。

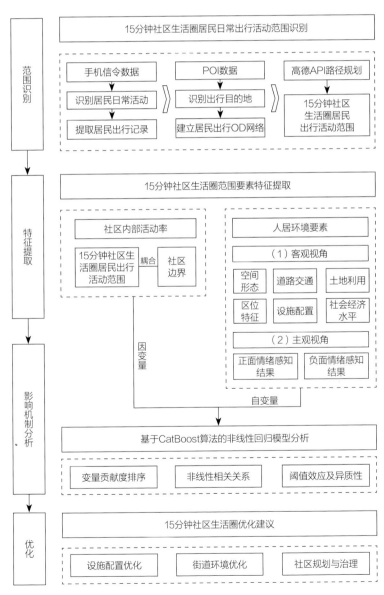

图2-1 研究技术路线

三、数据说明

1. 数据内容及类型

使用的数据包括手机信令数据、兴趣点数据、街景图片数据和其他数据。

（1）手机信令数据

本研究使用的手机信令数据由中国联通智慧足迹Daas（Dataset as a service，数据即服务）能力开发平台提供支持，包括2019年6月在武汉市范围内出现的所有中国联通用户，共计7648899条记录，精度为250m×250m。上述数据是匿名信令数据，不涉及个人信息，服务本研究的居民日常真实出行记录提取与日常出行活动范围识别。

（2）POI数据

为提取建成环境的特征，本研究设计了网络爬虫程序，抓取了2019年武汉市高德地图POI数据（https://lbs.amap.com）。POI数据涵盖了33个类别，包括生活服务、商务住宅、金融和保险服务、科教文化服务、餐饮服务、购物服务等，通过该数据某些类别的筛选、分析和提取可以从一定程度上反映居民出行的目的地与研究范围内的建成环境特征。

（3）街景图片数据

本研究使用的街景图片来源于百度地图。通过百度地图API在每个点位置访问和检索街景图像，获取特定位置的街景图像（http://quanjing.baidu.com/apipickup/）。研究区域内最终共确定采样点186274个，最终共采集到图像分辨率为1024×512的图片共745096张。本研究使用的街景图片数据用于街道空间的整体感知结果和环境感知因子构建。

（4）其他数据

本研究使用的其他数据包括武汉市都市发展区的社区边界GIS数据、2019年路网GIS数据和房价数据（包括二手房和小区房价）。路网数据来源于BIGEMAP地图下载软件，房价数据爬取于安居客网站（https://wuhan.anjuke.com/），主要对研究范围内的建成环境进行补充分析。

2. 数据预处理技术与成果

基于传统的卷积神经网络（Convolutional Neural Networks，简称CNN）模型在图像分类方面良好的表现，很多学者已证实了

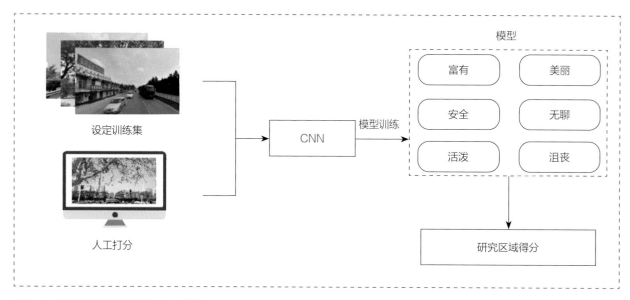

图3-1　用于街景图片识别的CNN模型

基于CNN模型和街景数据在城市感知研究中的有效性。本文使用Wang等人提出的端到端的CNN模型，通过输入街景图像，模型可以提取图像的拓扑特征并预测对城市物理环境感知得分。已有研究中，将人类对物理环境的感知分为6种类型，即美丽、无聊、沮丧、活泼、安全和富有。Yao等人在全球数据集的基础上，建立了中国独特的城市感知数据集，更好地支持中国大陆城市和地区的感知研究。使用已构建的武汉感知数据集作为训练的样本，其中80%的数据用于训练，20%的数据用于测试。6种感知模型的训练精度Pearson R均大于0.9，具有良好的感知效果。

通过使用CNN模型以及已构建的武汉感知数据集，对研究范围内的街景图片的6种感知类型（美丽、无聊、沮丧、活泼、安全和富有）打分（图3-1），最终获取研究范围内街道各采样点的感知结果。

四、模型算法

1. 模型算法流程及相关数学公式

（1）15分钟社区生活圈居民出行活动范围识别算法

居民出行活动范围识别算法的原理如图4-1所示：

①获取居民日常活动出行记录

依据社区生活圈的概念，识别居民从居住地出发到达非工作地的出行记录，为了保证数据分析的科学性和准确性，提取一个月内出行4次以及上的出行记录作为有效出行记录。

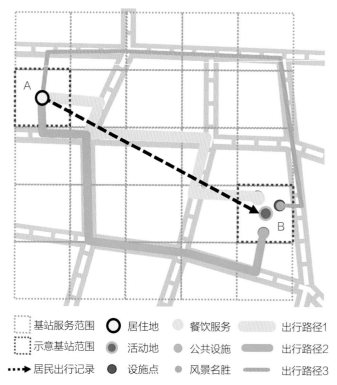

图4-1　15分钟社区生活圈居民出行活动范围识别算法图

②建立居民出行OD关系矩阵

居民前往某一网格范围内的活动往往是为了使用其内部的设施，结合POI数据，将居民出行的目的地从活动网格精细化为网格内部的POI设施，建立有向的OD矩阵。

③分配出行频数

选取日常生活中有可能用到的POI设施，对其进行重新分类，并考虑居民日常使用设施的频率不同，对其赋予3、2、1的分级权重，同时考虑到不同社会经济水平社区内部居民出行的行为偏好问题，本模型建议根据实际情况对权重体系进行矫正，本研究根据专家打分，得到了此次研究的基础校正系数，如表4-1、表4-2所示。

权重分配表			表4-1
使用频率等级	高频	中频	低频
权重分配	3	2	1

POI设施权重及校正系数表		表4-2
一级分类	权重	校正系数
餐饮服务	3	0.136364
风景名胜	1	0.045455
公共设施	2	0.090909
购物服务	3	0.136364
交通设施服务	2	0.090909
金融保险服务	1	0.045455
科教文化服务	2	0.090909
生活服务	3	0.136364
体育休闲服务	2	0.090909
医疗服务	2	0.090909
住宿服务	1	0.045455

依据POI权重体系，将居民在网格之间的出行总频数分配至每类设施，从而得到OD矩阵的出行频数，计算公式如式（4-1）所示：

$$F_{L_i} = OD_{AB} \times \frac{W_i}{\sum_{i=1}^{n} W_i} \qquad (4\text{-}1)$$

式中，F_{L_i}为每条路径的权重，OD_{AB}为从A网格到B网格之间总的出行频率，W_i为每类POI的权重。

④获取出行轨迹

使用高德API平台的路径规划功能来识别居民具体的出行轨迹，从而实现居民出行OD基于路网的空间可视化。

（2）社区生活圈内部活动指数

本研究使用15分钟社区生活圈内，社区边界范围内部的居民日常出行活动占比，即内部活动指数来定量测度15分钟生活圈自足能力和吸引力，其原理如图4-2所示。

其公式如下：

$$CLCIAI = \frac{\sum L1_i \cdot f_i}{\sum L_i \cdot f_i} \qquad (4\text{-}2)$$

式中，CLCIAI为社区生活圈内部活动指数，$\sum L1_i$为居民出行轨迹的总长度，f_i为居民在社区边界范围内出行的长度，为每条轨迹居民出行的频率。

（3）基于主客观双视角的人居环境要素评价体系

客观视角从城市物质空间环境特征出发，考虑了结合宏观区

⬜ 基站服务范围	⭕ 社区范围内居住地	▬ 出行路径L
⬚ 示意社区范围	⚫ 设施点	⬚ L1计算范围

图4-2　社区生活圈内部活动指数图

位形态、中观土地利用、微观交通与设施的建成环境特征，以及基于基础特征的经济水平特征。主观视角使用基于街景图像识别计算得到的城市积极情绪与消极情绪衡量居民对城市空间的主观感知要素（表4-3）。

人居环境要素评价体系表			表4-3
一级变量	二级变量	具体指标	单位
建成环境特征	空间形态	占地面积	m²
		建筑密度	%
		容积率	—
	道路交通	道路密度	m/m²
		公交站点密度	个/m²
		地铁站点密度	个/m²
	土地利用	土地利用混合度	个/m²
		土地利用密度	个/m²
	区位特征	距离最近行政中心距离	m
	日常生活服务设施	餐饮服务POI密度	个/m²
		生活服务POI密度	个/m²
		体育休闲POI密度	个/m²
		风景名胜POI密度	个/m²
		医疗服务设施POI密度	个/m²
		文化服务POI密度	个/m²
		金融服务POI密度	个/m²
		购物服务POI密度	个/m²
		公共服务设施POI密度	个/m²
社会经济水平	基础特征	总人口数量	人
		人口密度	人/m²
		60岁以上老年人口数量	人
		60岁以上老年人口密度	人/m²
	经济水平	社区房价总值	元
		社区房价均值	元/m²
情绪感知	消极情绪指标	—	—
	积极情绪指标	—	—

（4）非线性回归方法-CatBoost算法

CatBoost（Categorical Boosting）算法是改进的梯度提升决策树（Gradient Boosting Decision Tree，简称GBDT）模型，由俄罗斯搜索巨头Yandex于2017年4月开发，是一种基于对称决策树（Oblivious Trees）为基学习器实现的参数较少、支持类别型变量和高准确性的GBDT框架。

GBDT具有以下优势：①预测精度高，适合低维数据，能处理非线性数据，可以灵活处理各种类型的数据，包括连续值和离散值。②可以处理线性回归中无法应对的多重共线性问题，即可以相对准确地评估两个可能存在共线性的自变量对因变量的影响，因此本文选取此方法。同时，构建模型后，可以通过部分依赖关系图（Partial Dependency Plot，简称PDP）来对非线性关系进行定量刻画，还可以获取影响的阈值与对应区间范围，这为后续分析人居环境要素对于社区内部活动率的影响机制、确定社区人居环境要素的合理配置范围提供了定量支持。

2. 模型算法相关支撑技术

（1）ArcMap 10.7软件

美国环境系统研究所（Environment System Research Institute，简称ESRI）于1978年开发的GIS系统的桌面组件之一。在本研究中主要用于地理空间数据（如社区边界数据、建成环境相关变量和街道感知相关变量）的建库和分析。

（2）Python 3.8软件

作为主要的编程语言之一，Python软件在本研究中主要用于构造CNN模型和GBDT模型。前者用于构造基于机器学习的街景图片识别模型，后者用于构造基于机器学习的GBDT模型，其中，主要使用的Library包括Torch、Tensorflow、Sklearn、Catboost和Numpy等。

（3）Spss 24.0软件

社会科学统计软件包（Statistical Package for the Social Sciences，简称Spss）。在本研究中主要用于人居环境变量间的相关性分析和共线性检验。

五、实践案例

1. 实践区域介绍

中国湖北省武汉市，是湖北的省会城市，其不仅具有深厚的历史底蕴，同时经济发展水平较高，因此城市内部具有不同建成年代、不同建成环境特征的丰富的社区类型，具有较高研究价值。其中，三环内的城市发展带来了较高的成熟度和经济、文化等领域的快速发展。因此，将研究区域依据环线分为内环区、二环区、三环区，共包含940个社区（图5-1）。

2. 特征计算结果

（1）生活圈内部活动指数指标结果

根据社区内部活动指数计算公式，得出了每个社区单元的社区内部活动率指标，如图5-2所示。通过对指标结果的可视化，可以初步发现该指标在不同环线区域具有明显的空间异质性，因此我们认为需要在后续的回归分析中，针对不同区域分别构建回归模型。

（2）人居环境要素评价体系计算与相关性检验

我们对人居环境要素评价体系中26个要素进行了计算，得到了自变量的计算结果，在对自变量和因变量进行回归分析之前，进行了Pearson相关性分析，最终得到了15个和因变量具有显著相关性的自变量。

3. 影响机制分析

（1）OLS模型拟合结果

为了验证Catboost模型的优越性，先使用OLS对内环区、二环区和三环区，分开进行模型构建。

对于内环社区，OLS回归结果如表5-1所示，最终调整R²为0.355。

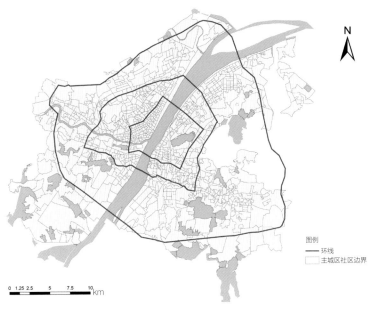

图5-1 研究区域示意图

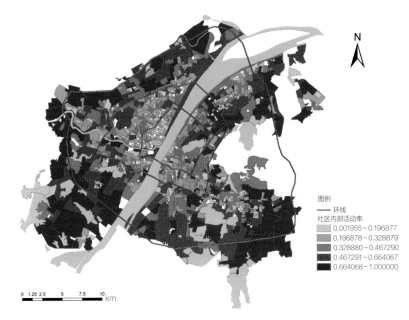

图5-2 社区内部活动率空间分布图

内环社区线性回归分析结果 表5-1

线性回归分析结果n=185

	非标准化系数		标准化系数	t	P	VIF	R²	调整R²	F
	B	标准误差	Beta						
常数	0.029	0.426	—	0.067	0.946	—	0.408	0.355	F=7.752 P=0.000***
风景名胜POI密度	-0.039	0.028	-0.094	-1.386	0.168	1.325			
公共服务设施POI密度	-0.025	0.057	-0.034	-0.441	0.660	1.703			

续表

	非标准化系数		标准化系数	t	P	VIF	R²	调整R²	F
	B	标准误差	Beta						
金融服务POI密度	0.014	0.015	0.065	0.96	0.338	1.306			
购物服务POI密度	0.042	0.051	0.066	0.832	0.406	1.799			
医疗服务设施POI密度	−0.001	0.012	−0.007	−0.102	0.919	1.315			
地铁站点密度	0	0.011	−0.002	−0.018	0.986	2.22			
占地面积	0.002	0.001	0.301	3.709	0.000***	1.881			
公交站点密度	0.042	0.082	0.033	0.514	0.608	1.182			
建筑密度	−0.06	0.097	−0.059	−0.62	0.536	2.546			
道路密度	0	0	−0.344	−3.309	0.001**	3.082			
社区房价均值	0	0	0.055	0.896	0.372	1.094			
总人口数量	0	0	0.053	0.479	0.633	3.551			
人口密度	0	0	0.054	0.489	0.626	3.447			
积极情绪指标	0.412	0.315	0.087	1.306	0.193	1.26			
消极情绪指标	0.168	0.657	0.017	0.256	0.798	1.242			
因变量：CLC									

注：***、**分别代表1%、5%、10%的显著性水平。

对于二环社区，OLS回归结果如表5-2所示，最终调整R²为0.329。

二环社区线性回归分析结果 表5-2

线性回归分析结果n=185

	非标准化系数		标准化系数	t	P	VIF	R²	调整R²	F
	B	标准误差	Beta						
常数	0.448	0.428	—	1.046	0.296	—			
风景名胜POI密度	−0.094	0.078	−0.058	−1.201	0.231	1.092			
公共服务设施POI密度	0.041	0.059	0.037	0.695	0.487	1.35			
金融服务POI密度	0.02	0.017	0.059	1.169	0.243	1.204			
购物服务POI密度	0.024	0.07	0.019	0.343	0.732	1.481			
医疗服务设施POI密度	−0.006	0.013	−0.026	−0.447	0.655	1.551			
地铁站点密度	0.021	0.028	0.042	0.742	0.459	1.476			
占地面积	0.001	0	0.19	3.383	0.001***	1.485			
公交站点密度	0.16	0.093	0.082	1.721	0.086*	1.073	0.361	0.329	F=11.299 P=0.000***
建筑密度	−0.176	0.089	−0.122	−1.965	0.050*	1.817			
道路密度	−0.001	0	−0.419	−6.107	0.000***	2.213			
社区房价均值	0	0	−0.003	−0.07	0.945	1.053			
总人口数量	0	0	0.09	0.982	0.327	3.909			
人口密度	0	0	−0.064	−0.718	0.474	3.698			
积极情绪指标	−0.453	0.312	−0.073	−1.449	0.148	1.181			
消极情绪指标	0.226	0.707	0.015	0.32	0.750	1.095			
因变量：CLC									

注：***、*分别代表1%、5%、10%的显著性水平。

对于三环社区，OLS回归结果如表5-3所示，最终调整R^2为0.424。

三环社区线性回归分析结果　　　　　　　　　　　　　　　　　　表5-3

线性回归分析结果n=185

	非标准化系数		标准化系数	t	P	VIF	R^2	调整R^2	F
	B	标准误差	Beta						
常数	−0.468	0.416	—	−1.123	0.262	—			
风景名胜POI密度	0.432	0.164	0.101	2.637	0.009***	1.106			
公共服务设施POI密度	−0.017	0.109	−0.027	−0.692	0.489	1.169			
金融服务POI密度	−0.066	0.037	−0.018	−0.447	0.655	1.265			
购物服务POI密度	−0.028	0.096	−0.029	−0.687	0.493	1.372			
医疗服务设施POI密度	0.057	0.024	−0.056	−1.191	0.234	1.689			
地铁站点密度	0.001	0.084	0.028	0.681	0.496	1.331			
占地面积	0.239	0	0.3	6.628	0.000***	1.561	0.444	0.424	F=22.505 P=0.000***
公交站点密度	0.004	0.139	0.065	1.711	0.088*	1.109			
建筑密度	−0.001	0.079	0.002	0.051	0.959	1.767			
道路密度	0	0	−0.406	−8.545	0.000***	1.715			
社区房价均值	0	0	−0.063	−1.662	0.097*	1.091			
总人口数量	0	0	0.118	1.417	0.157	5.32			
人口密度	0.71	0	−0.024	−0.285	0.775	5.225			
积极情绪指标	1.074	0.363	0.075	1.959	0.051*	1.125			
消极情绪指标	0.226	0.728	0.061	1.475	0.141	1.295			

因变量：CLC

注：***、*分别代表1%、5%、10%的显著性水平。

（2）CatBoost算法模型参数设置与拟合结果

为了得到合适的计算参数，采用五重交叉验证法，以负均方根误差作为评价指标，将学习率设置为0.01，最大树深度范围3～10，最大迭代次数100～1000，并将数据分为测试集和验证集，以此来获取最佳参数。

对于内环社区，根据迭代次数、RMSE值和树深度的变化图，最终的最大树深度为5，最大迭代次数为700。最终拟合的伪R^2达到了0.7545432075279794（图5-3）。

对于二环社区，最终的最大树深度为4，最大迭代次数为600。最终拟合的伪R^2达到了0.6023497808185407（图5-4）。

对于三环社区，最终的最大树深度为3，最大迭代次数为500。最终拟合的伪R^2达到了0.5679380770976078（图5-5）。

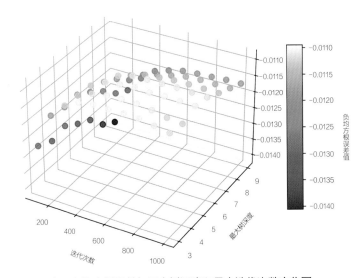

图5-3　内环负均方根误差与最大树深度和最大迭代次数变化图

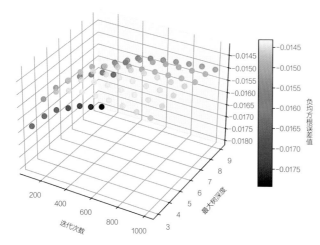

图5-4 二环负均方根误差与最大树深度和最大迭代次数变化图

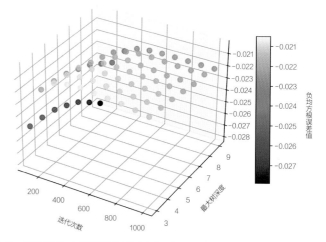

图5-5 三环负均方根误差与最大树深度和最大迭代次数变化图

整体而言，如表5-4所示，该模型拟合精度较高，并且高于一般的OLS模型，能很好地反应社区内部活动率与人居环境要素之间的非线性关系。

模型拟合精度对比表		表5-4
研究区域	CatBoost算法拟合的R^2	OLS的R^2
内环区	0.755	0.408
二环区	0.602	0.361
三环区	0.568	0.424

（3）建成环境指标对生活圈内部活动指数影响的贡献度排序

对于内环社区，贡献度较大的人居环境要素为道路密度、占地面积、社区房价均值，如图5-6所示。

对于二环社区，贡献度较大的人居环境要素为道路密度、占地面积、建筑密度，如图5-7所示。

对于三环社区，贡献度较大的人居环境要素为占地面积、道路密度、总人口数量、公交站点密度，如图5-8所示。

综上，道路密度、占地面积对于内环、二环和三环的贡献度均比较大。

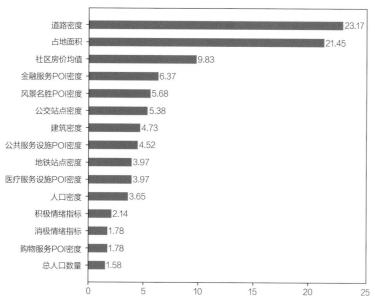

图5-6 内环社区贡献度排序表

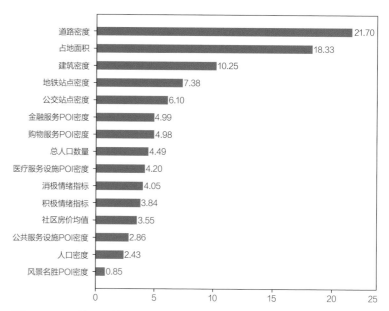

图5-7 二环社区贡献度排序表

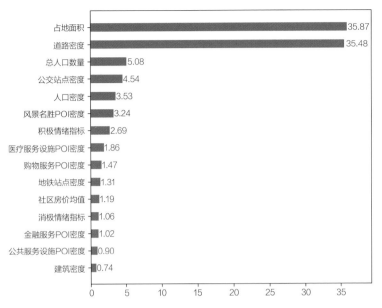

图5-8　三环社区贡献度排序表

（4）建成环境指标对生活圈内部活动指数的非线性影响和阈值效应

通过模型结果的PDP图，基于建成环境使用效率最大化和生活圈内部活动最优化的目标，能够寻找合理的建成环境指标区间，构建高内部活动指数的生活圈。

内环范围内社区的PDP图如图5-9所示。

内环区域多为商业、居住空间，且城市风貌偏旧，区域内金融设施，医疗服务设施质量较高，对居民吸引力较强，因此相关要素呈典型正相关性。在建成环境使用效率最大化和生活圈内部活动最优化的目标导向下，各类建成环境指标区间控制如下：金融服务POI密度宜控制在0.3个/m²左右、购物服务POI密度宜控制在0.07个/m²左右，医疗服务设施POI密度宜控制在0.3个/m²左右，公共服务设施POI密度宜控制在0.1个/m²以内、地铁站点密度宜控制在0.1个/m²以内、建筑密度宜控制在20%以内，道路密度宜控制

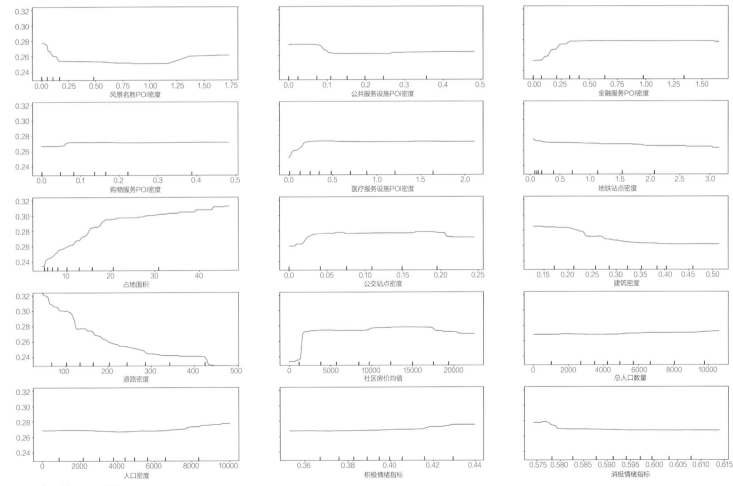

图5-9　内环社区PDP图

在120m/m²以内。占地面积、社区房价总值、社区房价均值、总人口数量和人口密度指标与社区内部活动率也呈现明显阈值效应，其具体数值的控制应该结合线性回归结果图与实际情况综合调整。

积极情绪指标和社区内部活动率呈现正相关。消极情绪指标和社区内部活动率呈现负相关，证明了在内环地区的社区，居民对于街道空间的情绪感知会影响生活圈内部活动指数，应该在后续的相关规划中予以重视。

二环范围内社区的PDP图如图5-10所示。

二环区域多为比较完备的现代小区，设施配置比较成熟，其区域内部成熟的商业综合体和便利的交通设施等相关要素对于居民出行影响显著。在建成环境使用效率最大化和生活圈内部活动最优化的目标导向下，各类建成环境指标区间控制如下：购物服务POI密度宜控制在0.5个/m²左右、占地面积宜控制在20m²以上、公交站点POI密度宜控制在0.02个/m²以上，地铁站点密度宜

控制在0.05个/m²以内。

二环社区居住的人群年龄，职业等因素存在较大差异，对于情绪的感知和影响不同，积极情绪对生活圈内部活动指数存在差异化的影响，同时，二环区域城市整体风貌比较统一，设施配置比较成熟，消极情绪对生活圈内部活动指数影响并不显著。

三环范围内社区的PDP图如图5-11所示。

三环内以新城为主，自然风貌良好，设施配置比较完备，因此其内部重要的风景名胜、医疗设施、交通设施对居民出行存在显著影响。在建成环境使用效率最大化和生活圈内部活动最优化的目标导向下，各类建成环境指标区间控制如下：风景名胜POI密度宜控制在0.004个/m²以上、医疗服务设施POI密度应控制在0.08个/m²左右，公交站点密度宜控制在0.03个/m²左右。

高质量的建成环境带来的积极情绪对居民的出行存在显著影响，且为正相关，消极情绪对生活圈内部活动指数影响并不显著。

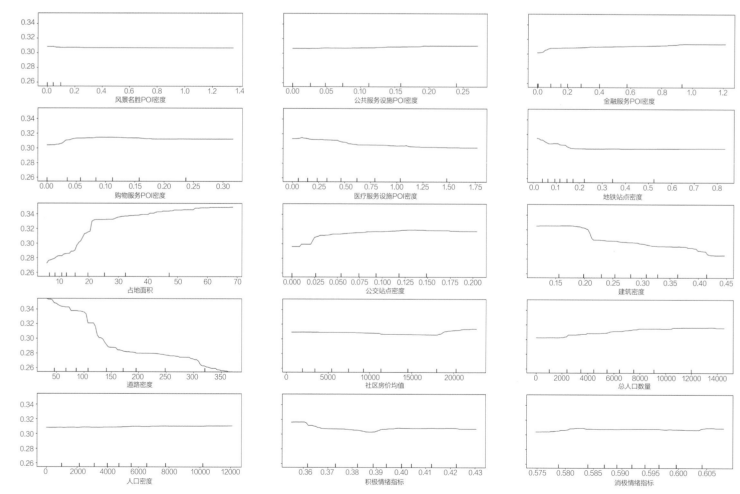

图5-10　二环社区PDP图

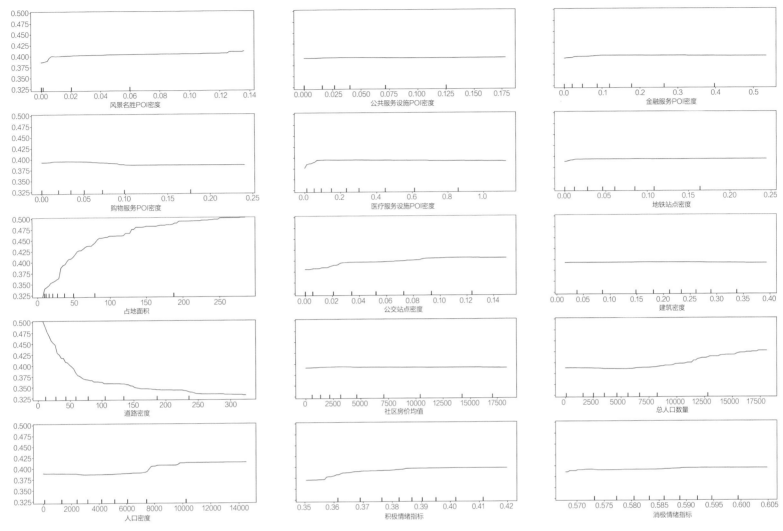

图5-11 三环社区PDP图

（5）建成环境对生活圈内部活动指数阈值效应的空间异质性

基于上文的分析内容，不难发现不同区域的人居环境要素对于社区内部活动率的影响不同，其结果对比分析如表5-5所示。

以公共服务设施POI密度为例，仅仅在内环社区会对社区内部活动率产生负相关效应，在二环地区以及三环地区的无相关效应，意味着内环社区可以通过调整其来提高社区居民在社区内部活动的吸引力。究其背后原因可能是内环地区的社区内部的公共服务设施配置水平差异比较大，而二环地区、三环地区社区内部的公共服务设施分布模式比较相似。

以消极情绪指标为例，仅仅只与内环社区具有负相关的关系，说明在内环范围内的居民对于社区的街道质量的负面情绪感知会对其在社区内部出行活动影响比较敏感。

综上所述，城市建成环境中各类因子对于出行吸引力产生影响，并存在阈值效应。从空间角度来看，与公共设施相关的指标对内环出行吸引力最为明显；与出行相关的指标对二环出行吸引力影响最为明显；与居住舒适性相关的指标对三环出行吸引力影响最为明显。这反映了城市空间中不同圈层中人口需求不同，从而产生异质化的需求与影响机制，在后续规划中应因地制宜地开展相关工作。

建成环境对生活圈内部活动指数阈值效应的空间异质性表　　表5-5

变量名称	内环趋势	内环阈值范围	二环趋势	二环阈值范围	三环趋势	三环阈值范围
风景名胜POI密度（个/m²）	U	无	无	无	+	>0.004
公共服务设施POI密度（个/m²）	-	<0.08	无	无	无	无
金融服务POI密度（个/m²）	+	>0.3	+	>0.92	无	无
购物服务POI密度（个/m²）	无	无	+	>0.05	-	<0.05
医疗服务设施POI密度（个/m²）	+	>0.3	无	无	+	>0.1
地铁站点密度（个/m²）	-	无	无	无	无	无
公交站点密度（个/m²）	∩	无	+	>0.125	+	>0.1
道路密度（m/m²）	-	无	-	无	无	无
占地面积（m²）	+	无	+	无	+	无
建筑密度（%）	-	<0.2	-	<0.2	无	无
社区房价均值（元/m²）	∩	无	+	无	无	无
总人口数量（人）	无	无	+	>8000	+	无
人口密度（人/m²）	+	无	无	无	+	>10000
积极情绪指标	+	>0.43	U	<0.36	+	>0.386
消极情绪指标	-	<0.575	无	无	无	无

六、研究总结

1. 模型设计的特点

（1）基于居民的出行行为特征识别社区生活圈范围

海量时空大数据的出现正在革新传统的以行政区划确定社区生活圈范围的方法。结合手机信令数据和POI数据，本研究将提取的居民OD出行数据和各类社会活动目的地相结合，有效捕捉了社区生活圈以街道为载体的廊道范围。

（2）结合城市感知研究人居环境对居民出行行为的影响

本研究构建了基于主客观双视角的人居环境要素评价体系，在以往的影响机制中进一步融入了居民对街道环境的情绪感知结果，丰富了人居环境对居民出行行为的影响机制研究。

（3）考虑人居环境对居民出行行为的非线性影响机制和阈值效应

基于机器学习的非线性模型的使用打破了以往计量模型中自变量和因变量间先验的线性假设，通过估算人居环境与出行行为的非线性关系和阈值效应而得到影响的有效范围，有利于直接应用到社区生活圈建成环境和情绪感知层面要素的有效配置和用地建成评估。

2. 应用方向或应用前景

（1）15分钟社区生活圈范围的科学化识别和推广

以人为本理念的城市化进程的推进，城市规划和建设的重点由数量规模增长转为人民生活质量的提升，合理识别范围是社区生活圈规划的重要基础。本研究提出的结合手机信令数据和POI数据识别15分钟社区生活圈范围的方法已经相当成熟，有助于进一步转化为规划决策辅助系统，集成至系统平台，实现科学化识别生活圈范围方法的有效推广。

（2）15分钟社区生活圈街道环境及设施布局优化

目前，围绕社区生活圈的建成环境要素研究已经出台了相当多的技术指南和标准，如《社区生活圈规划技术指南》TD/T 1062-2021和《城市居住区规划设计标准》GB 50180-2018等。

但是，这些技术指南和标准的编制大多是从规划实践和相关经验的角度出发，本研究提出的基于主客观的人居环境要素体系探讨社区生活圈居民的出行行为的机制，不仅关注了影响要素本身，还从要素的贡献度和阈值效应为15分钟社区生活圈街道环境及设施布局改善提供了借鉴和参考，也为相关的技术指南和标准，甚至生活圈规划的编制和研究确定了依据。

参考文献

［1］ 陈明星，叶超，陆大道，等. 中国特色新型城镇化理论内涵的认知与建构［J］. 地理学报，2019，74（4）：633-647.

［2］ 周岱霖，黄慧明. 供需关联视角下的社区生活圈服务设施配置研究——以广州为例［J］. 城市发展研究，2019，26（12）：1-5.

［3］ 李萌. 基于居民行为需求特征的"15分钟社区生活圈"规划对策研究［J］. 城市规划学刊，2017（1）：111-118.

［4］ 柴彦威，张雪，孙道胜. 基于时空间行为的城市生活圈规划研究——以北京市为例［J］. 城市规划学刊，2015（3）：61-69.

［5］ Hongzan J，Miaomiao X. Delineating urban community life circles for large Chinese cities based on mobile phone data and POI data—The case of Wuhan［J］. ISPRS International Journal of Geo-Information，2022，11（11）.

［6］ Chunjiang L，Wanqu X，Yanwei C. Delineation of an urban community life circle based on a machine-learning estimation of spatiotemporal behavioral demand［J］. Chinese Geographical Science，2021，31（1）：27-40.

［7］ 罗雪瑶，张文佳，柴彦威. 15分钟生活圈的建成环境阈值效应研究［J］. 地理研究，2022，41（8）：2155-2170.

［8］ 于一凡. 从传统居住区规划到社区生活圈规划［J］. 城市规划，2019，43（5）：17-22.

［9］ 彭正洪，李承聪，焦洪赞. 基于手机信令与电子地图POI数据的社区生活圈测度方法——以武汉市为例［J］. 现代城市研究，2022（2）：45-50.

［10］ 岳亚飞，杨东峰，徐丹. 建成环境对城市老年居民心理健康的影响机制——基于客观和感知的对比视角［J］. 现代城市研究，2022（1）：6-14.

［11］ Zhang F，Zhou B，Liu L，et al. Measuring human perceptions of a large-scale urban region using machine learning［J］. Landscape and Urban Planning，2018，180：148-160.

［12］ 刘智谦，吕建军，姚尧，等. 基于街景图像的可解释性城市感知模型研究方法［J］. 地球信息科学学报，2022，24（10）：2045-2057.

［13］ 陈春，唐弋. 建成环境对老年行人出行安全的非线性影响研究——以重庆市渝中区为例［J］. 科学技术与工程，2023，23（16）：7112-7119.

［14］ Calabrese F，Diao M，Di Lorenzo G，et al. Understanding individual mobility patterns from urban sensing data：A mobile phone trace example［J］. Transportation Research Part C，2013，26（JAHa）：301-313.

［15］ Toole J L，Colak S，Sturt B，et al. The path most traveled：Travel demand estimation using big data resources［J］. Transportation Research Part C，2015，58：162-177.

［16］ Mi D，Yi Z，Joseph F，et al. Inferring individual daily activities from mobile phone traces：A Boston example［J］. Environment and Planning B：Planning and Design，2016，43（5）：920-940.

［17］ Wang Z，He S Y，Leung Y. Applying mobile phone data to travel behaviour research：A literature review［J］. Travel Behaviour and Society，2018，11：141-145.

［18］ Zhao P，Kwan M，Qin K. Uncovering the spatiotemporal patterns of CO_2 emissions by taxis based on Individuals' daily travel［J］. Journal of Transport Geography，2017，62：122-135.

［19］ Yue Y，Zhuang Y，Yeh A G O，et al. Measurements of POI-based mixed use and their relationships with neighbourhood vibrancy［J］. International Journal of Geographical Information Science，2017，31（4）：658-675.

［20］ Gan Z，Feng T，Wu Y，et al. Station-based average travel distance and its relationship with urban form and land use：An analysis of smart card data in Nanjing City，China［J］.

Transport Policy，2019，79：137–154.

［21］Zhai W，Bai X，Shi Y，et al. Beyond Word2vec：An approach for urban functional region extraction and identification by combining Place2vec and POIs［J］. Computers，Environment and Urban Systems，2019，74：1–12.

［22］Yang Y，Ma Y，Jiao H. Exploring the correlation between block vitality and block environment based on multisource big data：Taking wuhan city as an example［J］. Land，2021，10（9）：984.

［23］Wang R，Ren S，Zhang J，et al. A comparison of two deep-learning-based urban perception models：which one is better？［J］. Computational Urban Science，2021，1（1）：1–13.

［24］Zhang F，Zhou B，Liu L，et al. Measuring human perceptions of a large-scale urban region using machine learning［J］. Landscape and Urban Planning，2018，180：148–160.

［25］Yao Y，Zhaotang L，Zehao Y，et al. A human-machine adversarial scoring framework for urban perception assessment using street-view images［J］. International Journal of Geographical Information Science，2019，33（12）：2363–2384.

［26］Jian L，Bin M，Ming Y，et al. Quantifying spatial disparities and influencing factors of home，work，and activity space separation in Beijing［J］. Habitat International，2022，126：102621.

［27］Zhao P，Kwan M，Qin K. Uncovering the spatiotemporal patterns of CO_2 emissions by taxis based on Individuals' daily travel［J］. Journal of Transport Geography，2017，62：122–135.

［28］Ullah K N，Wanggen W，Shui Y，et al. A study of user activity patterns and the effect of venue types on city dynamics using location-based social network data［J］. ISPRS International Journal of Geo-Information，2020，9（12）：733.

［29］Weng M，Ding N，Li J，et al. The 15-minute walkable neighborhoods：Measurement，social inequalities and implications for building healthy communities in urban China

［J］. Journal of Transport & Health，2019，13：259–273.

［30］何超，李萌，李婷婷，等. 多目标综合评价中四种确定权重方法的比较与分析［J］. 湖北大学学报（自然科学版），2016，38（2）：172–178.

［31］Wu L，Chang M，Wang X，et al. Development of the Real-time On-road Emission（ROE v1.0）model for street-scale air quality modeling based on dynamic traffic big data［J］. Geoscientific Model Development，2020，13（1）：23–40.

［32］Fei S. Research on accessibility and equity of urban transport based on multisource big data［J］. Journal of Advanced Transportation，2021，2021：1103331.1–1103331.18.

［33］Wei S，Wang L. Examining transportation network structures through mobile signaling data in urban China：a case study of Yixing［J］. Journal of Spatial Science，2020，67（2）：219–236.

［34］Ma Y，Yang Y，Jiao H. Exploring the impact of urban built environment on public emotions based on social media data：A case study of Wuhan［J］. Land，2021，10（9）：1–24.

［35］Maisel J L. Impact of older adults' neighborhood perceptions on walking behavior［J］. Journal of aging and physical activity，2016，24（2）：247–255.

［36］Ma Y，Jiao H. Quantitative evaluation of friendliness in streets' pedestrian networks based on complete streets：A case study in Wuhan，China［J］. Sustainability，2023，15（13）：10317.

［37］许家雄，陈晓利，刘柯良，等. 社区建成环境对老年人活力出行的空间异质效应［J］. 北京交通大学学报，2023：1–11.

［38］贺还瑀，刘皆谊. 生活圈理念下城市建成环境的健康影响——以苏州健康社区为例［J］. 城市建筑，2022，19（5）：122–124.

［39］Yang Y，He D，Gou Z，et al. Association between street greenery and walking behavior in older adults in Hong Kong［J］. Sustainable Cities and Society，2019，51：101747.

［40］陈崇贤，张丹婷，夏宇，等. 城市街道景观特征对人的情绪健康影响研究［J］. 城市建筑，2018（9）：6–9.

［41］Magdum J，Ghorse R，Chaku C，et al. A computational evaluation of distributed machine learning algorithms ［C］// 2019 IEEE 5TH INTERNATIONAL CONFERENCE FOR CONVERGENCE IN TECHNOLOGY（I2CT），2019.

［42］Zhendong Z，Cheolkon J. GBDT-MO：Gradient-Boosted Decision Trees for Multiple Outputs.［J］. IEEE transactions on neural networks and learning systems，2021，32（7）：3156-3167.

［43］Ding C，Wang D，Ma X，et al. Predicting short-term subway ridership and prioritizing its influential factors using Gradient Boosting Decision Trees［J］. Sustainability，2016，8（11）：1100.

［44］Qifan S，Wenjia Z，Xinyu C，et al. Threshold and moderating effects of land use on metro ridership in Shenzhen：Implications for TOD planning［J］. Journal of Transport Geography，2020，89：102878.

基于可解释神经网络的城市空间创新潜力评价与影响因素研究

工 作 单 位： 哈尔滨工业大学建筑学院

报 名 主 题： 面向生态文明的国土空间治理

研 究 议 题： 城市化发展演化与空间发展治理策略

技术关键词： 神经网络模型、SHAP机器学习可解释算法 、K-Means聚类

参 赛 人： 曹清源、霍春竹、王乃迪

指 导 老 师： 董慰

参赛人简介： 参赛成员均来自哈尔滨工业大学建筑学院城城市设计研究所与哈尔滨工业大学"董慰青年科学家工作室"。团队以健康城市与社区、社区韧性与可持续发展、城市社会感知与空间计算为主要研究方向，开展了一系列基础理论研究与实践应用，积累了较为丰富的城市空间量化研究经验。董慰老师作为团队学术带头人，关注多源时空大数据的分析与跨学科研究方法的应用，聚焦对影响机制的挖掘，探索适应场景的规划决策支持路径，为参赛团队提供了全面而系统的指导与支持。

一、研究问题

1. 研究背景及目的意义

随着城市化水平的提高，城市的发展模式需要逐渐由粗放式、劳动密集的要素驱动转为集约式、高质高效的创新驱动，同时，知识经济时代的到来使得创新活动的空间需求逐步迈向多元化、开放性和网络化。因此，有必要综合分析知识经济时代影响创新活动空间分布的因素，建立模拟创新在城市空间中演化发展的模型，研究判断适宜创新活动开展、植入创新要素的城市空间载体，从而精准制定以创新为导向的空间供给与治理策略。

现有创新导向城市空间发展的研究多为案例分析，或是基于演化经济地理学，对创新在空间中的发展历史进行描述并探讨城市创新集群的成因与生命周期特征，以及在区域尺度下探索城市创新网络的结构特点，这些研究大多为现象表述或浅层机理探究，难以辅助建立精细化的创新导向空间治理策略。有学者采取专家打分、层次评价等方法对城市空间创新潜力进行评价，以期指导要素的空间配置，但较为传统的赋权评价方法无法契合创新发展过程的复杂性与非线性特征，评价结果的指导意义有限，无法满足精细化高质量地进行城市空间治理的要求。新兴的深度学习技术可以较好地拟合创新的发展规律，但受限于其黑盒特性，较精确的评价模拟模型难以为相关要素的空间布局优化提供支撑。因此，如何结合理论建立评价模型并打开"黑箱"进行可解释分析是研究的关键，这将为精准引导城市创新发展提供坚实的科学基础。

2. 研究目标及拟解决的问题

针对目前创新导向城市空间发展的需求与规划策略提出的困境，本研究将"构建城市空间创新潜力评价模型"和"探究城市空间创新发展影响因素与优化策略"作为项目的总体目标。研究首先基于创新的空间发展规律特点，以多时多维度城市数据和企业创新数据为基础，利用神经网络技术建立城市空间创新潜力评价模型，然后使用SHAP方法对神经网络模型进行解释，分析各空间单元的影响要素贡献情况，并据此进行空间分类，从而对各类空间提出精细化的创新导向治理策略，建立城市空间创新发展辅助决策系统。研究拟解决的关键问题如下：

（1）依据创新生态系统理论，探明城市空间创新发展机制。基于创新生态系统理论，对城市空间创新潜力的影响要素、要素间的关联特征与创新集聚的城市空间的演进特征进行系统性全面梳理，探讨总结城市空间创新活动的发展机制。

（2）建立创新生态系统视角下城市空间创新潜力评价体系与评价模型。依据创新生态系统理论搭建评价指标体系，寻找符合城市空间创新发展机制的评价模型，探讨科学地量化城市空间创新潜力的评价方法。

（3）分析创新潜力评价结果，形成评价模型的应用框架。以哈尔滨市主城区为例进行创新潜力评价和分析，总结哈尔滨市主城区创新潜力的空间格局特征，识别创新空间类型，从而针对性地提出创新导向下哈尔滨城市空间规划策略，为推动城市创新要素的精细化空间落位提供科学的理论与方法支撑。

二、研究方法

1. 研究方法及理论依据

本研究基于创新生态系统理论和创新地理学理论，采用有监督机器学习模型、无监督机器学习模型和基于ArcGIS的探索性空间数据分析与空间统计方法，进行数据获取与预处理、模型构建与评价预测、影响因素分析与空间聚类。具体方法及理论依据如下：

（1）基于创新生态系统理论的指标体系构建

创新的过程可视为物种、种群、群落对环境更迭的应答过程，形成了由具备群落特征的创新主体与创新环境共同组建的处于动态平衡状态、有机复合的空间整体。创新生态系统的生命周期特征表明城市创新发展会经历"初创期-成长期-成熟期-衰退期"的历程，每个时期内发展趋势与要素影响程度趋同，在发展到一定阶段后将跃迁至下一时期。因此相较长期（30年以上）的发展进程，中短期（5~10年）内的城市的创新发展具备可预测性。

依据三螺旋模型搭建创新生态系统的基本框架，如图2-1（a）所示，主要包括创新主体（创新生态中的生产者）、创新环境（建成环境质量、创新基础设施与社会经济条件等）及其驱动因素（人才、资金和平台等条件）。

本研究将创新生态系统要素结构归结为创新主体、创新支撑服务、有形创新环境和无形创新环境四部分。以企业为创新主体，三螺旋结构中的另两者作为知识扩散与创新活动集聚地供应的支撑服务要素。创新支撑服务要素为创新主体提供商业服务与专业支持，与创新主体连接形成创新网络。有形与无形环境是创新生态系统运转的背景，创新主体与创新支撑要素共享空间系统内的环境要素。创新主体与创新支撑服务通过合作，促进资金集中、人才交流与平台共建共享，实现整个创新生态系统的动态平衡与持续发展，如图2-1（b）所示。

（2）基于创新地理学理论的模型算法选择

根据创新地理学理论，创新要素间的影响关系具有地理邻近性与网络性特征，地理邻近性指地理距离上的缩小可以在一定程度上促进要素间的积极或消极影响，这揭示了空间层面的地理距离对研究创新要素影响关系与创新潜力评价的重要性；网络性则体现了创新发展过程所具备的复杂性与非线性特征。

因此，本研究所采用的预测模型算法需要满足如下特征：

①应拟合创新过程的非线性复杂特征并能处理大量样本

考虑创新过程的非线性复杂特征，模型需要具备大规模模拟复杂变量关系的能力。由于深度神经网络模型中的每一层都通过非线性变换将前一层的输出转换为更抽象、更高级别的特征表示，具有强大的表达能力和自适应性，本研究考虑使用深度神经网络对城市空间创新潜力进行评价。

②应反映要素空间分布的地理邻近性特征

考虑到创新支撑服务、创新环境等要素对创新潜力的影响作用是随地理距离增大呈现衰减变化的，且这种距离衰减度和要素的最大影响范围都会因要素的不同而不同，统一进行的简单密度分析或距离衰减计算不能很好地回应其复杂特征，本研究采用卷积神经网络（Convolutional Neural Networks，简称CNN）对要素

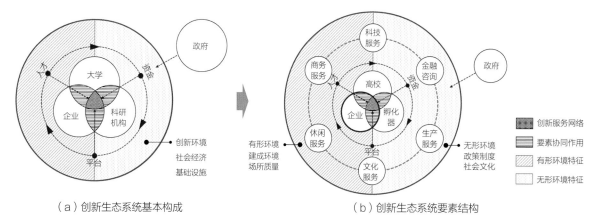

（a）创新生态系统基本构成　　　　　（b）创新生态系统要素结构

图2-1　创新生态系统要素结构图

特征进行提取，以反映要素间多尺度的地理邻近关系。

③应回应要素影响作用下的分层现象

创新潜力的评价要素存在理论上的影响作用分层现象，层级的某一维度内的要素影响方式与影响作用趋同。卷积神经网络各特征通道中的卷积核一致，无法对不同维度要素的影响过程进行区分，本研究采用分组卷积等区分维度的方法对卷积神经网络模型进行改进。

④可进行时间维度上的多时段预测

创新潜力评价即对未来城市空间创新能力进行预测，创新具有生命周期特征，在固定发展阶段中创新发展呈现一定的趋势，因此可以通过历史的时间序列数据对未来多时段的创新潜力进行预测。

综上，考虑创新发展的非线性过程、大量样本、空间分布地理邻近性、要素影响的分层现象，以及时间维度上的多时段预测等特征与需求，本研究对相关研究中所常用的模型进行了尝试，并进行对比分析（表2-1），最终选择结合分组卷积神经网络与循环神经网络建构城市空间创新潜力的评价模型，实现更科学、合理、准确地评估城市空间创新潜力。

2. 技术路线及关键技术

研究设计主要包括数据获取与预处理、模型构建与评价预测、影响因素分析与空间聚类和策略提出与总结展望四个步骤（图2-2）。本研究所涉及的关键技术包括卷积神经网络、门控循环单元、SHAP机器学习可解释算法与K-Means聚类分析。

相关模型之间应对创新潜力评价的特征对比　　表2-1

特点需求 模型名称	非线性	地理邻近性	要素作用分层	时间序列预测	拟合能力	计算复杂度	解释性
赋权法	×	×	√	×	1	1	3
普通最小二乘回归	×	×	○	×	1	1	5
空间自回归	×	○	○	×	1	1	5
地理加权回归	○	√	×	○	2	1	5
多尺度地理加权回归	○	√	√	○	3	2	5
随机森林	√	×	○	○	4	3	4
深度神经网络	√	×	×	○	5	5	1
一般卷积神经网络	√	√	×	○	5	4	2
分组卷积神经网络	√	√	√	○	5	3	3
ARIMA	×	×	×	√	1	2	4
RNN	√	×	○	√	5	4	1
LSTM	√	×	○	√	5	5	1
门控循环单元	√	×	○	√	5	4	1
分组 CNN+GRU	√	√	√	√	5	4	2

注：√表示满足需求，×表示不满足需求，○表示一定条件下满足需求；
1～5表示能力强度。

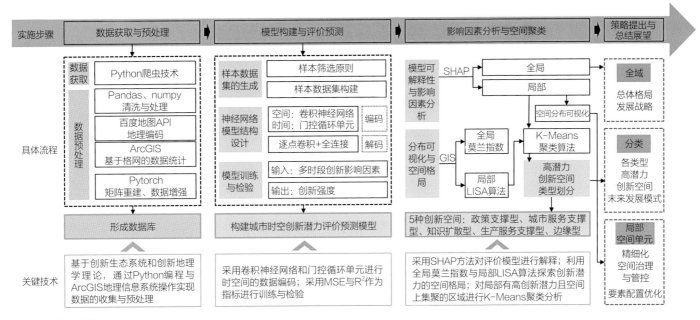

图2-2 技术路线

具体而言，本研究首先通过Python与ArcGIS操作实现数据的收集与预处理，包括网络爬虫、地理编码、汇总统计等步骤，形成全域数据库。其次制定生成规则，集成样本数据集。采用分组卷积神经网络多尺度提取空间特征，门控循环单元提取时间特征，并采用MSE与R^2作为指标进行训练与检验，构建城市时空创新潜力评价预测模型。再次进行影响因素分析与空间聚类，利用全局莫兰指数与局部空间自相关算法探索创新潜力的空间格局；采用SHAP可解释性机器学习方法对评价模型进行解释，运算对各维度特征对潜力预测的贡献（即特征重要性），识别关键影响要素，并对各维度创新影响要素特征重要性的空间分布进行可视化，分析城市整体的创新影响要素分布情况；对有高创新潜力且空间上集聚的区域进行K-Means聚类分析，识别不同类型的高潜力创新空间的关键驱动要素与缺位要素。最后，基于"评价预测—模型解释—全局与局部分析—决策"的决策辅助路径，对各类型高潜力创新空间提出规划与优化策略，并进行总结与展望。

三、数据说明

1. 数据内容及类型

（1）创新主体数据

①创新主体：包括创新主体的空间地址信息、专利类型与年份。

②创新产出：包括发明专利、实用新型专利、外观设计专利与著作权数据。

上述数据来源为启信宝网站。

（2）创新支撑服务要素数据

创新支撑服务要素指通过提供各种形式的资源和服务，助力创新主体进行创新生产的要素。

①生产服务要素：包括金融保险法律咨询服务要素、酒店住宿商务服务要素、高校科研知识服务要素，用于表征为企业创新活动提供直接服务的要素的集聚程度。数据来源于高德地图POI与AOI。

②文化休闲服务要素：包括第三空间（咖啡厅、休闲茶吧、书吧）、开放空间（公园、广场）和文化娱乐空间，用于表征创新人才休闲社交需求的满足度。数据来源于高德地图POI。

（3）有形创新环境数据

有形创新环境指的是与创新主体处在同一空间范围内的具体物质形态环境，是城市空间的重要组成部分。

①建成环境：根据5Ds指标表进行选取，用于刻画城市生活的便捷程度。数据来源于高德地图POI。

②用地性质：创新主体一般落位于商务用地、商住用地或公建用地，可反映空间单元基础土地利用情况。数据来源于政府规

划文件。

③自然环境：包括城市空间的高程、坡度、亲水性和生态性，用于刻画城市生活的舒适性。主要通过城市DEM数据转化计算和遥感数据解译获得。

（4）无形创新环境数据

无形创新环境指一个地方在支持创新方面所提供的非物质性资源和条件。

①人口数据：用于刻画城市空间的人口及其分布特征。数据来源于Worldpop人口栅格数据，并使用统计年鉴数据进行修正。

②夜间灯光数据：反映社会经济生产活动强度。数据来源于珞珈一号卫星影像（2018年10月31日成像）。

③房价数据：用于侧面体现城市土地经济价值的市场估值。数据源于安房网。

④政策文件数据：各区科技创新、产业发展相关的政策文件数量，用于体现政策支持强度。数据来源于各区政府官网。

⑤资金投入数据：各区投入科研和企业发展的资金额度，用于衡量投资环境。数据来源于各区统计年鉴。

⑥产业园区数据：指政府规划的产业园区（规划范围），是对未来该空间的创新发展起决定性作用的影响要素。数据来源于政府规划文件与百度地图AOI。

2. 数据预处理技术与成果

为满足模型训练，需要对数据库中的数据进行集成、转换操作，从而将数据转变为样本。

（1）全域数据库生成

在获取数据后，首先对数据进行基础清洗工作，地理信息类数据需要进行地理编码，再根据不同类型数据的特征进行指标运算，最后基于空间格网对数据进行汇总统计，按照指标体系梳理各维度数据，并集成全域数据库（图3-1）。

基于研究区域构建300m×300m的格网体系，以格网单元作为后续汇总统计的基础。本研究选取哈尔滨市主城区作为研究范围，共生成了62745个网格空间单元，有效网格数目为11159个。基于格网进行汇总统计获得指标。具体各指标计算如表3-1所示，得到以格网为单元的自变量与因变量指标，共35项。研究收集了2016年、2018年、2020年、2022年4个时间截面的数据。

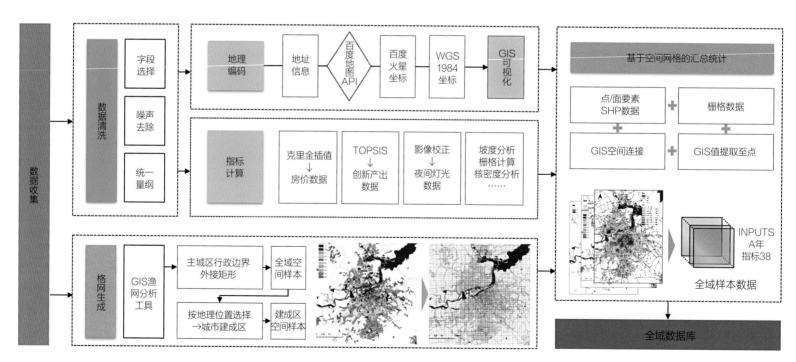

图3-1　全域数据库生成流程图

城市空间创新潜力指标测度汇总表　　　　　　　　　　　　　　　表3-1

准则层	指标层		测度方式
创新支撑服务维度	知识扩散强度	School	距离衰减计算后格网中心点处高校知识创新强度
	科技服务要素	Research	格网内的高校及科研机构数量
	金融咨询服务	Finance	格网内的金融、保险、法律、咨询服务公司数量
	商务服务要素	Rest	格网内商务服务酒店数量
	交流空间要素	Chat	格网内的第三空间（咖啡馆）数量
	开放空间要素	Park	格网内是否存在的开放公园与广场空间
	文化服务要素	Culture	格网内的博物馆、美术馆、展览馆、音乐厅等数量
	休闲娱乐服务	Entertain	格网内酒吧、KTV、电影院等娱乐设施数量
有形创新环境维度	高程	Height	格网对应的300m栅格高程分析结果
	坡度	Slope	格网对应的300m栅格坡度分析结果
	亲水性	Water	格网中心点距最近的水系的距离
	生态性	Green	格网内的绿色植被覆盖面积
	便利店设施要素	Store	格网内的便利店设施数量
	购物服务要素	Shop	格网内的商超、购物中心、百货数量
	餐饮服务要素	Food	格网内的餐饮服务设施数量
	医疗服务要素	Hospi	格网内的医疗服务设施数量
	基础教育服务	Edu	格网内的中小学数量
	交通路网要素	Road	格网内的城市道路总面积
	公交服务要素	Bus	格网内的公交站点数量
	地铁服务要素	Metro	格网中心点与最近地铁站的距离
	居住用地	L101	格网内的居住用地面积
	商务用地	L201	格网内的商务用地面积
	商业用地	L202	格网内的商业用地面积
	工业用地	L301	格网内的工业用地面积
	公共服务用地	L50134	格网内的公共服务用地面积
	高校教育用地	L502	格网内的高校用地面积
	容积率	Far	格网内的用地容积率均值
无形创新环境维度	人口空间分布	POP	格网中心点对应的人口密度栅格数值
	单位面积GDP	GDP	格网中心点对应的每平方千米面积GDP栅格数值
	租房价格	Price	格网中心点对应的克里金插值租房价格栅格数值
	政策支持要素	ZC	格网中心点对应的政府政策文件数量
	投资环境要素	TZ	格网中心点对应的政府年科研与产业发展投入数
	市场中心距离	Center	格网中心点与城市中心的距离
	产业园区建设	Industial	格网是否与产业园区相交
因变量	企业创新强度	y	格网内创新企业的创新产出强度总和 （三项专利数量、著作权数量）

（2）样本数据生成

为避免内存爆炸，影响运行效率低下，本研究需要进一步将全域数据转化形成样本（图3-2）。主要包括以下两个关键技术：

①矩阵张量生成。本研究所涉及的城市空间创新相关要素的影响范围在5km以内，因此选取以样本网格为中心的35×35格网覆盖17m×300m半径范围作为单个样本自变量数据，与样本中心网格的创新强度值（即因变量值）合并形成单个样本。

②数据增强。数据增强是在数据量比较少的情况下，通过对原有的数据进行旋转、镜像等操作，用来增加数据量。

四、模型算法

1. 模型算法流程及相关数学公式

（1）评价预测模型-神经网络算法

①卷积神经网络（Convolutional Neural Networks，简称CNN）

卷积神经网络采用滤波器（Filter）在二维数据上移动，不断扩大模型的感受范围，以便结合周边像元数值提取图像特征。卷积操作的数学表达式如式（4-1）所示。

$$h(x)=(f*g)(x)=f(x')g(x-x')dx' \qquad (4-1)$$

式中，$f(x)$表示输入的图像，$g(x)$表示卷积核（也称为过滤器），$h(x)$表示卷积结果，*表示卷积操作，x'和x表示变量，dx'表示微元。从上式可以看出，卷积操作实际上是在计算$f(x)$和$g(x)$之间的积分，通过对积分的变换得到卷积结果$h(x)$。

②门控循环单元（Gate Recurrent Unit，简称GRU）

主要公式如下：

$$R_t=\sigma(X_tW_{xr}+H_{t-1}W_{hr}+b_r) \qquad (4-2)$$

$$Z_t=\sigma(X_tW_{xz}+H_{t-1}W_{hh}+b_z) \qquad (4-3)$$

$$\tilde{H}_t=tanh(X_tW_{vh}+(R_t\odot H_{t-1})W_{hh}+b_h) \qquad (4-4)$$

$$H_t=Z_t\odot H_{t-1}+(1-Z_t)\odot\tilde{H}_t \qquad (4-5)$$

式中，X_t为样本输入，R_t与Z_t代表更新门与重置门，$\tilde{H}_t$与H_t为候选隐藏状态和隐藏状态，W_{xr}、W_{hr}、W_{xz}、W_{hh}为权重参数，b_r、b_z、b_h是偏置项。用CNN分别处理2016～2022年的时序样本数据，按时间顺序向GRU中输入，可以通过模型循环训练得到2024年、2026年等后续年份的特征矩阵，从而使模型拥有时空演化预测能力。

③模型结构设计

为了提取时空双维度的创新影响要素数据特征，城市空间创

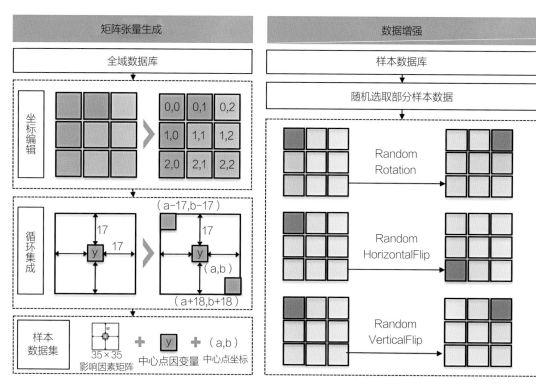

图3-2 样本生成流程图

新潜力评价模型主要包含以下类型的神经元层：

输入层：主要包括城市时空创新影响要素指标数据，数据的排布反映地理位置坐标，在输入层转化为适于卷积神经网络的数据格式。

分组卷积层（GConv2d）：本研究采用300m×300m的35×35格网作为样本空间单元，中心样本单元的卷积感受野可以达到5100m。而对于分组的指标而言，经过预训练，其最大影响范围为3000m。根据5Ds理论的现有实证研究，本研究将各层卷积感受野范围确定在300m、600m、900m、1500m、2100m、3000m的梯度，依据这一感受野范围梯度设定各层卷积核尺寸。

激活函数层：由于本研究的目标标签为创新强度，是一个非负连续变量，因此选择ReLU作为模型的激活函数，它可以让输出的负数无限趋近于0。

Batch Normalization层（BN层）：本研究使用BN层对各层输入数据进行标准化预处理，避免因量纲的不同使要素影响作用被放大或缩小，保证训练结果的可靠性。

1×1逐点卷积层：在分组卷积操作后进行1×1逐点卷积，这一卷积层对感受野没有作用，但它可以促进不同特征之间的融合，以小参数代替全连接层。

常规卷积层（Convall）：区别于分组卷积，综合各维度变量进行卷积操作。

门控循环单元层（GRU）：将以上卷积后的空间特征提取结果作为输入，按照时间顺序逐次传入门控循环单元，提取时间特征，生成相应时段的、与输入特征规模相同的创新影响要素时空特征矩阵。

全连接层：在全部其他神经网络层之后，将特征融合计算为最终预测值并输出。

综上，城市空间创新潜力评价模型结构设计如图4-1所示。

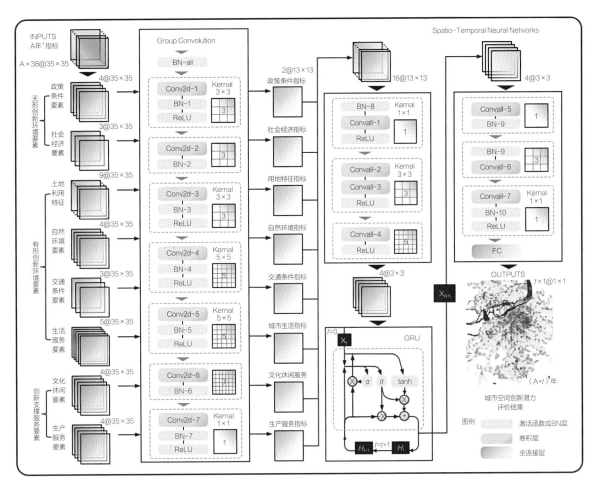

图4-1 评价模型神经网络结构设计示意图

④模型训练参数

本研究训练集：验证集：测试集的划分比例为25：4：2。训练过程中报告损失函数与R²值，其中损失函数为MSE，越小证明模型的预测准确率越高，而R²则表征了模型对数据集的拟合程度，取值范围为0～1，越接近于0，证明模型对创新要素影响下城市空间创新潜力的拟合效果越好。

模型主要超参数如表4-1所示。

评价模型超参数设置表　　　　　　表4-1

超参数	值	参数含义
In_channels	38	输入特征数
Out_channels	1	输出特征数
优化器	Adam	随机梯度下降的优化算法
Learning rate	0.01	模型学习率
损失函数	MSE	均方误差，用于表征训练模型的准确率
Epoch	750	样本数据集整体训练迭代次数
Batch	100	每次训练喂入模型的样本数

（2）模型解释：SHAP机器学习可解释算法

Shapley Value可以通过计算所有可能的创新影响要素的平均边际贡献来分配其对于城市空间创新潜力的影响。Shapley Value公式为：

$$\varnothing_k(f,x) = \sum_{S\in\ell}^n 1/K!\left[f_x\left(P_K^S \cup k\right) - f_x\left(P_k^S\right)\right] \quad (4\text{-}6)$$

式中，$\varnothing_k(f,x)$是反映变量k与整体预测的平均值相比的Shapley Value，x代指解释变量，ℓ是一组可能的变量排序，K是变量的数量，P_k^S是变量k在S之前的变量。

Shapley Local Interper可以估计解释变量对最终预测的局部影响，由下式计算得出：

$$\varnothing_{i,j}(f,x) = \sum_{T\in\mathcal{K}\setminus\{i,j\}} \frac{|T|!(K-|T|-2)!}{2(K-1)!}\nabla_{i,j}(f,x,T) \quad (4\text{-}7)$$

当，$i\neq j$，

$$\nabla_{i,j}(f,x,T) = f_x\left(T\cup\{i,j\}\right) - f_x\left(T\cup\{i\}\right) - f_x\left(T\cup\{j\}\right) + (T) \quad (4\text{-}8)$$

式中，$\varnothing_{i,j}(f,x)$反映了训练过程中两变量i和j的Shapley Local Interper，K是变量的数量，$\mathcal{K}$是输入变量的集合，T是可能的变量组合，x是预测的输入变量值。本研究中，当Shapley Local

Interper>0时，两个影响要素对城市空间创新潜力产生正向的交互作用；反之，它们会对城市空间创新潜力产生拮抗作用。

因此，本文采用SHAP可解释框架对神经网络训练过程中创新发展影响要素对预测结果的贡献进行排序，以识别高创新潜力空间发展的关键驱动要素。

（3）空间格局-全局与局部莫兰指数

全局空间自相关分析目的是为了揭示某种属性的空间关联特征，研究基于较为常用的Moran's I来度量哈尔滨主城区城市空间创新要素的聚集性。

局部空间自相关（Local Indicator of Spatial Association，简称LISA）指标可以测度各个研究单元与其周边区域特征之间空间关联程度，从而反映特征值局部的空间聚集性，其公式如下：

$$I_i = \frac{\left(x_i - \bar{X}\right)}{m_0}\sum_j W_{ij}\left(x_i - \bar{X}\right) \quad (4\text{-}9)$$

$$m_0 = \frac{\sum_i\left(x_i - \bar{X}\right)^2}{n} \quad (4\text{-}10)$$

式中，x_i为某特征在空间单元i的观测值，$\bar{X}$为样本的均值。倘若研究单元及其周边区域的特征值都比较高，则该区域被称作热点（HH）；若研究单元及其周边区域的特征值都比较低，则该区域被称之为冷点（LL）。

（4）空间聚类：K-Means聚类算法

K-Means算法需要根据数据分布的特征指定超参数（Hyper-Parameter）簇的数目k，并随机k个初始的簇质心。随后，计算每个样本点与簇质心间的距离并将之分类至最近的簇中，且实时更新簇的质心。

本文采用K-Means聚类分析，根据创新生态系统的驱动要素理论对高创新潜力的城市空间进行分类，同时在此基础上选取典型样本并分析其关键驱动要素与发展趋势，从而为识别创新导向下城市空间未来发展存在的问题提供决策依据。

2. 模型算法相关支撑技术

模型构建中使用Python语言进行开发并搭载Pytorch深度学习框架。研究实验的大部分工作是通过Jupyterbook处理Python脚本完成的，结果的可视化与空间格局的提取主要使用ArcGIS进行。研究所调用的Python模组除Pytorch外，还包括Pandas、Numpy、Matplotlib、Sklearn、SHAP等。

五、实践案例

1. 模型预测结果分析

（1）实践案例概况

研究选取哈尔滨市主城区为实践案例。哈尔滨市主城区指《哈尔滨市城市总体规划（2011-2020年）》规划的道里区、道外区、南岗区、香坊区、平房区、松北区、呼兰区的城市建成区，总用地面积共计458平方公里，如图5-1（a）所示。研究采用ArcGIS渔网功能将研究范围矩形边界切割为300m×300m的格网单元，作为研究统计的最小空间单元，其中与建成区重叠的部分即为样本空间单元，如图5-1（b）所示。

（2）模型训练与检验

使用Pytorch进行神经网络评价预测模型的建构，在CUDA 10.1环境下进行训练。选取存在创新产出的网格空间单元，共

1288个，随后剔除其周边1km内的网格，对余下的格网进行随机抽样，最终使有创新产出和无创新产出的样本比例为1∶2.5，经数据增强后，形成含6200份样本的样本数据集。

训练过程如图5-2所示，随着训练次数的增加，训练集的MSE逐渐降低，R^2不断上升；而验证集的R^2则最开始逐渐上升，在Epoch为200左右时逐渐下降，至Epoch为300时再次上升，最后在Epoch=600附近达到峰值，此后随着训练集的R^2上升而逐渐下降，这是模型出现过拟合现象的特征。因此，我们选取验证集拟合最好的一次结果作为最终的评价模型。此时Epoch为621，训练集的R^2为0.8843，验证集的R^2为0.7643，最终测试集上的R^2为0.7345。说明模型拟合程度较好，对哈尔滨城市空间的创新潜力评价泛化能力较好。

为了验证本研究所建立评价模型的有效性与优越性，我们选取多个模型，采用样本数据集进行评价，对比评价结果的R^2。结

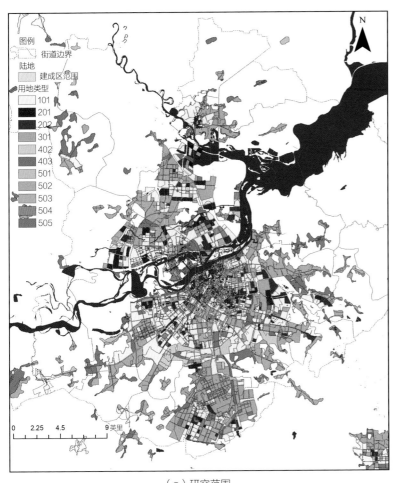

（a）研究范围

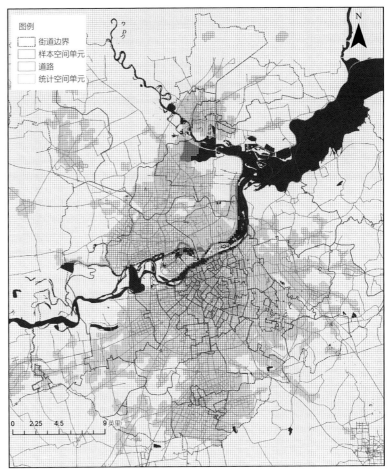

（b）研究空间单元

图5-1 研究范围与研究样本

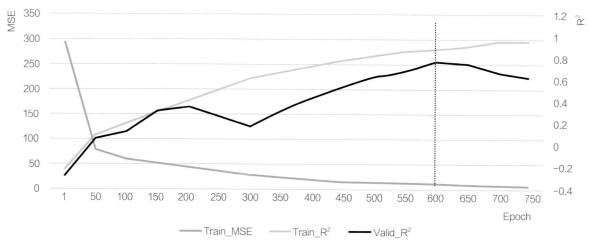

图5-2 模型训练过程图

果如表5-1所示，评价模型预测准确性较高，具备良好的辅助规划决策的可能性。

评价模型拟合优度对比表			表5-1
模型算法	R^2	模型算法	R^2
普通最小二乘回归	0.136	深度神经网络	0.762
空间自回归	0.272	一般卷积神经网络	0.802
地理加权回归	0.383	分组卷积神经网络	0.845
多尺度地理加权回归	0.527	CNN-GRU时空神经网络	0.876
随机森林	0.682	—	—

（3）创新潜力评价预测结果与空间格局分析

鉴于哈尔滨市主城区创新生态系统处于成长期，近些年发展趋势较为稳定，此处展示中短期（至2026年）的预测结果，如图5-3所示。

由图5-3可知，哈尔滨主城区的创新中心分布大致为南岗区大直街与红军街的交叉口处，与城市中心重合；根据评价预测结果，未来几年内，哈尔滨具备较高创新潜力的城市空间有沿交通干道呈中心向外的扩散趋势，在江北与哈南平房区新增了几个高创新潜力集聚的空间组合。

分别对现状与预测结果进行全局莫兰指数分析。结果如图5-4所示，哈尔滨主城区空间创新现状与创新潜力预测结果都具备显著的空间集聚效应，其中2026年预测结果的z得分达到

127.625分，具备高度的集聚特点。

在此基础上，依据2026年城市空间创新潜力预测结果对研究范围城市空间进行局部LISA聚类，得到如图5-5所示结果。

创新潜力较高且地理集聚的空间区域主要分布在城市中心老城区，沿"大直街—学府路"向两侧蔓延，并在会展中心附近与香坊区三大动力附近出现大面积的高潜力空间。在江北大学城与市政府附近、新增的深哈产业园区域、群力西部邻近机场高速的位置与哈南平房主城区出现了几块较大面积的创新"飞地"，这一发展趋势符合现有哈尔滨主城区创新主体的分布情况。

2. 模型可解释性与影响要素重要性分析

采用SHAP可解释机器学习的方法对各维度影响因素指标进行特征重要性分析。SHAP算法将依据输入的数据集与模型，报告该数据集上各指标对最终预测结果的贡献程度，即Shap_Values。本研究采用卷积神经网络模型作为评价方法，输入的数据格式为35×35的空间网格，因此报告的Shap_Values值也为一个38×35×35的三维矩阵数据，在进行影响要素重要性分析时，我们取每个特征图35×35Shap_Values矩阵的平均值作为样本最终的重要性指数。

（1）全局影响要素重要性分析

计算全样本Shap_Values平均值，其中排名前20的指标结果如图5-6所示。

对于样本数据集而言，交通服务条件是对评价结果贡献度最高的要素维度，公交站点、地铁服务于路网密度均对评价结果

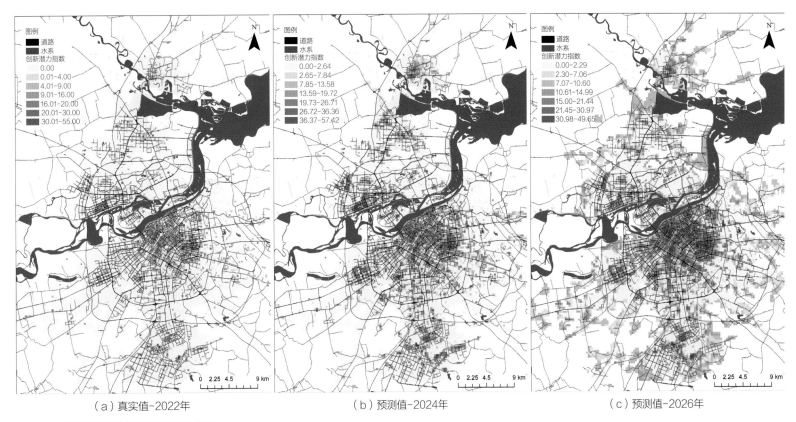

图5-3　创新潜力评价预测结果可视化图

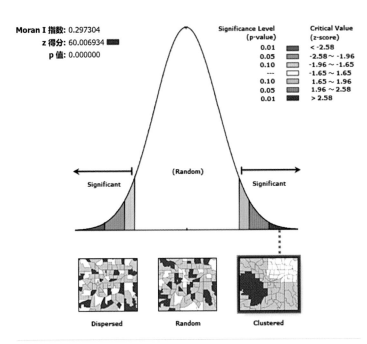

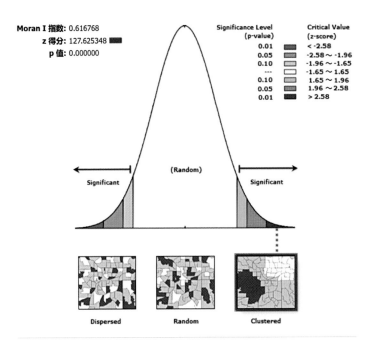

图5-4　全局莫兰指数分析报告图

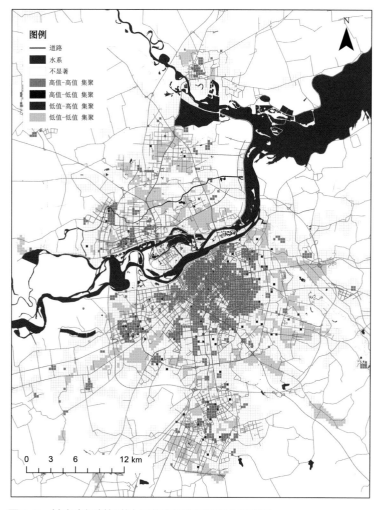

图5-5　城市空间创新潜力局部空间自相关聚合结果图

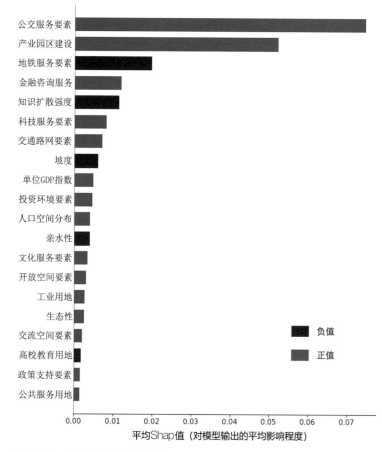

图5-6　模型各影响要素指标的Shap_Values

有较高影响。作为政府引导创新企业空间落位、组织创新主体集聚的重要手段，产业园区的设立对创新潜力的评价有较高正向贡献，这表明规划建设产业园区、合理引导企业空间的聚集有利于促进城市空间的创新发展。与企业创新行为有较高关联的生产服务要素也为评价结果起到较为显著的贡献。自然环境要素中的亲水性与生态性可以在一定程度上促进空间创新。而文化服务要素中，利于创意创新氛围营造的文化服务和支持创新人才交流的开放空间、第三空间均在评价体系中体现了一定的价值。

（2）局部影响要素重要性分析及其可视化

将与城市建成区相交的样本网格数据输入模型，而后分别计算Shap_Values，将计算结果与网格所代表的空间进行关联，形成各影响要素在空间上的分布图，以支持进一步的分析，每个单元网格的值对应以该网格为核心的35×35的影响要素Shap_

Values所计算的平均值，代表了网格周边5000m范围内该影响要素对网格空间最终的创新潜力评价值的贡献程度。分维度探讨局部影响要素的重要性分布结果：

①创新支撑服务维度：要素主要包括生产服务支撑要素与文化休闲服务要素，其特征重要性空间分布如图5-7所示。

生产服务要素层面，金融服务要素相对集中，其贡献高值位于会展中心附近；而知识扩散程度的重要影响空间在"大直街—学府路"一带及松北大学城区域；商务服务则对道里中央大街附近空间的创新潜力有积极影响。

交流空间要素分布相对集中，产生较高正向贡献的区域为"大直街—学府路"一带与中央大街、爱建片区。开放空间的重点影响区域则为松花江附近，体现了自然生态对创新行为的促进作用。

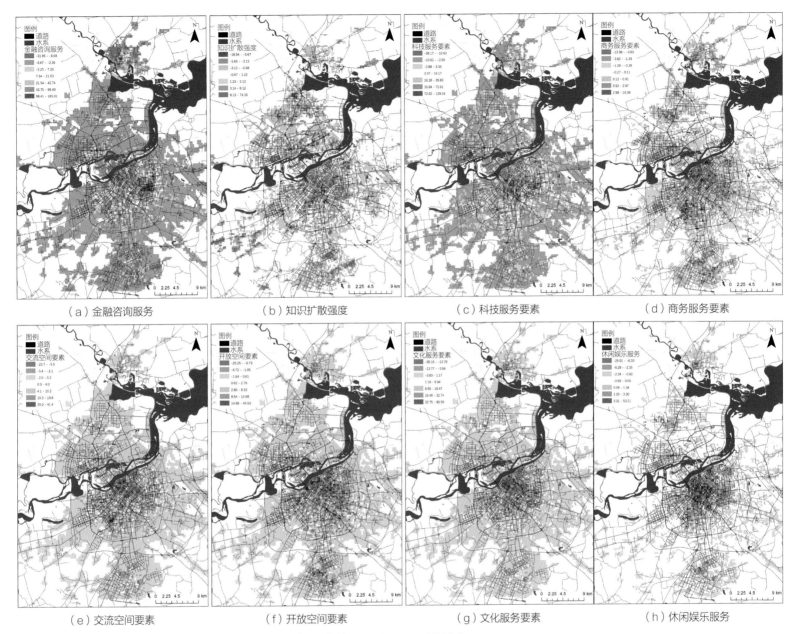

（a）金融咨询服务　　　　（b）知识扩散强度　　　　（c）科技服务要素　　　　（d）商务服务要素

（e）交流空间要素　　　　（f）开放空间要素　　　　（g）文化服务要素　　　　（h）休闲娱乐服务

图5-7　生产服务支撑要素（a-d）与文化休闲服务要素（e-h）的Shap_Values空间分布

②有形创新环境维度：包括交通条件、社区生活、自然环境与土地利用四个方面的要素，其空间分布如图5-8所示。

交通服务对创新潜力的评价有显著正向贡献，重要的交通方式如地铁等，其站点串联了城市中主要的具有高创新潜力的空间。而社区生活服务要素的贡献则相对而言均较低，且正负向分布散乱，主要正向贡献区域为南岗中心及道里区、道外区的沿江区域。

在自然环境要素中，与水系的距离会对创新行为产生较显著的影响，亲水性越高，对最终创新潜力评价的分值贡献就越大；而绿地覆盖则分为两种情况，在城市中心地段绿地覆盖面积会为周边空间的创新潜力带来提升作用，而城市郊区与各区中心城区衔接处的绿地类型几乎为防护绿地或城市荒地，绿地覆盖的增加反而会降低评价的创新潜力值。

③无形创新环境维度：包括社会经济条件与政策支持条件两

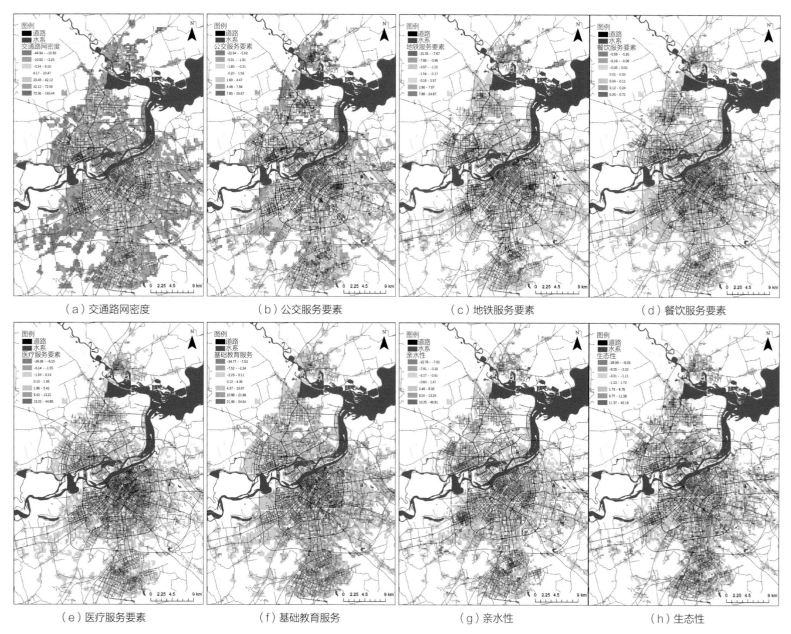

（a）交通路网密度 　　　（b）公交服务要素 　　　（c）地铁服务要素 　　　（d）餐饮服务要素

（e）医疗服务要素 　　　（f）基础教育服务 　　　（g）亲水性 　　　（h）生态性

图5-8　有形创新环境维度的Shap_Values空间分布

个方面的要素。

如图5-9所示，人口密集与GDP活力对于创新产生均有正向作用，房价则是在最高值和低值区都具备负向影响，而中间值区域则没有明显贡献。产业园区的设置对空间创新的发展产生了显著的正向贡献，松北沿江一带、群力片区、会展中心片区与哈南平房区是产业园区正向贡献的峰值区域，说明这些区域中政府的产业园区规划政策对创新的促进作用比较大。

3. 空间聚类

（1）空间聚类过程

将基于2026年城市空间创新潜力预测结果的LISA聚类中的"HH"集中区提取出来，结合该区域各样本网格中影响要素的Shap_Values，形成数据集，进行K-Means聚类分析，以期区分各高潜力创新空间，识别不同类型空间的关键驱动要素与缺位要素。共提取1188个网格作为样本。

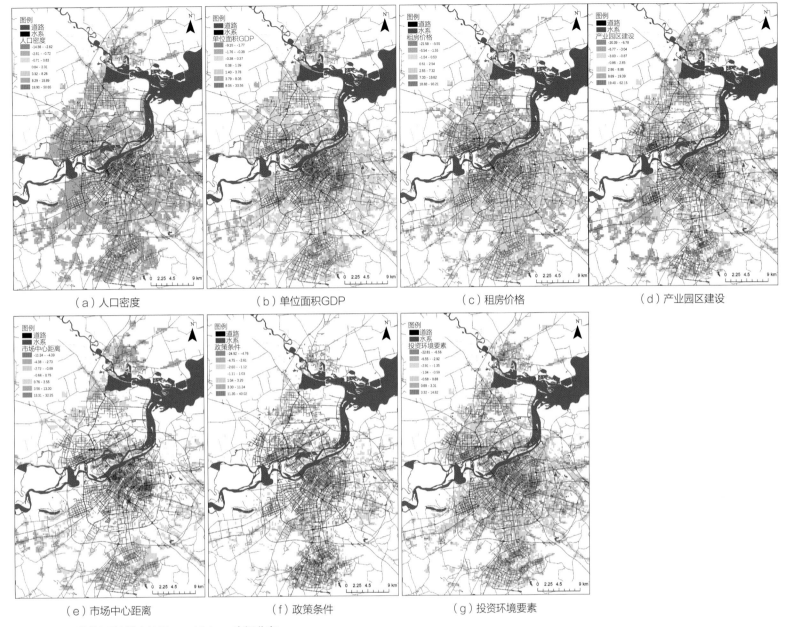

（a）人口密度　　　　　　　（b）单位面积GDP　　　　　　（c）租房价格　　　　　　（d）产业园区建设

（e）市场中心距离　　　　　　（f）政策条件　　　　　　（g）投资环境要素

图5-9　无形创新环境维度的Shap_Values空间分布

K-Means聚类分析需要自主确定聚类的类别数目，本研究通过碎石图对将样本分为1~12类的组内距离进行报告，结果如图5-10所示。

由图5-10可知，碎石图曲线存在5、8两个拐点，说明应当聚类为5类或8类，效果比较好。研究分别尝试将样本聚类为5和8类，发现相对而言，聚类为5类的空间分异效果较好，因此本研究将高潜力创新空间聚类为5类。

（2）聚类结果分析

分别对每一类各个影响要素的Shap_Values进行直方图统计报告，结果如图5-11所示。根据统计结果，对比各类别影响要素的重要性，可以判定：第一类主要影响因素为路网条件、产业园区，政策条件与投资环境对它的影响也是相较于其他类别更高的，因此其关键驱动力来源于政府支持，可以划分为政策支撑型创新空间。第二类的基础教育、购物餐饮设施对其创新潜力评价

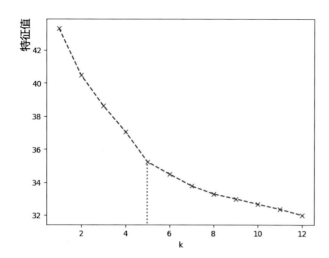

图5-10　K-Means聚类碎石图

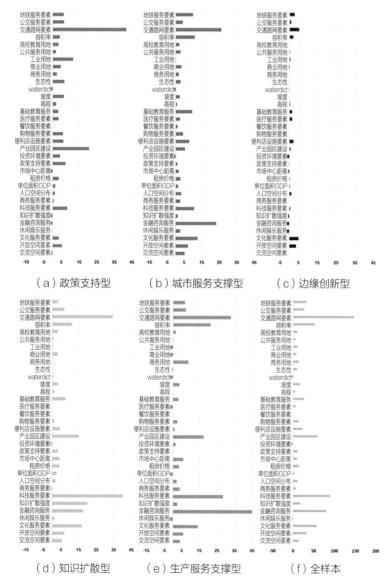

（a）政策支持型　　（b）城市服务支撑型　　（c）边缘创新型

（d）知识扩散型　　（e）生产服务支撑型　　（f）全样本

图5-11　K-Means聚类影响要素重要性统计直方图

有相较于其他类别更显著的影响，因此划为城市服务型创新空间。第三类各方面均不突出，划分为边缘型创新空间。第四类中知识扩散与科研服务的作用较高，是知识扩散型创新空间。第五类在各方面均表现较好，其中金融服务等生产服务要素相比其他类型更有优势，因此为生产服务支撑型创新空间。

对各类高潜力创新空间进行空间落位。如图5-12所示，政策支持型空间主要为松北、群力、哈南几个距离城市中心较远的、政策中增量产业发展的规划区域；知识扩散型高潜力创新空间主要在"大直街—学府路"一带的高校周边，以及松北科研机构集聚的小片区域；生产服务支撑型空间为会展中心片区，城市服务支撑型空间则在城市中心区非CBD与高校集中的区域；最后一类主要分散在其他类型创新空间的边缘，是为了创新扩散的先发区域，也在香坊区有一小片的集聚区域出现。综上，聚类分析的效果较好，可以用于分类进行创新导向发展治理指导。

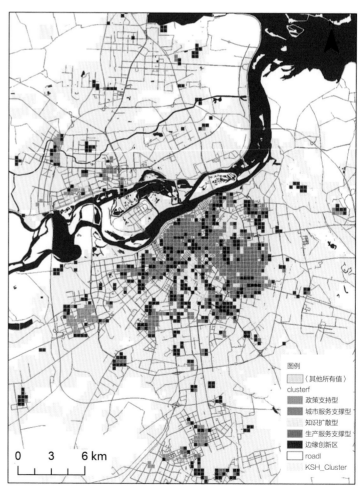

图5-12　基于K-Means聚类的高潜力创新空间类型分布图

4．优化策略

（1）总体布局优化与发展战略

根据影响要素贡献度的空间分布分析，哈尔滨市主城区创新空间整体布局存在的最大问题是功能区域与创新资源的配置错位。哈尔滨市的创新人才集中在南岗区"大直街—学府路"一带，但该区域为知识扩散、技术转化所提供的空间资源不足，而政策导向的创新增量主要配置于江北、哈南，但这些区域创新基础要素配置不足，与知识经济时代创新人才的空间需求不符，对创新人才的吸引力有限，故缺乏发展动力。因此，应当针对创新要素的现有分布与空间特点，增添不同类型的创新空间规划政策，精准引导全城创新良性发展。

（2）创新空间优化分类引导

依据本文的高创新潜力集聚空间聚类结果，对各类空间的要素配置情况进行进一步梳理，识别关键驱动要素与缺位要素，分类提出创新导向规划策略，如图5-13所示。

（3）基于创新潜力评价模型的辅助决策平台搭建

本研究提供了一种将城市划分为网格空间，进行多尺度资源要素统计、评价与分析的方法体系，可以为智慧创新街区的打造与管理治理提供基础。如图5-14所示，可以识别高潜力创新空间，并聚焦某个空间单元对其周边资源状况进行具体分析。

	关键驱动要素	重要缺失要素	优化策略
政策支持型创新空间	交通路网、产业园区建设、工业用地、亲水性、科技服务、政策支持	金融咨询、文化服务、开发强度、开放空间、地铁、公交、基础教育服务	■ 补充配套基础服务、生产支撑服务要素等。 ■ 注重政策引领，吸引机构进驻，打造创新培育基底。 ■ 进行创新导向的景观设计，打造街道活力友好型街区
城市服务支撑型创新空间	交通路网、金融咨询、文化服务、开发强度、科技服务、地铁	科技服务、产业园区建设、开放空间、公交、基础教育服务	■ 基于区域发展特色对产业发展方向进行梳理引导。 ■ 充分利用局域发展资源，引导对口产业的兴起
知识扩散型创新空间	科技服务、交通路网、基础教育服务、金融咨询、文化服务、产业园区建设	开发强度、开放空间、地铁、公交	■ 挖掘城市存量空间，在高校周边提取充足的空间资源，并引导相应产业入驻。 ■ 抓住丰富的高校资源与时代机遇，对接创新要素高地与应用产出平台
生产服务支撑型创新空间	金融咨询、交通路网、科技服务、开发强度、产业园区建设、文化服务	开放空间、地铁、公交、基础教育服务	■ 进一步明确主导行业与发展方向，合理植入创新企业，使资源整合产生"1+1>2"的高效能
边缘型创新空间	交通路网、文化服务、开放空间、金融咨询、地铁、便利店设施	科技服务、工业用地、开发强度、公交、基础教育服务	■ 引导商业服务建设，完善配套服务和基础设施，提升现有创新人员生活质量并吸引创新人群入驻

图5-13　高潜力创新空间分类优化策略

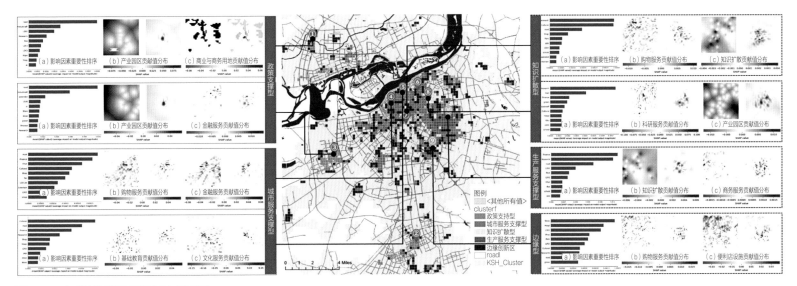

图5-14　智慧创新街区系统平台示意图

六、研究总结

1. 模型设计的特点

本研究基于多源城市数据，利用卷积神经网络、门控循环单元等深度学习算法建立了符合理论逻辑的城市时空创新潜力评价预测模型，采用机器学习可解释算法对各维度影响要素重要性的空间分布特征进行分析，并结合空间聚类成果提出创新导向城市空间发展的精细化规划治理策略。

本研究的创新性主要体现在以下几点：

①建立了精细化、契合理论、可迁移复用的城市空间创新潜力时空预测模型。

②利用SHAP机器学习可解释算法对全局与局部影响要素重要性进行分析，一定程度解决了深度学习预测模型的不可信问题，使对发展情况的预测由现象表述走向精准策略引导。

③挖掘数据支撑下的城市高潜力创新空间的分类发展路径。

④探索知识驱动与数据驱动结合的评价预测范式——将机理引入模型架构设计，对数据驱动成果进行事后解释。

⑤拓展了城市创新研究的维度，为城市空间创新发展提供了"理论—技术—应用"的量化工作框架。

2. 应用方向或应用前景

本研究建立了可为城市未来创新发展提供模拟预测与数字指导的创新潜力时空预测模型，为规划工作者与政府决策者对城市创新发展策略的制定提供技术支持、数据经验支撑与明确的方向引导。

本研究将知识驱动与数据驱动结合，构建时空模拟预测模型，综合解决知识机理模型的预测精度问题与深度学习的黑箱问题，这一思路可以成为人工智能时代预测模型研究的未来发展范式。

研究成果可以集成形成"全域—分类—空间单元"多尺度创新导向城市空间规划治理分析平台，研究所采用的"深度学习评价预测—解释性分析—分类可视化"的研究路径可以为各类精细化城市空间规划辅助决策系统的建立提供借鉴思路。

参考文献

[1] 郑德高，袁海琴. 校区、园区、社区：三区融合的城市创新空间研究[J]. 国际城市规划，2017，32（4）：67-75.

[2] 唐爽，张京祥. 城市创新空间及其规划实践的研究进展与展望[J]. 上海城市规划，2022（3）：87-93.

[3] Esmaeilpoorarabi N，Yigitcanlar T，Guaralda M，et al. Evaluating place quality in innovation districts：A Delphic hierarchy process approach[J]. Land use policy，2018，76：471-486.

[4] Pei J，Zhong K，Li J，et al. ECNN：evaluating a cluster-neural network model for city innovation capability[J]. Neural Computing and Applications，2021，卷（期）：1-13.

[5] 梅亮，陈劲，刘洋. 创新生态系统：源起、知识演进和理论框架[J]. 科学学研究，2014，32（12）：1771-1780.

[6] 范洁. 创新生态系统的理论逻辑与治理机制——基于生命周期演化的视角[J]. 技术经济与管理研究，2017（9）：32-36.

[7] Carayannis E G，Campbell D F J. 'Mode 3'and'Quadruple Helix'：toward a 21st century fractal innovation ecosystem[J]. International journal of technology management，2009，46（3-4）：201-234.

[8] Granstrand O，Holgersson M. Innovation ecosystems：A conceptual review and a new definition[J]. Technovation，2020，90：102098.

[9] Brown R，Mason C. Looking inside the spiky bits：a critical review and conceptualisation of entrepreneurial ecosystems[J]. Small business economics，2017，49（1）：11-30.

[10] 夏丽娟，谢富纪，王海花. 制度邻近、技术邻近与产学协同创新绩效——基于产学联合专利数据的研究[J]. 科学学研究，2017，35（5）：782-791.

[11] 邓羽，司月芳. 西方创新地理研究评述[J]. 地理研究，2016，35（11）：2041-2052.

[12] Kopf J，Neubert B，Chen B，et al. Deep photo：Model-based photograph enhancement and viewing[J]. ACM transactions on graphics（TOG），2008，27（5）：1-10.

［13］Li Z，Liu F，Yang W，et al. A survey of convolutional neural networks：analysis，applications，and prospects［J］. IEEE transactions on neural networks and learning systems，2021.

［14］Dey R，Salem F M. Gate-variants of gated recurrent unit（GRU）neural networks［C］//2017 IEEE 60th international midwest symposium on circuits and systems（MWSCAS）. IEEE，2017：1597-1600.

［15］Lundberg S M，Lee S I. A unified approach to interpreting model predictions［J］. Advances in neural information processing systems，2017.

［16］Anselin L. Interactive techniques and exploratory spatial data analysis［J］. 1999.

［17］Anselin L. Local indicators of spatial association—LISA［J］. Geographical analysis，1995，27（2）：93-115.

［18］Likas A，Vlassis N，Verbeek J J. The global k-means clustering algorithm［J］. Pattern recognition，2003，36（2）：451-461.

［19］鲍宇廷. 基于生命周期的城市创新空间组织研究［D］. 南京：东南大学，2021.

［20］那慕晗，边博文. 基于创新生态系统理论的创新区规划路径研究——以杭州未来科技城为例［J］. 城市规划，2022，46（4）：7-20，53.

流动空间与场所空间双重视角下的城镇圈实施监测评估模型

工作单位：同济大学建筑与城市规划学院

报名主题：面向生态文明的国土空间治理

研究议题：城市化发展演化与空间发展治理策略

技术关键词：社会网络分析、图论算法、结构方程模型

参 赛 人：张悦晨、李卓欣、谭添、高雨晨、陈思玲、胡源沐柳

指导老师：钮心毅

参赛人简介：团队参赛成员均为同济大学建筑与城市规划学院城乡规划专业2022级硕士研究生，细分研究领域涵盖了区域和城市空间发展、城乡韧性与交通及基础设施研究、城乡历史与遗产保护等方面。团队通过不同研究领域的碰撞，拥有多元的分析视角和互补的分析能力，能综合且精确地识别城市发展中的问题，并提出兼具战略意义与实践价值的科学决策方案。团队成员希望能为实际的城市规划和发展提供创新性和可行性的解决方案，有力推动城市的健康、可持续发展。

一、研究问题

1. 研究背景及目的意义

（1）选题背景

"城镇圈"的城乡体系结构由《上海市城市总体规划（2017—2035年）》（以下简称"上海2035"）首次提出，旨在解决超大城市郊区空间无序发展问题、顺应城市区域化与空间网络化发展趋势。城镇圈注重产城融合、职住平衡、资源集约和服务共享，不仅是郊区空间组织的基本单元，更是资源配置与功能联系的重要形式。然而当前的城镇圈规划并未按照预期打破传统"按照行政区划分配资源"的模式，造成空间使用与资源分配严重脱节、缺乏合理实施评估引导城镇圈高质量发展。此外，2019年发布的《中共中央 国务院关于建立国土空间规划体系并监督实施的若干

意见》，明确要求建立健全国土空间规划动态监测、评估预警和实施监管机制。因此，评估监测城镇圈的空间效能与规划实施水平至关重要，亟需将规划编制与实施紧密衔接，形成"编制—决策—实施—反馈"的流程闭环。

（2）国内外研究现状及不足

城镇圈是超大城市区域空间组织的形式之一，"空间聚类"是区域空间实施监测评估的主要方法，相关研究大致分为"属性方法"和"网络方法"两类。

属性方法在场所空间理论框架下，基于场所数据（人口规模、社会经济发展、地理空间等），利用指标法和引力模型识别城市群范围和边界。该方法在城市群范围及空间结构方面趋于成熟，并被推广至城镇圈划定相关研究：张磊等构建了"三生"功能的生态位适宜度评价指标体系，采用引力模型等识别京津冀城

166

镇圈格局和演化特征。但是基于此类方法判定存在一定局限性：一方面，影响城市范围的并非距离远近，而是交通可达性高低；另一方面，在全球化与信息化背景下，距离对城市间联系的影响逐渐减弱。

网络方法在流动空间理论框架下，基于联系数据（企业数据、交通流数据、信息流数据等），强调城镇节点间的功能联系。在城镇圈划分研究方面，钮心毅和李志鹏利用手机信令数据，采用Louvain社区发现算法得出居民跨城镇通勤出行一般规律、揭示城镇圈网络结构特征；赵一夫利用手机信令通勤和非通勤数据分别表征就业及公共服务联系强度，评估城镇圈就业服务能力和公共服务能力。然而，有研究指出："仅从关系强度计算或等级划分方面考虑城市结构"忽视了城市网络节点功能的差异性和多样性、无法对城市特殊作用正确认知。

综上，场所空间和流动空间视角下的方法各自具有优势和劣势，二者结合可以弥补单一视角的理论缺陷与应用局限；而目前学界在区域组织研究方面对二者交叉分析较少，并缺乏对规划实施评估策略的直接引导。

（3）研究意义

城镇圈在实际实施监测评估中往往受制于传统行政区划，过度注重物质空间评估指标，难以满足城市精细化管理要求。近年来，流动数据逐渐弥补了传统数据的不足，学界开始尝试由过去的场所空间转向流动空间，评估城镇圈实施效能，然而单向度的流动空间视角又忽视了场所空间的多重维度。目前仍缺乏有效的实施评估机制与理论，将场所空间与流动空间交叉分析。

因此，本研究从双重视角出发，探讨城镇圈实施监测评估的思路方法，通过探寻其内在机制，提供全新区域综合评估视角，有助于构建更全面科学的城镇圈监测实施评估体系；同时通过实践案例为区域组织相关规划的监测评估提供参考，推动规划监测更具系统性。

2. 研究目标及拟解决的问题

（1）研究目标

构建城镇圈"实施—监测—评估—调控优化—再循环"的全周期规划决策支持模型。利用"场所空间"模型和"流动空间"模型，生成双重视角下的现状城镇圈体系，与2035规划目标交叉对比。动态监测城镇圈势力范围与等级结构，评估现状与规划的

偏离程度，辅助决策城镇圈规划的实施和调整。

（2）拟解决问题

1）监测城镇圈空间结构特征是否偏离规划目标；

2）评估城镇圈资源配置与功能联系水平，以及其对空间结构特征的影响；

3）整合场所空间和流动空间双重视角下的不同评价结果；

4）将监测评估结果与规划决策联系，指向实施路径和规划目标的调控优化。

二、研究方法

1. 研究方法及理论依据

（1）理论依据

1）全周期规划理念

"全生命周期"指"从规划编制到落实，需经历编制、审批、修改、实施监督等完整流程"。本研究以以上理念为技术路线指导，基于区域空间动态性和变化的外部环境，建立"实时监测、定期评估、动态维护、适时调整优化"的城镇圈规划监测评估优化制度。

2）场所空间理论和流动空间理论

在全球化和信息化时代，场所空间与流动空间综合分析是区域空间研究的新范式，本文将二者交叉分析，以评估城镇圈发展质量。

场所空间理论基于地理邻近性和就近影响，分析区域内城市中心体系等级和秩序关系。其逻辑是地方性、相对隔离的，可以更好反映地域属性，表征资源配置水平。

流动空间超越等级和地理邻近联系，关注城市网络体系的功能、结构和连接关系，使空间结构从树形转变为非树形。其逻辑是无场所、无界、网络化的，更能体现网络联系，表征功能联系强度。

将二者结合应用具有以下必要性：

①有利于减少各自的局限性。场所空间和流动空间特征互补且相互影响，场所空间的能力、特性和要素决定流动空间的运作模式，流动空间反之也能够形塑场所空间；

②更好适应规划要求。场所空间会忽略超越场所的联系，流动空间虽能表征联系，但无法直接服务于具有在地性的规划编

制，二者结合更有利于实现城镇圈的功能联系与资源配置目标；

③避免各行政区发展相互制衡。场所空间和流动空间的不平衡可能造成宏观发展和在地利益、短期发展和长期协调之间的矛盾。

（2）研究方法

1）城镇圈范围测定方法

城镇圈范围体现城镇间的协同关系，可表征当前城镇圈发育程度和发展水平。本研究对双重视角下的城镇圈范围采取了不同的测定方法。

针对场所空间视角，基于各研究单元协调发展水平的联系强度，采用最小生成树与格式塔原则，得到城镇圈范围。

针对流动空间视角，基于居民跨镇出行OD矩阵，采用社会网络分析揭示居民活动的实际或潜在关系，得到城镇圈范围。

2）城镇圈内城镇等级的测定方法

城镇圈内城镇的等级体现了互相间的功能联系强度，越高等级的城镇具有越强的集聚或扩散效益、为重点发展对象，可作为判断城镇圈当前发展方向的依据。

针对两种视角下，均采用网络中心度模型，计算各城镇的相对度数中心度，以表征城镇等级。

2. 技术路线及关键技术

为实现"实施—监测—评估—调控优化"的城镇圈全周期规划决策支持，本模型由4部分构成：流动空间视角下的现状城镇圈识别、场所空间视角下的现状城镇圈识别、规划与现状城镇圈一致性判定、规划调控优化工具箱构建（图2-1）。

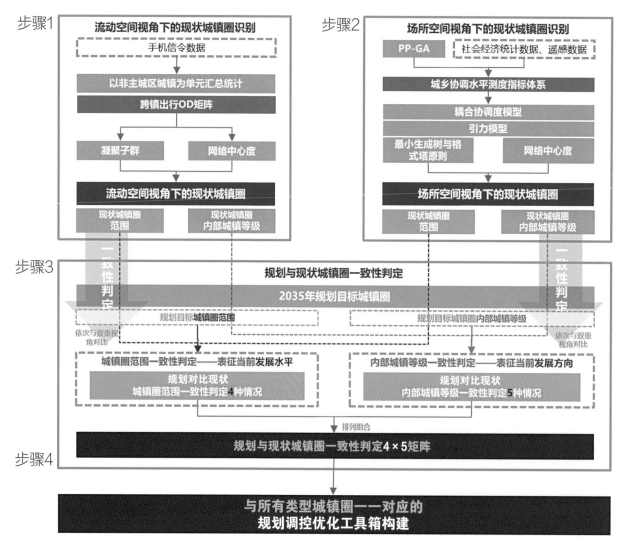

图2-1 模型框架

（1）流动空间视角下的现状城镇圈范围与等级识别

以非主城区城镇为单元统计手机信令数据，建立跨镇居民活动网络OD矩阵，作为后续分析基础。

首先，采用凝聚子群对跨镇居民活动网络进行社会网络分析，得到若干跨镇活动组群，以反映居民实际交互状态、表征流动空间视角下的现状城镇圈范围。

其次，基于OD矩阵计算各研究单元相对度数中心度，并进行分级，表征流动空间视角下的现状城镇圈内部城镇等级。

（2）场所空间视角下的现状城镇圈范围与等级识别

构建协调发展水平指标体系，作为后续分析基础。

首先，基于指标体系，利用耦合协调度模型评价各研究单元的协调发展水平，并引入引力模型得到引力矩阵，以反映各研究单元间的协调发展水平联系强度。

其次，基于协调发展引力矩阵，构建各研究单元间的最小生成树，并运用格式塔原则划分若干组团，以表征场所空间视角下的现状城镇圈范围。同时，计算相对度数中心度并分级，以表征

现状城镇圈内部城镇等级。

（3）规划与现状城镇圈一致性判定

场所空间表征的"资源配置水平"与流动空间表征的"功能联系强度"同为城镇圈发展质量的评价方面，因此本模型将规划目标城镇圈同时与双重视角下的现状城镇圈对比、判定一致性，以评价现状发展质量。

1）规划对比现状：城镇圈范围

首先，将规划目标城镇圈范围分别与双重视角下的现状城镇圈范围比较，以判断相比规划目标、现状城镇圈是否存在势力偏移，即"当前发展水平"是否契合规划预期，共存在4种可能性（图2-2）。

2）规划对比现状：城镇圈内部城镇等级

其次，将规划目标中的城镇等级分别与双重视角下现状城镇等级比较，根据中心镇（城镇圈内最高等级城镇）位置的一致性判断现状重点发展对象是否与规划一致，即"当前发展方向"是否符合规划预期，共存在5种可能性（图2-3）。

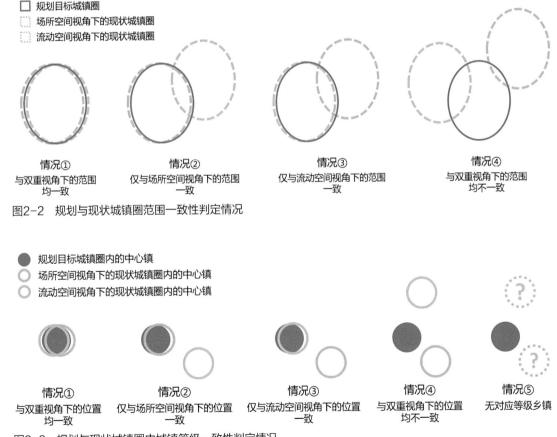

图2-2　规划与现状城镇圈范围一致性判定情况

图2-3　规划与现状城镇圈内城镇等级一致性判定情况

3）规划结合现状：城镇圈一致性判定矩阵

综合以上，可得到具有普适性的城镇圈发展一致性判定4×5矩阵（表2-1）。

（4）规划调控优化工具箱构建

基于一致性归类矩阵类型划分，可进一步解读不同类型城镇圈的发展质量，提出兼具共性和差异性的规划调控优化方法（表2-2）。

城镇圈发展一致性判定矩阵   表2-1

☐ 当前发展水平　　☐ 当前发展方向　　✔ 与规划目标契合　　✘ 与规划目标不契合

乡镇等级一致性 范围一致性	情况① （与流动、场所空间均一致）	情况② （仅与场所空间一致）	情况③ （仅与流动空间一致）	情况④ （与流动、场所空间均不一致）	情况⑤ （无对应等级乡镇）
情况① （与流动、场所空间均一致）	类型A 资源配置佳 ✔ 功能联系强 ✔ 强调资源配置 ✔ 强调功能联系 ✔	类型B 资源配置佳 ✔ 功能联系强 ✔ 强调资源配置 ✔ 忽视功能联系 ✘	类型C 资源配置佳 ✔ 功能联系强 ✔ 忽视资源配置 ✘ 强调功能联系 ✔	类型D 资源配置佳 ✔ 功能联系强 ✔ 忽视资源配置 ✘ 忽视功能联系 ✘	类型E 资源配置佳 ✔ 功能联系强 ✔ 忽视资源配置 ✘ 忽视功能联系 ✘
情况② （仅与场所空间一致）	类型F 资源配置佳 ✔ 功能联系弱 ✘ 强调资源配置 ✔ 强调功能联系 ✔	类型G 资源配置佳 ✔ 功能联系弱 ✘ 强调资源配置 ✔ 忽视功能联系 ✘	类型H 资源配置佳 ✔ 功能联系弱 ✘ 忽视资源配置 ✘ 强调功能联系 ✔	类型I 资源配置佳 ✔ 功能联系弱 ✘ 忽视资源配置 ✘ 忽视功能联系 ✘	类型J 资源配置佳 ✔ 功能联系弱 ✘ 忽视资源配置 ✘ 忽视功能联系 ✘
情况③ （仅与流动空间一致）	类型K 资源配置差 ✘ 功能联系强 ✔ 强调资源配置 ✔ 强调功能联系 ✔	类型L 资源配置差 ✘ 功能联系强 ✔ 强调资源配置 ✔ 忽视功能联系 ✘	类型M 资源配置差 ✘ 功能联系强 ✔ 忽视资源配置 ✘ 强调功能联系 ✔	类型N 资源配置差 ✘ 功能联系强 ✔ 忽视资源配置 ✘ 忽视功能联系 ✘	类型O 资源配置差 ✘ 功能联系弱 ✔ 忽视资源配置 ✘ 忽视功能联系 ✘
情况④ （与流动、场所空间均不一致）	类型P 资源配置差 ✘ 功能联系弱 ✘ 强调资源配置 ✔ 强调功能联系 ✔	类型Q 资源配置差 ✘ 功能联系弱 ✘ 强调资源配置 ✔ 忽视功能联系 ✘	类型R 资源配置差 ✘ 功能联系弱 ✘ 忽视资源配置 ✘ 强调功能联系 ✔	类型S 资源配置差 ✘ 功能联系弱 ✘ 忽视资源配置 ✘ 忽视功能联系 ✘	类型T 资源配置差 ✘ 功能联系弱 ✘ 忽视资源配置 ✘ 忽视功能联系 ✘

规划调控优化工具箱   表2-2

☐ 规划城镇圈发展质量解读　　☐ 规划调控优化方法（调控规划实施）（调控规划目标）　　✔ 与规划目标契合　　✘ 与规划目标不契合

乡镇等级一致性 范围一致性	情况① （与流动、场所空间均一致）	情况② （仅与场所空间一致）	情况③ （仅与流动空间一致）	情况④ （与流动、场所空间均不一致）	情况⑤ （无对应等级乡镇）
情况① （与流动、场所空间均一致）	类型A 当前发展水平一致 ✔ 重点发展方向一致 ✔ **方法A** 无需调整	类型B 当前发展水平一致 ✔ 重点发展方向 忽视**功能联系** ✘ **方法B** 调控规划实施： 优化内部各乡镇之间的功能联系强度	类型C 当前发展水平一致 ✔ 重点发展方向 忽视**资源配置** ✘ **方法C** 调控规划实施： 优化内部各乡镇的资源配置水平	类型D 当前发展水平一致 ✔ 重点发展方向 忽视**资源配置与功能联系** ✘ **方法D** 调控规划实施： 同时优化内部各乡镇之间的功能联系强度与资源配置水平	类型E 当前发展水平一致 ✔ 重点发展方向 忽视**资源配置与功能联系** ✘

续表

乡镇等级一致性 / 范围一致性	情况① (与流动、场所空间均一致)	情况② (仅与场所空间一致)	情况③ (仅与流动空间一致)	情况④ (与流动、场所空间均不一致)	情况⑤ (无对应等级乡镇)
情况② (仅与场所空间一致)	**类型F** 当前发展水平 **功能联系弱** ✗ 重点发展方向一致 ✔ **方法B** 调控规划实施：优化内部各乡镇之间的功能联系强度	**类型G** 当前发展水平 **功能联系弱** ✗ 重点发展方向 忽视**功能联系** ✗ **方法E** 调控规划实施：着重优化内部各乡镇之间的功能联系强度	**类型H** 当前发展水平 **功能联系弱** ✗ 重点发展方向 忽视**资源配置** ✗ **方法D** 调控规划实施：同时优化内部各乡镇之间的功能联系强度与资源配置水平	**类型I** 当前发展水平 **功能联系弱** ✗ 重点发展方向 忽视**资源配置与功能联系** ✗ **方法F** 调控规划实施：着重优化内部各乡镇之间的功能联系强度，优化内部各乡镇之间的资源配置水平	**类型J** 当前发展水平 **功能联系弱** ✗ 重点发展方向 忽视**资源配置与功能联系** ✗
情况③ (仅与流动空间一致)	**类型K** 当前发展水平 **资源配置差** ✗ 重点发展方向一致 ✔ **方法C** 调控规划实施：优化内部各乡镇的资源配置水平	**类型L** 当前发展水平 **资源配置差** ✗ 重点发展方向 忽视**功能联系** ✗ **方法D** 调控规划实施：同时优化内部各乡镇之间的功能联系强度与资源配置水平	**类型M** 当前发展水平 **资源配置差** ✗ 重点发展方向 忽视**资源配置** ✗ **方法G** 调控规划实施：着重优化内部各乡镇之间的资源配置水平	**类型N** 当前发展水平 **资源配置差** ✗ 重点发展方向 忽视**资源配置与功能联系** ✗ **方法H** 调控规划实施：优化内部各乡镇之间的功能联系强度，着重优化内部各乡镇之间的资源配置水平	**类型O** 当前发展水平 **资源配置差** ✗ 重点发展方向 忽视**资源配置与功能联系** ✗
情况④ (与流动、场所空间均不一致)	**类型P** 当前发展水平 **资源配置差、功能联系弱** ✗ 重点发展方向一致 ✔ **方法I** 调控规划目标：因地制宜调整城镇圈范围	**类型Q** 当前发展水平 **资源配置差、功能联系弱** ✗ 重点发展方向 忽视**功能联系** ✗ **方法J** 调控规划实施：着重优化内部各乡镇之间的功能联系强度，优化内部各乡镇之间的资源配置水平 **调控规划目标：**因地制宜调整城镇圈范围	**类型R** 当前发展水平 **资源配置差、功能联系弱** ✗ 重点发展方向 忽视**资源配置** ✗ **方法K** 调控规划实施：优化内部各乡镇之间的功能联系强度，着重优化内部各乡镇之间的资源配置水平 **调控规划目标：**因地制宜调整城镇圈范围	**类型S** 当前发展水平 **资源配置差、功能联系弱** ✗ 重点发展方向 忽视**资源配置与功能联系** ✗ **方法L** 调控规划目标：因地制宜调整城镇圈范围、内部乡镇等级	**类型T** 当前发展水平 **资源配置差、功能联系弱** ✗ 重点发展方向 忽视**资源配置与功能联系** ✗ **方法M** 调控规划实施：同时优化内部各乡镇之间的功能联系强度与资源配置水平 **调控规划目标：**因地制宜调整城镇圈范围

三、数据说明

1. 数据内容及类型

城镇圈以乡镇为基本单元。综合考虑该级别数据的准确性与可得性，本模型选取手机信令、POI（Point of Interest）、夜间灯光、土地利用等作为研究基础。

（1）流动空间视角

手机信令数据凭借巨大的样本量与空间信息，成为表达居民活动特征、测度空间关联强度的重要载体。因此，基于特定时间、区域内的手机信令数据构建跨镇居民活动网络。

（2）场所空间视角

1）POI数据

城镇圈作为资源配置的基本单元，需要体现城乡融合与跨区域公共服务均等化。因此，收集百度POI数据以表征公共服务水平，包含教育、商业、医疗卫生、公用设施等。

2）夜间灯光数据

基于夜间灯光数据计算经济密度，数据来自华东师范大学GIS开发与城市遥感团队发布的降噪处理后的开源数据，分辨率1km×1km。

3）土地利用数据与地表覆盖数据

基于土地利用数据计算人均建设用地、人均绿地率、碳排放，数据来自清华大学宫鹏、徐冰教授等于2019年12月公布的全国范围地块尺度的城市土地利用图数据集。采用GlobeLand30地表覆盖数据计算景观破碎度、景观集聚度。

4）$PM_{2.5}$污染数据

基于$PM_{2.5}$栅格数据计算$PM_{2.5}$浓度，数据来自圣路易斯华盛顿大学大气成分分析组网站，分辨率0.01°×0.01°。

5）统计数据

数据来源于第七次全国人口普查结果、统计年鉴，包括常住人口、GDP等。

6）企业数据

基于企业数量数据体现经济要素分布与产业发展状况，数据来源于企查查网站，筛选出现状存续的三产企业。

2. 数据预处理技术与成果

（1）流动空间视角

基于手机信令数据，识别各用户居住地、通勤目的地与非通勤目的地。

（2）场所空间视角

1）POI数据

按照设施服务半径，计算各类设施的服务范围覆盖率（表3-1）。

2）夜间灯光数据与$PM_{2.5}$污染数据

二者均为栅格形式数据，计算栅格平均值（表3-1）。

3）碳排放量数据

基于土地利用和碳排放系数法计算碳排放（吸收）量（表3-2）。不同土地利用类型的碳排放（吸收）系数参考"浦东新区总体规划碳排放核算研究"和"中国土地利用碳排放时空特征及影响因素研究"确定。

协调发展水平指标体系　　　　表3-1

目标层	指标	计算方法	数据来源
经济生活	人均GDP	GDP总量/总常住人口	⑥
	人均建设用地面积	建设用地面积总量/总常住人口	④

续表

目标层	指标	计算方法	数据来源
经济生活	产业发展	三产企业总量/总面积	⑦
	人口密度	总居住人口/总面积	②
	经济密度	夜间灯光指数栅格值总和/总面积	③
社会发展	路网密度	路网总长度/总面积	④
	教育设施服务水平	小学服务范围覆盖率（步行15分钟）	①
		中学服务范围覆盖率（步行20分钟）	
	商业设施服务水平	超市/便利店服务范围覆盖率（步行15分钟）	①
	医疗卫生设施服务水平	市区级医院服务范围覆盖率（5km）	①
		社区卫生服务设施服务范围覆盖率（步行15分钟）	
	公用设施服务水平	公共厕所服务范围覆盖率（步行15分钟）	①
生态环境	$PM_{2.5}$浓度	$PM_{2.5}$浓度栅格值总和/总面积	⑤
	人均绿地面积	绿地总面积/总常住人口	④
	碳排放量	碳排放（吸收）系数×总用地面积	④
	景观破碎度	景观斑块总数/总景观面积	④
	景观集聚度	（1-复杂性指数）/复杂性指数最大可能值	④

注：①POI数据；②手机信令数据；③夜间灯光数据；④土地利用数据与地表覆盖数据；⑤$PM_{2.5}$污染数据；⑥统计数据；⑦企业数据。

碳排放（吸收）系数　　　　表3-2

土地利用类型	碳排放（吸收系数）	单位
耕地	0.447	$t/(hm^2 \cdot a)$
林地	-0.463	$t/(hm^2 \cdot a)$
草地	-0.22	$t/(hm^2 \cdot a)$
水域	-0.567	$t/(hm^2 \cdot a)$
未利用土地	-0.05	$t/(hm^2 \cdot a)$
工业用地	221.36	$t/(hm^2 \cdot a)$
公园绿地	-0.52	$t/(hm^2 \cdot a)$
交通用地	89.9	$t/(hm^2 \cdot a)$
居住用地	53.8	$t/(hm^2 \cdot a)$
商业与公共设施用地	140.75	$t/(hm^2 \cdot a)$

4）统计数据

按照各研究单元人口或面积总量计算相对值（表3-1）。

四、模型算法

1. 模型算法流程及相关数学公式

（1）流动空间视角

1）居民活动网络构建：OD矩阵

提取手机信令数据，建立跨研究单元OD矩阵，形成居民活动网络。

OD（Origin-Destination）矩阵以任意两交通分区间出行量为元素。本模型构建全目的（不区分通勤或非通勤）、全方式（不区分出行手段）矩阵，得到研究单元i和j间的功能联系强度。

2）现状城镇圈空间组织识别：凝聚子群分析

使用凝聚子群分析将所有研究单元划分为若干组团。

凝聚子群（Cohesion Subgroups）指由关系紧密的节点组成的集合。本研究利用经典算法CONCOR（CONvergence of iterated CORrelations）中的块模型（Block-modeling）生成块矩阵（Blocked Matrix），划分z个子群；并生成密度矩阵（Density Matrix），得到子群间的关联强度。

3）等级划分：网络中心度模型

使用网络中心度模型划分各研究单元等级。

网络中心度（Centrality）反映节点在网络中的地位；其中，度数中心度（Degree Centrality）刻画节点的局部中心指数，包括绝对、相对两步计算。本研究利用相对度数中心度表征研究单元在网络中的位置，数值越高说明越处于中心。

$$C_d(c_i) = \sum_1^n \delta_j^i, \delta_j^l = \begin{cases} 1, i \text{与} j \text{之间有直接联系} \\ 0, i \text{与} j \text{之间无直接联系} \end{cases} \quad （4-1）$$

$$C_r(c_i) = \frac{C_d(c_i)}{(n-1)} \quad （4-2）$$

式中，$C_d(c_i)$为第i个研究单元的绝对度数中心度，n为研究单元总数，δ_j^i用于判断i与j是否有直接联系；$C_r(c_i)$是i的相对度数中心度。

（2）场所空间视角

1）指标权重计算：PP-GA模型

结合投影追踪模型与GA算法，将权重计算与综合集成固化统一，得到协调发展水平指标体系中客观的指标权重。

投影寻踪（PP）模型是数据降维与分析处理的前沿方法。在单一子系统内，设有m个研究单元、n个评价指标，$x(i,j)$为第i个研究单元第j个评价指标值，PP模型将n维指标投影综合成以a为投影方向的一维投影值p(i)。

$$p(i) = \sum_{j=1}^n a(j) x(i,j) \quad （4-3）$$

投影指标函数$Q(a)$计算公式为：

$$Q(a) = S_p D_p \quad （4-4）$$

$$S_p = \sqrt{\sum_{i=1}^m (p(i) - E(p))^2 / (m-1)} \quad （4-5）$$

$$D_p = \sum_{i=1}^m \sum_{j=1}^m (R - r(i,j)) u(R - r(i,j)) \quad （4-6）$$

式中，S_p为投影值p(i)标准差；D_p为投影值局部密度；$E(p)$为序$\{p(i)|i-1 \sim m\}$列平均值；R为局部密度窗口半径，取$0.1S_p$；$r(i,j)$为研究单元i、j间距离；u为一单位阶跃函数，$t \geq 0$时为1、反之为0。

当指标值给定时，$Q(a)$随投影方向变化：

$$\max : Q(a) = S_p D_p \quad s.t. \sum_{i=1}^n a^2(j) = 1 \quad （4-7）$$

以$Q(a)$为目标函数、$a(j)$为优化变量，采用遗传算法（Genetic Algorithm，简称GA）计算$Q(a)$最大值；再利用式（4-3）得到各单元p(i)值，即协调发展水平指标。

2）协调发展水平评价：耦合协调度模型

在协调发展水平指标体系的基础上，构建耦合协调度模型、测度各研究单元三个目标层的协调水平。

城市作为复杂系统，存在多元内在耦合关系，可利用耦合协调度评价，通过耦合度阐释子系统间的关系、通过协调发展度对整体综合评价：

$$C = \left[\frac{p_1(i) p_2(i) \dots p_q(i)}{\left(\dfrac{p_1(i) + p_2(i) + \dots + p_q(i)}{q} \right)^q} \right]^{\frac{1}{q}} \quad （4-8）$$

$$T = \alpha p_1(i) + \beta p_2(i) + \dots + \theta p_q(i) \quad （4-9）$$

$$D = \sqrt{CT} \quad （4-10）$$

式中，D为耦合协调度；C为耦合度；$p_1(i)$, $p_2(i)$, ..., $p_q(i)$ 代表研究单元i各目标层协调发展水平；q为目标层总数。T为综合发展水平；α, β, ..., θ为待定系数，本文认为各目标层同等重要，均取值$1/q$。

3）协调发展水平联系强度计算：引力模型

运用引力模型，计算得到协调发展水平引力矩阵，反映各研究单元在协调发展水平方面的联系强度。

引力模型反映空间互动强度，与质量乘积成正比，与距离平方成反比：

$$F_{ij} = \frac{M_i M_j}{r_{ij}^2} \qquad (4-11)$$

式中，F_{ij}为研究单元i和j间的协调发展联系强度，M_i和M_j分别是i和j的综合质量；r_{ij}为i和j之间的距离。

4）筛选强关联单元连接：最小生成树与格式塔原则

基于引力矩阵，构建连接各研究单元的最小生成树，并基于格式塔原则剔除不相关的边、反映聚类。

①最小生成树

n个带权路径可以构成一个无向完全图G（图4-1）及其邻接矩阵（图4-2）。从中选择$n-1$条路径构成一个连通各单元、总权值最低的网络，即为最小生成树（Minimum Spanning Tree，简称MST）问题。本文采用Prim法，以各研究单元为点集、协调发展水平联系强度的倒数为权重，构建最小生成树。

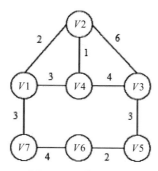

图4-1 无向完全图G

	$V1$	$V2$	$V3$	$V4$	$V5$	$V6$	$V7$
$V1$	∞	2	∞	3	∞	∞	3
$V2$	2	∞	6	1	∞	∞	∞
$V3$	∞	6	∞	4	3	∞	∞
$V4$	3	1	4	∞	∞	∞	∞
$V5$	∞	∞	3	∞	∞	2	∞
$V6$	∞	∞	∞	∞	2	∞	4
$V7$	3	∞	∞	∞	∞	4	∞

图4-2 邻接矩阵

②格式塔原则

剔除不相关边、寻找关联性较强的连接线，是构建城镇圈的重点。去除所有不相关连接线后，包含三个及以上节点的子树可视为构成同一城镇圈的研究单元集合。判断连接线是否相关遵循两个原则：

若两研究单元间引力明显小于一定范围内其他两单元间引力，应剔除；

若两研究单元间权重大于一定范围内其他两单元间标准差2倍，应剔除。

$$W(V1, V2) < 0.1\overline{W(V1, V1_{2i})} \text{ 或}$$
$$W(V1, V2) < 0.6\overline{W(V2, V2_{2i})} \qquad (4-12)$$

$$W(V1, V2) < \overline{W(V1, V1_{1i})} + 2std(W(V1, V1_{2j})) \text{ 或}$$
$$< \overline{W(V2, V2_{2i})} + 2std(W(V2, V2_{2j})) \qquad (4-13)$$

式中，$W(V1, V2)$表示$V1$，$V2$边的权重，$\overline{W(V1, V1_{2i})}$与$std(W(V1, V1_{2j}))$分别表示距离$V1$点2个步长内城市连接线的平均权重和标准差，$\overline{W(V2, V2_{2i})}$与$std(W(V2, V2_{2j}))$同理。

5）等级划分：网络中心度模型

基于引力矩阵，使用网络中心度模型计算各研究单元间的互动强度，并依此划分城镇等级。具体原理与公式见式（4-1）和式（4-2）。

2. 模型算法相关支撑技术

本研究采用ArcGIS、Python、UCINET等软件工具。

针对流动空间视角，首先使用ArcGIS软件获取城镇边界经纬度，生成WKT字段。其次，用SQL命令在手机信令平台获得出行统计数据，构建OD矩阵并输入UCINET软件，选择CONCOR命令运算，获得居民跨镇出行网络组群划分结果。最后，使用UCINET软件中的网络中心度模型划分城镇等级。

针对场所空间视角，首先使用Python语言编写PP-GA算法，生成指标权重。其次，运用ArcGIS软件计算，展示耦合协调度结果，利用引力模型得到协调发展水平引力矩阵；利用Python编写最小生成树、格式塔原则得到城镇圈划分结果。最后，使用UCINET软件中的网络中心度模型划分城镇等级。

五、实践案例

1. 实证区域选择：上海市非主城区城镇

"上海2035"将主城区以外的城镇划分为24个城镇圈，各城镇圈内部形成"新城—核心镇—中心镇——般镇"的等级结构。本文选取"上海2035"中96个非主城区城镇作为模型应用实证对象（图5-1）。

2. 数据收集与处理

研究收集2020年12月联通手机信令及社会经济、POI、夜间灯光等多源大数据，并对数据进行预处理（图5-2、图5-3）。

3. 流动空间视角下的现状城镇圈范围与等级识别

对已剔除主城单元的OD矩阵进行凝聚子群分析，初步形成32个组团；依据组团间联系密度进行合并，得到24个网络组团（图5-4），R^2为0.504。

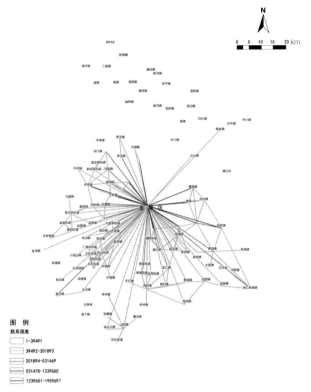

（a）含主城区

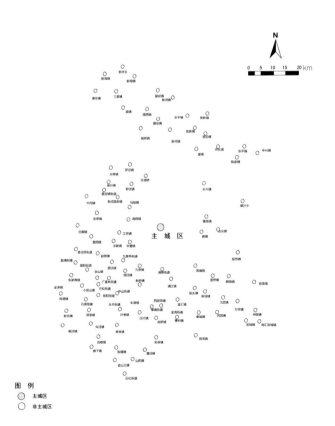

图5-1　实证区域示意图

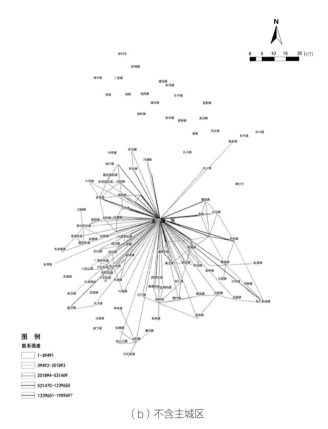

（b）不含主城区

图5-2　跨镇居民活动网络

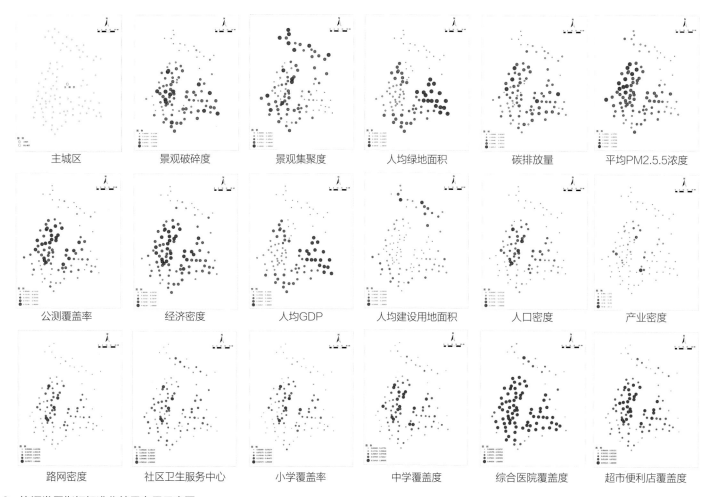

图5-3　协调发展指标标准化结果布局示意图

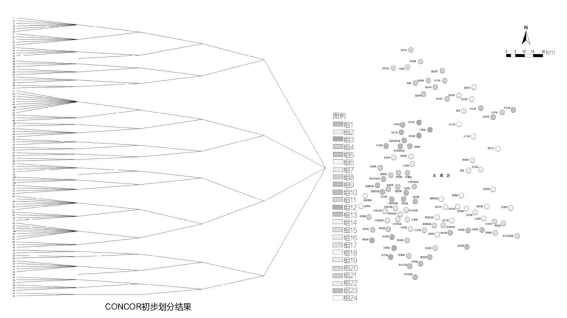

CONCOR初步划分结果

图5-4　利用CONCOR算法的跨镇居民活动网络组团划分

进一步计算相对度数中心度以划分城镇等级。选择除新城外中心度最高的24个城镇作为组团中的核心镇与中心镇，其余为一般镇（图5-5）。

4. 场所空间视角下的现状城镇圈范围与等级识别

基于各个指标的客观权重（表5-1），首先利用耦合协调度模型计算经济发展、社会生活、生态环境三方面的耦合协调度，表征各城镇的协调发展水平（图5-6）。其次，得到各城镇间的耦合协调度引力矩阵，以表征协调发展水平的联系强度（图5-7）。

基于引力矩阵，利用最小生成树算法得到连接所有城镇的引力值最大的方案（图5-8），进一步基于格式塔原则计算得到13个内部联系紧密的城镇组团，剩余21个未形成组团的城镇（图5-9）。

基于引力矩阵，计算相对度数中心度以划分城镇等级。具体操作与流动空间视角下相同（图5-10）。

目标层	指标	权重
	人均GDP	0.150161171
	人均建设用地面积	0.014297965
经济发展	产业发展	0.83328656
	人口密度	0.001545764
	经济密度	0.000708545
	路网密度	0.01855745
	教育设施服务水平	0.300628855
		0.00211823
社会生活	商业设施服务水平	0.023073744
	医疗卫生设施服务水平	0.064996387
		0.105907991
	公用设施服务水平	0.484717345
	$PM_{2.5}$浓度	0.006128889
	人均绿地面积	0.14003293
生态环境	碳排放量	0.70776353
	景观破碎度	0.13533142
	景观集聚度	0.010743225

利用PP-GA算法得到的客观指标权重　表5-1

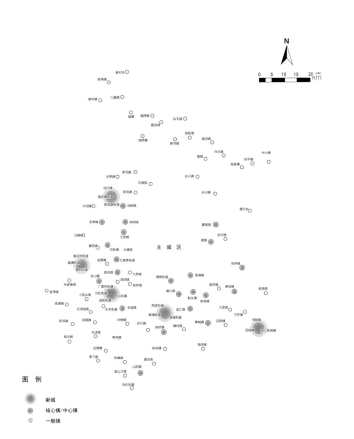

图5-5　利用相对度数中心度计算的城镇等级划分

注：新城虽然属于城镇圈一部分，但是因为有绝对的政策支持与资源倾斜，不参与排序而直接标明。

图5-6　利用耦合协调度模型的协调发展水平计算

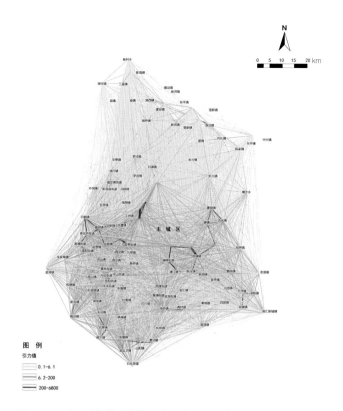

图5-7　利用引力模型的协调发展水平引力矩阵

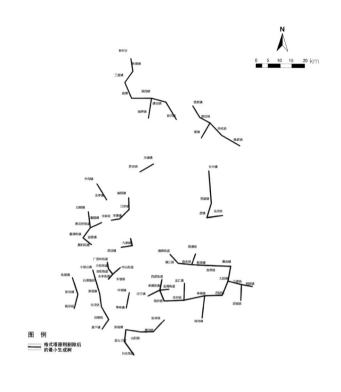

图5-9　基于引力矩阵构建的最小生成树

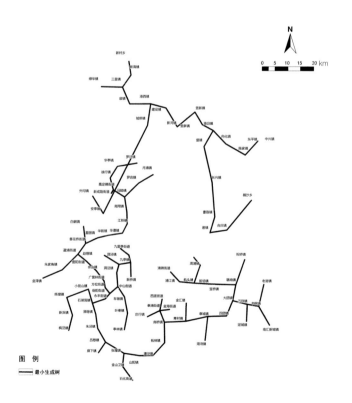

图5-8　利用格式塔原则的场所空间组团划分

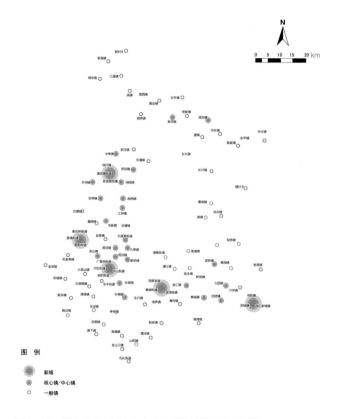

图5-10　利用相对度数中心度计算的城镇等级划分

5. 城镇圈发展质量评价及调控优化方法提出

（1）城镇圈一致性判定

将"上海2035"规划城镇圈范围与等级分别与流动空间和场所空间对比（图5-11、图5-12），运用工具箱（表2-2）对目标城镇圈逐一评估，评估结果共与10种类型相符（表5-2）。

其中松江—金山（上海西南部）更偏向场所空间组团，浦东（上海东部）、嘉定宝山（上海西北部）则更偏向于流动空间组团。

（2）城镇圈发展质量评价及调控优化方法提出

选取以下4个城镇圈作为案例解读发展质量评价，并因地制宜进行差异化调控优化。

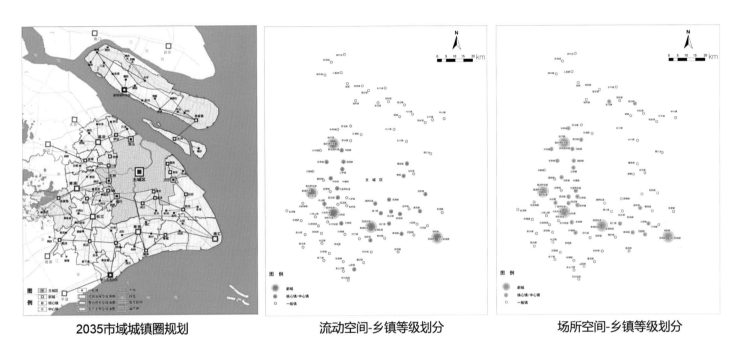

2035市域城镇圈规划　　　流动空间-乡镇等级划分　　　场所空间-乡镇等级划分

图5-11　规划目标城镇圈与双重视角下现状城镇圈范围对比

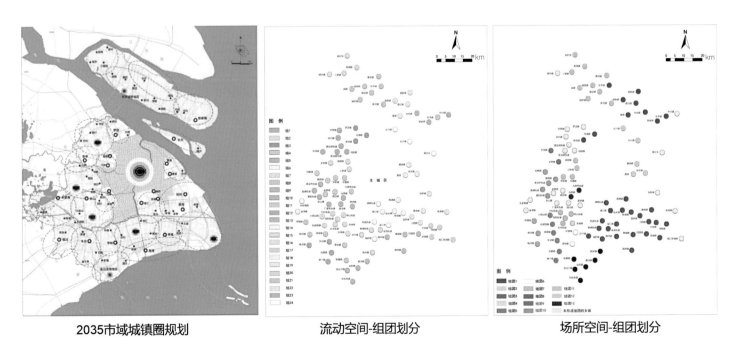

2035市域城镇圈规划　　　流动空间-组团划分　　　场所空间-组团划分

图5-12　规划目标城镇圈与双重视角下现状城镇圈内部城镇等级对比

"上海2035"规划城镇圈发展情况类型划分　　　　　　　　　表5-2

当前发展水平　　　　当前发展方向

范围一致性 ＼ 城镇等级一致性	情况① (与流动、场所空间均一致)	情况② (仅与场所空间一致)	情况③ (仅与流动空间一致)	情况④ (与流动、场所空间均不一致)	情况⑤ (无对应等级城镇)
情况① (与流动、场所空间均一致)	类型A —	类型B —	类型C •曹路—康镇—合庆	类型D —	类型E —
情况② (仅与场所空间一致)	类型F —	类型G —	类型H •金山滨海地区—张堰—漕泾	类型I •亭林—叶榭	类型J —
情况③ (仅与流动空间一致)	类型K •嘉定—外岗—徐行—华亭 •罗店—罗泾—月浦 •三星镇—绿华—新海—新村	类型L —	类型M •祝桥—惠南—宣桥—老港—新场 •康桥—周浦—浦江—航头 •南汇—大团 •长兴—横沙	类型N —	类型O •陈家镇—中兴—向化
情况④ (与流动、场所空间均不一致)	类型P •南翔—江桥 •安亭—白鹤 •奉城—四团 •东平—港沿 •青浦—重固—徐泾—赵巷 •松江—佘山—小昆山—石湖荡	类型Q •九亭—泗泾—洞泾—新桥	类型R •朱家角—金泽—练塘 •枫泾—新浜 •朱泾—泖港—廊下—吕巷 •海湾—柘林	类型S •崇明程桥地区—庙镇—港西—建设—新河—竖新—堡镇 •奉贤—庄行—金汇—青村	类型T —

1）亭林—叶榭

参考判定矩阵（表5-2），该城镇圈属于"类型I"：规划范围与现状场所空间一致，但规划中心镇亭林与现状场所空间中心镇叶榭不同，而流动空间下尚未形成中心镇（图5-13）。因此应"着重优化内部各城镇间功能联系，优化内部各城镇资源配置水平"。

深入研究后可知，亭林、叶榭分别位于松江区、金山区边界处，居民跨区流动受到限制，因此应加强二者间跨区级行政单元的功能联系，例如设施公用、就业引导等，保证跨区级行政单元城镇圈实施手段的有效性。

2）嘉定—外冈—徐行—华亭

参考判定矩阵（表5-2），该城镇圈属于"类型K"：规划范围与现状流动空间一致，但场所空间视角下尚未形成组团（图5-14），因此应"优化内部城镇资源配置水平"。

依据前期协调度指标层（图5-3），可知嘉定南北资源配置不均衡：南部靠近主城区，承接大量溢出资源、配套设施建设较完善；北部人口少，且开发尚未完全、配套较弱。因此可在西北

方向加强与太仓的跨市行政单元资源协调，优化城际交通，合理调配空间资源。

3）康桥—周浦—浦江—航头

参考判定矩阵（表5-2），该城镇圈属于"类型M"：规划范

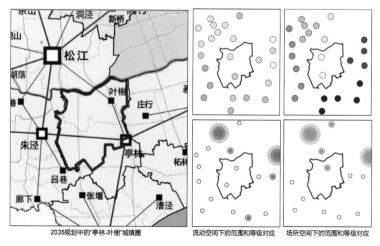

图5-13 "亭林—叶榭"规划目标城镇圈类型判定示意图

围与场所空间一致，城镇等级则仅与流动空间一致（图5-15），表明场所空间表征的"资源配置"水平有待提升。因此应"着重优化内部各城镇的资源配置水平"。

参考场所空间视角下的协调发展指标体系各目标层数据（图5-3），可知"康桥—周浦—浦江—航头"城镇圈在经济生活和社会发展层面表现良好，但是在生态环境层面存在PM$_{2.5}$浓度与碳排放量过高、景观破碎、人均绿地面积小的问题（图5-16）。据此可以判断，导致当前"康桥—周浦—浦江—航头"城镇圈内"资源配置"水平未达规划目标水平的原因在于生态环境保护问题，圈内四镇在未来应注重政策向生态保护方向倾斜。

4）九亭—泗泾—洞泾—新桥

参考判定矩阵（表5-2），该城镇圈属于"类型Q"：规划范

围与现状流动空间、场所空间均不一致，圈内中心镇为九亭、仅与场所空间一致（图5-17）。因此应"着重优化内部各城镇间的功能联系强度、优化内部各城镇的资源配置水平"，"因地制宜调整城镇圈范围"。

首先，参考场所空间视角下的协调发展指标体系各目标层

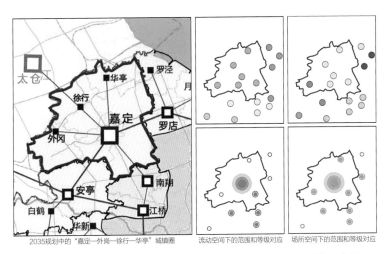

2035规划中的"嘉定—外冈—徐行—华亭"城镇圈 ｜ 流动空间下的范围和等级对应 ｜ 场所空间下的范围和等级对应

图5-14 "嘉定—外冈—徐行—华亭"规划目标城镇圈类型判定示意图

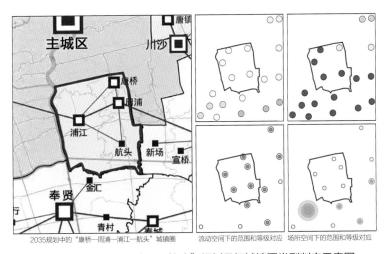

2035规划中的"康桥—周浦—浦江—航头"城镇圈 ｜ 流动空间下的范围和等级对应 ｜ 场所空间下的范围和等级对应

图5-15 "康桥—周浦—浦江—航头"规划目标城镇圈类型判定示意图

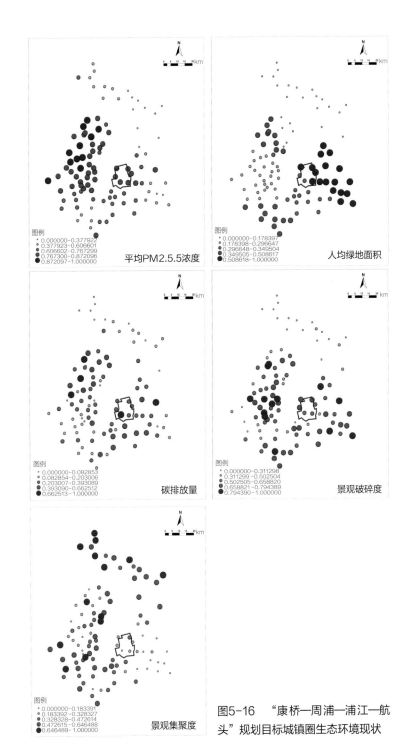

图5-16 "康桥—周浦—浦江—航头"规划目标城镇圈生态环境现状

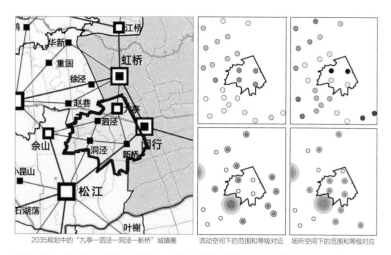

图5-17 "九亭—泗泾—洞泾—新桥"规划目标城镇圈类型判定示意图

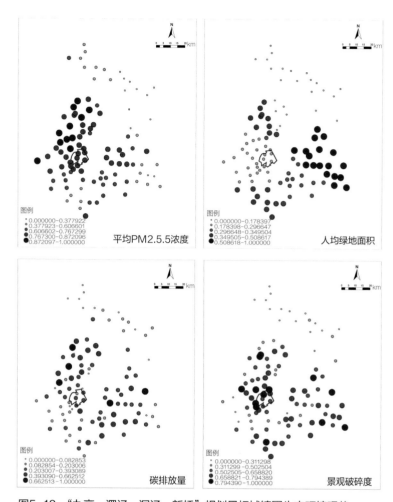

图5-18 "九亭—泗泾—洞泾—新桥"规划目标城镇圈生态环境现状

数据（图5-3），可得知"九亭—泗泾—洞泾—新桥"城镇圈与上文"康桥—周浦—浦江—航头"相似，存在对生态环境保护重视不足的问题（图5-18），相应地，在未来应注重政策向生态保护方向倾斜。

其次，对比流动空间视角下的城镇圈内各城镇互相间以及与外部城镇间的联系强度（表5-3），可知九亭、泗泾、洞泾与彼此功能联系最紧密；然而与新桥功能联系最紧密的则是位于圈外的车墩。

"九亭—泗泾—洞泾—新桥"城镇圈对内、对外手机信令数据　表5-3

	九亭	新桥	泗泾	洞泾	与所有乡镇联系的最大值
九亭	/	31008	36586	14569	36586
新桥	30449	/	14240	25086	55837
泗泾	374655	14394	/	70463	70463
洞泾	15265	25421	70122	/	70122

根据新桥与车墩的现状土地利用与功能布局，可知新桥以居住区为主，车墩则存在大量工业园区，二者功能互补、居民活动来往密切（图5-19）。因此建议调整规划目标，将车墩纳入新桥所在城镇圈、与其余四镇一同发展，形成"九亭—泗泾—洞泾—新桥—车墩"城镇圈，实现设施共享与资源要素流通（图5-20）。

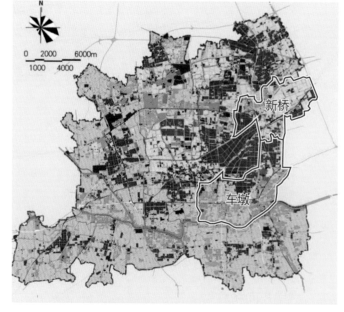

图5-19 松江区土地利用现状

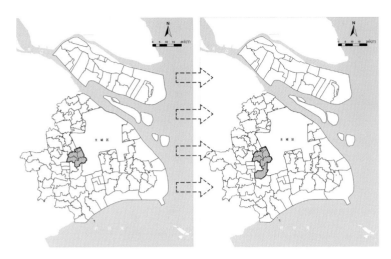

图5-20　城镇圈范围调整策略

六、研究总结

1. 模型设计的特点

（1）理论上，同时考虑场所空间和流动空间理论，综合表征各城镇资源配置和要素流动的关系。与既有研究相比，本研究不仅考虑了区域联系和结构，还衡量了这些联系带来的影响，研究框架形成了区域空间研究新范式。

（2）方法上，将PP—GA、耦合协调度模型、引力模型、社会网络模型、最小生成树算法等多种方法融为一套体系，从不同角度交叉验证，便于成果解读和纠偏。

（3）数据上，综合使用传统数据和大数据。根据多源数据建立协调能力评价体系，衡量过去区域发展在经济、社会、生态方面的累积结果；根据手机信令数据建立OD矩阵，表征当下居民的活动特征。既保证了数据的可信度和稳定度，又满足了"实时监测、实时调整"的要求。

（4）决策能力上，建立了规划调控优化工具箱，既可以指导近期规划实施手段的制定，又能辅助远期规划目标的调整。通过将"上海2035"规划城镇圈与现状流动空间与场所空间城镇圈对比，判断城镇圈发展的方向和速度，得到判定矩阵，指向20种情况、13种调控优化方法，形成了量化评估方法和规划调整规则，相较于既有方法更加明晰且具有普适性。

2. 应用方向和应用前景

城镇圈规划的编制、评估和调整优化作为新议题，仍存在很

多研究难点，包括如何评价其合理性、如何评估其发展质量、如何对比统筹用不同方法划定的城镇圈，以及如何让评估结果指向规划决策。本模型探索了以上内容，得到了双重视角下的监测评估系统和规划调控优化工具箱两项核心成果，成果转化方向可概括为"两个路径+一个工具箱"。

（1）实用价值：首先，本模型提高了规划"编制—评估—调整"工作的效率，可同时评估多个城镇圈，也可跨行政区域评估，便于定期监测调整。其次，本模型解决了多路径对比统筹问题，创造性地提出了规划调控优化工具箱，通过"判定矩阵"和"调控矩阵"将多路径评估结果指向规划决策。最后，本模型具有普适性，除上海外，江苏、山西、山东等省也开展了城镇圈规划工作，本模型可为全国各省城镇圈规划工作提供实践工具，尤其适合辅助规划能力较弱的地区。

（2）应用前景：本模型"两个路径+一个工具箱"的架构适用于区域协调方面的规划决策。除了用于城镇圈监测评估调整外，还可以通过以下调整扩展应用领域：

1）调整评价流程。模型重点探索了双重视角的结合，未来的监测评估工作可以按需调整前期评价流程，如分别测度信息流和经济流，评价结果依然可以通过规划调控优化工具箱与决策对接。

2）改变应用范围。模型可以从中观层面推广到宏观和微观层面，流动空间和场所空间双重视角下的"实施—监测—评估—调控优化"全周期模型同样适用于城市群、都市圈和镇村体系规划。

参考文献

［1］庄少勤. 迈向卓越的全球城市——上海新一轮城市总体规划的创新探索［J］. 上海城市规划，2016，129（4）：1-8.

［2］中共中央，国务院. 关于建立国土空间规划体系并监督实施的若干意见［EB/OL］.［2019-05-23］. http://www.gov.cn/zheng ce/2019-05/23/content_5394187.htm.

［3］曹春华，卢涛，李鹏，等. 国土空间规划监测评估预警：内涵、任务与技术框架［J］. 城市规划学刊，2022，272（6）：88-94.

［4］张艺帅，赵民，程遥. 我国城市群的识别、分类及其内部

组织特征解析——基于"网络联系"和"地域属性"的新视角[J]. 城市规划学刊，2020（4）：18-27.

[5] 陈守强，黄金川. 城市群空间发育范围识别方法综述[J]. 地理科学进展，2015，34（3）：313-320.

[6] 张磊，沙美君，马超前. 三生功能视角下京津冀城镇圈类型划分与变化特征[J]. 经济地理，2022，42（4）：82-92.

[7] 陈群元，宋玉祥. 城市群空间范围的综合界定方法研究——以长株潭城市群为例[J]. 地理科学，2010，30（5）：660-666.

[8] 冷炳荣，杨永春，谭一洺. 城市网络研究：由等级到网络[J]. 国际城市规划，2014，29（1）：1-7.

[9] 王士君，廉超，赵梓渝. 从中心地到城市网络——中国城镇体系研究的理论转变[J]. 地理研究，2019，38（1）：64-74.

[10] 钮心毅，李志鹏. 基于居民活动特征的上海郊区城镇圈空间组织研究[J]. 上海城市规划，2022，162（1）：80-86.

[11] 赵一夫. 从居民活动特征分析上海城镇圈空间组织模式[C]//中国城市规划学会，成都市人民政府. 面向高质量发展的空间治理——2020中国城市规划年会论文集（14区域规划与城市经济）. 中国建筑工业出版社，2021：9.

[12] 林涛. 从等级制中心地到关系型城市网络——长三角区域一体化中城镇体系核心特征的转变[J]. 上海师范大学学报（哲学社会科学版），2021，50（3）：143-152.

[13] 高鑫，修春亮，魏冶. 城市地理学的"流空间"视角及其中国化研究[J]. 人文地理，2012，27（4）：32-36，160.

[14] 李明月，周晓航，周艺霖. 市县国土空间规划实施监测指标体系研究——基于生命周期理论的广东省实例分析[J]. 城市规划，2022，46（6）：57-67.

[15] 王垚，朱美琳，王勇，等. 全球功能要素流动视角下长三角城市群空间组织特征与规划响应[J]. 规划师，2021，37（17）：59-67.

[16] 王垚，钮心毅，宋小冬. 基于城际出行的长三角城市群空间组织特征[J]. 城市规划，2021，45（11）：43-53.

[17] 晏龙旭. 流空间结构性影响的理论分析[J]. 城市规划学刊，2021，（5）：32-39.

[18] 张艺帅，赵民，王启轩，等. "场所空间"与"流动空间"双重视角的"大湾区"发展研究——以粤港澳大湾区为例[J]. 城市规划学刊，2018，244（4）：24-33.

[19] 孙宇，彭树远. 长三角城市创新网络凝聚子群发育机制研究——基于多值ERGM[J]. 经济地理，2021，41（9）：22-30.

[20] 李毅. 浦东新区总体规划碳排放核算研究[D]. 西安：西安建筑科技大学，2020.

[21] 张晓瑞，刘淑珍，董洁云，等. 基于PP-GA的乡村发展潜力评价模型与应用[J]. 地理与地理信息科学，2023，39（1）：91-96.

[22] 李守嘉. 基于引力模型的城市空间聚类分析[D]. 沈阳：沈阳建筑大学，2022.

城市空地与邻里变迁的关系探究及其治理决策模型构建

工 作 单 位：天津大学建筑学院

报 名 主 题：面向生态文明的国土空间治理

研 究 议 题：城市化发展演化与空间发展治理策略

技术关键词：图像语义分割、DeepLabv3+模型、单因素方差分析

参 赛 人：张诗韵、李志超、赵亚美、卞俊杰、潘晓敏、刘梦迪

指 导 老 师：米晓燕、孙德龙

参赛人简介：张诗韵，天津大学建筑学院城乡规划专业2019级本科生。李志超，天津大学建筑学院城乡规划专业2019级本科生。赵亚美，天津大学建筑学院城乡规划专业2019级本科生。卞俊杰，天津大学建筑学院城乡规划专业2019级本科生。潘晓敏，天津大学建筑学院建筑学专业2019级本科生。刘梦迪，天津大学智能与计算学部计算机科学与技术专业2019级本科生。项目指导教师，致力于空间形态研究与环境行为模拟、城市环境模拟与健康城市研究等方向，近年来在城市空地方面有一定研究基础。

一、研究问题

1. 研究背景及研究综述

（1）研究背景：新型城镇化与城市收缩

在中国一线城市的发展中，普遍存在的收缩现象已成为城市化的当下议题。以北京为例，其长期推进疏解非首都职能，并率先提出减量发展——控制城市人口、建设规模，倒逼城市提质增效。近十年，北京市区常住人口稳定在2100万，有下降趋势，而地区生产总值稳步增长，突破了四万亿（图1-1、图1-2）。

北京、上海、广州和深圳四市的土地价值不断提升，吸引大量资本涌入旧城。为规范资本介入下的城市建设更新活动，四市先后出台具体管理政策，为旧城改造和资金规范流入提供支持（表1-1）。

北京、上海、广州、深圳城市更新管理政策　　表1-1

《北京市城市更新行动计划（2021-2025年）》	按北京市"十四五"规划要求，坚持转变城市建设发展方式，由依靠增量开发向存量更新转变。《南锣鼓巷历史文化街区风貌保护管控导则》《北京市责任规划师制度实施办法（试行）》等相继出台，为旧城改造和资金规范流入提供政策支持
《上海市城市更新行动方案（2023-2025年）》	聚焦区域，分类梳理，重点开展城市更新六大行动：综合区域整体焕新行动；人居环境品质提升行动；公共空间设施优化行动；历史风貌魅力重塑行动；产业园区提质增效行动；商业商务活力再造行动
《广州市老旧小区改造工作实施方案》（2021年发布）	在强调坚持政府主导、规划引领、连片改造的同时，也强调放管结合、市场导向
《关于深入推进城市更新高质量发展的若干措施》（深圳市2019年发布）	坚持"政府引导、市场运作"的更新机制、"规划统筹、公益优先"的更新原则、"多措并举、内涵拓展"的更新方式

图1-1　2013~2021年北京市地区生产总值

图1-2　1998~2021年北京市常住人口数量和同比增长率变化图

（2）研究单元：街道办事处

街道办事处是社会经济数据普查的最小单位，是把握城市整体发展趋势的微观细胞。中文语境下的"邻里"最早出现在《周礼》中，"五家为邻，五邻为里"是周朝基层管理部门。随着经济转型与社会变革，我国基层社会治理主体逐渐从单位转为社区。街道办事处作为政府与基层社会联通的载体，在社区治理、城市更新中扮演越来越重要的角色。

（3）邻里变迁相关研究概述

邻里变迁是指邻里单元的各要素随城市发展而不断变化的过程，包括发生、发展、稳定、衰退、再生等若干阶段，也可描述为邻里生命周期。

中文文献对邻里变迁的研究始于20世纪80年代，苏玲玲、周素红通过调查问卷，研究了邻里环境的变化和人生命历程中幸福感指数相关性。

建筑学科则从社区建成环境出发，唐诺亚、朱喜钢从制度、经济、空间、文化和主观选择5方面切入，探究大型国企主导型单位制住区的空间演化机制。林雄斌等讨论了封闭社区对城市空间发展与演变的影响。

建筑学和社会学都在关注城市发展中的邻里变迁，但关注的"邻里"尺度不同、各有侧重。程晗蓓、李志刚探讨了邻里变迁对居民健康的影响，从更大的空间范围中讨论人的空间感受，为建筑学和社会学的尺度弥合提供新思路。

（4）城市空地相关研究概述

城市空地指位于城市范围内尚未被利用的土地，既包括未开发建设的土地，也包括被开发建设后遭遗弃或废弃的土地。

既有研究针对城市空地的生态、社会、经济价值进行了多方面论证。城市空地是提升城市土地价值、营造街廓活力的重要存量土地资源。

城市空地广泛寓于城市发展的扩张和收缩中。当城市土地扩张速度超过人口城市化速度、人口密度出现下降趋势时，往往会形成未及时开发的城市空地。因此，城市空地将出现在迅速增长和停滞的城市建成区中，宋小青等在研究中提出，在中国众多快速发展的城市和规模过大进入收缩阶段的大城市中，城市空地会普遍存在。

2018年，宋小青在国内地理学界首次提出城市空地这一议题，他认为目前需要在国内统一空地概念并提出分类标准，为下一步工作做好准备。美国案例研究表明，城市空地的类型、空间分布与形成机理在不同城市化地区存在明显差异，可能与不同城市化阶段有一定规律。

（5）城市空地与邻里变迁

在现有的城市空地研究中，已出现以街道为单元的研究方向。城市空地的开发指向了街道建设的具体措施：绿化、房价、犯罪率等。

2. 研究目标及意义

（1）研究目标

①构建完整的邻里变迁相关指标体系。

②对发生邻里变迁的街道进行类型学总结。

③分析城市空地与城市发展中邻里变迁的相关性，指导城市更新。

（2）研究意义

①提出从空间层面解读邻里变迁的新视角和新方法。

②了解城市变化，增进对城市空地时空演变特征的规律性认识。

③为城市微观单元的更新活动提供数据支撑。

②可持续土地利用：优化城市空地的使用以实现社会、经济和环境的可持续发展。

③空地活化：如何通过规划和设计将城市空地转化为有意义和活跃的社区。

（2）现有模型

本研究涉及的图像语义分割、城市空地识别和空间自回归分析的模型都已有较完备的数据支撑。

二、研究方法

1. 研究方法

（1）理论依据

①弱势社区重建理论：强调绅士化可能导致弱势社区居民的流动。

2. 技术路线及关键技术

本研究的技术路线如图2-1所示，关键技术方法如表2-1所示。

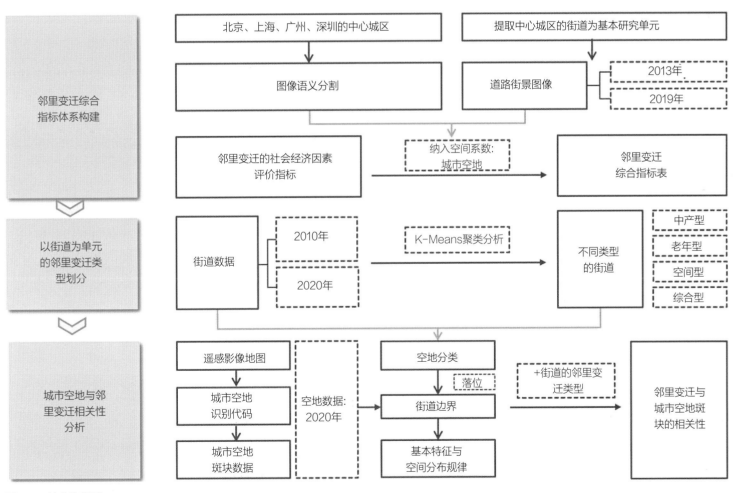

图2-1　技术路线图

关键技术方法　　　　　　　　　表2-1

研究方法		应用说明
总体研究方法	实证研究法	通过定量研究探究城市空地与邻里变迁之间是否存在相关关系
	类型研究法	将城市空地和邻里变迁进行类型学归纳并总结特征、提出建议
	对比研究法	对比四个城市以分析样本城市之间的共性和个性,对比不同类型的空地和邻里变迁类型
	案例研究法	选取北京、上海、广州、深圳四个一线城市作为案例进行深入分析,通过案例研究总结特征
数据处理方法	聚类和异常值分析	利用ArcGIS平台对各城市的三类空地分别进行聚类和异常值分析
	相关性分析	定量分析城市空地和邻里变迁的相关性
	图像语义分割	识别四个城市的街景图象并进行语义分割得到街景数据
	DeepLabv3+语义分割模型	借助改模型识别四个城市的城市空地

三、数据说明

1. 样本城市选取及数据来源

选择连续五年登上《城市商业魅力排行榜》的4座一线城市——北京、上海、广州和深圳(以下简称"北上广深")作为样本,其超大体量和高速的经济发展态势,可代表中国水平最高、速度最快的城市化发展现状,具有指导意义。数据来源和类型如图3-1所示,数据采集范围与内容如表3-1所示。

数据采集范围与内容　　　　　　　　表3-1

数据采集范围	数据类型	数据来源	数据内容	数据格式	采集时间
北京上海广州深圳4座一线城市中心城市	空地数据	高分辨率三号卫星影像数据	遥感图像	tiff	2020年12月
	街道边界	Echarts地图	街道边界	shp	2010年8月;2020年8月
			行政区划边界		
	基础空间数据	OSM	城市道路网	shp	2010年8月;2020年8月
	街景图像数据	百度全景静态图API	100m间隔街景图像	jpg	2013年7月;2019年2月
	社会经济数据	各区统计年鉴、国民经济和社会发展统计公报	经济数据	csv	2010年12月;2020年12月
		第六次、第七次人口普查	人口数据		2010年11月;2020年11月
		安居客二手房交易网房屋成交数据	房价数据		2010年1月~2020年12月
	POI数据	高德地图开放平台	各类设施点数据	shp	2010年8月;2020年8月

1　空地数据
□ 2020年北上广深中心城区遥感影像
□ 空地识别代码
□ 2020年城市空地数据

2　建成区边界
□ 2020年北上广深城市建成区边界

3　街道边界
□ 2010年、2020年北上广深街道边界
□ 北上广深中心城区行政区划边界

4　街景图像数据
□ 2013年、2019年100m间隔的北上广深中心城区街景图像

5　社会经济数据
房价
□ 北上广深2010、2020年各区统计年鉴、国民经济和社会发展统计公报
□ 北上广深第五次、第六次、第七次人口普查人口数据
□ 北上广深房地产数据-房价(爬取2010年1月~2020年12月安居客二手房交易网房屋成交数据)

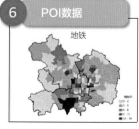

6　POI数据
地铁
□ 历史节点　　□ 商业节点
□ 医院　　　　□ 学校
□ 交通　　　　□ 绿地

图3-1　数据来源和类型

研究目的是对4座城市在2010~2020年内发生的微观变化进行比较与量化，在数据量相对完整的同时，尽量保证时间差。

2. 数据预处理

（1）街道社会经济数据预处理

①数据下载：下载4市各区政府官网公布的统计年鉴等文件，收集经济社会数据。

②数据提取：收集POI等数据，并在ArcGIS中将各数据连接到街道单元。

（2）街景图像数据预处理

街景图像数据预处理流程如图3-2所示。

①数据下载：以北京中心城区为例，利用百度全景API沿路网获取100m间距的街景图像点。同时拥有两个年份的街景点筛选结果如表3-2所示，选择最接近研究时段的2013年、2019年共有点17027个，分布如图3-3所示。拼接每个单点4个方向的街景，得到360°全景图，模拟真实人视点，弥补选点间距略大的不足。北京、上海、广州、深圳四市中心城区历史街景采样点空间分布图如图3-4所示。

②数据提取：基于卷积神经网络算法对街景图像进行语义识别，提取各图类像素占比。在EXCEL中按照拟定公式提取天空、绿化、建筑立面和街道建成空间相关内容，计算百分比，得到各

街景点年份筛选表	表3-2
共同年份	街景点个数
2013年、2015年	16219
2013年、2016年	14592
2013年、2017年	17729
2013年、2019年	17027
2015年、2017年	12478
2015年、2019年	12410
2016年、2019年	10822
2017年、2019年	13936

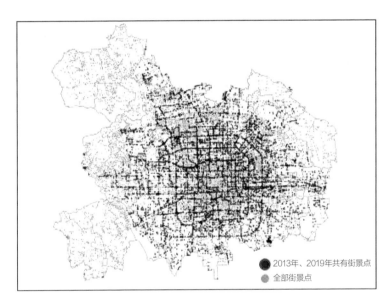

图3-3　北京历史街景点空间分布图

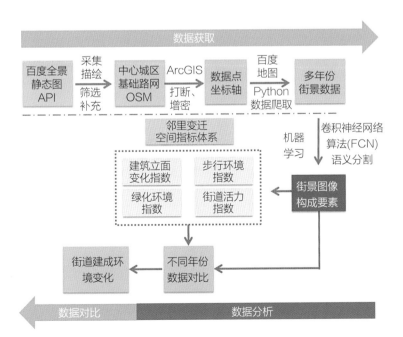

图3-2　街景图像数据预处理流程图

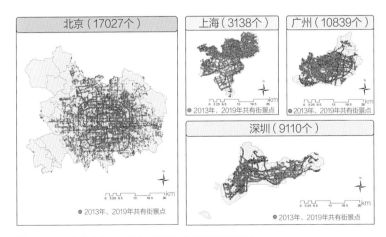

图3-4　四市中心城区历史街景采样点空间分布图

点位所在街道的空间系数。

③数据整合：在ArcGIS中将计算出的空间系数连接到点位上，按街道边界进行空间联合，取各点数据的平均值，得到单个街道的街景空间因子比例平均数。

（3）城市空地数据预处理

①数据获取：在Bigemap上获取1.2m精度的遥感影像，使用清华大学团队基于DeepLabv3语义分割模型开发的大规模城市空地自动识别框架，分区识别空地得到shp文件（图3-5）。

②数据整合：在ArcGIS中将空地shp文件合并、重定位、矢量化和按街道边界裁剪，导出数据表。在EXCEL中计算各街道中空地的相关数据，整理得到空地相关因子。

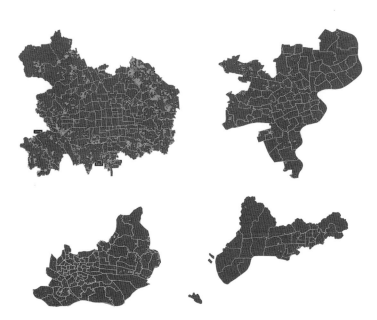

图3-5　四市中心城区空地识别结果

3. 城市空地分类与空间分布分析

（1）城市空地分类

Lee，RJ等对城市空地提出一套兼容性强的分类机制，包括土地所有权、用地类型和空地面积三要素，分析空地的物理属性和用地类型。

用地类型采用宫鹏等研究者公布的城市土地利用图数据集，根据再利用的可操作性分为综合、工业、绿地三类图斑（图3-6）。计算每个街道内城市空地的周长、总面积和斑块平均面积（图3-7）。具体要求表3-3所示。

城市空地分类　　　　　　　　　　　表3-3

一级类	二级类	说明
01 住宅用地	0101 住宅用地	主要用于人们生活居住的房基地及其附属设施的土地
02 商服用地	0201 商业办公	人们工作的建筑，包括写字楼；商贸写字楼，如商贸、经济、IT、电商、媒体等商业办公建筑
	0202 商贸服务	商业零售、餐饮、住宿和娱乐等用地
03 工业用地	0301 工业用地	用于生产、仓储、采矿等的土地与建筑用地
04 交通用地	0401 道路	辅装路面包括高速公路、城市道路等
	0402 运输场站	运输设施包括物流、公交、火车站及附属设施等
	0403 机场用地	用于民用、军用或混用的机场用地
05 公共管理与公共服务用地	0501 机关团体用地	党政机关、军队、公共服务机构和组织等用地
	0502 教育科研用地	教育和科研的用地，包括大学、中小学、研究所及附属设施等
	0503 医疗用地	医院、疾控和应急服务用地
	0504 体育文体	大众体育一训练、文体服务用地，包括体育中心、图书馆、博物馆和展览中心等
	0505 公园与绿地	用于娱乐或环境保护的公园与绿地

注：1. 绿地类空地：0505公园与绿地；
　　2. 工业类空地：工为用地；
　　3. 综合类空地：其他二级类。

通过分析4市中心城区各街道内的空地总面积、周长和总个数，得知三项数据相对一致。

以北京为例进行具体分析。空地集中在外部的朝阳区、石景山区、丰台区和海淀区；中部的东城区和西城区空地少。朝阳区的孙河地区等，海淀区的西北旺地区空地最多。朝阳区的十八里店地区等，丰台区的新村街道等，海淀区的苏家坨地区等空地数量分布多。西城区的什刹海和西长安街街道空地周长和总个数的数据较高，但总面积数据较低，说明空地较破碎。

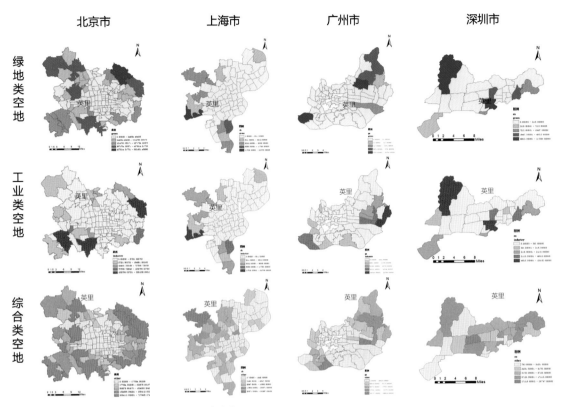

图3-6 四市绿地类、工业类、综合类空地分布

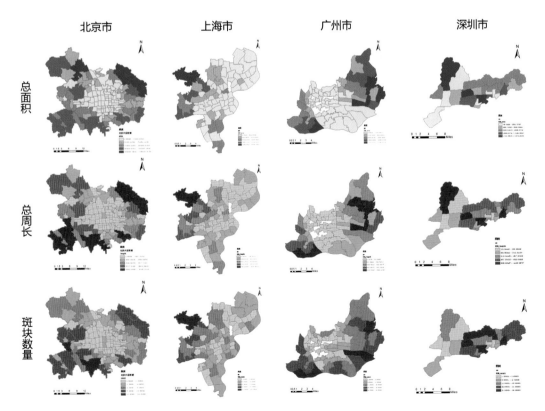

图3-7 单位街道内的空地总面积、周长和斑块平均面积

（2）核密度分析

如图3-8所示，北京空地集中在石景山区和丰台区，呈现中间少，外围多的特点；上海空地集中分布在西侧的普陀区、长宁区和东侧的黄浦区，普陀区最为集中；广州空地集中分布在西南侧的荔湾区和东北部的天河区，中部的越秀区和海珠区空地较少，呈现中间少，外围多的特点；深圳空地集中在福田区和罗湖区，呈现东高西低的态势。

（3）个案分析

如图3-9所示，朝阳区空地分布相对多，北侧以绿地类为主，中东部有少量工业类用地。

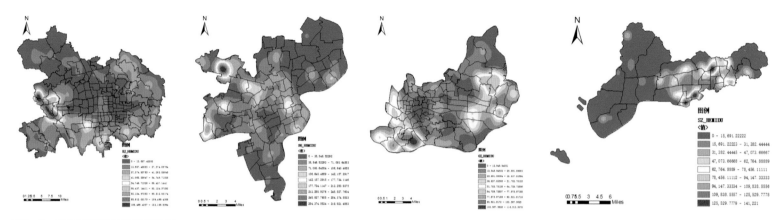

图3-8　四市城市空地核密度分析

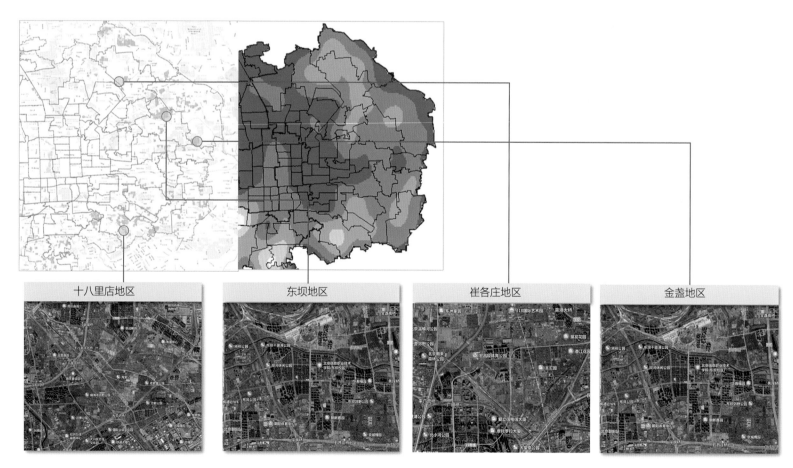

图3-9　朝阳区空地分析图

4. 邻里变迁空间指标计算与街道单元分类

（1）街景图像语义分割与指标计算

根据各图类像素占比，归纳空间指标体系。将建成区空间因子按对象分成建筑、街道、绿化和人群四类，各设定一个图斑指标，以量化比较十年中空间层面发生的具体变迁。

如表3-4所示，相加计算相关因子，得到建筑立面变化指数、步行环境指数、绿化环境指数和街道活力指数4个因素。如表3-5所示，对计算后的4个空间指标和邻里单元其他数据一并进行标准化处理。

街景空间指标要素　　　　表3-4

邻里变迁空间指标要素		
指标	与邻里绅士化的相关性	细类指标（像素总量）
建筑立面变化指数	楼层高度低变化；新建/拆迁	1|wall|墙
		2|building|建筑
		26|house|房子
		49|skyscraper|摩天大楼
		80|hovel;hut;huth;shack;shanty|小屋
步行环境指数	步行宜人指数——人行道宽度；设施便利指数——小品数量	12|sidewalk;pavement|人行道
		20|chair|椅子
		31|armchair|扶手椅
		33|fence;fencing|围栏
		44|signboard;sign|招牌
		70|bench|长椅
		88|streetlight;street lamp|路灯
		96|bannister;banister;balustrade;blusters;handrail|栏杆
		133|sculpture|雕塑
		137|traffic light;traffic signal;stoplight|交通信号灯
		139|ashcan;trash can;garbage can;wastebin;ash bin;ash-bin;sahbin;dustbin;rtash barrel; trash bin|垃圾桶
		144|monitor;monitoring device|监控
		145|bulletin board;notioe board|布告牌

续表

邻里变迁空间指标要素		
指标	与邻里绅士化的相关性	细类指标（像素总量）
绿化环境指数	街道绿视指数	5|tree|树
		10|grass|草
		18|plant;flora;plant life|植物
		67|flower|花
		73|palm;palm tree|棕榈
		126|pot;flowerpot|花盆
街道活力指数	人群聚集指数——行人数量；机动车能行指数——机动车数量；商业氛围——摊位数量	13|person;individual;someone;somebody;mortal;soul|人
		21|car;auto;automobile;machine;motorcar|汽车
		81|bus;autobus;coach;charabanc;double-decker;jitney;motorbus;motorcoach;monibus;passenger vehicle|公交车
		84|truck;motortruck|卡车
		103|van|货车
		117|minibike;motorbike|小型机车
		89|booth;cubide;stall;kiosk|摊位等

邻里变迁综合指标表　　　　表3-5

数据类别	一级指标	二级指标	指标含意	单位
社会经济类	人口指标	人口数量	街道总人数	人
			街道人口密度	人/km²
		年龄结构	14岁以下人口	百分比
			65岁以上人口	百分比
		家庭结构	户均人数	人/户
		受教育水平	大学文化程度以上人口	百分比
		就业	失业率	百分比
		人口迁移	流动人口数	人
	经济指标	人均GDP	街道GDP/人数	元/人
		房价	街道平均房价	元/m²

续表

数据类别	一级指标	二级指标	指标含意	单位
社会经济类	经济指标	人均收入	街道内人均收入	元
		人均支出	街道内人均支出	元
空间类	邻里构成	别墅（中产以上）	别墅POI/街道内所有居住POI	百分比
		科研商务公寓（技术人员）	商务POI/街道内所有居住POI	百分比
		宿舍（工人群体）	宿舍POI/街道内所有居住POI	百分比
	街景	建筑	—	百分比
		植被		百分比
		街道		百分比
		活力		百分比
	POI	学校	中小学、高等院校POI个数	个
		地铁	地铁站POI个数	个
		历史风貌	历史人文类风貌景点个数	外

（2）层次聚类

层次聚类是聚类算法的一种，通过计算不同类别数据点间的相似度来创建一棵有层次的嵌套聚类树。在聚类树中，不同类别的原始数据点是树的最低层，树的顶层是一个聚类的根节点。离差平方和法，是一种在层次聚类过程中以确定类与类之间距离的方法，其运算步骤为：

①计算每个类的离差平方和；

②计算总的ESS；

③枚举所有二项类，计算合并这两个类后的总ESS值；

④选择总ESS值增长最小的两个类合并；

⑤重复以上过程直到N减少至1结束。

利用SPSS 26.0按上述方法，对两个年份的四市数据进行聚类。

（3）单因素方差分析：检验聚类有效性，判断分类敏感性

可寻找多组数据总变异的真实来源，判断总变异是来自于组内变异或是组间变异。单因素方差分析的检验统计量F=组间方差/组内方差，表示组间变异与组内变异的比值。F值越大于1，各组数据间的变异越大，组内变异越小，各组数据间的差异也越大。

根据组间差异情况判断聚类结果的有效性。检验分组数为2、3、4、5、6五种情况（表3-6）。标注F<2或显著性>0.1的因子，为组间差异不明显的因子。

随着分组数量增加，组间差异逐渐稳定，且2010年和2020年分组差异性无显著差距。以分组数最少、有组间差异的因子数最多为标准，选取分组数为4的情况（图3-10）。

聚类结果组间差异性单因素方差分析 　　　　　　　表3-6

ANOVA		2010年								
因素　　指标		clu=2		clu=3		clu=4		clu=5		clu=6	
		F	显著性	F	显著性	F	显著性	F	显著性	F	显著性
社会	流动人口占比	122.634	0.000	78.197	0.000	53.194	0.000	39.791	0.000	32.035	0.000
	幼龄比重	20.638	0.000	16.773	0.000	11.732	0.000	9.247	0.000	8.368	0.000
	老龄比重	19.785	0.000	52.732	0.000	109.225	0.000	94.147	0.000	77.844	0.000
	人口密度	96.254	0.000	65.761	0.000	44.303	0.000	33.126	0.000	28.386	0.000
	户均人数	19.537	0.000	10.444	0.000	8.083	0.000	16.950	0.000	13.534	0.000
	学历	1.774	0.184	25.584	0.000	28.856	0.000	21.581	0.000	19.073	0.000
	失业率	83.080	0.000	193.506	0.000	133.145	0.000	99.594	0.000	82.103	0.000
经济	人均GDP	13.225	0.000	12.839	0.000	13.651	0.000	13.389	0.000	17.798	0.000
	房价	2.663	0.104	3.076	0.048	2.631	0.050	2.620	0.035	2.687	0.021

ANOVA		2010年									
		clu=2		clu=3		clu=4		clu=5		clu=6	
因素	指标	F	显著性	F	显著性	F	显著性	F	显著性	F	显著性
空间	建筑因子	1.630	0.203	2.803	0.062	2.021	0.111	1.532	0.193	8.141	0.000
	街道因子	27.111	0.000	19.772	0.000	16.861	0.000	20.767	0.000	16.866	0.000
	绿化因子	1.834	0.177	5.097	0.007	6.660	0.000	5.221	0.000	4.849	0.000
	活力因子	12.507	0.000	6.672	0.091	4.470	0.004	3.423	0.009	2.715	0.017
	地铁POI	28.328	0.000	15.345	0.000	10.252	0.000	18.289	0.000	15.142	0.000
	学校POI	19.042	0.000	11.196	0.000	7.859	0.000	8.434	0.000	7.084	0.000
	历史POI	26.838	0.000	13.662	0.000	9.054	0.000	8.982	0.000	18.790	0.000
	别墅占比	7.396	0.007	8.778	0.000	7.333	0.000	6.162	0.000	4.918	0.000
	产业园占比	20.775	0.000	15.019	0.000	11.745	0.000	14.778	0.000	11.791	0.000
	宿舍占比	0.542	0.462	5.375	0.005	3.700	0.012	5.595	0.000	6.346	0.000

ANOVA		2020年									
		clu=2		clu=3		clu=4		clu=5		clu=6	
因素	指标	F	显著性	F	显著性	F	显著性	F	显著性	F	显著性
社会	流动人口占比	17.639	0.000	62.021	0.000	52.005	0.000	50.689	0.000	51.187	0.000
	幼龄比重	63.163	0.000	59.254	0.000	40.387	0.000	48.820	0.000	45.926	0.000
	老龄比重	15.690	0.000	87.347	0.000	70.433	0.000	54.637	0.000	73.586	0.000
	人口密度	4.350	0.038	31.191	0.000	21.732	0.000	18.513	0.000	14.912	0.000
	户均人数	4.137	0.043	5.788	0.003	5.184	0.002	8.484	0.000	23.844	0.000
	学历	84.684	0.000	91.852	0.000	74.737	0.000	88.950	0.000	45.026	0.000
	失业率	298.580	0.000	170.824	0.000	115.941	0.000	118.197	0.000	100.334	0.000
经济	人均GDP	35.506	0.000	35.321	0.000	27.172	0.000	50.234	0.000	45.347	0.000
	房价	40.188	0.000	30.745	0.000	20.598	0.000	32.540	0.000	32.715	0.000
空间	建筑因子	26.122	0.000	13.075	0.000	8.853	0.000	11.188	0.000	9.192	0.000
	街道因子	5.575	0.019	2.844	0.060	2.242	0.083	10.058	0.000	10.216	0.000
	绿化因子	76.753	0.000	39.811	0.000	26.460	0.000	20.111	0.000	16.400	0.000
	活力因子	49.801	0.017	26.776	0.000	17.897	0.000	13.419	0.000	12.154	0.000
	地铁POI	6.887	0.009	6.734	0.001	26.945	0.000	23.148	0.000	19.891	0.000
	学校POI	23.495	0.000	40.106	0.000	28.161	0.000	21.208	0.000	17.111	0.000
	历史POI	1.820	0.178	1.616	0.200	2.244	0.083	2.817	0.026	3.097	0..010
	别墅占比	6.298	0.013	3.555	0.030	2.603	0.052	1.963	0.100	5.334	0.000
	产业园占比	3.922	0.049	14.373	0.000	10.792	0.000	8.155	0.000	9.082	0.000
	宿舍占比	14.025	0.000	22..551	0.000	11.779	0.000	10.707	0.000	8.600	0.000

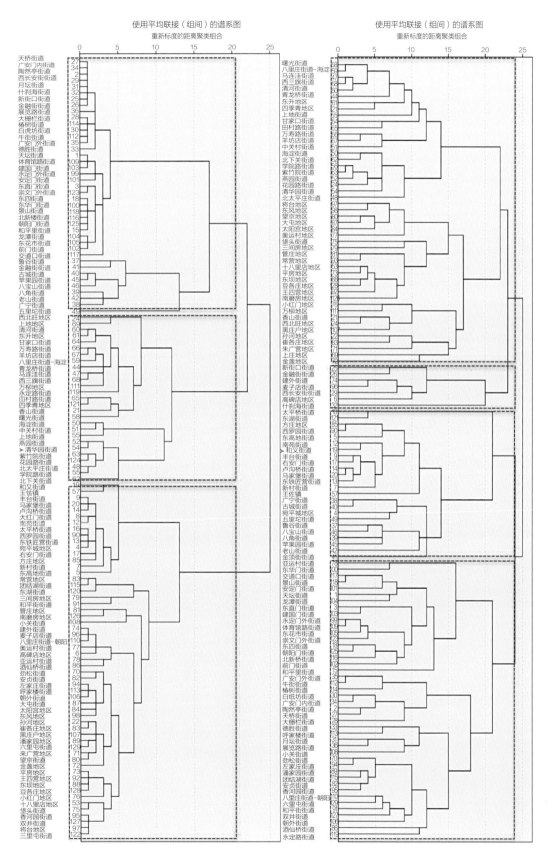

图3-10　街道分类谱系图

如表3-7所示，2010年邻里变迁街道类型分为4种，根据细类指标的最显著特征，命名为：

①土地型：房价高→土地价值高；

②经济型：历史节点多、人均GDP高、地铁站多→经济活力程度高；

③活力型：人口特征更明显，平均年龄低、流动性强→街道活力佳；

④工人型：人均GDP低，工资水平低→普通上班族或者一般产业较多。

如图3-11所示，4类街道地理分布可视化，归纳不同城市的表现特征：

北京呈明显圈层性。土地型中心聚集；经济型在西、南侧集中分布；活力型数量少，零散分布；工人型数量最多，环绕最外围。

上海为集中与零散穿插相结合。土地型的集中分布区被经济型割裂；经济型集中分布在北侧；活力型是四市中数量最多的，集中在西南；工人型环绕最外围。

广州为缺失活力型，其他3类数量均质。土地型中心聚集；经济型分布在西南；工人型集中在北、东。

深圳为南北分治。土地型集中分布在南；经济型包围活力型；工人型主要分布在北。

如表3-8所示，2020年邻里变迁街道类型划分4种，根据细类指标的最显著特征，命名为：

①发达型：房价高、人均GDP高→发展水平高；

②知识型：人口受教育水平高、学校多→人才创造力高；

③房产型：别墅多、建筑立面指数高、步行环境指数高→房产占比高；

2010年邻里街道单元类型

表3-7

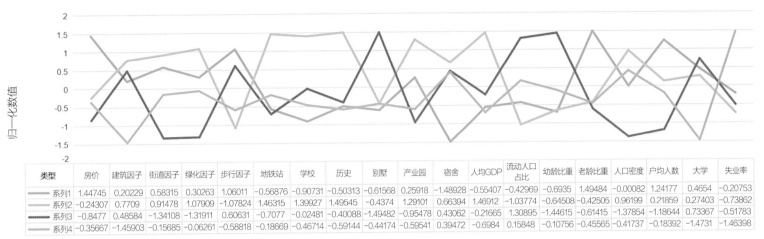

类型	房价	建筑因子	街道因子	绿化因子	步行因子	地铁站	学校	历史	别墅	产业园	宿舍	人均GDP	流动人口占比	幼龄比重	老龄比重	人口密度	户均人数	大学	失业率
系列1	1.44745	0.20229	0.58315	0.30263	1.06011	-0.56876	-0.90731	-0.50313	-0.61568	0.25918	-1.48928	-0.55407	-0.42969	-0.6935	1.49484	-0.00082	1.24177	0.4654	-0.20753
系列2	-0.24307	0.7709	0.91478	1.07909	-1.07824	1.46315	1.39927	1.49545	-0.4374	1.29101	0.66394	1.46912	-1.03774	-0.64508	-0.42505	0.96199	0.21859	0.27403	-0.73862
系列3	-0.8477	0.48584	-1.34108	-1.31911	0.60631	-0.7077	-0.02481	-0.40088	-1.49482	-0.95478	0.43062	-0.21665	1.30895	-1.46615	-0.61415	-1.37854	-1.18644	0.73367	-0.51783
系列4	-0.35667	-1.45903	-0.15685	-0.06261	-0.58818	-0.18669	-0.46714	-0.59144	-0.44174	-0.59541	0.39472	-0.6984	0.15848	-0.10756	-0.45565	-0.41737	-0.18392	-1.4731	-1.46398

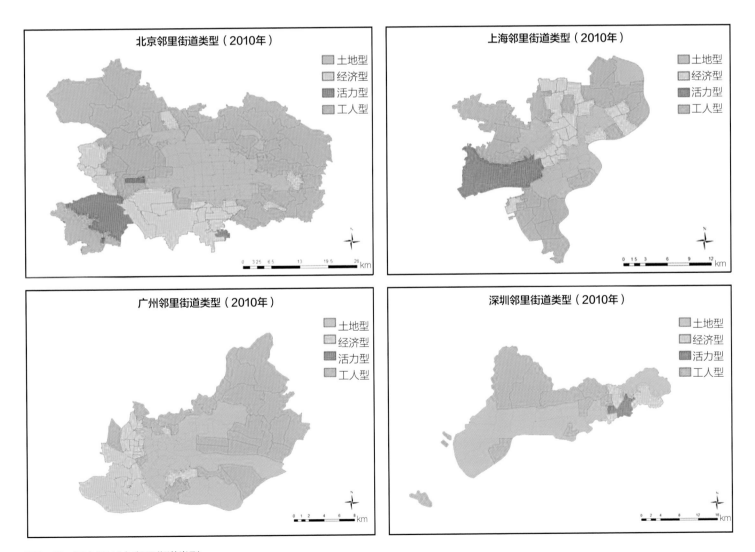

图3-11　四市2010年邻里街道类型

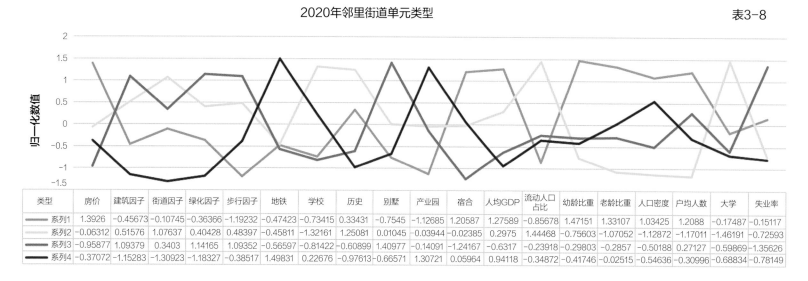

2020年邻里街道单元类型　　　　　　　　　　　　　　　　　表3-8

类型	房价	建筑因子	街道因子	绿化因子	步行因子	地铁	学校	历史	别墅	产业园	宿合	人均GDP	流动人口占比	幼龄比重	老龄比重	人口密度	户均人数	大学	失业率
系列1	1.3926	-0.45673	-0.10745	-0.36366	-1.19232	-0.47423	-0.73415	0.33431	-0.7545	-1.12685	1.20587	1.27589	-0.85678	1.47151	1.33107	1.03425	1.2088	-0.17487	-0.15117
系列2	-0.06312	0.51576	1.07637	0.40428	0.48397	-0.45811	-1.32161	1.25081	0.01045	-0.03944	-0.02385	0.2975	1.44468	-0.75603	-1.07052	-1.12872	-1.17011	-1.46191	-0.72593
系列3	-0.95877	1.09379	0.3403	1.14165	1.09352	-0.56597	-0.81422	-0.60899	1.40977	-0.14091	-1.24167	-0.6317	-0.23918	-0.29803	-0.2857	-0.50188	0.27127	-0.59869	-1.35626
系列4	-0.37072	-1.15283	-1.30923	-1.18327	-0.38517	1.49831	0.22676	-0.97613	-0.66571	1.30721	0.05964	0.94118	-0.34872	-0.41746	-0.02515	-0.54636	-0.30996	-0.68834	-0.78149

④产业型：地铁站多、产业园多、人口密度大→经济活力强。

如图3-12所示，4类街道地理分布可视化，归纳不同城市的表现特征：

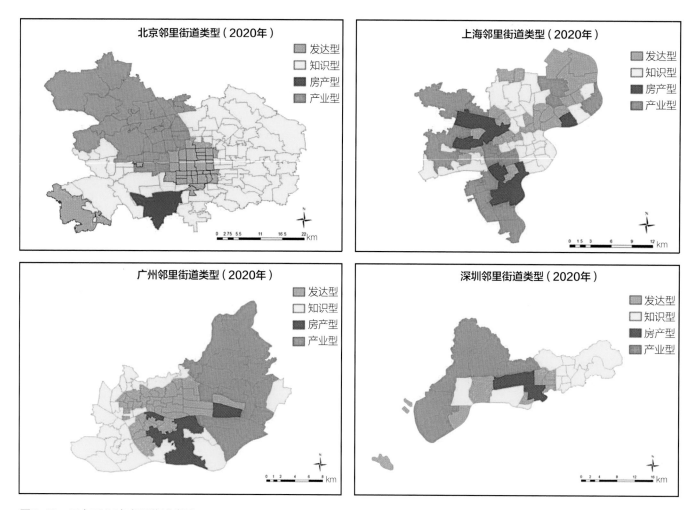

图3-12　四市2020年邻里街道类型

北京分布规律与行政区划分有相似性。发达型中心聚集，囊括东城区、西城区；知识型与丰台区、朝阳区范围相似；产业型与海淀区范围相似。

上海零散分布。

广州相同类型集中分布。发达型是四个城市中此类最多的，与北京相似，中心聚集；知识型北、西、南三侧环绕分布；房产型分布在南侧；产业型集中于东侧。

深圳为集中与零散穿插相结合。知识型、产业型大面积集中分布；发达型、房产型、知识型穿插分布。

（4）邻里变迁程度划定

以街道的人均GDP组内平均值为标准，将2010年、2020年街道的发展水平分为4档，并根据街道在2010年、2020年的发展水平变化，作为邻里变迁的程度指数。

比较每类街道的人均GDP组内平均值（表3-9）。2010年四类街道发展水平为经济型（1档）、活力型（2档）、土地型（3档）和工人型（4档）；2020年四类街道发展水平为发达型（1档）、知识型（2档）、房产型（3档）和产业型（4档）。

街道发展水平量化标准		表3-9
2010年街道类型	发展水平	2010人均GDP（元）
经济型	1	······ 292945.46
活力型	2	······ 138968.69
土地型	3	······ 108149.34
工人型	4	······ 94965.94
平均	—	······ 193578.85
2020年街道类型	发展水平	2020人均GDP（元）
发达型	1	······ 358571.67
知识型	2	······ 278008.33
房产型	3	······ 201456.58
产业型	4	······ 175960.13
平均	—	······ 278008.33

定档量化每类街道十年内发展水平，分成4×4=16类，实际是15类（不含"活力—房产型"）。两年发展位次的差值，即邻里变迁程度（-3～3）。当某街道人均GDP数值所在的类别上升，视为邻里提升；反之为邻里衰落。如未发生变化，即视为邻里

正常。例如北京天坛街道，2010年属于第三档，2020年属于第一档，对应的邻里变迁类别是31，邻里变迁程度是2。据此，对314个街道单元重分类，整理成邻里变迁分类数据（表3-10）。

邻里变迁情况汇总表						表3-10	
FID	市	区	街道	2010年	2020年	邻里变迁分类	邻里变迁程度
0	北京市	东城区	天坛街道	3	1	31	2
1	北京市	西城区	陶然亭街道	3	1	31	2
2	北京市	东城区	东直门街道	3	1	31	2
3	北京市	丰台区	宛平城街道	1	2	12	-1
4	北京市	丰台区	东高地街道	2	2	22	0
5	北京市	朝阳区	高碑店地区	3	2	32	1
6	北京市	丰台区	新村街道	1	3	13	-2
...	...	...	...	...	...	...	...

如图3-13所示，将四市邻里变迁程度可视化，归纳表现特征：

北京：提升＞衰落＞不变。"东升西落"、西北不变；市中心、东侧提升程度高；海淀区2个街道衰落程度最高。

上海：提升≈不变＞衰落。三类街道均分散分布；市中心衰落；提升街道呈现东北-西南走向，可能与城市发展轴线方向相符。

广州：缺失-3衰落类，提升＞不变≈衰落。中心提升、西侧衰落、东北部不变。

深圳：缺失-3、-2衰落类，提升＞不变≈衰落。呈现圈层特征；中心不变，第二圈提升，两侧衰落；提升程度最高的几个街道零散分布。

如图3-14至图3-17所示，将四市邻里变迁类型可视化。在15类中，北京有11类，上海有14类，广州有11类，深圳有9类。

北京活力型—发达型最多（33个）；土地型—发达型、土地型—房产型、工人型—发达型最少（分别1个）。

上海土地型—发达型、土地型—知识型、工人型—产业型最多（分别10个）；土地型—产业型最少（1个）。

广州活力型—发达型最多（21个）；土地型—房产型最少、工人型—房产型最少（分别1个）。

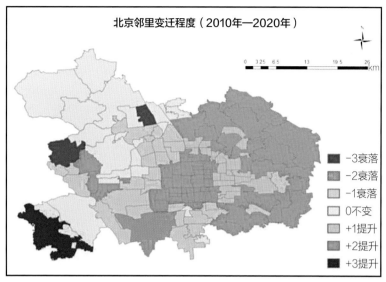

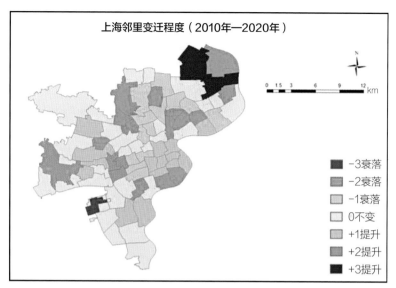

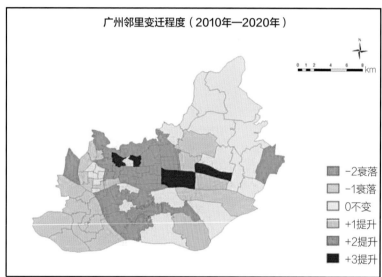

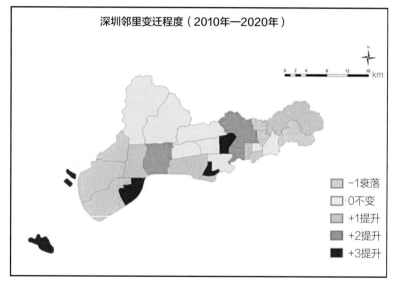

图3-13　四市邻里变迁程度图

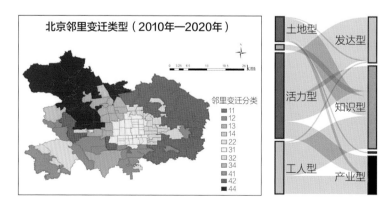

图3-14　北京市邻里变迁类型

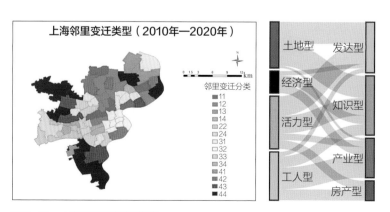

图3-15　上海市邻里变迁类型

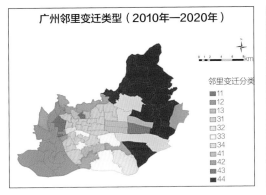

图3-16 广州市邻里变迁类型

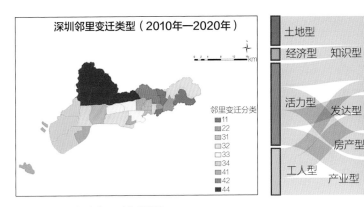

图3-17 深圳市邻里变迁类型

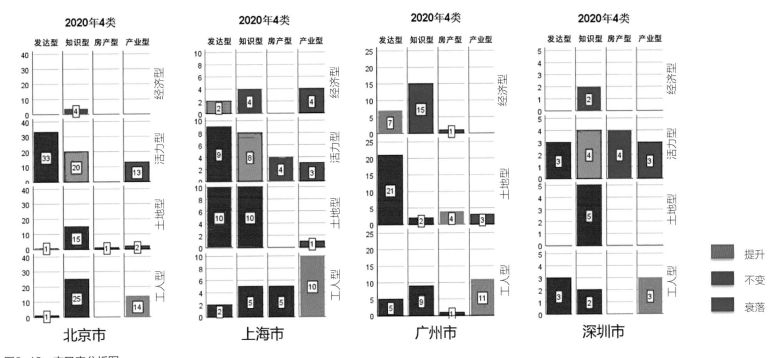

图3-18 交叉表分析图

深圳土地型—知识型最多（5个）；经济型—知识型、工人型—知识型最少（分别2个）。

如图3-18所示，提升的街道单元以3、4类向1、2类转变为主；衰落的街道单元以1类向2类转变为主；街道分布具有城市差异性：北京市2020年3类街道仅有1个；广州市2010年没有3类街道。由此推测：2010年的经济中心普遍衰落，十年间新的经济中心在发展。

在15种细类之中，活力型—发达型（变迁类别为31）总数在各城市中最多，可作为典例进行实证研究。其分布与房价水平最密切（图3-19）。

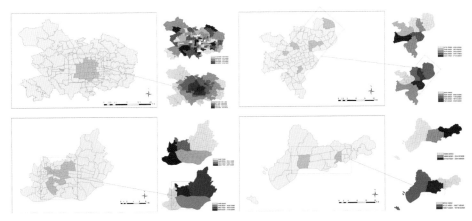

图3-19 "活力型-发达型"街道与房价的关系

城垣杯·
规划决策支持模型设计大赛获奖作品集 2023

四、模型算法

1. 初步构建相关性

按街道邻里变迁分类对城市空地数据进行单因素方差分析，检验各类街道的空地数据之间是否存在显著差异。

2. 空间计量模型

（1）空间权重矩阵

采用二进制空间邻接权重矩阵W，矩阵元素设定方式为：若街道i与街道j相邻，则w_{ij}为1；若不相邻，则w_{ij}为0；主对角线上元素为0。

（2）模型建立和因子选择

以城市空地数据组为因变量。分别建立各街道2020年数据组和十年间差值数据组，经最小二乘法检验，将相关性更好的差值数据组作为相关因素。说明城市空地分布与城市的实时变化密切相关。

（3）空间相关性检验

①Moran 指数I

选取Moran指数I检验邻里变迁的空间相关性。取值在-1和1之间，绝对值越大空间关系越明显。Moran 指数I计算公式如式（4-1）。N是街道总数，w_{ij}是空间权重，x_{it}和x_{jt}分别是区域i和区域j的属性，S_t^2是属性的方差。

$$\text{Moran's I}_t = \frac{\sum_{i=1}^{N}\sum_{j=1}^{N} w_{ij,t}\left(x_{i,t}-\overline{x}_t\right)\left(x_{j,t}-\overline{x}_i\right)}{S_t^2 \sum_{i=1}^{N}\sum_{j=1}^{N} w_{ij,t}} ; \quad （4-1）$$

$$S_t^2 = \sum_{i=1}^{N}\left(x - \overline{x}\right)^2 / n$$

Moran 指数I汇总表　　表4-1

	北京	上海	广州	深圳
空间属性				
空地总面积	0.403*	0.181*	0.363*	-0.106*
空地总周长	0.383*	0.176*	0.553*	-0.019*
空地数量	0.432*	0.199*	0.515*	0.209*
斑块平均面积	0.423*	0.222*	0.236*	0.034*
用地类型				
绿地类空地	0.4*	0.045*	0.033*	-0.082*
工业类空地	0.154*	0.045*	0.36*	-0.083*
综合类空地	0.302*	0.187*	0.26*	0.035*

注：*为P-ualue<0.05。

把空地数据代入空间权重矩阵，筛选具有空间相关性的因子（表4-1）。选择北京空地数量、斑块平均面积和绿地类空地，上海空地数量、斑块平均面积和综合类空地，广州空地总周长、空地数量、斑块平均面积和工业类空地。深圳数据不具有空间相关性，不纳入计算。

②空间截面模型检验

囿于数据缺陷无法构成面板数据，故本研究的空间自相关模型不涉及时间相关性，仅基于既有数据推测空间相关性。

采用不引入空间效应的普通计量模型OLS模型，构建LM检验和稳健的RLM检验，判断因变量或残差项是否存在空间自相关（表4-2）。

LM检验和RLM检验结果　　表4-2

拉格朗日乘子（LM）检验

因子	检验值	Moran's I	Lagrange multip（error）		Lagrange multip（lag）		Robust Lagrange（error）		Robust Lagrange（lag）		模型选择
			Statistic	p-value	Statistic	p-value	Statistic	p-value	Statistic	p-value	
北京	空地数量	0.432	0.292	0.589	0.695	0.404	0.076	0.782	0.48	0.488	不显著
	斑块平均面积	0.423	1.755	0.185	6.981**	0.008	2.47	0.116	7.696**	0.006	SAR
	绿地类空地	0.4	6.04**	0.014	9.347**	0.002	0.052	0.82	3.359*	0.067	SAR/SEM

续表

因子	检验值	Moran's I	Lagrange multip（error）		Lagrange multip（lag）		Robust Lagrange（error）		Robust Lagrange（lag）		模型选择
			Statistic	p-value	Statistic	p-value	Statistic	p-value	Statistic	p-value	
上海	空地数量	0.199	0.024	0.876	1.23	0.267	1.574	0.21	2.78	0.95	不显著
	斑块平均面积	0.222	4.834**	0.028	5.307**	0.021	0.179	0.672	0.652	0.419	SAR/SEM
	综合类空地	0.187	0.015	0.904	0.246	0.62	0.308	0.579	0.54	0.462	不显著
广州	空地总周长	0.553	6.259**	0.012	11.328**	0.001	0.46	0.498	5.529	0.019	SAR/SEM
	空地数量	0.515	1.782	0.182	5.389**	0.02	0.872	0.351	4.479**	0.034	SAR
	工业类空地	0.36	2.562	0.109	12.836**	0.000	13.125**	0.000	23.398**	0.000	SAR

注：*为p-value<0.1，**为p-value<0.05。

通过检验的6个城市空地因子是：北京斑块平均面积和绿地类空地，上海斑块平均面积，广州空地总周长、空地数量、工业类空地。对同时显示出LM检验和RLM检验的显著性的因子进行SAR和SEM模型检验，其他因子进行SAR模型检验。

3. 逻辑回归模型

（1）多元逻辑回归模型

以邻里变迁类型为被解释变量，以城市空地数据为因变量，分析邻里变迁对城市空地数据的影响，并建立根据城市空地数据预测邻里变迁类型的公式。

多元逻辑回归模型设定如式（4-2）。b为选定的基准组，设定J为类别变量包含的种类总数，则j=1，2，3……J时，等式左侧为ln1=0，则β b=0。

$$\ln\left(\frac{\pi ij}{\pi ib}\right) = \ln\left(\frac{P(yi=j|x)}{P(yi=b|x)}\right) = x'_i \beta_j \qquad (4\text{-}2)$$

通过求解式（4-2），得到每种选择的预测概率：

$$j = P(yi=j|x) = \frac{exp(x'_i \beta_j)}{\sum_{m=1}^{j} exp(x'_i \beta_m)} \qquad (4\text{-}3)$$

（2）有序逻辑回归模型

当邻里变迁类型存在序列意义时，采用有序逻辑回归模型分

析邻里变迁对城市空地数据的影响，并据预测邻里变迁类型。

有序逻辑回归模型设定：

$$\log it\left[P(Y\leqslant i|X)\right] = \ln\left[\frac{P(Y\leqslant i|X)}{1-P(Y\leqslant i|X)}\right] \qquad (4\text{-}4)$$
$$= \beta_{0i} + \beta_1 X_1 + \beta_2 X_2 + \cdots + \beta_m X_m$$

Y取i的概率：

$$P_i = P(Y\leqslant i|x) - P(Y\leqslant 1|x)$$
$$= \frac{1}{1+\exp\left[-(\beta_{0i}+\beta_1 X_1+\beta_2 X_2+\cdots+\beta_m X_m)\right]}$$
$$- \frac{1}{1+\exp\left[-(\beta_{0i-1}+\beta_1 X_1+\beta_2 X_2+\cdots+\beta_m X_m)\right]} \qquad (4\text{-}5)$$

五、实践案例

1. 单因素方差分析结果

按各街道的邻里变迁分类对城市空地数据进行单因素方差检验，得到各类街道中空地数据的平均值与显著性得分。如表5-1所示，空地数据在不同的街道类型中有显著差异，而与邻里变迁程度相关度低。如图5-1所示，空地的数量、面积都随街道经济水平提高而稳定缩减，且2020年比2010年更加显著。

单因素方差分析结果 表5-1

空地特征 \ 邻里类别	2010年4类		2020年4类		邻里变迁分类		邻里变迁程度	
	F	显著性	F	显著性	F	显著性	F	显著性
空间属性								
平均面积	10.932	0.000	8.037	0.000	4.268	0.000	1.387	0.220
斑块数量	12.777	0.000	8.988	0.000	5.372	0.000	2.230	0.040
面积/周长	12.348	0.000	13.858	0.000	5.748	0.000	1.530	0.168
用地类型								
绿地类空地面积	7.646	0.000	3.287	0.021	2.354	0.004	0.625	0.710
工业类空地面积	5.127	0.002	2.243	0.022	1.876	0.029	1.459	0.192
综合类空地面积	11.744	0.000	6.380	0.000	3.392	0.000	0.681	0.665

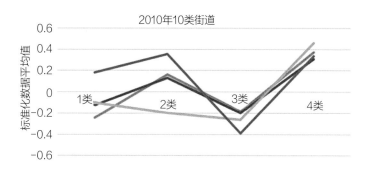
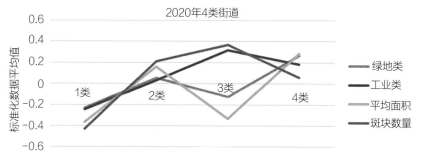

图5-1　按街道类别的城市空地平均值图

2. 空间计量模型

（1）局部莫兰指数

对筛选出的6个城市空地因子计算局部莫兰指数，判断其在城市中的聚类分布情况。如图5-2所示，低低聚类集中在中心城区，高高聚类在边缘地带。

（2）空间计量模型结果分因素分析

将有统计学意义的6个城市空地因子代入空间计量模型。结果如表5-2～表5-4所示。

①北京绿地类空地：人口结构

步行因子、别墅POI、幼龄比重、老龄比重、户均人数5个因子对北京绿地类空地有显著影响。步行因子、老龄比重与绿地类空地呈正相关，别墅POI、幼龄比重、户均人数与绿地类空地呈负相关。非空间的OLS模型结果也验证了此结论。

在北京，绿地类空地的聚集反映出一类老年人口比重增速快、幼龄人口和平均户数降速快的街道。隐患是作为老龄化街道，对社会保障、公共设施等需求大，易形成"老人社区"。绿地类空地有利于预测此类人口结构问题，控制风险。

②北京斑块平均面积：人口结构

产业园POI、老龄比重2个因子对北京斑块平均面积呈显著正相关。此类街道的空地开发潜力更高，适合进行整理开发，补充必要服务功能。

③上海平均斑块面积：经济因素

街道因子、人均GDP、幼龄比重、老龄比重、房价、流动人口比重6个因子对上海空地平均面积有显著影响。前4个与空地平均面积呈正相关，后2个与空地平均面积呈负相关。

上海平均斑块面积还受到经济因素影响，人均GDP增长越

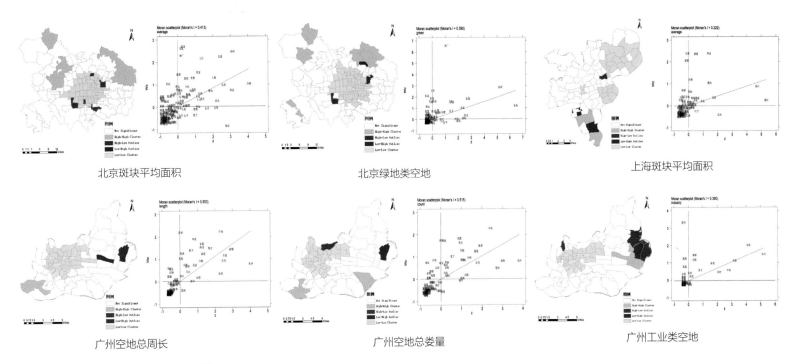

图5-2 城市空地因子局部莫兰指数和散点图

北京斑块平均面积　　　　北京绿地类空地　　　　上海斑块平均面积

广州空地总周长　　　　广州空地总数量　　　　广州工业类空地

快，空地越大，房价涨幅越高，空地越小。说明在房价和流动人口比重增速更快的街道，土地开发潜力大、吸引资本能力强，空地开发程度更高，空地倾向于破碎化。

④广州空地总周长：衰落街道

绿化因子、别墅POI、房价差值、流动人口、建筑因子、老龄比重、失业率7个因子对广州空地总周长有显著影响。前4个与空地总周长呈正相关，后3个与空地总周长呈负相关。SEM

模型中空地总周长几乎与所有因子相关，对街道发展具有敏感性。

⑤广州空地数量

绿化因子、别墅POI、建筑因子、老龄比重、失业率5个因子对广州空地数量有显著影响。前2个与空地数量呈正相关，后3个与空地数量呈负相关。空地数量与失业问题和老龄化问题均相关，且涉及因子数量少，便于明确问题。

北京市空间计量结果　　　　　　　　　　　　　　　　　　　　　　　　表5-2

北京	绿地类空地						斑块平块均面积			
	OLS		SAR		SME		OLS		SAR	
	Coef.	P>|t|	Coef.	P>|z|	Coef.	P>|z|	Coef.	P>|t|	Coef.	P>|z|
空间因素										
建筑因子差值	5974.854	0.958	−62317.88	0.546	−25839.54	0.811	6921.703	0.063	2921.748	0.389
街道因子差值	210699.9	0.060	138322.1	0.169	−11094.53	0.905	2051.604	0.569	−259.5648	0.936
绿化因子差值	76505.93	0.501	−11216.48	0.914	−241236.8	0.016	709.2977	0.847	−1624.634	0.623
步行因子差值	138238	0.191	238504	0.014	529156.6	0.000	−2199.795	0.520	1955.937	0.536
地铁差值	26852.46	0.789	40728.76	0.649	31173.36	0.693	4834.43	0.140	3657.277	0.207

续表

	OLS		SAR		SME		OLS		SAR	
	Coef.	P>|t|	Coef.	P>|z|	Coef.	P>|z|	Coef.	P>|t|	Coef.	P>|z|
学校差值	-13315.53	0.918	-742.7996	0.995	-118086.3	0.224	-2297.59	0.585	-3029.038	0.417
历史差值	93080.9	0.350	48088.18	0.591	-38279.52	0.605	1100.102	0.733	-3320.535	0.271
别墅差值	-497694.2	0.000	-1510754.3	0.000	-710154.4	0.000	-2200.06	0.572	-5361.907	0.128
产业园差值	-75462.8	0.457	-25782.58	0.778	37142.93	0.696	8089.962	0.015	9375.971	0.001
宿舍差值	-124733.8	0.396	-173387.2	0.186	-132823.2	0.226	-1286.177	0.790	-4983.958	0.246
经济因素										
房价差值	-128757.7	0.487	-1567333.6	0.342	-627559.9	0.001	-6692.164	0.266	-3600.563	0.502
人均GDP差值	105581.8	0.334	71259.69	0.465	-3301.367	0.981	6628.277	0.063	4114.032	0.196
社会因素										
流动人口占比差值	5426.778	0.980	-26541.69	0.888	4422.17	0.979	240.0466	0.972	1473.159	0.809
幼龄比重差值	-383888.7	0.010	-244099.3	0.074	251317.8	0.046	-8411.093	0.081	-653.3171	0.886
老龄比重差值	314293.4	0.072	270218.9	0.082	438065.5	0.002	19004.37	0.001	18078.13	0.000
人口密度差值	30853.03	0.786	-12493.22	0.903	48069.44	0.581	3032.093	0.412	1765.759	0.591
户均人数差值	-185059	0.228	-254811.19	0.064	-178270.7	0.119	1147.149	0.817	-3988.917	0.379
大学差值	12029.18	0.944	24082.44	0.875	286936.8	0.200	-6680.094	0.230	-619.4689	0.903
失业率差值	25192.01	0.833	2432.825	0.982	26606.56	0.905	4007.224	0.301	-553.6481	0.877
_cons	571878.3	0.000	364543.7	0.000	545883.6	0.245	38869.67	0.000	15688.14	0.006
rho			0.3493784	0.000					0.5894284	0.000
lambda					1.16015	0.000				

注： p-value<0.1；
p-value下降，相关性增加。

上海市空间计量结果

表5-3

上海	斑块平均面积					
	OLS		SAR		SME	
	Coef.	P>|t|	Coef.	P>|c|	Coef.	P>|z|
空间因素						
建筑因子差值	-229.9599	0.625	248.8123	0.547	116.358	0.790
街道因子差值	513.2167	0.217	594.8658	0.085	556.1197	0.073
绿化因子差值	-97.01331	0.838	-233.2181	0.557	-107.2336	0.802

续表

	OLS		SAR		SME	
	Coef.	P>|t|	Coef.	P>|c|	Coef.	P>|z|
步行因子差值	479.8354	0.248	451.2636	0.190	502.9322	0.166
地铁差值	-168.6793	0.686	-85.0304	0.807	-98.55811	0.799
学校差值	643.6385	0.270	606.5889	0.210	528.3883	0.284
历史差值	-668.4746	0.101	-507.3858	0.135	-404.3564	0.220
别墅差值	178.7033	0.647	277.5785	0.395	151.0236	0.637
产业园差值	71.53657	0.866	-125.0763	0.726	-272.3156	0.470
宿舍差值	-547.0792	0.327	-583.9036	0.208	614.8608	0.187
经济因素						
房价差值	-1425.554	0.007	-1146.872	0.008	-1049.618	0.027
人均GDP差值	637.6264	0.232	1000.721	0.027	2018.968	0.027
社会因素						
流动人口占比差值	-1247.554	0.020	-1723.549	0.000	-1905.369	0.000
幼龄比重差值	1416.457	0.000	1412.067	0.000	1333.105	0.000
老龄比重差值	1610.364	0.005	1152.549	0.015	749.8322	0.361
人口密度差值	-167.338	0.709	-43.40175	0.908	155.0799	0.683
户均人数差值	-452.3374	0.310	-221.3915	0.555	335.7899	0.566
大学差值	-1030.007	0.064	-593.8006	0.209	1090.396	0.335
失业率差值	-98.00859	0.850	403.4105	0.375	1143.971	0.160
_cons	2322.22	0.000	1040.46	0.020	-1088.294	0.976
rho			0.5557673	0.000		
lambda					0.9854232	0.000

注： p-value<0.1；
p-value下降，相关性增加。

广州市空间计量结果　　　　表5-4

广州	空地总周长						空地数量				工业类空地			
	OLS		SAR		SEM		OLS		SAR		OLS		SAR	
	Coef.	P>|t|	Coef.	P>|z|	Coef.	P>|z|	Coef.	P>|t|	Coef.	P>z	Coef.	P>|t|	Coef.	P>|z|
空间因素														
建筑因子差值	-1398.855	0.002	-1082.574	0.003	-2460.117	0.000	-51831714	0.001	-4.801732	0.001	-7406.141	0.153	-5052.783	0.220

续表

	OLS		SAR		SEM		OLS		SAR		OLS		SAR	
	Coef.	P>|t|	Coef.	P>|z|	Coef.	P>|z|	Coef.	P>|t|	Coef.	P>z|	Coef.	P>|t|	Coef.	P>|z|
街道因子差值	141.3499	0.724	116.3311	0.722	22.20138	0.957	1.262013	0.416	1.15333	0.361	3423.022	0.468	3039.402	0.419
绿化因子差值	1005.769	0.031	864.4382	0.021	603.5945	0.089	3.582463	0.047	3.059268	0.035	8409.102	0.123	7614.582	0.077
步行因子差值	270.4846	0.466	216.2696	0.476	-210.2153	0.521	-0.3655239	0.799	-0.5972184	0.611	2984.461	0.495	3379.963	0.332
地铁差值	297.0763	0.414	285.4044	0.322	1308.062	0.000	0.0653423	0.963	0.1378241	0.903	-4017.923	0.344	-3474.602	0.304
学校差值	2.550657	0.995	24.28639	0.946	812.4988	0.031	-0.839312	0.623	-0.6319336	0.650	249.1469	0.962	482.9053	0.907
历史差值	337.2634	0.387	395.636	0.336	-1297.275	0.000	1.467642	0.315	1.348037	0.256	4123.808	0.353	3366.313	0.341
别墅差值	837.4973	0.028	739.8381	0.016	807.8103	0.056	2.7344533	0.062	2.386179	0.043	7757.726	0.082	7432.849	0.034
产业园差值	-58.49239	0.898	63.3549	0.866	-868.8929	0.016	0.0607547	0.973	0.2702342	0.852	-12585.61	0.023	-11011.21	0.011
宿舍差值	86.68089	0.848	-10.42434	0.978	-526.9279	0.104	1.032792	0.557	0.3460442	0.810	4030.577	0.452	3316.932	0.437
经济因素														
房价差值	834.6554	0.035	803.397	0.012	712.1201	0.059	0.7960558	0.598	0.6410285	0.602	10840.8	0.021	9661.688	0.008
人均GDP差值	189.4646	0.646	118.6342	0.725	-1141.678	0.040	1.967183	0.221	1.929781	0.138	-7163.626	0.144	-8286.09	0.033
社会因素														
流动人口占比差值	1200.943	0.025	921.5872	0.033	1380.85	0.002	-0.6176812	0.761	-1.040992	0.530	18912.8	0.003	-17216.99	0.000
幼龄比重差值	-482.9742	0.233	-202.1108	0.544	1062.317	0.027	-1.236143	0.426	-0.3023074	0.814	4091.922	0.39	7627.89	0.045
老龄比重差值	-834.3445	0.112	-726.9333	0.088	1883.032	0.000	-5.724149	0.006	-5.030867	0.002	-3300.42	0.591	-2965.736	0.544
人口密度差值	34.61288	0.933	61.94294	0.855	768.4711	0.045	-0.0519967	0.974	-0.037519	0.977	-297.8046	0.594	421.5844	0.914
户均人数差值	542.6883	0.288	624.7408	0.134	823.0934	0.060	2.12083	0.284	2.201064	0.171	5788.665	0.336	5299.081	0.026
大学差值	74.38745	0.863	-7.481639	0.983	353.3949	0.292	1.385821	0.407	1.225095	0.368	-8473.77	0.098	-8413.454	0.038
失业率差值	-1564.042	0.001	-1217.683	0.001	-2514.012	0.000	-4.029074	0.023	-3.268876	0.021	-2429.107	0.645	-371.6956	0.930
_cons	2589.514	0.000	1864.905	0.000	2821.204	0.000	11.6329	0.000	8.35654	0.000	13329.65	0.001	9883.212	0.001
rho			0.2750519	0.000					0.2780334	0.000			0.291973	0.000
lambda					-2.560942	0.000			0.2780334	0.000			0.291973	0.000

注：　　　　　　　p-value＜0.1；
　　　　　　　　p-value下降，相关性增加。

⑥广州工业类空地

绿化因子、别墅POI、房价、流动人口、幼龄比重、产业园POI、人均GDP、大学人口 8个因子对广州工业类空地有显著影响。前5个与工业类空地呈正相关，后3个与工业类空地负相关。

引入高端产业和高素质人群便于优化工业用地布局。

（3）空间计量模型结果整体分析

空地和城市发展的相关关系具有不确定性，需立足于具体城市语境。

空间计量模型结果整体分析 　　表5-5

城市	空地因子	单位	空间因素						经济因素		社会因素					
			街景				POI									
			建筑因子	街道因子	绿化因子	步行因子	别墅POI	产业园POI	房价	人均GDP	流动人口比重	幼龄比重	老龄比重	户均人数	大学学历	失业率
北京	绿地类空地	m²			238504		−510754.3				−244099.3	270218.9	−54811.9			
	斑块平均面积	m²						9375.97				18078.13				
上海	斑块平均面积	m²		594.87					−1146.87	100.72	−1723.55	1412.07	1152.55			
广州	空地总周长	m	−1082.57		864.44		739.84		803.38		932.59		−726.93			−1217.68
	空地数量	个	−4.80		3.03		2.39						−50.03			−3.27
	工业类空地	m²			7614.58		7432.85	−11011.21	9661.69	−8286.09	17216.69	7627.89		−841345		

①因素综合性

城市空地相关因子的分布随机性较强。如表5-5所示，别墅数量、房价涨幅、流动人口占比、人口年龄结构对空地的影响较普遍。说明城市空地是一个综合性极强的空间要素，既受到土地经济规律影响，也反映着邻里人口年龄、职住结构等的实时变动，是众多城市复合问题的空间表达。

②城市差异性

如表5-5所示，广州因子的正负性和北京、上海常常相反，反映城市间的差异性。北京、上海、广州的城市空地的空间分布情况相似（四周多中间少），而广州房价最高地段和房价增速最快地段并不重合，可部分解释城市差异性的成因。

北京与空地相关性更强的因素是街道人口构成。广州与空地相关性更强的因素则更广泛，城市空地现象与城市自然发展的联系紧密，反映的问题更有价值。

3. 逻辑回归模型分析结果

将2020年邻里变迁分类（1~4）、邻里变迁细类（11、12等共15类）和邻里变迁程度（−3~3）作为定类数据，检验与城市空地特征值的相关性。

（1）单因素方差分析

逻辑回归模型按分城市计算，将四市整体计算结果作为对照组。

单因素方差分析检验结果 　　表5-6

空地特征值	四市		北京		上海		广州		深圳	
	F	显著性	F	显著性	F	显著性	F	显著性	F	显著性
用地类型										
绿地类空地	2.702	0.046	4.158	0.008	0.685	0.564	1.889	0.139	0.699	0.561
工业类空地	2.224	0.085	10.104	0.000	1.531	0.214	2.107	0.106	0.785	0.513
综合类空地	4.265	0.006	4.562	0.005	2.634	0.056	4.299	0.007	0.797	0.507

续表

空地特征值	四市		北京		上海		广州		深圳	
	F	显著性	F	显著性	F	显著性	F	显著性	F	显著性
空间特征										
平均面积	8.754	0.000	7.039	0.000	4.519	0.006	3.677	0.016	0.709	0.556
斑块数量	10.068	0.000	11.444	0.000	1.85	0.146	11.449	0.000	2.353	0.096
总面积	4.106	0.007	6.068	0.001	2.639	0.056	5.356	0.002	1.193	0.333
总周长	5.505	0.001	10.874	0.000	2.224	0.093	9.032	0.000	2.125	0.122

注：▨▨▨▨ 显著性>0.1组间差异不显著的因子。

如表5-6所示，城市差异性存在于城市空地对邻里变迁的影响中。北京城市空地数据显著性明显优于四市计算结果，其他3市出现更多不显著因子。猜测除城市差异性外，分市街道数量少、拟合效果差也是影响因素。

（2）多元回归模型：2020年街道类型整体计算结果

以2020年邻里变迁分类（1~4）为因变量，以城市空地特征值为协变量，计算多元逻辑回归模型。模型的似然比卡方检验的结果显示显著性值0.000***，模型有效（表5-7）。

与2知识型有显著相关性的因子：平均面积、斑块数量和总周长；

与3房产型有显著相关性的因子：斑块数量；

与4产业型有显著相关性的因子：平均面积、斑块数量和总周长。因子表现出一致性，即平均面积越小、斑块数量越少、总周长越长的街道，是发达型街道的几率越大。

由参数估计表得到模型如下：

G1=0（对照组）；

G2=1og［P（知识型）/P（发达型）］=1.737−2.303×平均面积+4.857×斑块数量+44.094×总面积−9.124×总周长−16.417×绿地类空地−2.534×工业类空地−21.28×综合类空地；

G3=log［P（房产型）/P（发达型）］=−0.713−0.071×平均面积+4.932×斑块数量−5.359×总面积−8.552×总周长+6.4×绿地类空地+3.36×工业类空地+5.542×综合类空地；

G4=log［P（产业型）/P（发达型）］=0.977+2.765×平均面积+5.439×斑块数量+20.466×总面积−10.883×总周长−5.293×绿地类空地+0.235×工业类空地−8.027×综合类空地。

可计算得到三种街道类型相应的概率，预测准确性55.7%。

P1=exp（G1）/［exp（G1）+exp（G2）+exp（G3）］；
P2=exp（G2）/［exp（G1）+exp（G2）+exp（G3）］；
P3=exp（G3）/［exp（G1）+exp（G2）+exp（G3）］。

多元逻辑回归模型2020年街道类型整体检验结果
（2020年4类，以发达型街道为参考）　表5-7

街道类型	空地数据	coef.	p	OR
2知识型	截距	1.737	0.004	
	平均面积	2.303	0.000	10.00
	斑块数量	4.857	0.000	128.65
	总面积	44.094	0.496	1.41227E+19
	总周长	−9.124	0.016	0.00
	绿地类空地	−16.417	0.571	0.00
	工业类空地	−2.534	0.708	0.08
	综合类空地	−8.552	0.553	0.00
3房产型	截距	−0.713	0.350	
	平均面积	−0.071	0.975	0.93
	斑块数量	4.932	0.000	138.62
	总面积	−5.359	0.937	0.01
	总周长	−8.551	0.082	0.00
	绿地类空地	6.4	0.833	602.01
	工业类空地	3.36	0.639	28.79
	综合类空地	5.542	0.883	255.31

续表

街道类型	空地数据	coef.	p	OR
	截距	0.977	0.106	
	平均面积	2.765	0.000	15.87
	斑块数量	5.439	0.000	230.12
4产业型	总面积	20.466	0.753	773119882.4
	总周长	-10.883	0.005	0.00
	绿地类空地	-5.293	0.856	0.01
	工业类空地	0.235	0.972	1.27
	综合类空地	-8.027	0.824	0.00

注：□□□□□显著性<0.05

（3）多元回归模型：2020年街道类型分城市计算结果

分城市生成街道类型预测公式对除深圳外的三市预测准确性均提升，最高达到63.6%。深圳预测准确性与整体模型基本持平，为55.2%。北京、广州两座城市空地数据对2020年街道类型的影响更显著，且集中在相同因子（平均面积、斑块数量等）上（表5-8）。

（4）多元回归模型：街道细类计算结果

按上述思路，以邻里变迁细类（15类）为因变量，以城市空地特征值为协变量，进行多元逻辑回归模型计算。

如表5-9所示，分城市预测模型的准确性仍然优于整体。四市模型预测准确性分别为55%、48.50%、50.60%、89.70%，高于整体的37.3%。相关因子集中在4项空间指标上，与用地类型相关的因素很少，且北京、上海、广州显示出对综合类空地的不敏感。

多元逻辑回归模型2020年街道类型分城市检验结果（2020年4类，以发达型街道为参考）　表5-8

街道类型	空地数据	北京			上海			广州			深圳		
		coef.	p	OR	coef.	p	OR	coef.	p	OR	coef.	p	OR
	截距	2.07	0.052		-27.824	0.256		73.976	0.862		-226.765	0.900	—
	平均面积	1.694	0.008	5.441	-22.012	0.187	2.76E-10	4.931	0.227	138.58	2.257	0.749	9.556
	斑块面积	5.715	0.059	303.491	6.269	0.056	527.987	7.854	0.036	2575.521	6.049	0.353	423.85
2 知识型	总面积	7.685	0.235	2175.901	68.883	0.460	1.21E-30	21.333	0.810	1.84E+09	-752.96	0.148	0
	总周长	-11.13	0.099	1.4E-05	-6.892	0.825	0.001	-9.966	0.762	4.70E-05	9.135	0.856	9272.886
	绿地类空地	0.957	0.494	2.604	77.71	0.191	5.61E+33	258.391	0.876	1.65E+112	-631.547	0.942	5.28E-275
	工业类空地	1.957	0.611	2.989	-78.339	0.377	9.15E-35	-4.546	0.610	0.011	241.179	0.914	5.53E+140
	综合类空地	冗余参数			冗余参数			冗余参数			373.951	0.158	2.54E+162
	截距	-42.636	.	—	-2.704	0.858	—	-278.898	0.000	—	-277.68	0.879	—
	平均面积	-45.461	.	1.80E-20	6.377	0.257	588.217	3.481	0.471	32.49	-1.414	0.915	0.243
	斑块面积	-6.95	1.000	0.001	0.513	0.887	1.671	8.115	0.071	335.191	-10.447	0.448	2.90E-05
3 房产型	总面积	36.971	1.000	0.139E+16	-90.264	0.255	6.30E-40	65.239	0.488	2.152E+28	-22.709	0.964	1.37E-10
	总周长	-1.642	1.000	0.194	27.682	0.370	1.053E+12	-29.721	0.437	1.24E-13	-102.558	0.359	3.47E+44
	绿地类空地	-0.136	1.000	0.873	48.056	0.259	7.422E+20	-1130.473	.	0	-1259.944	0.884	0
	工业类空地	0.897	1.000	2.453	9.995	0.853	1090.948	-5.029	0.59	0.007	277.865	0.901	4.74E+120
	综合类空地	冗余参数			冗余参数			冗余参数			-89.565	0.741	1.27E-39

续表

街道类型	空地数据	北京			上海			广州			深圳		
		coef.	p	OR	coef.	p	OR	coef.	p	OR	coef.	p	OR
4 产业型	截距	1.235	0.252		7.658	0.599		83.255	0.844		−130.893	0.942	
	平均面积	2.136	0.001	8.468	6.278	0.179	532.791	6.509	0.127	670.95	4.62	0.532	101.495
	斑块面积	6.356	0.040	575.717	4.136	0.172	62.534	8.558	0.027	5210.24	14.712	0.203	2451587.1
	总面积	8.412	0.196	4501.594	0.328	0.996	1.389	17.208	0.847	297432400	424.06	0.298	1.47E+184
	总周长	−13.315	0.053	1.65E−06	−10.831	0.695	1.98E−05	−8.041	0.810	0	−101.122	0.221	1.21E−44
	绿地类空地	1.269	0.381	3.559	26.95	0.510	5.063E+11	297.617	0.857	1.79E+129	−811.786	0.925	0
	工业类空地	1.039	0.631	2.826	5.161	0.890	174.327	−4.928	0.583	0.007	185.561	0.934	3.88E+80
	综合类空地	冗余参数			冗余参数			冗余参数			−184.689	0.401	6.17E−81
模型预测准确性		63.60%			57.10%			59.50%			55.20%		

注： 显著性<0.5；
显著性<0.1。

多元逻辑回归模型2020年街道类型分城市计算检验结果（2020年14类，以发达型街道为参考）　　表5-9

街道类型	空地数据	四市		北京		上海		广州		深圳	
		coef.	p	coef.	p	coef.	p	coef.	OR	coef.	p
11	截距	−39.778	0.375	−619.408	0.171	−764.163	0.474	143.631	0.802		
	平均面积	−5.468	0.023	13.687	0.698	15.604	0.377	−1.423	0.887		
	斑块面积	−6.508	0.009	−33.152	0.735	0.395	0.951	−27.791	0.062		
	总面积	−1089.518	0.675	−4011.362	0.180	260.234	0.129	−626.069	0.285		
	总周长	19.152	0.158	472.977	0.191	69.348	0.229	170.982	0.267		
	绿地类空地	430.143	0.714	1475.128	0.226	−1192.571	0.773	1157.273	0.616		
	工业类空地	−12.953	0.956	497.531	0.207	−2777.963	.	−51.904	0.732	—	
	综合类空地	600.397	0.675	冗余参数		冗余参数		冗余参数			
12	截距	−0.086	0.809	−0.708	0.445	−632.890	0.837	1.938		583.391	0.027
	平均面积	−0.953	0.053	−0.257	0.719	−65.570	0.056	0.032	0.922	−91.761	0.247
	斑块面积	−1.826	0.004	−1.311	0.461	1.536	0.785	0.377	0.989	−100.702	0.536
	总面积	65.569	0.475	−8.713	0.092	37.184	0.812	−5.119	0.863	−4326.899	0.535
	总周长	7.762	0.006	10.046	0.039	−1.490	0.972	−0.410	0.778	761.410	0.593
	绿地类空地	−33.487	0.419	−1.750	0.163	−135.221	0.405	12.291	0.968	4892.552	0.026
	工业类空地	−9.850	0.355	−1.954	0.442	−316.639	0.851	−1.360	0.867	−843.537	.
	综合类空地	−39.181	0.439	冗余参数		冗余参数		冗余参数		1970.540	0.487

续表

街道类型	空地数据	四市		北京		上海		广州		深圳	
		coef.	p	coef.	p	coef.	p	coef.	OR	coef.	p
13	截距	-14.717	0.347	-97.591	0.988			-1551.820	0.858		
	平均面积	-34.539	0.397	16.579	0.989			-45.035	0.715		
	斑块面积	-0.268	0.944	2.399	0.995	—		-12.951	0.414	—	
	总面积	159.586	0.920	-12.526	0.980			-1189.914	0.169		
	总周长	-8.267	0.705	26.948	0.986			333.508	0.180		
	绿地类空地	-60.083	0.933	-5.860	0.993			-4569.226	0.892		
	工业类空地	-15.321	0.934	-0.516	0.998			-550.301	0.717		
	综合类空地	-72.119	0.934	冗余参数				冗余参数			
14	截距	-3.332	0.000	-3.865	0.027	74.462	0.733				
	平均面积	0.628	0.247	0.945	0.201	-2.170	0.968				
	斑块面积	-0.682	0.413	2.172	0.396	16.654	0.724				
	总面积	71.840	0.880	-1.774	0.671	578.856	0.666	—		—	
	总周长	5.209	0.156	1.419	0.805	-225.637	0.680				
	绿地类空地	-35.517	0.869	-1.459	0.378	-116.481	0.757				
	工业类空地	-9.698	0.862	-2.626	0.617	49.742	0.892				
	综合类空地	-41.628	0.874	冗余参数		冗余参数					
21	截距	-78.137	0.842			-828.217	0.744				
	平均面积	-7.821	0.527			-22.485	0.486				
	斑块面积	-2.758	0.706			1.232	0.935				
	总面积	-1988.870	0.000	—		355.683	0.371	—		—	
	总周长	-15.448	0.808			-113.387	0.462				
	绿地类空地	877.778	0.000			837.047	0.932				
	工业类空地	-143.952	0.946			3676.617	.				
	综合类空地	1117.855	.			冗余参数					
22	截距	-2.666	0.006	-1.694	0.193	-42.695	0.459			-3223.648	0.319
	平均面积	-1.663	0.266	-2.146	0.132	-101.492	0.141			50.143	0.719
	斑块面积	-0.048	0.957	1.502	0.569	-1.841	0.819	—		-100.507	0.526
	总面积	-17.971	0.711	-8.167	0.149	-109.591	0.734			-12181.103	0.499
	总周长	1.237	0.765	-6.229	0.506	16.348	0.853			1208.933	0.473
	绿地类空地	10.320	0.639	8.815	0.100	79.453	0.334			-8493.340	0.521

续表

街道类型	空地数据	四市		北京		上海		广州		深圳	
		coef.	p	coef.	p	coef.	p	coef.	OR	coef.	p
22	工业类空地	2.974	0.606	3.972	0.162	95.504	0.326			3215.435	0.331
	综合类空地	3.837	0.887	冗余参数		冗余参数				5508.672	0.516
24	截距	−8.085	0.206	—		−82.861	0.745	—		—	
	平均面积	−13.902	0.369			−39.322	0.352				
	斑块面积	1.261	0.553			19.697	0.063				
	总面积	96.620	0.808			837.244	0.035				
	总周长	−9.655	0.489			−304.955	0.36				
	绿地类空地	−45.692	0.799			−993.475	0.413				
	工业类空地	−6.848	0.883			209.701	0.280				
	综合类空地	−42.856	0.846			冗余参数					
31	截距	−11.926	0.083	−11.818	0.032	−516.072	0.000	155.729	0.769	−977.957	0.008
	平均面积	−1.923	0.040	−0.886	0.482	−23.528	0.268	−4.322	0.471	−121.071	0.133
	斑块面积	−10.269	0.000	−10.240	0.025	3.925	0.564	−9.897	0.090	−341.071	0.166
	总面积	212.515	0.377	−80.767	0.022	78.886	0.636	−83.399	0.741	−1340.487	0.855
	总周长	36.108	0.000	51.923	0.016	−6.998	0.899	−19.968	0.794	1680.474	0.352
	绿地类空地	−122.100	0.258	−11.133	0.220	−24.519	0.739	801.843	0.704	−4351.998	0.106
	工业类空地	−60.959	0.157	−4.707	0.655	2849.546	.	−63.384	0.511	884.039	.
	综合类空地	−143.289	0.279	冗余参数		冗余参数		冗余参数		−55.719	0986
32	截距	−4.872	0.186	−1660.622	0.000	−415.669	0.165	−409.012	0.903	−6055.541	0.862
	平均面积	0.051	0.935	−5.553	0.522	2.146	0.936	−85.051	0.601	−23.586	0.704
	斑块面积	−1.086	0.315	−7.176	0.172	16.711	0.056	−17.088	0.182	216.964	0.236
	总面积	−163.094	0.444	−5.554	0.644	−66.711	0.421	−1543.284	0.274	3589.898	0.611
	总周长	−5.893	0.370	−6.722	0.549	−92.733	0.500	259.409	0.134	−2509.430	0.210
	绿地类空地	69.838	0.466	−7.853	0.292	−651.755	0.414	48.968	0.997	−30134.789	0.849
	工业类空地	3.046	0.801	−90.89.019	.	−55.032	0.785	112.757	0.535	7014.402	0.827
	综合类空地	91.848	0.434	冗余参数		冗余参数		冗余参数		483.887	0.872
33	截距	−15.948	0.158	—		−579.644	0.789	−633.862	0.688	−3927.160	0.851
	平均面积	−7.376	0.160			−61.051	0.406	−98.630	0.420	−23.407	0.779
	斑块面积	−3.411	0.055			−7.482	0.552	−25.302	0.035	−107.874	0.503

续表

街道类型	空地数据	四市		北京		上海		广州		深圳	
		coef.	p	coef.	p	coef.	p	coef.	OR	coef.	p
33	总面积	-167.835	0.206	—		222.489	0.397	-1526.693	0.030	-5533.755	0.456
	总周长	24.340	0.024			26.140	0.627	392.943	0.034	997.851	0.505
	绿地类空地	25.048	0.457			-1697.069	0.789	-913.446	0.877	-15424.709	0.871
	工业类空地	11.679	0.412			-1128.631	0.892	28.912	0.897	4015.845	0.836
	综合类空地	75.525	0.303			冗余参数		冗余参数		2264.030	0.447
34	截距	-2.009	0.063	-5.198	0.077	-874.632	0.525	142.832	0.806	-6745.154	0.923
	平均面积	-0.327	0.541	-0.930	0.059	-11.816	0.698	9.519	0.417	-149.947	0.683
	斑块面积	-2.766	0.066	-18.088	0.067	3.653	0.787	-20.693	0.210	-139.765	0.590
	总面积	-4.611	0.963	-3.828	0.733	-12.379	0.990	-1234.888	0.126	-4875.557	0.916
	总周长	-5.270	0.472	9.502	0.509	-106.311	00581	315.872	0.150	-249.143	0.915
	绿地类空地	4.073	03928	2.718	0.362	-639.628	0.902	1708.178	0.459	-30686.789	0.914
	工业类空地	0.982	0.933	0.485	0.777	-3620.400	.	-128.319	0.596	8550.470	0.860
	综合类空地	3.227	0.954	冗余参数		冗余参数		冗余参数		4216.048	0.882
41	截距	-3.727	0.020	-44.498	0.991	-31.868	0.705	-173.273	0.962	-1030.264	0.740
	平均面积	-10.979	0.024	-6.451	0.998	-65.315	0.488	-14.323	0.178	-324.606	0.114
	斑块面积	-3.570	0.004	-61.115	0.984	5.213	0.593	-5.866	0.307	-20.437	0.891
	总面积	-83.848	0.163	-14.552	0.994	-29.156	0.941	-9.675	0.925	-11458.716	0.524
	总周长	6.515	0.061	81.578	0.979	-21.093	0.849	9.246	0.800	44.526	0.977
	绿地类空地	38.421	0.170	-29.728	0.983	-3.720	0.986	-644.922	0.964	1133.277	0.945
	工业类空地	9.433	0.180	2.446	0.997	103.880	0.374	4.090	0.605	1514.042	0.682
	综合类空地	48.114	0.158	冗余参数		冗余参数		冗余参数		6681.453	0.464
42	截距	0.127	0.641	0.803	0.193	-1261.304	0.448	-653.806	0.000	-2201.712	0.001
	平均面积	-0.461	0.135	-0.574	0.180	-44.725	0.237	-18.012	0.078	31.386	0.919
	斑块面积	-0.958	0.079	-0.077	0.953	15.684	0.047	0.161	0.967	-45.084	0.776
	总面积	129.188	0.430	0.050	0.970	246.008	0.283	81.454	0.083	-7870.187	0.409
	总周长	2.092	0.127	1.171	0.595	-142.246	0.100	-36.213	0.216	780.833	0.552
	绿地类空地	-58.779	0.429	-0.438	0.352	53.504	0.589	-2561.301	.	-5816.863	0.133
	工业类空地	-15.036	0.432	0.088	0.818	-7024.363	0.442	4.663	0.114	2107.823	.
	综合类空地	-71.326	0.429	冗余参数		冗余参数		冗余参数		3413.779	0.421

续表

街道类型	空地数据	四市		北京		上海		广州		深圳	
		coef.	p	coef.	p	coef.	p	coef.	OR	coef.	p
43	截距	-2.512	0.075	—		-6.183	0.705	12.798	0.985	—	
	平均面积	-0.554	0.683			-0.189	0.984	0.966	0.956		
	斑块面积	-0.899	0.553			4.734	0.402	-4.346	0.845		
	总面积	76.929	0.702			-71.800	0.535	64.811	0.728		
	总周长	5.400	0.563			-5.264	0.901	-13.268	0.922		
	绿地类空地	-39.390	0.665			49.203	0.242	22.572	0.933		
	工业类空地	-9.529	0.686			30.394	0.259	-2.102	0.930		
	综合类空地	-46.205	0.678			冗余参数		冗余参数			
模型预测准确性		37.30%		55%		48.50%		50.60%		89.70%	

注：▨▨▨▨ 显著性<0.1。

（5）有序回归模型：整体计算结果

将邻里变迁程度数据（-3~3）作为被解释变量，建立有序逻辑回归模型。上海和深圳的回归结果未通过p值检验，剔除回归结果（表5-10）。

四市整体结果的相关因子是平均面积和斑块数量，和邻里变迁程度呈显著负相关。北京和上海的相关因子是平均面积和总面积，有相似趋势，即平均面积越小，总面积越大，邻里变迁程度提高的概率越高。

根据相关系数列出北京、广州街道细类预测公式：

$S_{北京}$=-平均面积×0.0000119-斑块数量×0.02+总面积×0.00000555-总周长×0.000124-绿地类空地×0.0000187+工业类空地×0.0000151；

$S_{广州}$=-斑块数量×0.038+总面积×0.000147-绿地类空地×0.000557+工业类空地×0.000808。

有序逻辑回归模型邻里变迁程度分城市检验结果

表5-10

参数		四市		北京		广州	
		估算	显著性	估算	显著性	估算	显著性
阈值	[邻里变迁程度=-3]	-5.049	0.000	-4.85	0.000	—	
	[邻里变迁程度=-2]	-3.923	0.000	-4.427	0.000	-0.402	0.000
	[邻里变迁程度=-1]	-1.501	0.000	-1.691	0.000	-2.588	0.000
	[邻里变迁程度=0]	-0.352	0.017	-0.934	0.000	-0.903	0.007
	[邻里变迁程度=1]	0.221	0.135	-0.255	0.316	-0.696	0.034
	[邻里变迁程度=2]	3.094	0.000	4.579	0.000	2.072	0.000
	平均面积	-8.5E-06	0.060	-1.19E-05	0.027	0	0.006

续表

参数	四市		北京		广州	
	估算	显著性	估算	显著性	估算	显著性
斑块数量	-0.017	0.020	-0.02	0.204	-0.038	0.348
总面积	-7.36E-07	0.956	5.5E-07	0.081	1.47E-05	0.032
总周长	-7.20E-06	0.712	-1.24E-05	0.676	0	0.140
绿地类空地	10.3E-06	0.939	-1.87E-07	0.556	-5.57E-05	0.376
工业类空地	1.22E-06	0.928	1.51E-07	0.810	8.08E-06	0.241
结合类空地	1.18E-06	0.930	冗余参数		冗余参数	
考克斯-斯奈尔	0.055		0.094		0.294	
平行线检验	0.000		0.000		0.000	

注：　　　　　显著性<0.1。

4. 城市发展差异可视化分析

4市分别根据单因素方差分析计算各类街道的空地平均值，确定空地异常值对应的街道类型，并针对街道空间分布进行策略分析。

（1）北京、广州：与街道细类相关

如图5-3所示，北京邻里变迁程度为-2和3时，城市空地出现异常高值。异常高值点对应丰台区的具体街道：41工人—发达型街道是王佐镇，23经济—房产型街道是新村街道。应关注这两街道的土地利用布局，避免因短期发展造成无序低效建设。42工人—知识型街道普遍存在于朝阳，空地呈增长趋势。近期朝阳区工业转型升级，新产业核心有效促进了经济发展，可继续保持绿地类向综合类转型策略（图5-4、图5-5）。

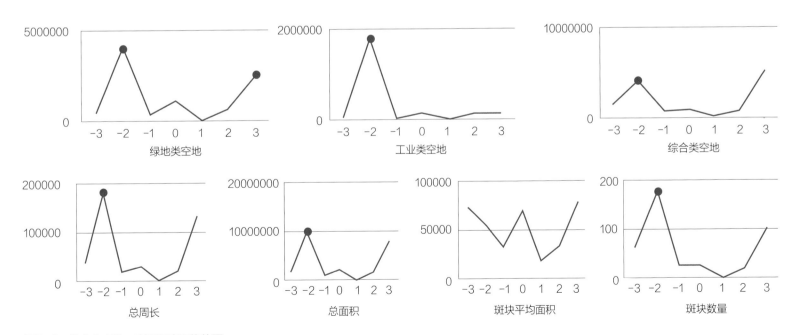

图5-3　北京市空地—变迁程度平均值图

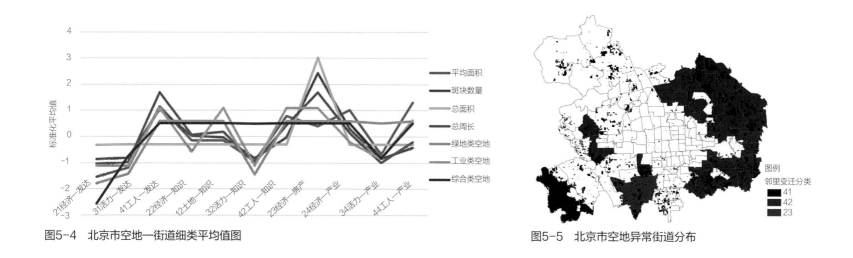

图5-4　北京市空地—街道细类平均值图

图5-5　北京市空地异常街道分布

　　如图5-6所示，广州邻里变迁程度为-1和1时，空地出现异常高值。空地异常高值点：44工人—产业型街道主要在天河区，34活力—产业型街道主要在天河区、海珠区，43工人—房产型街道主要在琶州街道。以上街道的经济发展暂时停滞，应考虑利用空地资源整合土地资源，推动产业结构向技术人才导向型转变（图5-7、图5-8）。

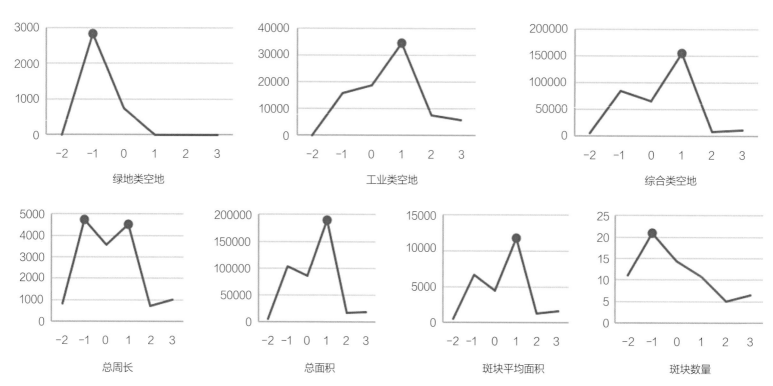

图5-6　广州市空地—变迁程度平均值图

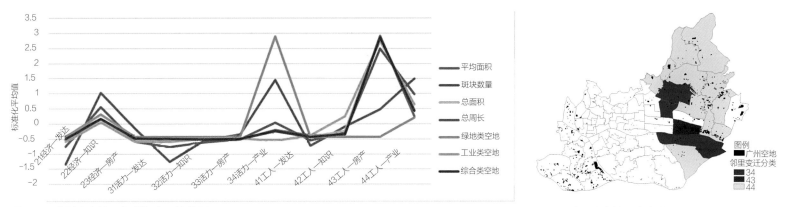

图5-7　广州市空地—街道细类平均值图

图5-8　广州市空地异常街道分布

（2）上海、深圳：与街道发展程度相关

上海和深圳的平均值图无明显规律（图5-9、图5-12）。上海随着街道邻里变迁程度的提升，空地数据从无序走向稳定低值。空地数据失序的衰落街道，集中分布在西部，且各区衰落类型不相同。普陀、徐汇是44工人—产业街道聚集区，综合类空地呈异常高值。长宁区是12土地—知识街道聚集区，绿地类空地呈异常高值。为促进街区发展，各区对空地的利用策略应有针对性（图5-10、图5-11）。

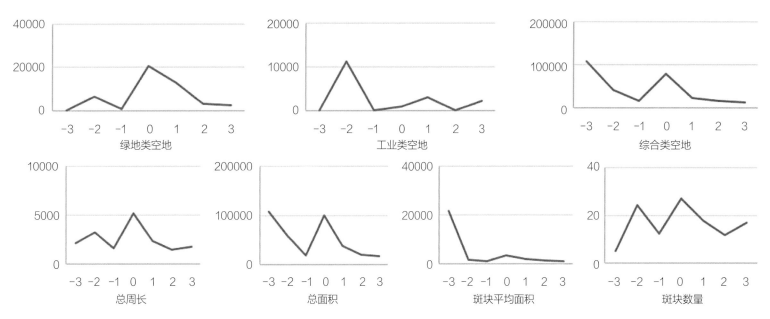

图5-9　上海市空地—变迁程度平均值图

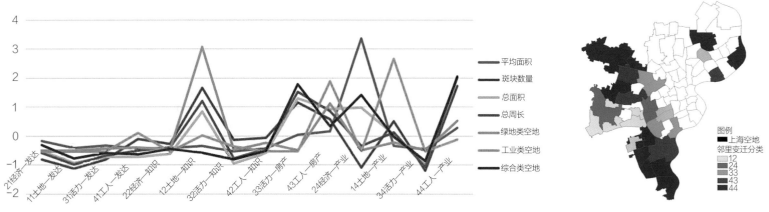

图5-10　上海市空地一街道细类平均值图

图5-11　上海市空地异常街道分布

　　深圳最特殊：不存在发展程度为-2和-3的街道，但城市空地无空间相关性。城市空地的平均值图趋势和广州相近，近似M型，但发展程度更好。提升街道集中在福田区，转变为发达型、知识型；衰落街道集中在东西两端。罗湖区的衰落类型为22经济—知识类，属于高素质人才聚集区。南山区的衰落类型为34活力—产业类，产业园区增长。这两区域的空地斑块几乎完全消失，应留出发展弹性用地，保证公共服务用地配置（图5-13、图5-14）。

　　深圳与上海的规律相反，发展停滞街道的城市空地处在高值点，当街道衰落，城市空地迅速变少；而在提升街道中，城市空地数据走向无序。对于深圳街道停滞区的发展，不应一味追求缩减空地。

　　从4市的城市空地和邻里发展关系分析中可知，失业率、老龄化水平和受教育程度作为与空地对应出现的经济社会因素，是邻里单元中值得关注的重要因子。

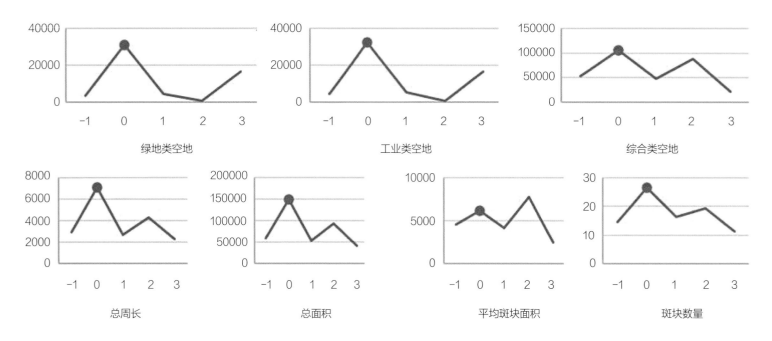

图5-12　深圳市空地一变迁程度平均值图

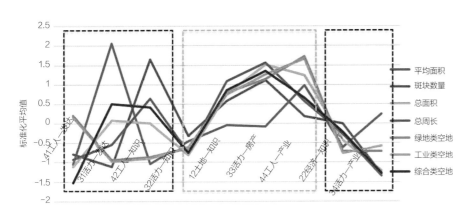

图5-13　深圳市空地—街道细类平均值图

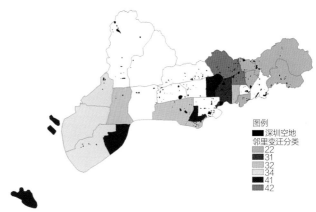

图5-14　深圳市空地异常街道分布图

六、研究总结

研究发现，邻里变迁的聚类分析立足于不同城市语境下，街道单元聚类有其特殊规律。城市间街道发展比较，便于分辨某城市的特殊性发展问题，指导精准施策，引导微观单元健康生长。城市空地的产生和城市化进程相关，并和失业率、受教育程度等经济社会指标相关。城市空地与街道单元的变迁进程存在密切联系。

1. 模型设计的特点

（1）研究创新点

①城市空地类型学研究

构建中国语境下的城市空地基本定义和分类标准体系。

②北上广深中心城区邻里变迁类型学研究

以街道为单元，分析邻里变迁阶段和类别，判断变迁成因。

③邻里变迁风险预测

以城市空地数据作为预测邻里变迁趋势的空间变量。

（2）理论、数据、技术方法的差异和创新性

①理论：邻里变迁研究领域的理论探索。

②数据：选取城市化进程最快的一线及新一线城市中心城区的街道办事处行政辖区作为研究范围，收集2010年和2020年的数据。

③技术方法：综合利用遥感技术和图像分析的研究方法，提供新手段和工具，使深入探究城市空地和邻里变迁的关系成为可能。

④研究视角：引入城市空地作为关键的空间指标。

通过将城市空地与邻里变迁过程相结合，探索城市化发展中土地利用的效率和可持续性，以及其对邻里变迁的影响。

传统研究侧重于对邻里变迁的描述和解释，本研究力图构建治理决策模型以应对邻里变迁带来的挑战。

2. 应用方向或前景

可通过调节空地数量、类型来调节邻里变迁水平，科学辅助政府政策制定，指导城市更新规划编制及研究。

参考文献

［1］薛丰丰. 城市社区邻里交往研究［J］. 建筑学报，2004（4）：26-28.

［2］张西勇，杨继武. 历史制度主义视域下我国城市街道办事处的制度变迁［J］. 中国行政管理，2012，330（12）：69-73.

［3］KENNY J, ROY P. Neighborhood change［M］//KOBAYASHI A.Internationaencyclopedia of human geography.2nd ed.Oxford: Elsevier2020：329-334.

［4］苏玲玲，周素红. 居住迁移背景下邻里环境对幸福感的影响——不同生命历程阶段的差异［J］. 地理科学进展，2021，40（8）：1344-1354.

［5］唐诺亚，朱喜钢. 大型国企主导型单位制住区的空间演化机

制与规划对策 [J]. 上海城市规划，2021，161（6）：92–98.

[6] 林雄斌，马学广，李贵才. 全球化背景下封闭社区形成的影响因素与空间效应 [J]. 地理科学进展，2013，32（3）：354–360.

[7] 程晗蓓，李志刚. 邻里变迁影响城市居民健康的国际研究进展与启示 [J]. 国际城市规划，2022，37（5）：98–106.

[8] 宋小青，李心怡. 城市空地的内涵解释与研究方向 [J]. 中国土地科学，2019，33（6）：71–79.

[9] BURKHOLDER S. The new ecology of vacancy: rethinking land use in shrinking cities [J]. Sustainability, 2012, 4（6）：1154–1172.

[10] N METH J, LANGHORST J. Rethinking urban transformation temporary uses for vacant land [J]. Cities, 2014, 40（40）：143–150.

[11] PAGANO M A, BOWMAN A O. Vacant Land in Cities: An Urban Resource [J]. Brookings institution, Center on Urban and Metropolitan Policy, 2000：1–9.

[12] BOWMAN A O' M, PAGANO M A. Terra Incognita: Vacant Land and Urban Strategies [M]. Washington, DC: Georgetown University Press, 2004：96–101.

[13] NEWMAN G, PARK Y, BOWMAN A O, et al. Vacant urban areas: causes and interconnected factors [J]. Cities, 2018, 72：421–429.

[14] N METH J, LANGHORST J. Rethinking urban transformation: temporary uses for vacant land [J]. Cities, 2014, 40（40）：143–150.

[15] 宋小青，麻战洪，赵国松，等. 城市空地：城市化热潮的冷思考 [J]. 地理学报，2018，73（6）：1033–1048.

[16] CARLINO G, CHATTERJEE S. Employment deconcentration:a new perspective on America's postwar urban evolution [J]. Journal of Regional Science, 2002, 42（3）：445–475.

[17] 朴成银，张立，李仁熙. 韩国城市的"旧村改造"与"社区共同体"重建——昌原市芦山洞的案例 [J]. 上海城市规划，2018，138（1）：72–76.

[18] 李寒冰，金晓斌，吴可，等. 土地利用系统对区域可持续发展的支撑力评价：方法与实证 [J]. 自然资源学报，2022，37（1）：166–185.

[19] Sophia Friis, Geoffrey Habron. Contested Campus Landscape Placemaking of Socio–Ecological Systems through Actor–Network Theory [J]. Southeastern Geographer. 2023，63（2）：155–182.

[20] 高力. 基于街景图片识别的城市街道空间品质变化研究 [D]. 北京：北方工业大学，2021.

[21] Lee RJ, Newman Galen. The relationship between vacant properties and neighborhood gentrification [J]. Land Use Policy，2021（1）.

[22] 宫鹏，陈斌，李雪草，等. 2018年中国基本城市土地利用类型制图（EULUC–China）（英文）[J]. Science Bulletin, 2020, 65（3）：182–187.

[23] Ogasawara Y, Kon M. Two clustering methods based on the Ward's method and dendrograms with interval–valued dissimilarities for interval–valued data [J]. International Journal of Approximate Reasoning, 2021, 129：103–121.

基于多模态感知的历史街区虚实空间地方感评价模型

工 作 单 位：南京大学建筑与城市规划学院

报 名 主 题：面向高质量发展的城市治理

研 究 议 题：城市体检与规划实施评估

技术关键词：机器学习、神经网络

参 赛 人：王星、张蔚、陈诚、潘爽、刘沐涵、林芷馨

指 导 老 师：沈丽珍、祁毅

参赛人简介：团队成员来自南京大学建筑与城市规划学院智城至慧团队，团队成员背景多元，重点关注大数据在智慧城市规划中的运用、智慧城市理论与顶层设计、城市空间微更新改造与规划、健康城市规划与设计、流动空间、智慧旅游等。团队成员近期在"人—技术—空间"一体的智慧城市研究框架下，主要关注城市虚实场景的融合研究，致力于探索人工智能技术在城市感知领域的应用，并已取得一系列成果。

一、研究问题

1. 研究背景及目的意义

城市体检是提升城市治理能力的创新举措，推动着城市人居环境的高质量发展。然而，当前城市建设存在着以空间为重、忽视人本和历史保护等问题。城市历史街区在更新发展中也常常面临风貌特色破坏和地方感流失等问题。城市体检工作过于注重城市属性要素的评估，且依赖于表面指标的堆砌，未充分考虑居民实际需求和真实感受，忽略了以人为本的发展内涵。与传统指标体系相比，地方感评价更能反映居民主观感受，并在历史地段更新营造中具有独特实践价值。

地方感基于人地关系理论，是人对某一特定地方的情感依恋，并处于不断发展和变化的过程。从段义孚描述的恋地情结（topophilia）到Wright首创的地方虔诚（geopiety），都在强调其"感受性质"以及"地方影响"。近年来，学者围绕地方感影响因素及感知机制，以旅游者或居民为研究对象，开展历史地段地方感的研究和探索，发现地方感特征主要体现在历史建筑、特色小吃、历史文化方面；有学者指出旅游地的自然背景与文化历史声音对塑造地方感知具有积极意义。从感官角度而言，以多感官为媒介才能形成较为综合的环境认知。Carles等的研究指出，只有将声音景观与视觉景观相结合，才能使景观价值更为显著，从而带给人们完整的感知体验。

随着互联网和数字孪生技术的发展，地方感开始受到文学影视作品的影响，并从实体地理空间逐渐扩展到数字媒体平台塑造的网络虚拟空间。疫情影响下，线上平台的使用率大幅增加，虚拟空间成为认知实体地方的重要方式。同时，"淄博烧烤"现象

展现了虚拟空间对现实世界的辐射带动作用，虚实互动的模式值得进一步研究。

因此，本研究从地方感评价的角度出发，探索以人为本的城市体检方法，旨在优化历史街区的地方感营造，弥补城市建设和历史街区保护中的不足。通过综合考量多媒介、多人群、多模态的城市地方感评价，为城市体检模型提供新思路。

2. 研究目标及拟解决的问题

（1）研究目标

构建虚实交互的城市历史街区地方感评价模型，综合评价虚实空间地方感，并识别虚实空间地方感的影响要素，总结要素特征，提升城市体检的精细化和人本化评估水平，为城市空间决策提供科学依据和支撑。

（2）拟解决问题

①虚实空间地方感评价流程

构建虚实空间地方感评价流程，综合考虑实体地理空间和网络虚拟空间的地方感营造，确保评价结果准确可靠。

②虚实空间地方感要素识别及特征总结

识别虚实空间地方感要素，并总结其特征，深入理解虚实空间地方感的形成机制和影响因素。

二、研究方法

1. 研究方法及理论依据

（1）理论依据

地方感基于人地关系理论，是人对特定地方的情感依恋，并处于不断发展和变化的过程。互联网和数字孪生技术的发展使地方感受不再仅受人们对实体空间的感知影响，还受到文学、影视作品以及数字媒介平台等网络虚拟空间的塑造和传播效应。传播学领域提出"媒介地方感"概念，认为其是人与媒介地方互动的产物。在本模型中，地方感是基于地方实体地理空间和网络虚拟空间的综合感知体验，涉及虚实交互的层面（图2-1）。

现代媒介的发展使人们在家中观赏世界各地的景色，成为人们的千里眼和顺风耳。地理学中的"地方"指具有特定地理坐标和特征的地点。通过媒介，人们可以超越距离，感知不同地方的

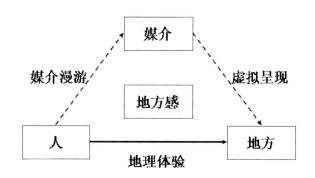

图2-1 地方感概念辨析

自然、地理和历史特点，唤起对地方的感知和情感。媒介地方感的问题受到越来越多的学者关注，魏然提出个人通过位置媒介实践建构"城市地方感"生成新的城市地方认同。吴玮等对"网红城市"中本地居民地方实践进行质化分析，提出"数字地方感"概念。覃若琰认为，数字地方感主体不局限于网红城市本地居民，可以拓展至所有移动媒介使用者。外地游客可以通过短视频等移动媒介打卡寻找到"个体城市的意义"。

然而，文化地理研究更注重从视觉角度来理解地方体验，忽视了其他感官体验的重要性。声音、嗅觉和味觉等感官弥补了不平衡状态。旅游地理学者开始关注旅游地的声音环境，并研究游客对旅游地听觉环境的感知，刘爱利等学者在分析了旅游地声音元素重要程度之后，将声景学引入旅游地理研究，指出声音丰富了游客的地方感知体验，是游客与旅游地建立人地关系的重要纽带。西方学者指出，游客在旅游地体验到的当地方言土语、地方戏曲、民间歌舞及自然环境声都是地方文化的重要组成部分，蕴含着丰富地方信息的基础上能够传递当地社会文化，帮助游客进一步加深旅游地感知体验。从以上研究可以看出，声音与环境的互动过程本身体现了人地之间的交互方式，而人地互动需要借助听觉的力量。

人类从出生开始就通过多个感官来认识世界，地方感受不仅仅源于视觉，还包括听觉、嗅觉和味觉等感官的综合作用。随着媒介的发展，这些感官上的体验也逐渐通过媒介平台呈现出来。媒介再现了人们对地方的感官体验。

（2）研究方法

当前城市体检方法探索阶段，聚焦城市属性分析评估，忽略居民需求和真实感受，缺乏人本发展内涵。传统地方感研究受

限于数据和技术手段，评价模型抽象简化，难以准确还原空间特征，对环境感知机制存在先验假设。感知体验信息在指标量化中易遗失和误读，历史街区地方感评价、形成机制、影响要素等问题缺乏全面客观判断。

新技术驱动下，城市数据扩展丰富，街景图像众包化推动计算机视觉和深度学习模型发展，提供从场景到物质空间感知的量化工具。深度学习模型无需先验假设，训练神经网络能表达多源数据与人类行为关系，为研究地方感机制和影响因素提供新思路。

本模型以人本主义、地方感理论为基础，以南京老门东地区为研究区域，利用机器学习构建基于卷积神经网络（Convolutional Neural Network，简称CNN）的视觉感知模型、基于K-Means的图像色彩聚类模型、基于长短期记忆网络（Long Short-Term Memory，简称LSTM）的声景感知模型以及基于文本主题生成（Latent Dirichlet Allocation，简称LDA）和随机森林的热点主题识别模型。综合评价历史街区实体地理空间和网络虚拟空间的地方感，并识别影响要素，实现精细化、人本化城市体检评估。具体方法如下：

①基于卷积神经网络（CNN）的视觉感知模型

CNN卷积神经网络在图像识别与定位方面有显著优势，相比传统神经网络，CNN使用的卷积层能够识别图像的局部特征，学习空间层次结构。通过建立复杂的映射关系，解析环境中具体要素对地方感知评价的影响（图2-2）。

②基于K-Means的图像色彩聚类模型

K-means聚类方法因其对大数据样本空间的聚类效率高、收敛速度快、易于实现等优点，广泛应用于图像处理的相关领域。在色彩分析中，可以将图像像素点聚成K个簇，每个簇代表一种颜色，适用于图像压缩、图像去噪等应用。借助该模型能够识别出地方热点色彩和高地方感地段热点色彩，为历史街区的色彩保护规划提供参考意见。

③基于长短期记忆网络（LSTM）的声景感知模型

长短期记忆（LSTM）网络解决了循环神经网络的梯度消失问题，增加了携带信息跨越多个时间步的方法，以防止早期信号在处理过程中逐渐消失，在音频分类和识别领域得到广泛的应用。借助该模型可以精准识别环境声景，分析声源的空间分布，并解析声音分类对地方感评价的影响。

④基于LDA和随机森林的热点主题识别模型

LDA能够降低文本表示维度，可以处理大量数据以自动对文档进行分类并估计它们与各种主题的相关性。通过该模型能够有效地生成大量社交文本的主题，有助于提取影响地方感的要素。

随机森林是目前较为成熟的机器学习算法，性能良好，在文本和语言处理等领域得到了广泛应用。使用该算法能够较为准确地识别地方感要素。

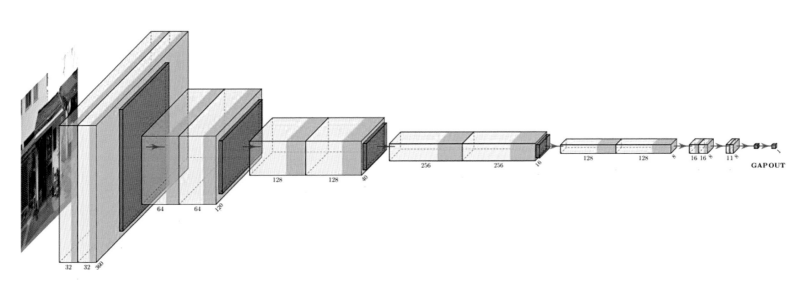

图2-2　CNN模型结构示意图

2. 技术路线及关键技术

本研究项目从研究准备、数据收集、评价方法、要素识别、应用对策五个阶段开展，技术路线如图2-3所示。

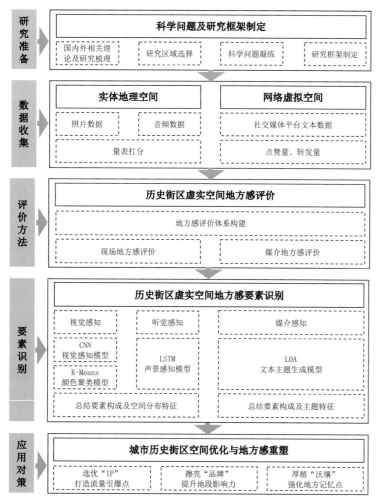

图2-3 技术路线图

三、数据说明

1. 数据内容及类型

研究数据主要分为：①实体地理空间数据，即调查对象通过设备记录的地方环境信息，包括照片、音频、量表打分等（图3-1）；②网络虚拟空间数据，即从旅游网站、社交媒体平台获取的评论文本及其点赞数据。

（1）量表打分数据

地方感作为一种基于人主观感知的空间体验，其"感知–表达"方式与评价方法之间难以进行直接的转化。本研究在前人的研究基础上，采用李克特量表的方式评价老门东地段的地方感。研究共收集到706份问卷。

（2）照片数据

为了保证采集到分布均匀、差异明显的数据，将研究区按照不同地段特色划分为5个区域，调查人员在不同区域内自由活动时，用移动手机记录所在地点的照片，抓取环境关键特征，拍摄模式统一调整为28～35mm广角焦段进行拍摄，拍摄尺寸统一要求为16:9比例格式。研究共收集到832张照片。

（3）音频数据

在调查对象采集照片数据的同时，专门录音的人员跟随调查对象，使用SONY PCM-D100线性数码录音棒辅助进行现场环境声音数据的采集，录制格式为2822kbps的wav格式文件。研究共收集到256段录音。

图3-1 数据采集流程示意

（4）文本数据

网络平台的文本数据可以表达评论者的真实感情和经历。本研究选择携程、去哪儿等旅游网站和微博、小红书等社交媒体平台为数据源，以"老门东""小西湖""三七八巷"为关键词进行检索，共计获得6497条文本数据。

（5）文本点赞数据

网络空间对于内容的点赞一定程度上可以反映出"数字人"对内容的认可情况。本研究在爬取网络文本数据的同时，将点赞量与文本信息匹配，以此来代表虚拟空间中该地点的空间偏好。

2. 数据预处理技术与成果

（1）照片数据的预处理

为了提高模型的运行效率，降低计算压力，本研究将照片数据的输入尺寸统一调整为360×640像素规格，按照7:3的比例划分训练集和验证集，并使用ImageDataGenerator进行数据增强，提高模型的泛化能力。

（2）音频数据的预处理

为了便于数据处理，将录音数据统一裁剪至每段10秒，规定比特率处理为2822kbps。

（3）文本数据的预处理

首先，删去与主题无关的文本（如广告等），得到3865条有效文本信息。其次，借助pkuseg库对文本进行分词处理，将文本转换为适当的词组。接着，基于停用词表删去数字、标点和无意义的词（如"的""是"等）。最后，使用词干提取和词源化算法对错误的词组规范化，简化语料库，并结合人工筛选去除与地方感无关的词，最终得到13420个词语。

（4）文本点赞数据的预处理

由于文本数据是从多个平台汇总而来，因此需要考虑平台间的使用情况差异，本研究借助平台月活跃量对评论文本对应的点赞量进行标准化处理，消除组间差异。

研究数据主要分为：①实体地理空间数据，即调查对象通过设备记录的地方环境信息，包括照片、音频、量表打分等；②网络虚拟空间数据，即从旅游网站、社交媒体平台获取的评论文本及其点赞数据。

四、模型算法

1. 模型算法流程及相关数学公式

（1）基于CNN和K-Means的实体地理空间视觉感知模型构建

本研究采用无预训练权重的CNN网络。经过尝试和性能比对，选择使用包含5个卷积模块的网络。在每个卷积运算上使用ReLU非线性激活函数，每个模块都以相应的卷积层和最大池化层（Max Pooling）来提炼卷积识别中的关键特征，使用批量标准化层（Batch normalization layers）保证数据分布一致以及防止梯度消失，并加入Dropout层防止模型过拟合。在最后一个卷积模块中使用NIN（Network in Network）网络，使用1×1的卷积核输

出一维的激活特征图，并使用全局平均池化层（Global Average Pooling）替代传统的全连接层进行输出，得到最终预测的量化评价结果。可视化CNN的卷积层输出有助于理解CNN连续的层如何对输入进行变换，即可以通过二维数值矩阵可视化每一层提取的图片特征。基于这种思路，本研究提取CNN模型第23层的张量输出，以Heatmap的形式进行可视化，并按照特征图的形状将输入图片分割为8×16的区域，最后设置一定的激发阈值筛选出特征图中的高贡献值，对应到输入图像上分割提取出相应的图像块（图4-1）。

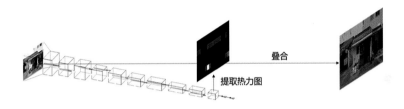

图4-1　CNN模型特征层激活可视化示意图

进一步对图像块进行识别和分类统计，使用式（4-1）计算各种分类的总特征值，识别照片中影响地方感的主要因素，使用式（4-2）加权计算各分类的平均贡献值，识别影响地方感的关键因素。使用式（4-3）计算每张图片各项要素的平均贡献值。

$$H_j = \sum_j^n P_{ij} \qquad (4\text{-}1)$$

$$C_j = \frac{H_j \sum_i^m V_{ij}}{nm} \qquad (4\text{-}2)$$

$$C_{ij} = \frac{V_j \times \sum_i^n P_{ij}}{n} \qquad (4\text{-}3)$$

式中，i为照片序号，j为图块分类类别，n为各分类特征图块的总数，m为照片总数，P_{ij}为各类别图块的特征值，V_{ij}为各照片的地方感评分。

基于图像块像素RGB值，进一步进行K-Means聚类。首先根据肘部法则确定最优色彩簇数为5，其次通过计算像素RGB值至聚类中心的距离将其纳入与其最相近的色彩簇中，再分别计算每一类簇中像素点的RGB均值得到新的聚类中心，进而对所有像素点重新聚类，反复迭代直到聚类中心不再更新，输出色彩簇结果。

研究从热点区域内的具体要素和色彩类别两个维度，分析视

觉感知在地方感要素中的主要特征。

（2）基于LSTM的实体地理空间声景识别模型构建

由于本研究所采集的线下数据量不足以训练高精度的声景评价模型，因此选择使用基于预训练的AudioSet音频标注数据集进行模型构建和训练，而后基于训练好的分类模型对调研采集的音频数据进行识别（图4-2）。AudioSet是Google基于YouTube视频手动注释分类的开源音频数据集，包括632个声音类别共2084320个人工标记的10秒声音剪辑的集合，涵盖户外活动、乐器、自然和各种人造物体相关的各类声音事件集合，适合本研究中城市声景的识别和分类。

根据国内外声景相关研究，声景通常分为人声声景、机械声景和自然声景，而声源类别通常是基于归纳分析法总结而成。AudioSet已有的声音标签中包含部分城市声音信息，通过标签比对和人工审查，筛选出采集数据可能包含的声音信息，并归类统计，得到本研究声景与声源输出结果的具体分类（表4-1、表4-2）。

声景分类标签　　　　　　　表4-1

声景分类	标签
人声声景	谈话；孩子们的叫喊；行走，脚步声；拥挤；喧哗，言语噪音，言语咿呀学语；孩子们的玩耍
自然声景	鸟叫声；啁啾，鸣叫
机械声景	汽笛、卡车喇叭；摩托车；交通噪声、道路噪声；轻型发动机（高频）；中型发动机（中频）；发动机起动；空转
安静	沉默

声源分类标签　　　　　　　表4-2

声源分类	标签
人群	男人说话；女人说话；谈话；走路，脚步声；人群；喧闹；言语噪声，言语杂音
笑声	笑声；婴儿笑声；咯咯笑；窃笑
孩童	孩子说话，孩子叫喊，孩子玩耍
音乐	民间音乐；环境音乐；传统音乐；快乐的音乐；温柔的音乐
鸟叫声	鸟叫声；啁啾，鸣叫
自行车	自行车铃铛
汽车	汽车；汽笛、卡车喇叭；摩托车；交通噪声、道路噪声；轻型发动机（高频）；发动机启动；怠速；中型发动机（中频）
自然声	风；树叶沙沙作响；风声（麦克风）；室外，城市或人造；室外，乡村或自然
安静	沉默
噪声	噪音；环境噪声

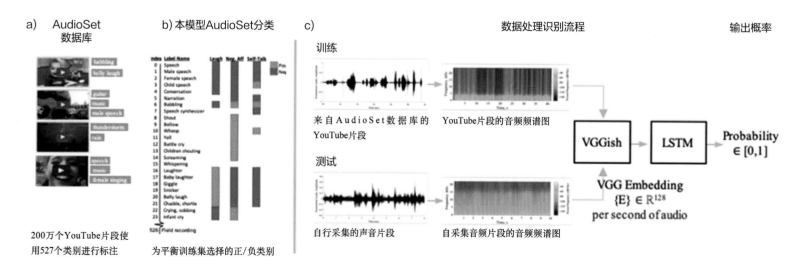

图4-2　使用AudioSet训练LSTM模型图解

注：图片引自"Zero-Shot Transfer Learning to Enhance Communication for Minimally Verbal Individuals using Naturalistic Data"。

在模型架构上，本研究构建了2层LSTM模型，每个LSTM层都包括批量标准化层和Dropout层，并添加L2正则化以防止模型过拟合。输入数据使用基于VGG预先训练的vggish进行声音编码嵌入（embedding），再将嵌入所得的128维数据传递至LSTM层。使用这些嵌入代替原始音频剪辑来训练模型，可以显著降低算力要求并提升训练效率。

（3）基于LDA和随机森林的网络虚拟空间评论热点主题识别模型

本研究采用LDA模型得到文本数据的主题分布（图4-3），其核心思想是每个文本对应的主题分布服从Dirichlet分布$\vec{\theta}$，每个主题对应的词分布服从Dirichlet分布$\vec{\varphi}$，其中文档–主题分布α参数和主题–词分布β参数服从Dirichlet分布$\vec{\alpha}$，$\vec{\beta}$。LDA过程即从Dirichlet分布$\vec{\alpha}$中取样生成文本的$\vec{\theta}$主题分布，根据主题分布，取样生成对应主题z；从Dirichlet分布$\vec{\beta}$中取样生成主题的$\vec{\varphi}$词分布，根据词分布，取样生成相应的词w。模型不断重复上述过程，直至所有评论文本采样完毕，最终得到每条文本的主题分布及各主题的词分布（图4-3）。

基于LDA模型主题聚类得到的所有评论文本的主题分布和评论对应的标准化后的点赞量，进一步进行随机森林回归分析。基于分析结果，本研究可以得到"数字人"对于媒介地方感的热点感知主题。

2. 模型算法相关支撑技术

模型开发基于Windows10系统以及以Jupyter Notebook、Spyder为编译器的Python语言进行开发。

CNN模型利用GPU（CUDA版本：10.0）运行环境进行本地深度学习框架搭建与训练，后端使用基于Python的Tensorflow1.14框架。数据拟合的训练过程中使用Adam作为优化器，MSE（Mean Squared Error）作为损失函数。经过参数调整，当批量大小（batch size）设置为16时，训练迭代2000次，模型进行至1500轮循环时，验证集误差为0.55，训练集误差达到0.26水平（图4-4）。研究使用混淆矩阵验证模型的预测精度，在全数据集上测试相应的模型准确率为71%，kappa系数达到0.61（高度一致性），初步满足本次研究的分析精度要求（图4-5）。

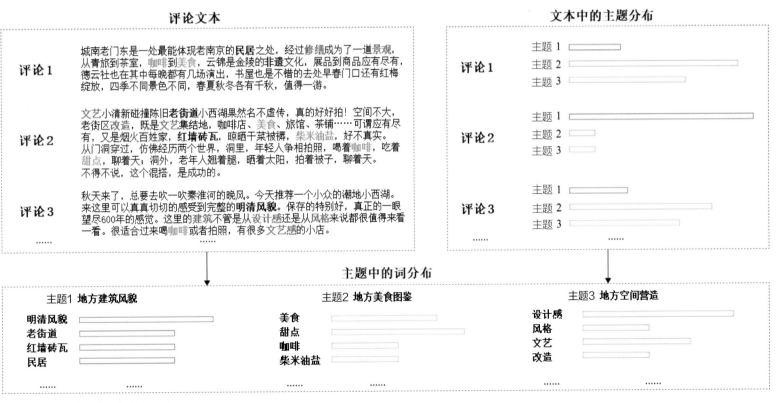

图4-3　LDA模型主题生成流程图

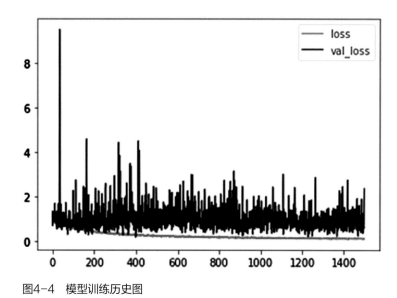

图4-4　模型训练历史图

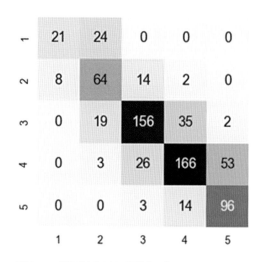

图4-5　模型性能验证混淆矩阵

LSTM模型后端使用基于Python的Tensorflow1.14框架。数据拟合的训练过程中使用Adam作为优化器，稀疏分类交叉熵（Sparse Categorical Crossentropy）作为损失函数。考虑到模型训练的精度要求，本研究使用AudioSet不平衡训练数据的子集来训练模型，而平衡验证集的子集则用于模型性能验证。经过参数调整，当批量大小设置为32时，训练迭代100次，声景分类及声源分类的测试集误差均降至0.3水平（图4-6、图4-8）。基于混淆矩阵（图4-7、图4-9）验证模型的分类精度，声景识别和声源识别模型在

验证集上的准确率分别为70%和84%，kappa系数达到0.75（高度一致性）和0.8（高度一致性），满足本次研究的分类精度要求。

LDA模型在主题数选择上需要结合困惑度尽可能低、一致性尽可能高、主题数目尽可能少三个原则。本研究分别以0~31为LDA聚类数，测算具体聚类数目下的困惑度和一致性，最终确定LDA聚类类别为15，困惑度数值为-9.14，一致性数值为0.53（图4-10、图4-11），与类似主题建模研究的最新表现一致。基于LDA文本分类进行随机森林回归，R^2为0.86，满足研究的精度要求。

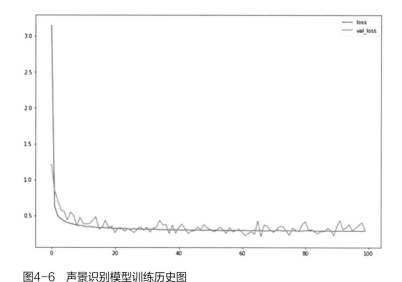

图4-6　声景识别模型训练历史图

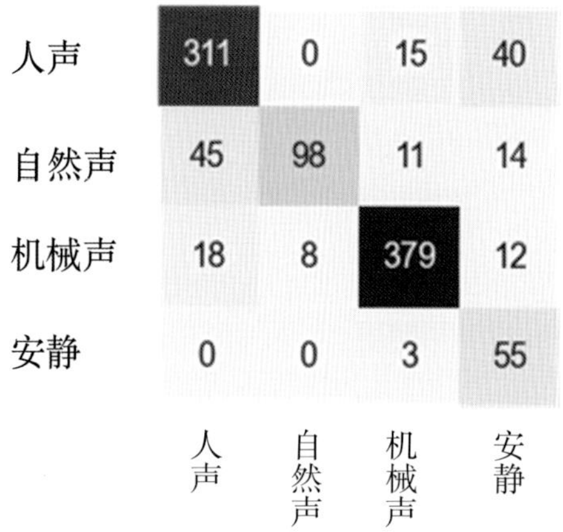

	人声	自然声	机械声	安静
人声	311	0	15	40
自然声	45	98	11	14
机械声	18	8	379	12
安静	0	0	3	55

图4-7　声景识别模型性能验证混淆矩阵

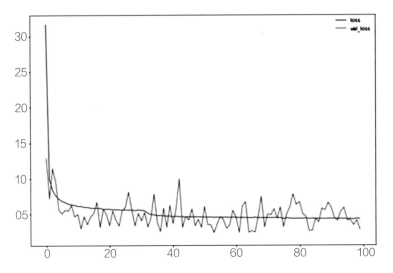

图4-8 声源识别模型训练历史图

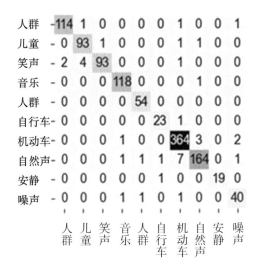

图4-9 声源识别模型性能验证混淆矩阵

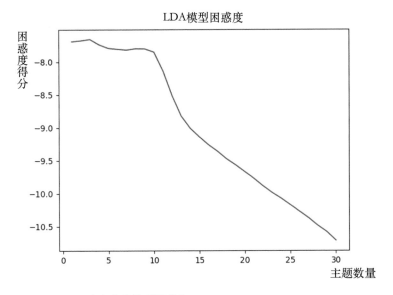

图4-10 LDA文本分类模型困惑度

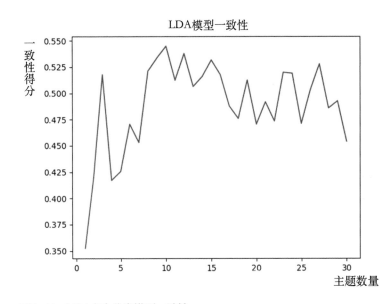

图4-11 LDA文本分类模型一致性

五、实践案例

1. 研究区域概况

南京是国家首批历史文化名城，秦淮区作为南京市城市更新的样板区域，拥有丰富的历史文化资源以及城市更新实践历程。本文选择南京市秦淮区门东地区作为地方感空间感知评价的研究区域（图5-1）。研究区东至转龙巷，西临内秦淮河，北至长乐路，南至新民坊路，面积约0.62km²，包括老门东、小西湖、三条营等历史街区。研究区内商业街区与居住区相互嵌套，既有尚未更新的老旧小区，也有商业氛围浓厚、改造程度较大的步行街，时空变化特征明显，选取该区域作为研究对象有助于识别不同历史地段地方感的差异化特征。门东地区也是南京网红打卡地的首选之一，线上热度较高，具有虚拟空间地方感研究的可行性。

图5-1 研究区域

2. 实体地理空间视觉感知要素解构分析

（1）视觉感知环境中的影响要素识别

基于构建的视觉空间感知模型特征激活可视化技术，筛选出

共计4308项特征图块（图5-2），并进一步划分为10大类、15小类（表5-1）。

图5-2 特征图块识别示意图

特征图块识别分类统计表 表5-1

大类	小类	计数	样本图片	大类	小类	计数	样本图片
建筑	年代建筑	228		自然景观	绿植	474	
	仿古建筑	907			流水	6	
	现代建筑	621		砖墙	砖墙	259	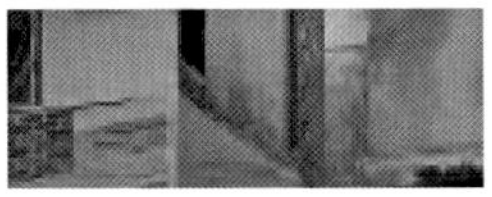
装饰设施	景观装饰	124		路面	路面	317	
	商业装饰	56		车辆	车辆	280	
商铺	固定门店	145		行人	行人	669	
	流动摊位	89		天空	天空	18	
杂物	杂物	115		总计	—	4308	—

特征识别要素指标统计表 表5-2

大类	小类	计数	总特征值H_j	平均特征值	得分系数	平均贡献值C_j
建筑	年代建筑	228	1495.65	6.56	11.64	76.39
	仿古建筑	907	6130.57	6.76	12.91	87.27
	现代建筑	621	4024.31	6.48	10.14	65.71
装饰设施	景观装饰	124	826.59	6.67	12.28	8.187
	商业装饰	56	400.13	7.15	12.82	91.61

续表

大类	小类	计数	总特征值H_j	平均特征值	得分系数	平均贡献值C_j
商铺	固定门店	145	1003.46	6.92	10.38	71.83
	流动摊位	89	666.93	7.49	13.16	98.60
景观	绿植	474	3222.94	6.80	11.77	80.00
	流水	6	47.24	7.87	12.00	94.48
砖墙		259	47.24	7.87	12.00	94.48
路面		317	2091.08	6.60	11.41	75.27
车辆		280	1935.60	6.91	10.48	72.44
行人		669	5256.02	7.68	12.93	101.56
天空		18	107.53	5.97	10.83	64.72
杂物		115	745.94	6.49	10.13	65.71
总计		4308	29686.54	6.89	174.33	1204.01

初步分析显示（表5-2、图5-3），仿古建筑、行人、现代建筑总特征值较高，是影响地方感评价的主要因素。行人、流动摊位、流水、商业装饰、仿古建筑的平均贡献值较高，是提升地方感评价的关键因素。结合两项指标的统计结果，可以看出地段的人气或者人群活力对地方感的营造起重要作用。仿古建筑的设计、流动摊位的布设以及恰当的装饰点缀都对地方感的评价呈现积极影响。

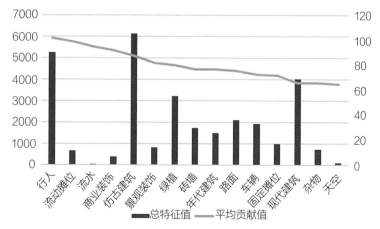

图5-3　特征识别要素统计图

（2）地方感建成环境影响要素空间分布

①按识别要素类别的空间分布

建筑类别的分布存在较为明显的空间分异，历史仿古建筑特征集中体现在老门东主街区，年代建筑多集中在小西湖历史街区，而现代建筑分布较为均匀。

商业空间中，固定门店主要分布在主要交通干道两侧；流动摊位在老门东街区东西分布，对地方感评价的提升贡献了一定的积极作用。

对于装饰设施而言，景观装饰和商业装饰均集中分布在小西湖以及老门东历史街区，基于本地特色设计的景观小品以及复古的招牌提升了地方感的氛围。

至于砖墙要素，研究区南侧的明城墙作为南京老城南典型的历史遗址，对该区域地方感的评价有显著影响（图5-4）。

利用K-Means算法分别识别出地方热点色彩和高地方感地段热点色彩（图5-5），发现高地方感热点色彩基本呈现出协调、统一的暖色系。根据每个色彩出现的图片，确定这些街区主题色彩主要运用于建筑构造以及地面铺装。

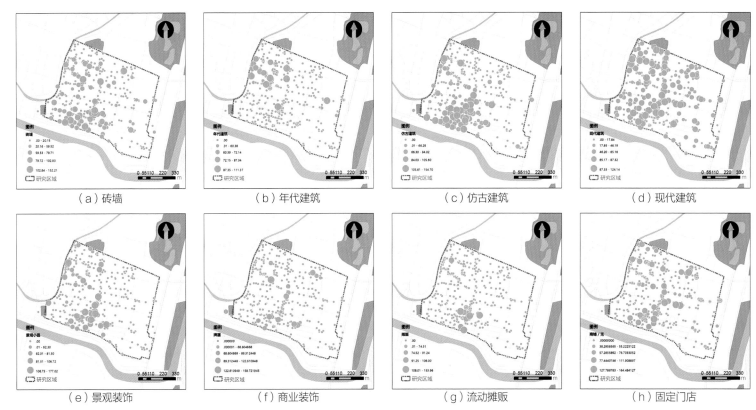

图5-4　视觉识别要素空间分布

R	35	85	133	111	157	177	59	207	231	47
G	31	77	125	102	152	174	54	207	232	120
B	29	69	114	94	142	165	51	202	233	149

图5-5　高地方感栅格中出现频率排名前十的色彩

②按地段要素组成的地方感评价

按照街区划分分类统计各要素的组成比例（图5-6）。老门东历史街区和小西湖历史文化街区在建成环境要素的组成上较为均衡，地方感评价较高；其他地段地方感评价相对较低。

3. 实体地理空间听觉感知要素解构分析

（1）听觉感知环境中的影响要素识别

声景识别模型的输出结果（图5-7）显示了不同声景在空间上的分布特征：机械声景主要分布在交通性干路，主要特征为机动车声、道路噪声等声响的交织；人声声景主要分布在人流密集的老门东等片区，该类地段以交谈声、脚步声为主，与视觉空间识别的行人要素分布有较强的相似性；自然声景的分布较为零

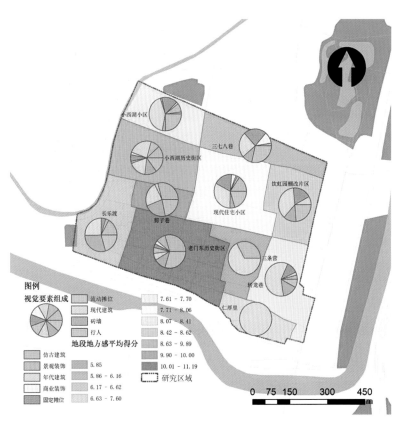

图5-6　分街区统计视觉识别要素组成比例

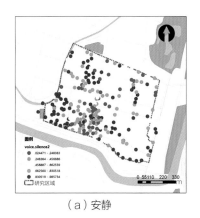

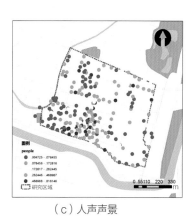

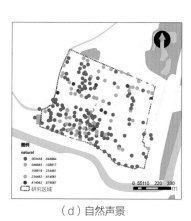

（a）安静　　　　　　　（b）机械场景　　　　　　　（c）人声声景　　　　　　　（d）自然声景

图5-7　声景识别要素空间分布

散，主要分布在街区生活性干道以及背街小巷；安静的声音背景是其他地段主要的组成部分，这些片区以新建成的住宅，商业地块为主，没有识别出明显的声景特征。

（2）地方感建成环境影响要素空间分布

①按识别要素类别的空间分布

根据声源识别模型的输出结果，进一步识别具体的声音分类和相应的空间分布特征（图5-8）。如儿童声源与笑声更多集中分布在老门东西侧，音乐声源集中分布在老门东西侧及南侧；机械声景中，自行车声源在转龙巷、小西湖小区的背街街巷，机动车声源更常见于研究区内各个主要交通干道。

②按地段要素组成的地方感评价

从声源组成出发，不同街区的声源组成存在明显差异。老门东历史文化街区的声源组成较为多元均衡，人群声、孩童声、笑声、音乐声和自然声的混合提供了多样性的声景体验（图5-9）。

作为对比，相对单一的声源组成可能会影响地方感的体验。如长乐渡、仁厚里等街区环境较为安静，缺乏明显的特色体验，地方感知体验相对较弱，这也支撑了视觉空间要素组成中这两个地段行人要素相对较少的识别结果。

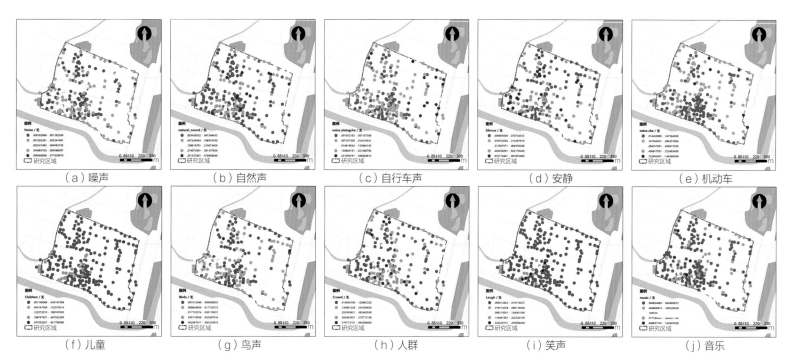

（a）噪声　　　　　（b）自然声　　　　　（c）自行车声　　　　　（d）安静　　　　　（e）机动车

（f）儿童　　　　　（g）鸟声　　　　　（h）人群　　　　　（i）笑声　　　　　（j）音乐

图5-8　声源识别要素空间分布

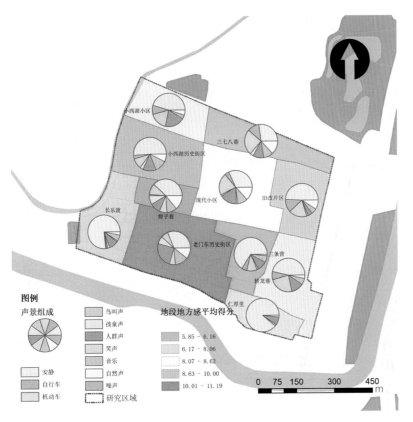

图5-9　分街区统计声源识别要素组成比例

此外，现代化的城市机械声对地方感的评价有着显著的影响。如临近城市干道三七八巷以及现代化小区、转龙巷等地段，机动车声源比例较大，可能干扰其他声源的感知和判断，进而对声源组成的多样性产生了一定的负面影响。

4. 网络虚拟空间文本感知要素解构分析

（1）具有地方感知特性的主题解释

通过测算具体聚类数目下的困惑度和一致性，最终确定LDA聚类类别为15，通过主题包含的关键词和与之对应的代表性社交文本，来总结和归纳主题（表5-3）。表中列出了对主题解释很重要的高权重关键词，示例文本中含有相应主题相关的高权重关键词。

文本主题描述　　　　　　表5-3

编号	类型	主题名称	关键词（部分）	示例文本
0	活动	地方的文艺体验	戏剧，脱口秀，表演，老手艺，音乐，戏剧节，文艺感，诗情画意，绘画馆，画册	周末的时候小西湖还和南京戏剧节打造了"让戏剧漫游城市"，街区有独一无二的即兴戏剧表演，有戏剧体验、影像放映、即兴喜剧、小丑表演、造物市集、街头音乐现场~真的好有意思
1	感知	地方美食图鉴	梅花糕，鸭血粉丝汤，臭豆腐，汤包，生煎，芝士，锅贴，馄饨，酒酿，炸鸡	周六下午去老门东，真的是人山人海，就没有不排队的小吃店，陆氏梅花糕更是排了好几个弯
2	感知	地方的人气	游客，本地人，市民，年轻人，人气，网红，男朋友，店主，流量，外地入	老门东历史街区是夫子庙秦淮风光带的重要组成部分，近年来人气逐渐飙升，无论是外地游客还是本地市民都很喜欢到这里走走看看
3	情绪	地方的氛围	烟火气，喜欢，生活，回家，烟火，小时候，梦境，治愈，成长，特别	如果有人问你，南京最有烟火气的地方在哪里，我想一定是老门东了
4	情绪	地方的联想	夫子庙，秦淮河，鸡鸣寺，玄武湖，博物院，明孝陵，紫金山，紫峰，音乐台，钟山	感觉(老门东)建筑都挺有特色的，跟夫子庙很不同，夫子庙打着秦淮风光的名号，实行商业街的行当
5	感知	地方的建筑风貌	怀旧，韵味，建筑，古朴，老街，老宅，灰瓦，房屋，故事，复古	老门东历史风貌保护得很好，很成功的城市有机更新案例，居民、入驻商家、历史建筑有机融合，历史建筑很漂亮，不止街区里面，外面一圈也有很多门楼保存的很好
6	感知	地方的历史文化底蕴	历史，文化，城墙，六朝，明清，民俗，自古，悠久，底蕴，民国	南京中华门一带有许多老房子，明清古建筑，还有民国名人的故居。前些年，在中华门以东这边打造了个老门东历史文化街区，反响非常好。这里把许多古迹文物较好地保护了起来，保留了相当一部分原貌，而又加入了许多时尚元素，以满足现代都市人们的不同需求

续表

编号	类型	主题名称	关键词（部分）	示例文本
7	感知	地方的视觉吸引	拍照，出片，好看，拍摄，摄影，写真，拍，照片，美丽，汉服	很值得去的地方，老街区的风貌，感觉一下回到的古代。里面有一些文创产品为主的小店，都挺好的。去的时候人不算多，在胡同里转转，看看老城墙和老建筑，拍拍照片，很惬意
8	情绪	地方肯定	不错，喜欢，推荐，好吃，好看，值得，漂亮，开心，特色，期待	老门东是近年来改造的新景观，和成都的宽窄巷子很像，经过多年的逐步完善，集文化、休闲、娱乐一体，越来越值得一去了，尤其喜欢这的建筑，复古又文艺
9	活动	地方的社交属性	喝茶，朋友，茶馆，聊天，故事，茶聊，舒服，闲适，安安静静，惬意	坐在咖啡店户外的男女肆意地聊天大笑，走到深处巷子口，小朋友们在速写描绘新的花店，老奶奶在临街半开放的厨房里炖煮着喷香的红烧带鱼，遛狗的爷叔阿姨冲着我们的相机打着招呼
10	感知	地方的空间营造	改造，更新，设计，装修，风格，浪漫，庭院，复古，青砖，文艺	这里的建筑不管是从设计感还是从风格来说都很值得来看一看
11	活动	地方的活动载体	小店，舞台，芥子园书屋，照相馆，摊子，餐馆，花园，红公馆，美术馆	很棒，这里还有戏院、美术馆啊，书店，都值得一去，这里是后改造的历史街区
12	情绪	地方味道	甜，酸，辣辣，原味，下饭，入味，酥酥，清淡，鲜嫩，香气	进门就可以看到很多老奶奶在包春卷，是老南京独特的味道，街巷里都是美食的香气
13	感知	地方多元场景	夏天，中秋，下班，端午，暮春，晚上，天气，清幽，阳光，过年	暮春浅夏的光阴里，只有蔷薇，花开满墙，独自寂寞，独自灿烂
14	感知	地方的夜景	夜景，灯光，灯，秦淮河，步行街，灯会，热闹，灯火，韵味，酒吧	千万千万别错过老门东的夜景，夜幕降临，华灯初上。依靠明城墙下的老门东更是流光溢彩，让人流连忘返的地方

通过词语的词频、主题以及权重（词语在该主题的重要性或贡献程度），绘制社交文本主题关键词词频、权重气泡图（图5-10）。在该图中，横轴表示主题数据、纵轴表示标准化后的权重，气泡的大小表示词频。每类主题权重较高的词语，词频也较高，分别是："戏剧"（地方文艺体验）、"梅花糕"（地方美食图鉴）、"游客"（地方人气）、"喜欢"（地方氛围）、"夫子庙"（地方联想）、"建筑"（地方建筑风貌）、"历史"（地方历史文化底蕴）、"拍照"（地方视觉吸引）、"不错"（地方肯定）、"喝茶"（地方社交属性）、"改造"（地方空间营造）、"小店"（地方活动载体）、"甜"（地方味道）、"夏天"（地方多元场景）、"夜景"（地方夜景）。

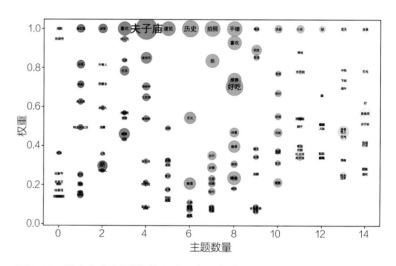

图5-10　社交文本主题关键词词频、权重气泡图

（2）媒介地方感关键影响因素识别

依照随机森林方法的特征贡献度（图5-11），由高到低可以划分4个重要性梯度，最高层级的影响因素是"地方联想""地方人气"和"地方美食图鉴"。"地方联想"说明大家产生的相关地点的联想或者是地点联系让数字人能够一次性感受到多个地方的景色，这让他们能够跨越空间距离，通过对比、联系等方式更具象地对地区产生认同。"地方人气"代表着这个地点的受欢迎程度和地方生活的延续性，说明地方人群和地方生活的保持才能赋予历史街区以生机与活力。"地方美食图鉴"往往是一个地区的名片，是最能获得大家共鸣的内容之一。因此，具象、通俗、符合大众兴趣的内容或事物更能获得大家的认可。

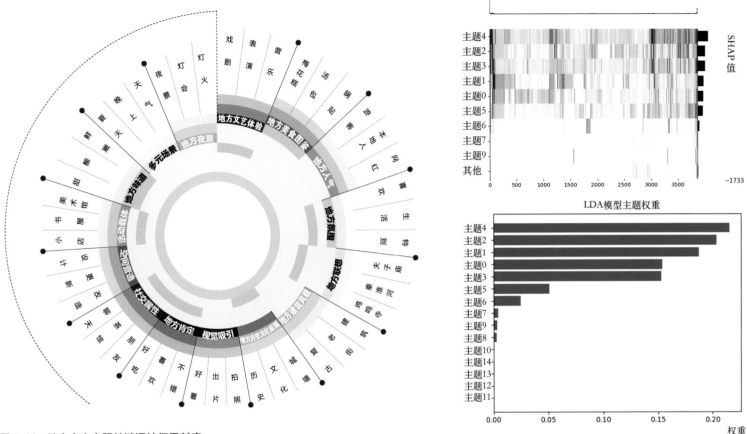

图5-11　社交文本主题关键词特征贡献度

次一层级的是"地方文艺体验"和"地方氛围"。这两个因素既体现了当前人民对于美好生活的向往，也体现了当前历史街区的主要发展方向：一方面结合文化设施或文化活动提高游客的参与感和体验感，另一方面延续当地的生活，保留历史街区的烟火气。

第三层级上是"地方建筑风貌"和"地方历史文化底蕴"。这两个因素是对历史街区的最常见认知，青砖、灰瓦、古朴……也正是这些历史悠久的要素塑造了历史街区。

最后一个层级的8个主题对于媒介地方感认同的贡献相对较小，一方面可能因为部分要素描述的实体化不够明显，未能留下深刻的印象，难以让"数字人"产生共鸣；另一方面这些要素均存在一定的局限性，难以让所有群体都产生共鸣。

总体上看，传统地方感中得到大家更多重视的人群活力、建筑风貌等视听要素也能在网络虚拟空间的社交媒体文本得以体现，并且同样得到"数字人"的"媒介地方感"认同；同时，文本大数据的最大优势在于可表达内容最深，往往蕴含着丰富的价值，相较于图片、音频等实体空间数据，也能够体现一些非实体要素，如地点联想、氛围塑造等，这些主题也能让数字人产生感同身受之感，它们产生的作用和贡献度甚至还在前面的实体空间要素之上。

5. 多模态感知的虚实空间地方感评价分析

（1）实体地理空间地方感评价

综合分析视觉和听觉两种感知模型的识别结果，基于地方感评价强弱差异对比，可以提取影响地方感感知的环境要素分布规律。

实体地理空间地方感差异场景对比分析　　表5-4

地方感感受强烈的场景特征	地方感感受较弱的场景特征
空间分布	
代表样本	
视觉要素组成特征	■行人 ■仿古建筑 ■砖墙 ■现代建筑 ■景观建筑 ■固定门店 ■流动摊位 ■年代建筑 ■商业装饰 ■流水
	■现代建筑 ■行人 ■仿古建筑 ■砖墙 ■景观建筑 ■年代建筑 ■固定门店 ■流动摊位
听觉要素组成特征	■人群 ■安静 ■儿童 ■音乐 ■笑声 ■车辆 ■自然声 ■鸟声 ■自行车 ■噪声
	■安静 ■车辆 ■人群 ■音乐 ■自然声 ■儿童 ■鸟声 ■自行车 ■笑声 ■噪声

表5-4所示的即为两类强弱差异场景的空间分布以及视觉、听觉要素组成特征，可以总结归纳出以下三个特征：

①从空间分布上看，地方感感受强烈的场景主要分布在老门东历史文化街区主街，明城墙北侧以及马道街秦淮河畔，地方感感受较弱的场景散布在研究区北侧以及东南侧的住宅小区内。

②在视觉要素构成层面，历史文化要素的留存与现代服务功能的再开发对地方感感知的影响起到关键作用。建成环境中，仿古建筑大量使用，以及年代建筑和现代建筑的穿插拼贴，能够有效提升地方感的感知体验；在商业环境的营造上，沿街商铺在保证基础服务功能的同时，流动摊位、流动集市可起到集聚地方人气的作用，也暗示了群体记忆中对集市这一地方认同，对地方感的感知有着积极的影响。在色彩组成上，高地方感热点色彩协调、色相统一，这些街区主题色彩主要运用于建筑构造以及地面铺装，主要出现在老门东主街区和小西湖历史街区。另外，与热点地方色彩相对比，发现重合性高且色系统一。从整体来看，街区整体色彩秩序协调，对视觉地方感影响显著。

③在建成环境塑造的基础上，与人群关联的日常行为举止，如交往、游憩、嬉笑等，以及由此衍生的其他人声声景都提供了

积极的群体认同，因而显著影响地方感的感受。而较为安静、缺乏人群活动的场景，即便环境要素呈现出明显的年代特征或生活气息，在短暂的体验时间内，旅游者由于缺乏地方经验也难以构建起地方认同。

综合分析视觉、听觉两种感知模型的识别特征，本研究发现：历史地段视觉景观的塑造是环境感知的基础，它提供的本土特色及历史文化氛围影响着人群地方认同的构建。人群基于这种认同与地方产生互动，这样的在地实践构成了一系列群体对地方的经验，地方经验通过视觉要素和声音要素传递，影响每个个体对地方的情感体验。而这种人与地方的经验维系不仅仅是基于地方景观要素的构建，也需要群体活动的持续以及服务功能的维持。

（2）网络虚拟空间媒介地方感评价

网络虚拟空间地方感差异场景对比分析　　表5-5

	地方感感受强烈的场景特征	地方感感受较弱的场景特征
代表主题	地方的联想、地方的人气、地方美食图鉴、地方文艺体验、地方氛围、地方建筑风貌、地方历史文化底蕴	地方视觉吸引、地方肯定、地方社交属性、地方空间营造、地方活动载体、地方味道、地方多元场景、地方的夜景
代表词	夫子庙（地方的联想）、游客（地方的人气）、梅花糕（地方美食图鉴）、戏剧（地方文艺体验）、烟火气（地方氛围）、怀旧（地方建筑风貌）、历史（地方历史文化底蕴）	拍照（地方视觉吸引）、不错（地方肯定）、喝茶（地方社交属性）、改造（地方空间营造）、书屋（地方活动载体）、甜（地方味道）、夏天（地方多元场景）、夜景（地方的夜景）

通过网络虚拟空间的呈现和传达，地方感在"数字人群"中得以形成和加强。人们通过虚拟空间中的地方联想、人气感知、美食诱惑、文艺体验、氛围感受、建筑风貌和历史底蕴等元素（表5-5），建立起对地方的情感联系和认同感。这种地方感的营造不仅激发了人们对地方的好奇和期待，也促进了地方的发展和推广。

地方触发了人们在网络虚拟空间中的联想，建立景区间以及城市间的联系，让人们能够产生对地方的情感认同和归属感，这种联想与联系对于地方认同的构建至关重要。

地方的人气与美食在地方感塑造中起着重要的作用，而网络虚拟空间中，用户对地方人气与美食的展示、测评、推荐，提高

了地方对人们的吸引力和人们对地方的关注度。人气能够让人们感受到地方的活力和热闹氛围，加强对地方的情感认同。人们往往倾向于去那些备受欢迎的地方，因为它们代表着独特的体验和吸引力，能够让人们产生积极的情感连接。

历史地段特色建筑风貌是地方文化和历史的重要象征，当这些建筑得以保留和展示时，能够为地方营造独特的环境氛围和视觉景观，让人们在其中感受到地方的历史底蕴和独特魅力。

综合网络虚拟空间社交文本感知和随机森林模型的关键主题识别，本研究归纳总结媒介地方感感知内在的影响机制：虚拟空间中的地方联想与联系成为地方感知的基础，它提供的景点间乃至城市间联系能够影响地方认同的构建。而实体感知中的人气和美食以最通俗、最易懂、最亲民的方式让"数字人"真切感受到地方的受欢迎程度和吸引力。除此以外，围绕历史地段保护发展的文艺氛围营造、围绕历史地段特色呈现的地区风貌与文化再现，也让数字人在历史文化的语境下能够感同身受。

（3）虚实空间地方感评价分析

归纳总结影响实体地理空间和网络虚拟空间地方感重要性较高的因素，发现这些因素有较高的重叠性，同时也存在一定的独特性。将这些要素在三维图像中展示，z轴为网络虚拟空间的赛博感知，x轴、y轴分别为实体地理空间的视觉感知和听觉感知，坐标轴值的大小代表了影响要素的重要程度（图5-12）。

地方人气和地方氛围在虚实空间的三个感知维度都有体现，占据重要地位，重叠度最高。在视觉维度，人们能亲眼看到行人如织的景象，感受地方的热闹与繁荣，吸引了更多人的注意和参与；在听觉维度，人们同样可以感受到喧嚣、热闹的氛围，例如人们的交谈声、商家的叫卖声等，这些声音营造了地方的活力和吸引力；同时在虚拟空间的赛博感知维度，社交文本的讨论、热门话题，展示了地方的较高传播度和人气吸引力。

地方美食图鉴、地方文艺体验和地方建筑风貌在虚实空间的两个感知维度有重叠。在实体地理空间的视觉和听觉感知维度中，人们可以亲身体验地方的美食、文艺表演、建筑风貌和历史文化景观。通过眼观或耳闻，人们能够感受到地方的独特之处，例如观赏建筑风格、欣赏音乐，品尝美食等，这些实际的感官体验进一步加强了人们对地方的感知和认同。在网络虚拟空间的赛博感知维度，通过社交文本、评论、评分、图片和视频等内容，人们可以浏览和了解地方的特色美食、文艺体验和

建筑风貌，这些数字化的资讯和媒体呈现建立了人们对地方的联系。

地方联想和地方历史文化底蕴作为网络虚拟空间的特有要素，地方历史文化底蕴以历史人物与故事为主，大多难以在实体空间中呈现，却可以在虚拟空间中进行描述和传播，更增添了地方的特色性与历史厚重感。地方联想则更多体现为人们在社交媒体平台上将地方与其他地方或场景建立联系，具体表现为相似性或差异性的联想，例如将某个地方的建筑风格与另一个地方的类似风格进行比较。同时也可以是情感上的联想，例如将某个地方的氛围和感觉与另一个地方的氛围进行联系。此外，地方联想还可以是历史、文化或传统上的联想，将某个地方的历史背景或文化底蕴与其他地方进行对比或关联。

实体地理空间地方感和网络虚拟空间地方感之间存在着密切的联系和互动。它们相互促进、相互影响，共同塑造着人们对地方的感知和认同。实体地理空间作为人们直接接触和体验地方的场所，通过视觉和听觉等感知方式，人们能够亲身感受到地方的氛围、人气和美食等要素，是网络虚拟空间地方感形成的基础。而网络虚拟空间的地方感则是实体地理空间地方感的补充和扩展，通过数字化的媒体和信息传播，人们可以通过网络平台，了解地方的历史文化底蕴等，扩展了感知地方的人群，从实体到访

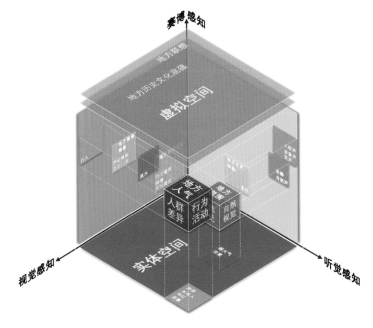

图5-12　虚实空间地方感多维评价

居民转向了网络空间浏览信息的"数字人"。

实体地理空间和网络虚拟空间展示的信息和要素存在一定的差异。实体地理空间直接呈现给人们的是真实的物理环境和感知体验，例如实际的景观、人群、声音和味道等。实体空间的展示受限于时间、地点和个人的局限性，人们只能在特定的时刻和地点体验到实体空间的氛围和联系。相比之下，网络虚拟空间则可以提供更丰富和广泛的信息和要素内容。通过网络平台，人们可以访问大量的文本、图片、音频和视频等媒体，来了解地方；还可以通过社交互动来丰富地方感知，人们可以分享自己的体验、观点和情感，与他人进行交流和互动，进一步加深对地方的认知和理解。但虚拟空间也具有一定的情感加工和主观性，虚拟空间中的信息展示受到个体意识形态、文化背景和个人喜好等因素的影响，可能存在一定的主观性和片面性。因此，虚实空间的结合，互为补充，加强了人们对地方的综合感知，使其更加立体和全面。

6. 多模态感知的虚实空间地方感优化建议

基于多模态感知虚实空间地方感评价模型识别要素的分析和总结，本研究提炼了影响虚实空间地方感评价的关键因素，并关注到地方感在实体地理空间呈现出明显的空间分异和在网络虚拟空间呈现明显的媒介偏好。基于此，提出总体性的历史街区规划建议。

历史地段的规划应兼顾实体地理空间和网络虚拟空间的要素。通过虚实融合的方式，将历史地段的文化特色和地方感延伸到网络虚拟空间中，同时也要将虚拟空间的关注要点下沉到历史地段实体空间，做到有的放矢。

（1）选优"IP"，深挖地方特色，打造流量"引爆点"

要发挥线上平台的独特宣传优势，挖掘最具本土特色的文化点，培育打造具有引爆效应的文化IP，充分发挥地方感的"地方联想"作用，实现历史地段"出圈"。比如，淄博的烧烤、洛阳的汉服、云南的"泼水节"都是成功的案例；同时也要注意地方历史文化底蕴的挖掘，整合地方历史脉络，深挖地方典故，扎根地方特色，打造地方品牌，讲好地方故事。

通过数字媒体平台、虚拟现实技术等手段，真实、全面地呈现历史地段的特色景观、文化活动等，吸引更多人参与和体验，并根据线上流量反馈结果进行针对性优化与宣传，形成线上线下

互促效应。

（2）擦亮"品牌"，加码场景营建，提升地段影响力

历史地段城市建设需要兼具历史与现代的文化特征。历史地段地方感的营造不是简单留存所有的历史景观，也不能是复杂的现代设计语言再造，而是需要寻求历史景观与现代景观的比例平衡，在具体元素设计上局部异化同样也能体现地方特色，这样才能在互补与对比中体现出不同时期文化元素叠加的魅力。网络虚拟空间可以通过呈现本地特色的文学作品、音乐、影视作品等内容，让更多人了解和体验历史地段的文化底蕴和地方特色，进而增强地方感。

注重在地特色声景的塑造和保护。当前历史保护与城市更新规划往往过分注重空间形态的塑造与建筑形体的设计，忽视了声景的引导性规划。一方面，声景保护应通过交通稳静化设计以及人车分流等设计，减少机动车声源等交通噪声的侵入；另一方面，声景特色的塑造通过引入水景、音乐、钟声等本地特色声源作为背景音，并通过场景设计引导使用者产生积极动态声景元素，二者结合共同塑造具有地方特色的声景，为"流量"变"留量"创造条件。

（3）厚植"沃壤"，坚持以人为本，强化地方记忆点

注重公共空间的记忆留存与人气集聚。公共空间作为人群集聚和活动发生的场所，既不是纯粹的本地居民日常活动的场所，也不是完全异化的商业化空间，应该通过寻找所有群体的共同记忆，通过类似集市等功能性和生活性兼具的要素植入，集聚人气并维持空间活力。

鼓励和引导居民和访客在网络社交平台上分享和交流与历史地段相关的内容和体验。通过社交媒体的传播，扩大历史地段的知名度和影响力，形成空间共同记忆和地方归属感。

六、研究总结

1. 模型设计特点

研究视角上，应用多模态感知分析方法与虚实空间地方感影响因素研究，拓展了分析维度。虚拟空间的媒介地方感层面聚焦于"数字人"在赛博接触下对历史街区的关注度与认同感；实体空间的地方感层面从视听两种感知维度综合分析地方感的影响因素。研究表明单一感知维度和综合维度均能识别地方特征。

地方感多维度感知评价和分析证明了该模型的性能潜力和应用可能性。

研究方法上，使用机器学习技术介入历史地段地方感感知评价，实现虚实空间的有机融合。从实体空间出发，基于CNN的视觉感知模型能拟合感知数据与评价数据的映射关系，并通过特征层激活可视化内在的感知传导机制。基于LSTM的听觉感知模型通过学习训练能对环境声音进行分类和声源识别。从虚拟空间出发，基于LDA的主题分类模型能准确识别虚拟空间地方感主题类别；基于随机森林的文本感知模型以点赞量作为因变量，拟合程度高，为虚拟空间的媒介地方感优化提供支撑。

研究数据上，通过视觉和听觉数据采集评价以及感知模型训练解析，保证了地方感评价流程的即时性和真实性；同时结合网红城市建设背景，使用社交媒体评论文本和点赞数据，通过机器学习模型探索了媒介地方感，确保了模型的实验性和创新性。研究以多源感知数据为基础，并结合大小数据，量化地方感评价结果，兼具定性和定量研究特点，有效反映历史地段虚实空间感知特征。

2. 应用方向

面向城市体检方法，未来可以在要素解析层面展开更深入研究，如通过智能识别模型探索视觉要素的物理特性（材质、纹理）和听觉要素的声学属性（声压、响度），提升模型的识别性能和泛化能力，对城市更新设计策略提供定量支撑。未来可采用先进的深度学习模型结构（如Transformer），深入研究注意力机制，进一步应用深度学习于城市环境感知领域，为城市更新提供地方元素重构的指导。

面向规划治理决策，一方面，通过城市尺度的第三方社会满意度调查等研究，丰富数据采集形式和来源，拓展地方感知评价至一般化的城市风貌区，构建城市级多智能体感知监测平台，为城市更新和地方营造提供决策支撑。另一方面，结合强地方感知案例（如"淄博烧烤"），提高数据采集频率和粒度，精准捕捉城市地方特色感知的舆情变化，提升城市治理效能。

面向公众地方体验，基于研究中的虚实空间感知模型，构建面向公众的地方感知众包数据库，融合虚实空间地方感知，提供全面的地方认知与体验，为公众提供客观的地方感知评价平台，可较为准确地反映公众对地方的感知差异。

参考文献

［1］朱竑，刘博. 地方感、地方依恋与地方认同等概念的辨析及研究启示［J］. 华南师范大学学报（自然科学版），2011（1）：1-8.

［2］PROSHANSKY H M, FABIAN A K. The development of place identity in the child［J］. Spaces for children: The built environment and child development, 1987：21-40.

［3］WRIGHT J K. Terrae incognitae: The place of the imagination in geography［J］. Annals of the association of american geographers, 1947, 37（1）：1-15.

［4］YI-FU TUAN T. A Study of Environmental Perception, Attitudes, and Values［M］. Englewood Cliffs, NJ：Prentice-Hall, 1974.

［5］廖仁静，李倩，张捷，等. 都市历史街区真实性的游憩者感知研究——以南京夫子庙为例［J］. 旅游学刊，2009，24（1）：55-60.

［6］唐文跃. 南京夫子庙游憩者地方感特征及其规划意义［J］. 资源科学，2011，33（7）：1382-1389.

［7］张中华，焦林申. 城市历史文化街区的地方感营造策略研究——以西安回民街为例［J］. 城市发展研究，2017，24（9）：10-14.

［8］刘爱利，胡中州，刘敏，等. 声景学及其在旅游地理研究中的应用［J］. 地理研究，2013，32（6）：1132-1142.

［9］CARLES J L, BARRIO I L, DE LUCIO J V. Sound influence on landscape values［J］. Landscape and urban planning, 1999, 43（4）：191-200.

［10］吴玮，周孟杰. "抖音"里的家乡：网红城市青年地方感研究［J］. 中国青年研究，2019（12）：70-79.

［11］韦心阳，黄旭. "一块跳泥坑吧"：《小猪佩奇》对学龄前儿童地方感的建构［J］. 热带地理，2023（5）：885-896.

［12］付若岚，周澄. 异质性空间视角下短视频"地方感"的多重实践［J］. 新闻界，2021（4）：55-61，72.

［13］张丕万. 地方的文化意义与媒介地方社会建构［J］. 学习与实践，2018（12）：111-118.

［14］魏然. 媒介漫游者的在地存有：位置媒介与城市地方感［J］. 新媒体与社会，2017（4）：285-299.

［15］覃若琰. 网红城市青年打卡实践与数字地方感研究——以抖音为例［J］. 当代传播，2021（5）：97–101.

［16］邓志勇. 族群聚落声音：声景学视野下的文化生态［M］. 北京：旅游教育出版社，2015.

［17］KANG M, GRETZEL U. Effects of podcast tours on tourist experiences in a national park［J］. Tourism Management, 2012, 33（2）：440–455.

［18］秦悦，丁世飞. 半监督聚类综述［J］. 计算机科学，2019, 46（9）：15–21.

［19］林涛，赵璨. 最近邻优化的K–Means聚类算法［J］. 计算机科学，2019, 46（S2）：216–219.

［20］HOCHREITER S, SCHMIDHUBER J. Long short–term memory［J］. Neural computation, 1997, 9（8）：1735–1780.

［21］KETKAR N, SANTANA E. Deep learning with Python：Part 1［M］. Springer, 2017.

［22］BREIMAN L. Random forests［J］. Machine learning, 2001, 45：5–32.

［23］ZEILER M D, FERGUS R. Visualizing and understanding convolutional networks［C］//Computer Vision–ECCV 2014: 13th European Conference, Zurich, Switzerland, September 6–12, 2014, Proceedings, Part I 13. Springer, 2014：818–833.

［24］AudioSet［EB/OL］.［2023–06–04］. https://research.google.com/audioset/ontology/index.html.

［25］GEMMEKE J F, ELLIS D P, FREEDMAN D, et al. Audio set: An ontology and human–labeled dataset for audio events［C］//2017 IEEE international conference on acoustics, speech and signal processing（ICASSP）. IEEE, 2017：776–780.

［26］NARAIN J, JOHNSON K T, PICARD R, et al. Zero–shot transfer learning to enhance communication for minimally verbal individuals with autism using naturalistic data［C］//Proc. AI Soc. Good Workshop NeurIPS. 2019.

［27］AXELSSON Ã, NILSSON M E, BERGLUND B. The Swedish soundscape–quality protocol［J］. The Journal of the Acoustical Society of America, 2012, 131（4）：3476–3476.

［28］刘滨谊，陈丹. 论声景类型及其规划设计手法［J］. 风景园林，2009（1）：96–99.

［29］HERSHEY S, CHAUDHURI S, ELLIS D P, et al. CNN architectures for large–scale audio classification［C］//2017 ieee international conference on acoustics, speech and signal processing（icassp）. IEEE, 2017：131–135.

［30］SONG Y, WANG R, FERNANDEZ J, et al. Investigating sense of place of the Las Vegas Strip using online reviews and machine learning approaches［J］. Landscape and Urban Planning, 2021, 205：103956.

［31］吴晓庆，张京祥. 从新天地到老门东——城市更新中历史文化价值的异化与回归［J］. 现代城市研究，2015（3）：86–92.

基于差异化创新模式的区域创新空间支撑要素优化工具

工 作 单 位：同济大学建筑与城市规划学院、深圳大学建筑与城市规划学院、同济大学建筑设计研究院

报 名 主 题：城市群与都市圈协同发展

研 究 议 题：创新空间差异化发展模式及其支撑要素

技术关键词：DBSCAN、层次聚类、梯度提升决策树

参 赛 人：叶欣、许珂玮、李航、李玉杰、董飞飞、王成伟

指 导 老 师：张立、陆希刚

参赛人简介：团队成员在研究背景上涵盖了广泛的领域，研究方向主要集中在城市大数据和区域空间发展方面。每位成员都在这些领域取得了一定的研究成果，积累了丰富的经验。在城市定量研究方面，已经有成员基于专利数据、社交媒体数据对城市创新集聚和网络联系展开分析，在中英文学术期刊和国际会议上发表了自己的研究成果。该团队以高度的学术热情致力于推动城市创新研究的发展，成员之间合作紧密，充分发挥各自的专业知识和技能，开展了多项研究，为深入理解城市创新现象、推动城市创新发展提供了有力的学术支持。

一、研究问题

1. 研究背景及目的意义

（1）选题背景

在中国，创新空间发展遵循的并不是简单的经济逻辑，往往带有鲜明的地域特质和深刻的政策影响烙印。因此，仅从产业关联、物质空间等视角切入，以一般性逻辑去理解区域创新空间的发展显然有所局限，需要在研究范式层面进行必要的探索和创新。

而从实践方面看，创新是一个国家、区域和城市发展的内生动力。2022年GII报告显示，"上海—苏州"首次被识别为同一个创新组群，全球排名提升至第6位。从国内的发展现实看，既有的自上而下的创新要素供给往往以行政区、开发区等为载体粗放地进行要素投放，忽略了不同类型创新空间的差异化需求，造成供需不匹配

的低效和浪费，亟需更精细化的创新要素供给决策的技术支持。

（2）研究现状

①"创新空间"概念界定

目前学界对创新空间的定义尚未形成共识，主要包括狭义和广义两大类，狭义的创新空间主要指在一定的连续空间范围内形成的具有较高创新产出密度的区域，而广义的创新空间则包括更为综合的支撑创新活动发生的地域空间系统。

②"创新空间"的研究尺度

既有关于创新空间的研究集中于宏观层面，以国家、区域、省域或城市为研究单元，而创新街区、工业园区和产业新城等实体创新空间的研究多以定性的个案分析为主，缺乏区域层面的小尺度创新空间研究。

另一方面，创新的地理邻近依赖性并不局限于物质空间，

本地社会文化、制度等"创新环境"对于创新活动也具有重要影响。但在相关实证中，由于制度空间相关数据难以获取、量化难度大，往往仅基于物质空间而忽略制度空间对其施加的影响。

③"创新空间"的研究内容及方法

数据来源：既有研究多以创新产出识别创新空间，包括专利申请数据、论文发表数据、高新技术企业投入、高新技术企业数量等。国外较早开始利用专利数据对创新活动分布的时空规律进行研究，大量研究证实了创新活动与专利产出之间较高的空间相关性，专利数据可以有效表征创新空间。

创新空间的识别：既有研究主要采用两种形式，一种是以行政边界作为创新空间的分析单元；另一种是将城市空间抽象为均质的网格化单元，如划分为1km²的六边形网格单元。近年来开始出现部分利用DBSCAN算法识别创新空间的研究。

创新空间特征：既有研究多关注创新空间在区域中的分布、体系结构等特征。在美国大城市的研究中发现，创新活动往往集聚于CBD地区；而在米兰、伦敦、巴黎等欧洲大城市中，创新企业则倾向于分布在郊区及卫星城，形成较大规模的科技园区。北京的创新活动集中且日益集聚在市中心，形成单核结构，上海则呈现出由单中心集聚向多中心再集聚演进，出现中心区创新活动"空心化"的现象。

创新空间的影响因素：既有的创新空间影响因素研究以宏观尺度为主，包括区域教育水平、金融环境、基础设施、创新投入等；微观研究则从企业和创新人群的区位选择探究创新活动集聚机制。总体而言，创新空间影响因子体系的构建多从物质空间出发，部分研究加入了投资软环境的影响，少有研究在制度空间层面上探讨政策性因素对其施加的影响。

（3）研究问题

基于区域创新差异化的发展现实和创新研究尺度在创新空间实体层面的跨越，直接引出一个问题：区域创新活动在更小的实体空间尺度上是否也表现出差异？而对该问题的追索必然导向两个新问题：即创新空间是均质的、一般化的，还是各有其类型和模式？如果创新空间是差异化的，那么它们对支撑要素的需求是否趋同？亦或不同类型的创新空间会有怎样的差异化[1]需求？

因此，本研究将对创新空间的思考置入真实的城市区域环境中，在此基础上提出研究问题，即：创新空间有怎样的类型和模式差异？这种差异体现在创新支撑要素需求上会有怎样的异质性？创新支撑要素投放的调整又会导向怎样的创新空间发展未来？

（4）研究内容

本研究将对以上问题逐一回应，旨在识别创新空间的实体范围，划分其类型，构建影响因子体系对各类创新空间的差异化需求进行判断，并通过多情景模拟方法对创新空间的发展趋势进行推演，继而辅助决策者在创新空间范畴和要素配置结构上实现资源投放的精准化，助力区域创新空间的高质量发展。

（5）研究意义

①理论意义

构建基于差异化发展模式的创新空间类型体系、影响因子体系及相关解释框架，探索多源数据和人工智能技术支持下的精细化创新空间研究范式。

②实践意义

在具有普适性的规划支持层面，辅助创新发展的规划决策，平衡创新支撑要素的供需关系；在上海都市圈高质量发展的具体问题上，构建基于区域创新联系的发展要素供需平台，提供区域性创新要素投放决策的技术支持。

2. 研究目标及拟解决的问题

（1）研究目标

①总体目标

本研究的总体目标是：基于对创新空间差异化的研究发展，提出其差异化发展模式，据此实现创新支撑要素精准投放的规划决策支持。

②具体目标

在总体目标下，要完成以下几个具体目标：

识别创新空间的实体面域；

创新空间的分类及其模式总结；

创新空间发展的影响因素辨析；

创新空间的发展趋势推演；

---

1 对差异化需求的理解有两方面，一是相同要素在影响程度上的结构性差异，具备可比性；二是需求要素本身的差异，即对特殊要素的需求，难以跨区域进行量化和比较，尚未纳入本研究考虑的重点。因此，本文所述的差异，更多指的是一种结构性的差异。

创新支撑要素投放的规划决策支持。

（2）拟解决的问题

在本研究中，有以下4个关键性的技术难点需要突破：

①识别创新空间的实体面域，而非零散的点集或模糊其实际范围的行政边界；

②创新空间分类方法应尽可能客观，避免陷入循环因果的困局；

③完善创新空间发展影响因子体系的覆盖面和解释力；

④结合未来发展预期而非完全依赖于既往路径，进行基于多情景分析而非单一线性外推的创新空间发展趋势推演。

二、研究方法

1. 研究方法及理论依据

本研究采用"识别—聚类—相关"的总体思路，考虑到专利数据特征和研究区域的广度，引入了若干机器学习模型：

图2-1　研究路径及关键技术

（1）DBSCAN：是一种基于密度的聚类算法，适合用于找出高密度的区域。DBSCAN算法可以处理任意形状的簇，并且无需预设其数量，可显著提升创新空间识别结果的精度。

（2）层次聚类：在创新空间分类中，使用了层次聚类方法，通过计算对象之间的相似度或距离，将最相似或最接近的两个对象（或簇）合并在一起，形成不同层次的聚类解。运用该方法明确创新空间在不同层次的分类情况，增加了分析创新空间模式的灵活性。

（3）GBDT：在创新支撑要素相关分析中，使用了梯度提升决策树（GBDT）分析不同创新空间支撑要素的相对重要性。GBDT是一种集成学习方法，通过在每一步中添加新的决策树来逐步改进模型的预测精度，从而更准确地判定不同类别创新空间的关键性支撑要素。

2. 技术路线及关键技术

为了实现创新空间实体范围识别、模式精准划分，以及要素需求、发展趋势精准判定，本研究分以下4个主要步骤（图2-1）：

（1）创新空间实体识别：首先对2020年上海、苏州、嘉兴（以下简称"沪苏嘉"）3市的专利申请数据进行清洗，通过专利申请人地址信息进行地理编码获得其经纬度坐标实现空间落位，并基于专利数据中的共同合作属性获取专利联系维度信息；然后应用基于密度的机器学习聚类方法DBSCAN识别创新活动集聚的簇群；最后应用Tin工具中的外包凹多边形优化空间形态，获得创新空间面域。

（2）创新空间模式分类：主要依托创新活动的类别、主体、联系等属性分析创新空间的模式特征。首先通过点-群属性的链接统计将专利数据的属性在实体空间层级加以反映，同时应用SNA（社会网络分析）、ANN（平均最近临）等算法，得到其创新联系特征和集聚特征。再进一步利用层次聚类方法得出分类结果，并输出聚类属性在不同簇中的贡献度表，作为进行模式特征比较依据。

（3）创新支撑要素相关分析：主要基于模式识别结果进行创新支撑要素的相对重要性和影响权重分析。首先对链家、百度地图等平台的空间属性数据进行抓取，结合栅格GDP数据、创新支持性政策等多源数据完善支撑要素体系。其次，应用梯度提升决策树（GBDT）分析不同类型创新空间的支撑要素敏感性结构，识别其重点支撑要素。

（4）要素投放效益情景模拟：基于2015～2020年历年专利数据，结合要素相关分析中的权重结果进行趋势外推，探讨在不同要素供给模式下创新空间集群的发展效果。对比简单趋势外推、均衡要素投放、精准要素投放三种模式的创新空间专利数增长情况，证明要素精准化投放的有效性。

三、数据说明

1. 数据内容及类型

（1）专利数据来源及说明：基于"专利之星"检索平台，获取沪苏嘉3市超过50万条专利数据，数据时限选取2015～2020年。清洗并剔除存在空间上难以落位、创新连续性较弱等问题的数据，以及以个人名义申请的"非职务专利"等数据。

（2）用于创新空间模式聚类的属性来源于专利数据，分为5大类、20小类（表3-1），包括：

①创新空间规模：面域内专利点数量和面积；

②创新联系情况：包括中心性和联系度；

③创新主体结构：包括个人比例、企业比例等7项；

④创新类型结构：包含A类专利（生活必需品）比例、B类专利（作业运输）比例等8类；

⑤创新集聚程度：以平均最近邻指数衡量。

创新空间属性内容及来源			表3-1
属性维度	属性	计算方法	数据来源
创新空间规模	专利点数量	ArcGIS空间连接	2020年专利点数据及DBSCAN生成的创新实体面域数据
	实体面域的面积	ArcGIS计算几何	
创新联系情况	中心性	ArcGIS点度中心性测度	
	总联系强度及对外联系强度占比	ArcGIS属性分类求和	
创新主体结构	个人比例	Python属性比例统计	
	企业比例	Python属性比例统计	
	社会团体和组织比例	Python属性比例统计	
	政府及行政机关比例	Python属性比例统计	

续表

属性维度	属性	计算方法	数据来源
创新主体结构	专业性委托单位比例	Python属性比例统计	
	社会公共福利性单位比例	Python属性比例统计	
	专业性合作社比例	Python属性比例统计	
创新类型结构	A类专利比例	Python属性比例统计	2020年专利点数据及DBSCAN生成的创新实体面域数据
	B类专利比例	Python属性比例统计	
	C类专利比例	Python属性比例统计	
	D类专利比例	Python属性比例统计	
	E类专利比例	Python属性比例统计	
	F类专利比例	Python属性比例统计	
	G类专利比例	Python属性比例统计	
	H类专利比例	Python属性比例统计	
创新集聚程度	平均最近邻指标	Python Geopy模组计算	

（3）创新支撑要素数据主要从创新生产支撑、创新生活支撑和创新政策环境三个角度进行量化，来源于网络平台、专业数据库、政府公报与名录等（表3-2）。

创新生产支撑包含区位条件（经济、交通）和创新带动条件（企业、高校等）两方面，创新生活支撑包含物质需求（居住、通勤）、精神需求（文体娱乐等）。

创新政策环境包含政府创新投入和政策区位，各级经济开发区、高新技术开发区、综合保税区和自由贸易区通过空间落位进行重叠判定。政策文件数据来源以上海市、苏州市、嘉兴市政府网站公开信息为主。

空间支撑要素数据类型及来源　　　　表3-2

类型		影响因素	变量描述	数据来源
创新生产支撑	区位条件	经济区位	集群范围内GDP总值	参考文献[17]
		区域交通区位	集群中心与区域交通设施的距离	研究区域2020年POI数据

续表

类型		影响因素	变量描述	数据来源
创新生产支撑	创新带动条件	高新技术企业布局	千强高新技术企业数量	国泰安Csmar数据库
		高校资源	大专院校的数量	研究区域2020年POI数据
		研究机构布局	研究机构的数量	研究区域2020年POI数据
		创新发展平台	创新企业孵化器的数量	研究区域2020年POI数据
创新生活支撑	物质需求	居住成本	平均房价	链家房价数据
		通勤便利度	公交服务区面积覆盖比	研究区域2020年POI数据
			地铁服务区面积占比	研究区域2020年POI数据
	精神需求	文体休闲	娱乐设施（电影院、KTV、酒吧）密度	研究区域2020年POI数据
			体育设施（健身房、体育馆、球场）密度	研究区域2020年POI数据
		景观游憩	公园密度	研究区域2020年POI数据
			广场密度	研究区域2020年POI数据
		文化服务	文化服务设施（艺术馆、博物馆、剧院）密度	研究区域2020年POI数据
创新政策环境	创新投入	R&D投入水平	地区用于研究与试验发展的财政经费水平	行政区统计公报
	政策区位	开发区/特别政策区	与国家级/省级经济开发区的重叠判定	商务部公示名录
			与国家级/省级高新技术开发区的重叠判定	科学技术部公示名录
			与综合保税区的重叠判定	商务部公示名录

续表

类型	影响因素	变量描述	数据来源
创新政策环境	政策区位	开发区/特别政策区	与自由贸易区的重叠判定	商务部公示名录
	政策数量	创新产业扶持类关键词词频	市人民政府网站数据
		创新人才补助类关键词词频	市人民政府网站数据
		创新载体优惠类关键词词频	市人民政府网站数据
		创新软环境改善类关键词词频	市人民政府网站数据

2. 数据预处理技术与成果

（1）数据纠正：使用Q-Q图（Quantile-Quantileplots）进行正态分布检验的可视化表达，横轴表示正态分布的分位数（理论值），纵轴表示样本数据的分位数（观测值），二者分位数相等则符合正态分布，如图3-1、图3-2所示。

（2）共线性数据筛选：利用Pearson相关系数进行共线属性的筛选（图3-3），防止多重共线性问题，影响模型的稳定性和可解释性。两个特征的相关系数超过0.7时，它们被认为具有高度线性相关性，即可进行其中一方数据的删除。

（3）数据降维：为了降低数据维度并提取数据中的主要信息，我们用了主成分分析法，对包含20个特征的数据进行处理。结果表明，前8个主成分能够解释原始数据中83.4%的方差，较好地保留了原始数据中的信息（图3-4）。

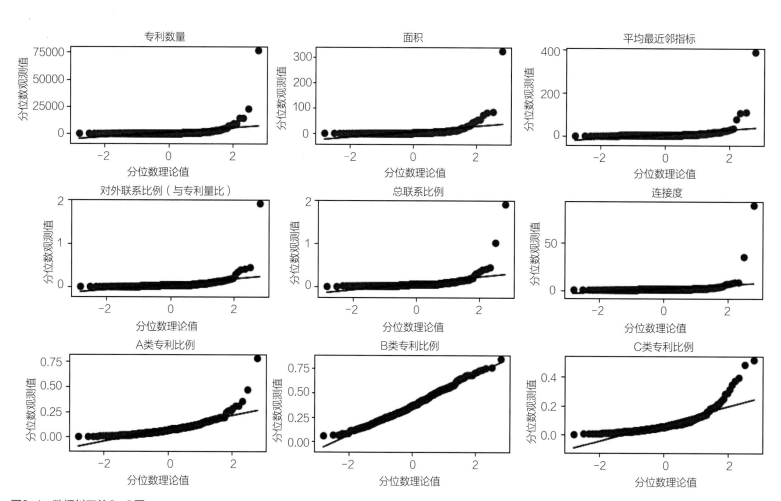

图3-1 数据纠正前Q-Q图

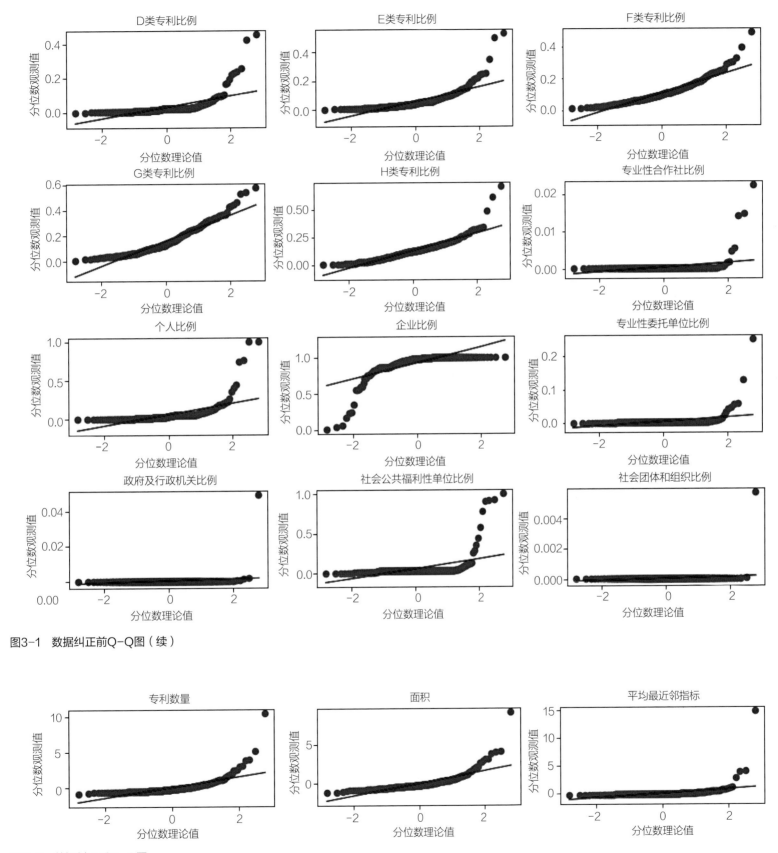

图3-1 数据纠正前Q-Q图（续）

图3-2 数据纠正后Q-Q图

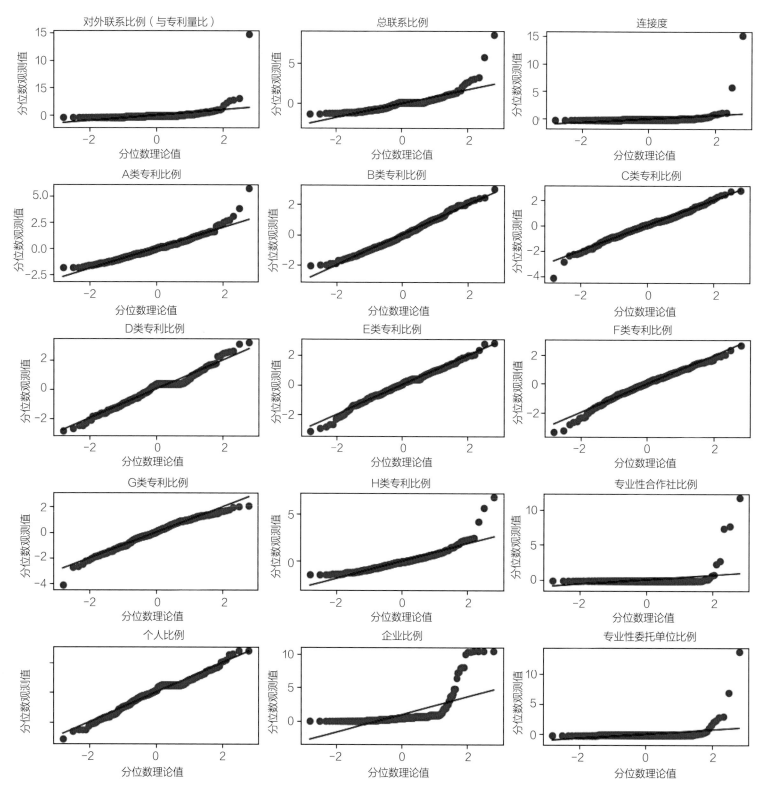

图3-2 数据纠正后Q-Q图（续）

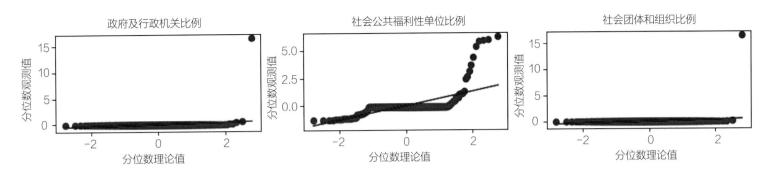

图3-2　数据纠正后Q-Q图（续）

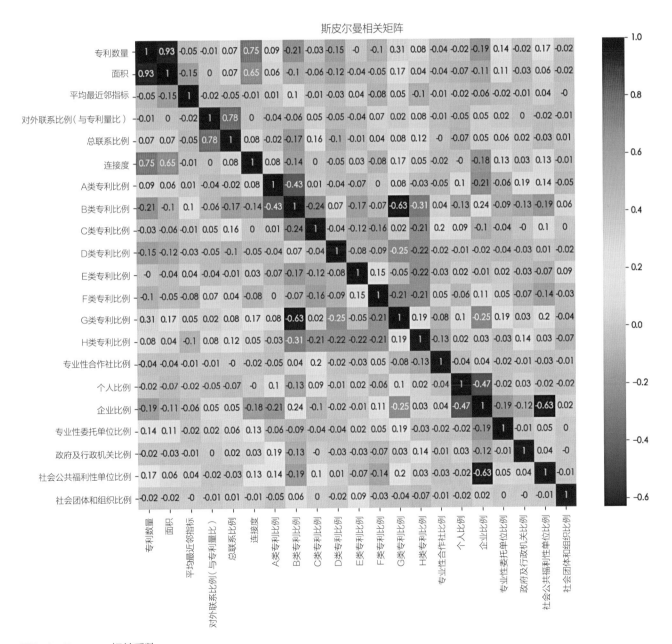

图3-3　Pearson相关系数

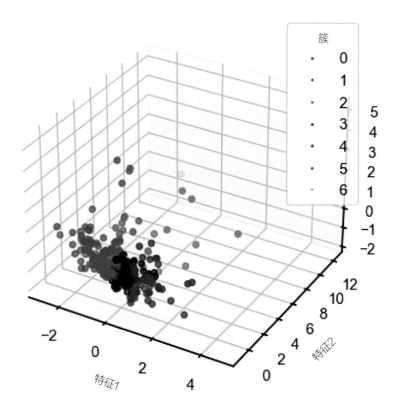

图3-4 以降维属性为轴的聚类分布情况

四、模型算法

1. 模型算法流程及相关数学公式

（1）DBSCAN算法

算法基本思路：给定一个数据集，从其中某一个点p出发，若点p的ε邻域包含点多于MinPts，则表明点p为核心点，创建以p为核心的簇，将其ε邻域中直接密度可达的点加入该簇中，迭代本过程直至所有与点p密度相连的点都加入簇中时，选定尚未被加入任意簇的另一个点出发，重复上述过程，直至没有新的点可加入任意簇中时，聚类算法结束，未被加入任何簇的点即为噪声点。

通过DBSCAN算法可以得到不同创新空间的专利产出在实体面域上的分布情况，可以通过GIS相关软件工具进行可视化分析。

（2）梯度提升决策树

梯度提升决策树（Gradient Boosting Decision Trees，简称GBDT），结合了决策树和梯度提升技术，用于解决回归和分类

问题。在训练过程中，每个新的决策树都会关注之前树预测的残差（实际值与预测值之间的差异），并尝试拟合这些残差。通过多次迭代，每棵树都在之前树的基础上进行改进，最终将它们的预测结果相加，得到最终的集成模型。

GBDT能够很好的分析包含多种特征要素的模型，而创新空间的构成恰好是由多方面要素决定的，利用该模型可以分析各类创新空间对主要支撑要素的需求结构。

（3）层次聚类模型

层次聚类从每个样本作为单独的聚类开始，然后通过合并最相似的聚类来逐步构建层次结构。在数据处理中使用了欧氏距离（Euclidean Distance）来计算两个样本或聚类之间的相似性度量，并使用Ward策略来进行聚类间的合并。

具体聚类的伪代码如表4-1所示。

层次聚类流程	表4-1
Algorithm 层次聚类	

Input：DataSet
output：Clusters

1. Initialize #初始化每个集群为一个簇；
2. Repeat；
3. 计算所有簇之间的相似度/距离；
4. Compute similarity/distance between all clusters；
5. 找到相似度/距离最小的两个簇，合并为一个新的簇；
6. Find and merge them into a new cluster；
7. #更新簇的标识；
8. Update the cluster labels；
9. Return Clusters

采用内部评价指标和可视化分析两种方法来对结果进行度量，其中内部评价指标使用以下三种方法来评价层次聚类的结果：

①轮廓系数（Silhouette Coefficient）：轮廓系数的取值范围在［-1，1］之间，越接近1表示聚类结果越好，越接近-1表示聚类结果越差。

②Calinski-Harabasz指数：值越大表示聚类结果越好。

③Davies-Bouldin指数：值越小表示聚类结果越好。

具体聚类结果如表4-2所示。

聚类评价指标		表4-2
轮廓系数	Calinski-Harabasz指数	Davies-Bouldin指数
0.541743	79.5937	1.00993

可视化分析通过将聚类结果在三维空间中可视化，可以观察聚类的分布情况、聚类之间的分离度以及可能存在的噪声或异常情况。我们使用Matplotlib.pyplot库进行绘图，并用Seaborn进行优化。

2. 模型算法相关支撑技术

（1）软件/库

Scikit-learn库：Scikit-learn是一个基于Python的机器学习库，提供了丰富的机器学习算法和工具，用于数据处理、特征工程、模型训练和评估等。

Statsmodels库：使用了Statsmodels库中的regression.linear_model模块来进行线性回归分析，进一步探索特征与目标变量之间的关系。

（2）开发语言

Python是一种通用的高级编程语言，具有简洁、易读的语法，以及丰富的数据处理和科学计算库。

（3）系统/平台

Jupyter Notebook: Jupyter Notebook是一种基于Web的交互式开发环境，可用于编写和执行Python代码，并支持实时展示代码执行结果和数据可视化。

五、实践案例

1. 模型应用实证及结果解读

（1）采用DBSCAN方法对上海及邻沪地区的专利数据进行空间聚类，得到创新空间实体面域共270个，平均面积7.126km²，规模差异较大，如图5-1所示。规模较大的创新空间分布在上海、苏州的中心城区和张江高科、苏州工业园等高新技术集聚的产业园区，常熟、太仓等苏州北部市县及嘉兴全域创新空间规模均较小且分布零散。

（2）采用层次聚类方法对经过数据清洗与降维的对象进行聚

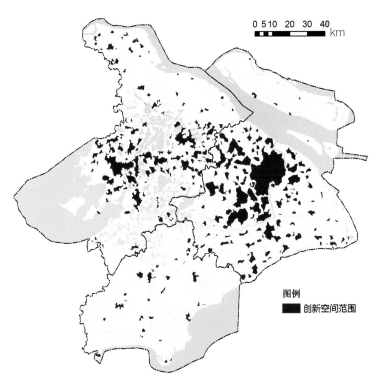

图5-1　DBSCAN空间聚类结果

类，最终共获得7簇聚类，筛选出具有代表性的簇1、2、3、5、6，进行下一步分析。分别导出各属性特征值对5种聚类的平均影响程度，结合空间分布情况对结果进行解释。

①都市研发型创新空间（图5-2）：以中心城区为载体，以其高专利数量、大集群规模和突出的创新集聚水平及规模效应为显著特点。创新主体主要是高校、研究所等研发型主体，企业参与创新的倾向较低。而从创新产出类型看，G类（物理信息）专利贡献值较高，而B类（物流）专利和D类（纺织造纸）专利贡献较低，创新集中在知识密集型产业。

②近郊高技术型创新空间（图5-3）：以高规格园区为载体，创新产出密集，规模中等。创新主体以企业为主，G类（物理信息）专利贡献值高，而B类（物流）专利和D类（纺织造纸）专利贡献值较低，以技术密集型产业为主。典型样本分布在苏州高新区、松江工业园、外高桥加工区等高规格园区。

③城郊产业集群型创新空间（图5-4）：分布于城市近郊，以传统产业集群为载体，创新集聚水平和规模效应都较可观。创新主体中企业占主导，产出类型较单一。在创新合作联系上，具有明显的地域性集群特征，内部的合作联系较为密切。

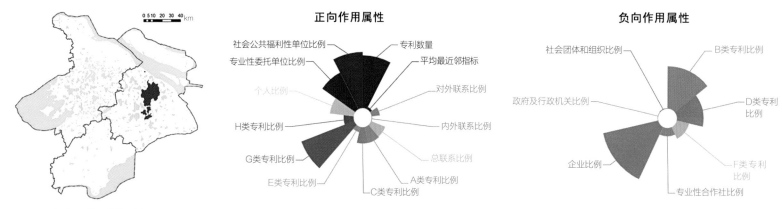

图5-2 都市研发型创新空间

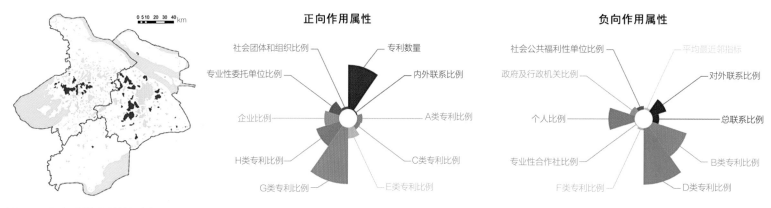

图5-3 近郊高技术型创新空间

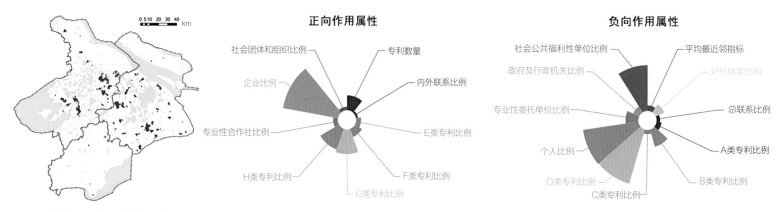

图5-4 城郊产业集群型创新空间

④近郊科研型创新空间（图5-5）：主要分布在近郊地区，多围绕地方性高校，如嘉兴学院、苏州工业职业技术学院等。机构和个人为主体的专利较多，企业的贡献较低。创新活动的内外联系都较弱，是相对独立的空间集聚区。

⑤乡镇松散型创新空间（图5-6）：这类创新空间数量多、面积小，分布均质且分散，多位于外围乡镇地区，与乡镇工业企业碎化拼贴的特点一致。创新产出所依托的产业相对较为低端，以物流运输和纺织造纸为主，个人专利较多，创新产出具有随机性。

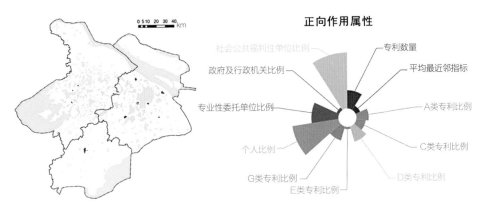

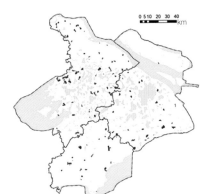

图5-5　近郊科研型创新空间

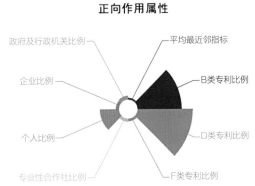

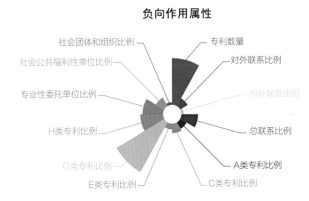

图5-6　乡镇松散型创新空间

（3）基于梯度提升决策树的模型结果，对不同类别创新集群的支撑要素敏感性分析（表5-1、表5-2）。

①1类创新空间即都市研发型创新空间，主要受到创新政策、研发机构、交通区位等要素的影响，借此吸引人才和企业进驻，从而推动了创新活动发展。

②2类创新空间即近郊高技术型创新空间，主要依赖高新技术企业、房价优势等吸引人才和资金，形成产业集聚效应。

③3类创新空间即城郊产业集群型创新空间，受政策区位设定的显著影响。开发区平台及其附属的优惠政策大大推动企业的创新能力。

④4类创新空间即近郊科研型创新空间，主要依托重点实验室、大专院校、高新技术开发区等，吸引大量人才和企业，发挥其集聚效应，印证了大学城模式对近郊地区的创新激发作用。

⑤5类创新空间即乡镇松散型创新空间，受便利的交通条件和创新政策的带动，主要依靠政策优惠以及低成本的生活服务吸引企业入驻。

前3类创新空间的影响因子相对重要性结构　　　　表5-1

变量描述	都市研发型	合计	近郊高技术型	合计	城郊产业集群型	合计
区位条件		16.69%		16.11%		0.17%
GDP	0		0.01%		0	

续表

变量描述	都市研发型	合计	近郊高技术型	合计	城郊产业集群型	合计
与火车站距离	11.31%		16.10%		0.08%	
与机场距离	5.38%		0		0.09%	
创新带动条件		34.61%		19.34%		65.62%
千强高新技术企业数	7.10%		18.53%		4.73%	
大专院校数量	19.43%		0.02%		14.40%	
重点实验室数量	3.41%		0.12%		43.19%	
研究机构数量	4.67%		0.66%		2.69%	
创新企业孵化器数量	0		0.01%		0.61%	
创新物质需求		2.22%		57.28%		14.07%
平均房价	0.01%		57.24%		0	
公交服务区覆盖比	0		0.02%		6.58%	
地铁服务区覆盖比	2.21%		0.02%		7.49%	
创新精神需求		9.88%		7.21%		4.54%
娱乐设施数量	3.93%		2.25%		1.45%	
体育设施数量	5.95%		4.76%		0.57%	
公园数量	0		0.05%		0.16%	
广场数量	0		0.14%		2.20%	
文化服务设施数量	0		0.01%		0.16%	
创新投入水平		0		0.01%		0.01%
地区R&D经费水平	0		0.01%		0.01%	
创新政策区位		36.60%		0.05%		15.60%
国/省级经济开发区	6.70%		0		0.91%	
国/省级高新技术开发区	0		0.01%		5.39%	
综合保税区	0		0		7.78%	
自由贸易区	0		0		1.52%	
创新政策词频	29.90%		0.04%		0	

后2类创新空间的影响因子相对重要性结构　　　　表5-2

变量描述	近郊科研型	合计	乡镇松散型	合计
区位条件		0.71%		0.34%

续表

变量描述	近郊科研型	合计	乡镇松散型	合计
GDP	0	—	0.02%	—
与火车站距离	0.04%	—	0.14%	—
与机场距离	0.67%	—	0.18%	—
创新带动条件	—	75.09%	—	45.47%
千强高新技术企业数	19.20%	—	9.60%	—
大专院校的数量	11.53%	—	9.43%	—
重点实验室数量	28.33%	—	0	—
研究机构的数量	13.21%	—	1.87%	—
创新企业孵化器的数量	2.82%	—	24.57%	—
创新物质需求	—	4.43%	—	18.26%
平均房价	0	—	0	—
公交服务区面积覆盖比	1.64%	—	2.94%	—
地铁服务区面积占比	2.79%	—	15.32%	—
创新精神需求	—	8.27%	—	6.74%
娱乐设施数量	0.07%	—	0.16%	—
体育设施数量	0.86%	—	0.09%	—
公园数量	2.91%	—	4.18%	—
广场数量	0.01%	—	1.14%	—
文化服务设施数量	4.42%	—	1.17%	—
创新投入	—	0.04%	—	0.43%
地区R&D经费水平	0.04%	—	0.43%	—
创新政策区位	—	11.45%	—	28.76%
国/省级经济开发区	5.78%	—	1.93%	—
国/省级高新技术开发区	5.67%	—	1.75%	—
综合保税区	0	—	12.54%	—
与自由贸易区的重叠判定	0	—	12.54%	—
政策数量	0	—	0	—

（4）为研究不同的投放模式对各类创新空间产出绩效的影响，设定两种不同投放策略：均匀投放，即将资源平均分配到所有属性；而集中投放，即将资源集中到具有较大影响力的属性。

结果表明，都市研发型创新空间在集中投放高影响力因素的策略下，专利产出数较均匀投放增加4121个；近郊高技术型创新空间在集中投放模式下同样有更高的产出绩效（表5-3）。

不同投放模式下的创新绩效对比 表5-3

类型	投放模式	国家重点实验室数量	高校数量	与机场距离（km）	地铁服务区面积占有比	公交服务区面积覆盖比	高新技术企业数	研究机构数	创新产出数	产出提升数
都市研发型	现状	5	1	19.14	0.69	0.72	—	—	14386	0
	均等	6	2	18.14	0.79	0.82	—	—	24891	10505
	集中	10	1	19.14	0.69	0.72	—	—	29012	14626
近郊高技术型	现状	1	1	—	0.77	—	0	0	2076	0
	均等	2	2	—	0.87	—	1	1	4029	1953
	集中	2	6	2	0.77	—	0	0	5870	3794

进一步地，结合支持性要素结构调整对其进行趋势外推模拟，设定5种精准化投放情景（表5-4）：

①城郊产业集群型创新空间：优化创新治理体系以实现政府、市场和社会各主体的积极参与和协同作用。强化政策平台，聚集创新资源，提高创新效率。聚焦政策区位和创新动力条件的输入，同时考虑创新投入和物质需求。

②都市研发型创新空间：通过原创性研究和关键突破，提升科研影响力，增强大学和研究所对企业创新行为的影响。加强创新投入和基础研究支持。聚焦创新投入和创新动力条件的输入，同时考虑政策区位和区位条件。

③乡镇松散型创新空间：以产业对土地、劳动力、区位等元素的需求为导向，提升资源配置效率，降低交易和空间成本。聚焦区位条件和物质需求的输入，同时考虑创新投入和政策区位。

④近郊高技术型创新空间：满足创新人才生活和工作需求，提升创新空间的宜居和工作条件，推动创新人才在高品质生活空间的聚集和持续创新。聚焦物质和精神需求的输入，同时考虑区位条件。

⑤近郊科研型创新空间：提升政策的创新激励效果和创新动力条件的资源配置，为独立研究机构提供更多的科研支持。聚焦政策区位和创新动力条件的输入，同时考虑区位条件和精神需求。

精准化发展情景预设 表5-4

情景	区位条件	创新带动条件	物质需求	精神需求	创新投入	政策区位	解析
创新生态为核心的结构调整情景	-	++	+	-	+	++	完善政府、市场和社会多元主体积极参与、相互配合、协调一致的创新治理体系。完善创新功能型政策平台等，吸引和集聚创新资源，提升创新效率
原始创新为重点的外溢强化情景	+	++	-	-	++	+	通过原创性研究和重点突破，提升科学研究影响力，强化大学、研究所对企业创新行为的带动作用。加大创新投入与基础性研究支撑力度
产业需求为导向的效率提振情景	++	-	++	-	+	+	以产业对土地、劳动力、区位等要素的需求补给为导向，提升创新主体的资源配置效率，降低交易成本与空间限制
品质生活为目标的服务优化情景	+	-	++	++	-	-	满足创新人才的生活生产需求，提升创新空间的宜居宜业程度，推动创新人才在高品质生活空间的集聚与创新活动的可持续产生
科研支撑为方法的政策鼓励情景	+	++	-	+	-	++	提升政策的创新鼓励效果和创新带动条件的资源配置，对独立机构个体给予更多的科研要素支撑

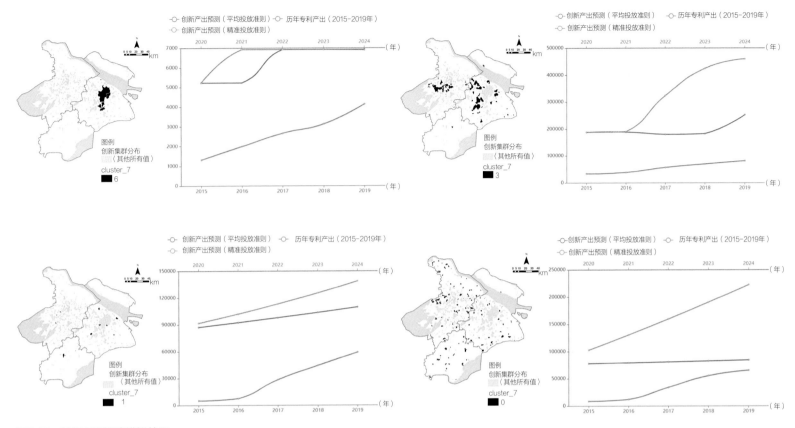

图5-7 创新产出推演模拟结果

进一步使用实验组和对照组来验证精准投放模式的优势，步骤如下：①利用历年数据预测未来五年的专利增长率，并通过GBDT模型计算各种因素的影响权重。②将每个创新空间类型内部的各类支撑元素属性每年增加5%，作为均匀投放的对照组。③将五类创新空间的支撑元素增量按情景设定进行集中，分为0、5%、10%三个等级。

将预设的未来五年支撑元素数据输入训练好的GBDT模型进行拟合，获取各类创新空间专利产出的增长量。如图5-7所示，蓝色为均衡投放模式，黄色为精准投放模式，后者的增长更为显著，验证了模型的有效性。

2. 模型应用案例可视化表达

（1）在进行创新空间的模式划分后进行对象赋值与空间显示，可视化成果如图5-8所示。

（2）通过GBDT模型获得的相对重要性指标可以通过分类加和导出为创新支撑要素需求结构图（图5-9）。

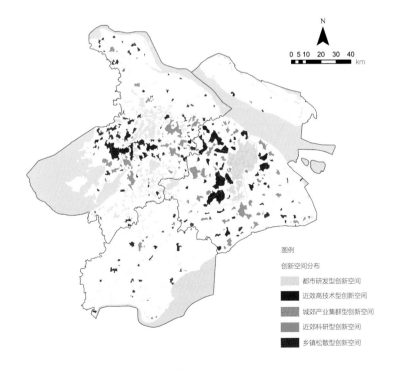

图5-8 不同类型创新空间的分布

261

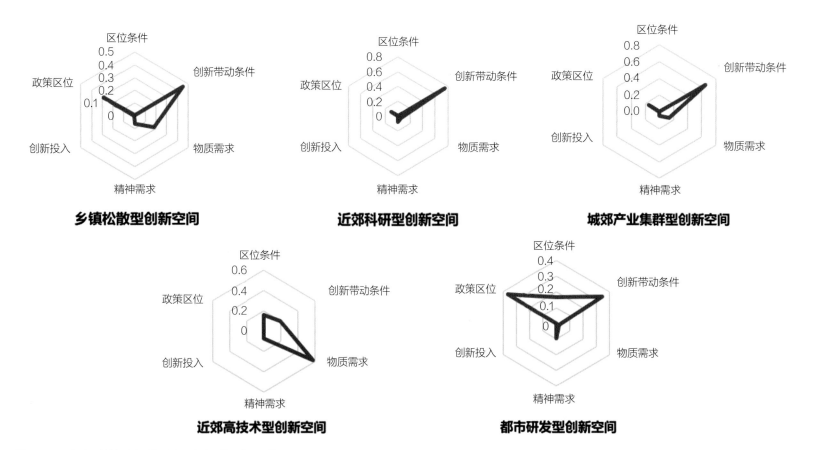

图5-9　不同类型创新空间的影响要素类别相对重要性

六、研究总结

1. 模型设计的特点

（1）本研究通过地理编码对专利活动进行空间点位上的精确落位，采用DBSCAN算法对点的空间分布进行聚类，并结合ArcGIS的TIN工具准确识别出了创新空间的实体范围，从而不再受限于模糊其实体边界的行政区划。

（2）城市是复杂的创新机体，本研究纳入了多维度的创新影响因素，利用专利数据、POI数据、传统调查数据等，通过多源数据的综合分析对复杂的创新活动规律进行解析，并在此基础上预测其未来发展趋势。

（3）创新空间各有其类型且对支撑要素的需求呈现结构性差异。

首先，在上海及临沪地区范围内，存在5类典型的创新空间，分别为都市研发型、近郊高技术型、城郊产业集群型、近郊科研型及乡镇松散型。

其次，各类创新空间对创新支撑要素的敏感度不同。如都市研发型创新空间凭借有利的创新支持政策和高校的人才吸引力推动创新活动发展；近郊高技术型创新空间则以优越的生活支撑条件和高新技术企业带动；乡镇松散型创新空间则凭借有利的政策倾斜和低成本优势吸引的初创企业带动其创新发展。

最后，本研究进一步设定5类要素精准投放的发展情景，推演区域创新空间的发展趋势，验证了精准化投放模式的有效性。

综上所述，本研究构建基于差异化发展模式的创新空间类型体系、影响因子体系及相关解释框架，探索多源数据和人工智能技术支持下的精细化创新空间研究范式。

2. 应用前景

（1）地方政府决策支持

地方政府可以精准识别创新空间范畴，了解各类创新空间的特点和发展趋势，把握创新空间的结构和运行机制，为制定科学合理的政策提供依据，推动创新活动高质量发展。

例如，对于都市研发型创新空间，政府可以提供资金支持、税收优惠或科研项目扶持，吸引优秀人才落地和创新创业。而对于近郊高技术型创新空间，则应提供更多可负担的优质住房和相关生活配套。此外，政府还可以评估不同科技创新政策措施对创新空间发展的影响，探索出更具针对性和可行性的政策举措，进一步优化政策支持的成效。

（2）产业园区规划与布局

通过对创新空间的识别和类型划分，园区规划者可以了解不同区域的创新活动密度和类型分布，进而更好地理解创新空间的形成和发展机制。

例如，规划者可以通过增加科研机构、创新孵化器和技术转移中心等研发设施的数量和质量，提供更加便利和专业的创新支持服务，以吸引更多的创新企业入驻。规划者还可以加强与高等院校、研究机构和行业协会等的合作，建立产学研用联盟，共同推动科技成果的转化和应用。

（3）创新投资决策

根据创新活动的类型和联系模式划分空间类别，投资者可以更好地理解各个空间的特点、优势和潜力，有针对性地选择符合自身投资战略的创新空间。此外，投资者可以深入研究影响创新空间的关键要素，如人才资源、科研能力、技术水平、市场需求等，并结合历年的数据趋势，对要素的优化效益进行预测和评估。

参考文献

［1］林毅夫. 发展战略、自生能力和经济收敛［J］. 经济学（季刊），2002，（1）：269–300.

［2］陶承洁，吴岚. 南京创新空间协同规划策略研究［J］. 规划师，2018，34（10）：124–128.

［3］包海波，林纯静. 长三角城市群创新能力的空间特征及影响因素分析［J］. 治理研究，2019，35（5）：51–58.

［4］方创琳，马海涛，王振波，等. 中国创新型城市建设的综合评估与空间格局分异［J］. 地理学报，2014，69（4）：459–473.

［5］COOKE P. Regional innovation systems: Competitive regulation in the new Europe［J］. Geoforum,1992,23（3）：365–382.

［6］陆天赞，吴志强，黄亮. 美国东北部城市群创新城市群落的社会网络关系，空间组织特征及演进［J］. 国际城市规划，2016，31（2）：10.

［7］孙瑜康，李国平，袁薇薇，等. 创新活动空间集聚及其影响机制研究评述与展望简［J］. 人文地理，2017，32（5）：8.

［8］李凌月，张啸虎，罗瀛. 基于创新产出的城市科技创新空间演化特征分析——以上海市为例［J］. 城市发展研究，2019，26（6）：7.

［9］杨帆，徐建刚，周亮. 基于DBSCAN空间聚类的广州市区餐饮集群识别及空间特征分析［J］. 经济地理，2016，36（10）：110–116.

［10］李迎成. 基于创新活动分布视角的城市创新空间结构测度与演变特征［J］. 城市规划学刊，2022，（1）：74–80.

［11］DURANTON, GILLES, PUGA, et al. Nursery cities: Urban diversity, process innovation, and the life cycle of products［J］. American Economic Review, 2001.

［12］MéNDEZ R, MORAL S S. Spanish cities in the knowledge economy［J］. 2011.

［13］PETER, TEIRLINCK, ANDRé, et al. The spatial organization of innovation: Open innovation, external knowledge relations and urban structure［J］. Regional Studies, 2008.

［14］段德忠，杜德斌，刘承良. 上海和北京城市创新空间结构的时空演化模式［J］. 地理学报，2015，70（12）：1911–1925.

［15］WANG C C, LIN G C S. Geography of knowledge sourcing, heterogeneity of knowledge carriers and innovation of clustering firms: Evidence from China's software enterprises［J］. Habitat International,2018,71: 60–69.

［16］王伟，朱小川，梁霞. 粤港澳大湾区及扩展区创新空间格局演变及影响因素分析［J］. 城市发展研究，2020，27（2）：16–24.

［17］ZHAO N, LIU Y, CAO G, et al. Forecasting China's GDP at the pixel level using nighttime lights time series and population images［J］. Mapping Sciences & Remote Sensing, 2017, 54（3）：407–425.

城市医疗服务设施系统应急救援网络特征与抗震韧性优化研究

工作单位：北京工业大学、北京城市与工程安全减灾中心

报名主题：面向高质量发展的城市治理

研究议题：安全韧性城市与基础设施配置

技术关键词：城市系统仿真、复杂网络

参　赛　人：张博骞、朱峻佚、于新月、贾文雪、张曼、郭桂君、朱孟华

指导老师：王威、郭小东

参赛人简介：北京工业大学北京城市工程与安全减灾中心拥有配套先进的实验室和实力雄厚的科研队伍，承担多项国家规范标准、国家科技支撑计划、国家自然科学基金、省部级重点项目，编制了国内80余个区域和城市的安全与防灾规划，在国内城市安全与防灾领域具有优势地位。北京工业大学城市建设学部、北京城市工程与安全减灾中心的城乡规划学研究生团队，主要从事城乡防灾与韧性规划、生命线系统抗灾技术的研究，参与多项城市抗震防灾规划、城市灾后恢复重建规划、综合防灾规划设计与研究工作。

一、研究问题

1. 研究背景及目的意义

（1）研究背景

①地震灾害发展趋势

我国是地震灾害发生严重的国家，且发生的地震活动频度高、强度大、震源浅、分布广，这使得我国大部分地区都处于强震的威胁之中。经统计，2011～2020年我国地震灾害发生118次、人员伤亡24918人、经济损失2063.08亿元，具体如表1-1所示。当前我国已经进入加快城市化进程的阶段，常住人口城镇化率已经达到65.2%，人口和财富进一步向城市集中，城市内新旧建筑并存、生命线系统纵横交错，城市物理系统呈现出复杂、密集的发展趋势，这导致地震灾害的灾情演化和社会影响将更为复杂，增加了灾害救援的难度，城市地震安全问题依然严峻。

2011～2020年主要震害统计数据　　表1-1

年份/年	成灾次数/次	死亡人数/人	受伤人数/人	直接经济损失/亿元
2011	15	32	506	60.11
2012	11	86	1331	82.88
2013	14	294	15671	995.36
2014	10	736	3688	355.64
2015	12	33	1217	180
2016	16	2	103	66.8

续表

年份/年	成灾次数/次	死亡人数/人	受伤人数/人	直接经济损失/亿元
2017	11	37	638	217.4
2018	11	0	81	27.3
2019	13	17	411	59.12
2020	5	5	30	18.47
合计	118	1242	23676	2063.08

②医疗系统的救灾作用

医疗系统是在城市应急、灾后城市重建等方面具有关键作用的重要系统（图1-1）。但医疗系统在地震的冲击作用下也很容易遭受重大损害，如2019年日本东北地区太平洋沿岸地震和海啸中，由于福岛核电站事故后当地医疗系统的混乱和不健全，伤者在接受紧急救治时遭受了更多的痛苦和风险。2015年尼泊尔大地震期间，由于地震造成的道路和桥梁损毁，救援队伍难以进入灾区，导致伤者无法及时得到救治，如图1-2所示。灾害造成的通讯中断和电力故障等问题，进一步加重了救援难度，因此保证医疗系统的完备和响应至关重要。

③医疗系统韧性建设的必要性

韧性理念强调应对特定灾害并及时恢复的能力，即面对不确定性变化和干扰时维持自身功能和恢复能力的两个方面。《中华人民共和国国民经济和社会发展第十四个五年规划和2035年远景目标纲要》中明确提出"建设韧性城市，提高城市治理水平，加强特大城市治理中的风险防控"，同时，《"十四五"国家应急体系规划》也强调提升重大设施自然灾害设防水平，提升极端灾害下抗损毁和快速恢复能力，提高医院等公共服务设施容灾备灾水平。以上可以看出，将韧性理念融于城市的各项规划建设中，建立一个具备灾害韧性的城市医疗服务系统，能够有效落实国家发展战略，是提升城市安全和稳定运行的有效手段。

（2）研究意义

①研究目的

明确各城市系统地震灾害情景构建的相应特征；基于多水准地震灾害场景构建，结合城市医疗服务设施系统空间构成，计算灾后医疗资源的供给与需求；分析多水准地震下应急医疗救援网络基元特征和网络结构特征；构建城市医疗服务设施系统抗震韧性评估模型，为优化抗震韧性提供支撑；为可视化分析规划策略的韧性提升效能。

②研究意义

评估与优化城市医疗服务设施系统的抗震韧性，分析地震灾害下城市医疗服务设施系统的救援网络特征，将对合理分配灾后应急资源、提升城市医疗系统震后应急救援能力起到关键作用，对保证城市医疗服务设施系统在地震灾害下有效地组织运行和震后功能的恢复建设具有重要意义。

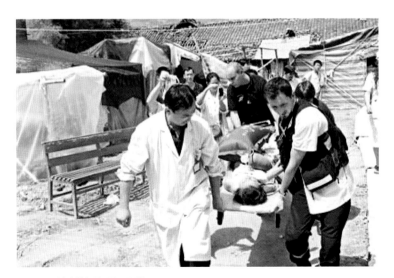

图1-1　汶川地震现场照片

图1-2　尼泊尔地震现场照片

2. 研究目标及拟解决的问题

（1）研究目标

基于多水准地震灾害城市系统仿真模型的构建，以城市医疗服务设施系统为研究对象，运用ArcGIS、Gephi、MATLAB等平台，使用相关数据计算多水准地震下医疗资源的供给与需求，利用复杂网络技术建立城市应急医疗救援网络，分析其基元特征和网络结构特征。构建城市医疗服务设施系统抗震韧性评估模型，为城市医疗设施系统抗震韧性优化和应急医疗资源合理分配提供规划策略支撑。

（2）拟解决的问题

①明确多个城市系统地震灾害场景构建的相应特征，构建多水准地震灾害城市系统仿真模型，计算多水准地震灾害下医疗资源供给与需求；

②采用复杂网络技术建立城市医疗设施系统应急救援网络模型，分析多水准地震下其基元特征和网络结构特征；

③在量化城市医疗系统功能和抗震韧性目标的基础上，构建城市医疗服务设施系统抗震韧性评估模型，动态评估城市医疗系统功能损失与恢复的全过程；

④基于韧性特征提出城市医疗服务设施系统的抗震韧性规划提升措施，评估优化策略效能。

二、研究方法

1. 研究方法及理论依据

（1）研究方法

采用了文献研究、数据调研、模型算法、ArcGIS网络模型分析、Gephi复杂网络特征参数分析等研究方法。

①在空间分析方面，运用ArcGIS平台构建城市医疗服务系统网络，分析不同地震灾害情景下人员伤亡及空间分布、道路通行能力，以及不同地震水准下医疗资源需求点与医院的空间对应关系；选取震后受灾点与医疗设施作为节点构建应急医疗救援网络模型；运用ArcGIS平台实现道路恢复次序、伤员转运路线等韧性提升策略的求解及可视化。

②在模型算法方面，利用震后人口伤亡计算模型、建筑震害快速预测模型、震后道路通行能力计算模型、道路系统恢复评估模型、结构系统功能评估模型、设施系统评估模型，对地震灾害造成医疗资源供给、需求不确定性的因素进行分析量化。

③在模型求解方面，运用MATLAB平台进行多模型组合求解，量化城市医疗服务设施系统功能。调整参数，拟合抗震韧性曲线，动态评估城市医疗服务系统抗震韧性的变化。

（2）理论依据

①抗震韧性

城市医疗系统面对震害时所呈现的功能状态能够通过韧性曲线的变化进行描述，反映震害影响下医疗系统的功能损失和恢复过程，如图2-1所示。

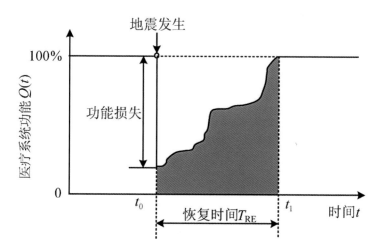

图2-1 抗震韧性曲线

②医疗系统功能量化

为最大限度地排除干扰因素，将研究集中于城市医疗服务系统构成及其空间运行。通过地震期间医疗系统救援伤者的能力来量化表征城市医疗系统功能，如式（2-1）所示。

$$Q(t) = \frac{N_s(t)}{\mathrm{NP}} \qquad (2\text{-}1)$$

式中，t为地震发生后的某一时刻；$Q(t)$为t时刻城市医疗系统功能；$N_s(t)$为t时刻城市医疗系统能够救治的受伤人员；NP为城市震后需要被救治的所有受伤人员。

③韧性目标

在不同的地震烈度下，城市医疗系统的功能不中断，并在初始损失的基础上恢复到期望水平。量化表现为具备应急救援能力的医疗机构在震后给定时间内的医疗资源供给能力和通过道路网络能够覆盖救治的受伤人群的数量。以震后即刻、4小时、72小时和一周作为时间节点，设定城市医疗服务设施系统韧性目标（表2-1）。

城市医疗系统韧性目标		表2-1
设防地震（50年内超越概率为10%）	罕遇地震（50年内超越概率为2%）	极罕遇地震（50年超越概率为0.01%）
震后覆盖90%的受伤人群，24小时之内覆盖全部受伤人群	震后覆盖70%的受伤人群，24小时内覆盖90%的受伤人群，72小时内覆盖全部受伤人群	震后覆盖50%的受伤人群，72小时内覆盖70%受伤人群，一周覆盖全部受伤人群

④复杂网络理论

复杂网络可以揭示复杂系统中的特定规律、演化机制及系统性能等。根据实际网络建立抽象的网络模型，依据网络模型挖掘能够反映网络性能的参数，在分析结果的基础上提出能够提高网络性能的途径。

2. 技术路线及关键技术

（1）技术路线

城市医疗服务设施系统复杂网络特征与抗震韧性优化研究的技术路线如图2-2所示。

根据操作过程，细分为以下几个步骤：

①基础数据获取与清洗；

②多水准地震灾害情景构建；

③构建震后医疗资源需求评估模型，结合建筑震害预测，计算灾后伤亡人口，测算医疗资源需求；

④构建震后医疗资源供给评估模型，分析医院结构和设施系统的损坏情况、道路系统通行能力；

⑤基于复杂网络技术构建医疗设施系统应急救援网络模型，考虑医疗设施与受灾点之间的应急救援与物资转移，运用Gephi平台分析不同灾害水准下应急救援网络的特征参数；

⑥构建城市医疗系统抗震韧性评估模型，考虑各城市系统的工程抢修恢复过程，在有容量限制的供给条件下对医疗资源进行最优分配，计算震后不同时间点最大救援能力，动态评估城市医疗系统的功能；

⑦实施规划措施后进行城市医疗系统抗震韧性再评估，对比优化策略效能。

（2）关键技术

①城市系统空间分析与应急医疗资源供需计算的结合；

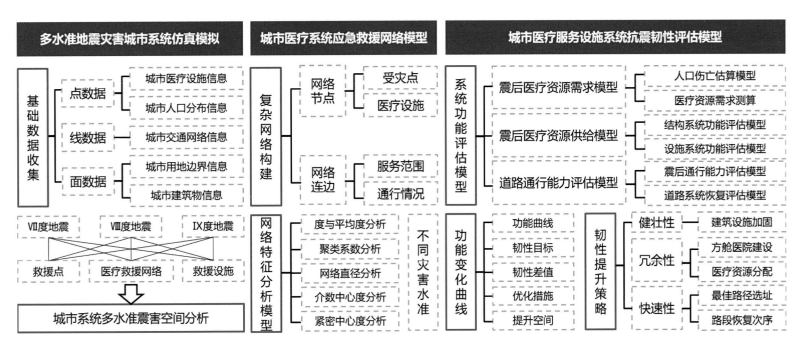

图2-2　技术路线示意图

②多水准地震灾害下城市应急医疗救援网络构建与分析；

③城市医疗系统抗震韧性评估模型与韧性提升规划策略的衔接。

三、数据说明

1. 数据内容及类型

本次研究数据主要涉及城市历史震害信息、城市医疗服务设施信息、城市道路网络信息、城市人口信息、城市建筑物信息等。规划实践过程中提供的相关CAD数据和文献资料、书籍中获取的历史震害数据等。详见表3-1。

数据类型信息统计表　　表3-1

数据名称	数据类型	数据信息	数据来源
城市医疗设施信息	Shapefile、点数据	位置、等级、建筑属性、医护人员数、床位数等	统计年鉴、99医院网
人口信息	Shapefile、点数据	各用地单元人口规模等/单元中心点	统计年鉴、Bigemap平台
城市交通网络信息	Shapefile、线数据	道路长度、宽度、等级、交叉口、平均时速等	Bigemap平台
城市用地边界信息	CAD、Shapefile、面数据	位置、轮廓、面积等	Bigemap平台
城市建筑物信息	Shapefile、面数据	建筑轮廓、建筑面积、占地面积、层数、建筑年代、设防标准等	Bigemap平台
城市历史震害信息	文本信息、面数据	地震烈度、破坏状态、建筑结构	文献、统计年鉴
控制性详细规划	CAD数据	用地类型	规划图纸与文本

2. 数据预处理技术与成果

（1）原始数据清洗筛选

将原始数据中位置、属性异常的数据剔除、筛选、处理为模型可用的数据。对书籍、文本中的表格数据进行电子化、空间矢量化，将各类空间数据地理坐标转化为投影坐标。

（2）空间数据的属性赋值

基于ArcGIS平台和Excel工具，对投影后的空间数据进行属性赋值，添加必要的基础属性信息，如道路网的长度、宽度、时速等信息，建筑物面积、高度、建筑结构等信息，医疗设施建设信息。

（3）数据预处理成果

①道路数据：运用ArcGIS网络模型工具构建道路网络数据集（图3-1），赋予道路宽度、平均时速等属性数据，计算每段道路长度（m）和所有道路总长度（m）以及正常通行时间（min）。

②建筑物数据：研究区内现状建筑数据，通过GIS输入建筑形状、层数、高度、结构类型等属性数据，分析相应地震结果，如图3-2所示。

③医疗设施点和受灾点数据：二级及二级以上医疗设施点8个，备选医疗转换建筑3个，Ⅶ度地震下受灾点41个，伤者283人，Ⅷ度地震下受灾点223个，伤者1546人，Ⅸ度地震下受灾点381个，伤者9632人，如图3-3、图3-4所示。

图例
R-居住用地
A1-行政办公用地
A2-文化娱乐用地
A3-教育科研用地
A33b-中学用地
A5-医疗卫生用地
B-商业服务业设施用地
M-工业用地

图3-1　用地单元及功能分布

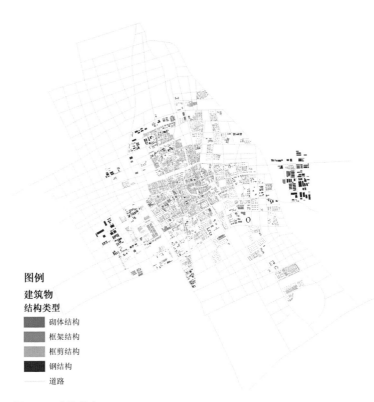

图3-2 建筑分布

图3-4 IX度地震下伤者分布

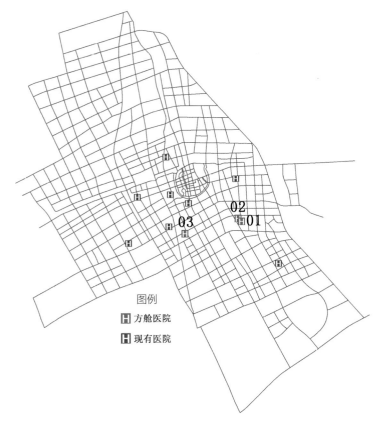

图3-3 医疗设施分布

④道路可通行性：计算处理多水准地震下由于道路破坏、建筑瓦砾堆积、桥梁震损导致的不可通行路段，如图3-5所示。大震下不能通行路段有33条，受建筑物破坏影响导致通行速度下降的路段有261条，如图3-6所示；超大震下不能通行的路段有91条，通行速度下降的路段有783条道路，如图3-7所示。

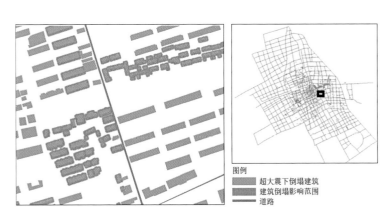

图3-5 IX度地震下倒塌建筑瓦砾堆积模拟

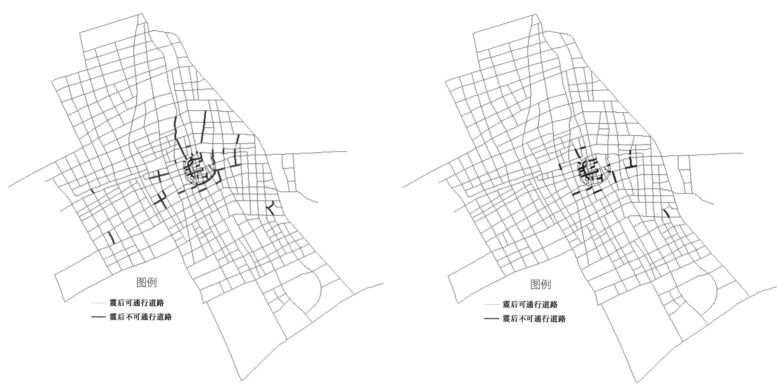

图3-6　VIII度地震下不可通行路段分布　　　　图3-7　IX度地震下不可通行路段分布

四、模型算法

1. 震后医疗资源需求模型

（1）人员伤亡估算模型

将建筑按照建成年代、层数和结构等工程属性划分为不同易损性类型，通过群体建筑标准震害矩阵评估其损坏程度，采用人员伤亡估算模型进行计算。

$$NP = \sum_{i=1}^{i=3} A\rho\eta P_i \qquad (4-1)$$

式中，A——单栋建筑物的建筑面积，m^2；

　　　　ρ——不同功能建筑物的人员密度；

　　　　η——不同功能建筑物在不同时间段的室内人口比例；

　　　　P_i——$i \in \{$轻伤，重伤，死亡$\}$，不同结构类型在i类破坏状态下的人员伤亡率。

（2）医疗资源需求测算

由医院可供伤员使用的病床数表征医疗资源，通过人口伤亡数量和床位周转率估算医疗资源需求，震后应急期轻伤床位周转率为4，重伤床位周转率为1。

$$医疗资源需求量 = 人口伤亡数量 \div 床位周转率 \qquad (4-2)$$

2. 震后医疗资源供给模型

医院救灾服务中断的主要原因是建筑结构破坏和电力、供水和供气等基础设施系统受损，将结构系统与电力、供水、供气等非结构系统的损伤指数和恢复状态采取归一化处理并赋予权重，加和作为医疗系统的功能指数，以此衡量震后医疗资源的供给能力：

$$S_H(t) = \sum_{i=1}^{n} N_{HB}^q (1-\gamma)\varphi_q \qquad (4-3)$$

$$\varphi = \omega_s Q_s(t) + \sum_{u=1}^{u=3} \omega_u Q_u(t) \qquad (4-4)$$

式中，$S_H(t)$——t时刻城市医疗资源的总供给能力；

　　　　q——城市震后应急救援医院的数量；

　　　　N_{HB}^q——应急救援医院的医疗资源量；

γ——震前医疗资源使用率；

φ_q——医疗资源折损系数；

ω_s——结构系统的重要性系数；

$Q_s(t)$——结构系统t时刻的功能值；

$Q_u(t)$——设施系统u在t时刻的功能值；

ω_u——设施系统u的重要性系数，子系统重要性系数参考取值见表4-1，$u \in \{$电力系统，供水系统，供气系统$\}$。

设施系统重要性系数 表4-1

设施系统	结构系统	给水系统	电力系统	供气系统
重要性系数	0.43	0.19	0.23	0.15

为了衡量震后医疗系统的运行状态，根据医疗系统的功能指数φ将其运行能力划分为五个等级，见表4-2。

医疗系统运行能力划分标准 表4-2

医疗系统运行能力	状态描述	医疗系统功能指数
正常运行	状态整体功能完好；结构和设施保持正常服务水平	（0.9-1.0）
基本运行	建筑功能部分丧失，不维修或稍加维修后即可继续使用	（0.78-0.9）
停止运行-中等破坏	建筑功能大部分丧失；结构受损致不可进入	（0.5-0.75）
停止运行-严重破坏	建筑功能基本丧失，需要大量维修工作	（0.25-0.5）
停止运行-倒塌	建筑功能完全丧失，需要重建	（0-0.25）

（1）结构系统功能评估模型

将易损性函数与对应程度的破坏度量系数加权相加快速判断结构系统震后的损伤指数。参照G&E报告和ATC-13统计数据进行正态分布得到的中值和标准差，拟合结构在不同损伤状态下恢复时间的概率曲线，选取指数函数为基础绘制恢复曲线，拟合结构系统在遭遇不同烈度地震作用下的功能曲线。

$$DI = \sum_{i=1}^{i=5} a_i P_i \qquad (4-5)$$

式中，DI——结构震后下降的损伤指数；

a_i——i破坏状态对应的破坏度量系数；

P_i——结构发生第i种破坏状态的概率，取值根据易损性分析得到。

$$Q_s(t) = ae^{-bt} + c \qquad (4-6)$$

式中，$Q_s(t)$——结构在时刻t的功能值；

a、b和c——常数，通过拟合已有数据获得。

（2）设施系统功能评估模型

HAZUS给出了设施系统及组成设备在不同损伤状态下的易损性分析和离散化恢复函数。设施或构件在给定时间内的功能估计值能够通过不同破坏状态的发生概率和不同破坏状态的设施恢复函数加权组合求解：

$$Q_u(t) = \sum_{i=1}^{i=5} Fu_i(t) P_i \qquad (4-7)$$

式中，$Q_u(t)$——设施在t时刻的功能值；

$Fu_i(t)$——i破坏状态下在t时刻的设施功能值；

P_i——设施发生第i种破坏状态的概率，根据易损性分析取值。

3. 震后通行能力评估模型

（1）震后通行能力快速评估模型

采用建筑倒塌影响宽度计算公式，评估沿街建筑物震损造成瓦砾堆积情况，结合桥梁和道路震害影响，通过路段通行时间表示道路通行能力，构建道路通行能力快速评估模型。

$$W_{LR} = H \cdot K \qquad (4-8)$$

$$P_i = 1 - \frac{W_{LR}}{W} \qquad (4-9)$$

$$T = \begin{cases} \dfrac{1}{v \cdot P_i P_j P_r}, & P_i P_j P_r > 0 \\ 道路不能通行, & P_i P_j P_r > 0 \end{cases} \qquad (4-10)$$

式中，W_{LR}——路段两侧建筑倒塌的影响宽度，m；

H——沿街建筑高度，m；

K——宽度系数，按照《防灾避难场所设计规范》GB 51143-2015取值；

W——道路宽度，m；

P_i——建筑物倒塌、瓦砾堆积对道路通行能力的影响系数；

P_j——道路震损折减系数，根据震后路网的破坏程度确定；

P_r——桥梁破坏对路段通行能力的影响系数，根据震后桥梁破坏程度确定，当桥梁中等及以下破坏时取1.0，当桥梁严重破坏或毁坏时取0；

v——震前车辆通行速度，km/h；

T——车辆通过道路所需时间，h。

（2）道路系统恢复评估模型

道路恢复时间即从道路开始修复至修复完毕，通行能力恢复至震前水平所需要的时间。采用工程队抢修效率方法计算，即道路恢复时间与其破坏程度和修复长度相关。

$$T_{RE} = \sum_{i=1}^{i=4} t_i \cdot l \cdot P_i \qquad （4-11）$$

式中，l——道路总长度，km；

P_i——每公里道路发生第i种破坏状态的概率，根据地震易损性分析取值；

t_i——第i种破坏状态路段的每公里修复时间，工日/km，根据不同的破坏程度参考表4-3取值。

道路恢复时间				表4-3
破坏程度	轻微破坏	中等破坏	严重破坏	毁坏
恢复时间均值	0.03	0.22	0.44	1

4. 位置—分配模型

（1）最近设施点模型

设$w_i d_{ij}$为节点i和j之间的加权距离，y_j为二元值变量，当候选设施点j被选中时，y_j=1；否则，y_j=0。再设二元值变量x_i反映需求节点i指派给候选节点j的情况，当需求节点i指派给节点j时，x_i=1；否则x_i=0。则有：

$$\min \sum_{i \in I} \sum_{j \in J} \left(w_i d_{ij} \right) x_{ij} \qquad （4-12）$$

$$s.t \sum_{j \in J} x_{ij} = 1 \quad \forall i \in I \qquad （4-13）$$

$$x_{ij} - y_j \leqslant 0 \quad \forall i \in I, \forall j \in J \qquad （4-14）$$

$$\sum_{j \in J} y_j = p \qquad （4-15）$$

$$x_{ij}, y_j \in (0,1), \forall i \in I, \forall j \in J \qquad （4-16）$$

其中，约束（4-13）指派需求点仅给一个设施，约束（4-14）保证仅对一个开设的设施指派需求点，约束（4-15）保证选定的服务设施数量为给定的p，而目标函数（4-12）使各个需求点至p服务设施之间的总加权距离最小。

（2）有容量限制覆盖模型

设y_j为二元值变量，当候选设施点j被选中时，y_j=1；否则，y_j=0。再设二元值变量x_{ij}反映需求节点i指派给候选服务设施节点j的情况，当节点i指派给节点j时，x_{ij}=1；否则，x_{ij}=0。记所有能覆盖需求点i的候选设施点的集合为$N_i = \{ j \mid d_{ij} \leqslant S \}$。当候选设施$j$有容量限制$s_j$时，限定服务量$\sum_{i \in I} d_i x_{ij}$（$d_i$为需求点$i$的服务需要量）在被选中的设施（$y_j$=1）的容量$s_j y_j$内，则覆盖全部需求点所必需的最少医疗服务设施数量和位置，能由有容量限制覆盖模型决定：

$$\min z = \sum_{j \in J} y_j \qquad （4-17）$$

$$s.t. \sum_{j \in J} x_{ij} = 1 \quad \forall i \in I \qquad （4-18）$$

$$x_{ij} - y_j \leqslant 0 \quad \forall i \in I, \forall j \in J \qquad （4-19）$$

$$\sum_{i \in I} d_i x_{ij} - s_j y_j \leqslant 0 \quad \forall j \in J \qquad （4-20）$$

$$x_{ij}, y_i \in (0,1), \forall i \in I, \forall j \in J \qquad （4-21）$$

5. 复杂网络分析模型

复杂网络参数分析基于网络拓扑结构的评估指标，如表4-4所示。

复杂网络分析参数及公式			表4-4
参数	数学表达式	说明	编号
点入度	$K_i^{in} = \sum_{j=1}^{n} a_{ij}$	表示网络中指向节点v_i的其他所有节点与v_i节点形成的边的总数，记为K_i^{in}	（4-22）

续表

参数	数学表达式	说明	编号
点出度	$K_i^{\text{out}} = \sum_{j=1}^{n} a_{ij}$	表示网络中节点vi指向的其他所有节点与vi节点形成的边的总数，记为K_i^{out}	（4-23）
网络最短路径	$d_{ij} = \min\{\text{size}(vi \leftrightarrow vj)\}$	意为从vi到vj间所经过的边数的最小值，记为d_{ij}	（4-24）
网络平均路径长度	$L = \dfrac{2\sum_{i>j} d_{ij}}{N(N+1)}$	L是评价网络中两个节点的传递能力和效率的重要指标，N为整个网络的节点总数	（4-25）
网络直径	$D = \max\{d_{ij}\}$	D是网络两个点之间最优路径的最大值	（4-26）
聚类系数	$C_i = \dfrac{2n_i}{K_i(K_i-1)}$	C_i为节点vi的聚类系数，可用来描述网络的疏密程度。式中，n_i是节点vi的K_i个相邻节点之间存在的边数	（4-27）
介数中心度	$B_i = \dfrac{1}{(N-1)(N-2)}\sum_{j\neq k}\dfrac{d_{ijk}}{d_{jk}}$	式中，B_i为节点vi的介数中心度；d_{jk}为vj与vk间存在的最短路径的数目；d_{ijk}为d_{jk}中经过节点vi的数目	（4-28）
紧密中心度	$D_i = \dfrac{1}{N-1}\sum_{j=1}^{N} d_{ij}$	式中，d_i为节点vi到其余各节点的平均距离；d_{ij}为节点vi与vj之间最短路径的数目。CC_i为节点的紧密中心度	（4-29）
	$CC_i = \dfrac{1}{d_i}$		（4-30）

医疗救援网络的节点度K_i定义为网络中各个节点连接的边的数量，节点的入度K_i^{in}和出度K_i^{out}越高，表明该节点对其他节点的需求和供给能力越高。节点的度K_i越高，当节点受损时与该节点相连的其他节点受到的影响越大。

医疗救援网络平均路径长度L表示当医疗救援物资送往网络中节点再前往节点时需要经过的平均节点个数。网络直径D指网络中医疗救援设施与受灾点之间最优路径的最大距离节点数量。

聚类系数C_i可用来描述网络的疏密程度，当聚类系数较大的节点遭到破坏时，相比于其他聚类系数较小的节点，拥有更多的道路可供选择，网络抗毁性较强。

介数中心度B_i表示该节点在各医疗救援设施节点与受灾点节点间相隔程度，节点的介数中心度越大，该节点在网络中越是处于中心地位。紧密中心度D_i越大，节点差异性越大，节点受到破坏后与其他节点的联系就被破坏的越彻底。

6. 模型算法相关支撑技术

（1）利用ArcGIS平台构建基础数据库，实现基于人口伤亡模型和医院运行状态分析的震后模拟，从城市空间层面对震后道路恢复情况和医疗资源可达性进行分析评估。

（2）在ArcGIS平台中利用位置分配模型，求解最大化有容量限制的受灾点覆盖范围分析，将城市医疗服务设施系统的功能可视化。

（3）基于复杂网络技术构建医疗服务设施系统应急救援网络模型，并运用Gephi软件进行网络特征参数可视化分析和Excel软件进行数据处理。

（4）将数学模型与ArcGIS空间网络相结合进行场景模拟，能够更为准确地分析地震过程中城市医疗系统功能的变化情况。

五、实践案例

1. 研究区域概况

华东地区某中等城市，抗震设防烈度为Ⅶ度，设计基本地震加速度值为0.10g。规划人口约70万，现状道路1133条，桥梁23座，各类建筑物数量约11250栋，划分用地单元654个，如图5-1所示。中心城区内二级以上医院共8所，总床位数4699个，医院基本信息如表5-1所示，分布位置如图5-2所示。

图5-1　研究区用地分类图

医院基本信息　　　　　表5-1

编号	医院等级	建成年代（年）	床位数（个）	建筑结构	层数
H1	二级甲等	2001	712	框架	8
H2	三级甲等	2008	1248	框架剪力墙	22
H3	二级乙等	1994	150	砖混	5
H4	二级乙等	1997	80	框架	5
H5	二级甲等	2017	498	框架剪力墙	18
H6	二级甲等	2021	1000	钢结构	18
H7	三级乙等	2000	511	框架接力墙	12
H8	三级甲等	2021	500	钢结构	15

2. 城市系统多水准地震灾害场景构建

（1）震后即刻医院运行状态分析

评估地震烈度为Ⅶ度、Ⅷ度和Ⅸ度（以下简称"中震、大震、超大震"）时研究区所有医院的运行状态，结果如图5-3、

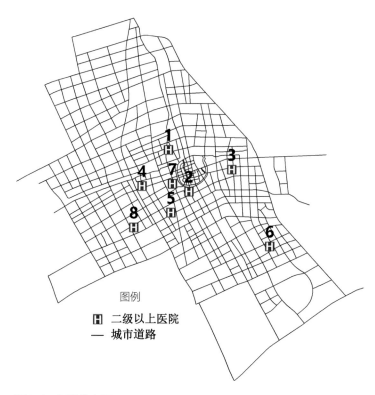

图5-2　医院分布图

图5-4所示，超大震情境下所有医院的单体结构和功能运行出现了不同程度的破坏。

（2）震后医院恢复能力分析

采用指数型函数拟合绘制多水准地震下医疗系统恢复曲线，结果如图5-5至图5-7所示，超大震后第七天仅有H2、H6、H8三所医院恢复运行。

（3）受伤人数计算与医疗资源需求分析

研究区内居住人口为68万人，通过人口伤亡模型计算中震、大震、超大震中的受伤人口的时空分布（图5-8）。

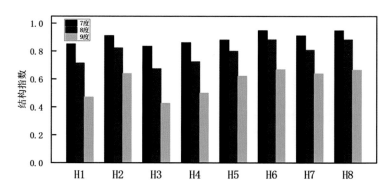

图5-3　H1-H8震后结构损伤程度

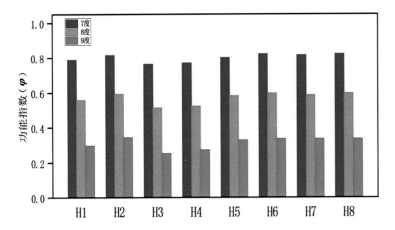

图5-4　H1-H8震后即刻运行状态

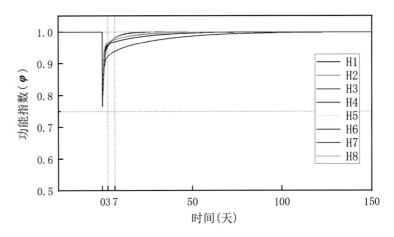

图5-5　中震后医院功能变化曲线

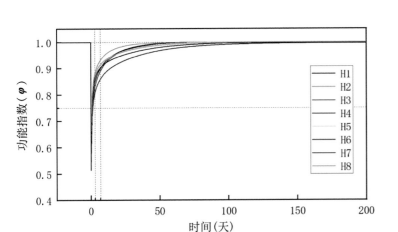

图5-6　大震后医院功能变化曲线

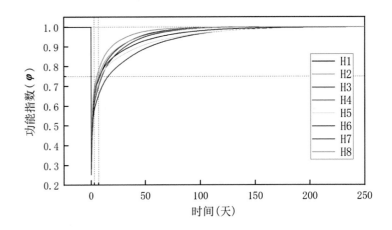

图5-7　超大震后医院功能变化曲线

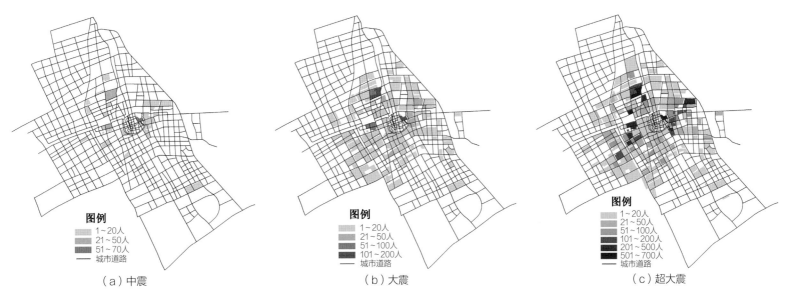

（a）中震　　　　　　　　　　　（b）大震　　　　　　　　　　　（c）超大震

图5-8　中震、大震、超大震下受灾点受伤人员空间分布

（4）震后交通网络场景构建

进行倒塌建筑瓦砾堆积模拟（图5-9），计算通行速度下降的路段和不能通行的路段（图5-10）。

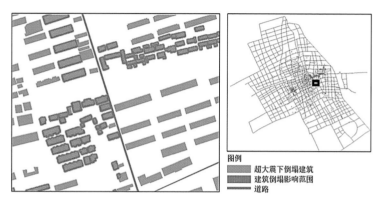

图5-9　超大震下倒塌建筑瓦砾堆积模拟

3. 城市医疗设施系统应急救援网络模型

（1）复杂网络模型构建

①选取震后受灾点与医疗设施作为节点构建医疗救援网络，医疗设施标记为"A+数字"，受灾点标记为数字。

②利用位置分配模型，求解最大化有容量限制的覆盖范围分析，获得在不同地震情境下，医院容量对受灾点的覆盖情况。

③医疗设施救灾物资在满足最大公平服务范围3000m的要求下，可以在医疗设施间进行一定程度的相互转移。

④当两个受灾点之间可通行距离超过三个道路交叉口，视为不连通。

受灾点之间与医疗设施之间可以通过救援物资转移的记作"1"，医疗设施覆盖范围内的受灾点记作"1"，其余情况则记为"0"。最终得出"49×49""231×231""389×389"不同地震

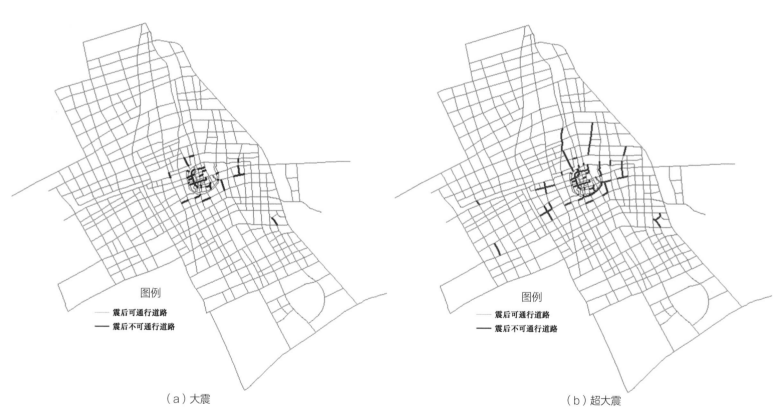

（a）大震　　　　　　　　　　　（b）超大震

图5-10　震后不可通行路段（及桥梁）分布

水准下城市医疗救援网络有向0-1矩阵。构建的医疗救援网络如
图5-11至图5-13所示。

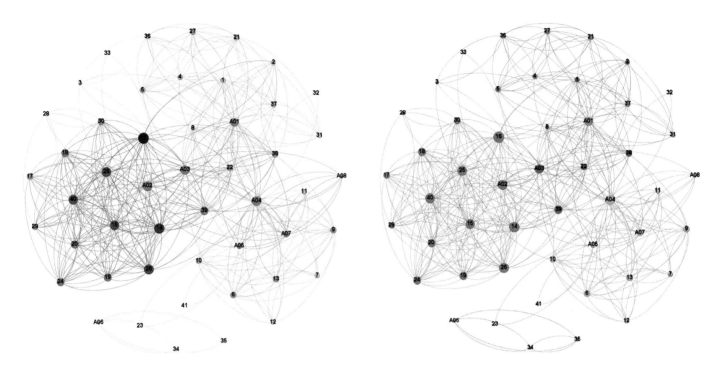

图5-11 中震下应急救援网络及社团划分

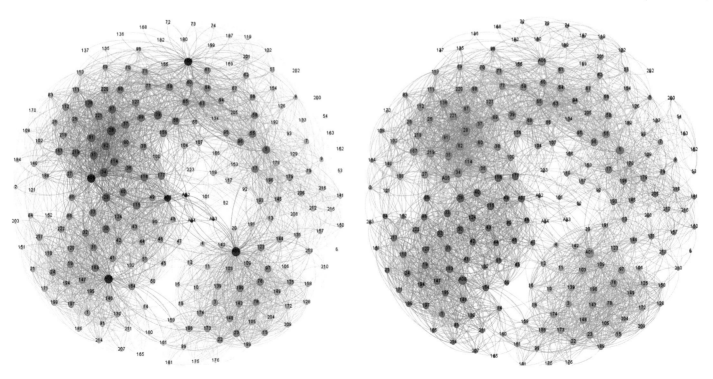

图5-12 大震下应急救援网络及社团划分

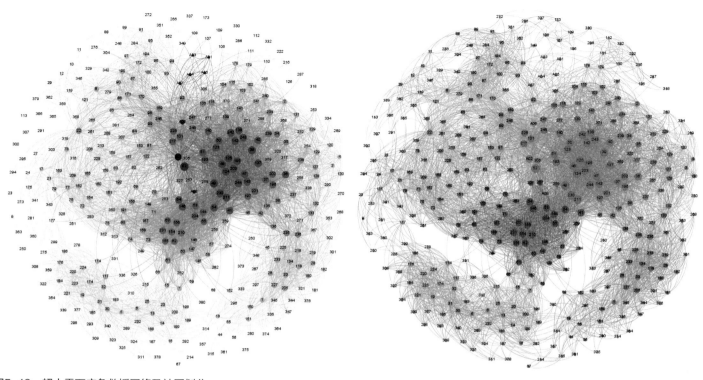

图5-13 超大震下应急救援网络及社团划分

（2）网络特征参数分析

将网络特征参数可视化处理，通过度与平均度、转移性能与效率、节点介数三个方面分析不同地震水准下医疗救援网络的特征。

①度与平均度

中震后医疗救援网络各节点度如图5-14所示，各节点出入度如图5-15所示。度数在各自社团中最高的节点，是应该进行重点保护的核心节点（图5-14）。网络中点入度大于点出度的节点转入救援物资可选择的路径比转出救援物资的路径多（图5-15）。

大震后医疗救援网络各节点度如图5-16所示，各节点出入度如图5-17所示。由图5-16可知，编号28、34、39、29，编号

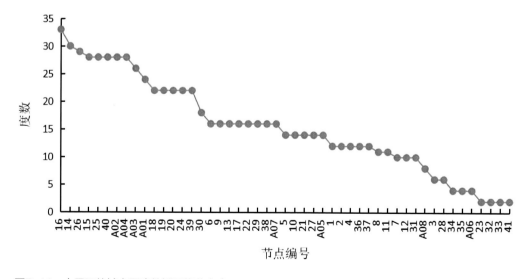

图5-14 中震下的城市医疗救援网络节点度

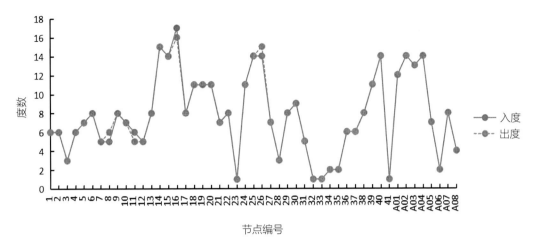

图5-15 中震下的城市医疗救援网络节点出入度

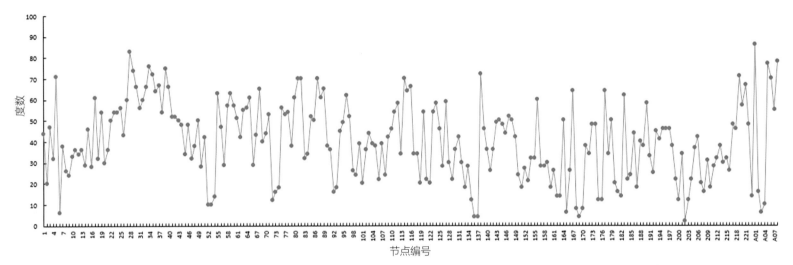

图5-16 大震下的城市医疗救援网络节点度

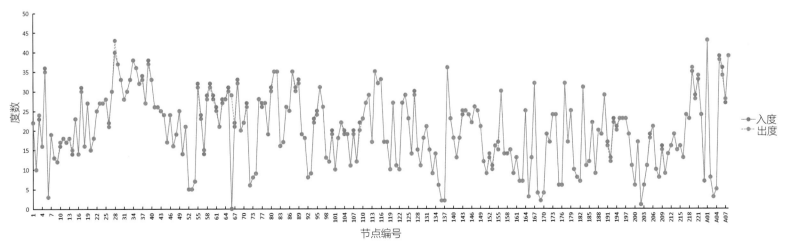

图5-17 大震下的城市医疗救援网络节点出入度

A01是需要重点保护的核心节点。网络中点入度大于点出度的节点有41个（图5-17）。

超大震后医疗救援网络各节点度如图5-18所示，各节点出入度如图5-19所示。由图5-18可知，编号52、49、39、48，编号A02是需要重点保护的核心节点。网络中点入度大于点出度的节点有257个（图5-19）。

②平均路径长度、聚类系数及网络直径

中震、大震、超大震下医疗救援网络平均路径长度分别为2.458、2.956、3.083，即伤者转运其他医院需要经过2～3、2～3、3～4个节点。医疗救援网络最大直径分别为4、6、8，即网络中两个医疗救援设施间相距不超过4、6、8个节点的距离。

中震、大震、超大震下医疗救援网络的平均聚类系数分别为0.642、0.61、0.508，如图5-20、图5-22、图5-24所示，聚类系数均为1的节点，网络中聚类系数为0的节点，为网络中的孤立节点。其

余节点是其相邻节点唯一的中介，如果这些节点毁坏，相邻节点间联系会被破坏。节点度数较大但聚类系数较小的节点一旦受到破坏，整体网络会更快崩溃，如图5-21、图5-23、图5-25所示。

③介数中心度

中震下介数中心度为0的节点和大于300的医疗救援设施节点（图5-26），大震下介数中心度为0的节点和大于4000的医疗救援设施节点（图5-27），超大震下介数中心度为0的节点和大于10000的医疗救援设施节点（图5-28），这些节点如果受到破坏，将极大影响医疗救援设施为伤者提供服务的能力，应作为重点保护和建设的节点进行下一步的规划设计。

在中震下，紧密中心度为1的节点有3个，占6.12%（图5-29）；在大震下，不存在紧密中心度为1的节点，紧密中心度全部小于0.5（图5-30）；在超大震下，不存在紧密中心度为1的节点。紧密中心度全部小于0.5（图5-31）。节点紧密中心度越大，节点差异

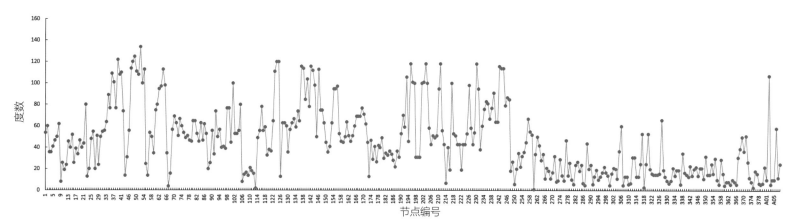

图5-18　超大震下的城市医疗救援网络节点度

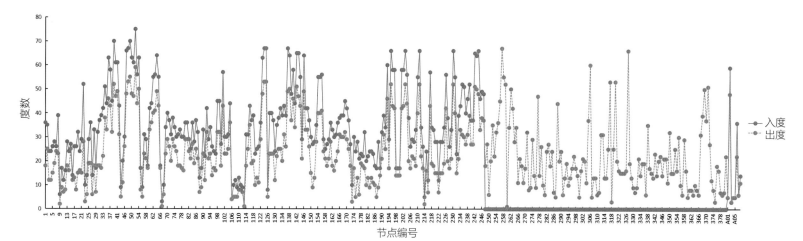

图5-19　超大震下的城市医疗救援网络节点出入度

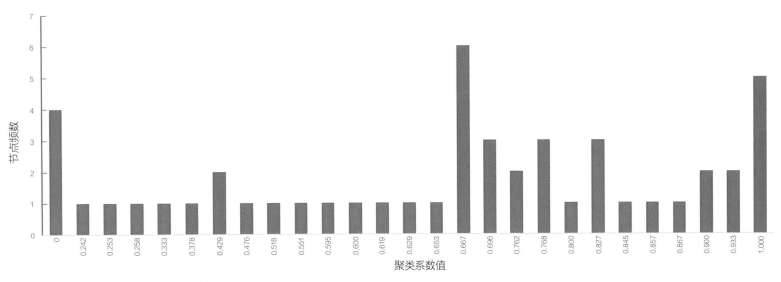

图5-20 中震下的城市医疗救援网络节点聚类系数频数分布图

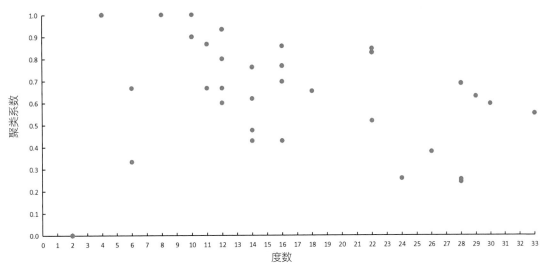

图5-21 中震下的城市医疗救援网络节点聚类系数与度的关系图

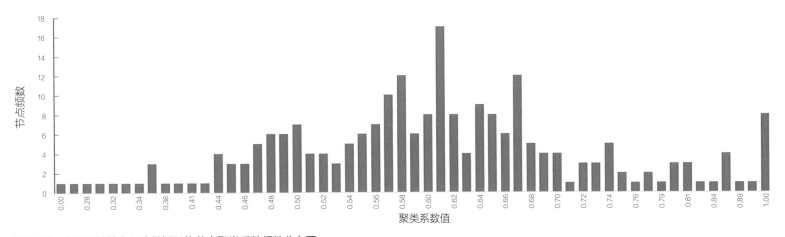

图5-22 大震下的城市医疗救援网络节点聚类系数频数分布图

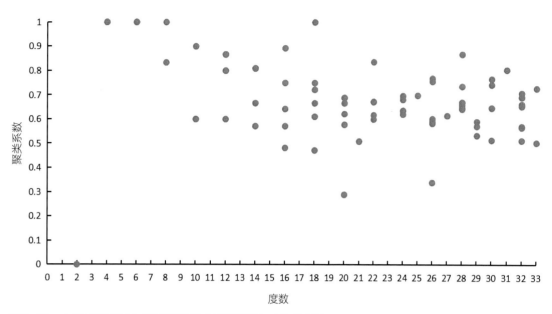

图5-23　大震下的城市医疗救援网络节点聚类系数与度的关系图

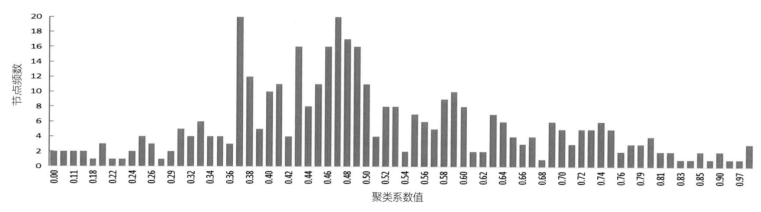

图5-24　超大震下的城市医疗救援网络节点聚类系数频数分布图

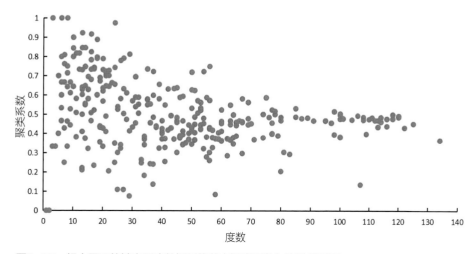

图5-25　超大震下的城市医疗救援网络节点聚类系数与度的关系图

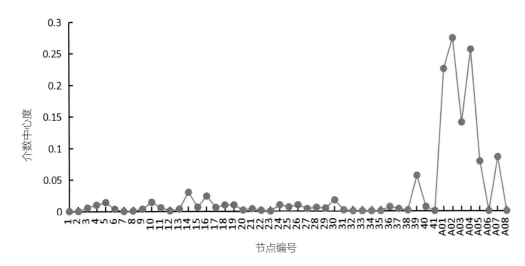

图5-26 中震下的城市医疗救援网络节点介数中心度

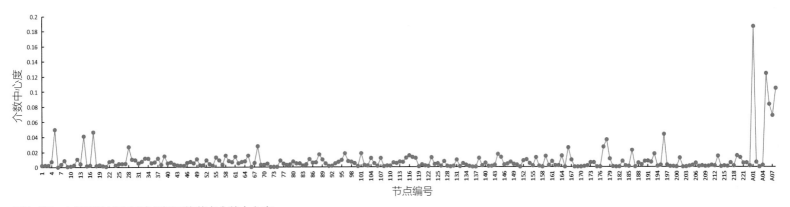

图5-27 大震下的城市医疗救援网络节点介数中心度

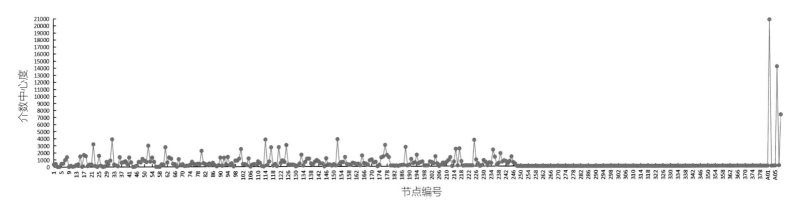

图5-28 超大震下的城市医疗救援网络节点介数中心度

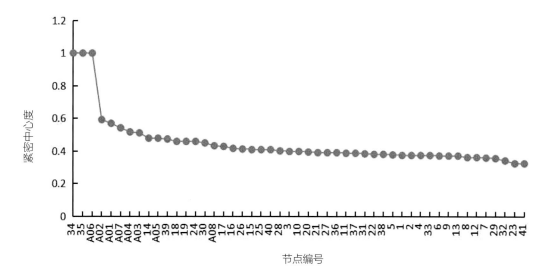

图5-29　中震下的城市医疗救援网络节点紧密中心度

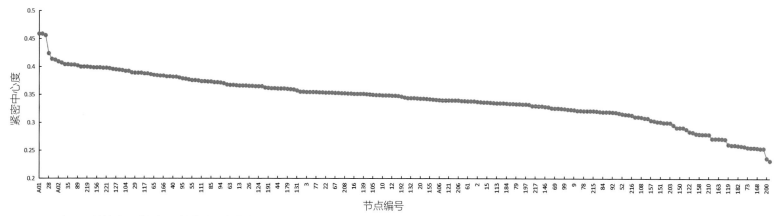

图5-30　大震下的城市医疗救援网络节点紧密中心度

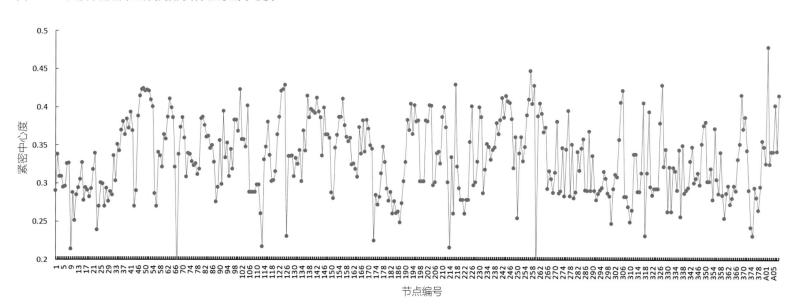

图5-31　超大震下的城市医疗救援网络节点紧密中心度

性越大，节点受到破坏后与其他节点的联系被破坏的越彻底。

4．城市医疗服务设施系统抗震韧性评估模型

根据构建的震害场景，结合震后各子系统的功能运行状态，利用构建的位置分配模型，求解最大化有容量限制的覆盖范围。将城市医疗系统的功能可视化，并拟合城市医疗系统功能曲线。

（1）中震场景模拟结果

在遭遇中震后，共有283名伤员，分布在41个单元。震后所有医院都能保持功能不中断，无不可通行道路，医疗资源能够在震后即刻覆盖全部伤员（图5-32）。运用最小化设施点数分析，选择H2、H5两所医院作为应急救援医院即可满足全部医疗资源需求，达到期望韧性目标（图5-33、图5-34）。

（2）大震场景模拟结果

震后即刻所有医院都不足运行状态，在救援初始未达到韧性目标；随着设施和道路的工程抢修，一天后6所医院恢复运行，医疗资源供给量恢复至震前的75.5%，道路修复5条，城市医疗

系统功能由0提升至0.56（图5-38）。共有18个受灾点无法得到医疗救助，其中8个受灾点因道路损坏而阻碍救援（图5-35）。3天后不能通行道路下降至14条，8所医院全部恢复运行。系统医疗资源供给量恢复至87%，城市医疗系统功能提升至0.67，仍未达到期望的韧性目标（图5-36）；震后第7天路网全部修复，随着医院的修复，系统功能提升至0.96（图5-37）；观察功能变化曲线，直至经历12天的修复工作后，医疗系统才恢复至震前状态。

（3）超大震场景模拟结果

震后5天内医院全部停运，H2医院在震后第6天恢复运行。震后第7天医疗资源供给能力恢复至震前的44.7%，但仅覆盖8.7%的受伤人员（图5-39），与期望目标差距较大。震后30天系统功能上升0.15，伤员救治依托床位不断周转，功能曲线呈阶梯形上升趋势，直至震后第188天才会达到供需平衡（图5-40）。面对超大地震集中、爆发式的伤情，城市现有的医疗资源供给已无法满足全部救援需求，城市医疗系统的功能体系崩溃。

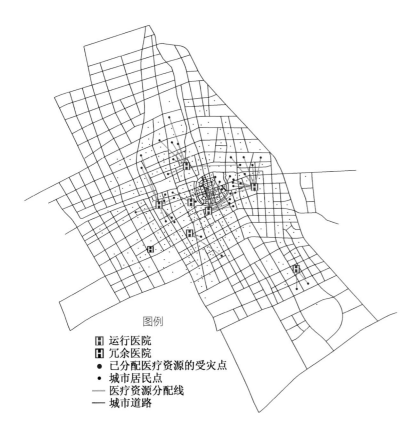

图5-32　中震震后即刻医疗资源分配

图5-33　中震最佳医疗救援点

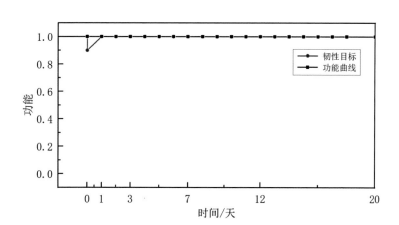

图5-34 中震下城市医疗系统韧性曲线

图5-35 大震后1天医疗资源分配

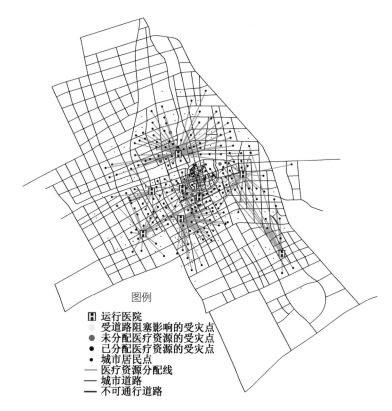

图5-36 大震后3天医疗资源分配

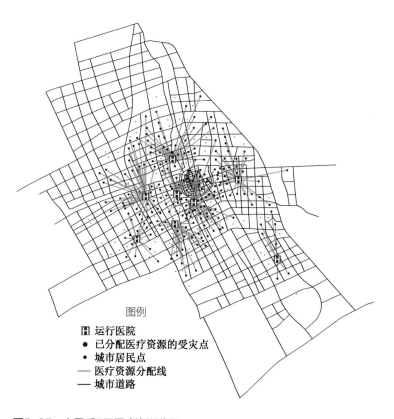

图5-37 大震后7天医疗资源分配

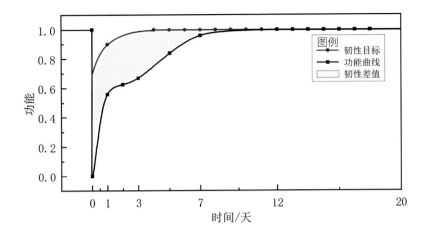

图5-38　大震下城市医疗系统韧性曲线

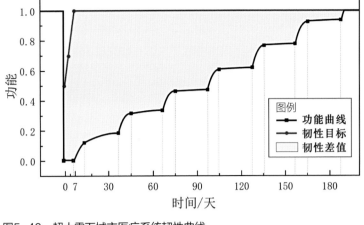

图5-40　超大震下城市医疗系统韧性曲线

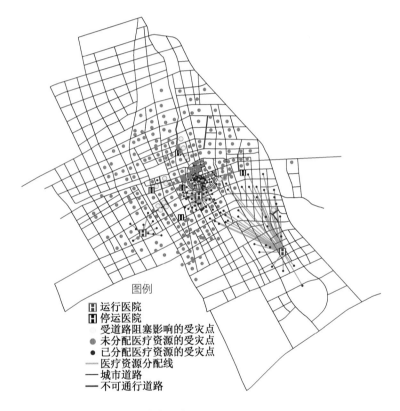

图5-39　超大震后7天医疗资源分配

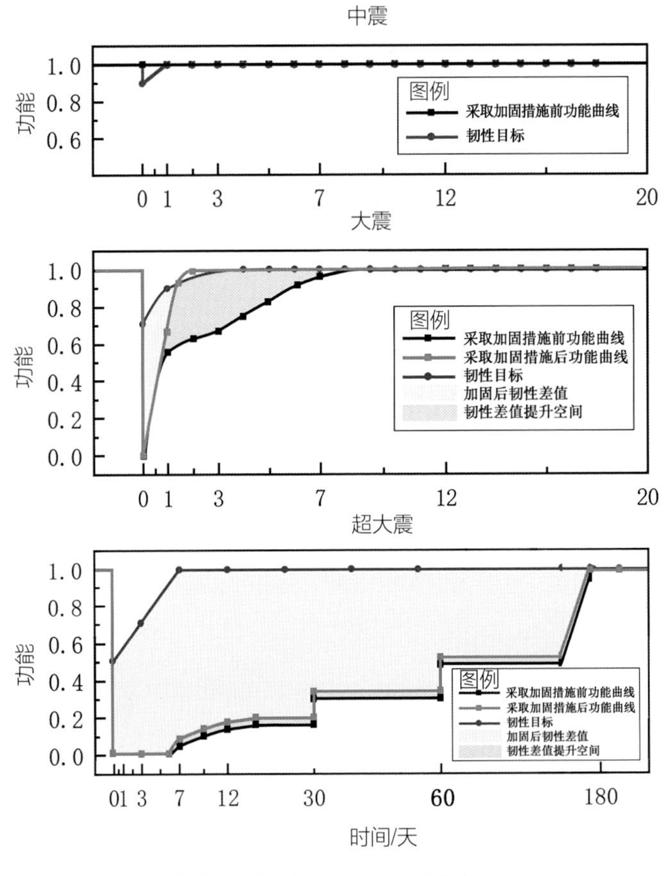

5. 城市医疗系统抗震韧性提升策略效能分析

（1）健壮性提升策略效能分析

①抗震薄弱建筑加固

对研究区共945栋未设防砌体建筑进行抗震加固，采取加固
措施前、后城市医疗系统功能曲线（图5-41）的对比分析表明，
采用抗震加固的方法对大震下系统功能的提升效果显著。

图5-41　采取加固措施前后城市医疗系统功能曲线

②提高医院健壮性

通过对研究区内8所医院的结构和设施系统增加减隔震装置的方式，分析城市医疗系统功能在大震下的变化情况（图5-42）。

（2）冗余性提升策略效能分析

参考选址适宜性，选择研究区内三处体育馆作为方舱医院可选用地（图5-43），计算待选建筑的建设周期，如表5-2所示。

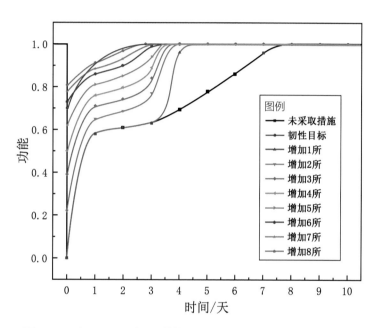

图5-42　大震下采取减隔震措施前后城市医疗系统功能曲线

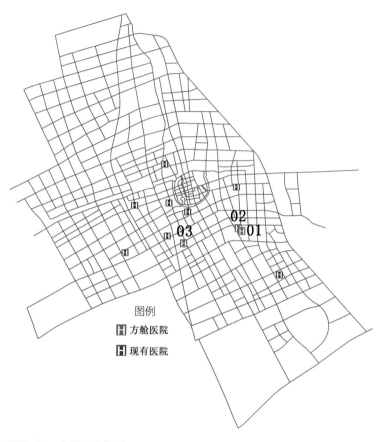

图5-43　方舱医院位置

方舱医院功能转换待选建筑						表5-2
编号	名称	类型	建筑面积/m²	有效使用面积/m²	床位数/个	建设周期/天
1	市体育中心篮球馆	体育馆	11357	6150	500	2
2	市体育中心羽毛球馆	体育馆	4809	2597	211	1
3	外国语学校体育馆	体育馆	9928	5460	444	2

在中震下，研究区遭遇中震后城市医疗系统仍能满足韧性目标且功能值恒为1，建设方舱医院造成邻近医疗设施重复冗余，不适用于中震情境。

大震下通过配置3所方舱医院显著提高了系统资源供给能力，但仍未覆盖全部伤员，因此有必要提高影响救援的关键道路的维修速度，加快受伤人员的覆盖，同时，方舱医院选择01号医院一所即可满足需求（图5-44、图5-45）。

在超大震下，三所改建方舱医院仍未能补齐医疗资源需求缺口，需要经过系统两次周转，虽然显著缩短了功能恢复时间，但仍与韧性目标有较大差距，仅靠改建方舱医院不能使恢复过程控制在韧性目标内（图5-46）。

（3）快速性提升策略效能分析

在Dijkstra算法的基础上，基于ArcGIS平台的网络分析，获取受灾点和医院的对应关系，以通行时间为阻抗因素进行分析，规避不可通行道路后的救援最短路径如图5-47所示。

根据研究区内医院等级分类，在中震和大震下选取H2、H7两所三级乙等医院作为转运目标医院，确定H1、H3、H4、H5、

H6和H8六所医院到更高等级医院的最优路径（图5-48）。

如图5-49所示，H2主要出入口的道路在震后发生严重破坏，其周围道路在紧急修复工作时优先考虑。其次，筛选出受灾点到医院之间连通可靠性为0的情况，利用最近设施点模型，将受灾点分配到不同的医院，连接路径与不可通行道路相重合的路段重要性更高，以此确定修复次序。

图5-44　大震后1天医疗资源分配

图5-45　大震后2天医疗资源分配

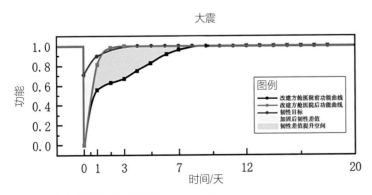

图5-46　改建方舱医院前后城市医疗系统功能曲线

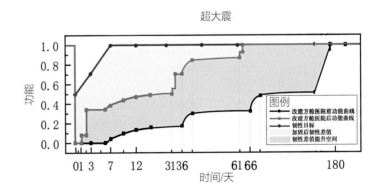

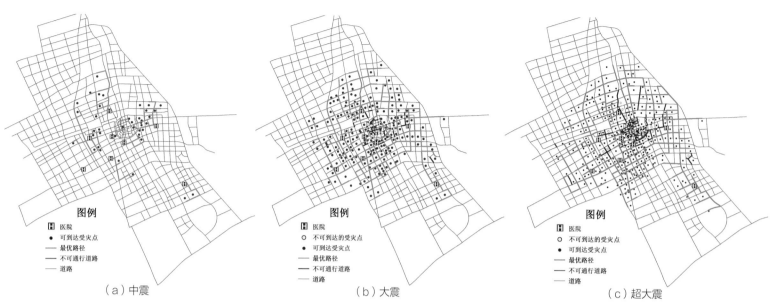

（a）中震　　　　　　　　（b）大震　　　　　　　　（c）超大震

图5-47　受灾点-医院最短路径

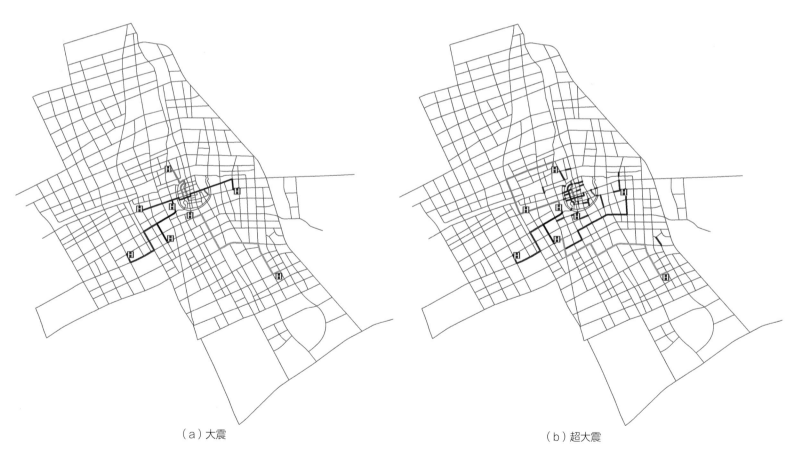

（a）大震　　　　　　　　　　　　　　（b）超大震

图5-48　内部转运最佳路径

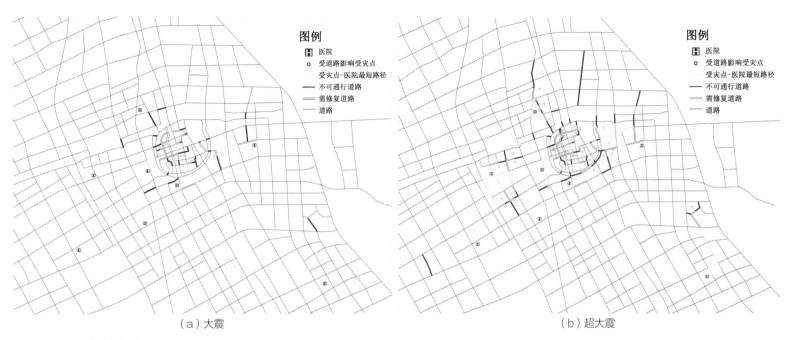

（a）大震　　　　　　　　　　　　　　　（b）超大震

图5-49　需优先修复的路段

六、研究总结

1. 模型设计的特点

（1）模型设计特点总结

①为适应地震灾害的不确定性，考虑多水准地震灾害情景下建筑、医院、道路交通等多个城市子系统的仿真构建。

②将单体工程尺度抗震与城市空间尺度抗震相结合，准确量化医疗资源的供给与需求，评估"韧性目标—抗震能力"差距。

③从复杂网络技术和韧性城市理念两个视角分析城市医疗系统抗震韧性与应急医疗资源分配的优化。

④定量描述城市医疗系统功能损失与恢复的全过程，支撑城市医疗系统的抗震韧性时空动态评估及优化策略实施后的再评估。

（2）创新点

①城市系统空间分析与应急医疗资源供需计算、提升策略求解的结合。

②多水准地震灾害下城市应急医疗救援网络构建与特征分析。

③基于城市系统的损失与修复过程实现城市医疗系统抗震韧性的动态评估。

④城市医疗系统抗震韧性评估模型与韧性提升规划策略的衔接。

2. 应用方向或应用前景

（1）评估城市应急医疗资源的需求、分析应急资源分配，对未来相关城市医疗系统规划提供技术支撑，实现韧性目标与空间规划的有效衔接。

（2）基于应急救援网络分析，对城市应急医疗救援网络的关键网络节点进行重点抗震加固，服务于城市抗震防灾规划编制。

（3）评估道路修复施工次序、方舱医院建设等地震应急预案的防灾效能，为城市进一步建立抗震韧性规划策略库、应急平台开发提供参考。

参考文献

［1］　景梦晗. 城市社区抗震韧性评估模型优化研究［D］. 成都：西南交通大学，2021.

［2］　尹家骁. 城市医疗系统抗震关联效应评估与优化［D］. 天津：河北工业大学，2021.

［3］　《"十四五"国家应急体系规划》摘编［J］. 中国减灾，2022（5）：6-9.

［4］　蹇华胜，马剑飞. 玉树地震与汶川地震医疗救援效率的比较［C］. 中华医学会急诊医学分会全国急诊医学学年会. 2014.

［5］Burton H V, Deierlein G, Lallemant D, et al. Framework for incorporating probabilistic building performance in the assessment of community seismic resilience ［J］. Journal of Structural Engineering, 2016, 142（8）: C4015007.1-C4015001.11.

［6］李永梅. 基于性能的钢框架结构地震易损性分析［J］. 工程抗震与加固改造, 2017, 39（4）: 6.

［7］中华人民共和国住房和城乡建设部. GB 50413-2007城市抗震防灾规划标准［S］. 北京: 中国建筑工业出版社, 2007.

［8］中华人民共和国住房和城乡建设部. GB 51143-2015防灾避难场所设计规范［S］. 北京: 中国建筑工业出版社, 2015.

［9］段满珍, 轧红颖, 李珊珊, 等. 震害道路通行能力评估模型［J］. 重庆交通大学学报（自然科学版）, 2017, 36（5）: 79-85.

［10］刘军. 整体网分析: Ucinet软件实用指南（第二版）［M］. 上海: 格致出版社, 上海人民出版社, 2019.

基于自采集街景图像和机器学习的地铁站口城市特色感知测度、分类与改进支持模型

工 作 单 位: 昆明理工大学建筑与城市规划学院

报 名 主 题: 面向高质量发展的城市治理

研 究 议 题: 城市公共空间品质提升与智慧化城市设计

技 术 关 键 词: 机器学习、深度学习、SHAP方法

参 赛 人: 王芳宇、郝乾炜、谷玲、杨雨欣、李朗、胡博文

指 导 老 师: 郑溪

参赛人简介: 参赛团队来自昆明理工大学建筑与城市规划学院城乡空间大数据研究中心学术兴趣小组，主要依托该中心和与清华大学共建的教育部"大数据虚拟教研室"进行相关学术兴趣教学科研活动，主要研究兴趣包括：云南省城乡空间量化研究、城市空间感知测度与评估、城乡规划（交通）大数据与设计应用等。

一、研究问题

1. 研究背景及目的意义

近年来我国进入高质量发展阶段，城市开发重点由增量扩张转为存量提质。为了应对"千城一面"等城市特色流失和风貌趋同现象，国家对规划行业提出"面向高质量发展的空间治理"等意见。2015年，中央城市工作会议指出："要延继城市历史文脉，结合自己的历史传承、区域文化、时代要求，打造自己的城市精神。"近年来，北京、上海、广东等地制定了城市设计导则等城市管理办法；2017年，云南省城乡规划委员会办公室印发实施了《云南省城市设计编制导则与审查要点》等相关政策文件。越来越多的城市开始重视在城市建设中塑造地域特色。

本研究重点关注城市特定节点处城市特色的分类与重塑。城市地铁近年来在大城市公共交通中逐渐发挥主导作用。机场、高铁等大型交通与地铁的无缝换乘使地铁站成为游客接触当地环境的首要场所，在社会认知中，个体获得对方第一印象的认知线索往往成为以后认知与评价的重要根据[1]。另外，从经济发展角度考虑，昆明市近年来旅游业发展较快，地铁口周边具有空间特色有助于提升旅游地形象；从社会治理的角度考虑，地铁口是重要的城市公共活动和空间体验场所。以上几点均表明在地铁口塑造城市特色具有重要意义。

城市特色与城市意象紧密联系。根据城市品牌建设理论，

---

1 美国心理学家洛钦斯提出的首因效应。

明确城市意象可以促进城市品牌建设，帮助城市管理者在塑造城市特色时紧密联系地方历史文化和发展愿景。因此，本研究试图根据昆明主要的城市意象对特定节点处的城市特色进行分类评价。

2. 研究目标及拟解决的问题

（1）研究目标

本研究以昆明市特定节点——已开通的地铁站口为研究对象，旨在建立一套体现本土化、人性化、数字化、精细化治理思维的地铁口城市特色感知水平测度、分类与改进决策支持模型。将能否感知到昆明城市意象作为评价原则，使用自采集的街景图象进行评价要素提取，构建生成式特色感知水平分类模型，以期为城市管理者和决策者对地铁口一类特定的城市微空间中城市特色塑造，提供改进决策支持。

（2）拟解决问题

①城市特色感知水平评价的原则是什么——城市意象的主题提取；

②城市地铁口建成环境要素如何量化——基于计算机视觉技术的图像处理；

③地铁口现状城市特色感知水平如何分类评价——生成式城市特色感知评价模型；

④依托什么进行感知水平的提升——关键因子识别。

二、研究方法

1. 研究方法及理论依据

（1）LDA模型

Latent Dirichlet Allocation（简称LDA）是一种经典的主题模型，用于从文本数据中发现隐藏的主题结构。在城市意向主题提取方面，已有一些相关经典模型可作为参考。例如，基于TF-IDF的关键词提取方法可以用来识别游记中的关键词，而LDA则可以进一步从关键词中推断出主题。本文提取出昆明城市意向，以赋予城市特色感知水平评价原则和内涵，避免对城市特色理解不一致。

（2）基于计算机视觉技术的街景图像要素测度

图像处理和OCR技术：通过使用Python脚本调用功能，百度智能云OCR基于深度学习和人工智能技术，以其高精准度、多语言支持和易于集成的优势，可以对经过预处理的街景图像中的文字进行批量识别。

PSPNet语义分割算法：PSPNet是一种常用的语义分割算法，可以将图像中的不同区域进行像素级别的分类。通过应用PSPNet算法，可以获得街道景观要素的占比信息，从而了解建筑、道路、植被等要素在街景图像中的分布情况。

阈值分割算法和图像特征提取：通过使用OpenCV库中的阈值分割算法，可以将街景图像中的建筑要素提取出来。使用Python的Pillow库和Haishoku库来识别建筑色彩的配色方案，并计算建筑颜色的亮度和饱和度。这些方法结合了图像分割、特征提取和颜色计算的理论，可以用于研究城市建筑色彩评价。

图像色彩丰富度的计算方法：应用Hasler等提出的图像色彩丰富度计算方法，可以评估街景图像的色彩丰富程度。这个方法可以量化图像中的颜色变化程度和色彩分布情况，为研究提供可衡量的指标，用于计算街景图像的色彩丰富度。

（3）集成机器学习的分类预测模型

集成机器学习的分类预测模型是基于集成学习的理论和方法，其中包含多个基分类器，通过集成这些分类器的预测结果来进行最终的分类预测。

（4）SHAP因子分析

SHAP方法是一种局部性的机器学习特征分析方法，继承于联合博弈论中 Shapley 值概念，即沙普利值方法。本文将建立的3个感知模型进行了SHAP分析，用SHAP值来识别地铁口街景各项要素对城市特色感知水平的影响，找出关键影响要素进行解释分析。

2. 技术路线

本研究将整体技术路线分为数据预处理和结果、模型训练、关键因子识别与结果解读、模型应用4个部分（图2-1）。

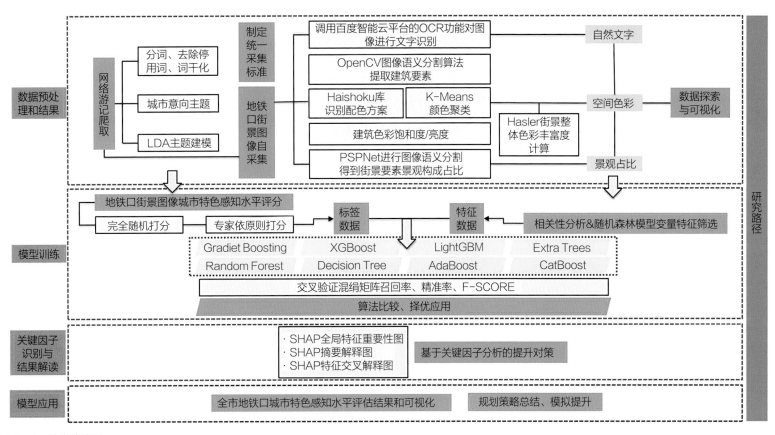

图2-1 技术路线图

三、数据说明

本次研究所使用数据分为三种：即携程游记、自采集街景、感知水平人工打分，第一类为开源数据，后两类为调研数据。

携程游记：包括游客在旅行过程中的旅行经历、感受、评论等信息，这些信息由游客在网站上分享和发布，使用"八爪鱼爬虫"程序进行获取。初始采集到以昆明为关键词的1098条游记，经过人工对文本数据进行清洗，去除掉部分无效内容。

自采集街景：本研究使用Panorama 360 & Virtual Tours APP对昆明中心城区91个站点777个地铁口街景图像进行人工采集。街景图片采集点位分别位于地铁口正前方、左侧、右侧，并处于在地铁口10m范围内（图3-1）。采集时手持手机，人体转动180度，在每个地铁口获得3张街景地铁口图片，共获得775有效张图片用于后续模型训练和预测。

感知水平打分：

（1）第一次打分，由采集街景人员参与，无评分细则，根据

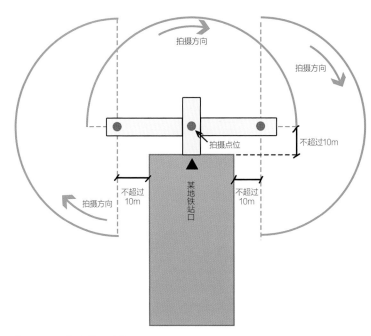

图3-1 采集点位示意图

提示词打分，分值为0~5。后续将分值作为标签数据放入模型训练，因随机性过大得到效果反馈不佳。

（2）第二次打分，由本地规划专家参与并制定评分原则，结合提示词进行打分，例如对于历史感知的评价中，评分的原则加入了对铁路元素出现以及颜色一致性的考虑。打分由分值评价更改为等级评价，分为极低感知、一半感知、较高感知、极高感知4个等级。本研究主要使用第二次感知水平打分数据作为标签数据进行模型训练。

四、模型算法

1. 模型算法流程及相关数学公式

（1）LDA主题模型

LDA由文档、主题和单词的三层结构组成，适用于挖掘大规模文档集中隐藏主题信息的概率生成模型。基于"词袋（Bag of words）"的假设，LDA将文档视为多个潜在主题，每个主题都满足单词的多项式分布。因此，文档可以被视为由多个主题组成，而每个主题由多个单词组成。对于一篇文档来说，其生成过程如下：

①选择文档长度N，$N \sim Poisson(\zeta)$；

②选择θ，$\theta \sim Dirichlet(\alpha)$，$\theta$用来表示每个主题发生的概率，$\alpha$是Dirichlet分布的参数；

③对于N个单词中的每一个：选择主题Z_n，$Z_n \sim Multinomial(\theta)$；根据多项分布$P(W_n|Z_n, \beta)$，选择$W_n$，$\beta$为Dirichlet分布的参数。

LDA的概率图模型如图4-1所示。

从图4-1可知LDA的联合概率如式（4-1）所示。

$$P(\theta, z, w | \alpha, \beta) = P(\theta | \alpha) \Pi_{n-1}^{N} P(z_n | \theta) P(w_n | z_n, \beta) \quad (4-1)$$

根据LDA主题模型提取的城市意向，得到游记数据的分类结果和昆明城市印象提取结果，如表4-1、表4-2所示，用于后续指导和引领城市特色感知水平评价。

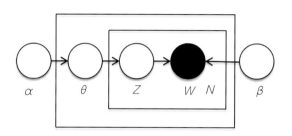

图4-1　LDA的概率图模型

游记数据LDA分类结果示例　　　　表4-1

正文	正文主题词	概率最大的主题序号	每个主题对应概率
云南，彩云之南的这个省份总有美好的风景，而昆明，作为云南的省会，既有湛蓝的天空，也没有太高的海拔，不用担心高原的气候，作为来到云南的第一站实在是再合适不过。如果说昆明著名的旅游景点，实在是很多……	彩云，省份，风景，省会，天空，海拔，气候，旅游景点，地方，海鸥，肉包，皇冠，假日酒店，七彩，世界，精品……	主题三	1.15585287e-04，1.15583133e-04，1.15583665e-04，1.15586474e-04，1.15583422e-04，1.15583719e-04，9.98728574e-01，1.15583625e-04，1.15583457e-04，1.15582948e-04，1.15585079e-04，1.15584768e-04

基于互联网游记和LDA模型的昆明城市印象提取　　　　表4-2

基于互联网游记和LDA模型的昆明城市印象提取									
主题一：特殊的地形地貌									
溶洞	峡谷	瀑布	喀斯特	地质	钟乳石	石头	森林	典型地貌	名胜区
主题二：高原坝区的自然风光									
红土地	梯田	天空	日落	色彩	草原	土地	季节	湖面	海拔
主题三：丰富多元的民族									
民族文化	民族历史	民族建筑	世界	彝族	寺塔	白族	傣族	牌坊	传统
主题四：革命时期的历史痕迹									
红色	讲武堂	大观楼	大学	红军	旧址	先生	革命运动	胜利	故事
主题五：居民生活的特色物品									
米线	鲜花	过桥米线	玫瑰	小吃	豆腐	火锅	水果	菌子	汽锅

基于互联网游记和LDA模型的昆明城市印象提取								
主题六：城市氛围的感知与寄托								
艺术	金马碧鸡	铁路	仪式	人文	爱情	时光	候鸟	色彩	心灵
主题七：娱乐休闲活动								
动物	乐园	森林	泡温泉	别墅	硫磺泉	商业街	手工	书店	游艇

（2）OCR算法街景图片自然文字提取

本次研究基于光学字符识别（OCR）技术对自然文字进行提取，OCR技术是利用光学技术和计算机技术通过检测字符每个像素的暗、亮模式确定其形状，然后用字符识别方法将形状翻译成计算机文字的过程。本次研究编写 Python 脚本调用百度智能云平台的OCR功能，对经过预处理的街景图像进行批量识别，共识别出1428个词语，进行数据清洗、数据去重与数据整理（图4-2、图4-3），提取出频率大于4次，且可能直接影响人们感知的三类词语（表4-3）：美食类、服务类、形容词类，作为模型训练的特征数据之一。

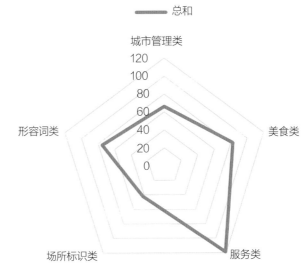

街景图像OCR文字识别统计

图4-3 街景图象OCR文字识别统计

图4-2 数据清洗前、后词云图

三类特征的数据词频统计									表4-3
美食类	牛肉（16）	米线/过桥米线（14）	火锅（10）	水果（9）	烧烤（8）	甜品（6）	桔子（6）	肥肠（5）	饵块（5）	云南菜（5）
服务类	酒店（41）	广场（18）	生活（15）	服务（26）	儿童（8）	人民（14）	市场（8）	手工（6）	—	—
形容类	健康（30）	时代（10）	特色（9）	世界（7）	美味（5）	民族（5）	文化（6）	彩云（3）	—	—

（3）PSPNet语义分割算法

本次研究通过PSPNet语义分割算法获得街道景观构成要素占比，作为模型训练特征数据之一（图4-4、表4-4）。将各要素占比数据进行皮尔逊相关性分析，对感知水平可能影响明显的要素分维度进行数据分布探索（图4-5）。

对数据进行初步探索，发现不同类型、不同维度的街景数据离散程度和波动范围不同，但是对空间的感知水平受到多种建成环境要素的作用，数据分布的箱型图不足以支撑判断空间环境特征与感知水平之间的关系（图4-6）。

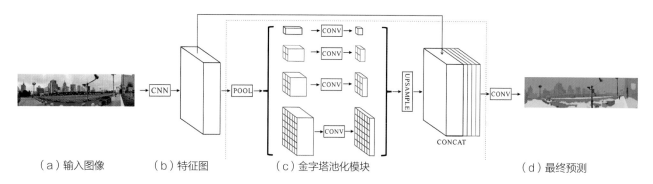

（a）输入图像　　　（b）特征图　　　（c）金字塔池化模块　　　（d）最终预测

图4-4　PSPnet语义分割算法

语义分割结果　　　　　　　　　　　　　　表4-4

图片ID	建筑	天空	树	人行道	道路	……
S1.jpg	0.432438272	0.06531481	0.064262346	0.098720679	0.003217593	……
S2.jpg	0.099271605	0.03291710	0.503252205	0.081687831	0.058079365	……
S3.jpg	0.331363465	0.16175266	0.04713371	0.363229127	0.017575643	……
S4.jpg	0.224765079	0.29085396	0.031425397	0.160514286	0.11568254	……
S5.jpg	0.107405583	0.18683579	0.356085386	0.108415435	0.033293924	……
……	……	……	……	……	……	……
S333.jpg	0.297860748	0.22224195	0.092349869	0.085495213	0.119599652	……

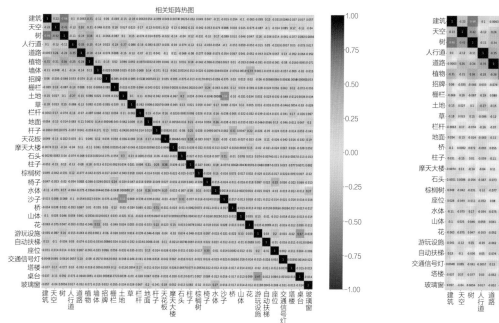
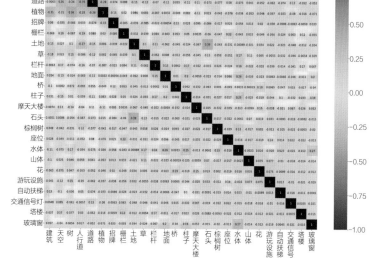

图4-5　皮尔逊分析合并前-后要素图

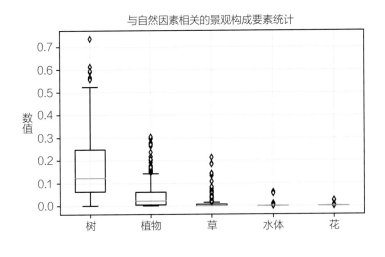

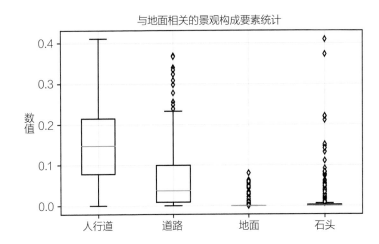

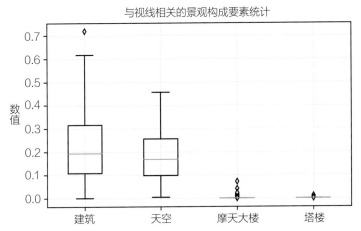

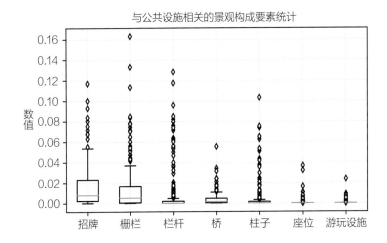

图4-6　关键要素数据分布探索

（4）基于阈值分割算法获取建筑颜色信息

本次阈值分割通过遍历图像（图4-7）的每个像素点，根据特定类别的标签值，对图像进行处理。对于特定类别，将像素点的颜色值设置为白色（255，255，255），否则保持原始图像的颜色（图4-8）；运用K-Means聚类分析法以HSV作为变量，对提取出的建筑色彩进行聚类提取（图4-9），归并为5类主要色彩团簇（图4-10），根据除白色以外主要颜色和占比（图4-11），加权平均计算建筑颜色的饱和度及亮度（表4-5、图4-12、图4-13）。

图4-7　自采集原始图像

图4-8　语义分割结果

图4-9　阈值分割提取建筑要素结果

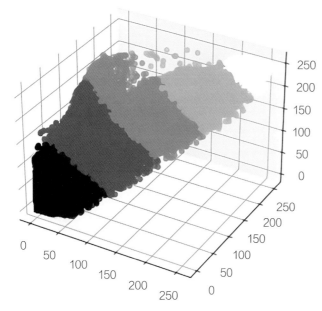

图4-10　聚类5类主要颜色

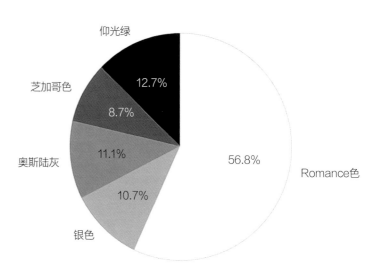

图4-11　建筑主要颜色和占比

建筑颜色的饱和度和亮度计算结果 表4-5

	颜色	颜色名称	计数	百分比（%）	编号	饱和度	亮度
0	#131816	Aztec	93042	1.8	1	11.60%	8.40%
1	#454f4f	Mako	89903	1.8	1	6.80%	29.00%
2	#7c8588	Gunsmoke	81698	1.6	1	4.80%	51.00%
3	#b7bebe	Silver	82893	1.6	1	5.10%	73.10%
平均值						7.20%	39.10%
0	#241c14	Oil	730935	17.2	2	28.60%	11.00%
1	#4d463c	Tundora	455197	10.7	2	12.40%	26.90%
2	#7d7466	Sand Dune	422791	9.9	2	10.10%	44.50%
3	#aba69e	Cloudy	373077	8.8	2	7.20%	64.50%
平均值						16.91%	31.87%

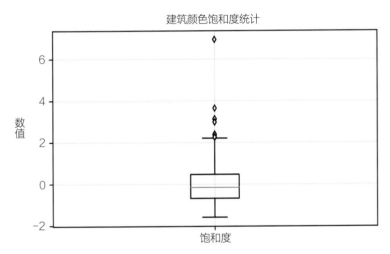

图4-12　建筑颜色饱和度统计

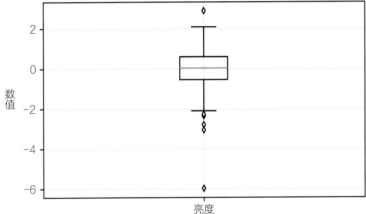

图4-13　建筑颜色亮度统计

（5）颜色丰富度计算

本研究应用Hasler等所提出的图像色彩丰富度的计算方法，计算街景图像的色彩丰富度。首先将色彩丰富度划分为7级：无（not colorful），稍微（slightly colorful），适度（moderately colorful），平（averagely colorful），非常（quite colorful），高度（highly colorful），极端（extremely colorful），并找到20个人对84幅图片按照1~7分进行打分，最后对这份调查数据进行分析，发现下列计算公式能够准确计算图像的色彩丰富度值。

$$r_g = R - G \tag{4-2}$$

$$y_b = \frac{1}{2}(R + G) - B \tag{4-3}$$

以上2个公式表示相对的颜色空间，R为红色，G为绿色，B为蓝色。在式（4-2）中，r_g是红色通道和绿色通道的差值。在式（4-3）中，y_b表示红绿通道之和的一半减去蓝色通道。

$$\delta_{rgyb} = \sqrt{\delta_{rg}^2 + \delta_{yb}^2} \tag{4-4}$$

$$\mu_{rgyb} = \sqrt{\mu_{rg}^2 + \mu_{yb}^2} \tag{4-5}$$

$$C = \delta_{rgyb} + 0.3 \times \mu_{rgyb} \tag{4-6}$$

之后，在计算最终的色彩丰富度值C之前，计算标准偏差

δ_{rgyb}和均值μ_{rgyb}。计算结果如表4-6、图4-14所示。

街景颜色丰富度计算结果　　　　表4-6

图片编号	颜色丰富度
S1	32.94394525
S2	20.41217237
S3	28.47166204
S4	25.65982641
S5	26.60758599
……	……
S333	28.83375991

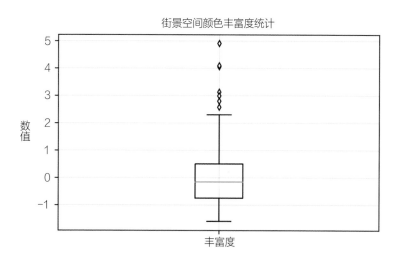

图4-14　街景空间颜色丰富度统计

（6）感知水平分类生成技术——基于监督学习的城市特色感知水平分类模型

随机森林特征重要性排序用于特征选择（图4-16至图4-18）：

将333张自采集街景图片作为初始样本，将图片上的文字、颜色、各类景观构成占比组成特征数据集，将专家对图片的特色感知水平打分作为标签数据集。由于特征过多，根据经验剔除一部分无关特征，绘制随机森林算法将特征按重要性排布图，直观进行特征筛选，发现自然街景中的文字对人们各类感知水平影响都非常小，后续将不作考虑，再结合模型测试准确度表现，经过多次特征替换的测试，民族特色感知选取了15个特征，历史遗痕

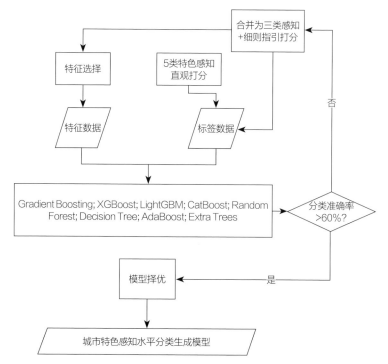

图4-15　技术流程图

感知水平选取了15个特征，城市氛围感知选取了11类特征。

感知评分探索：

首先进行基于LDA提取出五类城市意向，请10名志愿者结合主题词提示，对样本图片对应的五类城市特色感知进行直观打分，用于模型训练发现随机性太强，无法满足60%分类准确率要求（图4-15）。

结合特征数据规律，将城市特色感知维度中居民生活特色物品、城市氛围与感情寄托、休闲娱乐合并为城市氛围（图4-19、图4-20），由昆明理工大学城市规划专业老师制定评分细则指引，例如对历史感而言，对有滇越铁路出现的地铁口进行一定加分考虑。打分由分值评价更改为等级评价，分为极低感知、一半感知、较高感知、极高感知4个等级。本研究主要使用第二次感知水平打分数据作为标签数据进行模型训练。

模型择优：

结合混淆矩阵的表现，选择了随机森林分类器（Random Forest Classifier）构建地铁口城市民族特色和历史遗痕的感知水平测度与提升决策支持模型，选择了极端森林分类器（Extra Trees Classifier）构建地铁口城市氛围的感知水平测度与提升决策支持模型（表4-7至表4-9）。

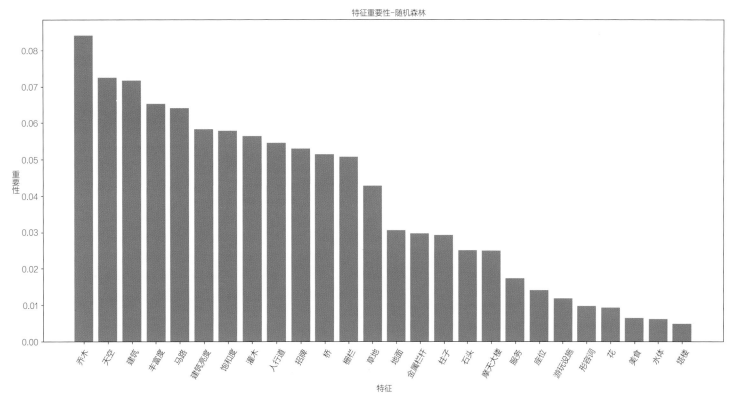

图4-16　民族特色感知水平的影响特征重要性排序

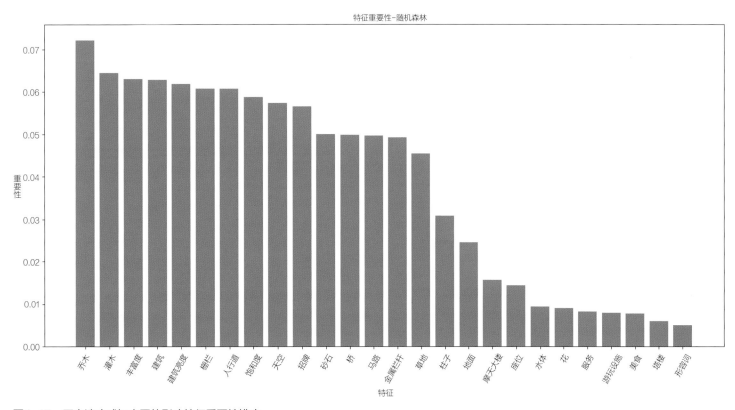

图4-17　历史遗痕感知水平的影响特征重要性排序

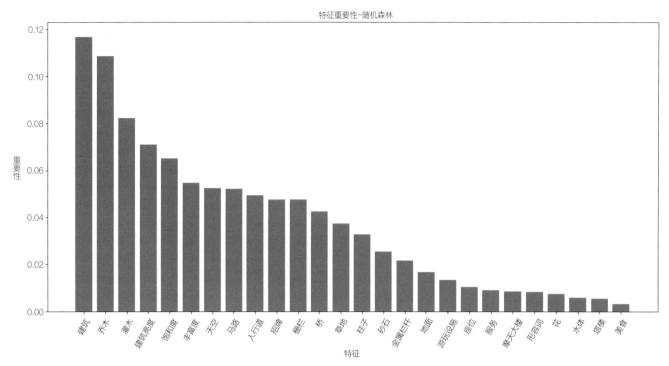

图4-18 城市氛围感知水平的影响特征重要性排序

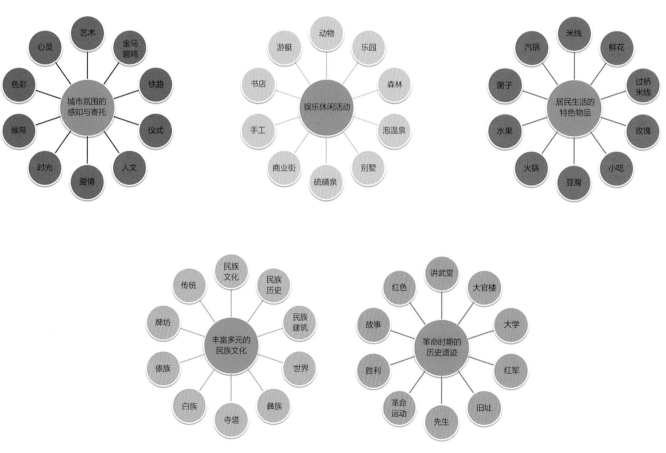

图4-19 五类城市特色感知

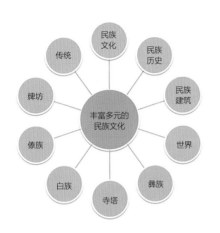  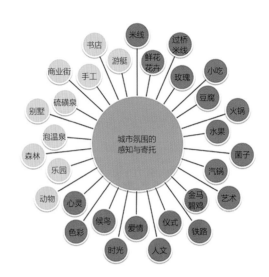

图4-20 合并后的三类城市特色感知

民族特色感知水平-模型性能评估指标 表4-7

民族感	交叉验证准确度平均值	交叉验证准确度波动范围	准确度	精确度	F1-5core
Gradient Boosting	0.5796	0.042	0.5672	0.5	0.5171
XGBoost	0.5435	0.0412	0.5821	0.5339	0.546
LightGBM	0.5376	0.0903	0.5672	0.5286	0.5361
CatBoost	0.5703	0.0544	0.6119	0.4655	0.5213
Random Forest	0.5945	0.0335	0.6567	0.5423	0.562
Decision Tree	0.4626	0.033	0.3881	0.4529	0.4117
AdaBoost	0.4835	0.05	0.5970	0.5697	0.5805
Extra Trees	0.6036	0.022	0.6269	0.4378	0.5156

历史遗痕-模型性能评估指标 表4-8

历史感	交叉验证准确度平均值	交叉验证准确度波动范围	准确度	精确度	F1-5core
Gradient Boosting	0.5375	0.0623	0.597	0.5666	0.5731
XGBoost	0.5195	0.0541	0.6418	0.569	0.5931
LightGBM	0.5464	0.034	0.597	0.5042	0.5465
CatBoost	0.5585	0.043	0.6716	0.5965	0.6018
Random Forest	0.6036	0.0158	0.6866	0.535	0.5806
Decision Tree	0.4326	0.0609	0.5373	0.5814	0.5583
AdaBoost	0.4629	0.0914	0.4328	0.5326	0.4684
Extra Trees	0.6066	0.0219	0.6716	0.5317	0.5731

城市氛围感知水平-模型性能评估指标   表4-9

城市氛围感	交叉验证准确度平均值	交叉验证准确度波动范围	准确度	精确度	F1-5core
Gradient Boosting	0.6607	0.0446	0.6716	0.6313	0.6479
XGBoost	0.6817	0.0437	0.6716	0.6112	0.6391
LightGBM	0.6576	0.0261	0.6567	0.6245	0.6364
CatBoost	0.6967	0.0408	0.6716	0.5976	0.6283
Random Forest	0.6756	0.0509	0.7015	0.6455	0.6553
Decision Tree	0.5494	0.0455	0.5075	0.5323	0.5185
AdaBoost	0.5638	0.1281	0.5522	0.6102	0.5775
Extra Trees	0.7027	0.0292	0.6716	0.5945	0.6288

（7）SHAP可解释性机器学习框架

SHAP方法借鉴了合作博弈论中的Shapley value，将模型的预测值理解为每个输入特征的归因值之和，即是一种可加特征归因方法。

$$g(x) = \phi_0 + \phi_i \qquad （4-7）$$

式中，ϕ_0为解释模型的常数，是所有训练样本的预测均值。每个特征都有一个对应的Shapley value，也就是ϕ_i。

Shapely value即SHAP值，类似回归系数，有正负、大小之分。SHAP值为正，因子正向影响评估结果；SHAP值为负，因子负向影响评估结果；SHAP值的绝对值越高，因子对评估结果的影响越大；SHAP值的绝对值越低，因子对评估结果的影响越小。

2. 模型算法相关支撑技术

支撑模型算法实现的相关技术和软件如表4-10所示。

相关技术手段和软件   表4-10

计算内容	环境	主要软件或工具
图像自然文字识别	Python3.9	百度OCR文字识别API
图像景观构成占比	Python3.7	PSPNet/NumPy
建筑提取	Python3.7	PSPNet/OpenCV/NumPy
建筑颜色聚类	Python3.9	Haishoku/Sklearn
LDA网络游记建模	Python3.9	Jieba/Sklearn
可视化	Win10/Python3.9	Seaborn/Matploylib/Arcgis10.8
集成机器学习模型	Python3.9	Sklearn/NumPy/XGBoost/LightGBM/CatBoost
皮尔逊相关性	Python3.9	Scipy
SHAP值计算	Python3.9	SHAP/NumPy

五、实践案例

1. 模型应用实证及结果解读

（1）研究范围

昆明市位于中国云南省中部，是中国西南地区的重要城市，其文化丰富多样、地域特色鲜明。近年来我国进入高质量发展阶段，规划者和人民对于城市特色塑造的愿望逐渐强烈。昆明地域文化丰富，但近年来城市特色流失现象仍难以避免。本研究以昆明市为研究区域，以昆明市91个地铁站点近300个地铁口为研究对象（图5-1），探索了一套对城市中特定类型节点的城市特色感知水平进行测度、分类、辅助改进决策的数字化模型。

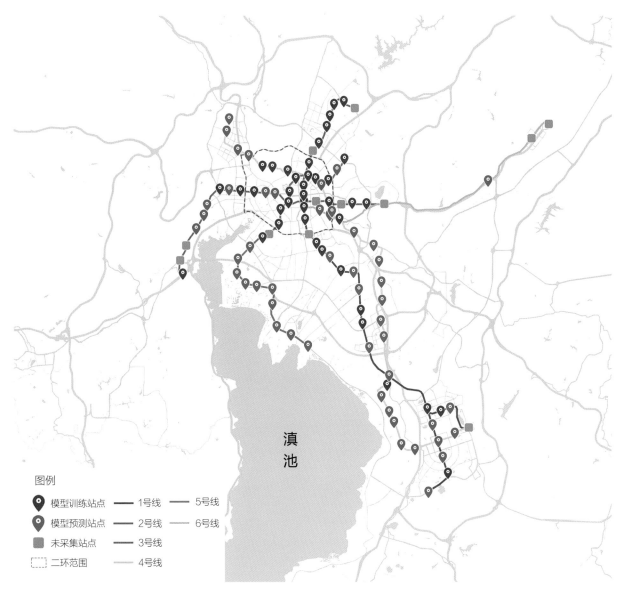

图5-1　研究范围站点示意图

（2）模型生成的感知水平分类结果

利用333个样本图片训练好的模型，对其他442张地铁口自采集图片预测感知水平分类。图5-2至图5-4展示了对每个地铁站，正向一张和侧向2张街景图片特色感知的平均水平，即站点总体感知水平的预测分类结果。模型生成的完整分类结果详见附录一。

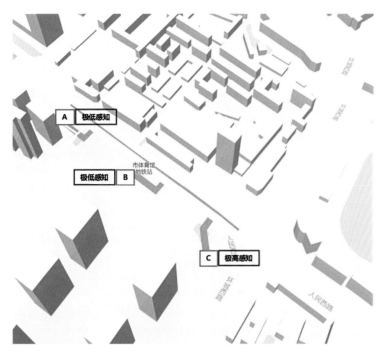

图5-2　市体育馆地铁站（地铁口民族特色总体感知水平示意图）

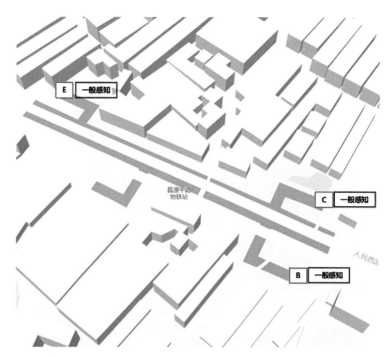

图5-4　昌源中路地铁站（地铁口城市氛围总体感知水平示意图）

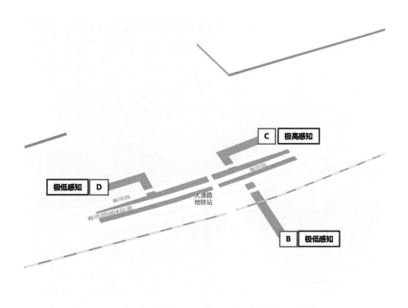

图5-3　大渔路地铁站（地铁口历史遗痕总体感知水平示意图）

2. 应用案例可视化表达

（1）模型预测全市地铁口感知水平分类结果可视化表达

模型预测的分类结果可视化表达分为站点三个视角平均水平——即站点总体感知水平、站点口正向感知水平、站点口侧向感知水平（两侧取评分更高一侧）进行展示（图5-5至图5-7）。

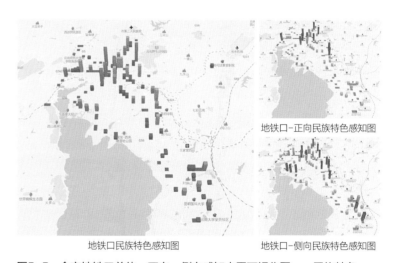

地铁口民族特色感知图　　　地铁口-侧向民族特色感知图

地铁口-正向民族特色感知图

图5-5　全市地铁口总体、正向、侧向感知水平可视化图——民族特色

①三类感知水平共性分析

总体来说，各站点三类感知水平中最高的部分均集中在二环路以内，这与昆明城市发展实际相符，昆明老城区、主城区大部分均在二环路以内，是城市经济发达、历史文化底蕴丰富、城市建设水平较高的位置所在。

②三类感知水平差异分析

历史遗痕感知水平分布的整体数值低于其他两类感知，主要受历史遗迹分布范围的限制以及地铁站的开发对历史遗迹的规避

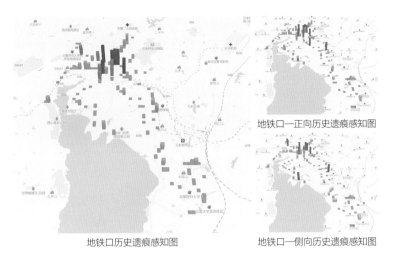

地铁口历史遗痕感知图　　　地铁口—正向历史遗痕感知图　　　地铁口—侧向历史遗痕感知图

图5-6　全市地铁口总体、正向、侧向感知水平可视化图——历史遗痕

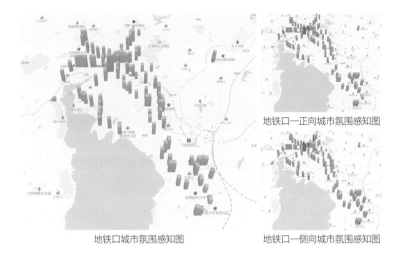

地铁口城市氛围感知图　　　地铁口—正向城市氛围感知图　　　地铁口—侧向城市氛围感知图

图5-7　全市地铁口总体、正向、侧向感知水平可视化图——城市氛围

图5-8　二环路附近的东风广场站、五一路站自摄影像图

图5-9　呈贡大学城春融街站正、侧面自摄影像图

这两个因素影响。城市氛围感知的水平在各站点的值均较高，这是因为TOD理念引导下对地铁交通站点周边实施了填充式开发，离站点近的地方有更完善的市政设施和公共服务设施，部分站点附近也有较密集的建筑群，城市氛围感更强。

③正、侧面图对比分析

发现地铁口正、侧面视角的民族特色感知水平在各站点数值差异较大，结合地铁站图像采集实况（图5-8、图5-9），一般地铁口的正面空间面积有限，除了正面广场的，大部分设有围墙和乔木遮挡；而大部分地铁平行于主要道路布置，侧向人们所能看到视野广，有条件看到能体现民族感的小品和景观，故民族感知水平较高。

（2）对极低感知水平分类的关键影响要素识别

①民族特色感知

对民族特色感知水平分类结果绘制SHAP分析图。首先绘制全局特征重要性图，以平均Shapley绝对值衡量SHAP特征重要性，发现天空、乔木、建筑亮度分别是排名前三的影响要素（图5-10）。

然后绘制特征解释摘要图（图5-11）。发现：天空、人行道、地板、灯柱的占比对民族特色感知水平影响是正向的，在街景中占比越多，被判定为"极低感知"的概率越低，上述要素占比较多的地点常是广场所在，广场是城市文化、社会生活和公共活动的重要场所，通常设有展示城市形象和地域特色的标志性小品；乔木对民族特色感知水平影响是负向的，较高的乔木的占比过多，阻碍人们观景视线的同时，也阻碍了人们对民族特色的感

309

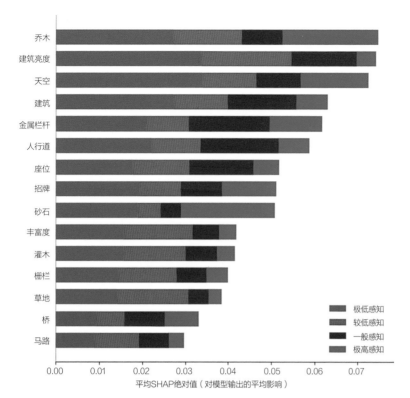

图5-10 民族特色感知水平—全局特征重要性图

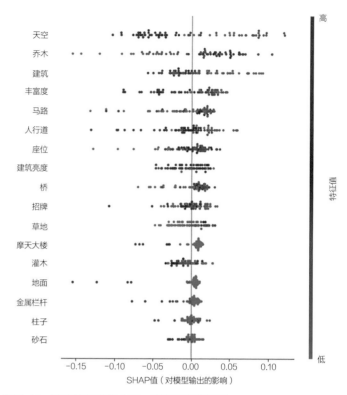

图5-11 民族特色感知水平—特征解释摘要图

知；普通建筑占比的影响以正向为主，但一致性较弱，表明建筑影响并不是独立的，其影响程度的发挥与其他要素关联性较强，但是当建筑为摩天大楼时，有独立且正向的影响，这是由于昆明市高楼顶部多进行了特殊的民族符号的设计，分析结果表明这种设计对民族特色的增强可以被人们感知；颜色方面，街景颜色丰富度具有正向影响，《昆明市城市设计导则（试行）》也提出在城市建筑群体组合时，"昆明城市总体色彩以暖系为主基调……形成丰富又统一和谐的城市色调"的要求。

更进一步挖掘数据，绘制特征交互作用解释图（图5-12），发现上述要素的特征组合相比单项要素对民族特色感知水平的影

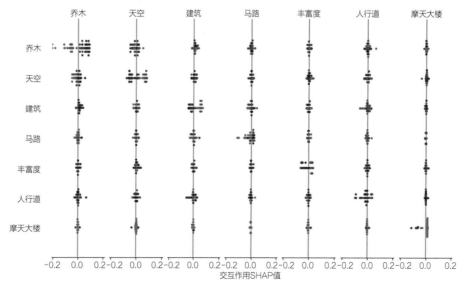

图5-12 民族特色感知水平—特征交互作用解释图

响不明显。

②历史遗痕感知

对历史遗痕感知水平分类结果绘制SHAP分析图。首先绘制全局特征重要性图（图5-13），以平均Shapley绝对值衡量SHAP特征重要性，发现天空、建筑亮度、乔木分别是排名前三的影响要素。其中，与民族特色的影响要素相比，金属栏杆和砂石的重要性有明显提升。

然后绘制解释摘要图（图5-14）。发现，街景中大部分要素对历史遗痕感知水平作用方向的一致性相比民族特色有所弱化，这体现了城市特色塑造过程中保护和彰显历史痕迹具有更高的难度。具体而言，天空占比和人行道占比仍然对历史遗痕感知水平产生积极作用。对于广场等地点来说，这两个要素占比较高，因此仍然被认为是提升历史遗痕感知水平的潜在场所。另外，金属栏杆和砂石对历史遗痕感知水平产生独立且显著的正向影响。金属栏杆在地铁站口发挥了阻隔和保护作用，有助于保护附近场地内的历史古迹。而砂石是米轨铁路的重要组成部分，因此金属栏杆和砂石较多的地方通常与米轨铁路相关联，这反映了米轨铁路在城市历史中的关键作用。

更进一步挖掘数据，绘制极特征交互作用解释图（图5-15）。

发现建筑亮度占比-乔木占比、建筑占比-砂石占比、建筑占比-金属栏杆占比的组合要素占比对历史感知有一定影响，这启发我们未来可以探索通过街景配色的搭配，例如滇越铁路采用明亮的法国黄建筑和绿色的洋酸角树的组合，以及统筹米轨铁路和周边建筑的一体化设计来提升对昆明历史遗痕感知水平。

③城市氛围感知水平

对城市氛围感知水平分类结果绘制SHAP分析图。首先绘制

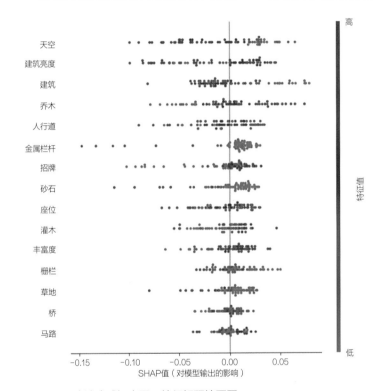

图5-14 历史遗痕感知水平—特征解释摘要图

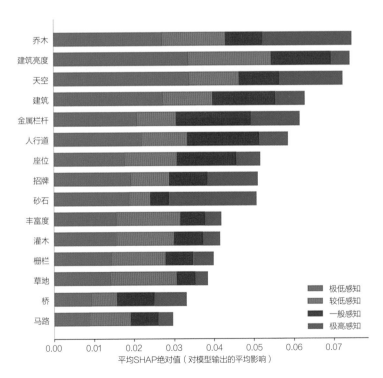

图5-13 历史遗痕感知水平—全局特征重要性图

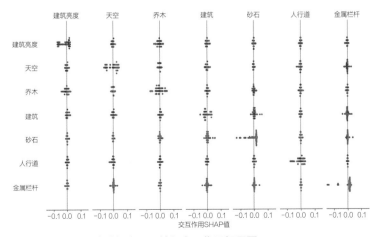

图5-15 历史遗痕感知水平—特征交互作用解释图

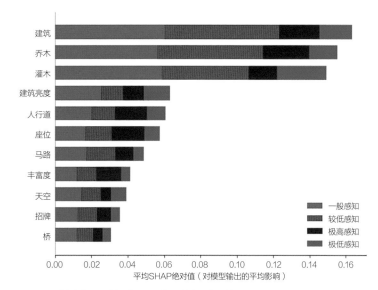

图5-16 城市氛围感知水平—全局特征重要性图

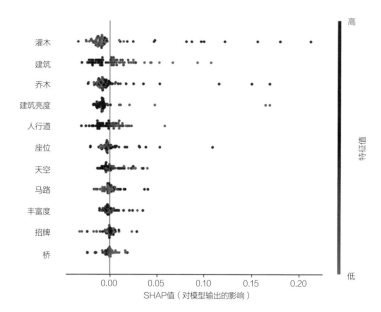

图5-17 城市氛围感知水平—解释摘要图

全局特征重要性图（图5-16），以平均Shapley绝对值衡量SHAP特征重要性，发现建筑、乔木、灌木分别是排名前三的影响要素，影响程度远高于其他要素。

然后绘制解释摘要图（图5-17）。发现，研究结果显示，城市氛围感知水平受到多个因素的影响。低矮的灌木、马路占比、建筑饱和度对城市氛围感知水平有明显且独立的负向影响。建筑占比、建筑亮度、人行道占比对城市氛围感知水平的影响是正向的。具体来说，建筑占比较高的地铁口通常拥有更多的人流和活力，创造了繁忙的氛围，增强了城市感知。相反，低矮的灌木生长茂密，可能导致视觉混乱，使人感到不舒服，降低了城市氛围的感知水平。马路占比较高的地铁口往往被认为是"极低感知"的，因为它们缺乏人们交往和休憩的功能。然而，人行道占比高的地铁口通常更容易与行人互动，增加了城市氛围的感知水平。此外，城市建筑使用高亮度和低饱和度的颜色有助于提升城市氛围感知水平。这类色彩营造出和谐感，具有整体统一的视觉效果，有助于人们在城市中辨识和定位，提高了城市氛围的感知水平。

更进一步挖掘数据，绘制特征交互作用解释图（图5-18）。发现建筑占比-乔木占比、建筑占比-灌木占比、乔木占比-建筑亮度占比的组合要素占比对城市氛围感知有一定影响，这三者都是绿化与建筑维度要素的组合，未来在需要营造城市氛围感知的地铁口，对二者的平衡可以做更进一步研究。

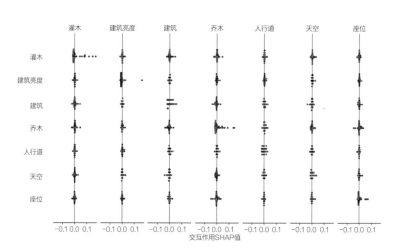

图5-18 城市氛围感知水平—特征交互作用解释图

（3）基于SHAP分析结果的模拟提升

基于SHAP分析结果的要素构成设计要求分析（表5-1），借

基于SHAP分析的城市特色感知水平关键影响要素　表5-1

序号	城市特色感知维度	正向影响要素	负向影响要素
1	民族特色	人行道、摩天大楼、地板、灯柱占比；颜色丰富度	天空、乔木的占比
2	历史遗痕	天空、人行道、金属栏杆、砂石、建筑占比；建筑颜色亮度	乔木的占比
3	城市氛围	人行道、建筑占比；建筑颜色亮度	低矮的灌木、马路占比；建筑颜色饱和度

图5-19　模拟提升图

助PS工具对较为典型的点位，分别就围墙、绿植、道路、景观小品等因素进行针对性模拟改造（图5-19）。将修改后的照片邀请10位相关专业从业者进行测评打分。最后结果表明，改造后的图片效果呈明显上升，说明本文归纳的城市特色营造影响因素具有一定的效果。

六、研究总结

1. 模型设计的特点

本研究的创新主要体现在以下方面：

一是研究角度：关注城市特定类型节点的城市特色感知水平提升，将人们日常频繁使用的公共空间作为城市特色彰显的容器，推动未来空间建造由功能驱动向内容驱动转变。

二是研究数据：本次研究对城市特色主观感知数据的收集，是在明确了城市意向的前提下，对民族、历史、城市氛围的感知评价时都有对应主题下的关键词提示，避免了城市特色定义和评价原则模糊的问题。

三是建模方法：本次研究的分类预测模型考虑到不同模型算法的归纳偏好问题，不同模型对不同任务的性能不同，通过对8种常用算法，建立24个分类模型，对比优选最合适的算法；同时结合准确率、精确率、交叉验证准确率、F1-score和混淆矩阵5项检验指标对模型性能进行了评估；最后针对民族、历史、城市氛围三类城市特色感知水平，评价模型准确率都在65%左右，城市氛围感知一项能达到70%以上。在测度不可测度的理论领域，人的主观感知的预测模型表现效果通常不会取得较高分值，因此本项目的分类预测准确率在可接受范围内。

四是模型解释性的增强：SHAP方法构建了有效的可解释的树模型，识别了街景环境中的关键要素，并通过SHAP值分析了地铁口街景各关键要素对城市特色感知的影响作用。SHAP方法补足了模型在模型可解释性方面的不足，使得模型在精度与解释性达到了统一。

五是算法支持：本次研究模型设计算法先进，各类算法理论成熟，能够为模型的高效运行提供保证，其中LDA算法用于对网络游记文本反映的城市意向主题进行提取，深度学习PSPnet算法进行语义分割，opencv阈值分割算法用于建筑要素提取；基于百度智能云平台提供的OCR功能进行街景自然文字识别OCR；Haishoku库的算法和K-Means聚类基于图像颜色进行了聚类提取；随机森林算法进行特征选择；最后基于随机森林和极端森林分类算法构建了分类预测模型。

2. 应用方向或应用前景

在研究结论方面，首先是为其他城市提供可行性参考，本研究不仅适用于昆明，还可为其他城市提供有益的参考，帮助它们识别和改进其城市特色感知水平。不同城市可能具有不同的文化、历史和氛围，但类似的方法可以应用于不同的地理背景。其次模型具有普适性和灵活性，研究采用的模型和分析方法可以根据不同城市的特点和需求进行调整和定制，以适应不同场景和背景。这种灵活性使其成为多种城市类型的有用工具，例如公交车站、商业综合体入口、旅游景区入口等。以及模型参数的鲁棒性，通过对模型参数的仔细选择和调整，可以确保模型在不同数据集和环境下都具有鲁棒性。这意味着即使在不同城市或不同数据来源下，模型仍然能够提供可靠的结果和评估。

在技术方法方面，首先是城市意向提取的减少随机性，通过提取城市意向，本研究赋予了城市特色感知更具体的内涵，从而减少了感知类人工审计的随机性。这一方法的创新性在于提供了一种更系统和一致的方式来定义城市特色。其次是多元化数据来源的整合，本研究采用了多种数据源，包括自采集的街景数据、人工审计和机器学习，以构建模型。这一多元化的数据整合方法增强了模型的综合性和准确性。最后，研究方法的灵活性使其能够扩展到多种城市节点类型的特色感知塑造，该方法可以用于改善公交车站的特色感知，提升城市商业综合体的入口体验，或增强旅游景区入口的吸引力，从而在不同领域产生实际影响。

参考文献

［1］张锐，张燚. 城市品牌理论研究综述［J］. 商业研究，2007（367）：82.

［2］王克勤，高智姣，乔亚楠，等. 在线评论中的用户需求识别及其演化趋势挖掘［J］. 机械科学与技术，2023.

［3］温梦甜，张岩，陈能成，等. 基于混合主题语义特征提取的旅游吸引物地理画像［J］. 地理与地理信息科学，2022（6）：1-8，51.

［4］贾婷，陈强，沈天添. 基于LDA模型的人工智能伦理准则体系研究［J］. 同济大学学报（自然科学版），2023（5）：652-659.

［5］涂晨，李鑫，叶程轶. 基于LDA主题模型与Apriori算法的旅游数据挖掘［J］. 物联网技术，2023（3）：108-112.

［6］阮光册，黄韵莹. 融合Sentence-BERT和LDA的评论文本主题识别［J］. 现代情报，2023（43）.

［7］刘仕阳，化柏林. 基于LDA的公共文化主题提取与演化分析［J］. 图书情报研究，2021（28）.

［8］周好，王东波，黄水清. 新时代人民日报分词语料库下关键词抽取及分析研究［J］. 文献与数据学报，2022（4）.

［9］李璐，何利力. 融合信息熵与多权TF-IDF的营销评论关键词提取算法［J］. 智能计算机与应用，2020（10）.

［10］刘丽媛，刘宏展，郝源，吴一. 基于Python和OCR的仪表信息识别技术［J］. 电子技术与软件工程，2022（28）.

［11］张宜轩，王永芳. 基于百度OCR识别的研究生智能推免选拔平台［J］. 现代信息科技，2020（4）.

［12］左涛. 基于OCR技术实现文字识别在不动产登记中的应用［J］. 地理空间信息，2023（21）.

［13］吴旭东，罗荣良，史庭蔚，陈云. 基于百度人工智能的拍照切题系统设计［J］. 电脑知识与技术，2021（17）.

［14］刘钊，廖斐凡，赵桐. 基于PSPNet的遥感影像城市建成区提取及其优化方法. 国土资源遥感，2020（32）.

［15］张绪德，唐厚炳. 基于轻量型PSPNet的道路场景语义分割算法［J］. 信息与电脑，2022.

［16］基于图像语义分割法的城市冠顶式森林步道景观质量评价——以福州福道为例［J］. 安全与环境工程. 2022（29）.

［17］唐霞，汤军，李外宾，等. 珞珈一号融合多源数据的建成区提取［J］. 遥感信息，2023（38）.

［18］陈红，王代强. 基于OpenCV的高精度视觉测量系统设计［J］. 工具技术，2022.

［19］江浩波，卢珊，肖扬. 基于街景技术的上海历史文化风貌区城市色彩评价方法. 城市规划学刊，2022（3）.

［20］张燕，杜红乐. 面向不均衡数据的动态抽样集成学习算法［J］. 计算机应用与软件，2019（36）.

［21］曹雅茜，黄海燕. 基于概率采样和集成学习的不平衡数据分类算法［J］. 计算机科学，2019（46）.

［22］刘智谦，吕建军，姚尧，等. 基于街景图像的可解释性城市感知模型研究方法［J］. 地球信息科学，2022（24）.

［23］杜丽群. 2012年诺贝尔经济学奖获得者学术成果综述［J］. 2013（26）.

［24］李心雨，闫浩文，王卓，等. 街景图像与机器学习相结合的道路环境安全感知评价与影响因素分析［J］. 地球信息科学，2023（25）.

城市"大树据"
——基于迁移学习与多源数据的城市生态空间识别、分类、评价系统

工作单位：北京工业大学城市建设学部

报名主题：面向生态文明的国土空间治理

研究议题：生态系统提升与绿色低碳发展

技术关键词：机器学习、神经网络

参 赛 人：祝朝阳、张珊珊、刘晟楠、夏俊雄、任鱼跃、王旭颖、杨圣洁、董俊、黄少坡

指导老师：郑善文

参赛人简介：参赛团队主要来自北京工业大学郑善文老师的生态城市与可持续规划团队，关注生态城乡规划与可持续设计、城市生态评估与规划、城市设计与城市更新等方向。团队聚焦北京核心区，从研究数据、方法以及应用平台保障方面提供了强有力的基础储备，如北京核心区文化服务评价有关研究成果在国际知名期刊《Sustainable Cities and Society》上发表，核心区生态空间分类与评价有关成果在《城市发展研究》《规划师》上发表等。

一、研究问题

1. 研究背景及目的意义

随着遥感数据的获取与处理愈发便捷、数据精度不断提高以及计算机视觉技术的持续进步，通过遥感数据对城市生态环境进行识别与感知的技术愈发成熟。以Google Earth Engine（简称GEE）为代表的云平台对全球尺度的海量遥感数据提供了在线处理与分析的在线平台，支持了植被变化、气候变化等方面的大量研究。在多种遥感数据中，高分影像具有空间结构特征丰富，但光谱信息相对不足、光谱异质性较大的特点，在对高密度城市生态环境的研究中，高分影像还具备涵盖周期长、覆盖范围广、数据采集相对便捷的优势，便于进行历史演化、不同城市对比等分析。在计算机视觉领域，随着卷积神经网络（Convolutional Neural Networks，简称CNN）技术的普及，其具备的特征学习和迁移学习的能力在目标检测方面取得了显著进展，尤其在高分遥感影像方面，利用CNN进行特征提取、地物识别、目标检测等方面的研究逐渐普及。其中为解决训练数据不足的问题，基于海量自然影像对模型预训练，结合少量训练样本进行特征提取的迁移学习的策略在实践中广泛应用，能够大大缩短训练样本所需时间。

树木作为城市生态空间的重要要素，在实践与研究中获得了广泛关注。其中纽约市的树木地图（NYC Tree Map）的数据最为完整公开。2016年起，纽约的公园树木工作人员和志愿者团队开始采集城市行道树信息并予以公布；2021年，纽约市议会签署地方法令，要求公园在网站上定期更新维护树木及检查管理地图，由此NYC Tree Map开始提供公园中的树木信息；2022年12月，该网站进行了更新拓展，数据包括超过150000棵树木以及树木的位

置、大小、状况、种类及相应的生态效益。除了纽约外，澳大利亚墨尔本也提供了树木地图（Urban Forest Visual），并将未来的种植计划时间表在地图上显示；伦敦的树木地图（London tree map）主要提供了行道树和部分公园内部树木的信息；OpenTreeMap公司提供了城市树木地图管理平台的搭建服务，已为波士顿、费城、底特律等城市搭建了城市树木地图平台；笛卡尔实验室（Descartes Labs）采用1m分辨率的近红外遥感，通过机器学习模型实现了对多个城市的树冠地图绘制；MIT的Treepedia项目则通过谷歌街景图计算绿视率（Green View Index，简称GVI），绘制了全球不同大陆34个城市的城市绿视率地图。但目前对于城市树木的测度或是需要大量专业从业者的参与（如纽约树木地图通过人工采集获得数据），或是仅能够对特定类型的树木进行识别（如基于街景图仅能对行道树进行识别），部分能够对全域树木信息识别的方法仅能够输出栅格信息，与建成环境丰富的矢量数据难以适配。

我国官方公开的完整城市树木数据库相对有限，多为古树名木的分布地图。以广东省林业局的古树名木信息管理系统为例，对省内古树名木的位置、种类、树龄等信息进行了公开；部分数据也在城市规划图集中体现，以《首都功能核心区控制性详细规划（街区层面）》（以下简称"核心区控规"）为例，在各街道的规划中对古树名木的位置进行了标注。国内学者也采用了多种数据对城市生态环境进行测度，如利用街景图对全国多个城市进行街道绿视率进行测算，利用高分影像对城市林木树冠覆盖（Urban Tree Canopy，简称UTC）进行识别与分析，也提出了利用众包数据及公众参与项目人机结合实现数据采集的框架。但相较而言，我国获取城市树木及生态数据的途径相对匮乏，亟需构建适用于我国的生态空间识别框架。

2. 研究目标及拟解决的问题

（1）构建矢量生态空间分类方法

研究拟通过迁移学习方法，应用DeepForest深度学习算法及预训练数据集，采用可见光高分遥感影像实现北京核心区的树木识别。并结合多源网络数据，对生态空间进行分类，输出具备多类别信息的矢量生态空间分类地图，为理解高密度城市中心的生态空间特征提供数据基础。

（2）构建符合城市中心特征的生态系统服务测度方法

研究拟运用构建的高精度矢量生态空间分类地图，结合多源网络数据，通过对生态系统功能需求进行测度、对矢量树木服务能力进行评估、对街区层面人口数量进行估计，形成街区层面总量需求与服务能力数据集，实现街区层面供需关系的空间制图。

二、研究方法

1. 研究方法及理论依据

（1）基于迁移学习的要素识别

随着高分遥感卫星图像精度的提升与商用无人机的普及，利用高分遥感数据对农作物、树木进行识别与分析已成为农林管理的重要手段。其中对树冠的检测按方法分类，包括传统处理算法、传统机器学习模型检测算法、深度学习模型检测算法。以上三种机器学习处理方法本质上都是通过人工或半自动标注，由计算机识别要素特征，从而实现对特定要素的识别，传统处理方法对训练数据有较高的要求，且训练数据集难以随时间、地点而迁移。迁移学习方法往往存在大规模预训练的数据集，能够对要素进行基本识别，通过对特定研究区域进行小范围的人工标注即可实现对要素相对准确的识别，城市研究中最常用的迁移学习工具即为CityScape，常应用在街景图像要素的识别中。本研究采用的DeepFroest工具也是迁移学习的一种，基于可见光高分遥感影像，实现对单树的准确识别。

（2）城市生态系统服务

对生态系统服务的分类并无定论，目前较为常见的分类方法来源于千年生态系统评估，从功能角度将生态系统服务分为供给、调节、文化和支持服务，此类服务的分类更为直观，但各类服务也存在重叠现象。其中作为人口集中，资源消耗巨大的城市，支持服务仍旧是其他各类服务的基础与源泉，调节服务与文化服务占据较大比重，供给服务所占比重则相对较小。其中各类服务的关注要素如表2-1所示。

城市生态系统服务关注要素   表2-1

生态系统服务		关注要素
一级类	二级类	
调节服务	改善气候	城市热岛、城市冷岛
	空气调节	碳储存、污染物蓄滞、有害气体净化
	水资源调节	洪涝调节、雨水蓄滞、水质净化
	自然灾害调节	城市韧性、病虫害防治、避难空间
文化服务	身心健康	健康环境、体力活动促进

续表

生态系统服务		关注要素
一级类	二级类	
文化服务	休憩娱乐功能	休闲服务机会、主观感受、社会关系
	文化教育科普	文化遗产、灵感启发、环境意识提升
支持服务	生物多样性	城市生物均质化、鸟类多样性

尽管已存在多种生态系统服务模型，但均难以实现对城市中心范围进行细粒度的生态环境测度，InVEST模型为相对宏观的地级市、城市群、区域层面的生态系统测度提供了相对便捷的方法，但缺乏对城市中心的高精度测度；i-Tree Eco模型提供了精确到树木层面的测度方法，但对输入要素要求较高，依赖于大量实地调查；SolVES模型提供了文化服务的测度，但无法反映其他服务内容。

由于城市对应的高密度建成环境特征，城市中心少量的绿色空间是城市生态系统服务的重要供给，目前研究主要关注城市绿色空间的生态系统服务定量评价、绿色空间格局情景模拟、绿色空间格局演变与服务响应等，而在技术方法层面，研究多以遥感影像、GIS及网络数据为基础，通过空间信息提取、动态监测、情景模拟、了解人群需求等综合方法，对绿色空间进行定量与定性分析。通过发挥多源数据的特点，实现对生态系统服务的高精度测度。

（3）基于供需关系的城市服务

供需关系一直是规划学科关注的重要议题，在生态系统服务层面，其中城市规划学科多关注城市中绿地的供需关系与优化方法。绿地关注的问题主要包括绿地时空分布特征及生态系统服务供给、主观视角下居民的绿地需求与使用特征、绿地供给与需求的匹配关系。在供给层面，不同城市的绿色空间分布与服务存在较大差异，且随着城市化进程绿地的空间格局不断改变。在需求层面，研究多采用问卷调查的方式对居民需求进行测度。而对城市绿地供需关系的评价又可分为关注居民主观偏好的小尺度评估与基于客观指标的大尺度评估，近年来随着互联网地图数据的普及，兼具宏观特征与微观偏好的城市层面供需分析也逐渐普及，兼具城市宏观背景的同时考虑个体偏好，为城市绿色更新提供了实践指导。

2. 技术路线及关键技术

（1）步骤一：基于高分遥感数据对树木识别

收集研究范围及周边的高分遥感影像数据，进行投影、直方

图均衡、裁剪。人工标注研究区训练数据集，对模型进行迁移学习，形成研究区树木矢量分布图，并通过监督分类方法对矢量结果进行校正。

（2）步骤二：基于多源网络数据对生态空间分类

对高密度城市核心区的生态空间进行分类，并确定判定顺序与方法，通过矢量道路、面状公园、面状水系、面状街区、建筑高度栅格等数据，对矢量树木数据集进行分类，形成高精度的矢量生态空间数据集。

（3）步骤三：街区层面的供需分析

结合分类后的树木矢量，对树木光照、竞争与曝光情况进行测度，评估树木层面的服务能力；并利用多源数据，从绿地接触、热岛缓解、噪声缓解三个层面对生态系统功能需求进行分析；结合街道人口与街区建筑面积数据的拟合结果，以居住建筑面积代表街区层面人口数量。根据人口数量与功能需求测算生态系统服务的总量需求，在街区层面统计总量需求与服务能力值，并对供需关系进行空间制图（图2-1）。

图2-1 技术路线图

三、数据说明

1. 数据内容及类型

研究采用以Google Earth提供的高分遥感影像为基础，结合Open Street Map、百度地图AOI、建筑高度栅格、面状街区等多源数据，实现对生态空间的识别、分类与评价。其中高分遥感影像用于城市树木与土地栅格的自动识别，结合街景数据进行人工校核，输出矢量树木数据集；地表温度数据用于识别现状城市热岛与热岛缓解的需求；矢量道路、面状公园、面状水面、面状街区、建筑高度栅格与规划图集均用于对矢量树木数据集进行分类，输出具备分类信息的矢量生态数据集以及街区范围的构建（表3-1）。

数据名称与来源	表3-1
数据名称	**数据来源**
高分遥感影像	Google Earth历史影像
地表温度数据	Google Earth Engine Landsat8 OLI_TIRS
矢量道路数据	Open Street Map road类型
面状公园数据	百度地图AOI 旅游景点类型
	Open Street Map park类型
面状水面数据	Open Street Map water_a类型
建筑高度栅格	百度地图建筑栅格
街景影像数据	百度街景图
规划图集	首都功能核心区控制性详细规划图集

本研究选取Google Earth平台提供的高分遥感影像进行机器学习分类。首先，免费公开的影像具有数据易于获取的优势，且城市往往具有更多年份的历史影像，能够对不同时期的要素进行提取与分析；高密度城市核心区范围相对较小，往往能够在同一最高分辨率范围内实现制图与分析。尽管可见光遥感影像对于水体类型难以识别，但多源网络数据的存在能够弥补水体识别的问题，城市往往对应着丰富的公开地图数据，可以通过Open Street Map、网络地图AOI等方式予以补充。Google Earth中不同时期的高分影像的分类效果也存在不同，其中夏季因为植物长势好、树冠形态完整，对树木的识别也能够较为准确，本研究经过对近三年夏季历史影像的测试后，选择识别效果最佳的2020年9月18日

的北京核心区范围内的历史影像进行分类。对地表温度反演通过Google Earth Engine平台采用了Landsat8 OLI_TIRS数据，选择成像时间为2021年6月19日，条编号123，列编号32的数据，云量为0.14%，能够满足反演的数据要求。

2. 数据预处理技术与成果

对遥感影像预处理包括栅格投影、直方图均衡与研究范围裁剪。研究运用SASPlanet软件对北京核心区及周边的高分影像进行下载，通过ArcMap对影像栅格进行栅格投影至CGCS2000_3_Degree_GK_CM_117E投影坐标系，保证识别过程中的树木不会因为投影而变形导致识别错误；运用直方图均衡化方法进行直方图拉伸，有效增强图像的色彩与亮度分布，提高识别的准确性。并对研究范围的影像进行裁剪，包括核心区及周边200m缓冲区的范围，避免忽略研究范围外的生态空间要素对研究区的影响。

对矢量数据的处理包括对缺失数据的补充、错误数据的校正与需要数据的筛选。面状公园数据中，Open Street Map的park类型包括了大型公园，但不包括北京动物园及一些小型公园，而百度地图AOI的旅游景点类型则包括了公园以外的历史街区等其他类型，因而研究以Open Street Map的数据为基础，以百度地图AOI为补充，完善面状公园数据。面状水面数据中，以Open Street Map的water_a数据为主，但莲花河等部分水面有所缺失，对缺失的水面根据高分影像进行人工补齐。建筑高度栅格来源于百度地图，包括了部分现状已疏解腾退的建筑，在数据处理中通过与现状高分影响对比将此类建筑进行了删除处理，并补充了部分新建建筑。

四、模型算法

1. 模型算法流程及相关数学公式

（1）基于DeepForest的迁移学习算法

DeepForest是基于可见光遥感检测单个树冠的Python包，提供了来自美国国家生态观测站网络的预训练模型，并提供了注释与自定义训练模块扩展模型。其预训练模型基于LIDAR采用无监督模型提取树木的边界框，并用相应的可见光遥感训练初始的深度学习模型，以此为起点使用少量人工标注对模型进行了训练，以纠正无监督学习中的错误。其中LIDAR仅用于预训练的步骤，在最终预测中并不需要该数据（图4-1）。

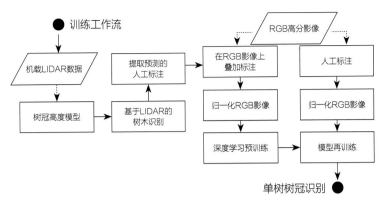

图4-1 基于LIDAR与可见光遥感的样本训练流程概念图

插图来源：Individual tree-crown detection in RGB imagery using semi-supervised deep learning neural networks。

训练数据来源于美国国家生态观测站网络（National Ecological Observatory Network，简称NEON）的NEON Crowns数据集，涵盖了37个站点的所有冠层树冠共104675304个树冠信息，包括了树冠框边界、边界框面积、可见光遥感、LIDAR信息等（图4-2）。该训练数据集在Zenodo平台实现可视化与共享（https://zenodo.org/record/3765872）。

研究首先根据获取的遥感影像分辨率及研究区树木特征，通过调整模型的patch_size与patch_overlap参数以获得最优分类结果，经过多次实验表明patch_size=300，patch_overlap=0.25时的分类效果相对较好，因此以此作为训练参数。然后根据研究区实际情况，选取能够反映城市特征的样区进行人工标注，对模型进行再训练。

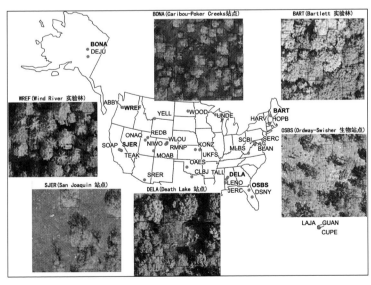

图4-2 NEON Crowns数据集中包括的站点及可见光遥感示意图

插图来源：A remote sensing derived data set of 100 million individual tree crowns for the National Ecological Observatory Network。

（2）基于最大似然的监督分类算法

最大似然法是监督分类的经典方法，在土地覆盖研究中应用广泛且发展成熟。最大似然法假设波段中的各类别统计数据呈正态分布，并计算给定像素属于各类别的概率，给定像素会分配到最近似的类别。该方法可设置概率阈值，若像素的最高概率小于各类别的阈值，则会保持像素未被分类的状态。其计算公式如下：

$$g_i(x) = \ln p(w_i) - \frac{1}{2}\ln|\Sigma_i| - \frac{1}{2}(x-m_i)^T \sum_i^{-1}(x-m_i) \quad (4-1)$$

式中，i为分类类别，x为n维数据（n为波段数），$p(w_i)$为图像中出现w_i类的概率，假定各类概率相同，$|\Sigma_i|$为w_i类数据的协方差矩阵行列式，$\sum_i^{-1}$为其逆反矩阵，m_i为平均值向量。

（3）生态空间要素的分类方法

由于高密度城市核心区的生态空间往往具备多种功能属性与空间特征，仅用蓝绿空间对其进行分类无法完整反映城市生态空间的复杂性，研究建立"要素+类型"的生态空间分类体系，基于北京核心区的生态空间特征分为9个类型，各类要素特征、内涵与判定方法如表4-1所示。

生态空间要素分类与判定方法表 表4-1

要素分类	要素内涵	判定方法	判定顺序
水系生态空间	河流水系、湖面	OSM中水面要素结合高分影像补充	1
公园生态空间	向公众开放的公园绿地和名胜场所对应的生态空间	OSM中公园面要素结合百度AOI旅游景点面要素补充	2
广场生态空间	大中型城市广场	百度AOI中广场面要素识别	3
滨水生态空间	河流沿线、湖面沿线	水系要素与OSM道路要素相交的面，并通过水系要素选择	4
路内生态空间	道路中间绿化带、立交桥景观绿地等	OSM主要道路进行线转面，并删除街道空间	5
路旁/街道生态空间	道路两侧行道树、林荫道等	OSM主要道路构建缓冲区	6
单位生态空间	各类单位、学校、医院等地块内部生态空间	结合百度POI、AOI与规划图集对功能界定，通过百度地图建筑高度栅格实现胡同/平房与社区的区分	7
胡同/平房生态空间	胡同、平房区和四合院的生态空间		8
社区生态空间	居住小区内部的生态空间		9

研究通过多源矢量数据构建各生态空间要素选择基准面，对分类后的矢量树木数据集进行选择并分类（水系生态空间除外，直接采用矢量要素而无需选择），具体采用ArcMap中的按位置选择方法按照判定顺序对生态空间类型进行确定。

（4）单窗算法地表温度反演

覃志豪单窗算法（Mono-window Algorithm）是陆地表面温度的经典算法，根据地表热辐射传输方程推导出利用Landsat热红外波段数据反演地表温度：

$$T_s = \left[a*(1-C-D) + \left(b*(1-C-D) + C+D \right) *T_6 - D*T_a \right] / C \quad (4-2)$$

式中，T_s为地表真实温度，a、b为常量，C、D为中间变量，T_a为大气平均作用温度，T_6通过普朗克公式的反函数获取。

$$C = \varepsilon * t \quad (4-3)$$

$$D = (1-t)*(1+(1-\varepsilon)*t) \quad (4-4)$$

式中，ε表示地表比辐射率，t为当天大气的透射率。

对研究区中纬度夏季的温度而言，大气平均作用温度T_a与近地面气温T_0存在以下的线性关系：

$$T_a = 16.0110 + 0.92621 * T_0 \quad (4-5)$$

式中，T_0为遥感影像获取时的气温。

$$T_6 = K_2 / \ln\left(K_1 / B(T_s) + 1 \right) \quad (4-6)$$

式中，K_1、K_2是卫星发射前的预设常量。

（5）太阳辐射区域测算

研究通过ArcMap对建筑高度栅格测算建筑阴影对研究区太阳辐射的影响，由于该方法计算速度较慢，因而将建筑栅格重采样至5m。在参数设置上，对研究区2023年含月间隔的整年，间隔1小时的辐射区域进行测算。计算公式如下：

$$Global_{tot} = Dir_{tot} + Dif_{tot} \quad (4-7)$$

式中，$Global_{tot}$为总辐射量，通过将直接辐射量Dir_{tot}和散射辐射量Dif_{tot}相加获得。

$$Dir_{tot} = \sum Dir_{\theta,\alpha} \quad (4-8)$$

式中，直接辐射量是所有太阳扇区中的直接辐射量$Dir_{\theta,\alpha}$的综合，扇区直接辐射量通过以下公式计算：

$$Dir_{\theta,\alpha} = S_{Const} * \beta^{m(\theta)} * SunDur_{\theta,\alpha} * SunGap_{\theta,\alpha} * \cos(AngIn_{\theta,\alpha}) \quad (4-9)$$

式中，S_{Const}为地球与太阳平均距离处大气层外的太阳通量，称为太阳常数；

β为最短路径（朝向天顶的方向）的大气层透射率（所有波长的平均值），$m(\theta)$为相对的光路径长度，以相对于天顶路径长度的比例形式测量；

$SunDur_{\theta,\alpha}$为天空扇区的持续时间，$SunGap_{\theta,\alpha}$为太阳图扇区的孔隙度；

$AngIn_{\theta,\alpha}$为天空扇区的质心与表面的法线轴之间的入射角。

散射辐射量的计算方式如下：

$$Dif_{\theta,\alpha} = R_{glb} * P_{dif} * Dur * SkyGap_{\theta,\alpha} * Weight_{\theta,\alpha} * \cos(AngIn_{\theta,\alpha}) \quad (4-10)$$

式中，R_{glb}表示总正常辐射量，P_{dif}表示散射的总正常辐射通量的比例，Dur表示分析的时间间隔，$Weight_{\theta,\alpha}$表示给定天空扇区与所有扇区中散射辐射量的比例。

（6）树木竞争情况测算

植物间的竞争作用是影响植物的生长、形态和存活主要因素之一，竞争现象意味着由于相邻竞争木的存在而使环境资源的减少。研究将识别的树木矩形范围中心与平均边长构建树木的圆形范围，对圆形的矢量树木构建半径为10m的缓冲区，识别缓冲区内的树木数量，数量越高表示树木的竞争情况越强。

（7）基于网络分析的可达性与服务区构建

研究通过对北京四环内OSM矢量道路进行筛选并构建网络数据集，假定5km/h的步行速度对步行时间可达性进行测度。在可达性栅格的构建方面，通过对四环范围创建250m渔网，选取其中心点进行OD成本矩阵测算，对OD要素线选取半径为2000m范围内的要素进行汇总并关联至点，通过反距离权重构建可达性栅格。在等时服务区构建方面，以研究区及周边主要公园出入口作为出发点，构建2分钟间隔的2~30分钟等时服务圈反映绿地可达性。

2. 模型算法相关支撑技术

研究基于PyCharm2022平台搭载CUDA环境调用GPU进行训练与分类，有效提高了分类速度，通过Python3.9.13版本进行栅格识别与结果输出。利用Python包DeepForest1.2.3进行树冠要素识别，通过pyproj3.4.1、rasterio1.3.6等包辅助进行栅格图像的导入与矢量内容的输出。其余最大似然监督分类、生态空间要素分类、供需各要素的测算等过程均在ArcMap10.8软件中进行（图4-3）。

（a）代码运行平台PyCharm　　　　　　　　　　　　（b）所需Python第三方包

（c）代码运行过程

图4-3　模型平台与运行示意图

五、实践案例

1. 模型应用实证及结果解读

（1）研究范围

研究拟以北京首都功能核心区（以下简称"核心区"）为研究范围，包括北京市东城区和西城区，总面积约92.5平方公里，2022年初常住人口约181.2万人，贡献了全北京市1/5的GDP，达8601.2亿元。

核心区是北京减量更新的重中之重，区内有景山、北海、后海、天坛、陶然亭、动物园等重要城市生态空间，此外还有天安门广场、西单广场、北京展览馆广场等大中型城市开敞空间，这些空间具有较强的生态服务功能，对支撑北京高质量发展和高品质生活具有重要意义。《首都功能核心区控制性详细规划》提出建设高品质宜人城市环境，结合疏解腾退空间，增加公园绿地、小微绿地和公共型附属绿地等不同形式的绿色空间；此外还强调建立健全古树名木及大树保护信息库，加强生长状态监测，积极改善树木生长环境，为本研究提供了实践指引。

（2）预训练模型典型错误与处理方法

通过对核心区机器学习分类测试，发现四类典型分类错误：

①因建筑阴影而无法识别阴影下的树木；

②对建筑屋顶的错误识别；

③对连片树丛的错误识别；

④对特定树种的错误识别。

由于高分遥感数据的特征，对数据进行训练只能解决问题④而无法解决其他问题，因而在训练前需要结合多源数据对各类问题提出处理方法，以保证数据的准确性：

①采用不同时相的高分影像数据对阴影进行补充，由于研究区位于北半球中高纬度，在各个季节均存在较明显的阴影，这一方法能解决少部分阴影区的问题。另外采用百度街景图对行道树进行识别，通过人工校验对建筑阴影下的树木进行标注。

②由于预训练数据集包括了部分树干要素，因而部分建筑屋顶会被识别为树木，通过构建负样本对具备该特征的要素进行删除，并结合监督分类结果和人工检验对此类错误进行删除。

③连片树丛仅通过高分遥感影像难以准确识别具体单树范围，因而对部分树丛通过结合历史高分影像进行人工校核识别。

④特定树种的分类错误主要发生在天坛南部的柏树树阵，通

过人工标注数据集并进行实现对该类型的正确识别。

（3）数据训练

研究选择核心区南侧约100公顷的范围进行了人工标注，共标注6322项（图5-1）。该范围包括了规则树阵、不规则树丛、行道树、水面、滨水树木等多种不同特征的生态要素，能够反映高密度城市核心的各类生态空间特征。

图5-1 人工训练样本示意图

2. 模型应用案例可视化表达

（1）树木识别结果

通过对核心区的高分影像进行机器学习树冠要素识别，共识别出413198处树木，但由于对连续树丛识别存在困难，往往出现树丛被识别为多棵单树，因而实际核心区的树木数量会少于本次识别的值。核心区全域与典型地区的分类结果如图5-2、图5-3所示。

以街道行政区划对街道内矢量树木数量进行统计，可以发现核心区各街道差别较大，其中天坛街道、展览路街道、什刹海街道分别因天坛公园、北京动物园、北海公园此类大型公园的存在而有较多树木；大栅栏、椿树、前门、崇文门、朝阳门街道则因为对胡同的保留而生态空间相对较少。

（2）矢量树木分类结果

通过对矢量树木数据进行分类（图5-4至图5-6），可以发现核心区社区生态空间有最多的树木，对应小区内部绿化；其次为街旁生态空间，对应行道树；公园这一传统被认为占据了最多生态空间的类型仅排第三。这也反映出目前核心区生态空间主要为面向特定居民服务，面向全体居民服务、具备提供活动场地能力的生态空间仍相对有限；同时存量的街旁生态空间数量较多，而核心区现状的街旁生态空间往往相对消极，能够提供的服务种类有限，因而对街旁

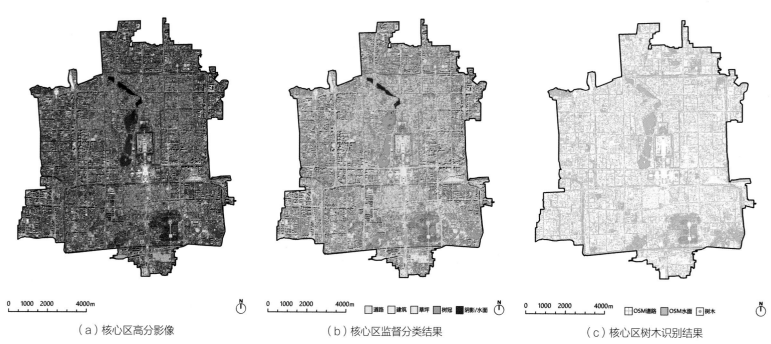

| （a）核心区高分影像 | （b）核心区监督分类结果 | （c）核心区树木识别结果 |

图5-2 核心区全域机器学习识别结果

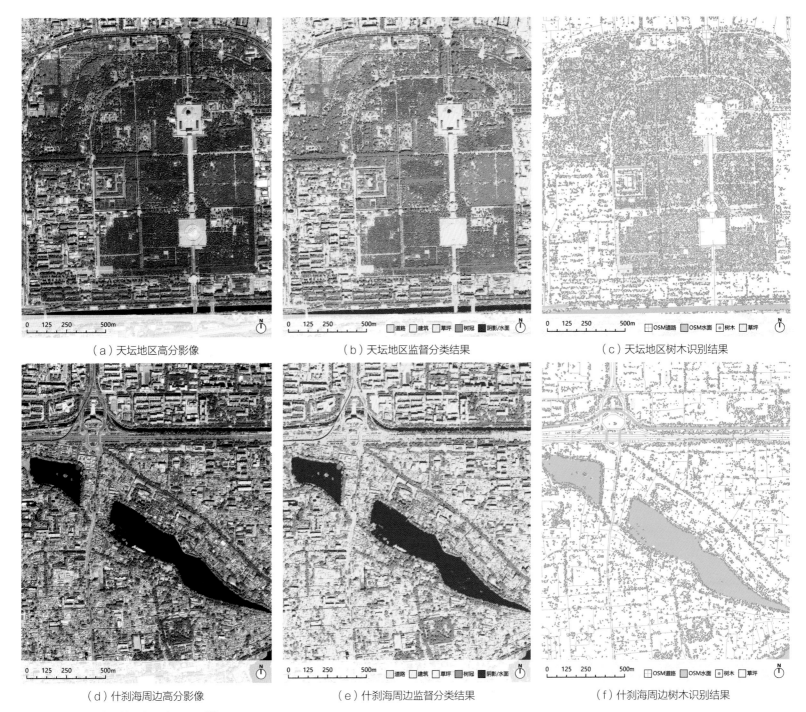

（a）天坛地区高分影像　　　　　　（b）天坛地区监督分类结果　　　　　　（c）天坛地区树木识别结果

（d）什刹海周边高分影像　　　　　　（e）什刹海周边监督分类结果　　　　　　（f）什刹海周边树木识别结果

图5-3　核心区典型地区机器学习识别结果

生态空间进行改造是存量发展背景下提升生态空间质量的重要途径。

（3）树木服务能力半定量评估

根据建筑栅格、矢量树木、街道网络基础数据集，对树木光照情况、竞争情况、曝光情况进行测算，分项的分析结果如图5-7所示；对各分项结果进行归一化处理，假定各要素权重相等进行加权，结果如图5-8所示。可以发现大型公园对应的树木受到建筑阴影影响较弱，同时树木竞争较强、树木曝光情况较弱。社区与街旁对应树木尽管会更多受到建筑阴影影响，但树木竞争普遍较弱，同时对应较高曝光值。综合评价结果表明服务能力低的树木多位于大型公园内部、大型社区或行政办公内部地

矢量树木数量

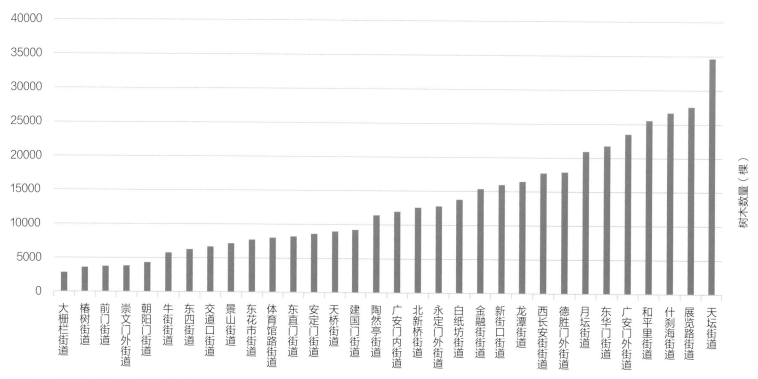

图5-4 核心区矢量树木分街道统计图

矢量树木分类统计图

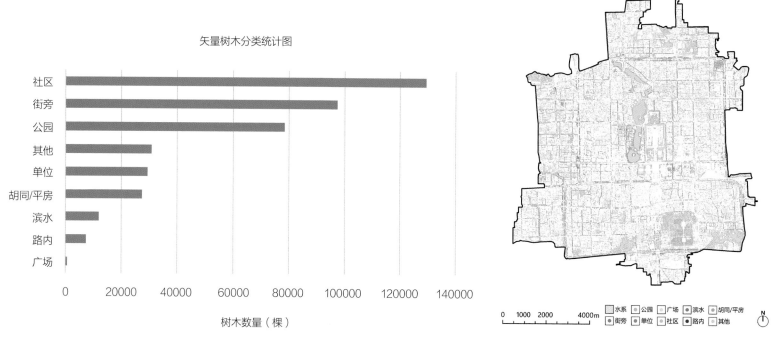

图5-5 核心区矢量树木分类统计图

图5-6 核心区矢量树木分类分布图

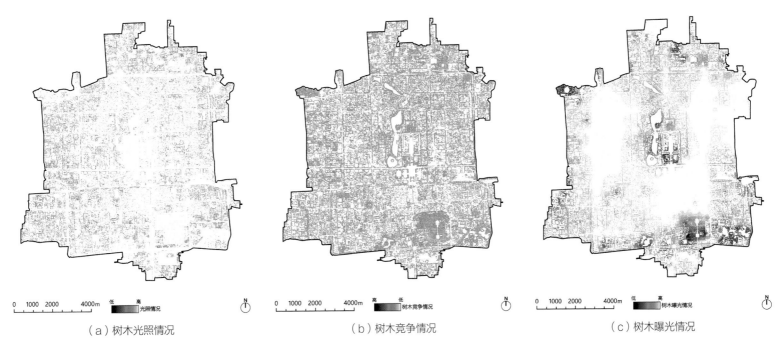

（a）树木光照情况　　　　　　　　　（b）树木竞争情况　　　　　　　　　（c）树木曝光情况

图5-7　核心区矢量树木服务能力半定量评价结果

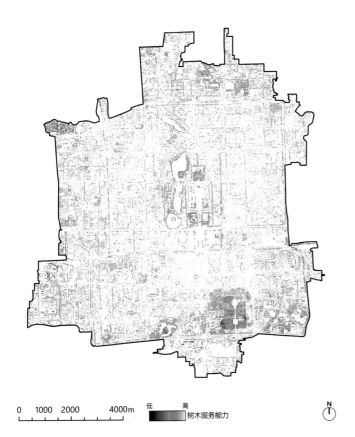

图5-8　核心区矢量树木服务能力综合评价

块，胡同/平房、街旁类树木往往具备较高的服务能力。

（4）生态系统功能需求半定量分析

根据街道网络、绿地主要出入口、Landsat8、OSM矢量道路与铁路基础数据集，对绿地接触、热岛缓解、噪声缓解需求进行了测算，分项的分析结果如图5-9所示；对各分项结果进行归一化处理，假定各要素权重相等进行加权，结果如图5-10所示。可以发现西单、东直门对应的高密度建成环境对绿地接触有较高需求，除大型公园外对热岛缓解均有较高需求，其中以大栅栏对应的胡同片区需求最高，噪声缓解需求则集中在各火车站周边。综合评价结果表明各火车站周边、传统胡同（高密度低强度）与现代商业办公（高密度高强度）对应的建成环境功能需求较高。

（5）街区尺度人口估计

传统对于人口数量的测度往往通过人口普查、人口网格等方式进行，但前者数据粒度相对较低、后者往往与实际人口分布存在较大偏差。本研究根据核心区控规图集提取现状居住用地范围，并根据此范围选取居住建筑，将街区内居住建筑面积与街道人口进行线性拟合，结果表明居住建筑面积与人口普查人数的关联性较高（R^2大于0.9），拟合结果如图5-11所示。因而本研究运用街区居住建筑面积反映街区层面人口数量，相关数据如图5-12所示。

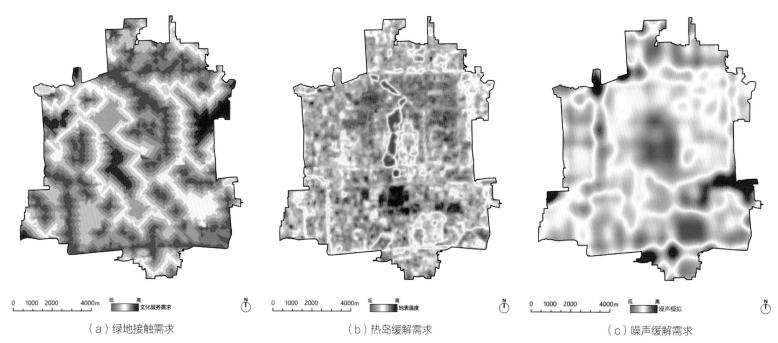

（a）绿地接触需求   （b）热岛缓解需求   （c）噪声缓解需求

图5-9　核心区生态系统功能需求半定量分析结果

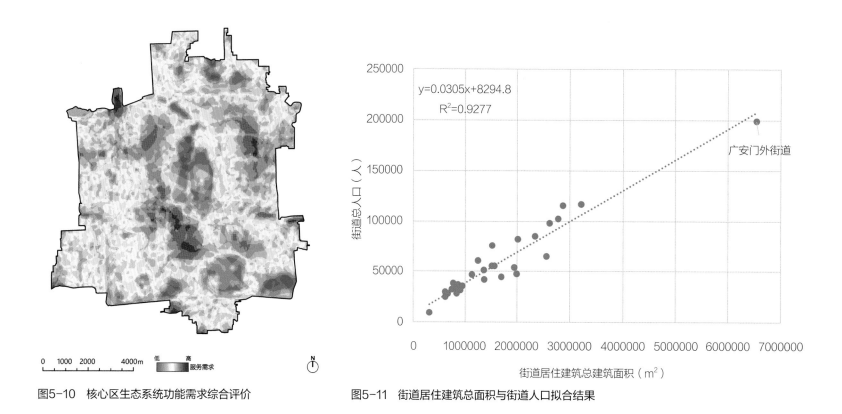

图5-10　核心区生态系统功能需求综合评价

图5-11　街道居住建筑总面积与街道人口拟合结果

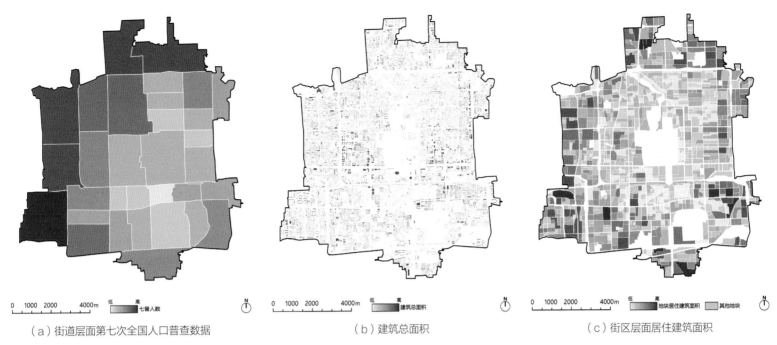

（a）街道层面第七次全国人口普查数据　　　　　　（b）建筑总面积　　　　　　（c）街区层面居住建筑面积

图5-12　核心区人口与建筑数据

（6）街区尺度供需测度

将归一化的树木服务能力矢量数据关联统计至街区，反映街区层面服务供给；并将归一化后的功能需求栅格提取至街区，与街区人口数量乘积反映街区总量需求。将街区层面的供给-需求测算结果通过自然断点法进行高中低三级分类，形成九类供需类型。结果显示广安门外街道有较多的低-高聚类，表明存在较严重的生态服务供给缺口，此外二环外的展览路街道、和平里街道均呈现出高-高聚类，供需较为平衡。城市中心的传统胡同片区由于人口较少普遍呈现出低-低聚类，而相邻的高密度住区内部生态系统服务仍不足以满足居民需求，呈现出较多低—高聚类"孤岛"（图5-13）。

（a）街区层面生态系统服务供给　　　　　　（b）街区层面生态系统服务需求　　　　　　（c）街区层面供需关系测度

图5-13　核心区街区层面生态系统服务供需测度

六、研究总结

1. 模型设计的特点

（1）采用了迁移学习方法对生态空间进行高精度识别，降低了数据获取难度、简化了本地计算需求

本研究简化了传统生态空间识别的数据需求，传统研究所需要的LIDAR、多光谱数据尽管能够提供更加准确的分类结果，但其数据获取难度、数据公开性都决定了并不适用于城市尺度的研究。本研究仅通过可见光高分遥感数据实现对城市树木的识别，降低了对生态空间识别的数据门槛，且采取的迁移学习方法能够有效降低训练所需的人工标注工作量、便于在本地进行计算，并能够有效将这一方法拓展至更多城市进行研究。

（2）运用多源网络数据对城市生态空间实现高效分类

通过多源网络数据，一方面能够有效弥补可见光遥感对水体识别的缺陷，完善城市蓝绿体系；另一方面，不同类型生态空间的公开性、功能特性也存在差异，通过对生态空间的深度分类，能够有效识别城市生态空间存在的问题、发掘存量生态空间。

（3）运用多源网络数据及矢量树木数据，对高密度城市中心的街区层面生态系统服务供需关系实现测度

本研究根据高密度城市中心的建成环境特征，考虑建筑阴影、步行可达等要素，从矢量树木层面对其服务能力进行半定量评估。并考虑绿地接触、热岛缓解、噪声缓解三类功能需求要素，结合街道人口数量与居住建筑面积的拟合关系，创新性地从街区这一精细尺度对供需关系进行测度，构建街区供需关系矩阵，为城市绿色更新提供供需层面的指引。

2. 应用方向或应用前景

（1）运用高分遥感数据与迁移学习算法，实现对城市树木的长期动态监测

运用迁移学习算法，结合不同时相的高分遥感影像，能够对城市生态空间的历史演化进行量化界定分析，并模拟树木自然生长、城市持续扩张、城市绿色更新等不同情景下的生态空间演化预期。而结合未来高分遥感影像以及无人机遥感影像，能够对城市树木实现长期动态监测，保障树木的健康生长。

（2）结合成本效益模型，对高密度城市核心区的存量绿色更新进行更加准确的经济测算

在城市存量更新及地方政府财政收缩背景下，城市绿色更新不仅仅要考虑供需关系，将来还会更多考虑更新成本效益平衡。本研究提供的城市生态信息数据库能够有效识别现状低效生态空间，结合成本效益模型，探索生态空间正外部性最大化的更新与经营方式。

（3）构建公众参与信息平台，对高密度城市生态系统服务进行高精度量化测度

生态系统服务价值的测算是生态学研究的热点，传统基于土地利用与土地覆盖的InVEST模型常用于区域尺度的生态价值评价，在高精度矢量数据的支持下，通过构建公众参与的信息平台，实现对树木信息的深度采集，并基于i-Tree等树木层面的模型，实现对城市生态系统服务更加精准的量化测度。

参考文献

[1] 郝斌飞，韩旭军，马明国，等. Google Earth Engine在地球科学与环境科学中的应用研究进展［J］. 遥感技术与应用，2018，33（4）：600-611.

[2] 李军军，曹建农，朱莹莹，等. 高分辨率遥感影像建筑区域局部几何特征提取［J］. 遥感学报，2020，24（3）：233-244.

[3] 许德刚，王露，李凡. 深度学习的典型目标检测算法研究综述［J］. 计算机工程与应用，2021，57（8）：10-25.

[4] 董蕴雅，张倩. 基于CNN的高分遥感影像深度语义特征提取研究综述［J］. 遥感技术与应用，2019，34（1）：1-11.

[5] HU F, XIA G-S, HU J, et al. Transferring deep convolutional neural networks for the scene classification of high-resolution remote sensing imagery［J］.Remote Sensing, 2015, 7（11）：14680-14707.

[6] NOGUEIRA K, PENATTI O A, DOS SANTOS J A. Towards better exploiting convolutional neural networks for remote sensing scene classification［J］. Pattern Recognition, 2017, 61: 539-556.

[7] NYCTREEMAP. Explore and Care For NYC's Urban Forest［EB/

OL〕. 2022, https://tree-map.nycgovparks.org/tree-map/learn/about/updates.

〔8〕 广东省林业局. 广东省古树名木信息管理系统〔EB/OL〕. http://gsmm.lyj.gd.gov.cn/public/map.

〔9〕 LONG Y, LIU L. How green are the streets? An analysis for central areas of Chinese cities using Tencent Street View〔J〕. PloS one, 2017, 12（2）: e0171110.

〔10〕 城室科技. 中国城市街道"绿意"几多？2000万张街景影像告诉你答案〔EB/OL〕.〔2019-06-20〕. https://mp.weixin.qq.com/s/kxBXaernXaVnVN2Xtqrdlg.

〔11〕 贾宝全, 张文, 李晓婷, 等. 北京城市潜在林木树冠覆盖的区域分布、动态变化与评价研究〔J〕. 生态学报, 2020, 40（3）: 874-887.

〔12〕 贾宝全, 仇宽彪. 北京市第二道绿化隔离区林木树冠覆盖特征与景观格局变化〔J〕. 林业科学, 2019, 55（2）: 13-21.

〔13〕 来源. 面向绿色基础设施的城市信息学：纽约市行道树数据收集、分析与公众科学的综合研究〔J〕. 风景园林, 2021, 28（1）: 17-30.

〔14〕 李唯嘉. 面向遥感影像分类、目标识别及提取的深度学习方法研究〔D〕. 北京：清华大学, 2019.

〔15〕 谢高地, 肖玉, 鲁春霞. 生态系统服务研究：进展、局限和基本范式〔J〕. 植物生态学报, 2006,（2）: 191-199.

〔16〕 毛齐正, 黄甘霖, 邬建国. 城市生态系统服务研究综述〔J〕. 应用生态学报, 2015, 26（4）: 1023-1033.

〔17〕 成超男, 胡杨, 赵鸣. 城市绿色空间格局时空演变及其生态系统服务评价的研究进展与展望〔J〕. 地理科学进展, 2020, 39（10）: 1770-1782.

〔18〕 陈樟昊, 黄甘霖. 城市绿地供需的差异与联系研究进展〔J〕. 应用生态学报, 2020, 31（11）: 3925-3934.

〔19〕 JIN J, GERGEL S E, LU Y, et al. Asian cities are greening while some North American cities are browning: long-term greenspace patterns in 16 cities of the Pan-Pacific region〔J〕. Ecosystems, 2020, 23: 383-399.

〔20〕 木皓可, 高宇, 王子尧, 等. 供需平衡视角下城市公园绿地服务水平与公平性评价研究——基于大数据的实证分析〔J〕. 城市发展研究, 2019, 26（11）: 10-15.

〔21〕 王敏, 朱安娜, 汪洁琼, 等. 基于社会公平正义的城市公园绿地空间配置供需关系——以上海徐汇区为例〔J〕. 生态学报, 2019, 39（19）: 7035-7046.

〔22〕 WEINSTEIN B G, MARCONI S, BOHLMAN S, et al. Individual tree-crown detection in RGB imagery using semi-supervised deep learning neural networks〔J〕. Remote Sensing, 2019, 11（11）: 1309.

〔23〕 WEINSTEIN B G, MARCONI S, BOHLMAN S A, et al. A remote sensing derived data set of 100 million individual tree crowns for the National Ecological Observatory Network〔J〕. Elife, 2021, 10: e62922.

〔24〕 成淑艳, 曹生奎, 曹广超, 等. 基于高分辨率遥感影像的青海湖沙柳河流域土地覆盖监督分类方法对比〔J〕. 水土保持通报, 2018, 38（5）: 261-268, 封3.

〔25〕 郑善文, 马默衡, 李福, 等. 高密度城市核心区生态空间界定与评价——以北京为例〔J〕. 规划师, 2021, 37（3）: 64-71.

〔26〕 QIN Z, KARNIELI A, BERLINER P. A mono-window algorithm for retrieving land surface temperature from Landsat TM data and its application to the Israel-Egypt border region〔J〕. International journal of remote sensing, 2001, 22（18）: 3719-3746.

〔27〕 吴巩胜, 王政权. 水曲柳落叶松人工混交林中树木个体生长的竞争效应模型〔J〕. 应用生态学报, 2000,（5）: 646-650.

一种基于行为模拟的公共空间活力诊断与提升模型

工 作 单 位：湖南师范大学地理科学学院、广东国地规划科技股份有限公司

报 名 主 题：面向高质量发展的城市治理

研 究 议 题：城市公共空间品质提升与智慧化城市设计

技术关键词：智能体模型、机器学习、可解释性

参 赛 人：林予朵、李羽、梁超、亓势强

参赛人简介：团队由林予朵、李羽、亓势强（湖南师范大学人文地理与城乡规划专业本科生）、梁超（广东国地规划科技股份有限公司）组成。指导老师黄军林（华中科技大学城乡规划学博士、注册城乡规划师、城市规划高级工程师），主要研究方向为城乡空间资源配置机制、数字空间规划理论与分析方法。团队成员曾开展城市更新潜力识别、全龄友好社区规划决策、健康社区数字画像理论与实证等研究，发表2篇论文，申请2项专利，竞赛获奖4次，在城市研究领域拥有良好的基础。

一、研究问题

1. 研究背景及目的意义

（1）研究背景

习近平总书记在上海提出"人民城市人民建，人民城市为人民"的重要理念，秉承"以人为本"的核心理念，营造有活力的公共空间对于满足城市高质量发展与人民美好生活需要极其重要。人性化的公共空间强调居民在空间使用过程中愉悦的心理感受体验，对促进市民身心健康、维系城市活力、培育市民认同感具有重要作用。而在我国快速城市化进程中，公共空间暴露出使用功能单一、空间布局不合理及功能组织与空间组织"两层皮"等问题，其原因在于传统规划设计及其相关研究注重空间营造，而缺乏空间行为研究与精细诊断，规划设计实施未能遵循使用者的行为需求。业界虽然对城市公共空间进行了大量研究和改善提升工作，但其人性化建设仍任重而道远。因此，建立符合"人"行为需求的公共空间是以人民为中心和存量发展时期城市研究的重要议题。

（2）研究动态

人在公共空间中的行为规律与景观环境特征的关联性一直是学术研究和规划设计关注的焦点。但个体行为活动的自主性、不确定性、多样性等特征为行为规律的分析研究带来一定困难，相关研究较为薄弱。近年来，元胞自动机、多智能体等相关算法的引入为模拟微观视角下个体行为差异提供了技术支持，多智能体模型具有智能化特点、分布式特征、自下而上的模拟方式，可实现全时动态仿真、多方案比较和虚拟情境预演等功能。因此学者利用多智能体模型在新冠病毒传播、模拟住宅位置、紧急疏散、滨水空

间活力提升等领域进行模拟研究，并取得良好的研究效果。但是目前公共空间休闲游憩行为规律分析研究依旧薄弱，行为模拟集中于中宏观层面的城市问题的应用，而缺乏微观尺度的延展。

（3）研究目的及意义

如何更好地组织和利用公共空间，以使其成为城市所需要的"积极空间""人本空间"？研究以多智能体仿真（Multi Agent Simulation，简称MAS）与SHAP方法（SHapley Additive exPlanation，简称SHAP）为技术支撑，构建一套人与公共空间耦合互动的问题地块识别、人群行为模拟、空间耦合诊断的设计支撑模型，为人性化公共空间的建设提供设计参考与决策支持。

研究从城市公共空间使用者的角度出发，基于文献采集和实地调研观测结果，将不同年龄群体对公共空间的使用需求抽象为引力与斥力，通过粒子运动模拟来理解空间形态，可以为相关理论研究拓展思路。此外，动态化的行为模拟过程辅助探究不同场景下人群的行为模式，为未来城市空间的设计提供建议，从而降低公共空间资源闲置的可能性，具有重要实践意义。

2. 研究目标及拟解决的问题

（1）总体目标

构建一套人与公共空间耦合互动的问题地块识别、人群行为模拟、空间耦合诊断的设计支撑模型，为城市公共空间人本化品质提升提供建议。

（2）瓶颈问题及解决方案

①如何理解复杂空间对人群行为的影响？城市公共空间是一个复杂的巨系统，其组成因子存在复杂的协同作用影响，以往的规划研究或是利用多因子综合评价等线性模型进行关键因子分析，或是基于小样本调研进行空间解读，存在着片面理解、经验式判断等问题，导致决策结果不妥当。研究引入多智能体技术进行行人特征识别和空间使用效率评价，开展不同年龄视角方案的预演和比选，为设计、决策和管理带来不同于传统的研究视角。

②如何联系居民诉求优化空间格局？公共服务设施是向城市特定群体提供公共产品的可见标志，其布局必须兼顾公平与效率。而现状设施布局大多依据国家规范等硬性指标进行配置，缺乏灵活性，未充分考虑人群差异化的行为需求与设施集约利用需求。本研究从人地耦合视角出发，计算人口模拟结果与设施服务配置的耦合度，以对设施布局缺口的进行精准诊断，通过科学预判辅助避免重复更新与供需失衡。

二、研究方法

1. 研究方法及理论依据

（1）需求层次理论与全龄友好理念

研究将公共空间使用者分为儿童、中青年、老年三类，基于马斯洛需求层次论对不同年龄段的专项需求进行考量，并从公共友好、儿童友好、青年友好、老年友好维度构建了空间吸引子[1]矩阵（表2-1）。从全龄段人群视角出发考虑年龄结构变化带来的群体诉求差异，有助于理解空间问题的复杂性，提升规划决策

空间吸引子分类矩阵	表2-1
全龄友好维度	**空间吸引子类型**
公共友好	生活服务设施
	公共服务设施
	停车场站
	公园广场
	特色景点
	餐饮设施
儿童友好	学校
	文教设施
	运动场馆
青年友好	第三空间
	社区公共服务中心
	专卖店
	娱乐场所
	商场
老年友好	菜市场与生鲜超市
	老年活动中心

1　空间吸引子：即引发粒子集散的环境要素单元，研究以设施作为空间吸引子，以设施可达性与现状人群分布的SHAP影响值表征空间吸引子的引力或斥力。空间吸引子类型的选择参考团队成员前期研究《Intelligent Assessment, Diagnosis and Planning of All-age Friendly Communities Based on Random Forest》，并在本研究问卷调查中获得使用者确认。

的精细度、公平度，增强空间设计的多样性和包容性。

（2）多智能体模型与行为模拟

多智能体行为模拟是从分析单一智能体行为切入，通过系统局部规则改变模拟多个智能体系统的行为特征，以实现虚拟情境模拟的方法。其自学习、自适应、自进化的功能特性有利于透视复杂系统的本质属性，目前已被广泛用于土地利用、城市发展、群体行为分析等社会—经济—环境系统的模拟研究中。基于MAS的公共空间休闲游憩行为模拟不仅能辅助理解不同年龄群体差异化的决策行为，而且能反演人口在真实地理空间的分布情况，实现微观个体决策和宏观现象分析的有机结合。

（3）SHAP与可解释性机器学习

SHAP是一种博弈论方法，用于解释任何机器学习模型的输出，通过比较输入变量的存在或不存在对模型输出的平均变化来阐明目标输入变量的重要性。研究的重点在于利用SHAP工具揭示随机森林回归模型的"黑盒"性质，在全局角度揭示设施布局对人群集散影响的规律；在局部角度以SHAP值表征设施影响的引力或斥力，作为行为模拟依据。

2. 技术路线及关键技术

本研究构建了一套"识别问题地块、微观个体模拟、空间耦合诊断"的公共空间活力诊断与提升模型，涉及地块诊断技术、人地关系挖掘技术、空间问题诊断技术三大技术（图2-1）。

（1）基于STICC的地块诊断技术

首先构建公共空间活力评价体系，结合大数据在GIS中进行计算，得到地块空间单元的基本属性。参考K-Means聚类结果和调参变化观测效果调整STICC聚类算法（Spatial ToeplitzInverse Covariance-Based Clustering，简称STICC）关键参数，实现多源数据属性与空间双重维度的聚类，得到宏观层面活力类型区的最佳聚类结果，利用数据探索性分析对各类型区的空间特征进行解译，诊断出问题地块，为案例区选取提供依据。

（2）基于SHAP的人地关系挖掘技术

对案例片区，利用随机森林（Random Forest，简称RF）与SHAP可解释方法，挖掘设施覆盖率对不同年龄段群体现状分布的影响，以SHAP值表征邻接单元对中央单元的空间"引力"和"斥力"，映射"人—地"耦合的居民行为活动的动力机制。与传统机器学习模型相比，SHAP方法能解析空间对人群行为活动

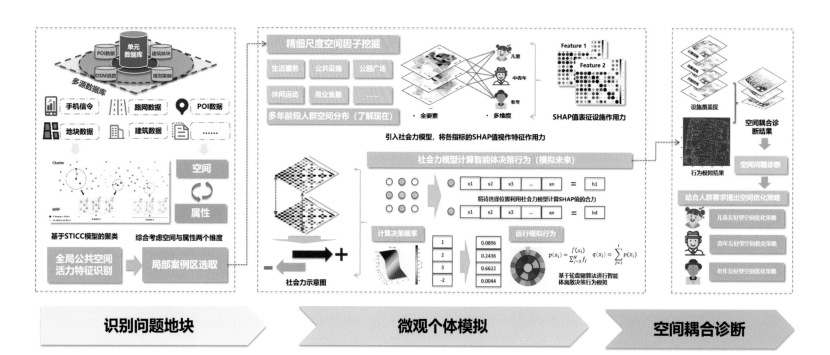

图2-1　研究技术路线图

的正负向影响和影响大小,反映其非线性影响,更契合地理学空间异质性定律。

(3)基于MAS的空间问题诊断技术

结合步骤(2)计算得出的空间"引力"与"斥力"设定行动规则,初始化对规划期内预估人口的随机空间分布,利用MAS对全龄群体进行行为模拟,得到未来情景人口分布。计算设施覆盖率与行为模拟结果的耦合度,诊断当前设施布局问题与服务配置缺口,结合人群需求提出空间优化策略,从而赋能人本化的规划设计。

三、数据说明

1. 数据内容及类型

核心数据由高德地图POI设施点数据、手机信令数据、实地调研数据构成(表3-1)。传统数据与互联网大数据联合使用为精细量化设施与人现实分布情况提供有力依据。

数据内容及类型　　　　　表3-1

数据内容	数据类型	数据作用
地块数据	面数据	量化宏观空间单元
OSM道路数据	线数据	辅助量化公共空间活力
Landsat8卫星数据	栅格数据	辅助量化公共空间活力
夜间灯光数据	栅格数据	辅助量化公共空间活力
POI数据	点数据	辅助量化公共空间活力,计算设施覆盖率
手机信令数据	点数据	反映案例区居民分布情况
实地调研数据	照片、问卷、视频等	修正案例区居民分布,辅助确定吸引子,验证模拟效果,解析空间现象成因
建筑轮廓数据	面数据	修正微观案例单元,辅助量化公共空间活力

2. 数据预处理技术与成果

(1)宏观层面:公共空间单元划分

研究以中宏观尺度的片区为公共空间基本单元,易于更新与管理的落实和操作。首先基于OSM道路数据对不同道路等级进行加权缓冲处理,将得到的缓冲面利用擦除的方式对地块进行切割。最后结合路网肌理、地块形态等特征,通过K-Means和人工修正的方法,综合生成地块聚类结果。并利用最小凸多边形算法计算公共空间单元边界。

(2)微观层面:基础物理环境绘制

针对选取出的案例片区,利用GIS将获取到的基础物理环境数据,如建筑数据、设施数据、道路数据等进行清洗与处理、补充绘制,确保数据的一致性和连通性,扣除片区建筑,将剩余空间作为人的可行域,生成5m×5m的栅格作为人的基本活动单元。

四、模型算法

1. 模型算法流程及相关数学公式

(1)构建公共空间活力指标体系

参考马悦等研究,将公共空间活力分为活力表征与活力构成两个方面,人群活力维度即活力表征,其余维度为活力构成,如表4-1所示。

评价指标体系　　　　　表4-1

一级指标	二级指标	表征
人群活力	人群活力密度	人群总量与研究单元面积的比值,工作日和休息日的平均活力密度
	人群活力稳度	各研究单元在指定时间段内活力密度标准差的逆向指标
	夜间灯光强度	遥感影像辐射矫正后辐射亮度值
	年龄群体多样性	香农多样性指数、Simpson多样性指数
	活动类型丰富度	单位面积的不同类型POI的混合熵
地理区位	区位中心性	公共空间单元的几何中心到市中心、最近火车站的平均距离
可达性	公交站点可达性	到达公交站点的便捷程度
	地铁站点可达性	到达地铁站点的便捷程度
	车行道路网密度	单位面积的道路长度
周边环境	周边商业设施密度	公共空间单元服务区的商业POI数量与服务区面积的比值
	周边住宅区密度	公共空间单元服务区的住宅区总面积与服务区面积的比值
	周边景点密度	公共空间单元服务区的景区POI数量与服务区面积的比值

续表

一级指标	二级指标	表征
景观感知	植被覆盖率	归一化植被指数NDVI
慢行系统	交叉路口密度	单位面积步行道路拥有的交叉路口数量
功能服务	餐饮服务设施密度	公共空间单元内餐厅、咖啡厅餐饮服务设施等POI标准化数量与单元面积比值
	公共服务设施密度	公共空间单元内驿站、厕所公服设施等POI标准化数量与单元面积比值
	文化娱乐设施密度	公共空间单元内艺术馆、科技馆等展馆POI标准化数量与单元面积比值
土地利用	建筑密度	公共空间单元内建筑的占地面积比研究单元面积

（2）STICC地理空间聚类

STICC是一种基于空间逆协方差的聚类，其聚类结果可同时表征公共空间活力的空间特征和属性特征。在执行集群时，根据K近邻为每个片区对象确定一个大小为R的子区域，然后构建一个马尔可夫随机场（Markov Random Field，简称MRF）表征子区域的活力属性依赖，包括子区域内不同片区单元属性之间的相互依赖关系以及单个片区单元属性之间的相互依赖关系，最后基于空间一致性策略β将邻近片区单元聚类到同一个集群中（图4-1）。通过调整参数K、R、β来得到最优聚类结果，聚类效果的评价指标为卡林斯基-哈拉巴斯指数（Calinski-Harabaz Index，简称CHI）和空间连续性（Spatial Continuity）。

（3）SHAP可解释性机器学习框架

SHAP将模型的预测值理解为每个输入特征的归因值之和，即是一种可加特征归因方法。其原理如下：

$$g(x) = \varnothing_0 + \sum_{j=1}^{M} \varnothing_j$$

（4-1）

式中，$\varnothing_0$为解释模型的常数，为所有训练样本的预测均值。每个特征都有一个对应的SHAP值，也就是$\varnothing_j$。SHAP值类似回归系数，有正负、大小之分，表示因子对结果的正负向影响与影响程度。研究以设施覆盖率为特征值，计算其人群空间分布（表现为单位网格现状人口数）的SHAP值，用以表征不同类型公共设施覆盖率对多年龄段人流集散分布的非线性影响。基于SHAP可加特征归因的特性，可将每个网格的空间综合影响看作n种"设施—人群组合"SHAP值的叠加，并以此为依据对规划期内人口进行行为模拟（图4-2）。

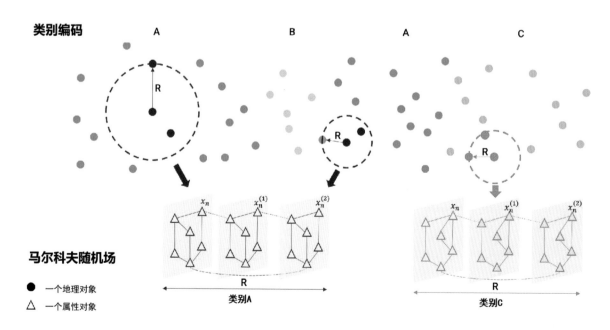

图4-1　STICC算法流程

注：图片来源于论文《STICC: A multivariate spatial clustering method for repeated geographicpattern discovery with consideration of spatial contiguity》。

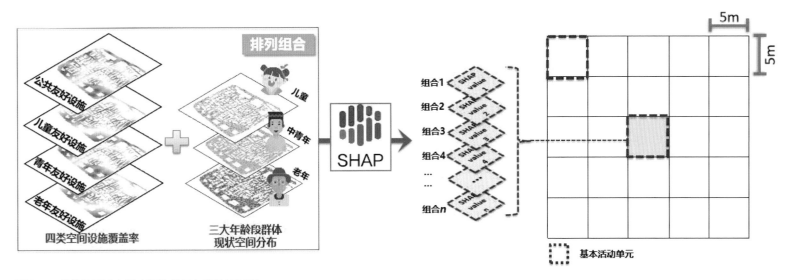

图4-2　非线性影响在基本活动单元上的叠加示意

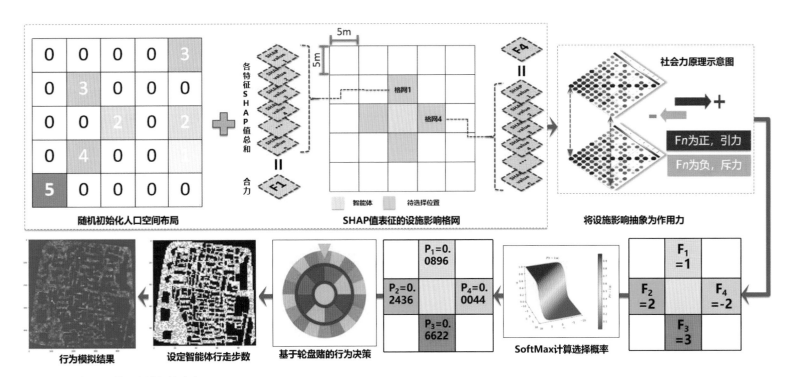

图4-3　多智能体决策行为模拟算法流程

（4）多智能体（MAS）行为模拟

智能体决策行为模拟思路如图4-3所示。首先，将片区规划期内人口数随机初始化分布在空间网格中，智能体需要对周边四个邻接网格进行行动选择，因此借鉴社会力模型原理，将SHAP值正值抽象为"引力"，负值抽象为"斥力"，每个网格的SHAP值总合视为"合力"。然后用Softmax函数将向量映射到一个概率

分布，让每个元素的输出在0到1之间，并且它们的和为1，优秀的特性使其广泛应用于机器学习实践。因此利用Softmax函数将"合力"转换为概率分布，为智能体运动决策提供参考。其公式如下：

$$\text{Softmax}(z_i) = \frac{e^{z_i - D}}{\sum_{c=1}^{i} e^{z_c - D}} \qquad (4-2)$$

式中，z_i为第i个网格被选择的概率，c为网格总个数，D为常量。

以Softmax函数计算出的概率最大值决定智能体行为决策，会导致智能体决策缺乏自主性，运动趋向一致。因此，研究引入轮盘赌算法（Roulette Wheel Selection）确保智能体决策的随机性。其基本思想为目标被选中的概率与其适应度[1]大小成正比。研究以Softmax计算出的决策行为概率表征适应度，防止适应度数值较小的决策行为直接被淘汰。核心原理公式如下：

$$p(x_i) = \frac{f(x_i)}{\sum_{j=1}^{N} f_j} \tag{4-3}$$

$$q(x_i) = \sum_{j=1}^{i} p(x_j) \tag{4-4}$$

式中，第i个网格x_i的适应度值为$f(x_i)$，$p(x_i)$为其被选中的概率，而$q(x_i)$则为被选中的累计概率。累积概率相当于在转盘上的"跨度"，"跨度"越大越容易选到，实际选择中更关注目标选择的"累积概率"。

五、实践案例

1. 模型应用实证及结果解读

（1）公共空间活力评估结果

空间活力是空间品质的表征，对公共空间活力进行评估，有利于打造高品质的公共空间。利用STICC算法对公共空间活力的空间与属性特征进行聚类，反复调整参数（图5-1），当K=4、R=3、β=9时，CHI与空间连续性值最大，为最优聚类，聚类结果如图5-2所示。

可见：A类空间位于老城区核心地带，为经济条件最优越的区域，是长沙市公共空间的集聚区，但人均公园绿地面积小；B类空间位于大学科技城与市政府分区，核心景观资源丰富；C类空间在A类空间外围，公共空间集中分布在烈士公园与浏阳河河岸；D类空间位于西面的麓谷分区与南面的麓山分区，均为重要的高新创意园区，公共空间多为改造或新建。

对四类空间进行公共空间活力8个维度因子数据统计，如图5-3所示，横轴表示空间类型，纵轴表示归一化的指标值，纺锤

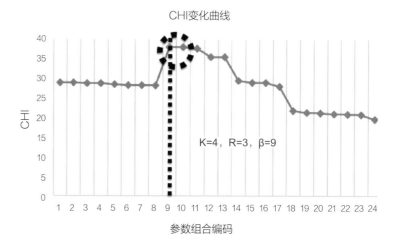

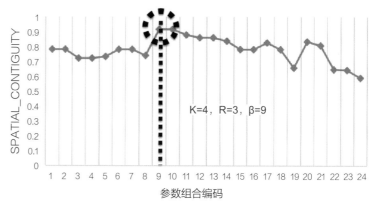

图5-1 聚类参数变化曲线

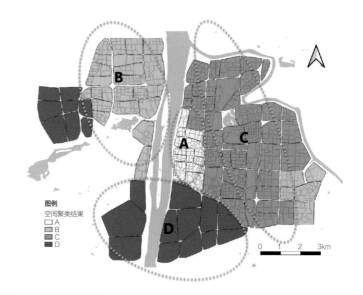

图5-2 最优聚类结果

---

1 适应度：实值和预测值进行比较返回的数值，用来表示预测的准确程度。

形图表示数据分布密度，柱状图展示分位数、极值等统计指标，揭示数据离散程度与分布差异。可见四类空间在可达性维度差别较小，在土地利用、景观感知维度差别较大；A类空间的人群活力断层式超越其余三类空间，而B、C、D类空间人群活力相当。

通过各维度对比得出：A类空间，综合服务能力强，但由于土地过度开发，公共空间品质受损；B类空间，有区位景观优势，但并未落实公共空间细节设计，公共空间品质亟需提升；C类空间，数量最多，数据分布相对位于中庸状态，公共空间品质

一般；D类空间，功能与道路不完善，但拥有景观与交通优势，空间设计潜力较大。

（2）案例地选取

在公共空间品质受损的A类空间中选取潮宗街片区进行实证。潮宗街片区是集文化、旅游、商业、居住等于一体的综合性历史文化街区。其规划强调充分保护传统街巷空间格局，增加必要的公共活动空间，延续历史脉络。研究区域概况如图5-4、表5-1所示。

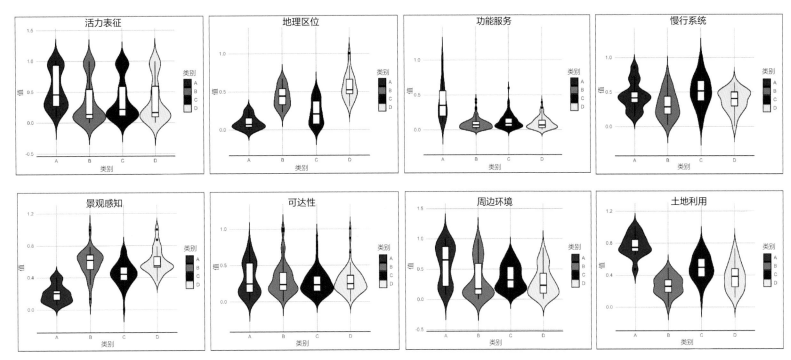

图5-3　八个维度因子数据特征统计

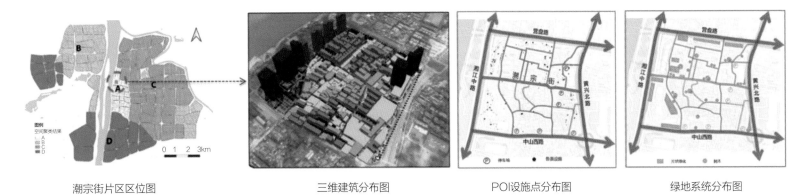

潮宗街片区区位图　　　　三维建筑分布图　　　　POI设施点分布图　　　　绿地系统分布图

图5-4　潮宗街片区区位及设施分布情况

潮宗街片区业态、肌理、人口特征 表5-1

对象	业态	肌理	人口	
特征	商业，文化，旅游，管理，居住	传统街巷肌理，现代建筑肌理	现状人口20000左右，流动性高，老年、儿童、小孩占比：31%、46%、23%	
图示	功能分区图	建筑肌理图	实地调研	手机信令

（3）案例地实证分析结果

1）不同年龄群体的人地互动关系挖掘结果

①儿童活力非线性因素挖掘与空间影响分析

使用SHAP方法求解儿童分布现状与设施覆盖率之间的影响，并以瀑布图形式呈现，如图5-5所示：左图呈现因子的影响大小，横坐标SHAP值的绝对值越大，表示因子对人群集散的影响（即贡献度）越大，并以折线图呈现因子的累积影响。右图呈现因子的正负影响，横坐标SHAP值为正，表示因子正向影响人群集聚，SHAP值为负则为负向影响；色带越红，因子值越高；

由此可对应出因子值高低与其正负影响的关系。可见：一是特色景点、运动场所对于儿童集聚的影响存在显著的空间异质性，随着设施覆盖率增高，SHAP值或正向增大，或负向缩小；二是随着餐饮设施覆盖率增高，SHAP值由正到负，并且负向影响逐渐增大，表明过多的餐饮设施会降低儿童的集聚；三是随着文教设施覆盖率增高，SHAP值由负到正，并且正向影响逐渐增大，适当增添文教设施能推动有利于促进儿童集聚与学习氛围生成。

以密度图呈现不同影响的数值分布特征，体现出影响的非线性阈值相关性（图5-6）：每个单位格网都代表了一定区间内

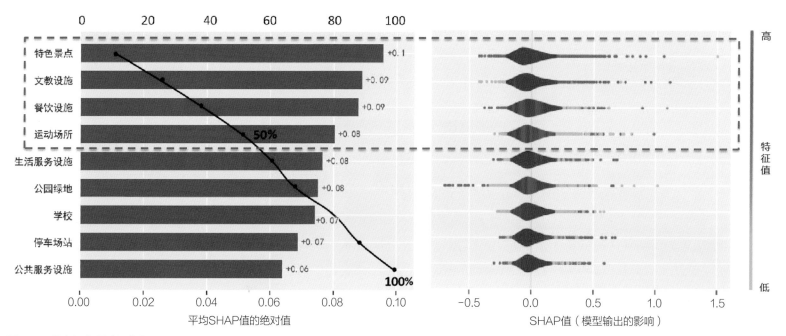

图5-5 儿童活力影响瀑布图

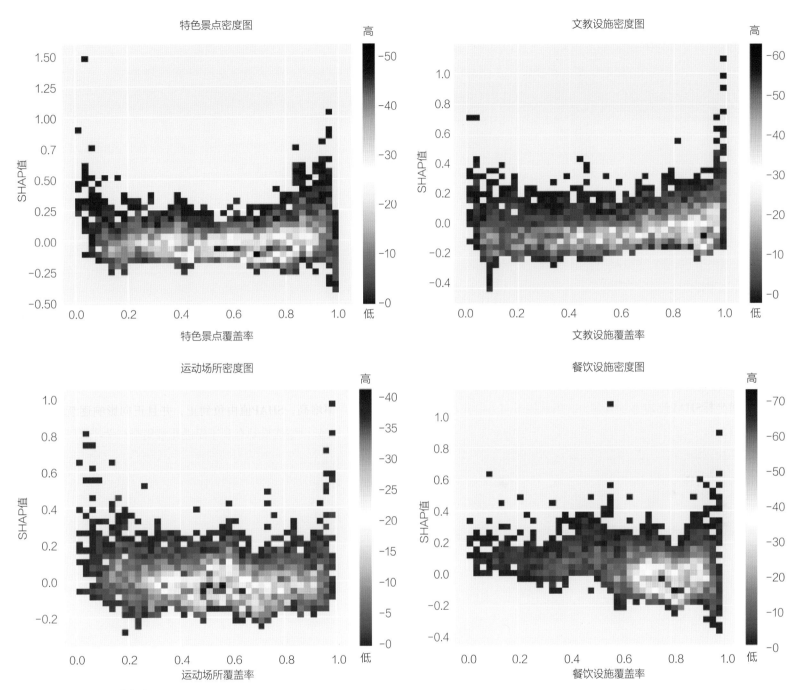

图5-6 儿童活力影响密度图

因子数值（横轴）及其影响情况（纵轴）的对应关系，颜色越红表示某类影响关系出现次数越多。可见：特色景点、运动场所、文教设施的密度图均呈U型影响特征，餐饮设施呈现头重脚轻的"长尾型"影响特征。

以上统计分析说明，儿童对于特色景点、活动场所、文教设施的需求较大。侧面反映出趣味性、游戏性、学习性的空间能够吸

引儿童的集聚与玩耍，对儿童成长具有重要意义。由分析结果提出以下规划建议：儿童友好型空间的营造，需要结合空间的远近、大小、色彩、形状的感知进行设计，满足儿童"具身性"的心理和行为需要，形成安全、健康、舒适、富有启迪和教育性的公共空间。

②中青年活力非线性因素挖掘与空间影响分析

求解中青年分布现状与设施覆盖率之间的影响关系。从

SHAP瀑布图（图5-7）来看：一是社区服务、第三空间、生活服务、公园绿地是影响青年集聚的关键因子，总贡献度达49.8%；二是随着生活服务设施、公园绿地覆盖率的增大，SHAP值正向增大，丰富的生活服务与完整的绿地系统能够促进青年集聚；三是随着社区服务中心、第三空间覆盖率增大，SHAP值正向减小，对青年集聚的正向效应减弱。

从密度图（图5-8）来看：社区服务中心、第三空间对青年集聚的影响呈现"波动型"的特征，而生活服务设施、公园绿地的影响较为稳定。

以上统计分析说明，青年对于社区服务中心、生活服务等管理服务设施与第三空间、公园绿地等休闲游憩设施的需求较大，生活、工作、娱乐功能混合有利于青年自身发展。由分析结果提出以下规划建议：青年友好型空间的营造，需要在满足功能混合的设施布局基础上，提升除了工作与居住以外的空间的品质，打造开放、包容、创新的场景，通过打造5分钟"阅读圈""健身圈"等，促进青年之间的交流，提高青年的创造力与生活热情。

③老年活力非线性因素挖掘与空间影响分析

使用SHAP方法求解老年人群分布现状与设施覆盖率之间的

影响关系。从SHAP瀑布图（图5-9）来看：一是农贸市场与养老服务设施对老年人集聚的影响最小，两者贡献度仅占9.2%；二是随着农贸市场与养老服务设施覆盖率增大，SHAP值正向减小，对于老年人集聚的影响减小。

从密度图（图5-10）来看：农贸市场与养老服务设施的覆盖率对人流集聚均呈U型影响特征，养老服务设施整体的正向影响效益相对农贸市场更显著。

以上统计分析说明：一是长沙近年来着力于建设生鲜农产品消费15分钟生活圈，农贸市场对于老年人吸引力不大，恰好反映部分市场闲置的问题，说明农贸市场建设供需不匹配。二是养老服务设施对于老年人的吸引力最小。经过实地调研与问卷访谈，发现潮宗街的养老服务设施大多为嵌入社区服务中心的老年活动室，标志特征不显著；老年居民也表示，较少参与社区活动，说明潮宗街的养老服务设施缺乏吸引力，使用率不高。由分析结果提出以下规划建议：商住混杂街区不应忽视原住民的生活诉求，需要健全养老机构、日间照料中心、医疗保健设施等养老服务，积极开展舞蹈、戏曲、棋牌等社区文化活动，同时考虑安全宜居的出行环境，打造具有"适老化"特色的居住空间。

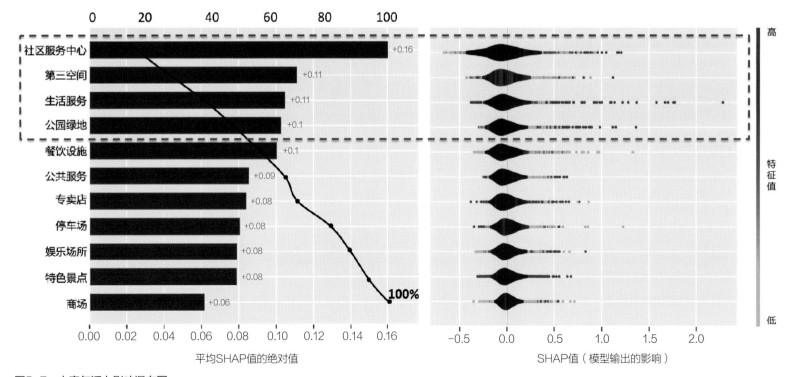

图5-7　中青年活力影响瀑布图

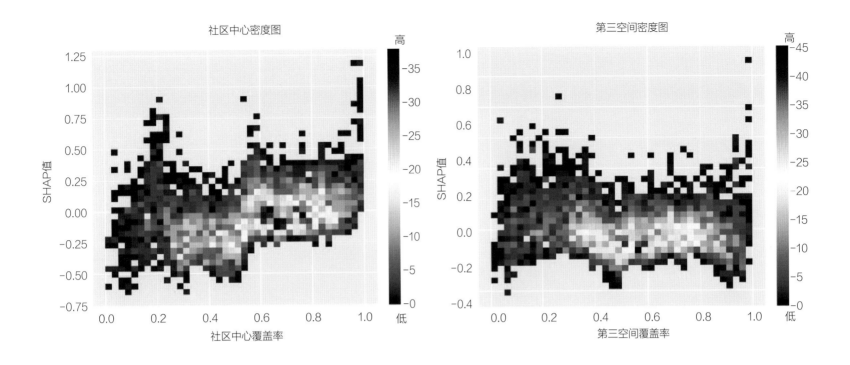

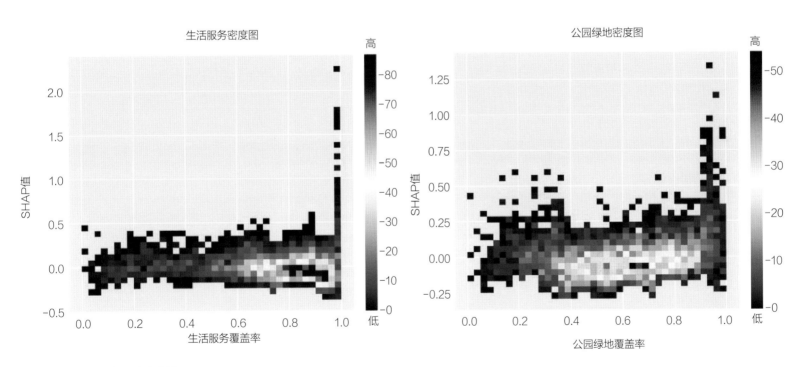

图5-8 中青年活力影响密度图

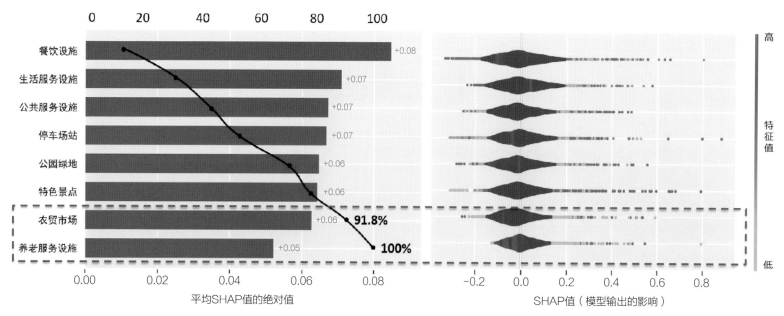

图5-9　老年活力影响瀑布图

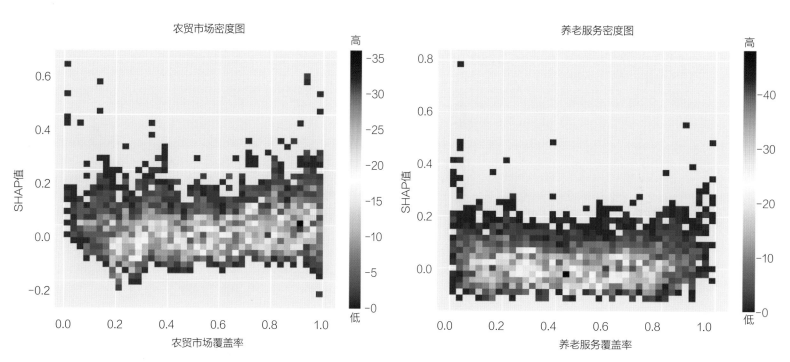

图5-10　老年活力影响密度图

2）人群行为模拟与公共空间耦合结果

①儿童行为模拟与空间耦合结果

结合SHAP方法分析得出的儿童空间需求偏好，利用多智能体模型对儿童进行行为模拟，结果如图5-11所示（色带表示智能体累积行走一定步数后空间单元的人流访问频率，颜色越红访问频率越高），可见：一是儿童的空间分布呈现西高东低，多点多面的空间格局。二是活力节点多为拥有丰富儿童玩乐设施与健身设施的住宅区院落空间；幼儿园与小学内部活动空间；部分特色建筑与构筑物及其周边空间：例如古戏台、丝绸博物馆、金九活动旧址等；以及主要干道的交叉路口。

计算儿童人流分布情况与空间设施之间的耦合度，得到儿童友好空间诊断结果（图5-12）：发现耦合度较低的空间多位于片区南面，西北角，以及潮宗街以北的部分院落空间。结合实地调

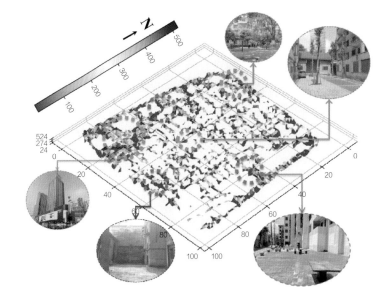

图5-11　儿童行为模拟结果

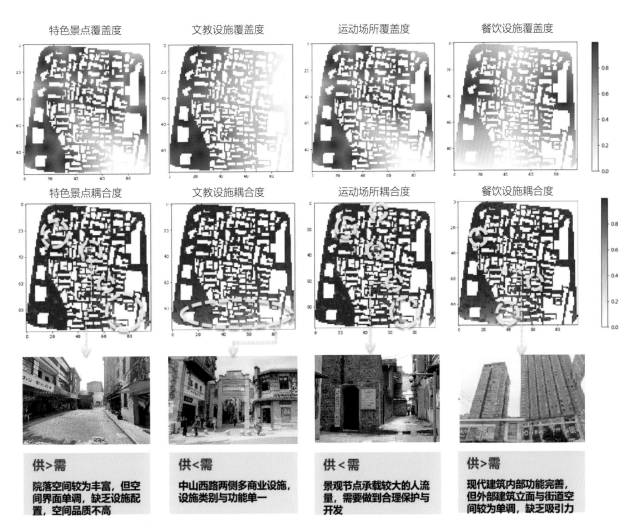

图5-12　儿童友好空间诊断结果

研探析耦合度较低的空间具体情况，多为设施单一、界面单调的空间，对儿童缺乏吸引力。

②中青年行为模拟与空间耦合结果

结合SHAP方法分析得出的中青年空间需求偏好，利用多智能体模型对中青年群体进行行为模拟，结果如图5-13所示，可见：一是中青年人流密度高，整体的空间访问频率高，出现了多条人流集聚分布的活力街道。二是活力节点多为老字号美食、复古潮牌、文创空间、音乐酒吧等网红打卡点，节点设计富有个性。三是潮宗街、连升街、水道巷、寿星街为主要的活力街道，串联起活力节点。

计算青年人流分布情况与空间设施之间的耦合度，得到青年友好空间诊断结果（图5-14）：发现耦合度较低的空间多为潮宗街南面部传统肌理的空间和北部的公共活动空间。结合实地调研

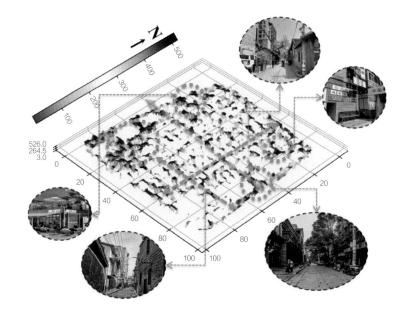

图5-13　中青年行为模拟结果

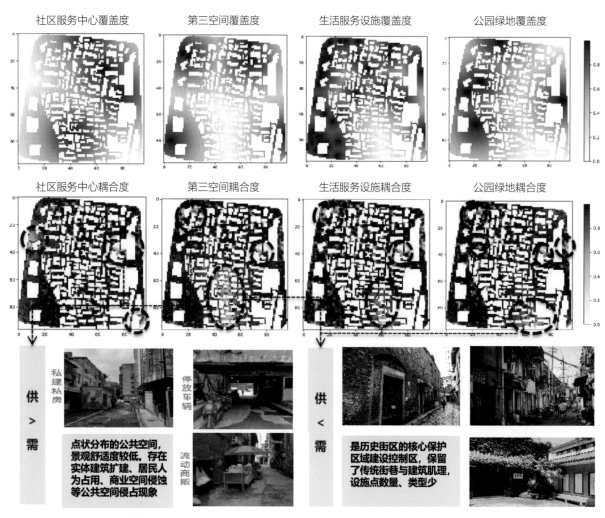

图5-14　青年友好空间诊断结果

情况发现北部居住区存在实体建筑扩建、居民人为占用、商业空间侵蚀等公共空间侵占现象，降低了公共空间的景观舒适度，无法对青年产生吸引力。

③老年人行为模拟与空间耦合结果

结合SHAP方法分析得出的老年空间需求偏好，利用多智能体模型对老年群体进行行为模拟，结果如图5-15所示，可见：一是老年人空间分布相对于儿童与中青年更分散。二是活力节点多为非正式自发生成的松散空间（Loose Space），例如古树下空间，家门口的空地等。三是低值点包括以下几种类型：围合度较高的社区的院落空间；被侵占的街道空间；招商中的、改造中的公共空间；潮宗街教堂、连升街85号民居、时务学堂等文物保护单位。老年群体对松散空间[1]需求较大，亟须提升其品质，打造适老宜老、全龄共享的微空间。

计算老年人流分布情况与空间设施之间的耦合度，得到老年友好空间诊断结果（图5-16）：发现耦合度较低的空间多位于潮宗街最南面邻中山西路侧。街道以商业业态为主，多为网红品牌、俱乐部与休闲吧，环境嘈杂，不宜发展养老服务。

3）全龄友好导向的案例地优化

①基于"5P"要素的儿童空间活力优化提升

儿童空间设计要考虑空间内部布置、安全及灵活性、色彩搭配、灯光照明设计等，每一个细节都要体现童真童趣、培养孩子对世界的触摸和探索。将上述要素总结PLAY（游戏）、PERSPECTIVE（视角）、PROPORTION（比例）、PALETTE（调色、色彩）、PSYCHOLOGY（心理）——"5P"。因此，从游乐设施、空间视角、配套服务等角度对案例区节点进行儿童友好改造设计（图5-17）。

②生态环境视角下青年空间活力优化提升

打造友好型青年人才城市生态环境，可以提升青年活力与城市发展潜力。打造青年人才生态环境，要从经济、社会、环境三个方面出发，建设青年友好舒适物，实现"城市对青年更友好"与"青年在城市更有为"双重目标（图5-18）。

③基于生态系统理论的老年空间活力优化提升

参考生态系统理论将老年活力生态系统分为微观系统、中观

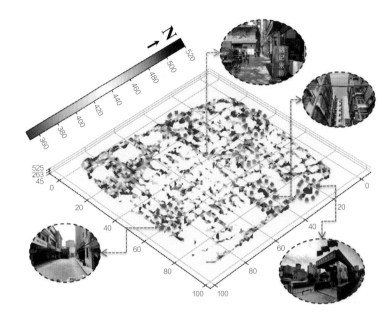

图5-15　老年人行为模拟结果

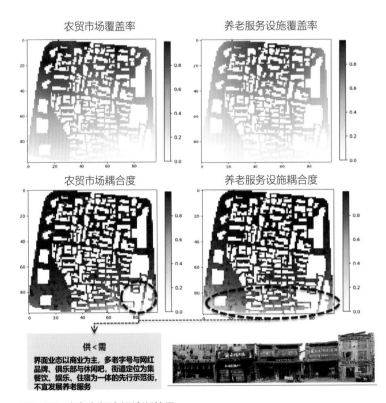

图5-16　老年友好空间诊断结果

1　松散空间：公民从事预定计划未设定活动而占用的具有自发性、流动性和延展性等特点空间，这里特指为人群提供交流活动场所的隐性空间。最早由Franck & Stevens在图书《Loose Space: Possibility and Diversity in Urban Life》中提出。

儿童尺度
休憩场所

游乐设施
注入活力

游乐设施，符合儿童尺度的休息设施，满足儿童游憩

增加绿化
接近自然

墙体彩绘
丰富色彩

空间远近、大小、色彩、形状的变化，满足儿童求知需求

休闲广场
日常活动

运动健身
丰富活动

配套生活服务设施，满足儿童需要被照护的需求

图5-17　儿童友好空间设计策略

优化服务设施
提高生活品质

建设绿化环境
改善身心健康

完善公共设施
健全政策支持

提高服务质量
降低基础消费

打造公共空间
提升社会氛围

构建智慧体系
发展数字经济

图5-18　青年友好空间设计策略

建设家庭住宅
促进代际互动

多元复合场景
构建关系网络

完善社区环境
提高生活质量

健全社会政策
实现积极老龄化

图5-19　老年友好空间设计策略

系统、外在系统及宏观系统。微观系统指居住方式，外在系统包括设施、住房、交通等内在环境，中观系统以家庭、朋友为主，宏观系统包括社会政策环境等。因此从老年活力生态系统的交互作用及单系统影响作用的角度对案例区空间节点进行老年友好设计（图5-19）。

六、研究总结

1. 模型设计的特点

（1）技术创新：时空维度规律挖掘新方法

传统的时空间行为研究多基于问卷调查与长期观测，样本量少，不足以描述行为规律的复杂性；而基于地理大数据的行为规律挖掘侧重于宏观层面的研究，难以量化个体的需求差异与行为偏好。研究运用多智能体技术对不同年龄层次的人进行行为模拟，反演人在真实地理空间上的分布情况，真实、直观、动态地反映出人流时空间行为变化规律，为时空地理学研究提供了新的方法参考。

（2）理论参考：人地耦合视角的精细化空间诊断

从微观层面出发，利用机器学习与SHAP解释模型解析空间要素对居民行为活动的非线性影响，有利于深入理解人地耦合互动关系与影响的空间异质性规律，辅助实现"供需耦合"的人本化、集约化规划设计，在满足人民对高品质生活空间需要的同时，精准、全面地把握好经济效益。

（3）理念融合：智能算法与人本理念融合

从全龄友好视角出发，关注专项友好设施对人群集散的影响，遵循多智能体"自下而上"的建模思想进行行为模拟，并从年龄结构变化带来的群体诉求差异出发理解空间问题的复杂性，让智能规划更具韧性温度。

2. 应用方向或应用前景

（1）人本视角城市设计与规划场景的决策支撑；

（2）面向未来的虚拟情境预演与多方案比对筛选；

（3）时空间行为地理学的新方法参考；

（4）可延展模型的空间优化设计功能，使其更具实践意义。

参考文献

［1］魏崇辉. 习近平人民城市重要理念的基本内涵与中国实践 ［J］. 湖湘论坛，2022，35（1）：22-31.

［2］方昕. 城市公共空间设计与人的行为活动［J］. 重庆建筑 大学学报，2004（2）：5-8.

［3］徐宁. 多学科视角下的城市公共空间研究综述［J］. 风景 园林，2021，28（4）：52-57.

［4］许凯，Klaus Semsroth. "公共性"的没落到复兴——与欧洲 城市公共空间对照下的中国城市公共空间［J］. 城市规划 学刊，2013（3）：61-69.

［5］仲筱. 上海社区公共空间微更新评价体系研究［D］. 青岛： 青岛理工大学，2020.

［6］周琳，孙琦，于连莉，等. 统一国土空间用途管制背景下 的城市设计技术改革思考［J］. 城市规划学刊，2021（3）： 90-97.

［7］王洪羿. 基于空间与行为交互关系的机构型养老建筑设计 策略研究［D］. 大连：大连理工大学，2017.

［8］马婕，成玉宁. 基于集群智能行为模拟与空间句法分析的 城市公园优化设计研究［J］. 中国园林，2021，37（4）： 69-74.

［9］李婧. 住区建成环境对居民健康活动行为的影响研究［D］. 天津：天津大学，2017.

［10］杨春侠，徐思璐，耿慧志，等. 基于多代理行为模拟的上 海市北外滩滨水公共空间诊断和优化［J］. 风景园林， 2022，29（12）：78-84.

［11］杜方叶，王姣娥，靳海涛. 基于个体"移动——接触"的 空间交互网络理论构建与疫情风险评估［J］. 地理学报， 2022，77（8）：2006-2018.

［12］高培超，王昊煜，宋长青，等. 多目标优化NSGA系列算 法与地理决策：原理、现状与展望［J］. 地球信息科学学 报，2023，25（1）：25-39.

［13］Tan L, Hu M, Lin Y H. Agent-based simulation of building evacuation: Combining human behavior with predictable spatial accessibility in a fire emergency［J］. Information Science, 2015, 295: 53-66.

［14］杨春侠，詹鸣，耿慧志，等. 基于行为模拟的户外公共空 间研究综述及滨水关键问题探索［J］. 西部人居环境学 刊，2022，37（5）：89-97.

［15］段德忠，刘承良. 国内外城乡空间复杂性研究进展及其启 示［J］. 世界地理研究，2014，23（1）：55-64.

［16］TEITZ M B.Toward a theory of urban public facility location ［J］. Papers of the Regional Science Association，1968，21 （1）：35-51.

［17］谈胜. 城市低收入住区公共服务设施配置的匹配性研究 ［D］. 合肥：安徽建筑大学，2019.

［18］费彦. 广州市居住区公共服务设施供应研究［D］. 广州： 华南理工大学，2013.

［19］李海刚，吴启迪. 多Agent系统研究综述［J］. 同济大学学 报（自然科学版），2003（6）：728-732.

［20］马悦，李彦，高伟，等. 解码高活力城市空间：基于国际 系统性综述和本土实证研究的证据［J］. 城市环境设计， 2022（6）：310-316.

［21］Kang Y, Wu K, Gao S, et al. STICC: a multivariate spatial clustering method for repeated geographic pattern discovery with consideration of spatial contiguity［J］. International Journal of Geographical Information Science, 2022, 36（8）：1518-1549.

［22］Lundberg S M, Lee S I. A unified approach to interpreting model predictions［C］//Proceedings of the 31st International Conference on Neural Information Processing Systems. New York: ACM, 2017: 4768-4777.

［23］单庆超，张秀媛，张朝峰. 社会力模型在行人运动建模中 的应用综述［J］. 城市交通，2011，9（6）：71-77.

［24］禅与计算机程序设计艺术. Softmax 函数基础介绍、应 用场景、优缺点、代码实现［EB/OL］.（2023-06-03） ［2023-07-05］. https://blog.csdn.net/universsky2015/article/ details/131016814.

［25］周大队长. 轮盘赌算法原理［EB/OL］.（2020-05-13） ［2023-07-05］. https://zhuanlan.zhihu.com/p/140418005.

［26］武昭凡，雷会霞. 儿童友好街道内涵解析与策略框架研 究——基于中国儿童友好城市理念［J］. 城市规划， 2022，46（11）：32-41，51.

［27］闫臻. 青年友好型城市的理论内涵、功能特征及其指标体系建构［J］. 中国青年研究，2022（5）：5-12.

［28］于一凡，朱霏飏，贾淑颖，等. 老年友好社区的评价体系研究［J］. 上海城市规划，2020（6）：1-6.

［29］都伟，王书行，陈岩. 基于儿童心理学理论的餐饮空间环境设计研究［J］. 城市建筑，2023，20（9）：160-163.

［30］段智慧，孟雪，郝文强.人才生态环境视角下青年友好型城市建设路径研究：基于模糊集定性比较分析［J］. 中国人力资源开发，2023，40（4）：107-122.

［31］蒋炜康，孙鹃娟. 居住方式、居住环境与城乡老年人心理健康——一个老年友好社区建设的分析框架［J］. 城市问题，2022（1）：65-74.

成渝地区双城经济圈物流网络与交通网络格局的协同研究

工 作 单 位：重庆市地理信息和遥感应用中心

报 名 主 题：面向生态文明的国土空间治理主题

研 究 议 题：城市群与都市圈协同发展

技 术 关 键 词：社会网络分析、耦合协调模型、引力模型

参 赛 人：董文杰、王方民、张雪清、杨孟翰、叶胜

指 导 老 师：陈甲全

参赛人简介：参赛团队成员来自重庆市地理信息和遥感应用中心大数据所，致力于以大数据视角解读成渝地区双城经济圈，助推成渝地区双城经济圈高质量发展，目前已发布多期成渝地区双城经济圈相关指数研究报告，包括《成渝地区双城经济圈的城市引力图谱》《成渝地区双城经济圈人口发展变化的"形"与"势"》《数据视角下成渝地区双城经济圈的消费观察》《成渝地区双城经济圈的脉动——成渝上市公司的时空图谱》《夜光指数——照亮成渝地区双城经济圈的万家灯火》等，相关成果被重庆发布等权威媒体转载。

一、研究问题

1. 研究背景及目的意义

构建一体化的综合交通运输体系，促进产业要素的高效流动，是成渝地区双城经济圈区域协调发展的重要内容。要实现这一目标，必须深入研究要素流之间的作用机理和协同程度。交通流和物流是城市网络中重要的流动要素。其中，交通联系是要素流动的基础支撑，物流是产业要素流动的重要呈现。2020年10月，中共中央政治局召开会议，审议《成渝地区双城经济圈建设规划纲要》，其中交通、物流、协同、都市圈是成渝地区双城经济圈发展的重要关键词。研究货运物流网络和交通网络的发展机理，评估二者的协同发展程度，对促进区域物流系统和交通系统协同发展具有重要意义。

已有研究在物流系统与交通系统协同评估上取得了诸多进展。在研究模式上，多采用"设立指标—综合评价—协调度理论"的方式。在研究单元和研究对象上，通常是对市（县）内部物流系统发展水平与交通系统发展水平进行评估。在评估物流系统发展水平时，现有研究主要选择反映物流运输量和需求量的指标，包括公路货运量、铁路货运量、地区生产总值、常住人口数量等，在交通系统发展水平评估中，研究主要从基础设施及运输组织维度选取指标，包括公路里程、铁路里程、内河航道里程、航空运输架次等。多项研究结果表明，交通系统与物流系统存在显著的相互作用关系，在不同区域两者协同发展水平不一。然而，以往研究以城市截面为研究单元，忽视了交通和物流的方向，难以衡量区域物流与交通协同发展程度。随着城市网络研究的兴起，学者们开始关注城市间要素流形成的网络，主要关注城

市间交通流、经济流、人口流、信息流等多元要素流之间的协同关系，对城市间交通流与物流的相互作用关系关注较少。在研究要素流形成的城市网络时，要素流的测度是困难的。人口流多采用百度迁徙大数据衡量，信息流多采用百度搜索指数衡量，经济流、交通流、物流等要素流，由于实测数据的难获取，多采用年鉴数据进行测度，测度结果可靠性不高。为此，本研究在年鉴数据的基础上，融合要素流数据，从城市网络的视角对货运物流网络与交通网络进行协同分析，能够在一定程度上弥补现有研究的短板。

2. 研究目标及拟解决的问题

（1）研究目标

测算成渝地区双城经济圈城市间的货运物流联系强度与交通基础设施支撑性水平，解析经济圈内部货运物流网络与交通网络格局特征，评估城市间货运物流联系强度与交通基础设施支撑性的协同水平，提出货运物流网络与交通网络协同发展策略。

（2）拟解决的问题

①厘清成渝地区双城经济圈货运物流网络与交通网络的发展现状。货运物流联系强度与交通基础设施支撑性难以通过单一指标衡量，研究以货物流数据、交通流数据及年鉴指标等多源数据，构建城市间货运物流联系强度与交通基础设施支撑性评价模型，并基于有向的城市间联系指数，构建货运物流网络与交通网络，以厘清区域货运物流网络与交通网络发展现状。

②评估成渝地区双城经济圈货运物流网络与交通网络的协同水平。从系统耦合角度出发，分析货运物流网络与交通网络的相互作用机理，通过货运物流联系强度指数与交通基础设施支撑性指数，评估货运物流网络与交通网络的协同程度，识别出货运物流联系与交通支撑协同水平较差的"城市对"。

③提出成渝地区双城经济圈货运物流网络与交通网络的协同发展策略。结合货运物流网络与交通网络发展的现状水平，针对货运物流联系与交通支撑协同水平较差的"城市对"，提出成渝地区双城经济圈货运物流网络与交通网络的协同发展策略。

二、研究方法

1. 研究方法及理论依据

本研究涉及模型设计、数据处理、数据分析、成果可视化等步骤，其中模型设计步骤借鉴了已有的引力模型、社会网络分析模型、耦合协调模型等经典模型，数据处理、数据分析等步骤借助Excel和SPSS等软件平台实现，成果可视化主要借助ArcGIS平台实现。涉及到的具体方法如下：

（1）数据标准化方法

采用极差标准化对各项指标数据进行标准化处理，便于使用数据进行比较和评估。

（2）层次分析法

采用层次分析法确定交通基础设施支撑性评价指标的权重。在研究中评估交通基础设施支撑性的各个指标的重要性是可以预先确定的，因此适宜采用层次分析法。

（3）引力模型

在实测数据难以获取的情况下，引力模型是模拟城市间相互作用的主要方法。引力模型是应用广泛的空间相互作用模型，它是用来分析和预测空间相互作用形式的数学方程，已被不断拓展，在研究空间布局、旅游、贸易和人口迁移等方面取得了丰富的研究成果。本研究采用改进的引力模型测算货运物流联系强度，在选取影响货运物流联系强度指标的基础上，加入城市间货物流指数作为引力模型的修正参数，增加了拟合结果的真实性和可靠性。

（4）社会网络分析模型

采用社会网络分析模型分析经济圈内部货运物流网络与交通网络的格局，分析两类网络的核心节点和网络集聚特征。

（5）耦合协调模型

货运物流网络对交通网络产生运输需求，交通网络为货运物流网络供给运输通道，两者相互影响，是系统相互作用的体现。采用耦合协调模型评估货运物流网络与交通网络的协同程度，与已有模型不同的是，本研究采用有向的城市间货运物流联系强度指数与交通基础设施支撑性指数作为评估值，能够展现更为精细的评估结果。

（6）空间分析法

研究过程中借助ArcGIS平台的空间分析方法进行了数据分析，并对部分研究成果进行了可视化制图。

2. 技术路线及关键技术

（1）提出研究问题

《成渝地区双城经济圈建设规划纲要》提出"带动成渝地区统筹协同发展，促进产业、人口及各类生产要素合理流动和高效集聚"要求，以此为背景，提出研究问题，明确促进成渝地区区域货运物流网络与交通网络协同发展的研究意义。

（2）研究思路确定

了解现状是展开分析的基础需求，在了解现状的基础上识别存在的问题，才能针对性地提出优化策略，因此确定"厘清现状→识别问题→提出策略"的研究思路，并参考相关研究成果明确了研究过程中的指标体系、评价模型和分析方法。

（3）厘清发展现状

货运物流联系强度与交通基础设施支撑性不是单一指标就能衡量的，科学的评价指标体系是使得研究结果可信的基础。区别于已有相关研究，本研究以有向的货物流数据、交通流数据为基础，结合传统的年鉴数据，构建城市间货运物流联系强度与交通基础设施支撑性评价模型，并基于有向的城市间联系指数，构建经济圈货运物流网络与交通网络，以厘清货运物流网络与交通网络发展现状。

（4）识别存在问题

货运物流网络对交通网络产生需求，促进交通基础设施建设；交通网络供给交通基础设施，促进货运物流高效快速运输，两者相互影响，正是系统相互作用的体现。从系统耦合角度出发，通过货运物流联系强度指数与交通基础设施支撑

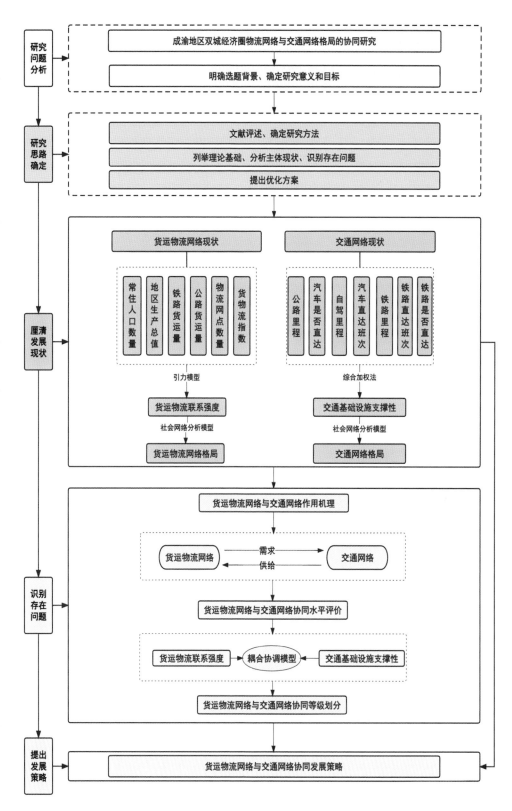

图2-1 研究技术路线

性指数，评估城市间货运物流联系与交通支撑性的协同程度，识别出货运物流联系与交通支撑协同水平较低的"城市对"。

（5）提出发展策略

为促进成渝地区双城经济圈协同发展，结合货运物流网络与交通网络发展的现状水平，针对货运物流联系与交通支撑不协同的"城市对"，提出成渝地区双城经济圈货运物流网络与交通网络的协同发展策略（图2-1）。

三、数据说明

1. 数据内容及类型

（1）铁路火车时刻表。数据内容包括城市间火车通达时刻，数据类型为.xslx格式，来源于同程网（https://www.ly.com/），通过Python爬虫程序获取，用于分析城市间交通基础设施支撑性。

（2）汽车时刻表。数据内容包括城市间汽车通达时刻，数据类型为.xslx格式，来源于同程网（https://www.ly.com/），通过Python爬虫程序获取，用于分析城市间交通基础设施支撑性。

（3）高德路径规划数据。数据内容为城市间自驾里程，数据类型为.xlsx格式，来源于高德地图，通过Python爬虫程序获取，用于分析城市间交通基础设施支撑性。

（4）货运物流专线数量。数据内容包括城市间货运物流专线数量，来源于物通网（https://www.chinawutong.com/），通过Python爬虫程序获取，用于分析城市间货运物流联系强度。

（5）统计年鉴数据。数据内容包括成渝地区双城经济圈36个市（区、县）2022年的统计年鉴数据，来源于政府官网，用于统计货运物流和交通运输相关的各项指标数据。

（6）物流设施数据。数据内容包括城市内部物流相关的POI数量，数据来源于高德地图，用于分析城市间货运物流联系强度。

（7）行政区划数据。数据内容包括成渝双城经济圈36市（区、县）的行政区划边界，数据格式为shp格式，空间参考为2000国家大地坐标系（CGCS2000），来源于重庆市地理信息和遥感应用中心，用于制作可视化分析底图。

（8）城市政府驻地数据。数据内容包括成渝双城经济圈36市（区、县）的政府驻地点位，数据格式为shp格式，空间参考为2000国家大地坐标系（CGCS2000），来源于重庆市地理信息和遥感应用中心，用于制作可视化分析图。

2. 数据预处理技术与成果

（1）缺失值补充。部分市（区、县）统计年鉴指标数据缺少2021年的数据，本研究采用2020年份数据进行替代，如重庆市部分区县缺少2021年公路货运量。

（2）坐标转换。收集到的数据类型多样，来源广泛，采用的坐标系统不统一，需要进行坐标转换。本研究采用2000国家大地坐标系（CGCS2000）和1985国家高程基准，在ArcGIS平台下，选择合适的转换参数，转换为统一坐标系。

（3）空间分析。部分原始数据不能直接用于分析，需要进行统计处理，如物流网点数量，借助ArcGIS平台将行政区划数据与POI数据进行叠加分析后，进行数据统计得到各个城市的物流网点数量。

（4）格式化处理。从多渠道收集的数据格式是多样的，因此对获取的数据进行格式化处理便于后续的分析与计算。将火车时刻表、汽车时刻表、货运物流专线、统计年鉴统计指标等数据存储表格文件中，并按出发地与目的地等字段将火车时刻表、汽车时刻表、货运物流专线等数据构建为OD矩阵。数据预处理结果如表3-1至表3-3所示。

火车时刻表（班次）OD矩阵（示例）　　表3-1

出发地＼目的地	成都市	重庆市中心城区	……
成都市	0	101	……
重庆市中心城区	101	0	……
……	……	……	……

汽车时刻表（班次）OD矩阵（示例）　　表3-2

出发地＼目的地	成都市	重庆市中心城区	……
成都市	0	5	……
重庆市中心城区	12	0	……
……	……	……	……

货运物流专线数量OD矩阵（示例）　　表3-3

出发地＼目的地	成都市	重庆市中心城区	……
成都市	0	151	……
重庆市中心城区	93	0	……
……	……	……	……

四、模型算法

1. 模型算法流程及相关数学公式

（1）货运物流联系强度指数估算模型

由于货运物流的实测数据难以准确获取，因此采用引力模型估算城市间的货运物流联系强度。传统的估算模型采用年鉴指标衡量城市间货运物流质量，估算结果可靠性不高。为解决此问题，本研究选取反映货运物流需求和供给的相关指标评估城市间货运物流的质量，采用货物流指数，作为引力模型的修正参数，以提高估算模型的可靠性（图4-1）。

引力模型计算公式如下：

$$F_{ij} = \frac{M_i * M_j * \alpha}{D_{ii}} \tag{4-1}$$

$$M_i = \sqrt[3]{H_{i1} * H_{i2} * H_{i3} * H_{i4} * H_{i5}} \tag{4-2}$$

$$M_j = \sqrt[3]{H_{j1} * H_{j2} * H_{j3} * H_{j4} * H_{j5}} \tag{4-3}$$

式中，F_{ij} 为城市 i 和城市 j 之间的货运物流联系强度指数；M_i 和 M_j 分别为城市 i 和城市 j 的货运物流质量；H_{i1} 为常住人口数量，H_{i2} 为地区生产总值，H_{i3} 为铁路货运量，H_{i4} 公路货运量，H_{i5} 为物流网点数量；α 为货物流指数，采用城市间货运物流专线数量的归一化值表示；D_{ij} 为城市 i 和城市 j 之间的交通可达时间，采用公

路通行时间和铁路通行时间的均值表示，公路通行时间采用两地政府驻地间的自驾时间和汽车直达时间，铁路通行时间采用两地火车站直达时间，铁路不能直达则以公路通行时间为准。

（2）交通基础设施支撑性指数估算模型

以往相关研究对交通基础设施支撑性的估算以年鉴指标为主，未考虑城市间交通互联互通指标，难以衡量城市间的交通基础设施支撑性，因此本研究结合年鉴数据和城市间的交通流数据，构建交通基础设施支撑性指数估算模型（图4-2），步骤如下：

①指标体系构建。成渝地区双城经济圈内部交通联系以公路、铁路为主，航空、水路占比较低，因此从反映公路、铁路主要交通方式的维度进行指标体系构建，在公路方面选取公路里程、汽车是否直达、汽车直达班次、自驾里程4个指标；在铁路方面选取铁路里程、铁路是否直达、铁路直达班次3个指标。

②数据收集与处理。公路里程、铁路里程等指标数据从统计年鉴获取；汽车是否直达、铁路是否直达等交通流数据从同程网获取。采用极差标准化方法对数据进行标准化处理。极差标准化计算公式如下：

正向指标：
$$y_i = \frac{x_i - x_{min}}{x_{max} - x_{min}} \tag{4-4}$$

逆向指标：
$$y_i = \frac{x_{max} - x_i}{x_{max} - x_{min}} \tag{4-5}$$

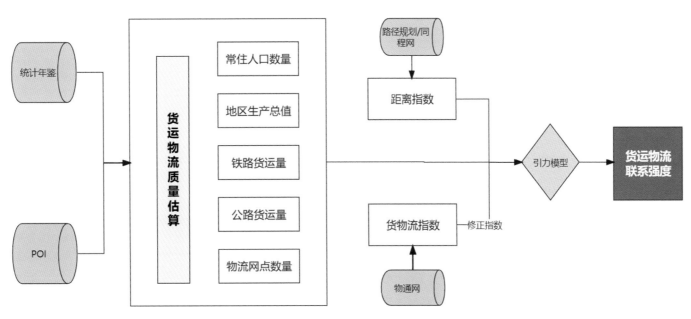

图4-1　货运物流联系强度指数估算模型

③权重测算。跨省（直辖市）出行，铁路是主要的交通方式，由此确定各指标的重要性程度，构建判断矩阵，采用层次分析法，确定各指标权重。各指标重要性判断矩阵如表4-1所示。其中CR=0.012＜0.1，权重指数通过一致性检验。

④交通基础设施支撑性指数估算。以标准化后的指标数据集和权重指数计算交通基础设施支撑性指数。

$$U = \sum_{i=1}^{n} x_i w_i \qquad (4-6)$$

式中，U为城市间的交通基础设施支撑性指数，x_i为标准化后的指标值，w_i为指标权重。

交通基础设施支撑性指数估算指标重要性判断矩阵　　　　　　　　　　　　　　　　　　表4-1

指标项	公路里程	铁路里程	汽车是否直达	铁路是否直达	铁路直达班次	汽车直达班次	自驾里程	权重指数
公路里程	1	1	1/2	1/3	1/5	1/4	1/5	0.05
铁路里程	1	1	1/2	1/3	1/5	1/4	1/5	0.05
汽车是否直达	2	2	1	1/2	1/3	1/2	1/3	0.08
铁路是否直达	3	3	2	1	1/3	1/2	1/3	0.12
铁路直达班次	5	5	3	3	1	2	1	0.27
汽车直达班次	4	4	2	2	1/2	1	1/2	0.17
自驾里程	5	5	3	3	1	2	1	0.27

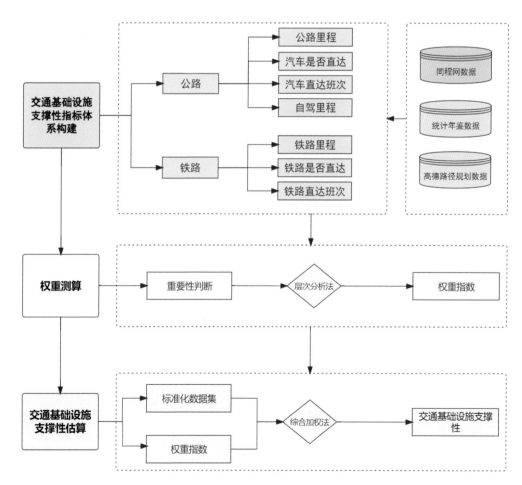

图4-2　交通基础设施支撑性指数估算模型

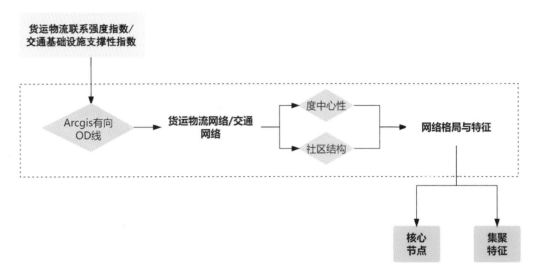

图4-3　货运物流网络与交通网络构建模型

（3）货运物流网络与交通网络构建模型

城市间的货运物流与交通流是典型的联系网络，因此采用社会网络分析模型分析货运物流网络与交通网络的格局与特征。采用度中心性指标分析网络的核心节点，采用社区结构分析网络的集聚特征（图4-3）。

①度中心性计算

度中心性是社会网络分析法中测量节点在网络中绝对地位最直接的指标，计算公式如下：

$$D_i = \sum_{j=1}^{n} w_{ij} \qquad （4-7）$$

式中，D_i为城市i的度中心性，其值越高，证明其在网络中的作用越明显；w_{ij}是指城市i与j之间的路径权重以联系强度值表示；n为网络中城市的数量。

②社区结构

社区结构在社会网络研究中是用来测度网络局部集聚特征的研究方法，基于节点间的拓扑距离，网络可以被划分为若干社区。采用谱聚类对网络的社区结构进行探测。

（4）货运物流网络与交通网络协同评估模型

研究采用耦合协调模型评估货运物流网络与交通网络的协同程度。货运物流网络对交通网络产生运输需求，交通网络为货运物流网络供给运输通道，两者相互影响，正是系统相互作用的体现。与已有研究不同的是，本研究采用有向的城市间货运物流联系强度指数与交通基础设施支撑性指数作为评估值，能够展现更

为精细的评估结果（图4-4）。

①耦合度模型

假设$F(X)$代表货运物流联系强度指数；$F(Y)$代表交通基础设施支撑性指数。则货运物流网络与交通网络之间的耦合度C：

$$C = \left\{ \frac{F(X) \cdot F(Y)}{[F(X) + F(Y)] / 2} \right\}^{1/2} \qquad （4-8）$$

耦合度C取值范围为0～1。耦合度C的值反映了货运物流网络与交通网络之间的相互作用程度，耦合度C值越大，说明货运物流网络与交通网络之间相互作用越明显、发展协同性越好。在系统发展水平一定的情况下，当$F(X) \cdot F(Y)$之积达到最大值时，货运物流网络与交通网络之间的耦合度会达到最高。

②协调度模型

引入协调度模型，货运物流网络与交通网络在满足整体性、综合性等前提下，两个系统之间在正向约束和规定条件下能够协同发展，反映交通网络与货运物流网络之间是否协同发展（表4-2）。协调度模型计算公式如下：

$$D = \sqrt{C[\alpha F(X) + \beta F(X)]} \qquad （4-9）$$

式中，耦合协同度D的取值范围为0～1；α、β为效用参数，反映交通网络与货运物流网络之间的相对重要程度，均取0.5。

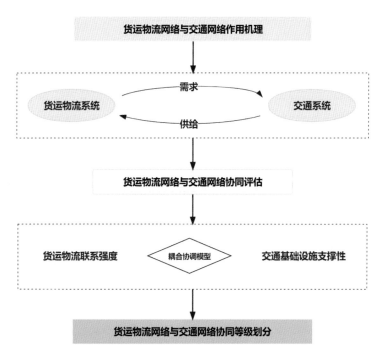

图4-4　货运物流网络与交通网络协同评估模型

具、拥有完整的地图生产过程，以及无限的数据和地图分享体验。本研究对矢量数据的处理都是基于ArcGIS10.8实现的。

（2）Python语言

Python是由荷兰数学和计算机科学研究学会的吉多·范罗苏姆于20世纪90年代初设计的一门编程语言，它在数据分析、数据爬取、人工智能方面有着强大的处理能力。本研究中涉及的数据抓取、数据处理、数据分析是通过编写Python程序实现的。

五、实践案例

1. 模型应用实证及结果解读

（1）货运物流网络格局特征分析

①货运物流联系以省内联系为主，跨省联系为辅。成渝地区双城经济圈36个市（区、县），666个"城市对"货运物流联系强度指数均值为498，其中四川省内部货运物流联系强度指数均值为1273，重庆市内货运物流联系强度指数均值为1222，四川省—重庆市省际间货运物流联系强度指数均值为1111，显然省内流动强度大于省际间流动强度。

②成都市与重庆市中心城区集聚效应明显。如图5-1所示，在四川省内部，以成都市为核心城市，形成以成都市—德阳市、成都市—绵阳市、成都市—眉山市、成都市—乐山市、成都市—南充市为主的货运物流网络通道。在重庆市内部，以重庆市中心

耦合度和协调度分级标准			表4-2
耦合度	等级划分	耦合协调度	等级划分
0~0.3	分离	0~0.4	失调
		0.4~0.5	濒临失调
0.3~0.5	拮抗	0.5~0.6	勉强协调
		0.6~0.7	初级协调
0.5~0.8	磨合	0.7~0.8	中级协调
		0.8~0.9	良好协调
0.8~1	耦合	0.9~1.0	优质协调

2. 模型算法相关支撑技术

（1）ArcGIS平台

ArcGIS是Esri公司开发的一套完整的地理信息系统（GIS）平台产品，具有强大的地图制作、空间数据管理、空间分析、空间信息整合、发布与共享的能力。其桌面产品ArcGIS for Desktop是为GIS专业人士提供的用于信息制作和使用的工具，利用它可以实现任何从简单到复杂的GIS任务。ArcGIS for Desktop的功能特色主要包括：高级的地理分析和处理能力、提供强大的编辑工

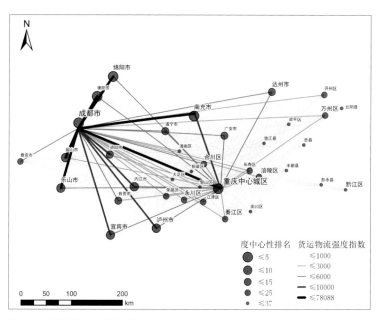

图5-1　货运物流网络拓扑图

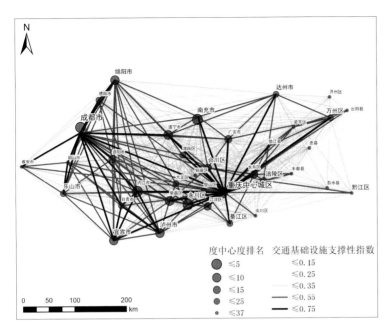

图5-2　交通网络拓扑图

城区为核心，形成以重庆中心城区—江津区、重庆中心城区—合川区、重庆中心城区—綦江区、重庆中心城区—涪陵区、重庆中心城区—长寿区为主的货运物流网络通道。省际间形成以成都市、重庆市中心城区、德阳市、绵阳市、南充市等城市为核心城市，形成以成都市—重庆中心城区、南充市—重庆中心城区、绵阳市—重庆中心城区、泸州市—重庆中心城区、德阳市—重庆中心城区为主的货运物流网络通道（图5-2）。

③货运物流网络社区结构地域集聚性显著，成渝地区货运物流一体化发展效果明显。货运物流网络内部形成5个社区结构。社区1、社区2结构分别与渝东北、渝东南城镇群结构相似，展现出明显的地域集聚性，表明渝东北、渝东南城镇群在货运物流网络中仍然保持着较强的内聚性。社区3、社区4结构跨省（直辖市）行政区划，说明成渝地区货运物流发展突破行政区划限制，一体化发展效果明显。

（2）交通网络格局特征分析

①四川省内城市交通联系的基础设施支撑性整体优于重庆市。四川省内城市间交通基础设施支撑性指数均值为0.38，重庆市内城市间交通基础设施支撑性指数均值为0.29。此外，交通联系网络中除成都市外，四川省还有内江市、南充市、遂宁市、泸州市、宜宾市、绵阳市等交通联系核心节点或次核心节点，重庆

市内仅有中心城区、永川区、荣昌区等交通联系核心节点或次核心节点。这与重庆市部分区、县铁路通达情况较弱有关，如忠县、开州区尚未有高铁通达。

②四川省交通联系网络呈"一核多点"的空间格局。根据度中心性排名，在交通联系网络中重要性程度排前10的城市四川省有7个，除成都市外，内江市、南充市、遂宁市、泸州市、宜宾市、绵阳市等重要性也极高。

③重庆市交通联系网络呈"西高东低"的空间格局，市内东西两极交通联系的基础设施支撑性不高。市内交通基础设施支撑性指数排名前10位的"城市对"是以重庆市中心城区为核心形成的，其中位于渝东北城镇群的仅有万州区、垫江县，其余城市均位于重庆市主城新区，表明重庆市中心城区与主城新区各城市交通联系的基础设施支撑性较强，与渝东北、渝东南城镇群交通联系的基础设施支撑性偏弱；受空间距离影响，重庆市内交通基础设施支撑性指数排名后10位的"城市对"，均是由西部城市与东部城市组成的，如大足区—开州区、开州区—荣昌区、开州区—潼南区、云阳县—潼南区等，表明重庆市内东西两极交通联系的基础设施支撑性不高。

④重庆市中心城区是省际间交通联系主要通道的核心，毗邻城市交通联系表现出趋近重庆市的特征。四川省—重庆市交通基础设施支撑性指数排名前五的"城市对"为成都市—重庆中心城区、南充市—重庆中心城区、广安市—重庆中心城区、达州市—重庆中心城区、内江市—重庆中心城区，显然重庆市中心城区在成渝交通联系网络中发挥核心作用。达州市、广安市、内江市、遂宁市等与重庆市毗邻的城市与重庆中心城区的交通联系的基础设施支撑性强于与成都市的，表现出趋近重庆市的特征。此外，社区4跨省（直辖市）行政区的社区结构也印证了该特征，表明成渝地区交通一体化发展的效果明显。

（3）货运物流网络与交通网络格局协同评估分析

①货运物流网络与交通网络呈现良性耦合特征。耦合度结果显示，666个"城市对"中处于分离阶段的城市对占比为0.90%，拮抗阶段的城市对占比为24.17%，磨合阶段的城市对占比为35.14%，耦合阶段的城市对占比为39.79%（表5-1）。表明货运物流网络与交通网络相互作用强烈。

货运物流与交通网络耦合度分级统计表　表5-1

耦合度分级	四川省内	重庆市内	省际间	总计	占比（%）
分离阶段	0	6	0	6	0.90%
拮抗阶段	1	146	14	161	24.17%
磨合阶段	28	58	148	234	35.14%
耦合阶段	76	21	168	265	39.79%

②货运物流网络与交通网络整体协调度偏低。协调度结果显示，666个"城市对"中失调等级的"城市对"占比为56.76%，低级协调等级"城市对"占比32.88%，中级协调等级"城市对"占比3.90%，良好协调等级"城市对"占比2.85%，优质协调等级"城市对"占比3.60%。虽然货运物流网络与交通网络表现出较好的耦合特征，但协调度整体偏低，表明多数"城市对"中货运物流与交通网络处于低水平的相互制约状态，高水平的相互促进较少（表5-2）。

货运物流网络与交通网络协调度分级统计表　表5-2

协调度分级		四川省内	重庆市内	省际间	总计	占比（%）
优质协调		12	3	9	24	3.60%
良好协调		3	7	9	19	2.85%
中级协调		7	9	10	26	3.90%
低级协调	初级协调	29	2	9	40	6.01%
	勉强协调	25	2	34	61	9.16%
	濒临失调	15	25	78	118	17.72%
失调		14	183	181	378	56.76%
总计		105	231	330	666	100.00%

③部分城市间的交通基础设施难以支撑货运物流联系需求。低级协调的"城市对"多数表现出交通基础设施支撑性指数强于货运物流联系指数，少数表现出货运物流联系指数强于交通基础设施支撑性指数。根据两者的耦合作用机理，当货运物流联系指数强于交通基础设施支撑性指数时，表明交通基础设施难以支撑货运物流联系需求，共有19个"城市对"存在这种现象，这个现象在省际间较为明显，如表5-3所示，其空间联系如图5-5所示。

在四川省内部，德阳市—达州市协同度较低；在重庆市内部，重庆市中心城区与开州区、彭水县协同度较低；在省际间，四川省各市与渝东北、渝东南各区县协同度较低。

货运物流网络与交通网络不协同城市对统计表　表5-3

类型	交通基础设施难以支撑货运物流联系的城市对（个）
四川省内	1
重庆市内	2
省际间	16
总计	19

（4）货运物流网络与交通网络协同发展策略提出

针对部分城市间交通基础设施难以支撑货运物流联系需求的实际问题，研究基于成渝交通网络现状，从交通发展的角度提出协同发展策略。

①强化重庆市内"一区"与"两群"的交通联系，完善"两群"内部交通联系通道，发挥区域交通枢纽城市作用。加快主城都市区与渝东北、渝东南城镇群的交通建设。以互联互通为导向，加快构建连接主城都市区与渝东北三峡库区城镇群、渝东南武陵山区城镇群，以及区域中心城市之间的快速综合射线通道，实现"一区"和"两群"中心城市1小时快速通达、市域2小时全覆盖。完善以万州区、黔江区为枢纽的"两群"交通联系网。万州区、黔江区分别是渝东北、渝东南城镇群的交通枢纽城市，模型结果显示万州区已成为重庆市东部区域交通枢纽，黔江区枢纽城市作用尚未凸显，且"两群"内城市与枢纽城市之间的交通联系较弱，因此需加快"两群"内部高速、铁路等基础设施建设，实现开州区、彭水县等区县的高铁通达。

②提高四川省内铁路交通直达比率。经济圈内四川省各市均有高铁通达，但城市间高铁直达比率仅为54%，铁路交通中转过多，降低了交通效率，无高速直达的城市间，货运物流联系强度与交通基础设施支撑性水平协同水平相对较低，需完善城市间高速铁路直达比率，进一步提升铁路货运能力。

③加快建设万州区、黔江区成为成渝地区双城经济圈交通枢纽门户。目前万州区已成为渝东北的交通枢纽城市，然而距离成

为成渝地区东部交通枢纽门户还有一定距离，需加快成达万高速铁路建设，打通成都到万州的铁路直达通道，实现四川省到重庆东部城镇的快速连通；同为区域中心城市，万州区、黔江区与重庆中心城区的空间距离相近，在交通距离上却有一定差距，重庆中心城区到万州区高铁通行仅需1小时左右，到黔江区需要3小时

左右，因此需加快渝湘高铁重庆段建设，缩减重庆市中心城区与黔江区的交通距离。

2. 模型应用案例可视化表达

模型应用案例可视化表达如图5-3至图5-7所示。

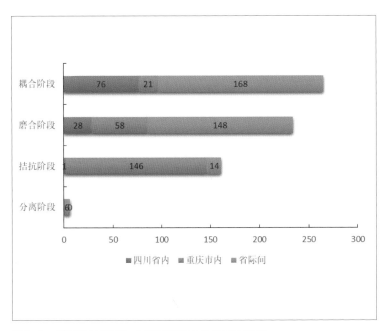

图5-3　货运物流网络与交通网络耦合度分级统计图

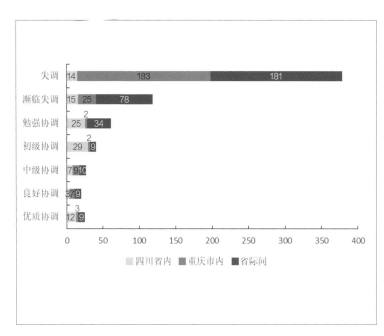

图5-4　货运物流网络与交通网络协调度分级统计图

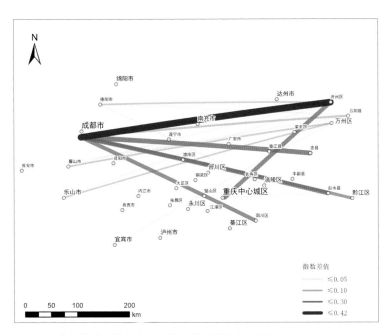

图5-5　货运物流网络与交通网络不协同城市分布图

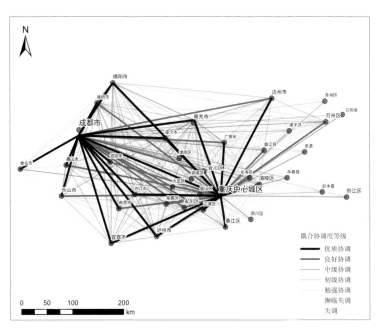

图5-6　货运物流网络与交通网络耦合协调度分布图

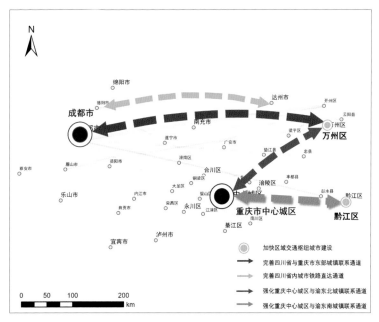

图5-7　货运物流网络与交通网络协同发展策略示意图

六、研究总结

1. 模型设计的特点

（1）数据综合性。本研究在统计年鉴指标数据的基础上加入货物流、交通流等数据，对货运物流联系强度和交通基础设施支撑性进行拟合和测度，实现了多源数据的高效融合。

（2）模型可靠性。本研究采用货物流数据对引力模型进行修正，增加了模型的可靠性和科学性。

（3）视角先进性。以往研究多采用统计年鉴指标去衡量城市间的货运物流联系与交通基础设施支撑性，忽视了货运物流与交通是有向的、多维度的特性，难以对复杂的城市网络关系进行表达，本研究将视角聚焦到"城市对"上，能更精细化地展示评估结果、识别问题，更具有科学意义。

2. 应用方向或应用前景

（1）成果实用性。本研究通过构建成渝地区双城经济圈货运物流网络与交通网络，厘清了"城市对"尺度下的区域货运物流联系与交通基础设施支撑的发展现状，评估了两者的协同水平，并提出了针对性的优化策略。研究结果可以直接为成渝地区货运物流网络和交通网络协同发展提供决策支持。

（2）成果适用性。本研究在引力模型、耦合协调模型等经典

模型的基础上，构建了一种要素间的城市网络协同评估模型。该模型将耦合协调模型用于城市网络分析，定量直观地实现了对城市网络的协同评价。模型适用于任何要素间的城市网络协同评估，为现有城市网络研究提供了新视角和方法。

参考文献

［1］谢守红，蔡海亚，朱迎莹. 长三角城市群物流联系与物流网络优化研究［J］. 地理与地理信息科学，2015，31（4）：76-82.

［2］王梅，吴同政，张俊杰. 贵州交通运输与物流系统发展耦合协同发展研究［J］. 现代商业，2022（4）：88-91.

［3］任晓红，吴杰. 成渝地区双城经济圈交通基础设施互联互通与经济联系的协调度分析［J］. 西安理工大学学报，2023，39（2）：255-267.

［4］李卓伟，王士君，程利莎，等. 东北地区人口流动与多元交通网络格局的偏离和关联［J］. 地理科学进展，2022，41（6）：985-998.

［5］翁世洲，莫小青，李柏敏. 广西物流产业与综合交通耦合协调水平测度［J］. 物流工程与管理，2021，43（10）：101-104，115.

［6］王超深，刘丰，吴潇. 交通网络效应对四川省人口流动影响趋势研判研究——基于韩国案例的实证分析及启示［C］//中国城市规划学会，成都市人民政府. 面向高质量发展的空间治理——2020中国城市规划年会论文集（14区域规划与城市经济）. 面向高质量发展的空间治理——2020中国城市规划年会论文集（14区域规划与城市经济），2021：550-560.

［7］葛修润，汤华，李昆耀，等. 交通运输与物流业、旅游业发展耦合协调度分析——以武汉市为例［J］. 交通信息与安全，2021，39（1）：1-6.

［8］戢晓峰，刘丁硕. 物流产业效率与交通优势度耦合协调水平测度——以中国36个主要城市为例［J］. 城市问题，2019（2）：61-68.

［9］陈思，甘蜜. 工业城市物流经济发展对于城市交通网络的影响机制研究［J］. 工业技术经济，2011，30（9）：90-94.

基于骑行行为的地铁站使用率的识别分类及环境特征研究

工 作 单 位：东南大学建筑学院

报 名 主 题：面向高质量发展的城市治理主题

研 究 议 题：城市行为空间与社区生活圈优化

技术关键词：时空行为分析、机器学习、聚类算法

参 赛 人：邱淑冰、苏凤敏

指 导 老 师：李力、王伟

参赛人简介：团队成员均为东南大学建筑学院智能设计与先进建造专业的硕士研究生，研究方向分别为运算化设计和数字化城市设计，修习数字技术与建筑学、城市设计数字化方法与应用、城市大数据分析与智能应用等课程，了解大数据等数字技术在建筑与城市层面上的应用，掌握大数据与机器学习等基本的数字化分析方法。曾对POI、街景数据、结构性网页信息进行采集，分别对商圈识别、绿视率、用户画像等进行分析，挖掘城市既存问题。

一、研究问题

1. 研究背景及目的意义

随着国家"双碳"目标的提出，"绿色低碳"成为城市可持续发展的重要议题。交通运输行业是主要"碳源"，我国交通运输业碳排放占总量的10.4%。公共交通高效衔接对"双碳"目标实现至关重要。畅通的公共交通衔接系统能鼓励人们选择公共交通工具，减少私人汽车使用，从而降低碳排放。

目前关于公共交通之间高效衔接的研究涵盖了多个方面，包括出行行为分析、人流分析、空间分析、用户满意度调查以及社会经济影响评估。这些研究旨在深入了解地铁站的出行模式、客流变化、城市空间布局对地铁使用的影响，以及乘客对设施和服务的满意度。在现有的评估决策手段中，对地铁站的评估大多从建成环境和周边城市功能的角度出发，关注地铁站的设施、服务和交通接驳等方面。然而，缺乏直接以城市时空行为为基础进行地铁使用情况的评估，因此，此类研究显得尤为重要。

共享单车作为城市时空数据的一种，由于其便利性、自由性、低费用等特点，记录了短途和自发出行的用户在城市中出行轨迹和习惯。通过研究地铁站周边的无桩共享单车数据，对地铁使用效率进行分类与分析，可增加公共交通的可及性和可连接性，填补了公共交通无法覆盖的最后一公里的空白，为整体交通系统的高效运行做出了贡献。

2. 研究目标及拟解决的问题

通过分析骑行行为的时空差异来评估地铁站使用效率，并据此分类地铁站，研究周边环境特征，找出共性，为地铁站周边环

境改造与功能配置提供科学指导。

本研究针对城市公共交通系统接驳的问题，建立基于城市时空数据的地铁站使用效率评估和分类方法。

具体目标如下：

（1）基于与地铁站点相关的无桩共享单车骑行数据，研究骑行用户与地铁站之间的时空特征。

（2）提出地铁站使用效率的模式识别与分类的方法，对地铁站的使用效率进行分析，对城市出行的第一公里/最后一公里发挥重要作用。

（3）研究不同类型的地铁站周边环境，进行案例分析，揭示地铁站使用效率与周边环境的关系。

为实现上述研究目标，本项目拟解决以下两个关键问题：

（1）城市骑行数据转化为地铁站使用效率的时空特征与量化问题。对城市骑行数据与地铁站的使用情况进行关联和分析，以便更好地了解城市交通出行的规律，并为优化地铁站的服务和规划提供参考。量化问题则是将这些时空特征转化为可量化的指标或数据，从而能够进行数据分析和建模。这涉及到数据预处理、特征工程和模型构建等步骤，重点关注如何将城市骑行数据中的起始点和终点与最近的地铁站匹配，从而得到骑行与地铁的转化情况。

（2）基于时空特征的地铁站使用效率模式快速识别与分类问题。利用城市骑行数据和地铁站使用情况的时空特征，通过机器学习和数据挖掘技术，快速地将地铁站划分为不同的使用效率模式或类别，以便深入分析和制定相应的优化措施。

二、研究方法

1. 研究方法及理论依据

（1）城市行为的时空特征

大数据时代的城市行为研究，由各类时空信息和网络特征数据相互融合叠加，提取出人类社会的动态特征与复杂行为，揭露其中的流动性与关联性。骑行行为是众多城市市民行为中的一种，可以利用位置数据等大数据，挖掘出时间、空间的分布特点，进而对现状与问题进行识别与认知。将骑行行为与地铁站相关联，接驳地铁站的共享单车的时空行为也反过来能代表地铁站的使用率。在以往的研究中发现接驳地铁站的共享自行车有潮汐性特点。共享自行车与地铁站接驳的时空均衡性值得被重视研究。

（2）K-Means聚类算法

聚类算法是一种无监督机器学习算法。具体的算法过程为：随机选择K个数据点作为初始的簇中心；将每个数据点分配到距离最近的簇中心所代表的簇，并更新簇中心为簇内数据点的平均值（簇内数据点中心）；反复进行这个过程，直到簇中心不再变化或达到预定的最大迭代次数，从而得到具有簇内最大相似性、簇间最大差异性的K个类。

2. 技术路线及关键技术

（1）技术路线

本研究技术路线如图2-1所示，具体可以分成以下四部分：第一步，进行骑行时空数据采样等研究分析准备工作；第二步，进行各地铁站时空特征的数据挖掘分析；第三步，进行特征指标识别与体系构建；第四步，构建地铁站使用率分类与模式识别模型。

最后基于研究分类结果进行案例实践分析。

（2）关键技术

①数据采样

本研究的数据清洗采样包括以下步骤：一是对原始骑行大数据进行合理化清洗整理；二是对骑行大数据进行时间切片采样；三是以地铁站位置进一步筛选初步采样后的骑行数据。为了讨论地铁站作为共享自行车出行起终点的潮汐性与使用率差异问题，数据采样结果形成一个分别以地铁站为起点\终点的骑行数据集。

②各时空维度的特征识别与分类

使用地铁站的数据挖掘后的时空特征构建模型。为解决高精度和高维度带来的噪音影响，本研究采用K-Means算法进行聚类分析和特征识别，然后将相似时空特征的地铁站合并为同类项。通过主成分分析法（Principal Component Analysis，简称PCA）降维，将时空数据量化为一维评分，用于机器评分的处理。

③基于三维指标的地铁站分类与特征解读

本研究中时空数据最终抽象成三维指标得分，可以在三维空间中进行定位。结合三维空间中的点位与三维得分对应的时空特征可以进行分类与特征解读。

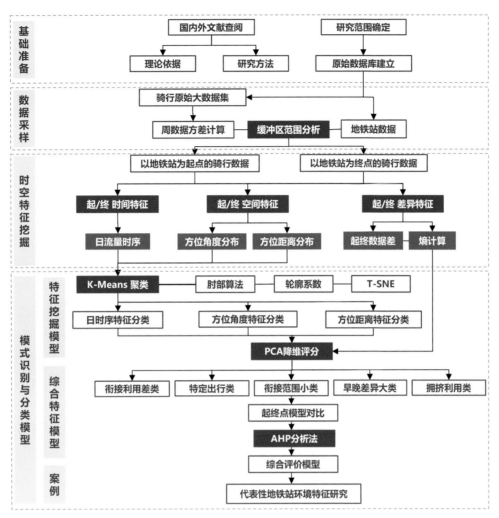

图2-1　技术路线图示

④基于层次分析法的地铁站的综合分类

运用多层次分析法（Analytic Hierarchy Process，简称AHP）原理，分别对地铁站作为衔接共享自行车出行的起点或者终点的使用效率进行综合评价，进一步横向对比，对地铁站点的整体效率进行评价分类。

三、数据说明

1. 数据内容及类型

在本研究中，使用的数据主要分为两类：模型构建数据和案例分析辅助数据。本章节主要对模型构建数据进行说明。

（1）共享自行车使用数据

共享自行车使用数据是本研究的核心数据集，包括用户身份标识号（USER_ID）、企业辨识码（COM_ID）、使用开始时间（START_TIME）、使用结束时间（END_TIME）、使用开始经度（START_LNG）、使用开始纬度（START_LAT）、使用结束经度（END_LNG）、使用结束纬度（END_LAT）。

该数据来自深圳市政府数据开放平台的共享单车企业每日订单表，涵盖了深圳市2021年内多个共享自行车运营公司的每日订单信息，总共约有2.5亿条数据，如表3-1所示。

（2）地铁站数据

本研究的主要研究对象是地铁站，其数据包括位置信息和地铁线路网络数据。地铁站数据来自深圳市政府公开平台数据，与所选骑行数据同期，包含了233个地铁站点。该数据包含地铁站的经纬度、站名、站点描述以及地铁线数量等属性。

共享自行车使用数据样例   表3-1

USER_ID	COM_ID	START_TIME	END_TIME	START_LNG	START_LAT	END_LNG	END_LAT
1184eecf9f54441b389bcf**********	0755**	2021/1/31　23:49:12	2021/1/31　23:54:37	113.857780	22.585426	113.858985	22.581040
30a457b24805ffab03b9c4**********	0755**	2021/1/30　13:09:10	2021/1/30　13:23:24	114.045766	22.647903	114.027888	22.637769
bee78cd43f65b0ecf3752d**********	0755**	2021/1/30　13:09:47	2021/1/30　13:20:45	114.056252	22.518310	114.056118	22.520040
ced96f246b9754f03e512cf**********	0755**	2021/1/31　23:37:58	2021/1/31　23:59:47	114.136066	22.544336	114.112874	22.545981
d283e82de485f692fd2e4a**********	0755**	2021/1/30　13:16:04	2021/1/30　13:23:30	113.921826	22.511622	113.924080	22.517870

（3）城市行政区范围数据

本研究使用深圳市、区两级行政区范围与地图作为验证数据合理性和可视化的基础，数据来源于深圳市地理信息公共服务平台。另外，案例分析辅助数据包括共享自行车停泊点数据、城市兴趣点（POI）数据、城市路网数据、城市土地利用信息以及城市地理辅助信息。

2. 数据预处理技术与成果

数据的预处理主要包括三大部分：初始数据清洗采样、与地铁站关联的骑行行为筛选和基于地铁站的时空特征挖掘。

（1）初始数据清洗采样

数据清洗旨在确保使用的骑行行为数据的真实性。在清洗前，首先统一地理坐标为WGS84坐标。剔除空值、骑行时间过长、骑行距离过短、骑行速度过大的数据，保留有效的骑行数

据。按使用日期进行统计计数，并选择连续7天作为研究时间范围，以观察地铁站连续一周的使用情况。最终选取深圳市2021年3月24日至2021年3月30日的骑行数据作为研究样本。

（2）与地铁站关联的骑行行为筛选

为了探索骑行行为与地铁站的衔接关系，需要进一步筛选与地铁站密切相关的骑行数据。具体做法如图3-1所示。在缓冲区范围分析中，若地铁站为换乘站，则缓冲区半径设为500m；若为非换乘站，则设为250m。最后将骑行数据分成起点数据集与终点数据集，以便研究地铁站与共享自行车的衔接效率。当多个缓冲区重叠时，数据点将同时属于多个地铁站。

（3）基于地铁站的时空特征挖掘

基于筛选后得到两个数据集，对各个地铁站分别作为骑行起点和终点的使用率的时空特征进行数据挖掘。主要分成以下三个方面的数据挖掘处理：

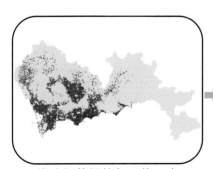 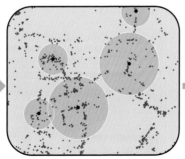 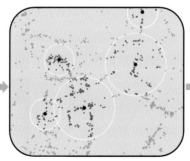 

| 将骑行数据的起（终）点与地铁站在ArcGIS中定位 | 以地铁站为中心做出缓冲区 | 保留起（终）点与缓冲区的交集点，注意保留点与地铁站的从属关系 | 导出筛选后的起（终）点数据集 |

图3-1　筛选与地铁站相关的骑行数据流程

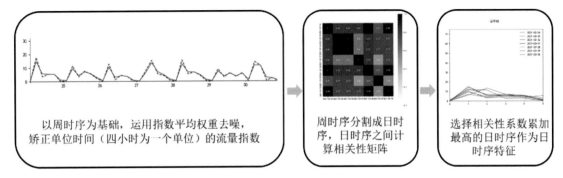

图3-2　筛选日时序特征流程

①行为时间维度

将骑行数据转化成时序数据作为地铁站使用率的时间特征。在时序数据上，通过每小时使用该地铁站的频次除以当天使用地铁站的总频次，获得该时刻的流量指数，即：

$$\theta_i = \frac{N_i}{\sum N} \qquad (3-1)$$

式中，θ_i代表某一地铁站在第i个小时内的客流量，N_i代表在该地铁站在第i个小时内的使用频数，$\sum N$代表在该地铁站在当天的使用总频数。

经多次实验后得出，划分为2时~5时、6时~9时、10时~13时、14时~17时、18时~21时、22时~次日1时这6组数据进行时序分析时具有最好的效果。以四小时一组分类后，画出一周的时序数据并用指数平均权重的方式进行去噪处理。

$$Q_t = \beta * Q_{t-1} + (1-\beta)\theta_t \qquad (3-2)$$

式中，Q_t代表在第t个时间段的平均流量，θ_t代表第t个时间段的流量，β代表可调节的超参数值，可根据去噪效果进行调整，此处取0.8。

由于城市行为往往具有周期性特点，日与日之间的骑行行为趋势可以被认为有一点的相似性。基于这一假设，本研究通过计算日时序相关性矩阵，将相关性指数和作为每日评分，筛选出具有代表性的日时序数据作为该地铁站的时间维度数据（图3-2）。

日时序的预处理结果如图3-3、图3-4所示，分别节选了30个地铁站的处理结果作为示例。

②行为空间维度

对同一个骑行行为进行角度和距离两个特征的划分，以地铁站为中心，将圆周划分成16个方向进行统计，以频数作为角度特征，以最远距离作为距离特征，并通过雷达图分别表示。

此处节选了30个地铁站的处理结果作为示例。空间角度分布特征的预处理结果如图3-5、图3-6所示。空间距离范围特征的预处理结果如图3-7、图3-8所示。

③差异性与多样性维度

在指标体系中还需要建立对起终点差异性以及骑行行为多样性的刻画。因此基于前序的数据处理，对三个维度分别进行信息熵以及起终差异值计算，得到地铁站差异性与多样性特征的描述，即：

$$H(X) = -\sum p(xi) * \log p(xi) \qquad (3-3)$$

$$D_n = \frac{S_n - E_n}{S_n + E_n} \qquad (3-4)$$

式（3-3）中$H(X)$表示X的信息熵，$p(xi)$表示事件X为xi的概率；式（3-4）中D_n表示地铁站n的某一时空维度的起终差异值，S_n表示在该维度上地铁站作为起点时的频数，E_n表示在该维度上地铁站作为终点时的频数。

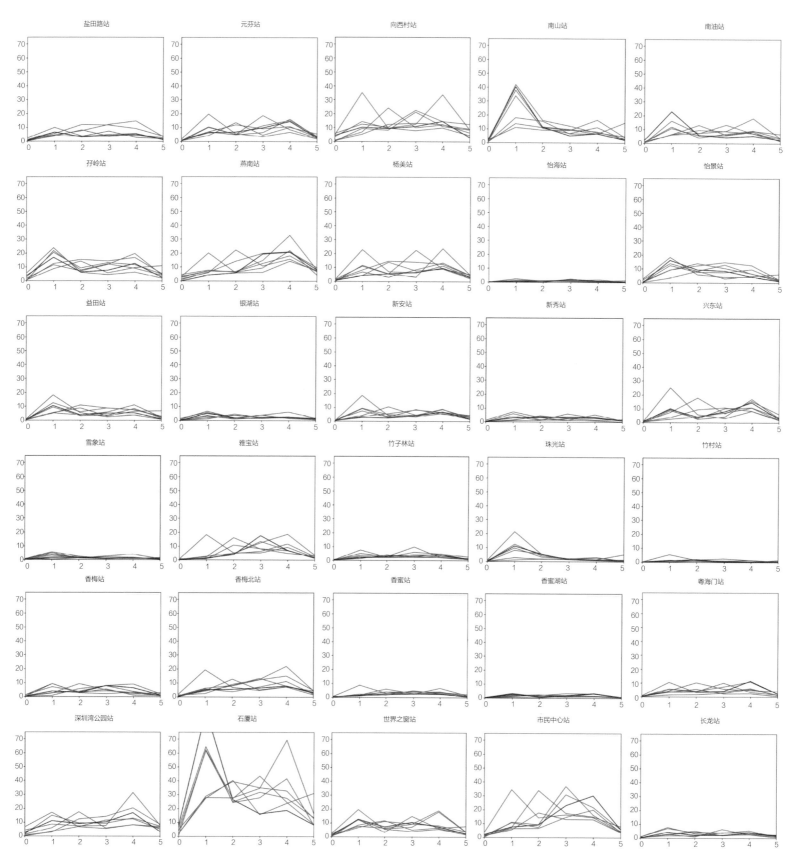

图3-3　起点数据日时序的预处理结果

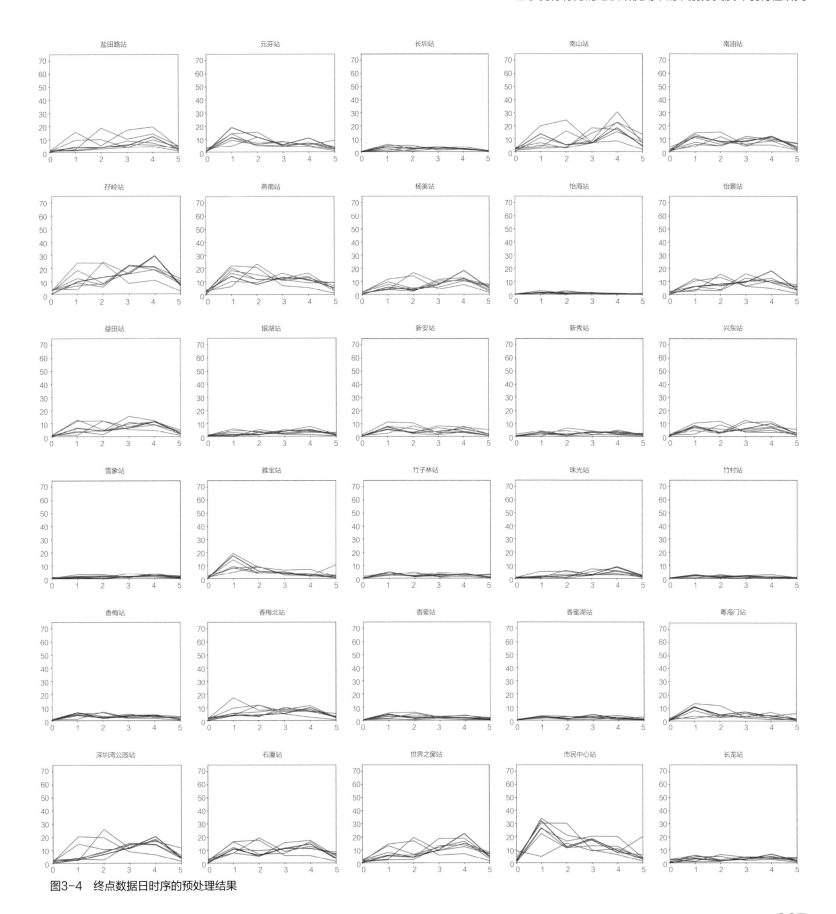

图3-4 终点数据日时序的预处理结果

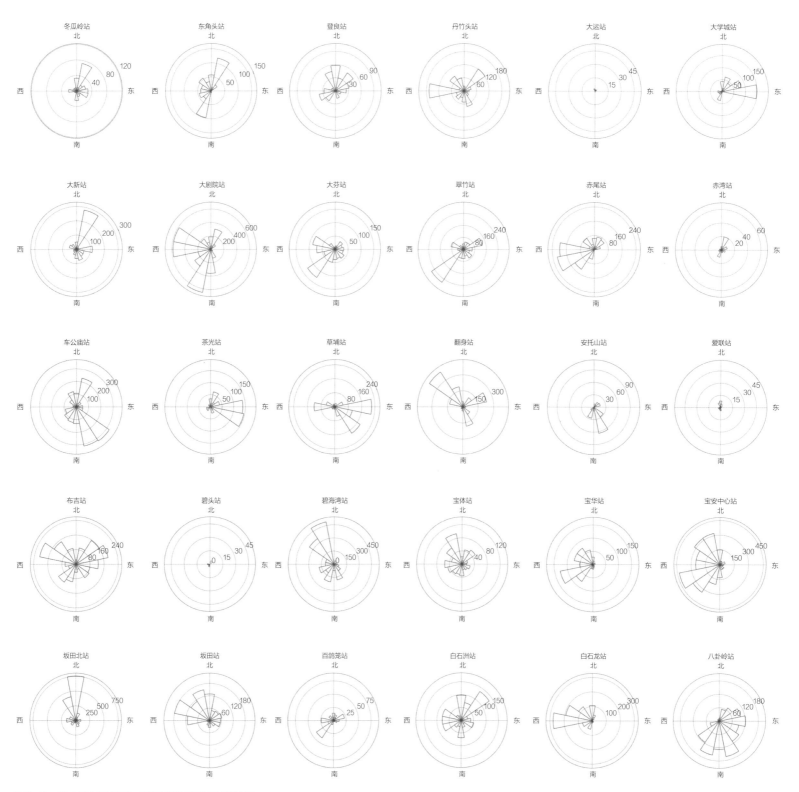

图3-5　起点数据空间角度分布特征的预处理结果

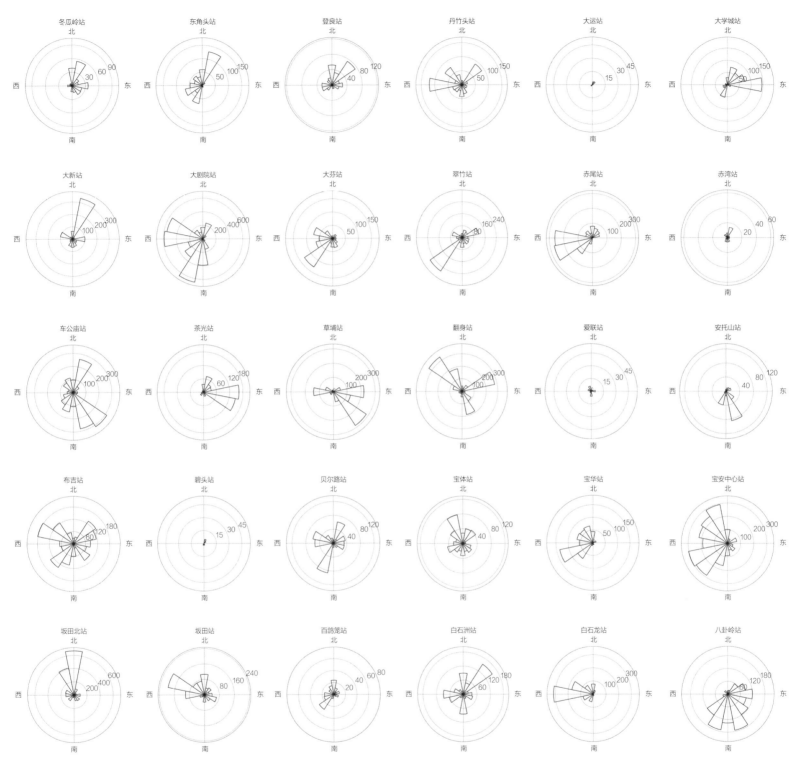

图3-6　终点数据空间角度分布特征的预处理结果

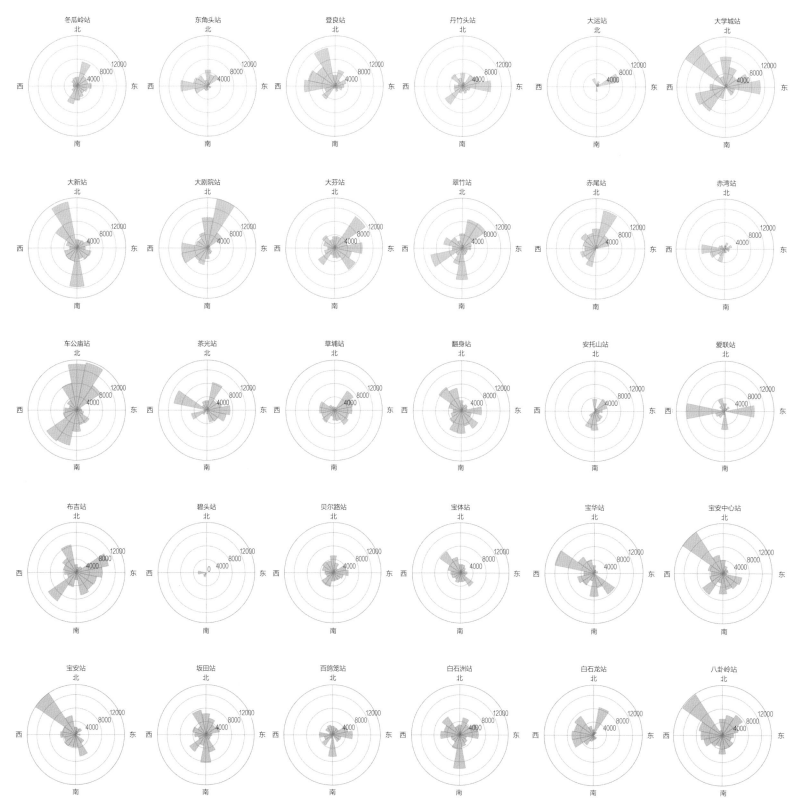

图3-7　起点数据空间距离范围特征的预处理结果

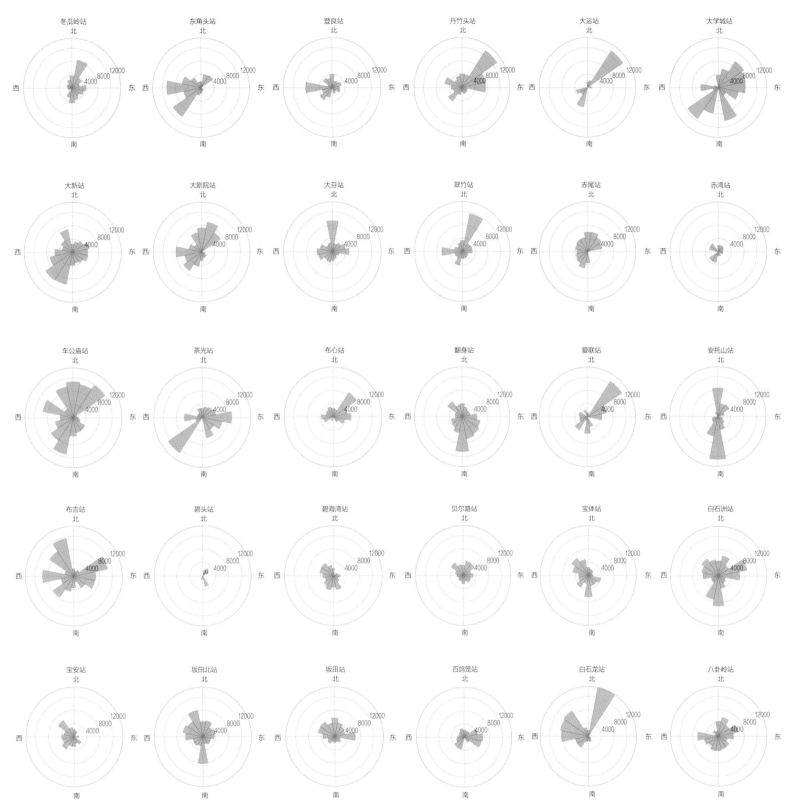

图3-8 终点数据空间距离范围特征的预处理结果

四、模型算法

1. 模型算法流程

（1）基于K-Means算法的时空维度的特征挖掘与分类

①特征选择

经过数据预处理，我们获得了每个地铁站的衔接使用的日时序、空间角度分布和空间距离范围这三个时空特征，以及差异性和多样性特征。首先运用K-Means算法识别挖掘地铁站在各个维度下的衔接利用特征，采用合并同类项的方法减少冗余数据的影响。

②数据标准化

为了避免各个地铁站的骑行频数差异对聚类效果造成影响，对各指标数据首先进行去量纲化与归一化处理，使每一个地铁站的数据在机器学习中具有相同的权重。

③聚类数量确定

K-Means算法中的K值需要人为定义。本研究通过簇内误差平方和（Within-Cluster Sum of Squared Errors，简称SSE）以及轮廓系数（Silhouette Coefficient）两个指标，结合肘部算法共同界定最优的K取值，以达到最佳的聚类效果（即取轮廓系数和SSE拐点处的K值，图4-1）。

④距离度量

运用K-Means欧氏距离进行聚类。

⑤迭代优化

应用K-Means算法进行迭代优化，将数据点分配到最近的聚类中心，并更新聚类中心位置，直到达到收敛条件。

在进行K-Means聚类时，针对时空数据，需要考虑不同的处理要点。聚类的核心思路和目标都是将具有相似趋势或分布的数据归为同一簇，类似于将相似的可视化图形分为一簇。

对于日时序指标数据，对比了动态时间规整（Dynamic Time Warping，简称DTW）、时序统计特征数据以及直接使用各时段人流指数进行聚类分析后，发现在本研究中，直接对比各时段节点指标具有最优的聚类效果。时序特征的聚类结果样例如图4-3所示。

对于空间角度分布和空间距离范围两个空间指标数据，聚类分析时需要比较的是相对方位分布而非绝对方位角度。因此，在对空间指标数据进行聚类前，须先对拥有最大数值的方位进行对齐后再进行聚类（图4-2）。空间特征的聚类结果样例如图4-4所示。

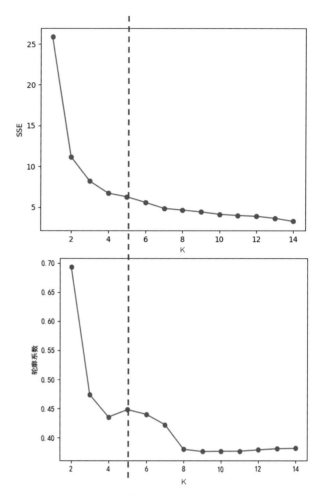

图4-1　肘部算法与K取值示意图

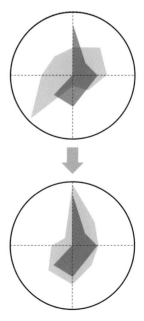

图4-2　空间指标数据对齐处理示意图

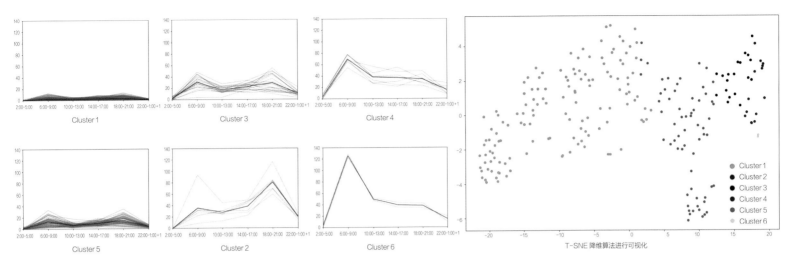

图4-3　时序特征的聚类结果样例

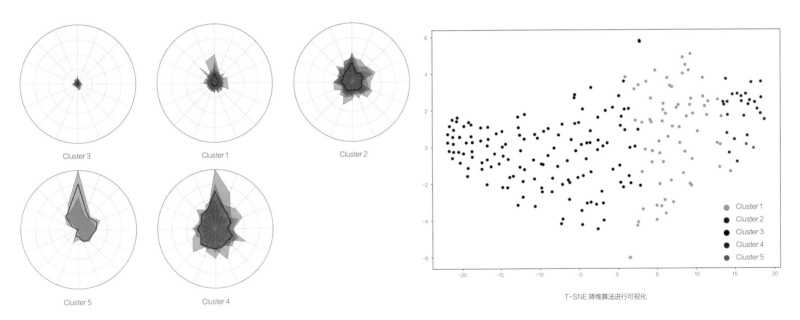

图4-4　空间特征的聚类结果样例

聚类完成后，对比组间差异，进而对簇进行特征描述，合并相似簇类。

（2）基于起点或终点数据的地铁站使用率识别与分类模型

经过聚类后，使用PCA对各个簇类中心进行降维，将多维特征的聚类结果转化为评分。由于簇类中心数量较少，PCA操作的数据损失可以忽略。PCA评分结合各个簇类特征，明确评分含义。相较于人工评分，PCA评分能在机器学习中反映组间最大方差距离，无需人为定义AHP权重。同时，降至一维特征后，指标

体系可进行三维可视化展示，提高模型直观性与可解释性。

（3）综合起终点数据的均衡性评价模型

基于对地铁站作为起点或者作为终点的综合衔接利用特征识别与分类，可以对地铁站作为起点和终点的效率进行综合对比，得出一个综合评价。

结合AHP层次分析法，各个子级的PCA得分相加作为上一级的得分。AHP框架如图4-5所示。

将地铁站作为起点或终点时各维度的得分综合起来，作为地

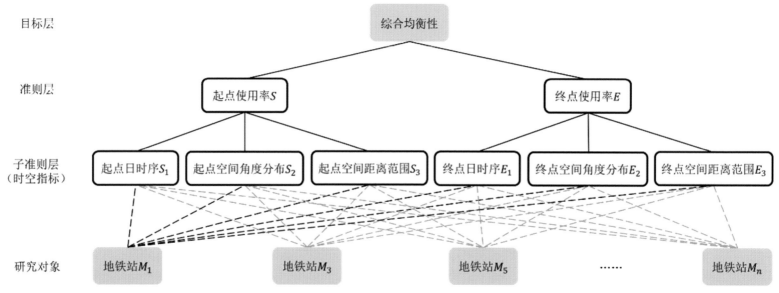

图4-5　AHP框架图

铁站作为起点或终点使用率的综合得分，即：

$$S = \sum S_n, \quad E = \sum E_n \qquad (4-1)$$

式中，S、E分别代表地铁站的起点使用率和终点使用率，S_n、E_n代表各子准则层指标的得分。利用地铁站的起点使用率S与终点使用率E得分分别作为x，y取值，进行二维(x, y)定位。分别利用以下三条标准线对比观测地铁站的使用率均衡性：

$$x = x_{mid}, \quad x_{mid} \in (0, 3) \qquad (4-2)$$

$$y = y_{mid}, \quad y_{mid} \in (0, 3) \qquad (4-3)$$

$$x = y \qquad (4-4)$$

式中，x_{mid}，y_{mid}分别表示在起点使用率和终点使用率中处于中位的地铁站评分，按具体情况取值，应接近于1.5。这两条参考线是分割地铁站使用率优劣的重要标准。式（4-4）则表示地铁站在起点使用率与终点使用率的评分一致，使用情况基本相同。因此二维定位接近于$x = y$的地铁站具有较好的均衡性。

2. 模型算法相关支撑技术

软件技术支撑主要涵盖数据管理、模型构建和可视化表达三个方面。数据管理使用Excel表格和Python的Pandas库处理骑行数据和地铁站点数据，并利用ArcGIS进行地理信息管理；模型构建依赖于Python语言，使用Scikit-Learn等机器学习库，以及Visual Studio Code和Jupyter平台进行代码编译和运行；可视化表达使用

Python中的Matplotlib、Seaborn库，结合ArcGIS进行结果可视化表达。

五、实践案例

将模型应用于实践案例中进行实证，并对计算结果进行分析和解读，以检验模型的科学性与实用性。以深圳市地铁站的衔接使用率的识别与分类为例，利用深圳市政府数据开放平台2021年12月更新的各项数据，结合模型体系进行地铁站分类，并挑选典型站点作为案例进行周边环境分析与解读。

1. 模型应用实证及结果解读

（1）深圳地铁站使用率的时空特征识别分类

通过以地铁站为起点的骑行数据集和以地铁站为终点的骑行数据集进行时空特征的挖掘，从时间维度、空间维度、起点终点数据之间的差异特征构建评价地铁站使用效率的指标。

在本研究中经过K-Means算法进行时空维度的特征挖掘与分类并进行PCA评分并归一化后，得到如表5-1、表5-2所示的结果。

结合三个维度得分情况，对地铁站在三维坐标中进行定位，并以半径值表示地铁站衔接骑行行为的差异值大小，从而能够直观地对比地铁站在三个维度上的特征。具体如图5-1、图5-2所示。

深圳地铁站起点使用率特征评分　　　　　表5-1

cluster	时序Score	归一化	属性描述	cluster	方位分布Score	归一化	属性描述	cluster	距离分布Score	归一化	属性描述
1	-51.6431957	0	人少	3	0.658876752	0	范围小	2	-0.24909109	0	范围小
4	-34.4310803	0.12728326	平	1	0.427282472	0.178766121	范围小	1	-0.003478717	0.4895984	范围小
3	-19.181614	0.24005278	早高峰	4	-0.022596686	0.526024922	范围小	3	0.252569807	—	范围偏大
2	21.67223083	0.54216617	晚高峰	5	-0.426923792	0.838122389	半方位较小				
5	83.58365917	1	晚高峰/人多	2	-0.636638746	1	全方位较大				

深圳地铁站终点使用率特征评分　　　　　表5-2

cluster	时序Score	归一化	属性描述	cluster	方位分布Score	归一化	属性描述	cluster	距离分布Score	归一化	属性描述
1	-59.9223005	0	人少	3	1.125157608	0	范围小	2	0.391691704	0	范围小
5	-43.9204301	0.11237588	平	1	0.822406771	0.145732857	范围小	4	0.07337867	0.48429604	范围小
3	-17.1471764	0.30039565	平	4	0.271196286	0.411064835	范围小	3	-0.199492541	0.89945481	范围偏大
2	9.381288306	0.48669634	晚高峰	7	-0.290723818	0.681552021	半方位较小	1	-0.265577834	1	范围偏大
4	29.13496782	0.62541995	早高峰	5	-0.432959255	0.750018807	半方位较大				
6	82.4736508	1	人多/早高峰	2	-0.542798144	0.802891114	全方位较小				
				6	-0.952279449	1	全方位较大				

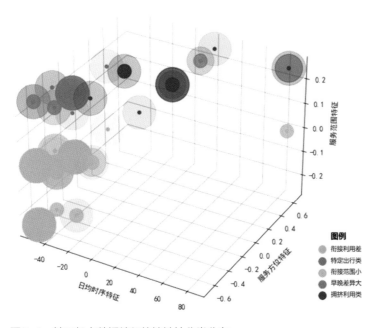

图5-1　基于起点数据特征的地铁站分类分布

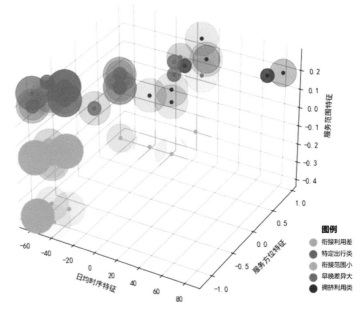

图5-2　基于终点数据特征的地铁站分类分布

初步判断，在三个维度的得分越小的地铁站，其衔接利用效率越低。地铁站的衔接使用率在三维空间中呈现立方对角线分布。两图对比发现地铁站作为起点和终点的衔接利用模式存在差异。根据使用率在三维空间中的聚集程度和各指标的实际含义，将地铁站分为5类，如图5-3所示，详细特征描述如下。

①衔接利用差：地铁站周围的骑行数据分布较少，在地铁站的三个衡量维度上表现较差。这说明此类地铁站在公共出行衔接上的利用率较差，地铁站点与共享单车的衔接接驳不足。如：南山站、华强北站等。

②特定出行类：地铁站的日时序性利用没有出现早晚高峰期，但在另外两个维度上的呈现出某些方向格外突出的情况。这说明日常使用共享单车与该类地铁站衔接的人群不固定，服务范围和距离都不太稳定。然而在某些空间上，存在对骑行行为具有较大吸引力的地点。如湖贝、大剧院站等。

③衔接范围小：地铁站的日时序性利用人多，且有明显的早/晚高峰的趋势，服务空间方位角度分布呈现全方位分布，说明这类地铁站点与共享单车之间存在较好的衔接效率。如长圳、少年宫等。

④早晚差异大：地铁站的日时序性利用人多，存在早/晚中的一个时段为高峰期，且格外拥挤，服务范围距离较大，服务空间方位角度分布呈现180度全方位分布。该类站点的衔接利用率高，但是存在明显的早晚使用差异和方位差异。如晒布、深大南等。

⑤拥挤利用类：地铁站的日时序性利用、服务空间方位角度分布、服务范围距离三个衡量维度均表现良好，具有服务方位全面，服务范围大等特点，甚至在日常使用中呈现出拥挤的状态。如水贝、竹子林等。

从全市范围内看，大部分站点属于衔接利用差类别，拥挤利用类的大部分集中在中心城区。

（2）深圳地铁站使用率的均衡性对比

运用所提出的AHP框架，计算以地铁站作为起点或终点使用率的综合得分（图5-4、图5-5），进行二维定位，绘制出图5-6。

类别	效率综合评价	表示颜色
衔接利用差	差	●
特定出行类	较差	●
衔接范围小	中等	●
早晚差异大	较好	●
拥挤利用类	好/拥挤	●

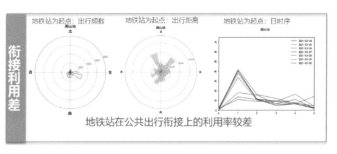

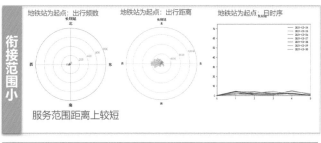

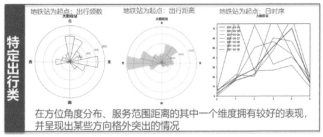

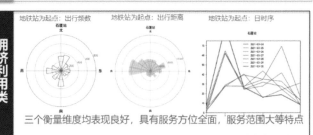

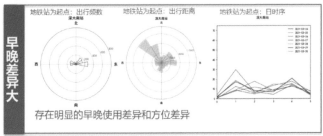

图5-3　深圳地铁站效率综合评价类别

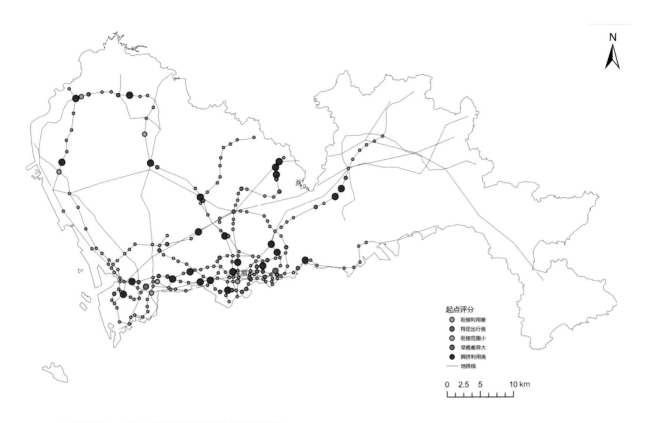

图5-4　以地铁站为起点的深圳地铁站效率综合评价分类

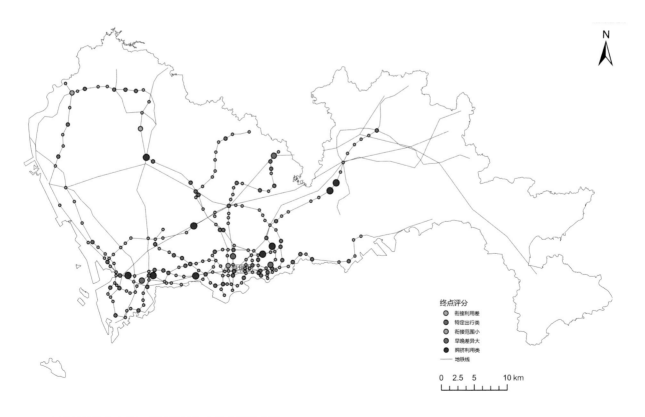

图5-5　以地铁站为终点的深圳地铁站效率综合评价分类

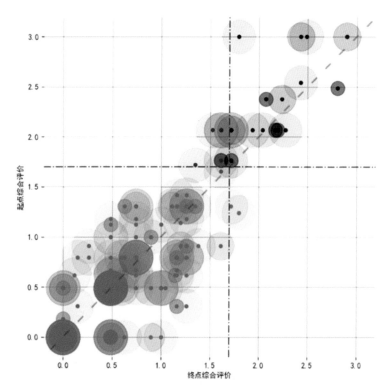

图5-6　深圳地铁站综合使用率分布

以"衔接范围小"一类的得分作为判断衔接利用效率好与坏的分界，即 $x-1.7$ 与 $y-1.7$ 作为地铁站点与共享单车衔接的利用效率优良的分界，可以将地铁站的综合表现分割为四类，即起终皆优、起终皆劣、起优终劣、起劣终优。另外，当点越接近于 $y=x$ 这一对角线时，地铁站在作为起点与作为终点时的衔接使用效率是比较相近的，即均衡性较好。

2. 周边环境案例解读

本研究中涉及233个地铁站的评分极值分析和数据量。从中选出总体表现优、总体表现劣、起始点差异最大和起始点差异最小的各1个地铁站，共4个地铁站，均位于深圳中心城区，经历了长期的开发建设，城市建设水平相当（图5-7），用于周边建成环境分析，探究周边建成环境对地铁站与共享单车衔接效率的影响。购物公园站代表总体表现优；深湾站代表总体表现劣；竹子林站代表起终点差异性最小；石厦站代表起终点差异性最大。

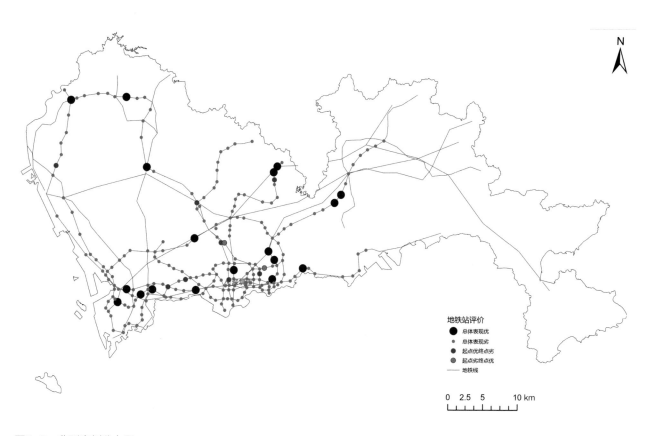

图5-7　典型案例分布图

（1）典型案例位置特征

基于办公、交通、商务住宅、餐饮、购物和文化6类兴趣点（POI），进行空间统计分析，探究典型案例的位置与POI聚集区的关联关系。

研究表明，总体表现好的地铁站位于各类POI集聚区的边缘，而总体表现劣的地铁站基本不处于POI聚集的区域。POI聚集区与地铁站使用率有一定的关系，具体如图5-8所示。

（2）城市建成环境与典型案例OD流向关系探究

通过路网密度、土地利用混合度、POI混合度、居住AOI分布、公园AOI分布、坡度以及各类POI核密度等，研究城市建成环境与代表性地铁站骑行OD（起点—终点）流向之间的关系。研究中涉及的网格为300m×300m，符合街区尺度的建成环境分析要求。

①路网密度与骑行OD流向

如图5-9所示，研究表明，路网密度高的区域吸引更多的骑行流量。

②土地混合度与骑行OD流向

如图5-10所示，利用香农熵来计算土地利用的混合度，周边土地利用类型混合度对骑行行为有影响，混合度越高吸引力越大。

③居住AOI分布与骑行OD流向

如图5-11所示，居住AOI与骑行OD有明显的相关性，居住区分布密集的地方有更多的OD流向覆盖。

④公园AOI分布与骑行OD流向

如图5-12所示，研究表明，公园AOI对OD流的吸引力不强，其中线性公园的部分区域有集中的OD流向。可在线性公园沿线增设共享单车的停放区域。

⑤坡度与骑行OD流向

如图5-13所示，以DEM数据计算地形坡度，深圳大部分为低丘陵地，间以平缓的台地，局部地区的坡度对骑行OD的影响不大。

⑥POI混合度与骑行OD流向

如图5-14所示，通过以地块为单位进行POI混合度的计算，高POI混合度的地块往往对骑行OD的吸引力更大，但地块面积过大会降低吸引力。

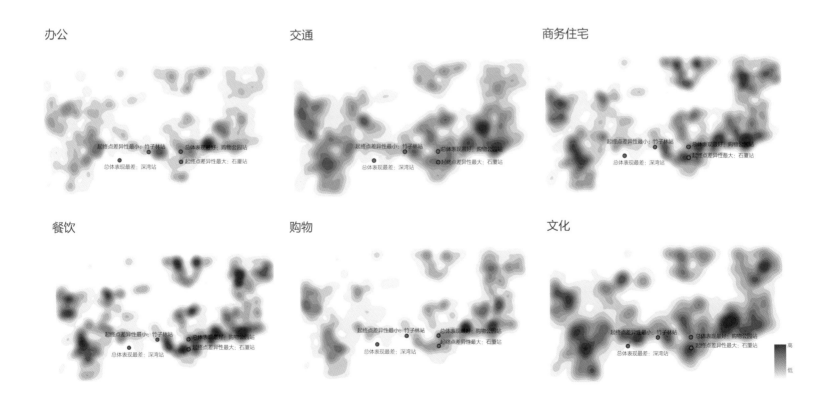

图5-8　典型案例位置特征

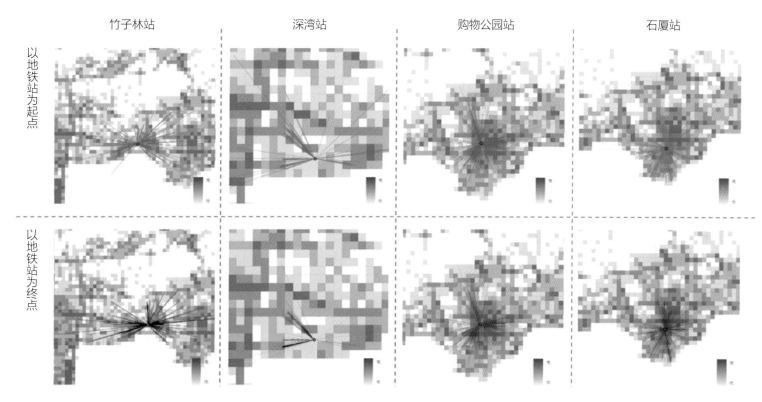

图5-9　路网密度与骑行OD流向关系图

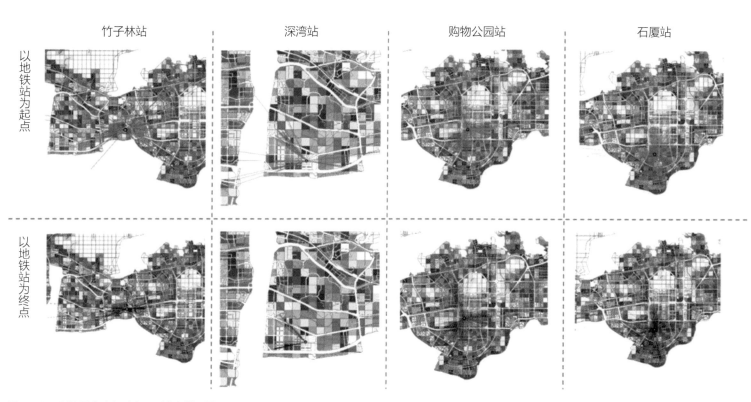

图5-10　土地混合度与骑行OD流向关系图

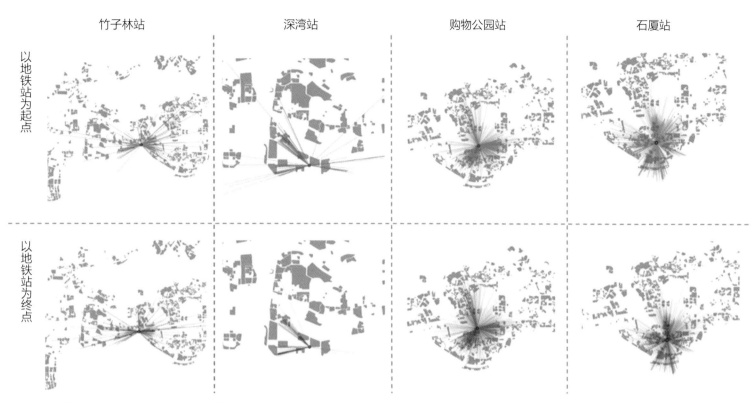

图5-11 居住AOI分布与骑行OD流向关系图

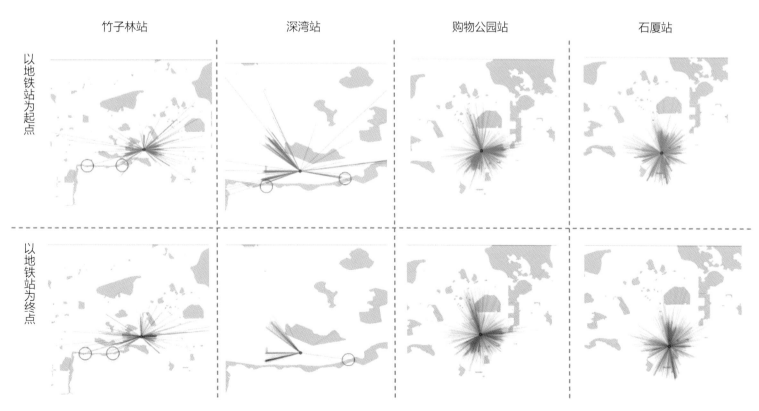

图5-12 公园AOI分布与骑行OD流向关系图

竹子林站　　　　　深湾站　　　　　购物公园站　　　　　石厦站

以地铁站为起点

以地铁站为终点

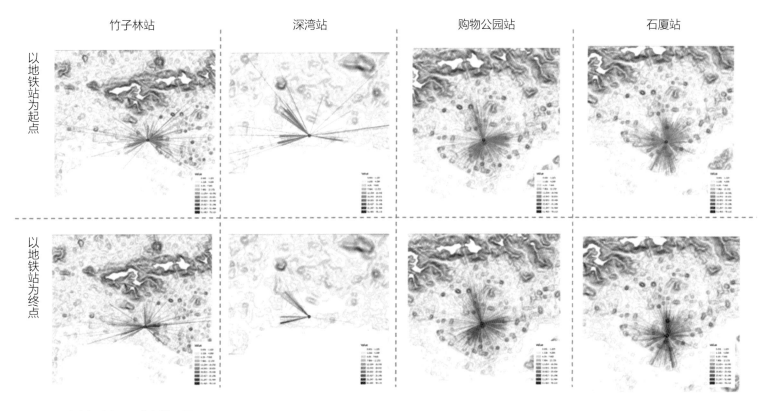

图5-13　坡度与骑行OD流向关系图

竹子林站　　　　　深湾站　　　　　购物公园站　　　　　石厦站

以地铁站为起点

以地铁站为终点

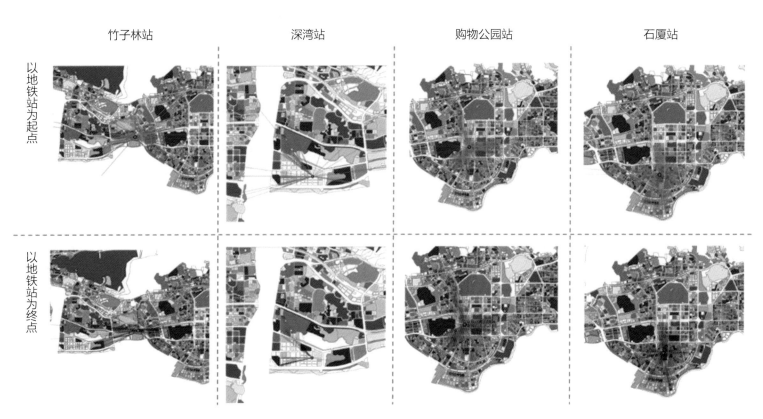

图5-14　POI混合度与骑行OD流向关系图

POI聚集区域对OD流向有一定相关性，其中商务住宅、交通的相关性较强。办公POI核密度与OD流向之间关系并不明显（图5-15）。

（3）代表性地铁站周边骑行设施分布

①综合评分最低案例：深湾站

深湾站往西的OD量较大，但单车的停车点集中在东边的出入口。可考虑在西侧的出入口增设停车区域。深湾站日流量指数波动不大，对共享单车的投放无需额外调配。

②综合评分最高案例：购物公园

购物公园站往东、西南方向的OD量较大，可考虑在东侧出入口增加停车区域。购物公园日流量指数有明显峰值，需要监控实时调配车辆。

③起终点差异性最小：竹子林站

竹子林站往东方向的的OD量较大，可考虑在东侧出入口增加停车区域。日流量指数变化不大，无需额外调配共享单车。

④起终点差异性最大：石厦站

石厦站南北方向的OD量较大，但目前停车位集中在东西向，可考虑增加南北向出入口的停车区域。石厦站起点与终点的日流量指数峰值出现在不同日子，需要监控实时调配车辆。

（4）周边环境分析总体结论

①地铁站周边建成环境与骑行OD流向有一定关系

POI聚集区与地铁站使用率有一定的关系，其中交通购物、餐饮等POI对与地铁站相关的骑行OD有明显的吸引力，但办公POI对骑行OD的吸引力不明显（图5-15至图5-20）。

土地利用混合度和POI混合度高的区域对地铁站相关的骑行OD流向有较强的相关性。

居住区分布密集的地方有更多的OD流向，但公园对OD流向吸引力较弱，线性公园有部分区域对OD有聚集作用。

②单车停车设施与骑行OD主要流向存在偏差

地铁站点周边共享单车停车设施与骑行OD主要流向存在偏差，可就此对共享单车停车设施的布局进行优化，以更好地满足用户的骑行需求（图5-21至图5-24）。

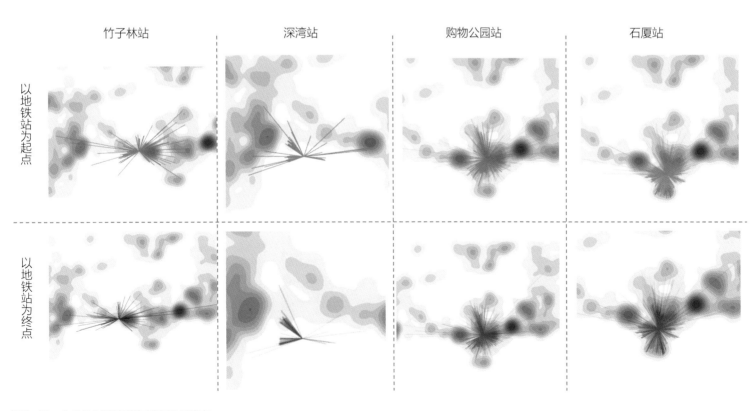

图5-15　办公POI核密度与骑行OD流向

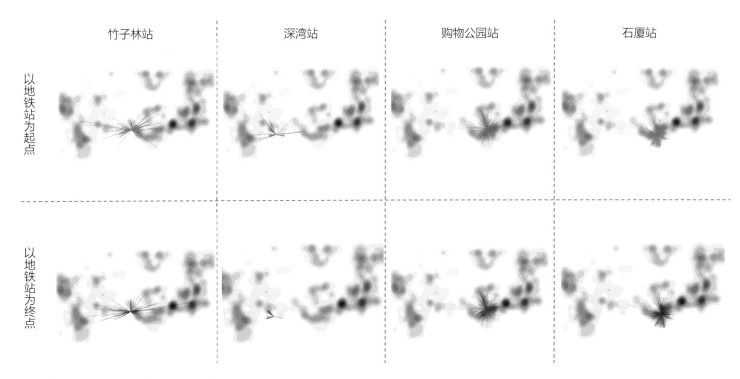

图5-16　餐饮POI核密度与骑行OD流向

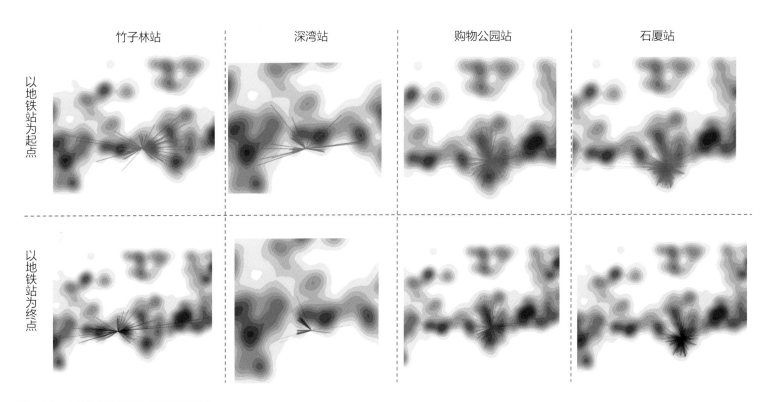

图5-17　文化POI核密度与骑行OD流向

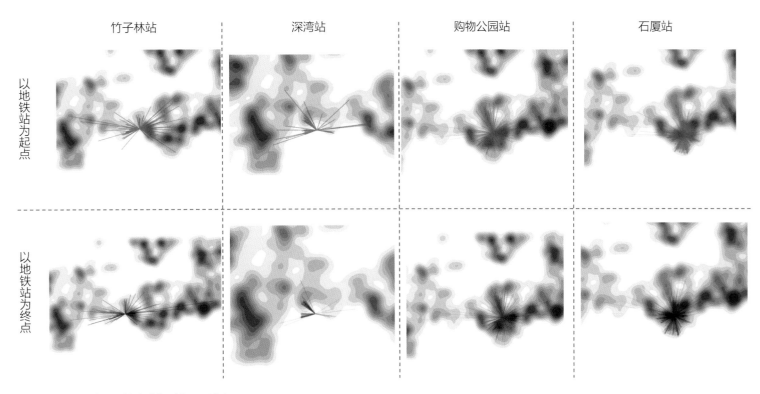

图5-18　商务住宅POI核密度与骑行OD流向

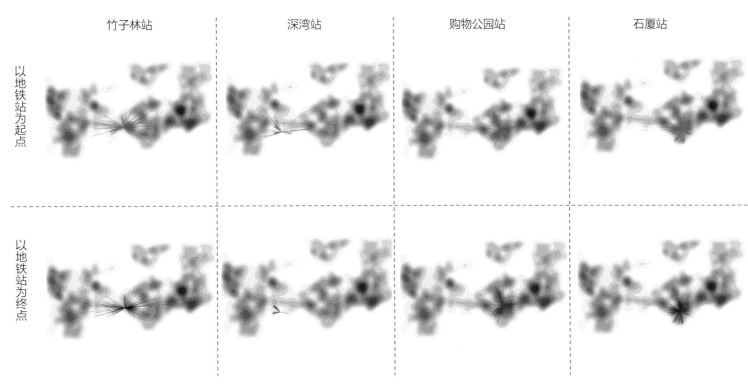

图5-19　交通POI核密度与骑行OD流向

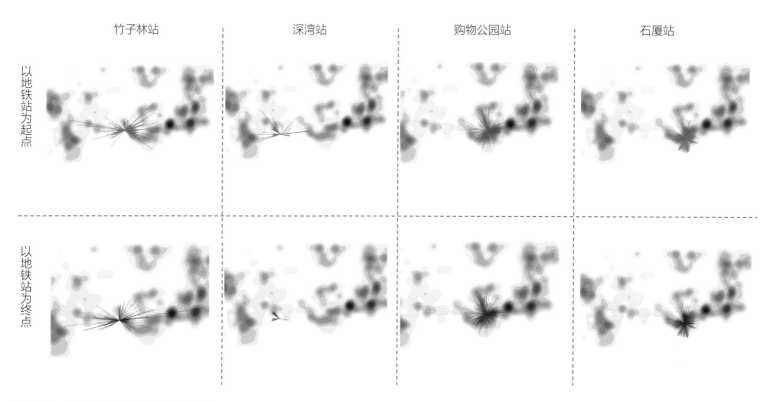

图5-20　购物POI核密度与骑行OD流向

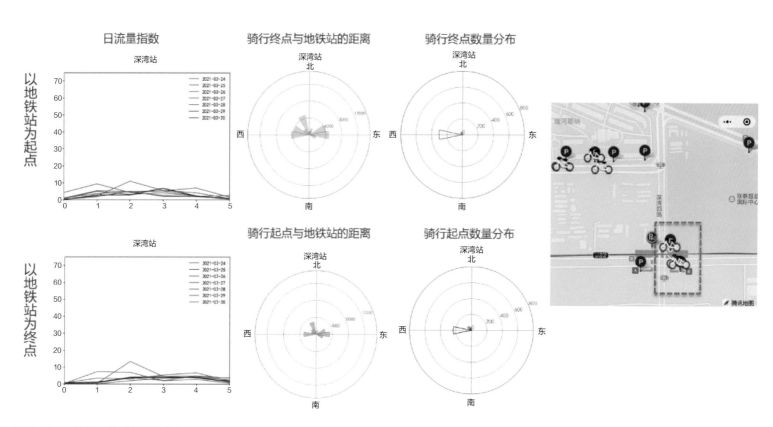

图5-21　深湾站周边骑行设施分布

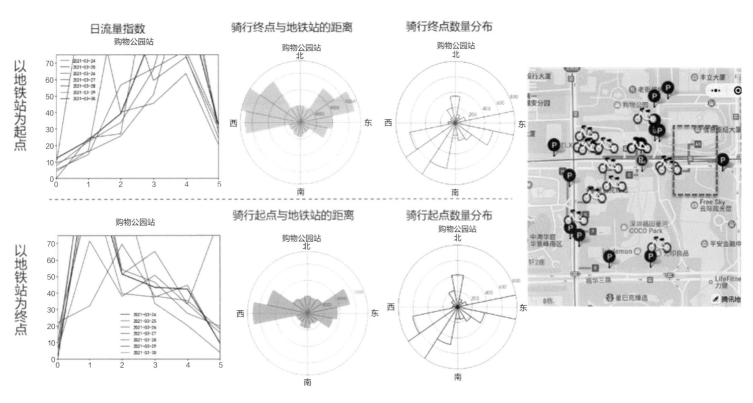

图5-22　购物公园站周边骑行设施分布

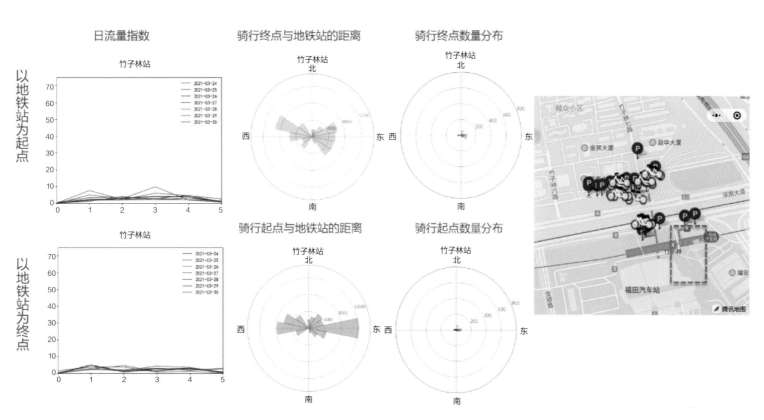

图5-23　竹子林站周边骑行设施分布

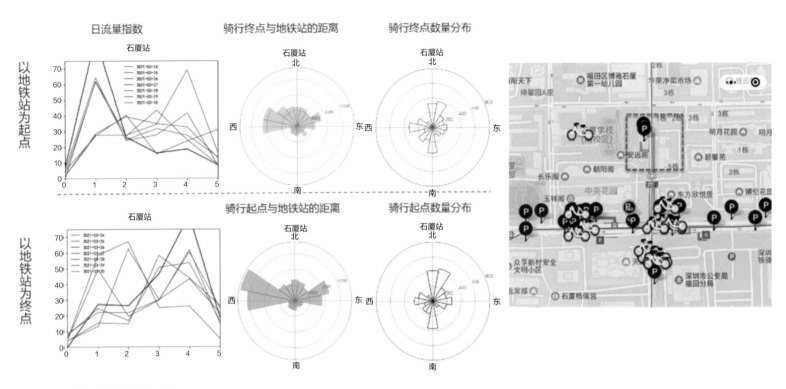

图5-24　石厦站周边骑行设施分布

六、研究总结

1. 模型设计的特点

（1）模型方法特点

K-Means聚类是一种简单高效的无监督学习算法，可自动学习地铁站使用率的分类模式，无需人工标注的标签，对大规模骑行行为数据和地铁站使用率分类非常有用。PCA降维是常用的特征选择和降维技术，将原始特征转化为主成分，简化模型计算复杂度，提高效率，并揭示最显著影响地铁站使用率的特征。AHP将复杂决策问题分解为多个层次，通过比较和权重分配获得最终决策结果。起终点模型使用AHP分析不同因素对地铁站使用率的影响，提供决策支持。

整个模型采用高效、操作性强的方法，可有效处理大规模骑行行为数据，并提高地铁站使用率评估的科学性。同时具备可复制性和实践性，为类似研究提供重要参考价值。

（2）研究创新点

通过实际城市骑行行为评估地铁站使用情况，识别城市中存在的地铁站利用效率问题，为优化城市交通空间提供新思路。

从以地铁站为终点和起点的角度考虑地铁站相关骑行行为的服务范围和使用时序，这种方法具有创新性。通过这一创新视角，能全面了解地铁站周边的骑行行为，获取关于使用率、需求分布和骑行模式等方面的宝贵信息。

利用骑行行为的时空差异，精细评估地铁站使用效率，分类地铁站，并研究周边环境特征，为地铁站周边环境改造和功能配置提供科学指导。

2. 研究发现

（1）地铁站使用效率差异

通过以地铁站为起点和终点的骑行行为来衡量地铁站使用率，考虑时序、角度和距离三个维度，发现起终点之间的使用情况存在差异。

（2）地铁站周边建成环境与骑行OD流向有一定关系。

（3）单车停车设施与骑行OD主要流向存在偏差。

3. 应用方向或应用前景

（1）可用于不同城市

基于时空数据评价地铁站使用效率的方法适用性广泛，可根据具体情况进行调整和优化，以满足不同城市的需求。该方法通过收集和分析地铁站的时空数据，了解客流情况以及与周边建成环境的关系。

（2）研究城市公共交通第一和最后一公里的相关问题

通过分析时空数据，可以了解乘客在第一和最后一公里的出行特征和需求，包括出行模式、距离、时间等，有助于揭示乘客面临的挑战和问题，从而为改善问题提供解决方案。

（3）研究地铁站使用效率与周边建成环境之间的关系

研究地铁站使用效率与周边建成环境的关系，可以帮助优化交通连接性、改善步行和自行车通行条件，优化地铁站出入口布局，提供更好的周边设施和服务配套，以及指导周边土地利用规划和发展。

（4）为地铁站周边区域城市微更新提供指导建议

通过分析时空数据和周边建成环境，我们可以提出优化建议，例如改善道路网络、增加步行道、完善停车设施等，以提高地铁站周边区域的可达性和便利性。

（5）优化地铁站周边共享单车停车设施布置

通过优化地铁站周边共享单车停车设施的布置，可以实现公共交通系统与共享单车系统的有效衔接，提高乘客出行的便利性和可达性。

参考文献

［1］Gao Y, Song C, Guo S H, et al. Spatial-temporal characteristics and influencing factors of source and sink of dockless sharing bicycles connected to subway stations［J］. Journal of Geo-information Science, 2021, 23（1）: 155-170.

［2］Wang J C , Ouyang S S. Disequilibrium of bicycle- sharing in rail rransit station areas in Beijing［J］. Journal of Transportation Systems Engineering and Information Technology, 2019, 19（1）: 214-221.

［3］Hu S, Chen M, Jiang Y, et al. Examining factors associated with bike-and-ride（BnR）activities around metro stations in large-scale dockless bikesharing systems［J］. Journal of Transport Geography, 2022, 98: 103271.

［4］贾建民，耿维，徐戈，等. 大数据行为研究趋势：一个"时空关"的视角［J］. 管理世界，2020，36（2）: 106-116，221.

［5］邝嘉恒，邬群勇. 接驳地铁站的共享单车时空均衡性分析与吸引区域优化［J］. 地球信息科学学报，2022，24（7）: 1337-1348.

［6］XU L, BAIN, RONG, et al. Study on clustering of free-floating bike-sharing parking time series in Beijing subway stations［J］. Sustainability, 2019, 11: 5439.

［7］王森，刘琛，邢帅杰. K-means聚类算法研究综述［J］. 华东交通大学学报，2022，39（5）: 119-126.

专家
采访

石晓冬：
拥抱新技术、驾驭新技术，做有思考、有情怀、有温度的规划人

石晓冬
教授级高级工程师
北京市规划和自然资源委员会党组成员、总规划师
北京市城市规划设计研究院党委书记、院长
首都区域空间规划研究北京市重点实验室副主任
中国城市规划学会常务理事

专访石晓冬院长，聊聊：

新技术如何助力规划院发挥智库作用？
如何推进规划学界与业界的交融对话？
新技术影响下规划师职业价值与职业模式是否会改变？
……

一、新技术助推规划院智库建设

记者：北京市城市规划设计研究院是"城垣杯"大赛的成长的"摇篮"。我们知道，北京市城市规划设计院（以下简称北规院）一直以来坚持"智库平台"的定位，长期耕耘于首都和北京市的规划事业。您认为，国土空间规划中的新技术，在北规院"智库"的建设中，发挥着怎样的关键作用？

石晓冬：首先我们要明确一点，什么是"智库"。"智库"就是要汇集一定数量的专业领域人员，运用智慧和才能，为城市规划建设的决策，提供技术方案或发展战略的支撑。"智库"的存在，是以治理能力现代化建设为导向的管理体制中，不可缺少

的重要组成部分。而北规院一直以来，的确也是始终坚持"智库平台"的定位，以历次城市总体规划的编制和高质量实施为抓手，为北京这座城市规划建设的宏观决策及各项建设，提供智力和技术服务。

而在这一过程中，在规划编制的基础职能以外，如何去凸显"智库"的长项或特色？我们认为，"智库"的优势在于，在固有的规划逻辑的基础上，"智库"团队还应该积极地思考，在国家整体治理能力现代化建设的走向下，规划自身如何加强体系适应、开展逻辑优化、提升研判水平、凸显科学价值，从而不断提高综合决策的技术支撑能力。

随着历次的机构改革，规划也在不断地进行转型融合，规划

价值体系也在不断深化。而技术的转型，与规划自身的治理模式转型是同频共振的。北规院在"智库"的建设中，也紧紧把握住了二者之间的关联性，从城市规律的认知，到城市规划决策，在全链条中，让新技术更好地发挥支撑作用。

首先，大数据的运用，打破了传统规划的工程视角，推动着城市规划的多维发展，这与当前国土空间规划强调多元、综合、动态的趋势是相契合的；其次，新技术还带来了整体业务框架的时空精度提升，改变了规划编制与实施、管控的逻辑，例如，"一张图"的建立，支撑了规划传导实施，更好地维护规划的严肃性和权威性；再次，遥感技术、物联感知技术的引入，打通了规划前端的"感知"阶段，提升了我们对于城市特征与规律的认知水平；最后，虚拟现实、数字孪生等技术，为规划决策提供了直观的试验和工作平台，首都的规划决策是重大的，必须以充分的论证为基础，而更好的人机交互技术，一方面降低了方案验证的成本，另一方面也让规划论证和规划决策，更加可知、可感。

二、规划学界与业界交融对话

记者："城垣杯"大赛在社会各界的大力支持下，一直以来受到学界和业界的广泛关注，目前已经举办至第七届。以往的六届比赛，我们收到了大量的优秀参赛作品，这些作品之中，有的来自于规划研究机构，有的来自于高等院校。从中我们可以看到，学界与业界的交融与对话正在逐渐成为趋势。您认为，作为规划编制与研究的科研院所，应该如何在学科创新方面开展引领呢？

石晓冬：的确，高等院校与规划研究机构的科研工作是各具特色的。一般而言，高等院校的科研，其优势在于基础理论和原始技术的研发，而规划研究机构，则更侧重结合规划实务工作，更多是技术应用模式的探讨。但是近年来，二者之间的界限正在发生融合，学界与业界之间，在不断加强对话交流，相互借鉴。

以北规院为例，首先在人才队伍建设方面，我们一直强调要打造综合素质型、专家型人才队伍，不仅涵盖了城乡规划、土地规划、地理生态等传统学科，而且也在信息科学、统计数学等领域不断吸收人才，加强学科视角的完整性。

在学科体系建设方面，我们在业务职能部门的基础之上，还提出了以"专业委员会"（也就是"学部"）引领学科建设的理念，共成立了8个学部，便于各个职能部门之间开展科研协作，同时也便于在特定领域集中优势力量，强化科研产出。

在学术科研机制方面，不断加强体制机制配套，成立了多个研究中心与实验室，联合高校、企业等外部力量，为规划的科研工作提供坚实的、开放的、共享的平台。

上述的这些工作，都是北规院近年来的一些探索，实际上形成了一套矩阵式、网络化的科研体系，纵向上实现从人员队伍到科研平台的贯通，横向上是不断加强领域融合，形成整体的科研创新机制。

三、新技术影响下规划师的职业价值与职业模式

记者：最近ChatGPT大火，很多人认为人工智能技术的进步会给很多的工作职业带来冲击，甚至认为有些岗位会被取代。您认为，规划师这一职业，在新技术的影响下，会不会走入职业模式的变革？技术的价值会不会影响规划师个人思考的价值？

石晓冬：首先不可否认，人工智能技术的发展进程是令人感到震撼的。人工智能技术可以以人脑所不能达到的计算能力，在短时间内实现海量信息的调用和技术方案的整合。尤其是ChatGPT这一类自然语言下的人工智能技术，改变了原本的高技术门槛，拉近了人与机器之间的距离。

在这种态势下，我认为大部分行业领域，包括国土空间规划，一定会与人工智能产生结合点，迎来技术层面的革新。但这种革新一定不是"技术"取代"人"，而应该是一种同化与再造。因为规划行业不仅仅是工程技术的逻辑，还综合了社会人文的逻辑、行政管理的逻辑、运行架构的逻辑，等等。而规划行业、规划师的价值，就在于其在各种逻辑之下，基于高度价值判断的综合思考。这种思考甚至可以是"一事一议"的，具有高度的应变性，是真正的智力价值。而且在某种程度上，规划师对于城市发展未来的"预见性"判断，是无法通过单纯的样本学习和知识整合而实现的。规划师的价值，仍然具有不可替代性。

所以，我们的态度应该是，拥抱新技术、驾驭新技术，让技术"为我所用"，技术与人之间形成良性互动，推动规划行业向着更高效、更科学、更精细的方向发展。

四、对参赛团队的期许

记者：今年的第七届城垣杯大赛正在进行中，对这一届参赛选手，您有哪些建议或者想说的话吗？

石晓冬：城垣杯大赛的初衷是鼓励广大优秀的行业精英、高校师生，共同参与规划决策支持模型的研发与应用，共同为规划研究分析技术体系的大厦添砖加瓦。同时我们必须要认识到，技术创新与规划应用场景，是唇齿相依的关系。我想每一份优秀的参赛作品，除了具备突出的技术色彩之外，还要以规划的分析、研判、决策为"初心"。期待看到大家的每一份参赛作品，都是有思考、有情怀、有温度的，希望每一位参赛者，站在更高的平台视野、发挥综合的智力专长、聚焦精准的问题意识、运用前沿的技术思维，在作品之中体现出作为一名规划人的专业使命与哲学思辨！

沈振江：
理清经济发展逻辑，做好规划决策支持

沈振江
日本金泽大学教授
日本工程院外籍院士
日本智慧营造研究领域专家
福建省特级人才（福建省人民政府）
福州大学建筑与城乡规划学院教授
自然资源部高层次创新人才工程（国土空间规划行业）科技创新团队"规划全周期用途管制创新团队"负责人、首席专家

专访沈振江院士，聊聊：

如何增强规划决策支持的科学性？
国土空间用途管制与国土空间详细规划有哪些探索方向？
国外智慧城市建设有何经验与教训？
……

一、规划决策支持的科学性与落地性

记者：在由传统静态蓝图型规划向公共政策型规划的转变过程中，做好决策是重中之重的环节。我们了解到，您在规划决策方面做过非常多的研究与实践探索，规划决策支持理论与方法创新也是我们"城垣杯"大赛自开办以来一直坚持的办赛理念。请问您认为决策支持的科学性如何体现？规划决策支持模型如何才能更好地落地？

沈振江：从我们长期从事的规划支持工作来讲，科学决策需要考虑如何在现状的基础上实现经济发展的目标。经济发展目标反映了当地政府的施政理念以及政策要求，规划工作需要在经济

发展目标的导向下，以及现状条件的制约上进行空间约束。那么决策支持的科学性就应当正确地反映现状条件、未来经济发展目标以及规划约束这三者之间的相互关系，规划决策模型所要解决的就是在现状条件的约束下，如何正确地通过规划干预手段实现经济发展的目标需求。规划决策模型若要真正落地，就需要理清现状、经济发展目标，以及规划约束三者之间的逻辑关系，只有逻辑厘清了，才能更好地把规划决策模型的工作落地。

二、日本国土空间用途管制工作

记者：国土空间用途管制是国土空间治理体系的根本制

度，您在日本深耕多年，请问日本的国土空间用途管制呈现怎样的技术特征？

沈振江：在日本，国土空间用途管制也是分级分区进行的。日本国土的用途管制分为5个区域，包括城市区域、农村区域、森林区域、自然公园保护区等。日本国土空间用途管制最基本的特点就是在不同管制区域的边界内依据不同的法规进行管理。比方说，城市区域内部是依据城市规划法进行管制，在城市区域内部还划分有城市规划建成区以及建设控制区等，只有在建成区内部才实行具体的容积率、建筑密度等用途和指标的管理。总的来说，日本的国土空间用途管制呈现出了有体系、有边界、有政策、有法规的特征。

三、国土空间详细规划

记者：目前，我国各地国土空间规划工作重点逐步转向了详细规划。作为我国"五级三类"国土空间规划体系中的一环，详细规划在国土空间用途管制中起着至关重要的作用。请问您认为在新空间治理体系下，详细规划层级的用途管制工作面临那些问题，需要如何解决？

沈振江：现在我们国家的国土空间详细规划改革，在规划编制以及规划实施上都是强调单元以及地块，这些单元、地块与三区三线以及国土空间规划的分级、分区、分类都是紧密关联的。目前来看，当前的工作还是有一些不匹配的地方，其中一个问题就是详细规划中土地权益相关内容的缺失，我认为在控制性详细规划这个层面需要进行土地权益调查的工作。无论对于支持城市更新，或是在城市开发边界内外采取区别的控制方式等，土地权益调查都是一项很重要的工作。还有一点是在部分地区、部分地块或部分单元，控制性详细规划应当根据城市开发、城市更新的需要，采用参与式的方法来解决土地使用权人在规划实施前后的权属关系变化以及利益关系变化，要形成一个比较好的、针对城市开发以及城市更新的制度性做法，这个工作的前提就是做好完备的、准确的土地权益调查。

四、国外智慧城市建设的经验与教训

记者：您长期在日本关注智慧城市建设的研究，日本以及

国外其他国家、地区和我国相比，在智慧城市建设方面有什么不同之处？国外的经验教训对中国的智慧城市建设有何借鉴或启示？

沈振江：我认为相比于日本、美国等其他国家、地区，我们国家的智慧城市建设还是偏向于智慧服务。日本的智慧城市建设是从最底层的传统城市设施建设开始，然后导入智慧设施、采集数据，进而提供智慧服务，在此基础上形成新的生活方式。而在美国，相对来讲智慧城市是一种平行的概念，与其他领域中智慧生产、智慧能源等工作在推进上是平行的，也可以说呈现出一种三角形的模式。我们国家在布置传感器收集数据，以及推进大数据应用这些方面做了很多工作，我觉得我们国家在智慧城市建设方面可以参照日本的一些做法，先从传统的设施建设到智慧设施建设，再通过大数据提供智慧服务。另一方面，无论是欧美或是日本的智慧城市建设都强调绿色智慧，现在又提出要进入零能耗阶段，我们国家在绿色智慧这方面应该说发力的时间比较短，应当加强智慧与绿色结合，不断推进智慧城市建设。

五、规划教育中的数字技术

记者：您长期在海外从事规划教育工作。请问在海外的规划教育中是如何渗透大数据分析、人工智能技术等数字化方法的呢？

沈振江：日本的规划教育比较强调规划全周期的思维。首先要根据经济发展的需求设定发展目标，然后再看经济发展目标如何在城市空间上进行分配，进而谋划交通、土地、商业、企业、工业等开发；开发完之后，人就会产生移动，就会出现交通问题，还有环境影响等问题，这就是我们在做规划工作时所考虑的全周期过程。其实在全周期每个阶段所做的工作，比如经济目标的设定、需求的分配、人员的通勤交通行为、环境影响、排放与能耗等，所有这些工作和大数据都有关系。所以在日本规划教育中，数字化方法主要是以模拟模型的构建为主，进而通过大数据的使用来验证模拟模型的正确与否。

六、对参赛选手的建议

记者：今年的城垣杯大赛已经拉开序幕，在此次采访的最

后，您对于今年的参赛选手，有哪些宝贵建议呢？

沈振江：我国的国土空间规划制度正在进行改革，新的规划编制工作也非常强调"边界"及其内部的用途管理，希望"城垣杯"的参赛选手能够更注重政府目标的设定和政策的决策过程，特别是思考如何在现状条件下，在规划约束上实现政府的政策目标，我认为这也是规划决策支持工作的一个最终极目标。

叶嘉安：
规划大数据分析要从"发现过去"转向"改变未来"

叶嘉安
中国科学院院士
香港科学院院士
第三世界科学院院士
英国社会科学院院士

香港大学城市规划及设计系城市规划及设计陈道涵基金教授，城市规划及地理信息系统讲座教授，地理信息系统研究中心主任，前研究生院院长，交通运输研究所所长，城市研究及城市规划中心主任和城市规划及设计系系主任。

专访叶嘉安院士，聊聊：

数字化领域的学术研究和实践经验的结合有何重要的意义和作用？

如何将不同领域的理论和方法整合支持实践应用？

国内城市发展有哪些需要改进和提高？

……

一、数字化领域的学术与实践结合

记者："城垣杯"大赛的发展，一定程度上也是智慧城市创新和决策支持领域的创新实践。您认为在这个领域中，学术研究和实践经验的结合有哪些重要的意义和作用？

叶嘉安：通过GIS、大数据，我们会对城市的发展历程和现阶段情况比较了解，但是城市规划应该是面向未来的，如何把现在的东西应用在未来是很重要的。城市规划的目标是让人的生活更加美好，所以我们应该注重以人为本。数据不仅仅是分析，还需要根据人的特征找出每个地方的规律。人们的生活习惯、历史文化背景不一样，得到的结果应该也不一样。所以在面向未来

的时候，我们需要清楚大数据、GIS的局限性，不仅是像找出堵车、职住平衡等问题，还要在发现问题的基础上寻求一个很好的解决方案。

二、多方面领域的理论和方法整合

记者：您作为国际上最早将城市规划与信息化技术相结合的先驱之一，从早期的"城市增长模型""城市信息系统"到"智慧城市"等，研究领域也涉及城市规划、城市治理和公共政策等多个方面，您的研究和实践经历了多个阶段。请问您如何将这些不同领域的理论和方法整合起来，支持城乡规划和决策的

实践应用？

叶嘉安：早期的城市规划就是城市设计为主，然后18世纪末期、19世纪初期，当时提出要用一些科学的理性手段来做城市规划。其中有个很重要的代表就是Patrick Geddes，他提出了要做调研、分析，然后再到规划。以前设计城市只注重美观，出现了很多的问题，而他是用科学的观点来对症下药，解决以前的问题并且避免新的问题，由此为现代城市规划奠定了基础。在80年代，当时计算机很流行，涌现了很多先进技术，同时也出现了另一方面的问题，就是太过注重科学的方法，那么规划究竟是用科学的方法做还是居民参与的方法做？在海外，他们最终确定的规划方向转向了强调公众参与，这是一个很重要的典范的改变。1986年的时候，地理学家Armstrong、Densham和Rushton发表了一篇著名的文章《Architecture for a microcomputer based spatial decision support system》，它提出了空间决策支持系统（spatial decision support system），对城市规划产生了巨大影响。当时引发了一场讨论，是不是我们要发展成城市规划决策系统（planning decision support system）。经过讨论后，认为决策是交给制度的，所以就变成了城市规划支持系统（planning support system）。这是由Michael Batty和Britton Harris 在1996年时提出的，是个关键性的里程碑。后来我和我的学生黎夏也出了一本书《地理信息与规划支持系统》。当然，现在我们有大数据了，但是大数据都是反映现在、以前的情况，对于将来城市发展的贡献不是很大。如果我们看城市规划这套理论，要追溯到1957年，有本很经典的教科书《Urban Land Use planning》，它说城市规划主要是要有人的活动以后，每一个人的活动就有它的空间需求，实际上我们做规划就是协调这些空间需求。它告诉我们两个很重要的东西：第一是人类活动受社会经济发展影响；第二是空间需求受当时的交通系统等影响。另外在规划实践中，使用的规划理论像可持续发展、低碳城市等，这些都是人为要加强的，是价值观的问题。所以如何解决未来出现的问题是要把未来的社会经济发展、未来的交通系统、未来的规划理论等结合起来。大数据即使可以找到现在和以前的经济社会情况、交通情况，以及现在跟以前规划的理念对这些情况的影响，可是并没有对未来的发展有所帮助，因此在面对未来的问题时，我们还是要重新思考大数据对我们城市规划的影响是什么。

三、城市的未来发展

记者：您在多个国际组织和委员会中担任重要职务，对全球城市发展和治理具有广泛的视野和经验。请问您如何看待中国城市的未来发展方向和目标？您认为中国在城乡规划和决策支持方面还需要哪些方面的改进和提高？

叶嘉安：现在大数据的利用我觉得是很好的，比如说我们现在可以通过大数据、孪生城市，知道交通情况、环境情况等，并支撑以后应如何调整、管理。但是我们的管理手段是有限的，比如说交通，我们有很好的感知、很好的数据，可是遇到堵车问题，大数据提供的只有堵车的现状特征，它提供不了具体的解决方案。优化很重要，可是完全堵车导致已经没有空间可以进行优化，所以我们不应该太迷信大数据以及空间规划。要实现城市规划让人们生活得更美好的目标需要多方面的配合，像交通规划从交通的供求出发，建很多地铁、车道，但没有做到交通需求的管理。在这方面，香港做得比较好的是通过限制小汽车的拥有率，很早期的时候是45万辆，现在升高到差不多70万辆。相比之下，内地的城市以深圳为例，从以前20万辆到现在达到了300多万辆。小汽车无限增长，马路肯定是应付不了。香港建了很多地铁，虽然不堵车，但是堵人了。空间的职住平衡也是很难的，所以城市规划要改善人的生活并不简单。我们不能光靠规划，还要靠监测方面、管理方面等，才可以达到我们城市规划的目标，让人们生活得更美好。

四、对规划教育的建议

记者：您作为一位学者和教育家，对城乡规划人才的培养有何建议和期望？

叶嘉安：现在很多城市规划课程太过注重经济发展，有些也太过注重环境方面，但是人方面也很重要，因为城市都是人结合起来的系统。另外，肯定要拥抱高新科技，一定要讲究科学性。科学分析里面很重要的就是要培养学生的创新能力，主要是面对将来的能力。现在我们的培训很多时候是注重分析，对问题追根溯源，但是没有真的是去解决问题，将来会产生什么问题，我们如何去解决。现在有智慧城市、智慧出行，很多进行了数字化，将来这20年间，我们的生活方式、工作方式肯定会有一个很颠覆性的改变，我们作为城市规划师该怎么去面对这个问题，这是主要需要培训的。

现在很多人说我们可不可以通过人工智能去做城市规划，其实这个方面在20世纪90年代就已经有很多的研究。在1997年，Stan Openshaw出了一本很重要的书《Artificial Intelligence in Geography》，他当时就讲了很多AI这方面的空间分析的应用，当然我们规划界从1990年也出了很多不同的文章，包括John Kim他们做有关专家系统在环境规划的应用。但是在20世纪90年代末期，他们得出一个结论，专家系统只是可以面对以前，但是不能面对将来。人工智能只会按照现在的规律帮你做，没法应对将来，所以我们肯定要创新。我们可以相信的就是城市规划可以改变未来，这也是我们要做的教育。

选手
采访

姚尧、周广翔：
数据驱动，算法赋能，精细模拟城市碳排放

指导教师：姚尧
指导教师介绍：
博士，中国地质大学（武汉）地理与信息工程学院教授，博士生导师，日本东京大学空间信息科学研究中心访问学者，湖北省"晨光计划"项目支撑科技人才。任中国城市科学研究会大数据专委会高级会员、委员，阿里巴巴集团数据部（达摩院）访问学者。主要研究领域为时空大数据技术和可计算城市科学。

参赛选手（从左到右）：
刘晨曦、周广翔、魏江玲、孙振辉、程涛、李林龙
参赛团队介绍：
CarbonVCA团队是由中国地质大学（武汉）地理与信息工程学院、高性能空间计算智能实验室（HPSCIL@CUG）姚尧教授指导的学生组成，专注于土地利用变化模拟及其应用的研究，主导开发了UrbanVCA、VecLI等平台，得到了业界广泛使用。

一、指导教师访谈

记者：姚尧教授，您好。您指导的团队在去年城垣杯中获得了特等奖的优异成绩，请问您认为城垣杯对您和您的团队有着怎样的意义？今年已经是城垣杯举办的第七年，您认为这类竞赛举办的意义是怎样的？

姚尧：2022年，我们团队的参赛作品《CarbonVCA：微观地块尺度的城市碳排放核算、模拟与预测系统》获得了城垣杯特等

奖，这对我和我的学生来说是一次非常珍贵的经历。这是中国地质大学（武汉）在城市规划行业顶级比赛中首次获得这样的殊荣，也为学院的声誉和影响力注入了新的活力。这项创新创业成果的取得，彰显了学院在地理信息系统和城市规划领域的卓越水平，同时也证明了学院在培养具有实践能力和创新思维的优秀人才方面取得了显著成果。这不仅有助于吸引更多的人才加入学院，而且还为学生提供了更广阔的发展空间和机会。对学院而言，这些创新创业成果不仅提升了学院的声誉，还激励了其他学

生更积极地参与创新创业活动。这些成果为学院的创新创业文化注入了新的活力，同时也提高了学院的教育水平和影响力。

关于城垣杯的意义，我认为这类竞赛为高校学生和专业人士提供了一个实践的平台，激励他们利用各方数据资源，深入分析发展现状、总结发展规律、模拟发展趋势以及推演未来场景，从而实现研究和探索新的技术方案和应用，推动学术研究和技术创新的发展。

记者：您的科研团队多年来致力于时空大数据技术和可计算城市科学领域的研究，在该领域取得了丰厚的研究成果，您能否向我们介绍一下您的研究团队？近期贵团队在城市计算新技术应用方面有何进展？另外，您如何看待大数据、人工智能（AI）、数字孪生（digital twin）等数字技术在城市规划和城市科学领域的应用？

姚尧：UrbanComp城市计算团队来自于中国地质大学（武汉）地理与信息工程学院的高性能空间智能计算实验室（High-Performance Spatial Computational Intelligence Lab，简称HPSCIL），目前已取得大量优秀的科研成果，个人和团队都具有极大的发展潜力。研究团队一直从事时空大数据挖掘和城市智能计算的研究工作，研究以复杂城市问题为锚点，将人工智能、大数据分析和地理信息系统引入城市科学，围绕"十四五"城市发展重点问题"如何提高中国城镇化发展质量和合理布局城镇化格局"开展工作。

在城市计算新技术方面，UrbanComp团队一直坚持从理论和应用两个角度开展工作。在理论上，团队致力于发展可计算城市空间和微观尺度城市模拟的新理论和新方法，将高性能计算和人工智能在城市计算研究中深度耦合，系统地开展大范围城市空间中"人—地—时"相互作用和提升城镇发展质量的研究；在应用上，团队综合探究城市发展过程和城市资源动态配置的相互影响机制，以提升城镇可持续性为目标，推动城市智能计算的新技术在城市规划和公共安全等国家重大需求领域中落地应用。近年来，团队开发了采用"人机对抗"方式快速获取城市参与者主观感知的系统、多尺度城市模拟软件GeoCA和UrbanVCA、矢量景观指数计算与分析系统VecLI等城市计算平台，已在多个智慧城市仿真和城镇发展优化的案例中应用和落地。

目前，大数据、人工智能和数字孪生等技术在城市规划和

城市科学领域的应用已经成为一个热门话题。这些技术提供了在城市规划和管理中更好地理解和预测城市行为、优化城市结构和增强城市功能的新方法。智慧城市是城市发展的一个科技愿景，在城市的不断发展进步中，大数据技术可以帮助我们更好地数字化我们的城市，人工智能技术可以帮助我们更好地理解我们的城市，数字孪生技术可以帮助我们更好地智慧化我们的城市。城市是复杂的，只有结合多种技术，才能让城市向着更高级的智能转变，从而引领城市高质量发展，提升政务效率，创新城市治理，优化公共服务，促进生态文明，实现可持续发展。

记者：今年的第七届大赛也已经拉开帷幕，您对于今年的大赛有什么期许？有什么话想对今年的参赛选手说？

姚尧："城垣杯·规划决策支持模型设计大赛"自2017年至今已经举办了六届，得到了社会各界的广泛关注和支持，不断提高了我国规划量化研究的理论和实践水平。在全面实施国家创新驱动发展战略和数字中国战略的大环境下，希望大赛可以继续启发我们开拓创新，跟上时代潮流，研发最前沿的规划理论和方法，结合新一代信息技术如互联网、大数据和人工智能等，更深入地认识国土空间和城市发展规律，不断提升国土空间规划的战略性、科学性、权威性、协调性和可操作性，更好地推进国土空间和城市治理现代化，为经济社会的持续健康发展提供支撑。

最后，我想对今年的参赛选手说，加油！希望你们能够在比赛中发挥出自己的最佳水平，创造出优秀的成果，为我们的国土空间规划和城市治理做出贡献！

二、获奖选手访谈

记者：周广翔同学，您好，在第六届城垣杯大赛上的获奖作品《CarbonVCA：微观地块尺度的城市碳排放核算、模拟与预测系统》结合城市统计年鉴数据、土地利用数据等多源数据，利用矢量元胞自动机模型、聚类算法与随机森林模型，提出了一套自下而上的地块尺度碳排放核算及预测框架，是一篇十分具有新意的作品。相比于传统的碳排放研究，您团队提出的方法框架优势体现在哪里？对低碳城市建设和"碳中和"目标的实现有何种意义？应用前景与推广价值如何？

周广翔：相比较传统的碳排放研究，CarbonVCA可以有效地

从地籍地块尺度实现未来碳排放变化模拟，解决了用地建模与碳排放评估的耦合问题，进一步提高了碳排放变化模拟的空间分辨率，同时实现将城市用地规划政策、减排政策等纳入城市碳排放评估工作中，为低碳城市建设提供政策建议与参考。

对于低碳城市建设和"碳中和"目标的实现，我们的作品有以下意义：①CarbonVCA基于地籍地块数据完成碳排放计算，不再受到分辨率的限制，它可以用来研究多尺度的碳排放，而无需考虑误差积累的负面影响，可以帮助决策制定者结合未来碳排放量空间分布情况，划定精确的生态控制线、避免"一刀切、粗放式"的碳排放管理；②CarbonVCA将城市用地建模纳入城市碳排放评估中，可以及时地将低碳发展目标纳入城市土地规划当中，为实现在统一的气候变化和人类活动情景设定下，开展土地利用多目标的空间优化工作提供了可能。

CarbonVCA作为一种新型的碳排放评估工具，具备很大的应用前景与推广价值。该框架基于经典的土地利用变化模型实现，具有坚实的理论和方法基础，可以与现有的大量研究（包括各种气候、经济、人口、绿色、减排、土地使用政策、生产率增长率等维度）相结合，构建出丰富的发展场景，评估未来不同发展路径下的碳排放量变化情况，为制定"因地适宜"的发展策略提供帮助。我们相信CarbonVCA可以帮助城市"碳达峰"与"碳中和"目标的实现，迈进重要的一步。

记者： 低碳城市建设和"碳中和"相关研究已成为了学界热点话题，您的作品聚焦在自下而上微观尺度的碳排放核算与预测上，请问您团队选择这一选题的初衷是什么？您可以向我们介绍一下您团队的研究工作开展的背景吗？

周广翔： 2020年9月，中国明确提出2030年"碳达峰"与2060年"碳中和"目标，恰逢我们团队正在开展地籍地块尺度土地利用变化模拟的研究工作，如何将我们的研究应用于实际，服务国家重大需求，就成了我们考虑的问题之一。考虑到现有的碳排放研究集中于省市县等行政尺度，且无法体现未来碳排放变化的长期趋势，我们选择将实现微观尺度的碳排放核算与预测作为自己的目标。

在开展这项研究之前，我们团队就土地利用变化模拟、碳排放评估以及城市发展政策制定三个方面开展了大量工作。首先，团队开发了城市动态变化精细模拟模型UrbanVCA以及基于真实地块的矢量景观指数计算与分析系统VecLI，为地籍地块尺度的土地利用变化模拟以及地块特征评估提供了有力支持；其次，团队调研了大量碳排放评估的研究，积累了丰富的实践经验和数据资源；最后，研究团队学习了城市规划领域的相关专业知识，以期望可以提出恰当的发展场景，合理的分析未来碳排放空间变化趋势与可能的诱因，为未来城市"低碳发展"途径提供合理的政策建议。

记者： 作为地理与信息工程背景的研究生，参与城市规划领域竞赛的出发点是什么呢？并且，在规划的学习与研究中有什么不同的体验吗？能否为我们分享一下？

周广翔： 姚尧教授曾多次告诫我们，作为地理信息相关专业的学生，就是要研究任意时间、任意地点和在任意尺度发生了任意事情，并尝试建立模型来探究导致这种事情发生的原因，最后预测未来这种事情会怎么演化。在姚尧老师的支持和帮助下，我们团队在土地利用变化模拟及其应用方面做了大量的工作。为了将专业知识应用于实际，做"硬核且实用"的科研，我们踊跃参加了"城垣杯·规划决策支持模型设计大赛"，并获此殊荣。

通过城市规划领域的学习与研究，我们感受到了"跨学科研究"的重要意义，真正实现了从解决"怎么做"到解决"为什么"的蜕变。以本次比赛的作品为例，过去我们更加关注"如何实现地籍地块尺度的碳排放预测""如何提高模拟精度"等技术上的问题，却忽视了"为什么高碳排放用地会向某一区域转移""针对这些现象，未来政策制定应该注意什么"等实际问题。城市规划的研究是以城市为对象，需要结合城市的实际情况和需求来进行规划和决策，需要涉及到政策、经济、社会、环境等各方面的知识。正如姚尧老师所说的那样，我们的终极目标是建立"人—地—时"三者的模型，我们需要掌握测绘学、遥感学、地理学、信息学和数据科学，甚至还需要掌握城市规划、生命科学、化学等多个学科的理论和技术，来解释我们的世界，以及我们和世界的关系，这对我们的学习和职业发展都有很大的帮助。

"智城至慧"团队：
重视人文关怀，突破效率思维，助推虚实空间有机融合

指导教师：甄峰

指导教师介绍：

博士，现为南京大学建筑与城市规划学院副院长、教授、博士生导师。兼任中国自然资源学会常务理事、国土空间规划研究专委会主任，中国地理学会理事、城市地理专业委员会主任，中国城市科学研究会大数据专业委员会副主任，中国地理信息产业协会智慧国土工作委员会副主任委员。主要从事城市地理、智慧城市规划与空间治理研究。主持全国哲学社会科学工作办公室重点项目、国家自然科学基金面上项目等科研项目10余项。以第一作者或通讯作者发表论文200余篇。2008年度获江苏省优秀青年骨干教师荣誉称号、2009年度获第十届全国青年地理科技奖、2009年度获教育部新世纪优秀人才称号等荣誉称号、2017年度获江苏省"六大人才高峰"高层次人才称号、2022年度获江苏省"333工程"二层次人才称号。

指导教师：张姗琪

指导教师介绍：

博士，现为南京大学建筑与城市规划学院准聘助理教授/特任研究员、硕士生导师。兼任中国可持续发展研究会时空信息专业委员会委员、中国城市科学研究会城市大数据专业委员会委员、中国地理信息产业协会智慧国土工作委员会委员。主要从事规划新技术领域的研究，重点关注基于时空大数据的规划分析与模拟方法。共发表学术论文40余篇，主持、参与国家自然科学基金青年基金等科研项目10余项；入选国家"博士后国际交流计划引进项目"（2018）、江苏省"双创博士"计划（2021）。获2015年ESRI Canada ECCE Challenge第一名。指导学生获城垣杯·规划决策支持模型设计大赛特等奖、神州控股校园极客大赛一等奖、中国研究生智慧城市技术与创意设计大赛三等奖、园冶杯大学生国际竞赛三等奖等奖项。

参赛选手：（第一排左起）黄伊婧、肖徐玏、邹思聪；（第二排左起）魏玺、欧亚根、李晟

参赛团队介绍：

团队由南京大学建筑与城市规划学院、江苏省智慧城市研究基地甄峰、张姗琪老师指导的2021级城市规划硕士研究生（黄伊婧、肖徐玏、邹思聪、魏玺、欧亚根、李晟）组成，主要关注城市与区域规划、时空大数据分析等研究领域，在城市与区域流要素研究、资源配置与优化研究、居民时空间行为研究等方面积累了一定成果，在《经济地理》《地理科学进展》等期刊发表多篇论文，并获得第六届城垣杯大赛特等奖等多个奖项。

一、指导教师访谈

记者：您指导的参赛团队在第六届"城垣杯"大赛的获奖作品《基于线上线下融合视角的生活圈服务设施评价与预测模型》着眼目前方兴未艾的互联网线上消费活动对线下生活的影响。线上线下融合生活圈这一领域目前被许多学者所关注，请问您认为这一研究领域所关注的核心问题是什么？未来应着力探索的研究方向有哪些？

张姗琪：随着现代信息技术的高速发展，线上、线下服务共同成为居民生活中不可或缺的部分，推动人群活动方式和社区服务供给模式发生极大转变，现阶段线上线下融合生活圈研究关注的核心问题主要包括三个方面：如何结合线上、线下服务特征，定义生活圈服务范围？如何结合居民行为数据，挖掘不同人群线上、线下生活圈服务使用需求？如何判断线上、线下生活圈建设质量，进行针对性生活圈优化，推动供给与需求在时空间上实现耦合？

为解决上述问题，未来可以着力探索以下几个研究方向：考虑时间供给维度，深入挖掘线上、线下服务时空可达范围；探究建成环境与新兴技术（如5G、人工智能等）对不同类型居民线上、线下服务使用和出行行为的影响；探究不同类型服务设施线上化特征和形成机制；探究线上服务对线下生活圈设施使用和空间布局的影响，实现线上、线下生活圈联动布局等方面。

记者：据我所知，您领导的南京大学"智城至慧"研究团队早在数十年前就已经在"赛博空间"与城市虚实空间结合的领域展开过探索。如今，当年的不少预想已变成现实。有学者认为如今信息传播飞速，距离将不再重要，地理实体空间终会被网络虚拟空间所替代，进而提出了"地理学的终结""距离已死"的观点。请问您如何看待这样的观点？具体到生活圈领域，似乎居民所有的衣食住行所需都可以在网上下单并配送到家，仿佛验证了这样的观点。您认为实体的生活圈设施应当如何响应这一趋势？

甄峰：在智慧时代，智能技术对城市发展产生了深远的影响，"人地关系"发生改变。不可否认，随着技术的不断深入，虚实活动空间已经从原先的替代、互补、中立等二元线性关系发展成更加复杂的相互作用关系。但在目前发展阶段，"地理学的终结"这种论断为时尚早。目前，城市的虚拟活动空间是对实体空间的视觉模拟，VR旅游、教育、看房等新空间体验方式，使居民可以身处一个实体空间却对多元空间进行感知与操作。虚拟技术使得居民活动受距离的影响减少，传统的居住、工作、休闲和交通的功能边界感弱化，临时性的办公场所、模块化的休闲空间不断出现，实体空间更加破碎化。如此，看似是城市在逐渐成为各要素高速流动的集合体，实体活动空间受到虚拟活动空间的压缩与挤压。然而，仍有大量感知无法完全地通过"数字景观"传递，人与人、人与建成环境之间的交互不会被完全取代。因此，作为城市建设者、规划者，我们需要转变传统只考虑空间效率的思维，重视人文关怀，将以人为本的理念贯彻始终，保证"赛博空间"与城市实体空间的有机、高效融合。具体到实体的生活圈设施，未来的居民生活圈将依赖虚实双重服务供给，形成线上–线下相结合的社区中心。对于社区周边的实体店铺而言，可能需要改变自身的空间分布及运营模式，例如，从传统的实体零售功能衍生或转化为产品展示及外卖配送等功能，维持自身经济活力。

记者：您领导的南京大学"智城至慧"研究团队在智慧城市、城市规划大数据应用领域深耕多年。您能否向我们介绍一下"智城至慧"团队？目前您团队主要聚焦在哪些研究领域？

甄峰："智城至慧"团队长期开展智慧城市、大数据应用与城市规划领域研究，现有教授、博士生导师2人，副教授/副研究员3人，助理教授1人，博士后1人。近年来，团队完成和承担的国家自然科学基金、国际合作项目、国家科技支撑项目以及住房和城乡建设建部等科研项目19项，举办重要学术会议5次，发表中英文文章400余篇，出版著作10余部，多次获得国家和省部级奖项。

目前我们团队的主要研究领域包含5个方面：①ICT影响下城市空间研究：团队深入研究了ICT与城市空间结构的关系、ICT对于居民行为活动影响及其空间效应等课题，并探索将研究结果应用于城市与区域规划实践当中。②大数据应用与城市空间研究："大数据"是信息时代背景下科学研究的新范式。研究团队重在探究大数据在城市规划中的应用、大数据视角下的城市规划方法、基于大数据的城市空间结构、大数据与小数据融合的方法与技术等。③智慧城市规划理论与方法：团队围绕智慧城市及其规划方法，提出了"人—技术—空间"一体的智慧规划理论框架，探索了数据驱动的规划编制和评估方法及其关键技术。④流动空间研究：信息技术的进步加速了知识、技术、人才、资金等的时空交换，改变着区域和城市的空间格局。研究团队在"流动空间研究"领域致力于探究流动空间理论、流动空间形态与特征、流动模式、发展机制及其对于城市规划的影响与应用。⑤文化与消费空间研究：研究团队在"文化与消费空间研究"领域探索消费空间理论，进而对消费空间的文化、消费空间性质和生产及"洋快餐"空间扩散的文化进行解读。

二、获奖选手访谈

记者：您团队的作品《基于线上线下融合视角的生活圈服务设施评价与预测模型》基于行为区位理论对居民线上线下设施潜在需求进行了测算。在实践中，学者与规划师通常认为对供给的测算相对较简单，而对居民需求的测算则因涉及到居民行为而难度较大。可否详尽介绍一下您在作品中采用的方法，这种方法有何优势，适用性如何？

魏玺：相较于传统的居民需求测算，我们主要采用手机信令数据构建生活圈范围划定、设施需求校正等模型提升测算精度。具体而言，在生活圈范围划定部分，根据线上线下服务差异，以需求原则（居民实际活动空间所覆盖的范围）确定线下生活圈范围，以供给原则（线上配送范围所覆盖的居民格网为改革网有效服务设施）确定线上生活圈范围，在此基础上根据设施服务人口数量进行设施供给量的校正。对于设施需求，考虑到不同居民驻留及线上服务使用差异，引入线下驻留时长和App使用时长对需求人口进行校正。综合上述校正后的供给量和需求量，确定社区生活圈设施配置情况，并采用机器学习方法对其进行分类。

总体上，本模型从传统单一的设施供给视角转变为居民-设施双视角分析，并引入线上设施这一新要素，可以更好地识别社区设施缺口，落实"以人为本"的规划设计理念。模型的适用性在南京案例中有较好的体现，未来可以推广至其他城市。但仍需注意城市人口特征、设施建设情况及数据质量对分析结果的影响。

记者：您团队提出的这一模型的未来应用方向都有哪些，这一研究成果如何更好地支持未来生活圈设施配置优化？

魏玺：总体上，本模型通过手机信令数据测算居民设施需求，进而指导规划实践，具有较强的可推广性和应用前景。一方面，随着手机行令数据的不断推广，数据的获取门槛在逐渐降低，可以用更低的成本在规划实践中更多地使用手机行令数据及相关分析模型提升规划科学性。另一方面，更多地考虑个体特征对设施配置的影响，并引入更多的要素类型（如：线上设施）可以更好满足居民需求，助力规划的顺利实施。

模型的未来应用方向主要有：①准确划定生活圈范围，更好地明确规划对象。②助力生活设施配置规划，在规划标准的基础上，根据不同社区的属性更加精确地配置设施并对其发展进行一定程度的预测。③助力城市体检工作的开展，通过不断更新数据，实时发现社区设施配置存在的问题，为规划的修编提供参考。④推动公众参与，通过嵌入相关App开发，形成便于居民使用的生活圈查询助手，并为居民提供相应的反馈渠道支持公众参与。

记者：您团队在研究中遇到了哪些挑战？是怎么解决的？

欧亚根：在线上线下生活圈划定中，由于南京市小区数量大且老城区和新城区之间社区体量差异大，套用传统的几何圆形生活圈划定方法难以适用于不同的社区，为提升分析精度，本模型参考行为地理学相关研究内容以居民活动范围为主要参考依据，选择以250m×250m格网为基础研究单元，划定生活圈范围。

在居民设施需求量化方面，现有研究往往直接以人数代替，达不到很高的分析精度，经过多次讨论和理论推演，本模型决定将居民驻留时长、居民线上App使用时长作为权重进而计算设施的需求量，以更好地体现不同人群之间的需求差异。

在综合分析评价社区生活圈类型和供给水平方面，传统的计量分析模型表现较差，对社区聚类效果不好，因此综合相关文献与实践，选用机器学习中的DBSCAN聚类算法，获得了效果较好的分析结果。

记者：今年的第七届大赛已经拉开帷幕，能否像今年的参赛选手传授一些经验？有什么话想对今年的参赛选手说？

李晟：深入主题，明确要求。在参加比赛前，要仔细研究本届"城垣杯"大赛提供的议题与主题内容，选择能展现自身研究水平，切合大赛主题，引领规划前沿的作品选题。此外，还应理解评分标准和大赛成果提交要求，根据时间要求制定好时间计划并按计划实施。

精益求精，创新突破。参赛作品要力求精益求精，注重创新突破，见微知著，集思广益，尽可能挖掘出新的问题和新的解决方法，体现出自己的特色和优势。

团队协作，分工合理。要做好团队内部协作，明确各自的分工和责任，保持沟通和协调，严格把控进度，确保最终提交的作品符合要求。

充分展示，清晰表达。作品的展示方式和内容要充分展示解决方案的思路和成果，同时表达清晰、简洁，详略有序，提高展示质量，便于评委和外界了解和评估。

最后，对于今年的参赛选手，我们想说的是，既要勇于尝试新的问题和解决方案，也需要注重实际应用，解决实际问题。在备赛过程中，不要忘记与大家多交流、合作，互相促进，共同推动规划领域新技术的发展和创新。祝愿所有参赛选手都能够取得出色的成绩！

影像
记忆

01
颁奖仪式

特等奖

一等奖

二等奖

02

全体合影

03

选手
精彩瞬间

04
专家讨论及
会场花絮

附录

2023年"城垣杯·规划决策支持模型设计大赛"获奖结果公布

作品名称	工作单位	参赛选手	指导老师	获得奖项
基于人群数字画像技术的老年人群多维需求识别模型	东南大学建筑学院、东南大学软件学院	吴玥玥、戴运来、王暄晴、崔澳、丛万钰、陈旭阳	史宜、史北祥、杨俊宴	特等奖
基于"人—活动—环境"互动视角的城市街道热风险评估与优化模型	南京大学建筑与城市规划学院、上海市城市规划设计研究院	张蔚、王星、陈文婷、刘沫涵、蒙晓雨、武建良、杨心语、刘笑、林芷馨、强靖淇	甄峰、沈丽珍	特等奖
引入ChatGPT的社区环境分异下居民主观幸福感时空韧性测度	南京大学建筑与城市规划学院、上海市城市规划设计研究院	周钰烨、王逸文、孔旻蔚、王全	徐建刚、居阳、祁毅	一等奖
基于时空大数据的商业中心体系规划实施评估与优化模型——以上海市中心城区为例	同济大学建筑与城市规划学院	张小可、孙潇、林柯宇	钮心毅	一等奖
基于机器学习的旧村成片改造区域识别和价值评估模型	广州市城市规划勘测设计研究院、中南大学数学与统计学院	修仲宇、张保亮、杨涔艺、雷轩、张煌	艾勇军	一等奖
基于职住空间结构调整的城市通勤格局优化	北大国土空间规划设计研究院、清华大学建筑学院	马琦伟、刘安琪、黄竞雄、田颖、余建刚	党安荣	一等奖
华强北在哪里？基于POI检索热度的城市标志性商圈模糊边界研究	哈尔滨工业大学（深圳）建筑学院	马云飞、邓琦琦、孟伊宁、杨靖怡	龚咏喜、周佩玲	一等奖
基于主客观双视角的社区建成环境对居民出行范围的影响测度	武汉大学城市设计学院	肖苗苗、尚成、黄世彪、杨芸紫、马媛圆、赵灿、徐嘉欣、何启丹	焦洪赞	二等奖
基于可解释神经网络的城市空间创新潜力评价与影响因素研究	哈尔滨工业大学建筑学院	曹清源、霍春竹、王乃迪	董慰	二等奖
流动空间与场所空间双重视角下的城镇圈实施监测评估模型	同济大学建筑与城市规划学院	张悦晨、李卓欣、谭添、高雨晨、陈思玲、胡源沐柳	钮心毅	二等奖
城市空地与邻里变迁的关系探究及其治理决策模型构建	天津大学建筑学院	张诗韵、李志超、赵亚美、卞俊杰、潘晓敏、刘梦迪	米晓燕、孙德龙	二等奖
基于多模态感知的历史街区虚实空间地方感评价模型	南京大学建筑与城市规划学院	王星、张蔚、陈诚、潘爽、刘沫涵、林芷馨	沈丽珍、祁毅	二等奖
基于差异化创新模式的区域创新空间支撑要素优化工具	同济大学建筑与城市规划学院、深圳大学建筑与城市规划学院、同济大学建筑设计研究院	叶欣、许珂玮、李航、李玉杰、董飞飞、王成伟	张立、陆希刚	二等奖

作品名称	工作单位	参赛选手	指导老师	获得奖项
城市医疗服务设施系统应急救援网络特征与抗震韧性优化研究	北京工业大学北京城市与工程安全减灾中心	张博骞、朱峻佚、于新月、贾文雪、张曼、郭桂君、朱孟华	王威、郭小东	二等奖
基于自采集街景图像和机器学习的地铁站口城市特色感知测度、分类与改进支持模型	昆明理工大学建筑与城市规划学院	王芳宇、郝乾炜、谷玲、杨雨欣、李朗、胡博文	郑溪	二等奖
城市"大树据"——基于迁移学习与多源数据的城市生态空间识别、分类、评价系统	北京工业大学城市建设学部	祝朝阳、张珊珊、刘晟楠、夏俊雄、任鱼跃、王旭颖、杨圣洁、董俊、黄少坡	郑善文	二等奖
一种基于行为模拟的公共空间活力诊断与提升模型	湖南师范大学地理科学学院，广东国地规划科技股份有限公司	林予朵、李羽、梁超、亓势强	黄军林	二等奖
成渝地区双城经济圈物流网络与交通网络格局的协同研究	重庆市地理信息和遥感应用中心	董文杰、王方民、张雪清、杨孟翰、叶胜	陈甲全	二等奖
基于骑行行为的地铁站使用率的识别分类及环境特征研究	东南大学建筑学院	邱淑冰、苏凤敏	李力、王伟	二等奖

后记

　　《城垣杯·规划决策支持模型设计大赛获奖作品集》已经出版到了第五集。在第七届大赛中，我们见证了一批新的富有朝气和活力的青年才俊，创造出一件件创意独特、研究严谨、技术前沿、特色鲜明、兼具实用与创新的参赛作品。编委会精选优秀作品收录成册，以飨读者。本《作品集》不仅仅是对这场学术盛宴的实录，更是规划行业新技术创新发展的见证。我们欣慰地见到，各个学科在大赛上交汇、交流、交融，学者们在大赛中碰撞思维，激荡火花。规划行业和学科正是在这一次次的融汇、碰撞中向着更加科学、更加严谨、更加精细的方向发展，展现出了一幅新时代智慧规划技术的崭新图景。

　　大赛从筹备到举办，再到此次作品集的成书，受到了业内专家的鼎力支持。在此，特别向大赛主席、中国工程院院士吴志强对大赛的指导表示由衷的感谢！感谢参与大赛评审的专家学者：邬伦、詹庆明、蒋文彪、汤海、甄峰、钮心毅、龙瀛、周江评、王芙蓉、周宏文、邹哲、欧阳汉峰、张永波、廖正昕、张铁军。他们不仅对于赛事的举办给予了充分肯定与帮助，而且秉承公平、公正的原则，以严谨的学术视角和深厚的实践经验对参赛作品进行了一丝不苟的审定和鞭辟入里的点评！感谢对本次大赛提供悉心指导与帮助的专家学者：叶嘉安院士、沈振江院士。感谢主办单位北京城垣数字科技有限责任公司、世界规划教育组织WUPEN、北规院弘都规划建筑设计研究院有限公司的各位同仁在大赛筹办中做出的周密细致的工作！感谢百度地图慧眼、中国联通智慧足迹为大赛提供国内多个城市的大数据资源！感谢北京城市实验室（BCL）、易智瑞信息技术有限公司对大赛的鼎力支持！感谢国匠城、WUPENiCity、CityIF平台、北规弘都院对赛事的持续宣传报道！

　　感谢中国城市规划学会城市规划新技术学术委员会对规划决策支持模型领域创新工作的长期关心与指导！

　　随着人工智能和大数据等新技术应用的蓬勃发展，规划决策支持模型的创新研究工作更需持之以恒，矢志不渝，笃行不怠。"城垣杯"规划决策支持模型设计大赛，仍将继续为各位有志于规划量化模型研究工作的杰出人才提供展现作品和交流经验的舞台，欢迎业界同仁持续关注！

　　《作品集》难免有疏漏之处，敬请各位读者不吝来函指正！

编委会

2023年10月

POSTSCRIPT

The Planning Decision Support Model Design Compilation has been published to the fifth episode. In the seventh competition, we witnessed a group of energetic and talented young elites who created unique, rigorously researched, technologically advanced, distinctive, practical, and innovative entries. The Organizing Committee of the contest collected the wonderful works in this collection. This collection is not only a record of this academic feast but also a testament to the new technological innovations in the field of urban planning. We are pleased to see various disciplines intersecting, communicating, and blending in the competition, where scholars collide with thoughts and spark inspiration. The planning industry and disciplines are developing towards a more scientific, rigorous, and refined direction through these exchanges and collisions, presenting a new era' s fresh landscape of intelligent planning technology.

From the preparation to the organization of the competition, and now the publication of this compilation, we have received strong support from experts in the industry. We express our heartfelt gratitude to the Chairman of the competition and Academician of the Chinese Academy of Engineering, Wu Zhiqiang, for his guidance throughout the competition. We also extend our gratitude to the expert scholars who participated in the competition' s evaluation: Wu Lun, Zhan Qingming, Jiang Wenbiao, Tang Hai, Zhen Feng, Niu Xinyi, Long Ying, Zhou Jiangping, Wang Furong, Zhou Hongwen, Zou Zhe, Ouyang Hanfeng, Zhang Yongbo, Liao Zhengxin, and Zhang Tiejun. They not only provided full affirmation and assistance to the event's organization but also meticulously reviewed and provided insightful comments on the entries with rigorous academic perspectives and profound practical experience. We would like to thank the expert scholars who provided careful guidance and assistance throughout this competition: Academician Ye Jia'an and Academician Shen Zhenjiang. We are grateful to the colleagues of Beijing Chengyuan Digital Technology Co. Ltd., World Urban Planning Education Network (WUPEN), and Homedale Urban Planning and Architects Co. Ltd. of BICP for their meticulous work in preparing for the competition. We would like to thank Baidu Map Insight and China Unicom Smart Steps for providing big data resources of many cities for the contest! Thanks to Beijing City Lab (BCL) and GeoScene Information Technology Co. ,Ltd. for the great support to the contest! We also thank CAUP.NET, WUPENiCity, CityIF, and Homedale of BICP for their continuous publicity and coverage of the contest!

Thanks to China Urban Planning New Technology Application Academic Committee in

Academy of Urban Planning for its long-term concern and guidance for the innovation in the field of planning decision support model!

With the vigorous development of new technologies such as artificial intelligence and big data, the innovative research in planning decision support models requires sustained efforts and unwavering commitment. The Planning Decision Support Model Design Contest will continue to provide a stage for outstanding talents dedicated to the research of quantitative planning models to showcase their works and exchange experiences. We welcome continuous attention and support from colleagues in the industry.

Some mistakes in the collection of works may be unavoidable. It would be pleasure to hear from you for correction!

Editorial Board
October, 2023